山西审定玉米品种SSR指纹图谱

北京市农林科学院玉米研究中心
山 西 省 农 业 种 子 总 站
组织编写

王凤格 杨 扬 阎会平 易红梅 郑戈文 孟全业 编著

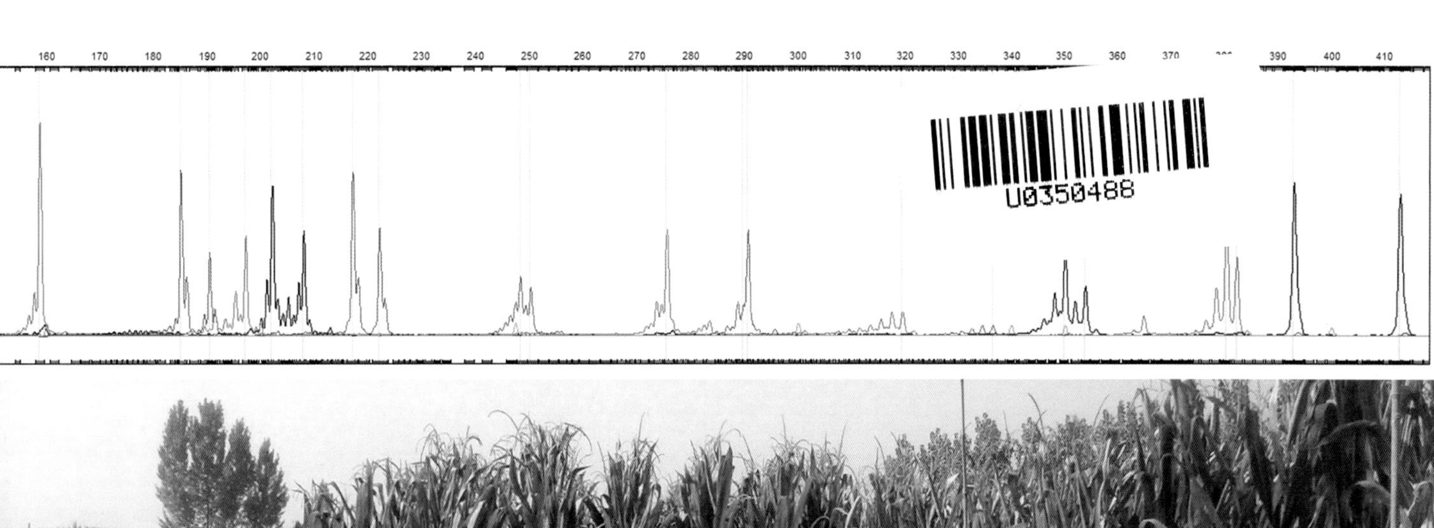

中国农业科学技术出版社

图书在版编目（CIP）数据

山西审定玉米品种SSR指纹图谱 / 王凤格等编著. —北京：中国农业科学技术出版社，2019.9
ISBN 978-7-5116-4348-3

Ⅰ.①山…　Ⅱ.①王…　Ⅲ.①玉米-品种-基因组-鉴定-山西-图谱　Ⅳ.①S513.035.1-64

中国版本图书馆CIP数据核字（2019）第175452号

责任编辑　姚　欢
责任校对　贾海霞

出 版 者　中国农业科学技术出版社
北京市中关村南大街12号　邮编：100081
电　　话　（010）82106636（编辑室）　（010）82109702（发行部）
（010）82109709（读者服务部）
传　　真　（010）82106631
网　　址　http://www.castp.cn
经 销 者　各地新华书店
印 刷 者　北京富泰印刷有限责任公司
开　　本　889 mm×1 194 mm　1/16
印　　张　22.5
字　　数　550千字
版　　次　2019年9月第1版　2019年9月第1次印刷
定　　价　120.00元

《山西审定玉米品种 SSR 指纹图谱》

编著委员会

主 编 著： 王凤格　杨　扬　阎会平　易红梅　郑戈文
孟全业

副主编著： 邱　军　王　璐　王　蕊　李巧英　葛建镕
张力科　江　彬　任　洁　田红丽　冯　铸
晋　芳　姚宏亮　马玉光

编著人员： 刘亚维　王　洁　任路路　霍永学　葛成林
许理文　刘文彬　王　笑　张江斌　曹改萍
于博洋　吴昊天　张琥瑛　蔡晓雨　贾秀锦

前　言

山西省地处我国黄土高原东部，太行山以西，境内80%是山地丘陵，南北横跨6个纬度，四季分明，雨热同季，光热资源丰富，水分资源不足，大部分地区年降水量400~700毫米，年无霜期一般为90~210天，属典型的温带大陆性气候。山西是中国农耕文明的发祥地和黄河中游古老农业区之一，农产品资源丰富，素有“小杂粮王国”的美誉。全省下辖11个设区市117个县（区），总面积15.67万平方公里，耕地面积约6000万亩（1亩≈667米^2，全书同），粮食播种面积约5000万亩，粮食总产量110亿千克；总人口3718.34万，农业人口占67.5%。

玉米是山西种植面积最大的农作物，常年稳定在2500万亩左右。“十二五”以来，山西以发展现代种业为目标，以服务农业供给侧结构性改革和有机旱作农业发展为主线，加快培育有重大应用前景的突破性品种，促进品种的升级换代，2010—2017年，全省审定玉米新品种205个，玉米良种覆盖率达100%，对促进粮食持续增产、农民持续增收，推动现代农业高质量发展作出了突出贡献。

本书为《玉米审定品种SSR指纹图谱》系列书籍，收录了通过山西审定、农业农村部征集到标准样品的195个玉米品种。第一部分以指纹图谱的形式展示了玉米品种的40个SSR核心引物位点的完整指纹图谱；第二部分以审定公告的形式回顾了玉米品种的品种来源、特征特性、抗逆特性、品质表现、产量表现、栽培技术要点和适宜种植地区等重要信息。本书对山西玉米品种的真实性和纯度鉴定工作具有重要的指导意义和参考价值，是从事玉米种子质量检测、品种管理、品种选育、农业科研教学等人员的工具书籍。

本书编辑过程中得到农业农村部种业管理司、全国农业技术推广服务中心、山西省农业种子总站等合作单位的大力支持，在此表示诚挚的感谢。由于时间仓促，难免有遗漏和不足之处，敬请专家和读者批评指正。

编著委员会

2019年7月29日

本书内容及使用方式

一、正文部分提供山西省审定品种SSR指纹图谱和审定公告

第一部分，山西省审定品种图谱按审定年份（从小到大）、审定号（从小到大）顺序整理，每个审定品种提供40个SSR核心引物位点的指纹图谱。读者可在真实性鉴定中将其作为对照样品的参考指纹，也可利用该图谱筛选纯度检测的双亲互补型候选引物。第二部分，山西省审定品种的审定公告信息按审定年份（从小到大）、审定号（从小到大）顺序整理，每个审定品种提供审定编号、选育单位、品种来源、特征特性、产量表现、栽培技术要点和适宜种植地区等重要信息。

二、附录一至附录三提供与指纹图谱制作相关的引物、品种名称索引信息

附录一、二为SSR引物基本信息，包括引物序列信息和实验中采用的多色荧光电泳组合（Panel）信息。附录三为品种名称索引部分将正文部分涉及的山西审定品种SSR指纹图谱按品种名称拼音顺序建立索引，以方便品种指纹图谱查询。

三、SSR指纹图谱使用方式

本书提供的玉米品种SSR指纹图谱对开展玉米真实性鉴定和纯度鉴定具有重要参考价值。不同的检验目的和检测平台使用指纹图谱的方式略有调整。

1. 在真实性鉴定中使用

如果使用荧光毛细管电泳检测平台，如ABI3730XL、ABI3500、ABI3130等仪器，建议采用与本指纹图谱构建时完全相同的Panel、BIN以及引物荧光染料。对于其他品牌仪器，由于采用的凝胶、引物荧光染料及分子量标准不同，在具体试验时，每块板上加入1~2份参照样品进行不同检测平台间系统误差的校正，但注意等位变异的命名应与本指纹图谱保持一致，获得的指纹就可以与本书提供的标准指纹图谱进行比较。

如果使用变性垂直板PAGE电泳检测平台，最好将待测样品和对照样品在同一电泳板上直接进行成对比较。对于经常使用的对照样品，如郑单958等，可预先将对照样品与标准样品指纹图谱比对核实一致后，就可以用该对照样品代替标准样品在PAGE电泳中使用。

2. 在纯度鉴定中使用

如果待测品种在本书中已提供DNA指纹图谱，可根据该品种40对核心引物的DNA指纹图谱和数据信息，先剔除掉单峰（纯合带型）的引物位点及表现为高低峰（两条谱带高度差异较大）、多峰（两条以上的谱带）等异常峰型的引物位点，后挑选出具有双峰（杂合带型）的引物位点作为纯度鉴

定候选引物。

如果使用普通变性 PAGE 凝胶电泳检测平台或荧光毛细管电泳检测平台进行纯度检测，则上述候选引物都可以使用；如果使用琼脂糖凝胶电泳或非变性凝胶电泳等分辨率较低的电泳检测平台进行纯度检测，则在上述候选引物中进一步挑选出两个谱带的片段大小相差较大的引物。利用入选引物对待测杂交种小样本进行初检（杂交种取 20 粒），判断其纯度问题是由于自交苗、回交苗、其他类型杂株还是遗传不稳定造成的，并进一步确定该样品的纯度鉴定引物对其大样本进行鉴定。

目　　录

第一部分 SSR 指纹图谱

晋单69号（审定编号：晋审玉2010001；种质库编号：S1G03016）

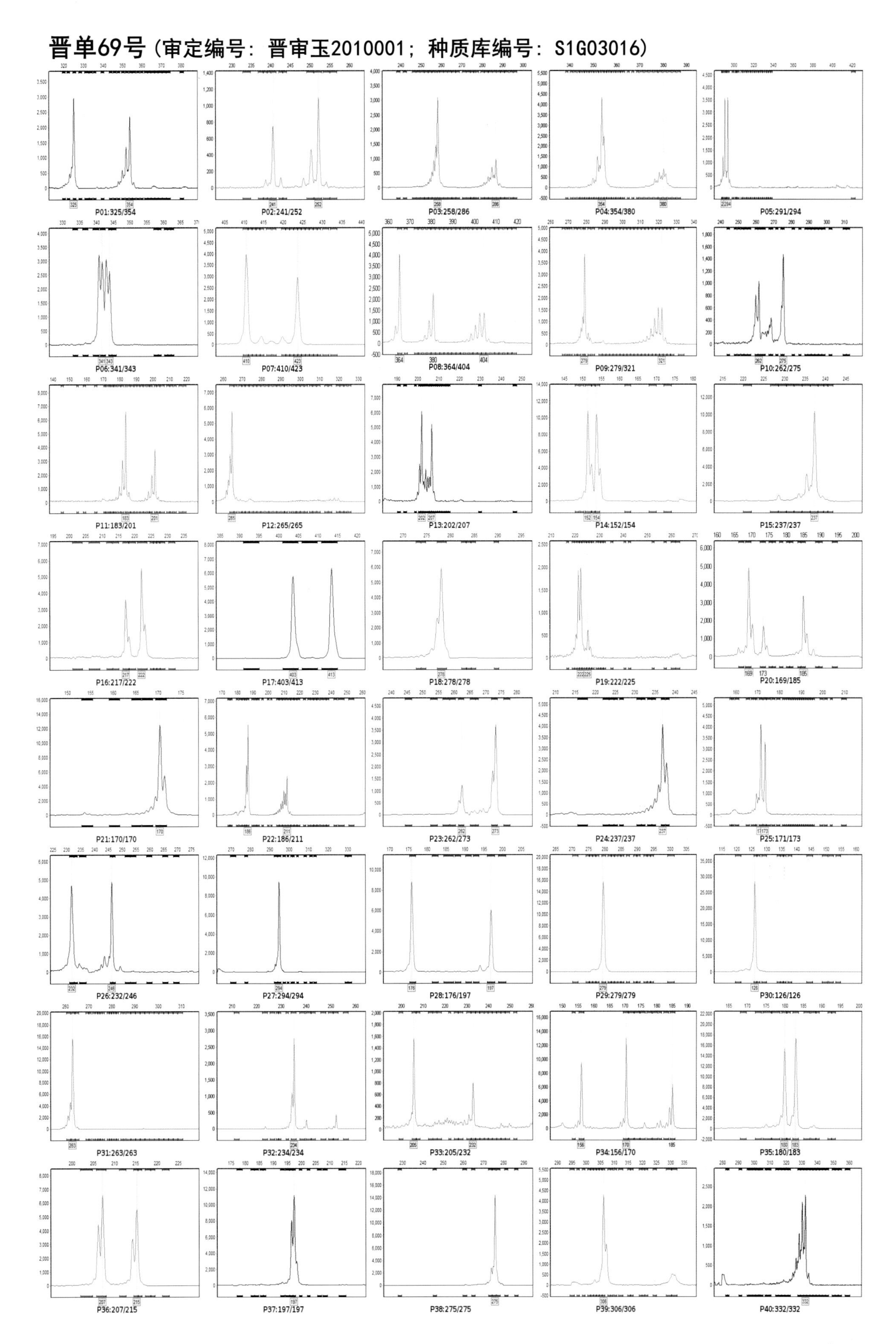
P01:325/354
P02:241/252
P03:258/286
P04:354/380
P05:291/294
P06:341/343
P07:410/423
P08:364/404
P09:279/321
P10:262/275
P11:183/201
P12:265/265
P13:202/207
P14:152/154
P15:237/237
P16:217/222
P17:403/413
P18:278/278
P19:222/225
P20:169/185
P21:170/170
P22:186/211
P23:262/273
P24:237/237
P25:171/173
P26:232/246
P27:294/294
P28:176/197
P29:279/279
P30:126/126
P31:263/263
P32:234/234
P33:205/232
P34:156/170
P35:180/183
P36:207/215
P37:197/197
P38:275/275
P39:306/306
P40:332/332

长单525（审定编号：晋审玉2010002；种质库编号：S1G04194）

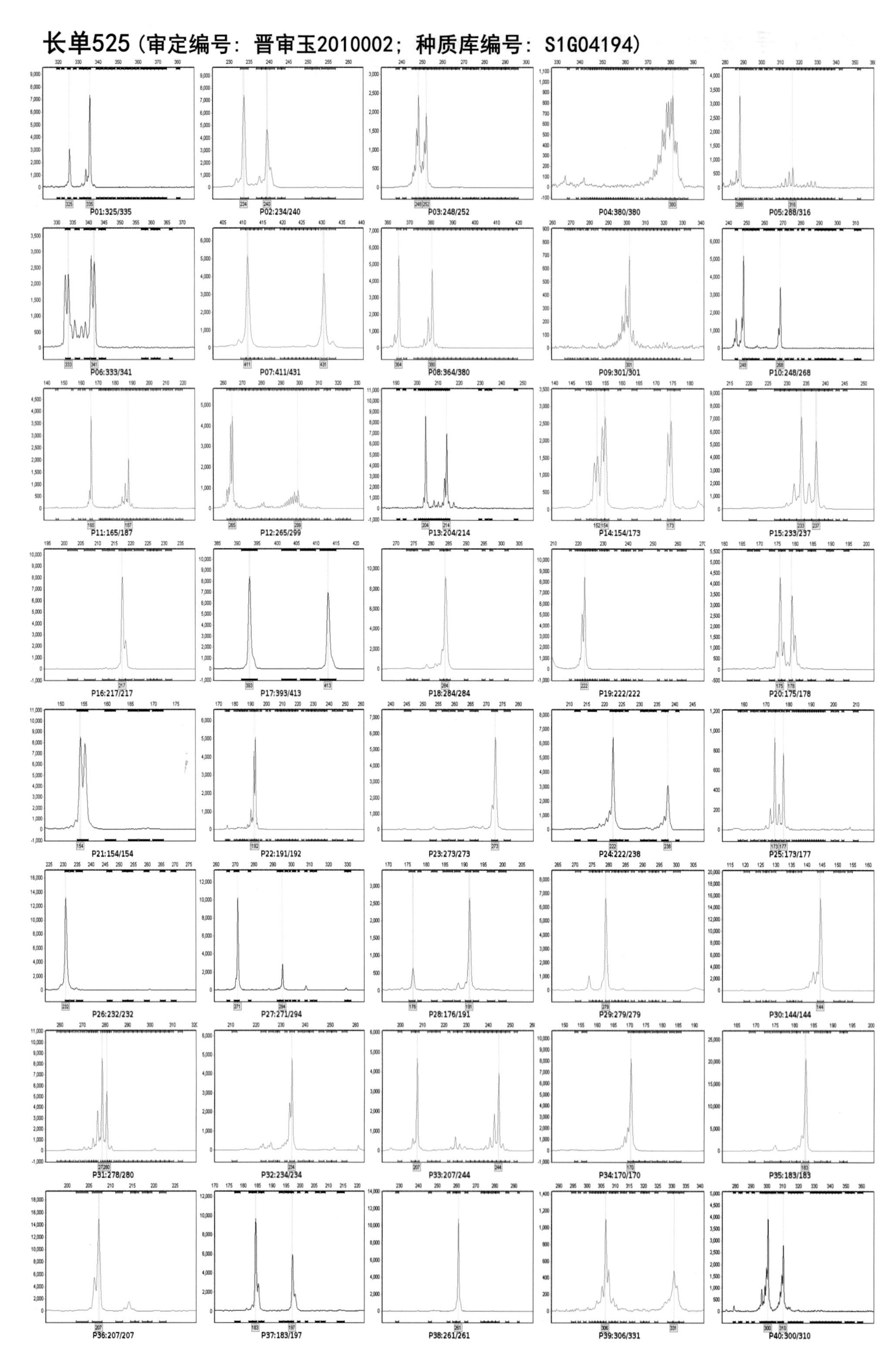

P01:325/335
P02:234/240
P03:248/252
P04:380/380
P05:288/316
P06:333/341
P07:411/431
P08:364/380
P09:301/301
P10:248/268
P11:165/187
P12:265/299
P13:204/214
P14:154/173
P15:233/237
P16:217/217
P17:393/413
P18:284/284
P19:222/222
P20:175/178
P21:154/154
P22:191/192
P23:273/273
P24:222/238
P25:173/177
P26:232/232
P27:271/294
P28:176/191
P29:279/279
P30:144/144
P31:278/280
P32:234/234
P33:207/244
P34:170/170
P35:183/183
P36:207/207
P37:183/197
P38:261/261
P39:306/331
P40:300/310

并单16号（审定编号：晋审玉2010003；种质库编号：S1G00700）

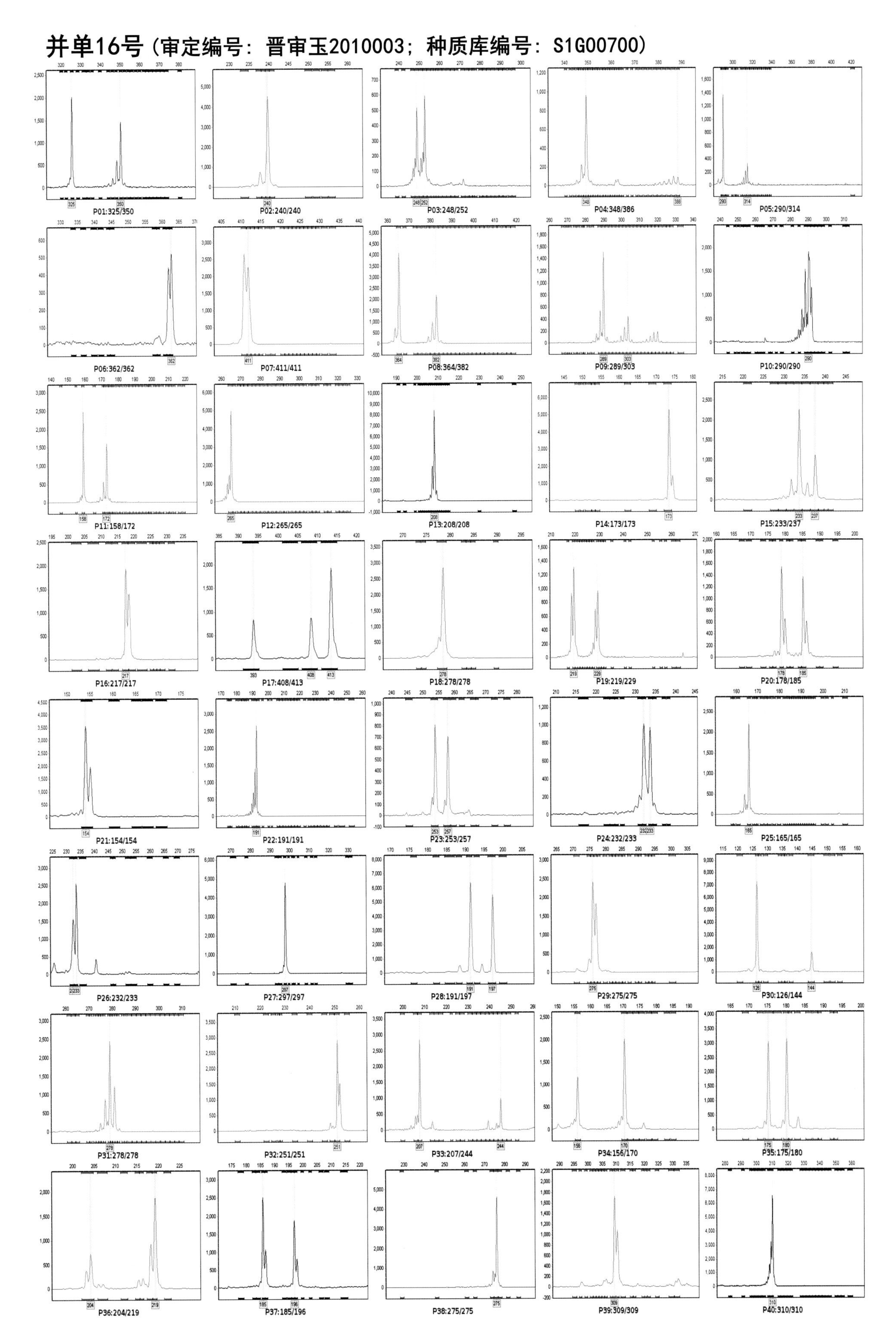
P01:325/350
P02:240/240
P03:248/252
P04:348/386
P05:290/314
P06:362/362
P07:411/411
P08:364/382
P09:289/303
P10:290/290
P11:158/172
P12:265/265
P13:208/208
P14:173/173
P15:233/237
P16:217/217
P17:408/413
P18:278/278
P19:219/229
P20:178/185
P21:154/154
P22:191/191
P23:253/257
P24:232/233
P25:165/165
P26:232/233
P27:297/297
P28:191/197
P29:275/275
P30:126/144
P31:278/278
P32:251/251
P33:207/244
P34:156/170
P35:175/180
P36:204/219
P37:185/196
P38:275/275
P39:309/309
P40:310/310

并单17号（审定编号：晋审玉2010004；种质库编号：S1G00672）

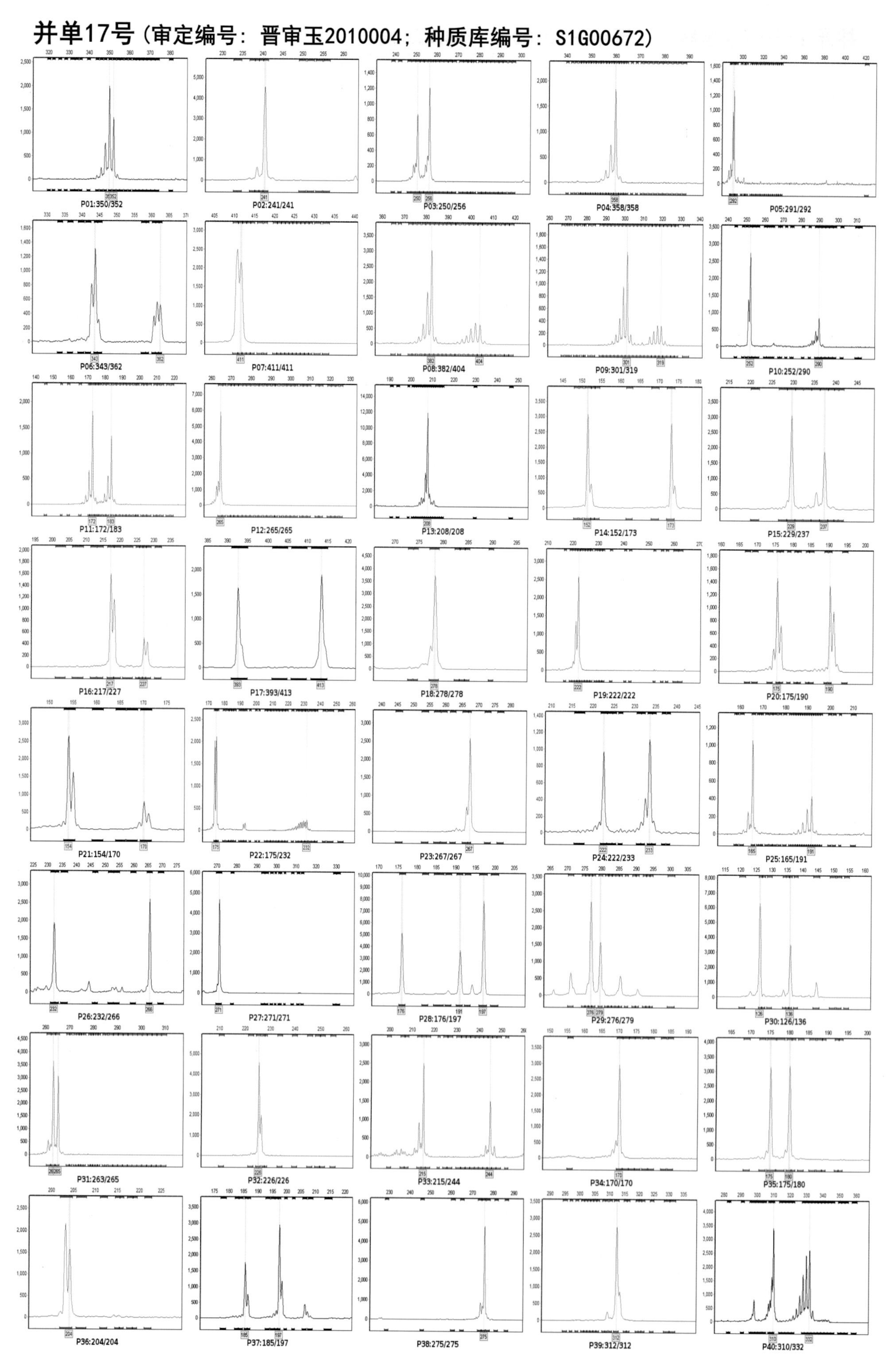

P01:350/352
P02:241/241
P03:250/256
P04:358/358
P05:291/292
P06:343/362
P07:411/411
P08:382/404
P09:301/319
P10:252/290
P11:172/183
P12:265/265
P13:208/208
P14:152/173
P15:229/237
P16:217/227
P17:393/413
P18:278/278
P19:222/222
P20:175/190
P21:154/170
P22:175/232
P23:267/267
P24:222/233
P25:165/191
P26:232/266
P27:271/271
P28:176/197
P29:276/279
P30:126/136
P31:263/265
P32:226/226
P33:215/244
P34:170/170
P35:175/180
P36:204/204
P37:185/197
P38:275/275
P39:312/312
P40:310/332

晋阳2号（审定编号：晋审玉2010005；种质库编号：S1G00705）

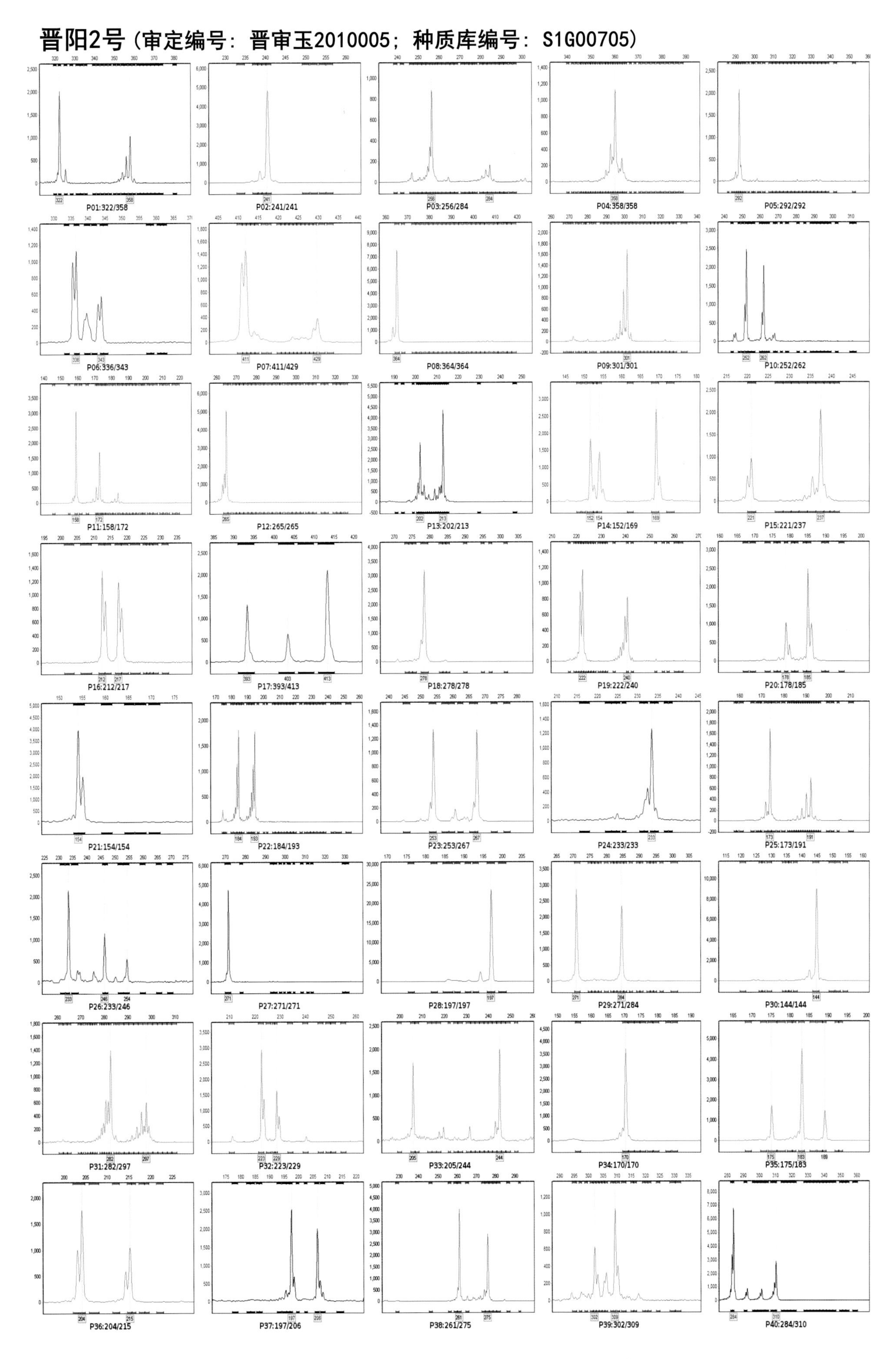

P01:322/358
P02:241/241
P03:256/284
P04:358/358
P05:292/292
P06:336/343
P07:411/429
P08:364/364
P09:301/301
P10:252/262
P11:158/172
P12:265/265
P13:202/213
P14:152/169
P15:221/237
P16:212/217
P17:393/413
P18:278/278
P19:222/240
P20:178/185
P21:154/154
P22:184/193
P23:253/267
P24:233/233
P25:173/191
P26:233/246
P27:271/271
P28:197/197
P29:271/284
P30:144/144
P31:282/297
P32:223/229
P33:205/244
P34:170/170
P35:175/183
P36:204/215
P37:197/206
P38:261/275
P39:302/309
P40:284/310

晋单70号（审定编号：晋审玉2010006；种质库编号：S1G04111）

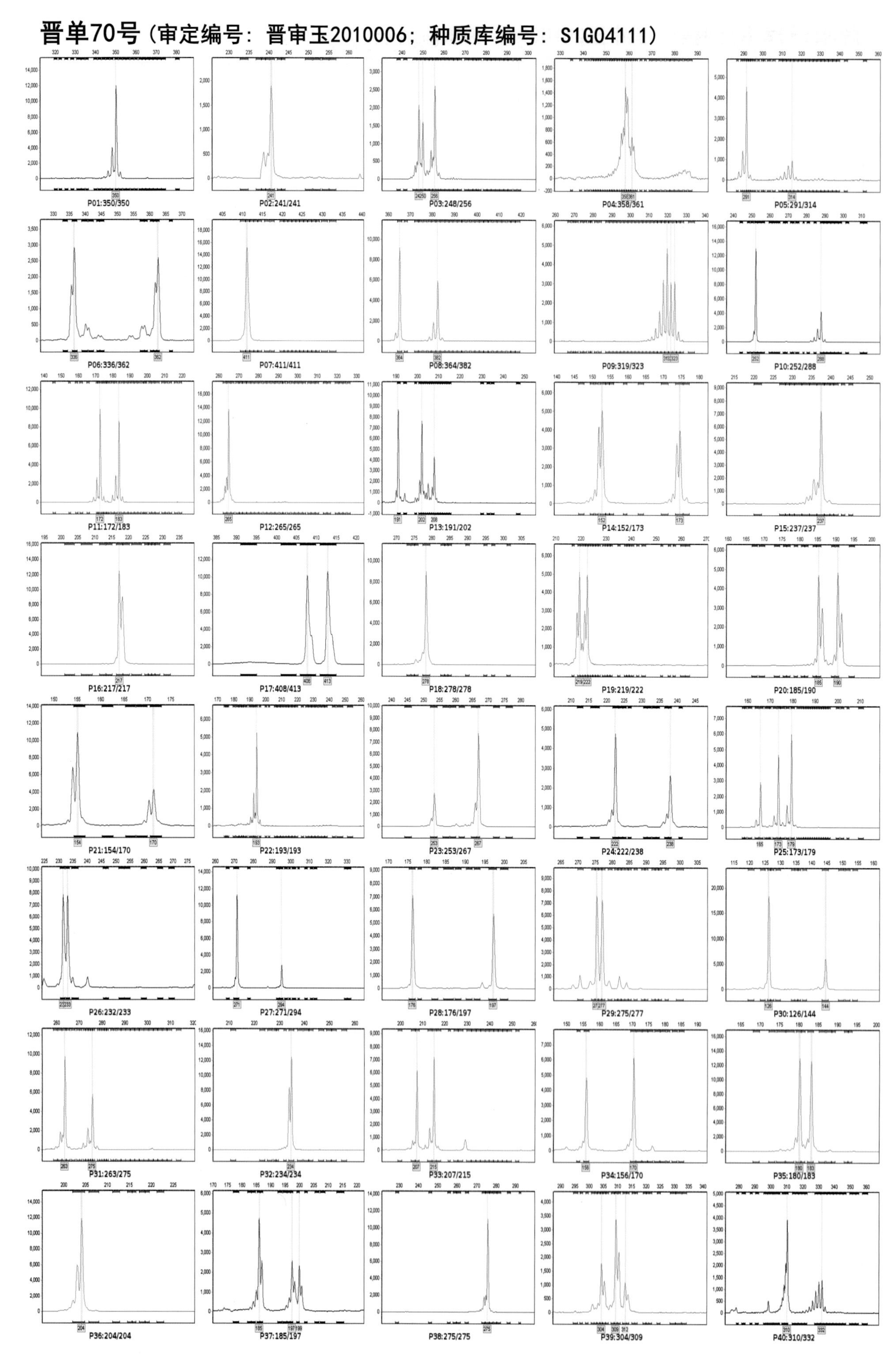

P01:350/350
P02:241/241
P03:248/256
P04:358/361
P05:291/314
P06:336/362
P07:411/411
P08:364/382
P09:319/323
P10:252/288
P11:172/183
P12:265/265
P13:191/202
P14:152/173
P15:237/237
P16:217/217
P17:408/413
P18:278/278
P19:219/222
P20:185/190
P21:154/170
P22:193/193
P23:253/267
P24:222/238
P25:173/179
P26:232/233
P27:271/294
P28:176/197
P29:275/277
P30:126/144
P31:263/275
P32:234/234
P33:207/215
P34:156/170
P35:180/183
P36:204/204
P37:185/197
P38:275/275
P39:304/309
P40:310/332

晋单71号（审定编号：晋审玉2010007；种质库编号：S1G00654）

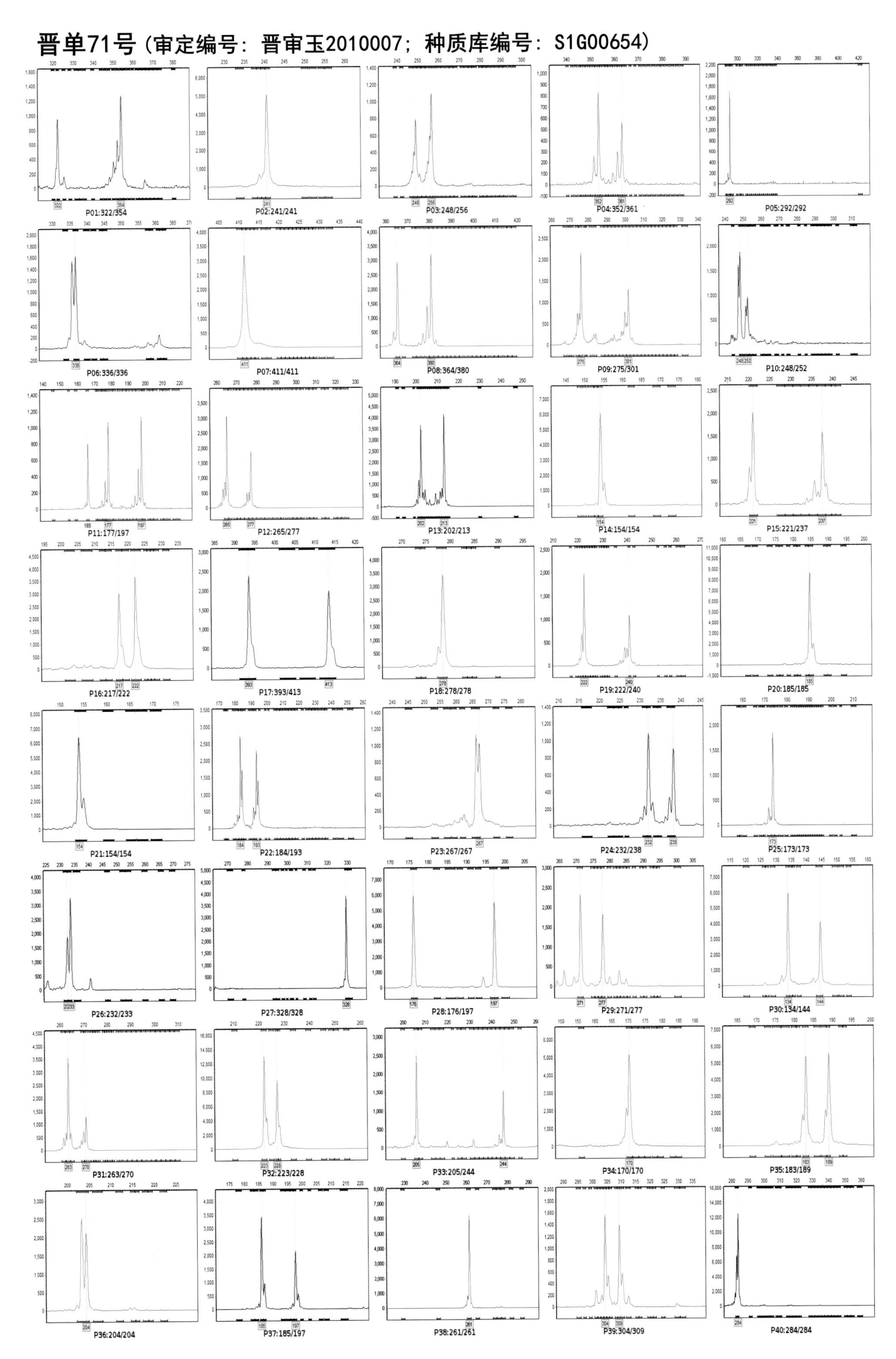
P01:322/354
P02:241/241
P03:248/256
P04:352/361
P05:292/292
P06:336/336
P07:411/411
P08:364/380
P09:275/301
P10:248/252
P11:177/197
P12:265/277
P13:202/213
P14:154/154
P15:221/237
P16:217/222
P17:393/413
P18:278/278
P19:222/240
P20:185/185
P21:154/154
P22:184/193
P23:267/267
P24:232/238
P25:173/173
P26:232/233
P27:328/328
P28:176/197
P29:271/277
P30:134/144
P31:263/270
P32:223/228
P33:205/244
P34:170/170
P35:183/189
P36:204/204
P37:185/197
P38:261/261
P39:304/309
P40:284/284

晋单73号（审定编号：晋审玉2010009；种质库编号：S1G03802）

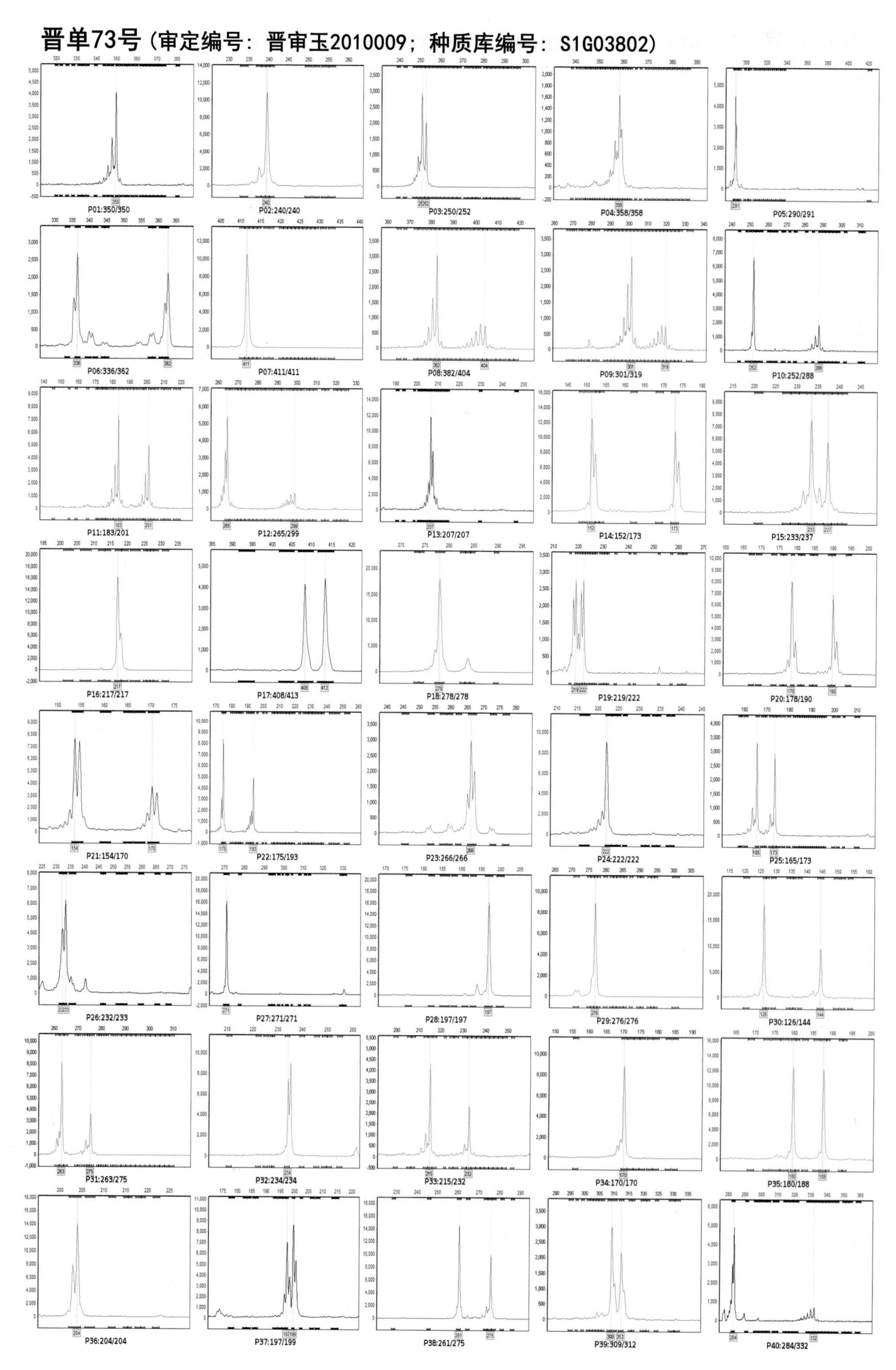
P01:350/350
P02:240/240
P03:250/252
P04:358/358
P05:290/291
P06:336/362
P07:411/411
P08:382/404
P09:301/319
P10:252/288
P11:183/201
P12:265/299
P13:207/207
P14:152/173
P15:233/237
P16:217/217
P17:408/413
P18:278/278
P19:219/222
P20:178/190
P21:154/170
P22:175/193
P23:266/266
P24:222/222
P25:165/173
P26:232/233
P27:271/271
P28:197/197
P29:276/276
P30:126/144
P31:263/275
P32:234/234
P33:215/232
P34:170/170
P35:180/188
P36:204/204
P37:197/199
P38:261/275
P39:309/312
P40:284/332

晋单74号（审定编号：晋审玉2010010；种质库编号：S1G00658）

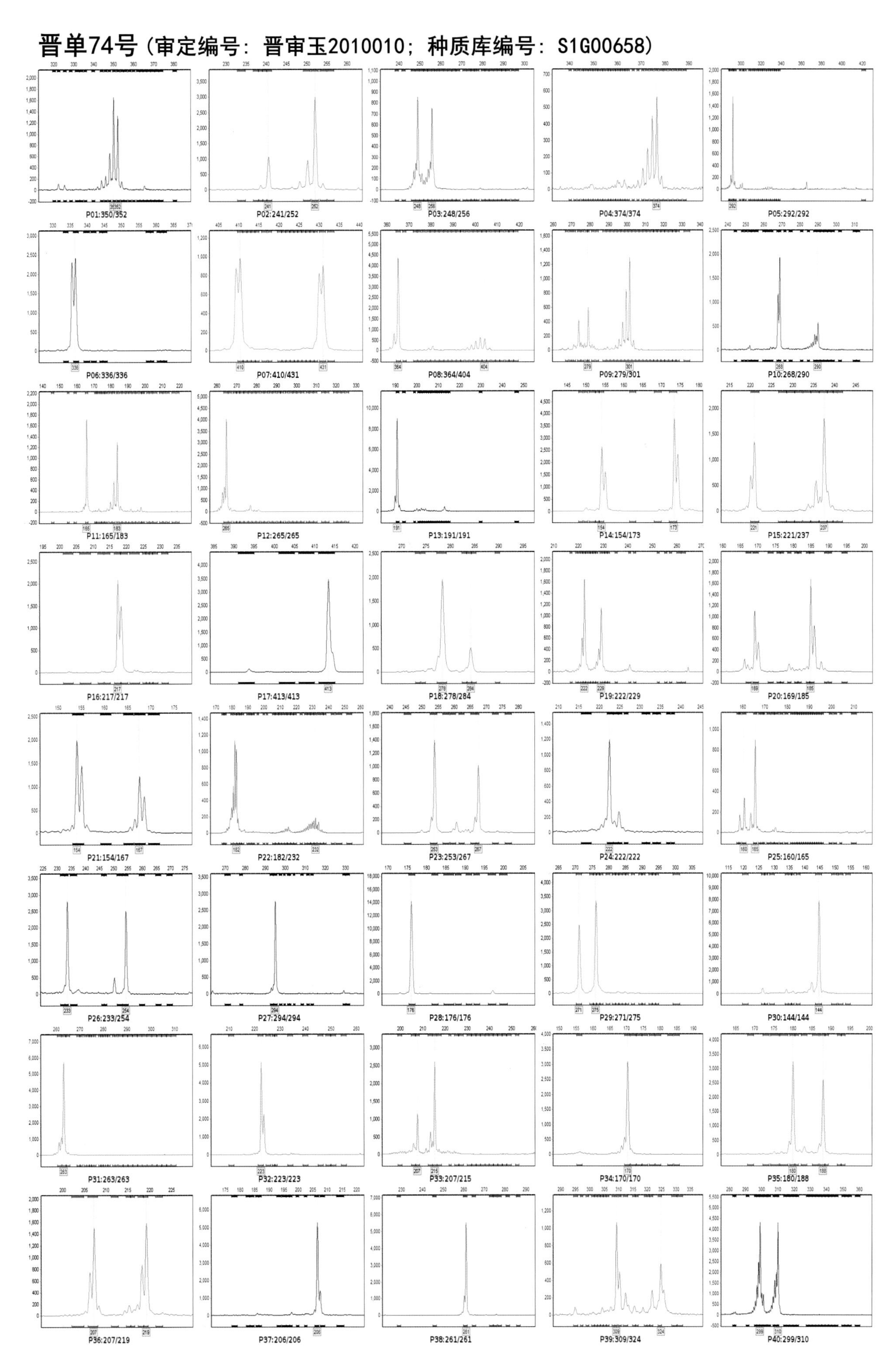
P01:350/352
P02:241/252
P03:248/256
P04:374/374
P05:292/292
P06:336/336
P07:410/431
P08:364/404
P09:279/301
P10:268/290
P11:165/183
P12:265/265
P13:191/191
P14:154/173
P15:221/237
P16:217/217
P17:413/413
P18:278/284
P19:222/229
P20:169/185
P21:154/167
P22:182/232
P23:253/267
P24:222/222
P25:160/165
P26:233/254
P27:294/294
P28:176/176
P29:271/275
P30:144/144
P31:263/263
P32:223/223
P33:207/215
P34:170/170
P35:180/188
P36:207/219
P37:206/206
P38:261/261
P39:309/324
P40:299/310

晋单75号（审定编号：晋审玉2010011；种质库编号：S1G00656）

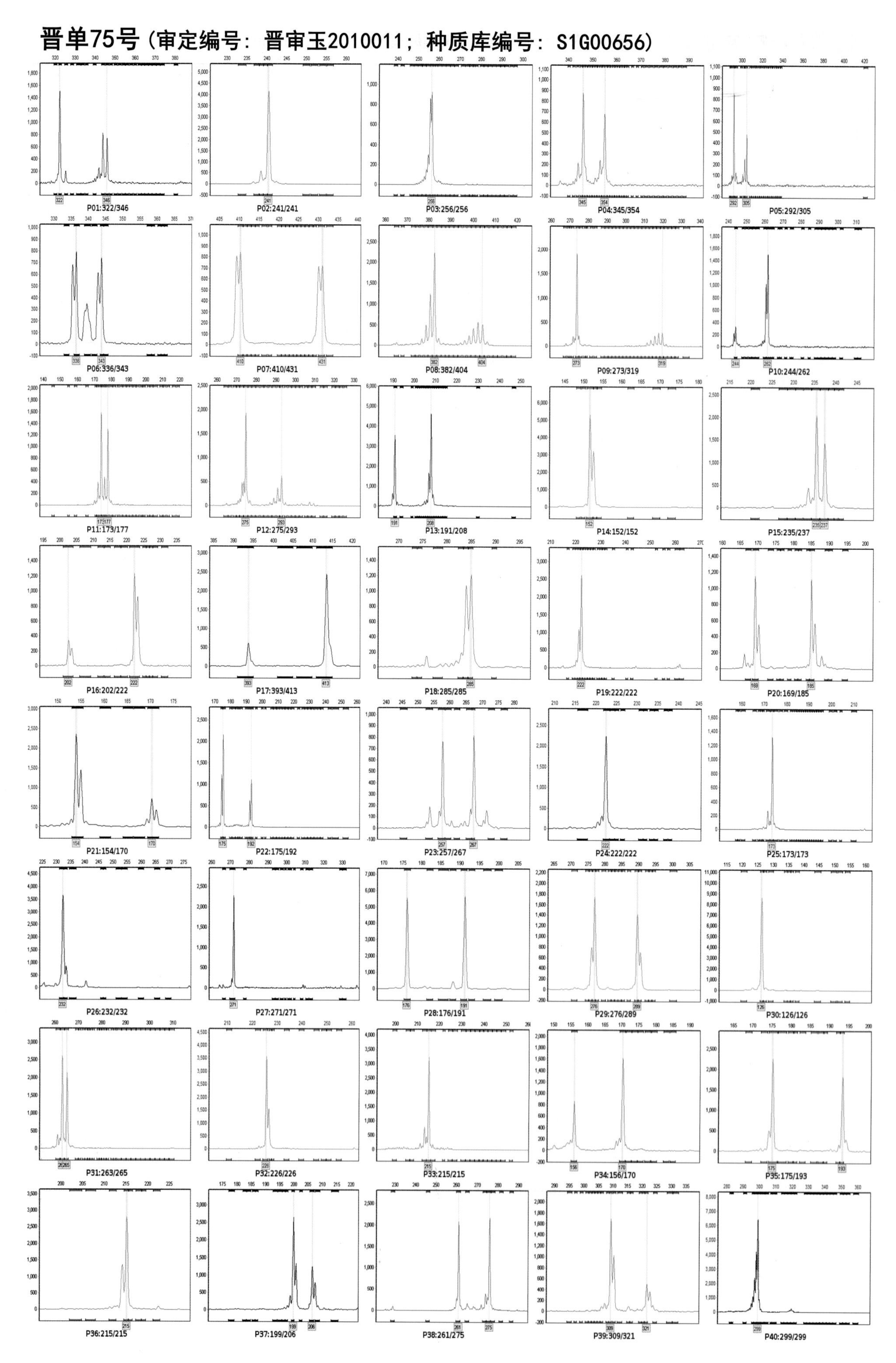
P01:322/346
P02:241/241
P03:256/256
P04:345/354
P05:292/305
P06:336/343
P07:410/431
P08:382/404
P09:273/319
P10:244/262
P11:173/177
P12:275/293
P13:191/208
P14:152/152
P15:235/237
P16:202/222
P17:393/413
P18:285/285
P19:222/222
P20:169/185
P21:154/170
P22:175/192
P23:257/267
P24:222/222
P25:173/173
P26:232/232
P27:271/271
P28:176/191
P29:276/289
P30:126/126
P31:263/265
P32:226/226
P33:215/215
P34:156/170
P35:175/193
P36:215/215
P37:199/206
P38:261/275
P39:309/321
P40:299/299

潞玉16（审定编号：晋审玉2010012；种质库编号：S1G00680）

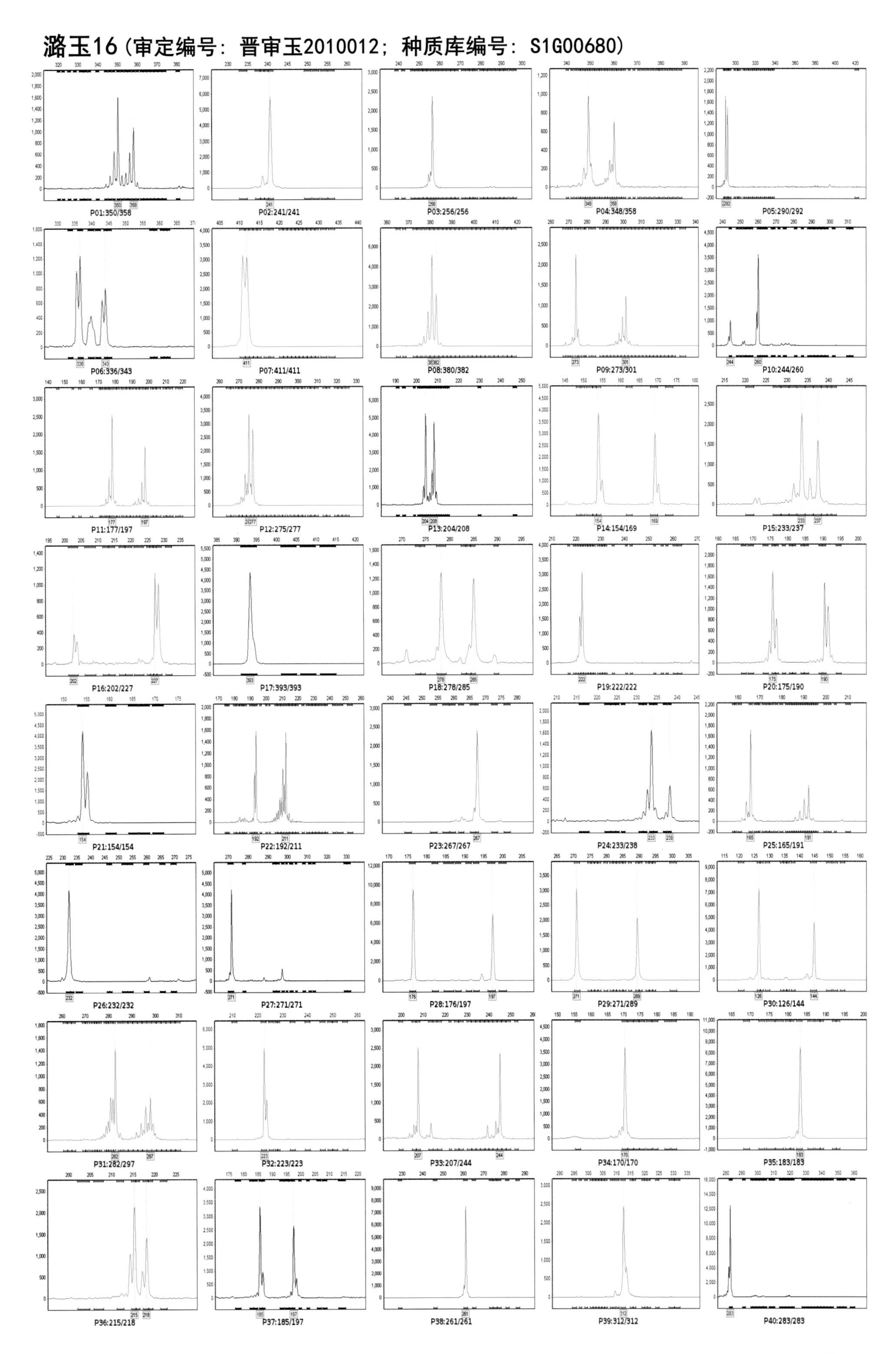

P01:350/358
P02:241/241
P03:256/256
P04:348/358
P05:290/292
P06:336/343
P07:411/411
P08:380/382
P09:273/301
P10:244/260
P11:177/197
P12:275/277
P13:204/208
P14:154/169
P15:233/237
P16:202/227
P17:393/393
P18:278/285
P19:222/222
P20:175/190
P21:154/154
P22:192/211
P23:267/267
P24:233/238
P25:165/191
P26:232/232
P27:271/271
P28:176/197
P29:271/289
P30:126/144
P31:282/297
P32:223/223
P33:207/244
P34:170/170
P35:183/183
P36:215/218
P37:185/197
P38:261/261
P39:312/312
P40:283/283

大正2号（审定编号：晋审玉2010013；种质库编号：S1G00678）

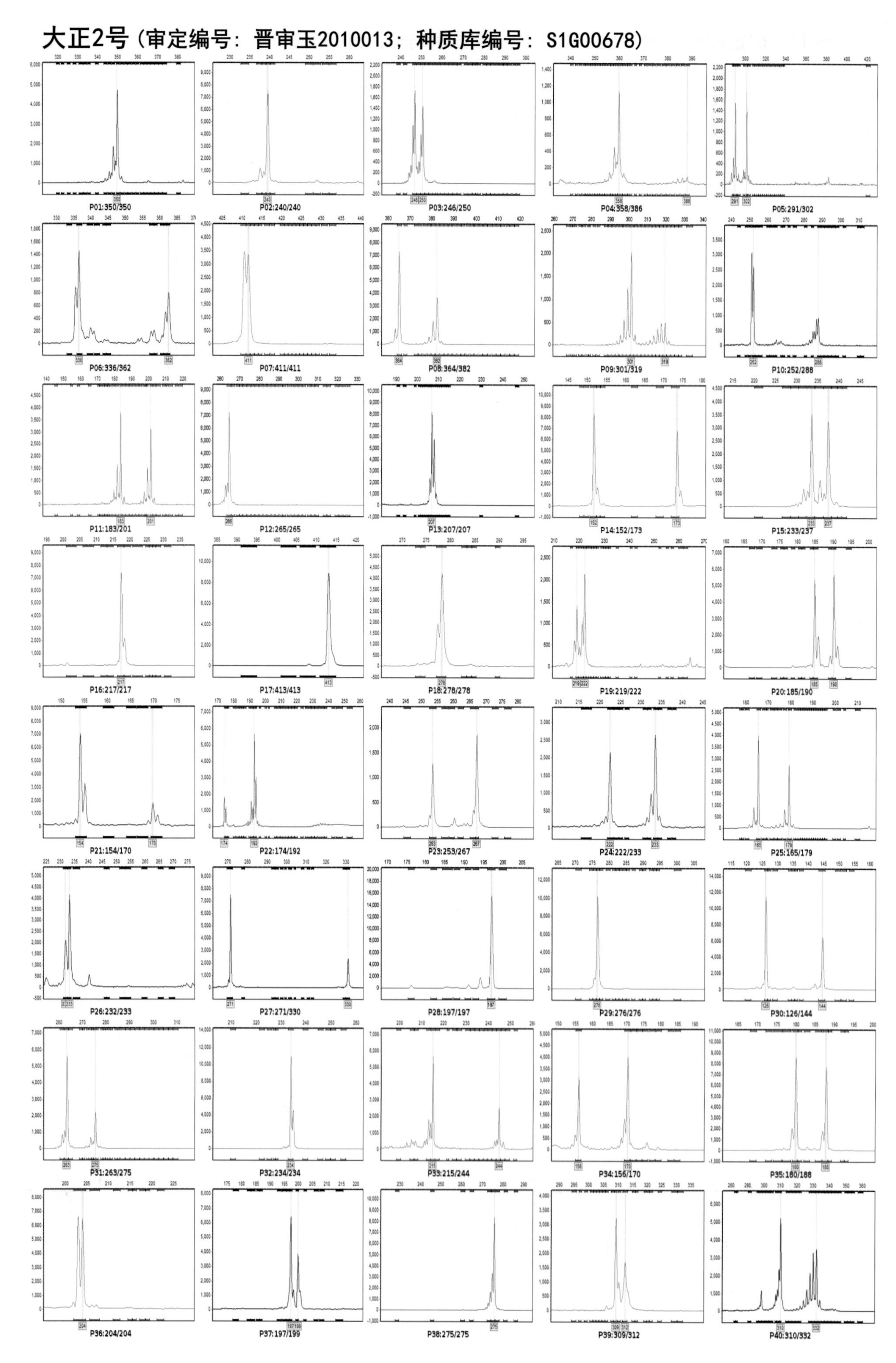

P01:350/350
P02:240/240
P03:246/250
P04:358/386
P05:291/302
P06:336/362
P07:411/411
P08:364/382
P09:301/319
P10:252/288
P11:183/201
P12:265/265
P13:207/207
P14:152/173
P15:233/237
P16:217/217
P17:413/413
P18:278/278
P19:219/222
P20:185/190
P21:154/170
P22:174/192
P23:253/267
P24:222/233
P25:165/179
P26:232/233
P27:271/330
P28:197/197
P29:276/276
P30:126/144
P31:263/275
P32:234/234
P33:215/244
P34:156/170
P35:180/188
P36:204/204
P37:197/199
P38:275/275
P39:309/312
P40:310/332

盛玉366（审定编号：晋审玉2010014；种质库编号：S1G02524）

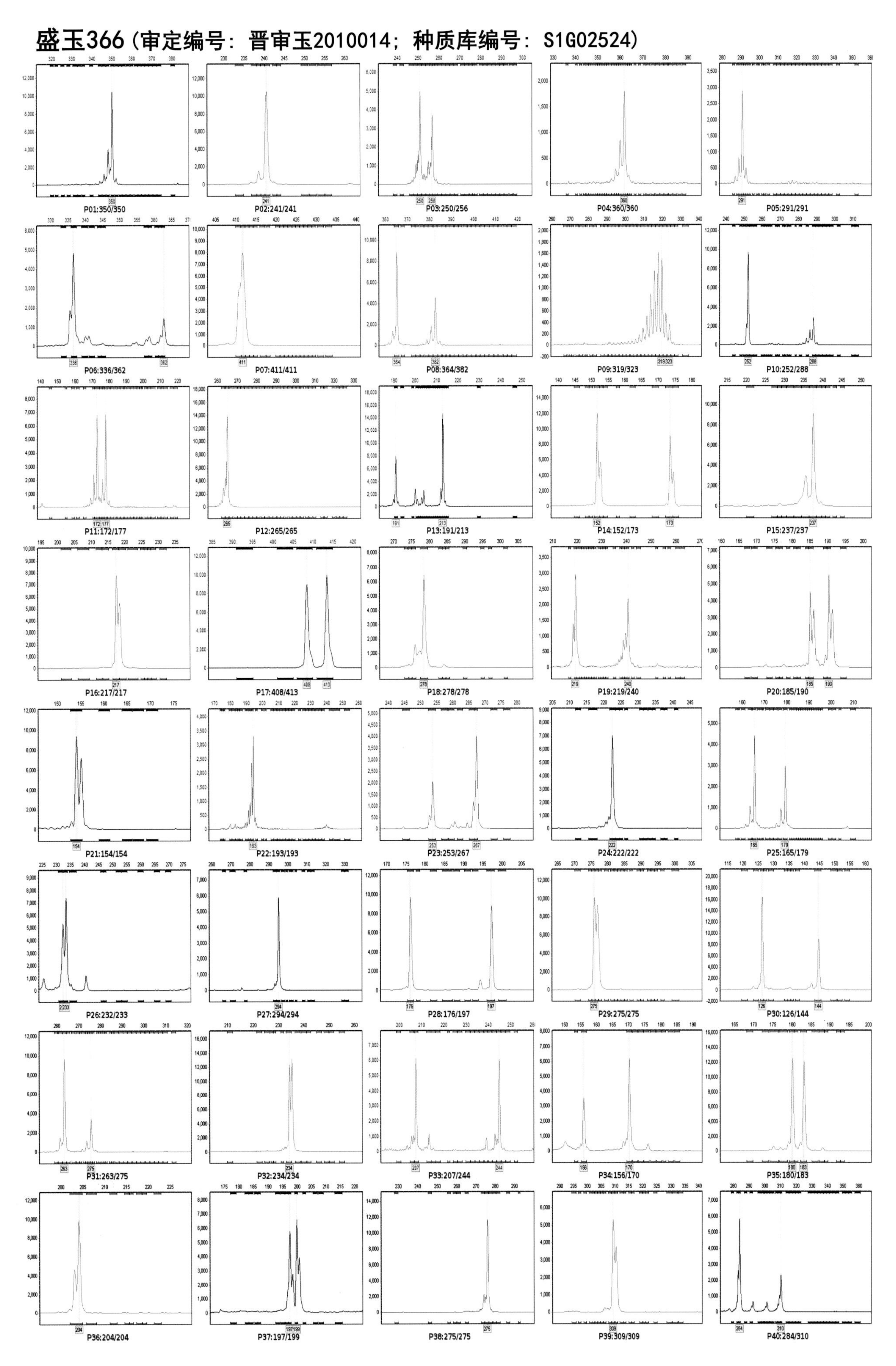

P01:350/350
P02:241/241
P03:250/256
P04:360/360
P05:291/291
P06:336/362
P07:411/411
P08:364/382
P09:319/323
P10:252/288
P11:172/177
P12:265/265
P13:191/213
P14:152/173
P15:237/237
P16:217/217
P17:408/413
P18:278/278
P19:219/240
P20:185/190
P21:154/154
P22:193/193
P23:253/267
P24:222/222
P25:165/179
P26:232/233
P27:294/294
P28:176/197
P29:275/275
P30:126/144
P31:263/275
P32:234/234
P33:207/244
P34:156/170
P35:180/183
P36:204/204
P37:197/199
P38:275/275
P39:309/309
P40:284/310

润民8号（审定编号：晋审玉2010015；种质库编号：S1G00639）

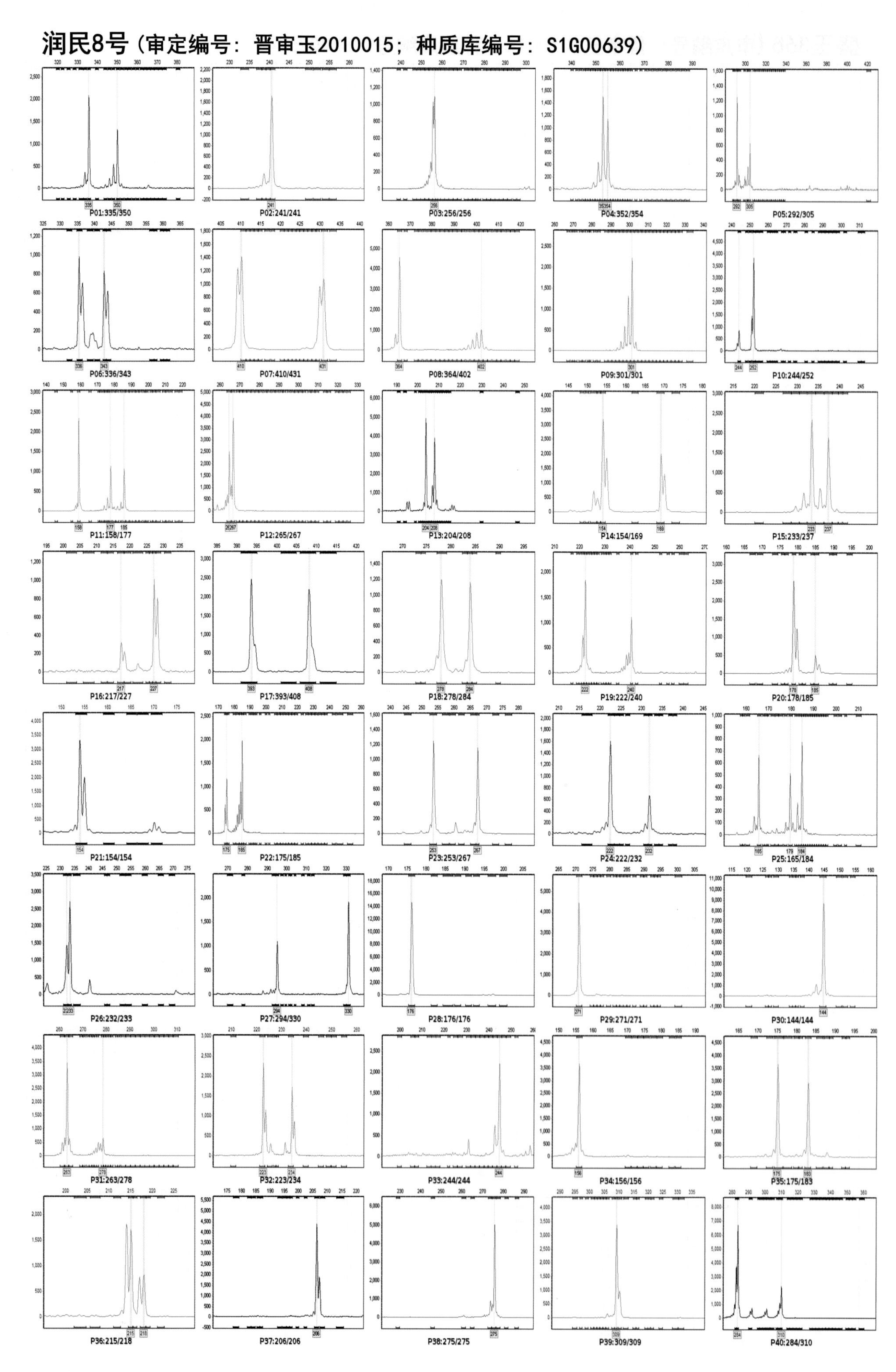
P01:335/350
P02:241/241
P03:256/256
P04:352/354
P05:292/305
P06:336/343
P07:410/431
P08:364/402
P09:301/301
P10:244/252
P11:158/177
P12:265/267
P13:204/208
P14:154/169
P15:233/237
P16:217/227
P17:393/408
P18:278/284
P19:222/240
P20:178/185
P21:154/154
P22:175/185
P23:253/267
P24:222/232
P25:165/184
P26:232/233
P27:294/330
P28:176/176
P29:271/271
P30:144/144
P31:263/278
P32:223/234
P33:244/244
P34:156/156
P35:175/183
P36:215/218
P37:206/206
P38:275/275
P39:309/309
P40:284/310

润民336（审定编号：晋审玉2010016；种质库编号：S1G00710）

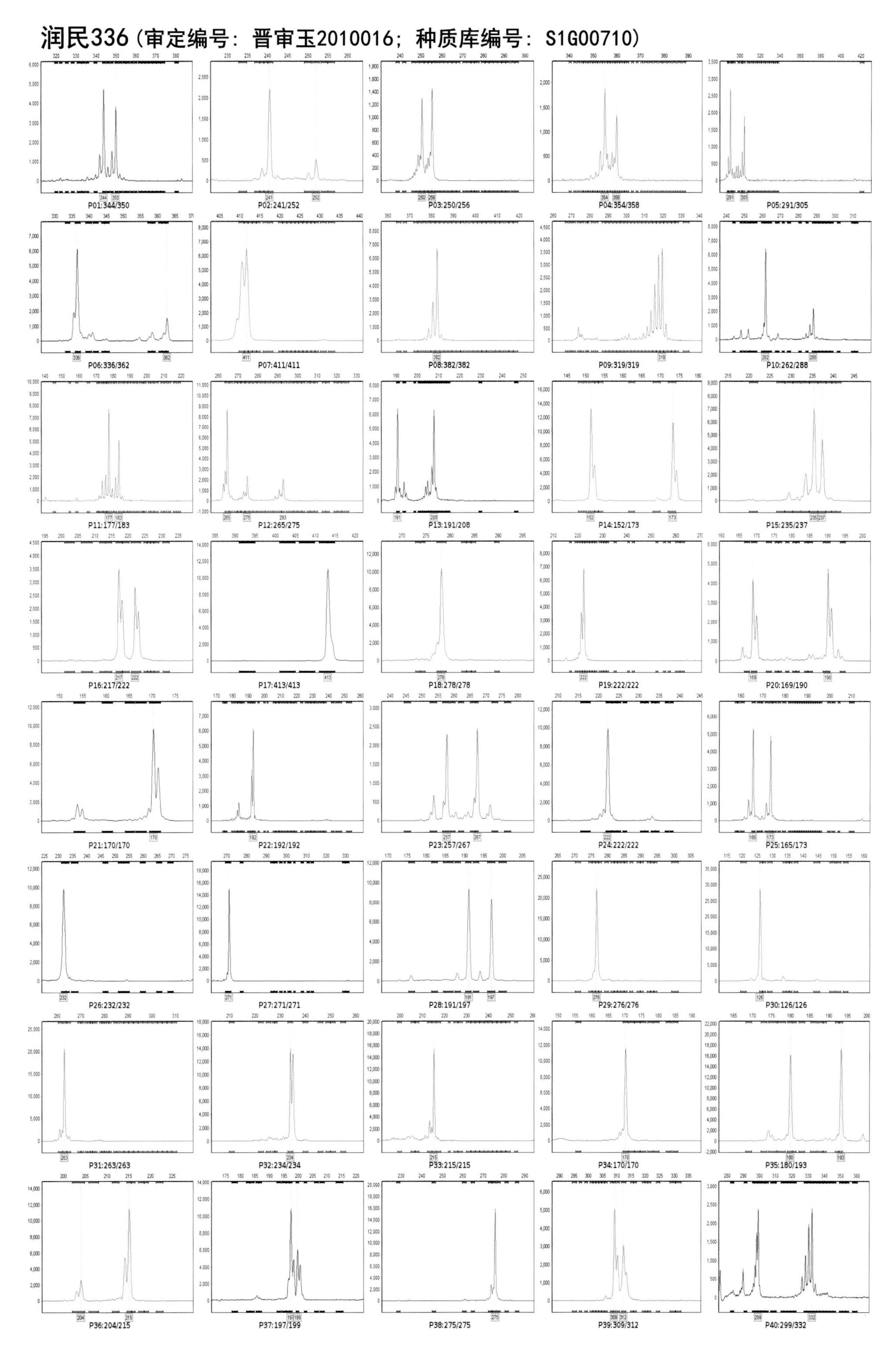
P01:344/350
P02:241/252
P03:250/256
P04:354/358
P05:291/305
P06:336/362
P07:411/411
P08:382/382
P09:319/319
P10:262/288
P11:177/183
P12:265/275
P13:191/208
P14:152/173
P15:235/237
P16:217/222
P17:413/413
P18:278/278
P19:222/222
P20:169/190
P21:170/170
P22:192/192
P23:257/267
P24:222/222
P25:165/173
P26:232/232
P27:271/271
P28:191/197
P29:276/276
P30:126/126
P31:263/263
P32:234/234
P33:215/215
P34:170/170
P35:180/193
P36:204/215
P37:197/199
P38:275/275
P39:309/312
P40:299/332

农福8号（审定编号：晋审玉2010017；种质库编号：S1G00726）

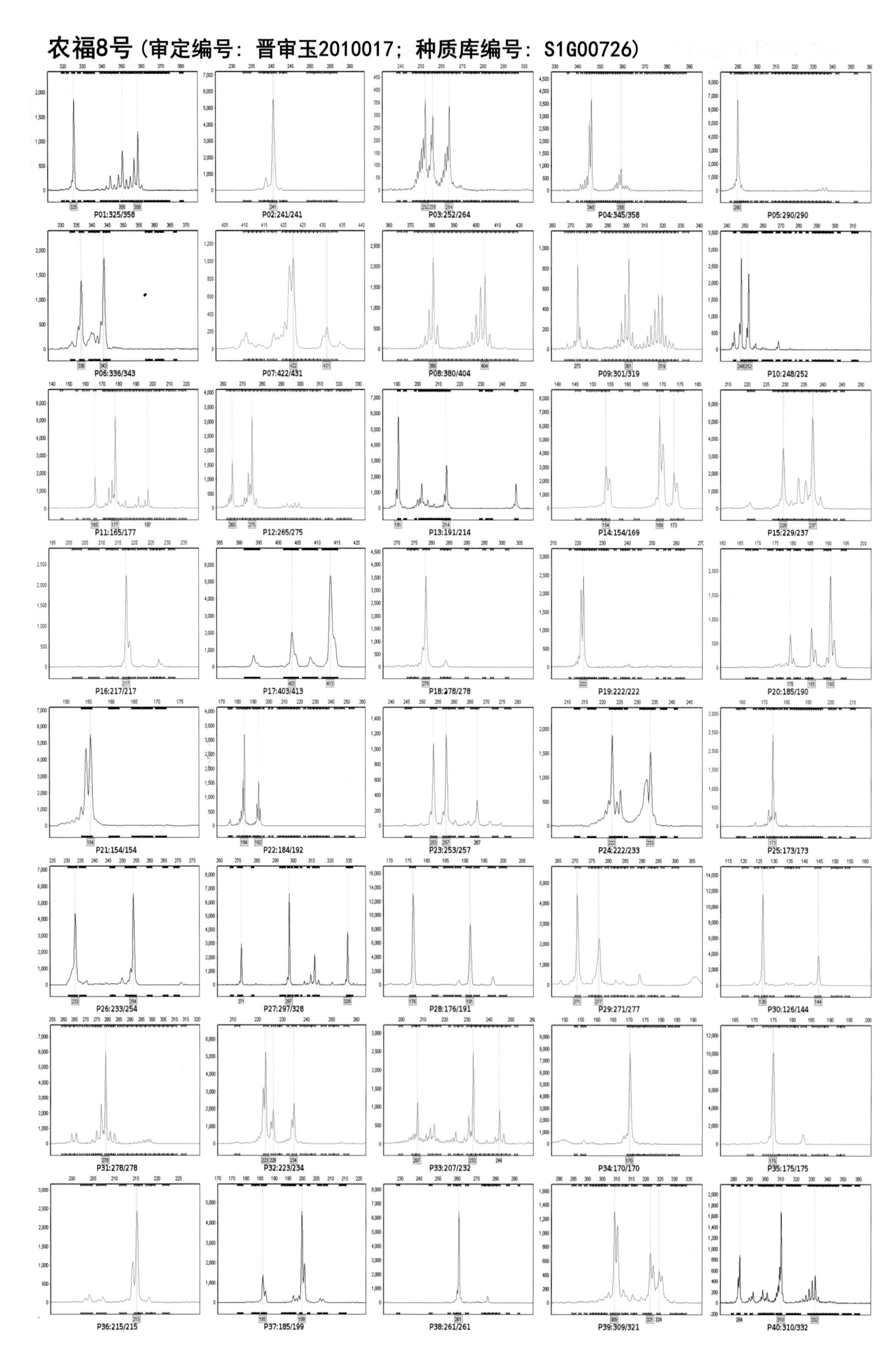

P01:325/358
P02:241/241
P03:252/264
P04:345/358
P05:290/290
P06:336/343
P07:422/431
P08:380/404
P09:301/319
P10:248/252
P11:165/177
P12:265/275
P13:191/214
P14:154/169
P15:229/237
P16:217/217
P17:403/413
P18:278/278
P19:222/222
P20:185/190
P21:154/154
P22:184/192
P23:253/257
P24:222/233
P25:173/173
P26:233/254
P27:297/328
P28:176/191
P29:271/277
P30:126/144
P31:278/278
P32:223/234
P33:207/232
P34:170/170
P35:175/175
P36:215/215
P37:185/199
P38:261/261
P39:309/321
P40:310/332

晋单76号（审定编号：晋审玉2010018；种质库编号：S1G00668）

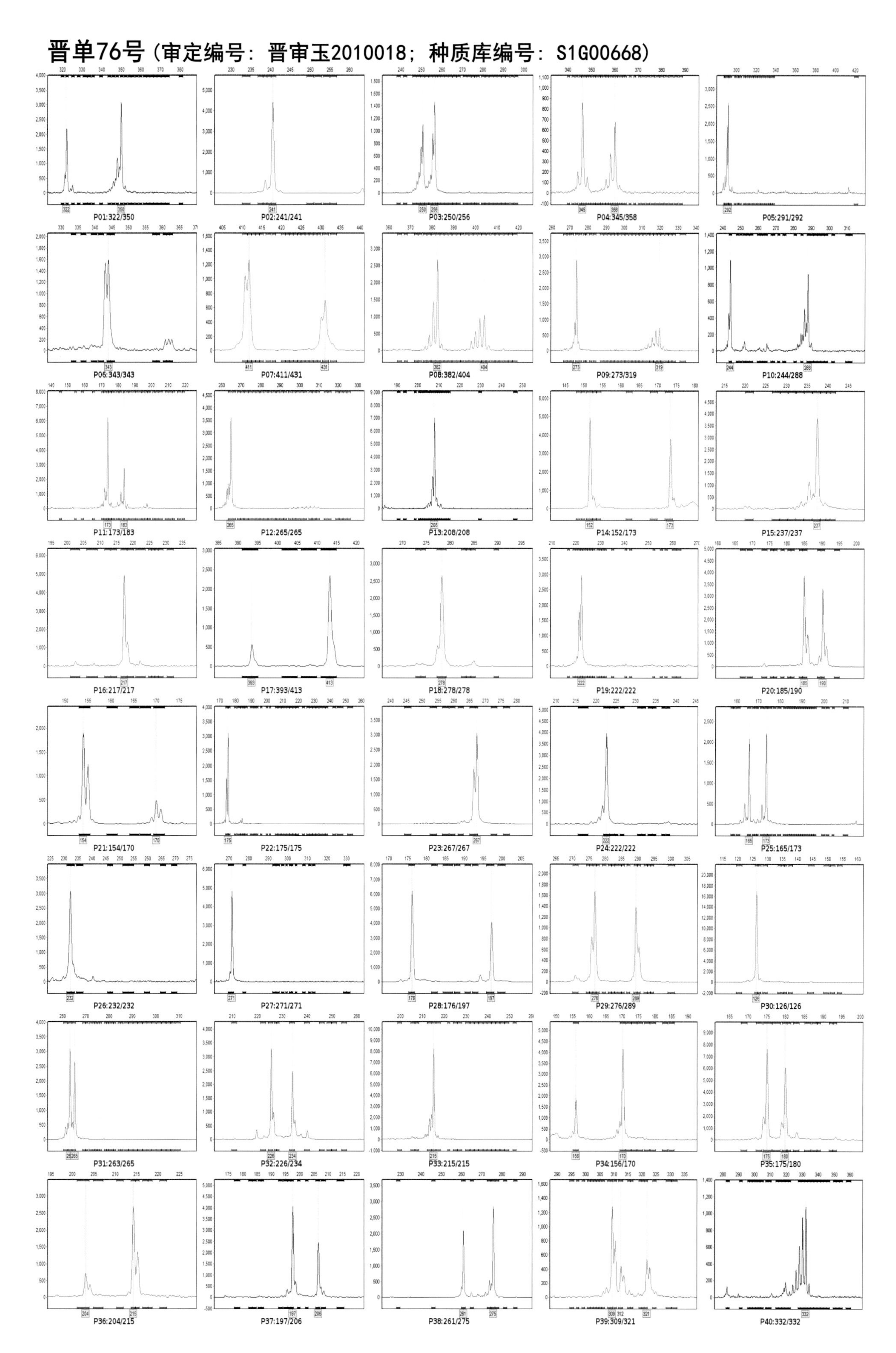
P01:322/350
P02:241/241
P03:250/256
P04:345/358
P05:291/292
P06:343/343
P07:411/431
P08:382/404
P09:273/319
P10:244/288
P11:173/183
P12:265/265
P13:208/208
P14:152/173
P15:237/237
P16:217/217
P17:393/413
P18:278/278
P19:222/222
P20:185/190
P21:154/170
P22:175/175
P23:267/267
P24:222/222
P25:165/173
P26:232/232
P27:271/271
P28:176/197
P29:276/289
P30:126/126
P31:263/265
P32:226/234
P33:215/215
P34:156/170
P35:175/180
P36:204/215
P37:197/206
P38:261/275
P39:309/321
P40:332/332

奥利66号（审定编号：晋审玉2010019；种质库编号：S1G00720）

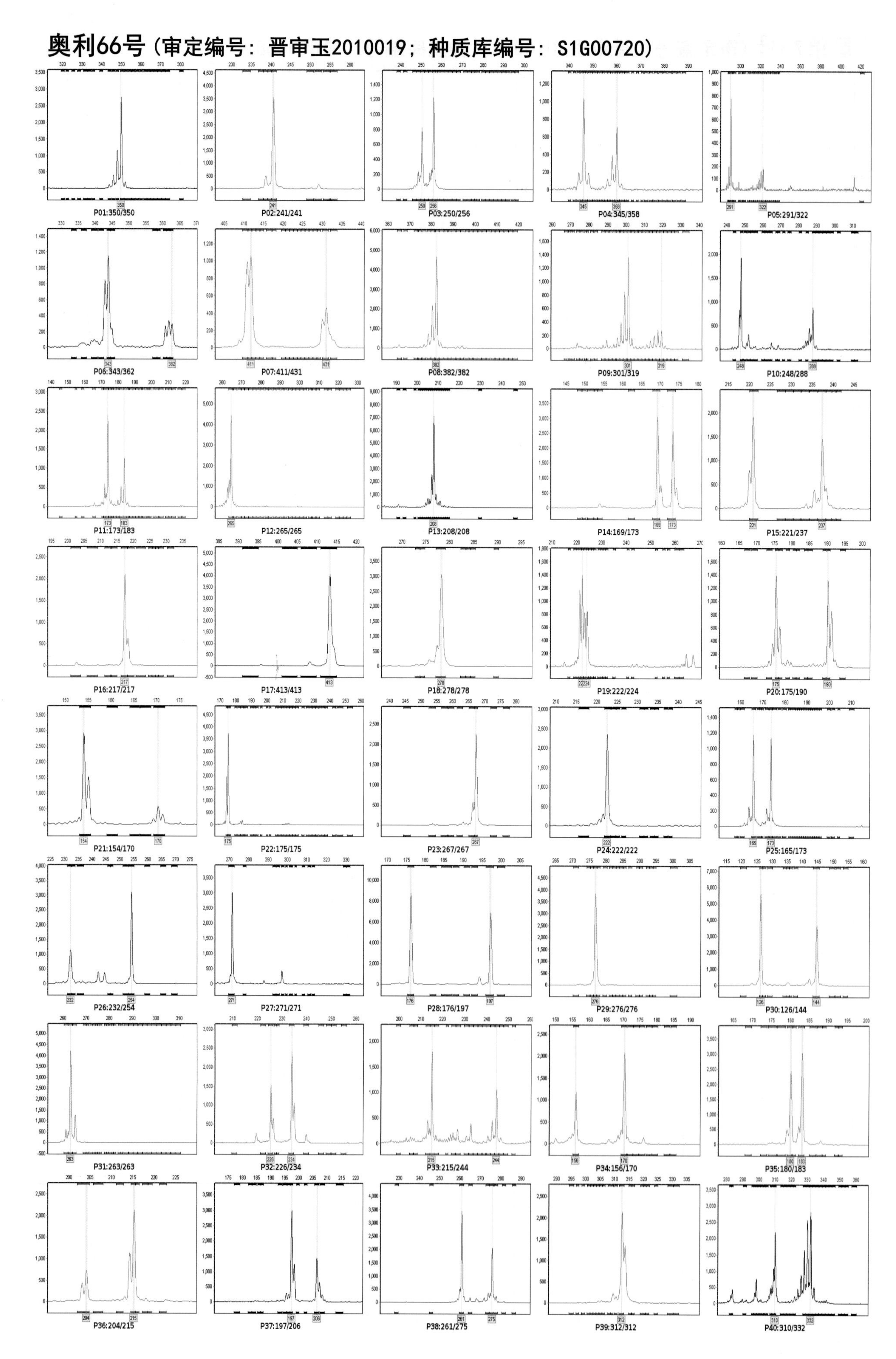

P01:350/350
P02:241/241
P03:250/256
P04:345/358
P05:291/322
P06:343/362
P07:411/431
P08:382/382
P09:301/319
P10:248/288
P11:173/183
P12:265/265
P13:208/208
P14:169/173
P15:221/237
P16:217/217
P17:413/413
P18:278/278
P19:222/224
P20:175/190
P21:154/170
P22:175/175
P23:267/267
P24:222/222
P25:165/173
P26:232/254
P27:271/271
P28:176/197
P29:276/276
P30:126/144
P31:263/263
P32:226/234
P33:215/244
P34:156/170
P35:180/183
P36:204/215
P37:197/206
P38:261/275
P39:312/312
P40:310/332

奥利10号（审定编号：晋审玉2010020；种质库编号：S1G00733）

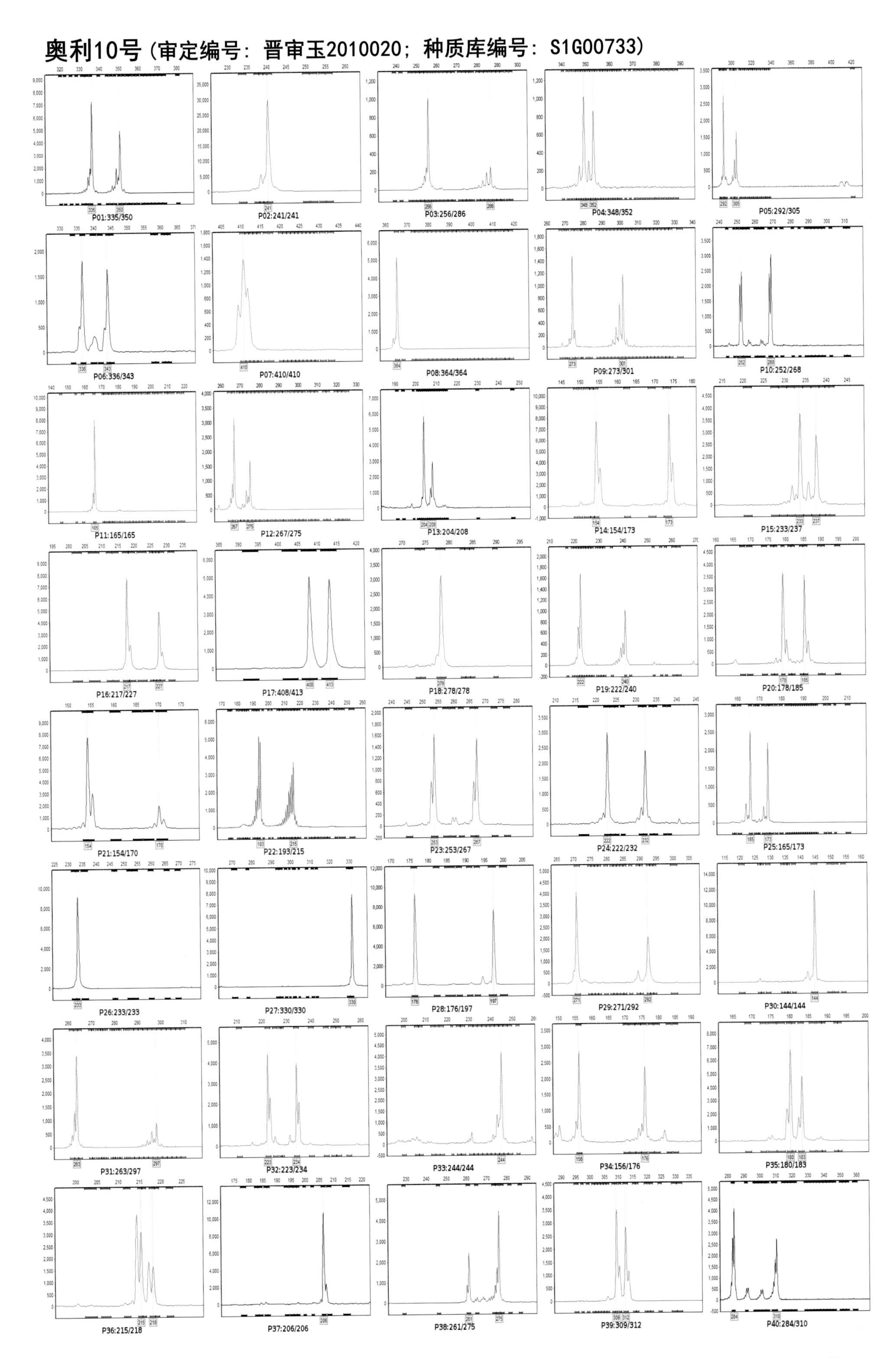
P01:335/350
P02:241/241
P03:256/286
P04:348/352
P05:292/305
P06:336/343
P07:410/410
P08:364/364
P09:273/301
P10:252/268
P11:165/165
P12:267/275
P13:204/208
P14:154/173
P15:233/237
P16:217/227
P17:408/413
P18:278/278
P19:222/240
P20:178/185
P21:154/170
P22:193/215
P23:253/267
P24:222/232
P25:165/173
P26:233/233
P27:330/330
P28:176/197
P29:271/292
P30:144/144
P31:263/297
P32:223/234
P33:244/244
P34:156/176
P35:180/183
P36:215/218
P37:206/206
P38:261/275
P39:309/312
P40:284/310

双宝16（审定编号：晋审玉2010021；种质库编号：S1G00692）

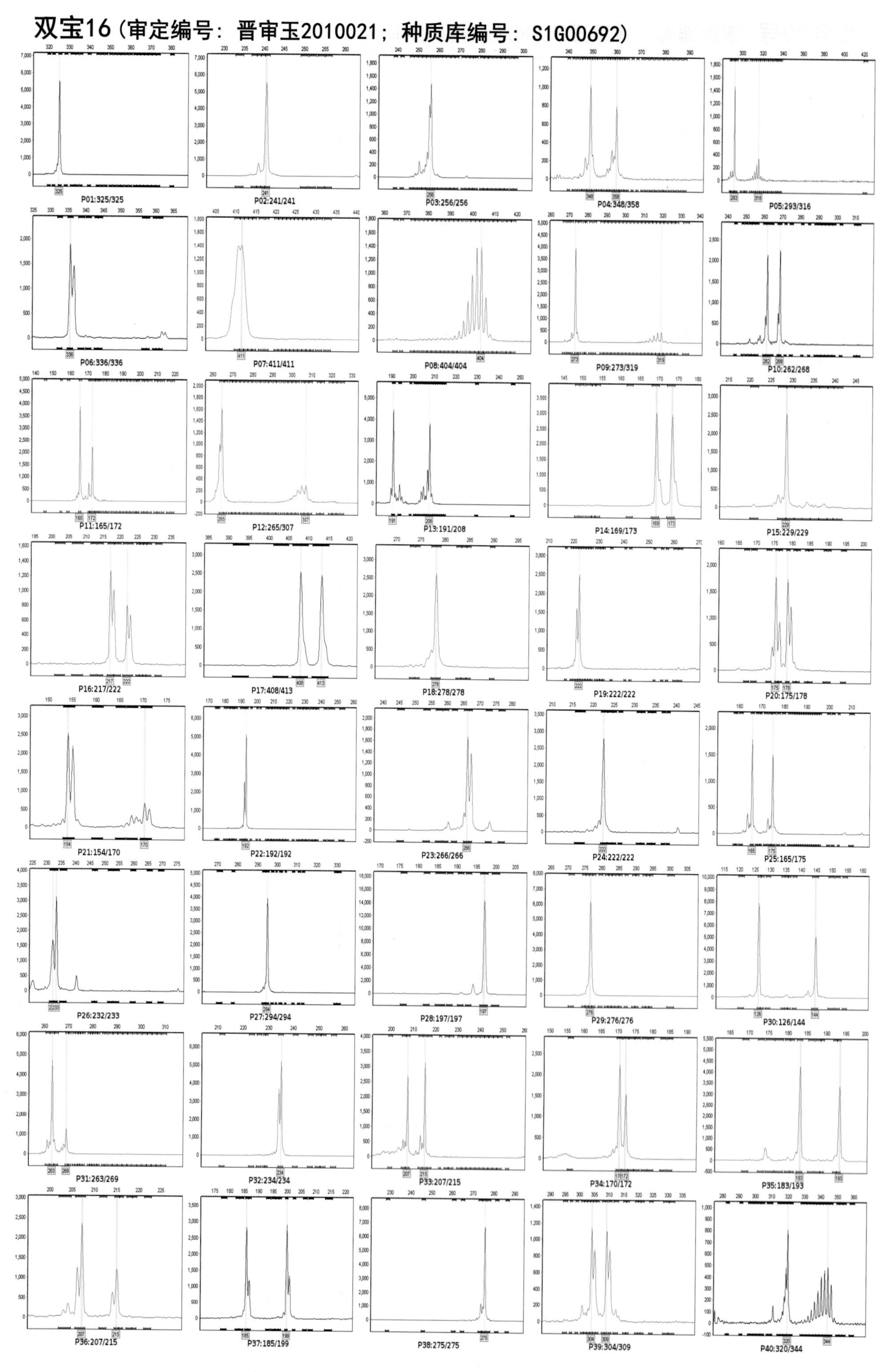

P01:325/325
P02:241/241
P03:256/256
P04:348/358
P05:293/316
P06:336/336
P07:411/411
P08:404/404
P09:273/319
P10:262/268
P11:165/172
P12:265/307
P13:191/208
P14:169/173
P15:229/229
P16:217/222
P17:408/413
P18:278/278
P19:222/222
P20:175/178
P21:154/170
P22:192/192
P23:266/266
P24:222/222
P25:165/175
P26:232/233
P27:294/294
P28:197/197
P29:276/276
P30:126/144
P31:263/269
P32:234/234
P33:207/215
P34:170/172
P35:183/193
P36:207/215
P37:185/199
P38:275/275
P39:304/309
P40:320/344

金玉18号（审定编号：晋审玉2010022；种质库编号：S1G00682）

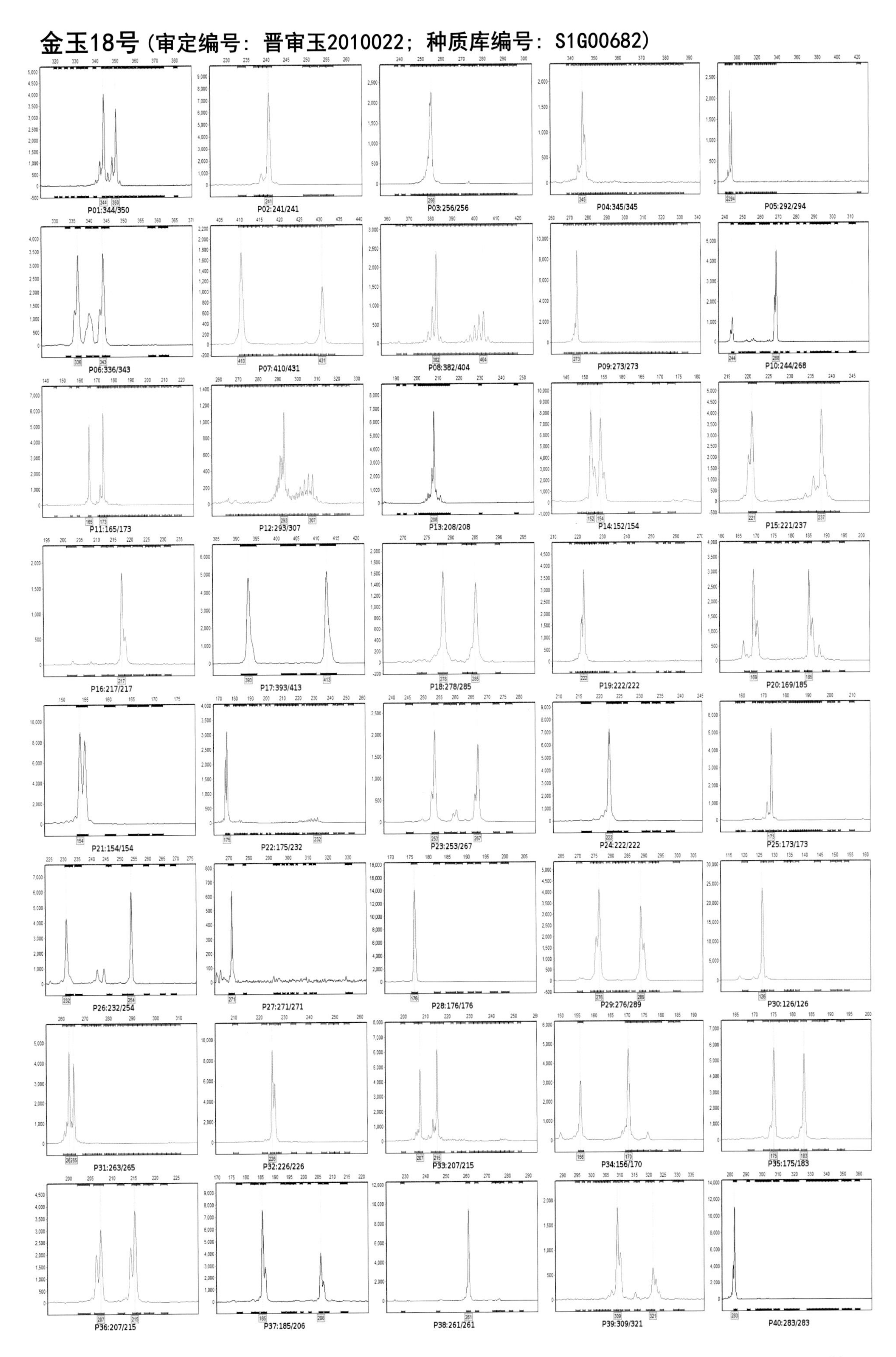
P01:344/350
P02:241/241
P03:256/256
P04:345/345
P05:292/294
P06:336/343
P07:410/431
P08:382/404
P09:273/273
P10:244/268
P11:165/173
P12:293/307
P13:208/208
P14:152/154
P15:221/237
P16:217/217
P17:393/413
P18:278/285
P19:222/222
P20:169/185
P21:154/154
P22:175/232
P23:253/267
P24:222/222
P25:173/173
P26:232/254
P27:271/271
P28:176/176
P29:276/289
P30:126/126
P31:263/265
P32:226/226
P33:207/215
P34:156/170
P35:175/183
P36:207/215
P37:185/206
P38:261/261
P39:309/321
P40:283/283

诚信16（审定编号：晋审玉2010023；种质库编号：S1G03193）

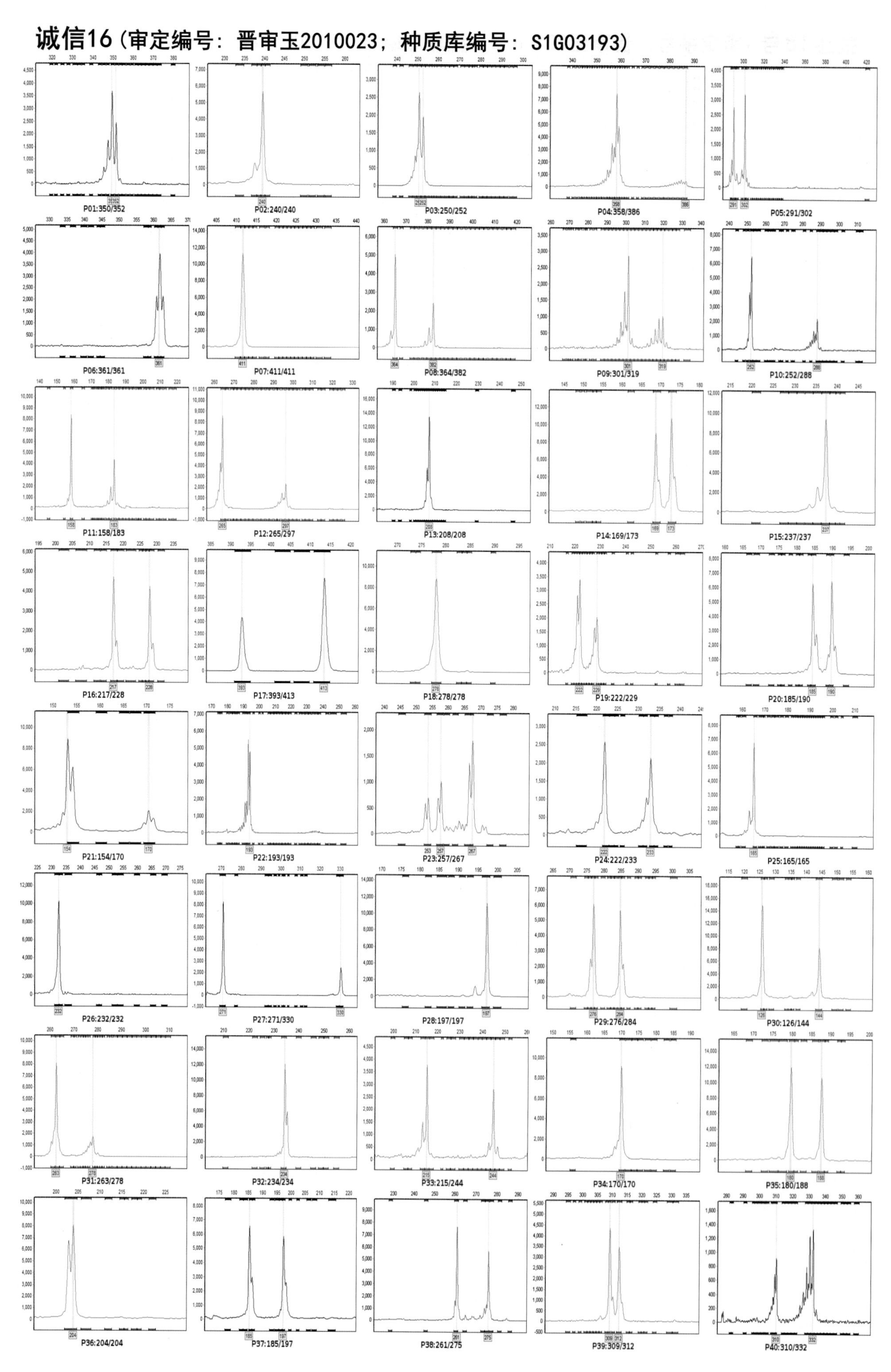
P01:350/352
P02:240/240
P03:250/252
P04:358/386
P05:291/302
P06:361/361
P07:411/411
P08:364/382
P09:301/319
P10:252/288
P11:158/183
P12:265/297
P13:208/208
P14:169/173
P15:237/237
P16:217/228
P17:393/413
P18:278/278
P19:222/229
P20:185/190
P21:154/170
P22:193/193
P23:257/267
P24:222/233
P25:165/165
P26:232/232
P27:271/330
P28:197/197
P29:276/284
P30:126/144
P31:263/278
P32:234/234
P33:215/244
P34:170/170
P35:180/188
P36:204/204
P37:185/197
P38:261/275
P39:309/312
P40:310/332

晋单77号（审定编号：晋审玉2010024；种质库编号：S1G00721）

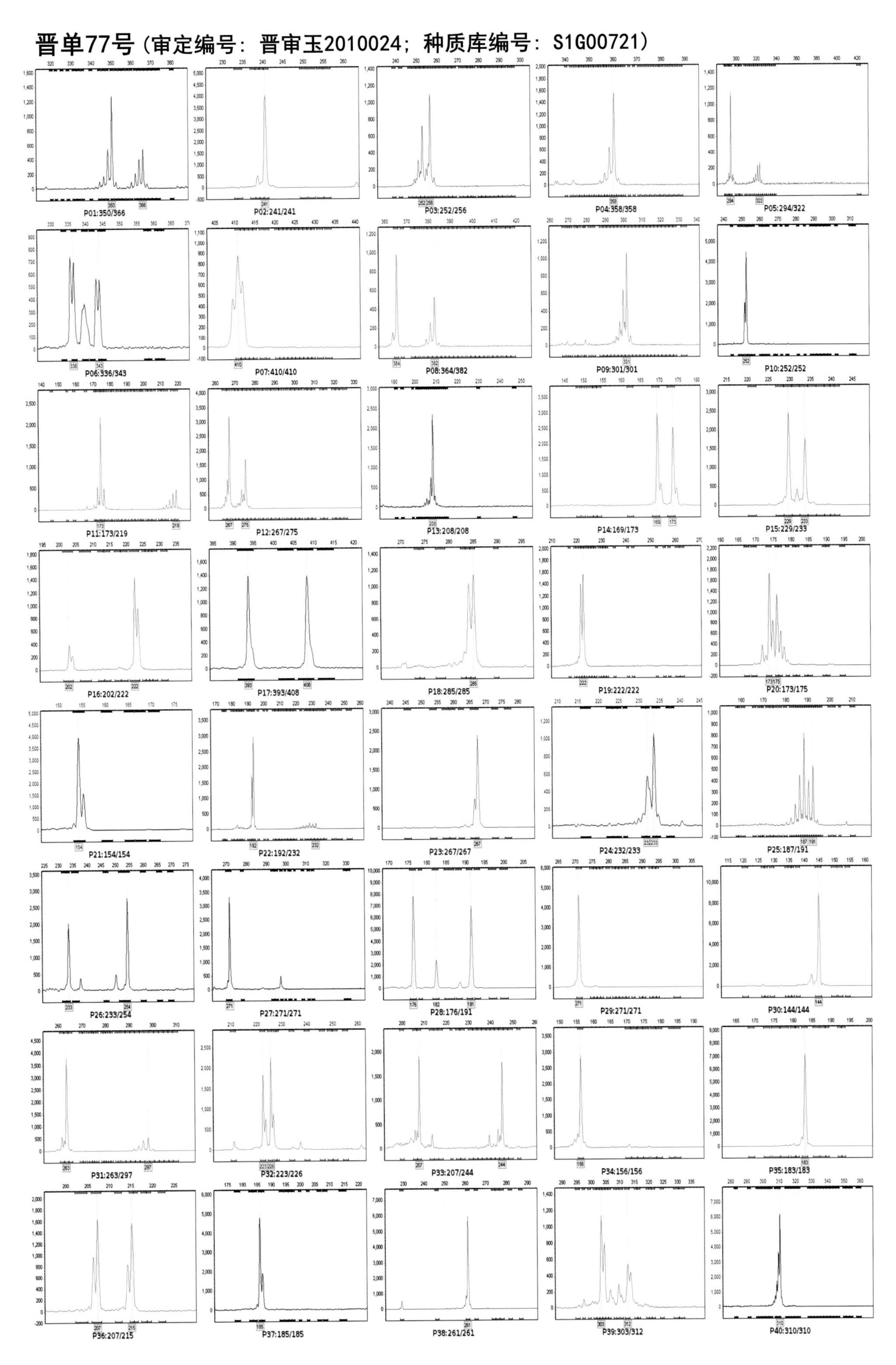
P01:350/366
P02:241/241
P03:252/256
P04:358/358
P05:294/322
P06:336/343
P07:410/410
P08:364/382
P09:301/301
P10:252/252
P11:173/219
P12:267/275
P13:208/208
P14:169/173
P15:229/233
P16:202/222
P17:393/408
P18:285/285
P19:222/222
P20:173/175
P21:154/154
P22:192/232
P23:267/267
P24:232/233
P25:187/191
P26:233/254
P27:271/271
P28:176/191
P29:271/271
P30:144/144
P31:263/297
P32:223/226
P33:207/244
P34:156/156
P35:183/183
P36:207/215
P37:185/185
P38:261/261
P39:303/312
P40:310/310

奥玉21（审定编号：晋审玉2010026；种质库编号：S1G00730）

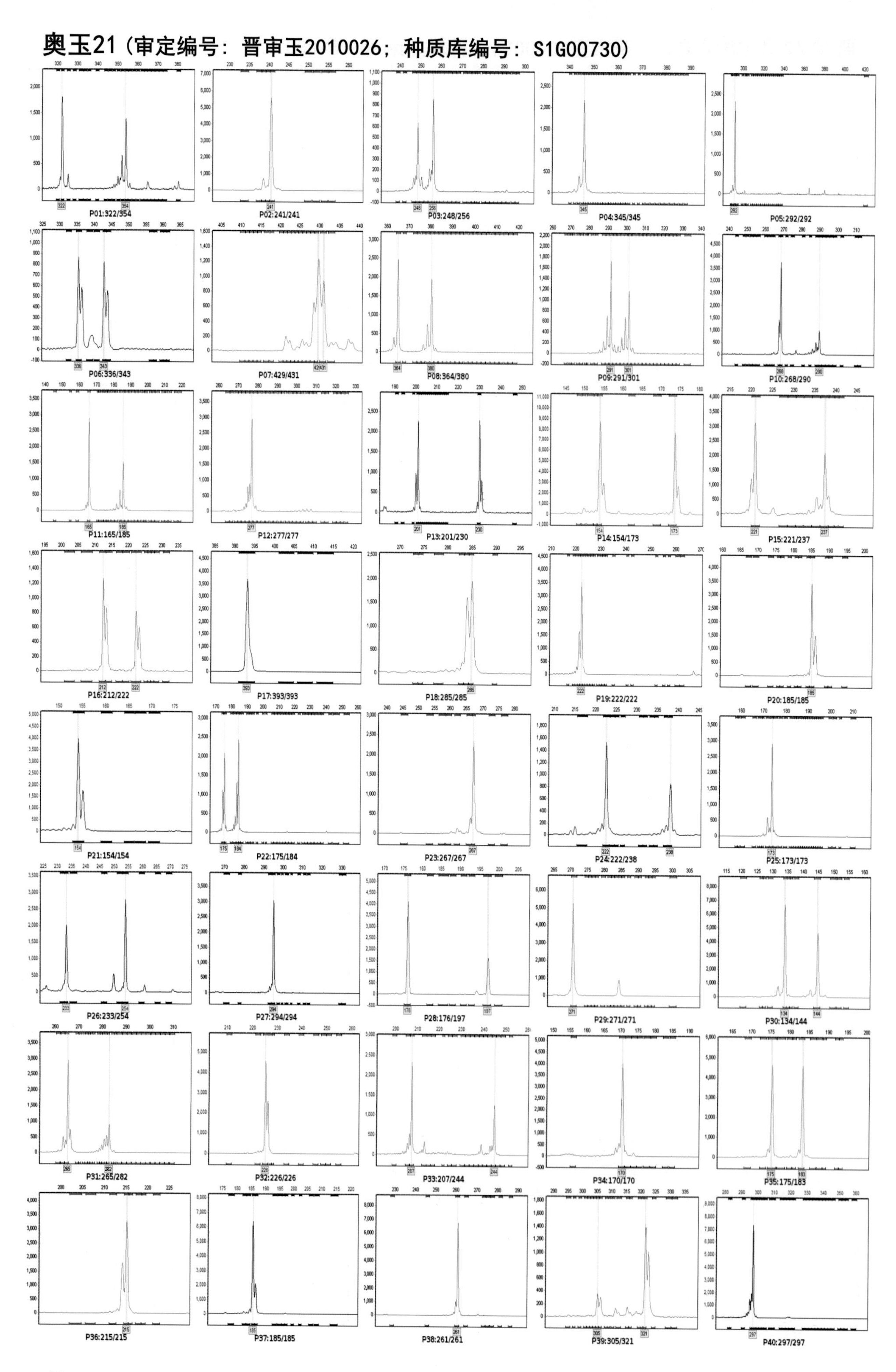

P01:322/354
P02:241/241
P03:248/256
P04:345/345
P05:292/292
P06:336/343
P07:429/431
P08:364/380
P09:291/301
P10:268/290
P11:165/185
P12:277/277
P13:201/230
P14:154/173
P15:221/237
P16:212/222
P17:393/393
P18:285/285
P19:222/222
P20:185/185
P21:154/154
P22:175/184
P23:267/267
P24:222/238
P25:173/173
P26:233/254
P27:294/294
P28:176/197
P29:271/271
P30:134/144
P31:265/282
P32:226/226
P33:207/244
P34:170/170
P35:175/183
P36:215/215
P37:185/185
P38:261/261
P39:305/321
P40:297/297

北玉509（审定编号：晋审玉2010027；种质库编号：S1G00679）

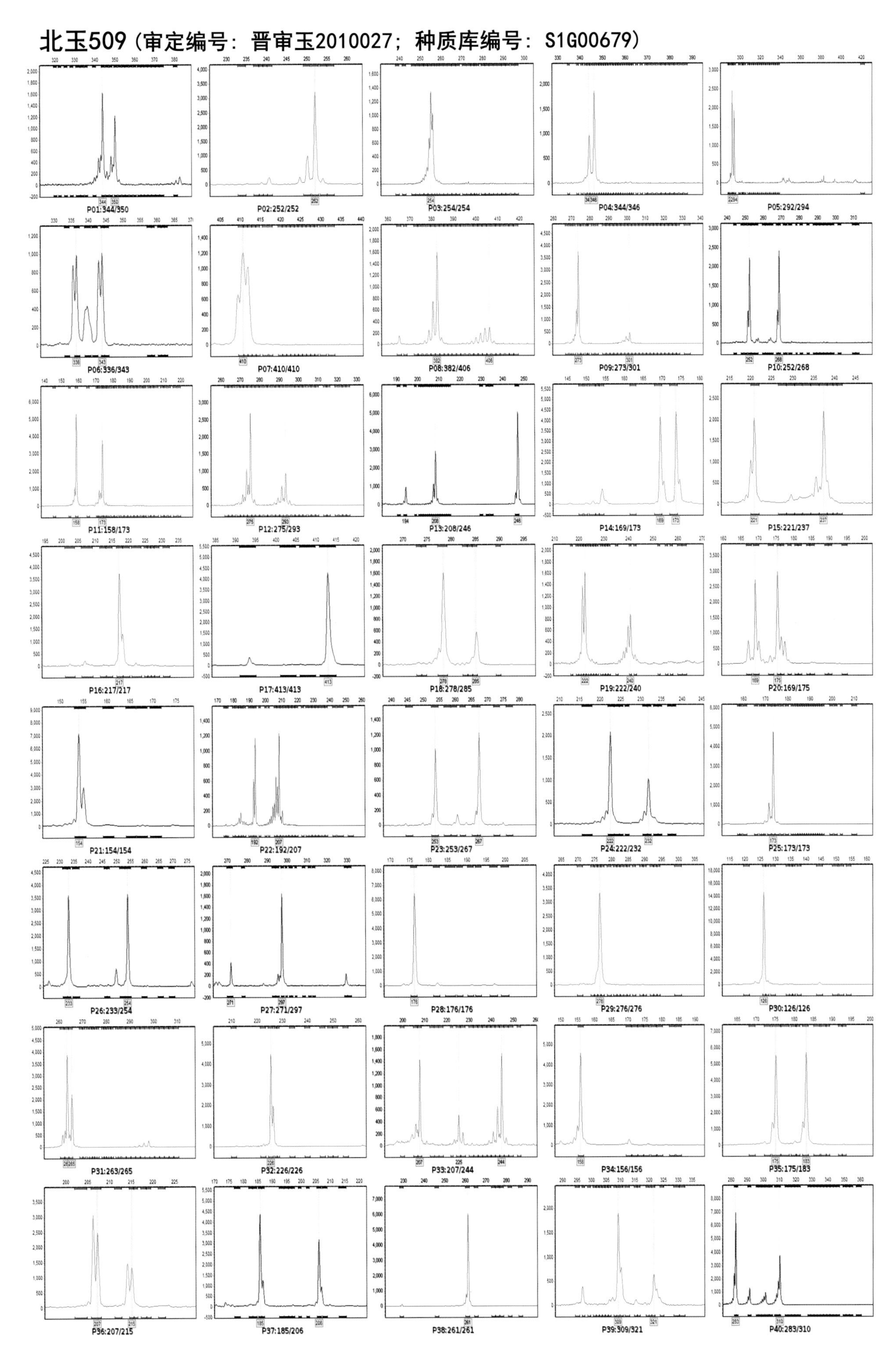
P01:344/350
P02:252/252
P03:254/254
P04:344/346
P05:292/294
P06:336/343
P07:410/410
P08:382/406
P09:273/301
P10:252/268
P11:158/173
P12:275/293
P13:208/246
P14:169/173
P15:221/237
P16:217/217
P17:413/413
P18:278/285
P19:222/240
P20:169/175
P21:154/154
P22:192/207
P23:253/267
P24:222/232
P25:173/173
P26:233/254
P27:271/297
P28:176/176
P29:276/276
P30:126/126
P31:263/265
P32:226/226
P33:207/244
P34:156/156
P35:175/183
P36:207/215
P37:185/206
P38:261/261
P39:309/321
P40:283/310

永玉35（审定编号：晋审玉2010028；种质库编号：S1G00744）

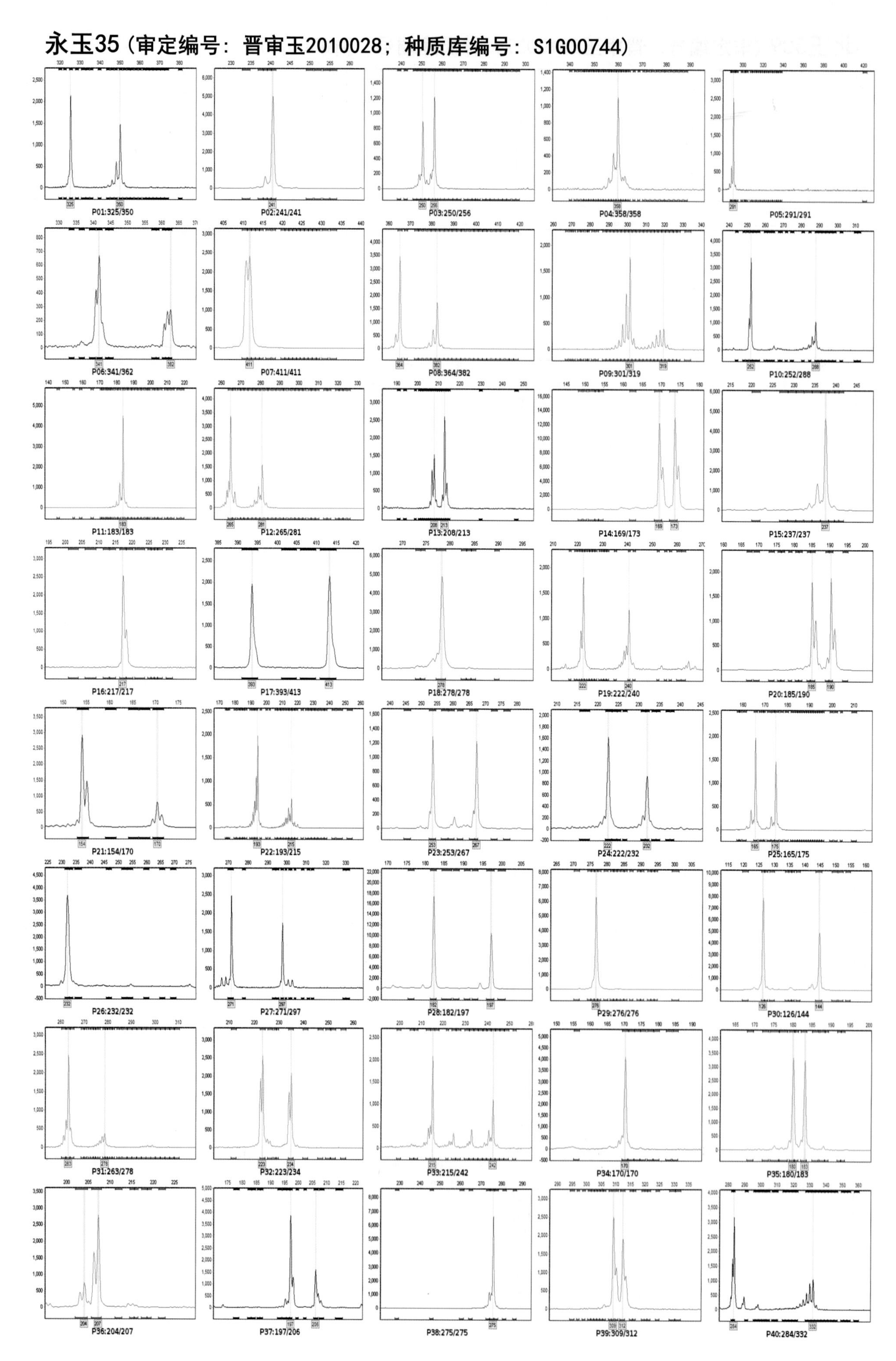
P01:325/350
P02:241/241
P03:250/256
P04:358/358
P05:291/291
P06:341/362
P07:411/411
P08:364/382
P09:301/319
P10:252/288
P11:183/183
P12:265/281
P13:208/213
P14:169/173
P15:237/237
P16:217/217
P17:393/413
P18:278/278
P19:222/240
P20:185/190
P21:154/170
P22:193/215
P23:253/267
P24:222/232
P25:165/175
P26:232/232
P27:271/297
P28:182/197
P29:276/276
P30:126/144
P31:263/278
P32:223/234
P33:215/242
P34:170/170
P35:180/183
P36:204/207
P37:197/206
P38:275/275
P39:309/312
P40:284/332

荣鑫338（审定编号：晋审玉2010029；种质库编号：S1G00659）

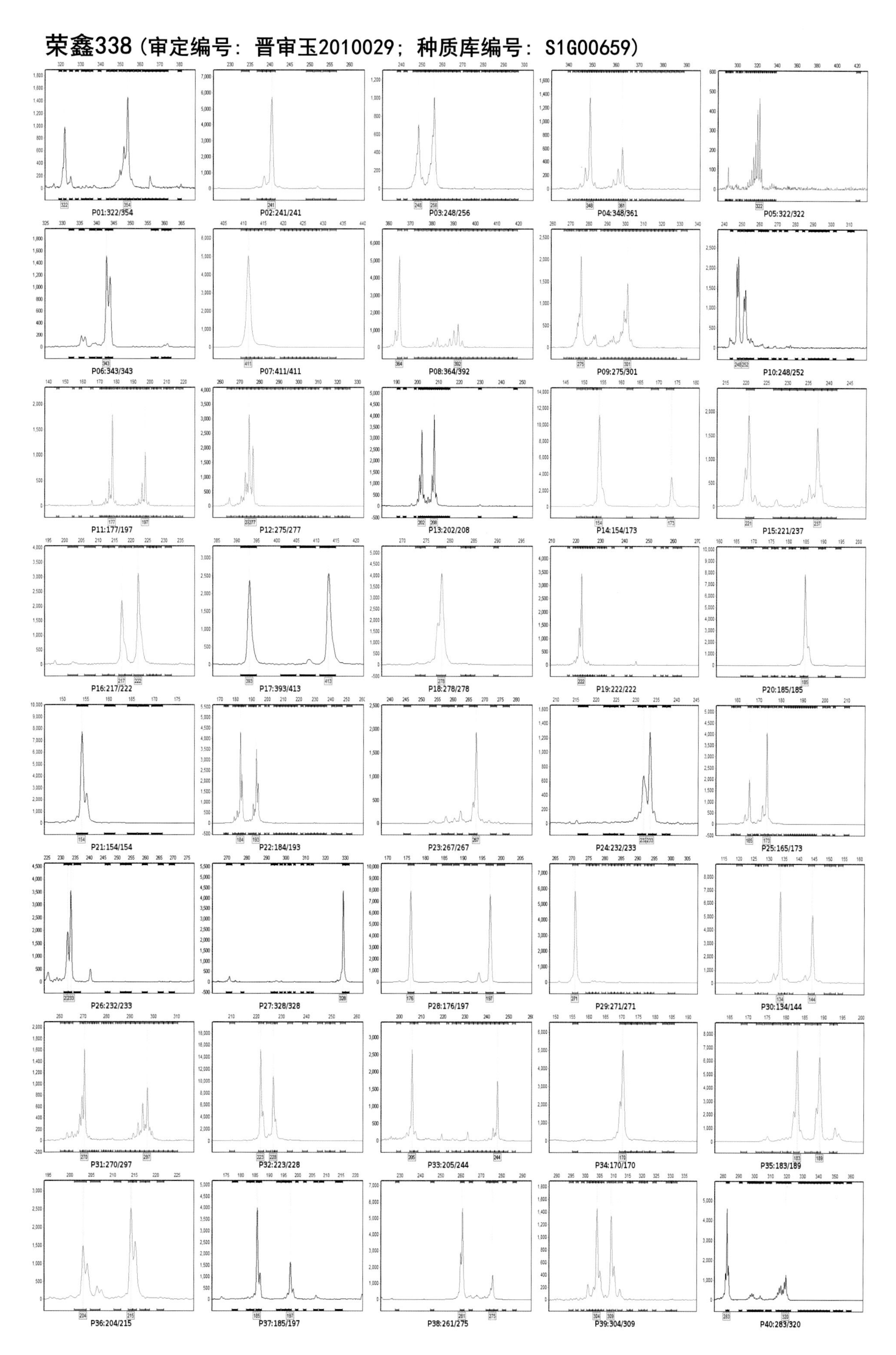
P01:322/354
P02:241/241
P03:248/256
P04:348/361
P05:322/322
P06:343/343
P07:411/411
P08:364/392
P09:275/301
P10:248/252
P11:177/197
P12:275/277
P13:202/208
P14:154/173
P15:221/237
P16:217/222
P17:393/413
P18:278/278
P19:222/222
P20:185/185
P21:154/154
P22:184/193
P23:267/267
P24:232/233
P25:165/173
P26:232/233
P27:328/328
P28:176/197
P29:271/271
P30:134/144
P31:270/297
P32:223/228
P33:205/244
P34:170/170
P35:183/189
P36:204/215
P37:185/197
P38:261/275
P39:304/309
P40:283/320

品玉598（审定编号：晋审玉2010030；种质库编号：S1G00715）

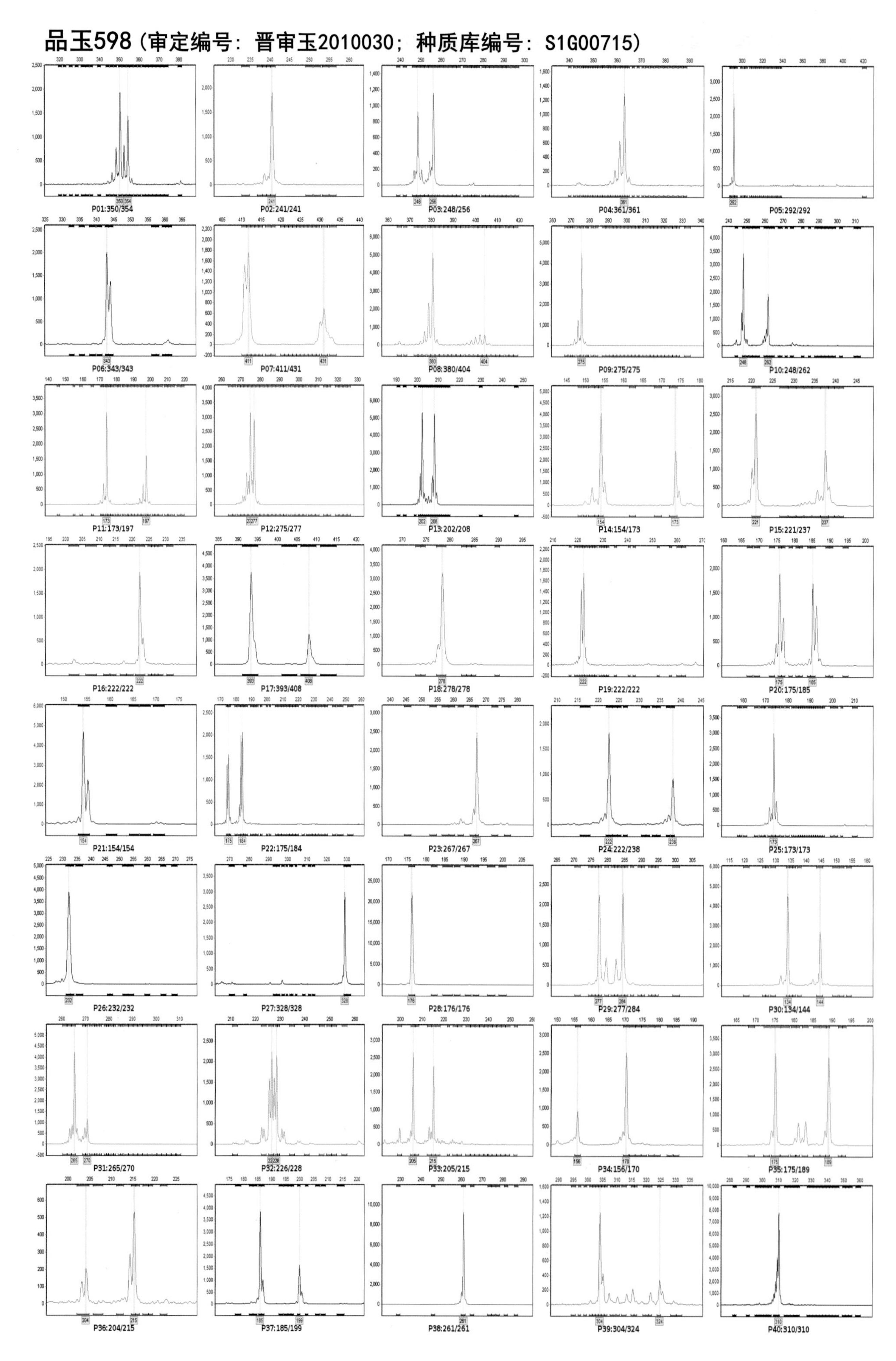
P01:350/354
P02:241/241
P03:248/256
P04:361/361
P05:292/292
P06:343/343
P07:411/431
P08:380/404
P09:275/275
P10:248/262
P11:173/197
P12:275/277
P13:202/208
P14:154/173
P15:221/237
P16:222/222
P17:393/408
P18:278/278
P19:222/222
P20:175/185
P21:154/154
P22:175/184
P23:267/267
P24:222/238
P25:173/173
P26:232/232
P27:328/328
P28:176/176
P29:277/284
P30:134/144
P31:265/270
P32:226/228
P33:205/215
P34:156/170
P35:175/189
P36:204/215
P37:185/199
P38:261/261
P39:304/324
P40:310/310

潞鑫66号（审定编号：晋审玉2010031，晋审玉2016030；种质库编号：S1G04117）

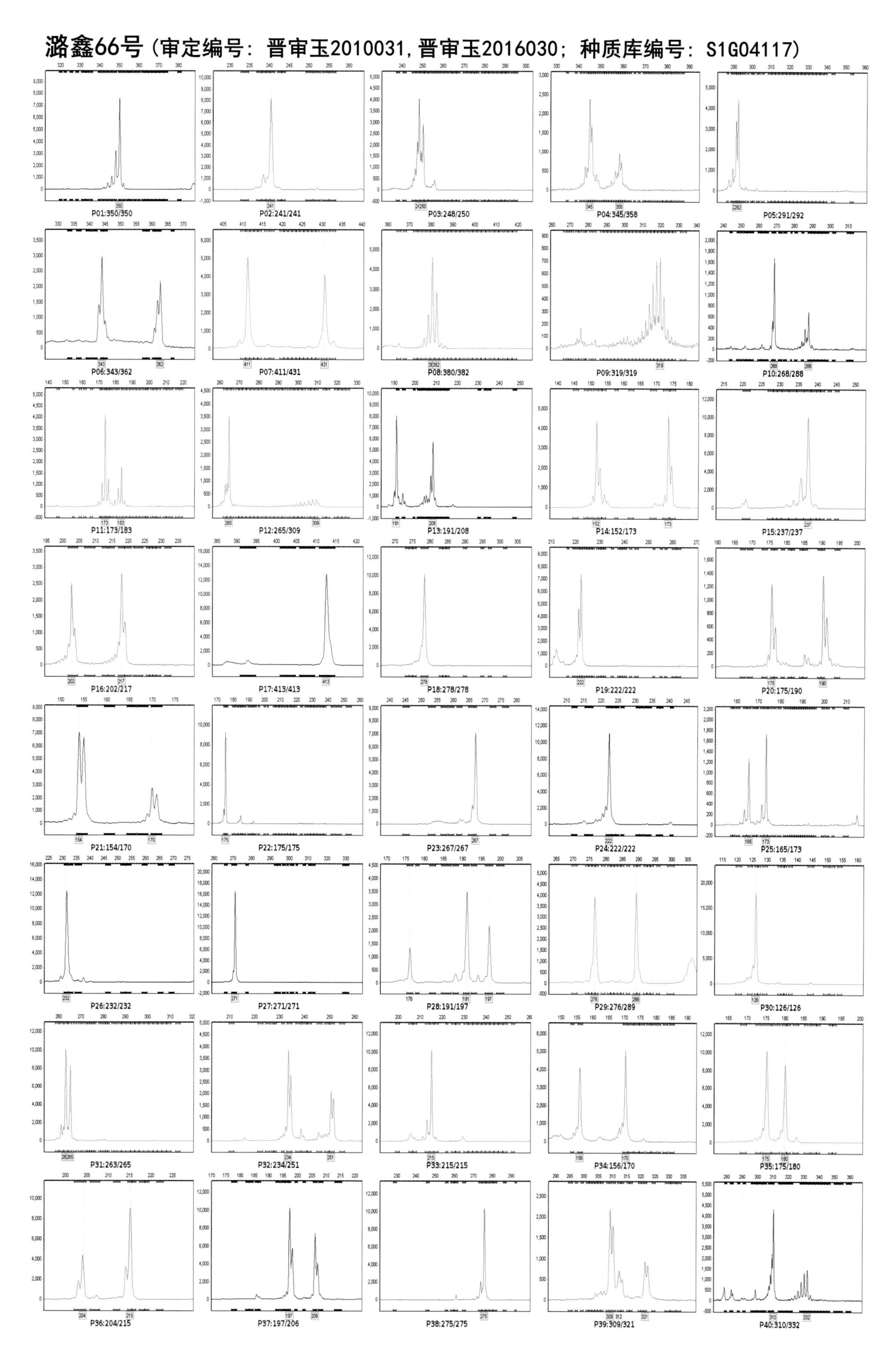

品糯1号（审定编号：晋审玉2010032；种质库编号：S1G05605）

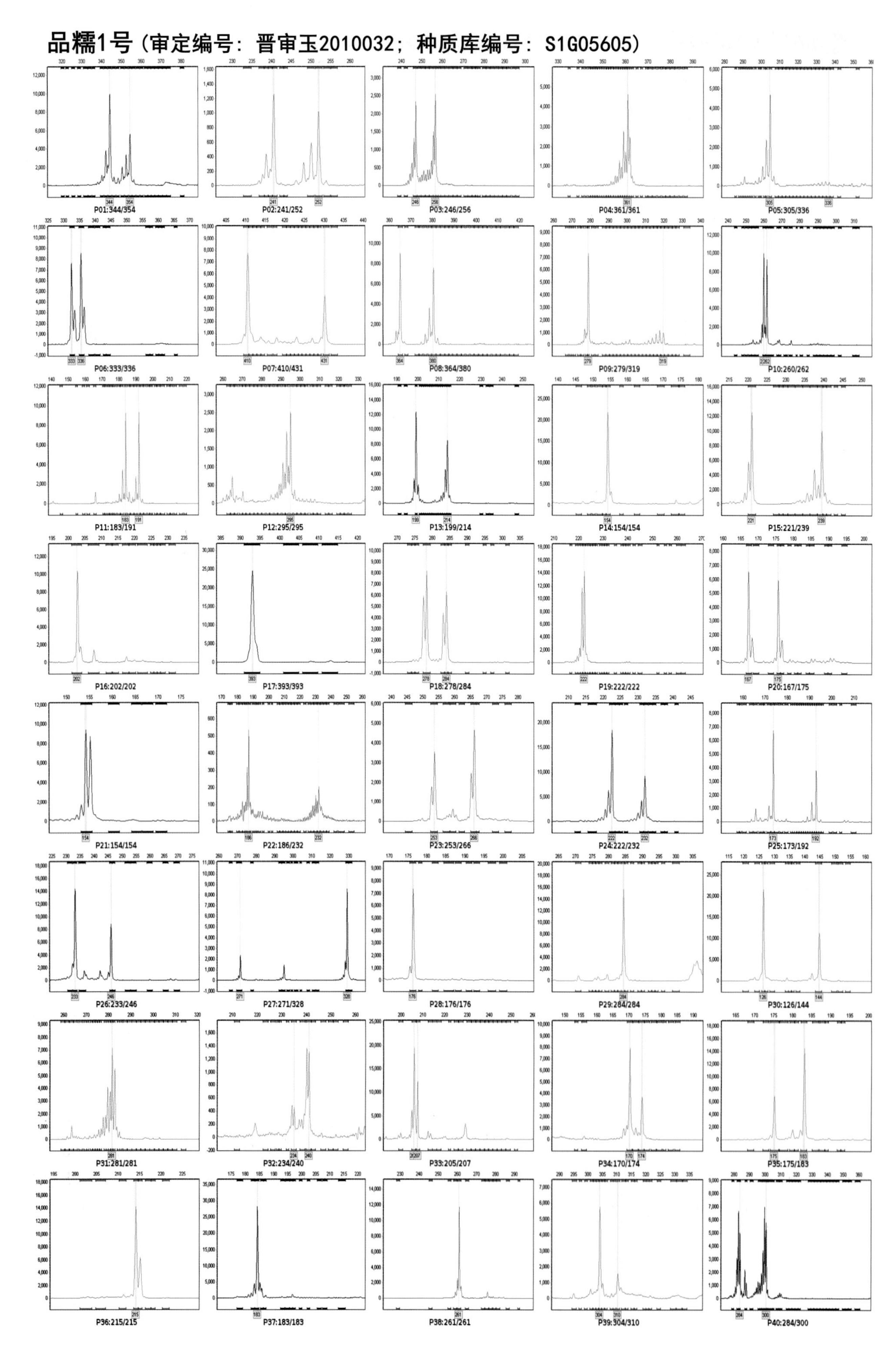

P01:344/354
P02:241/252
P03:246/256
P04:361/361
P05:305/336
P06:333/336
P07:410/431
P08:364/380
P09:279/319
P10:260/262
P11:183/191
P12:295/295
P13:199/214
P14:154/154
P15:221/239
P16:202/202
P17:393/393
P18:278/284
P19:222/222
P20:167/175
P21:154/154
P22:186/232
P23:253/266
P24:222/232
P25:173/192
P26:233/246
P27:271/328
P28:176/176
P29:284/284
P30:126/144
P31:281/281
P32:234/240
P33:205/207
P34:170/174
P35:175/183
P36:215/215
P37:183/183
P38:261/261
P39:304/310
P40:284/300

太玉511（审定编号：晋审玉2010033；种质库编号：S1G00687）

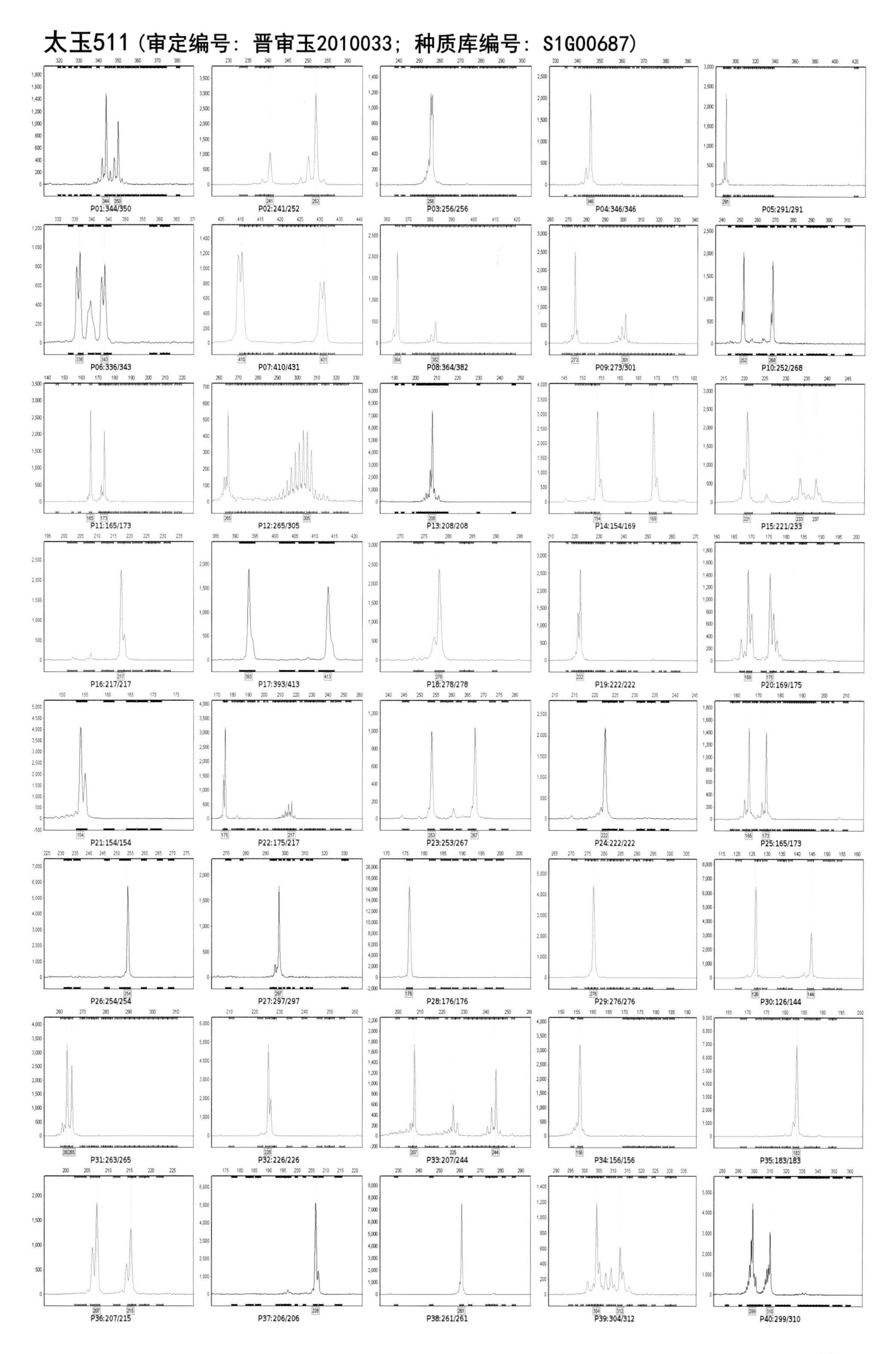
P01:344/350
P02:241/252
P03:256/256
P04:346/346
P05:291/291
P06:336/343
P07:410/431
P08:364/382
P09:273/301
P10:252/268
P11:165/173
P12:265/305
P13:208/208
P14:154/169
P15:221/233
P16:217/217
P17:393/413
P18:278/278
P19:222/222
P20:169/175
P21:154/154
P22:175/217
P23:253/267
P24:222/222
P25:165/173
P26:254/254
P27:297/297
P28:176/176
P29:276/276
P30:126/144
P31:263/265
P32:226/226
P33:207/244
P34:156/156
P35:183/183
P36:207/215
P37:206/206
P38:261/261
P39:304/312
P40:299/310

大丰青贮1号（审定编号：晋审玉2010034；种质库编号：S1G00629）

P01:350/350 P02:241/241 P03:256/256 P04:358/358 P05:314/322

P06:336/362 P07:411/411 P08:382/404 P09:301/301 P10:252/288

P11:173/185 P12:265/275 P13:208/208 P14:152/169 P15:237/237

P16:217/217 P17:393/408 P18:285/285 P19:222/229 P20:175/190

P21:154/154 P22:175/192 P23:253/267 P24:222/233 P25:165/191

P26:233/254 P27:271/271 P28:176/197 P29:275/275 P30:144/144

P31:263/297 P32:226/234 P33:207/244 P34:156/156 P35:180/183

P36:204/215 P37:185/199 P38:261/261 P39:312/324 P40:310/310

牧玉2号（审定编号：晋审玉2010035；种质库编号：S1G03017）

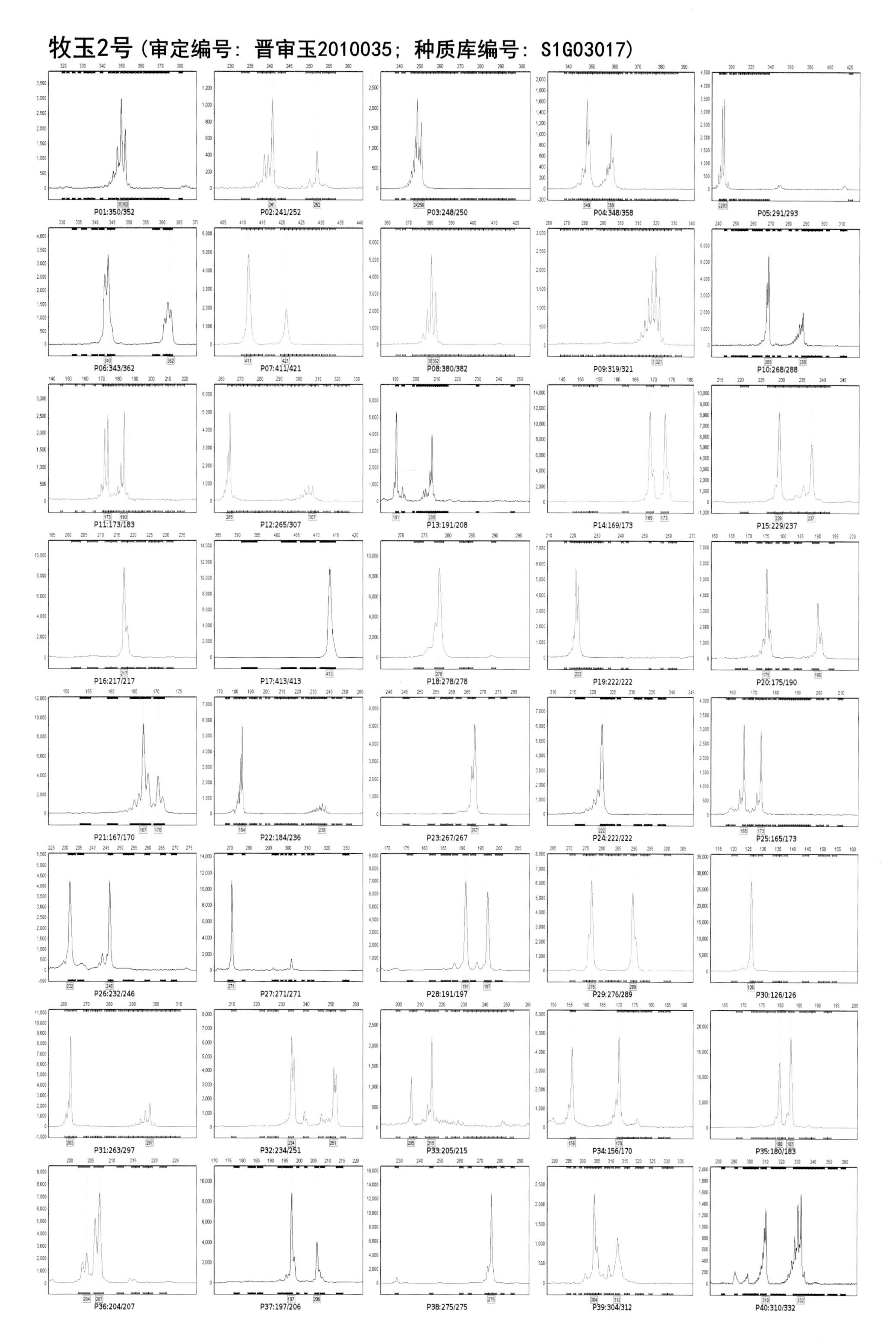
P01:350/352
P02:241/252
P03:248/250
P04:348/358
P05:291/293
P06:343/362
P07:411/421
P08:380/382
P09:319/321
P10:268/288
P11:173/183
P12:265/307
P13:191/208
P14:169/173
P15:229/237
P16:217/217
P17:413/413
P18:278/278
P19:222/222
P20:175/190
P21:167/170
P22:184/236
P23:267/267
P24:222/222
P25:165/173
P26:232/246
P27:271/271
P28:191/197
P29:276/289
P30:126/126
P31:263/297
P32:234/251
P33:205/215
P34:156/170
P35:180/183
P36:204/207
P37:197/206
P38:275/275
P39:304/312
P40:310/332

特早2号（审定编号：晋审玉2011001；种质库编号：S1G03008）

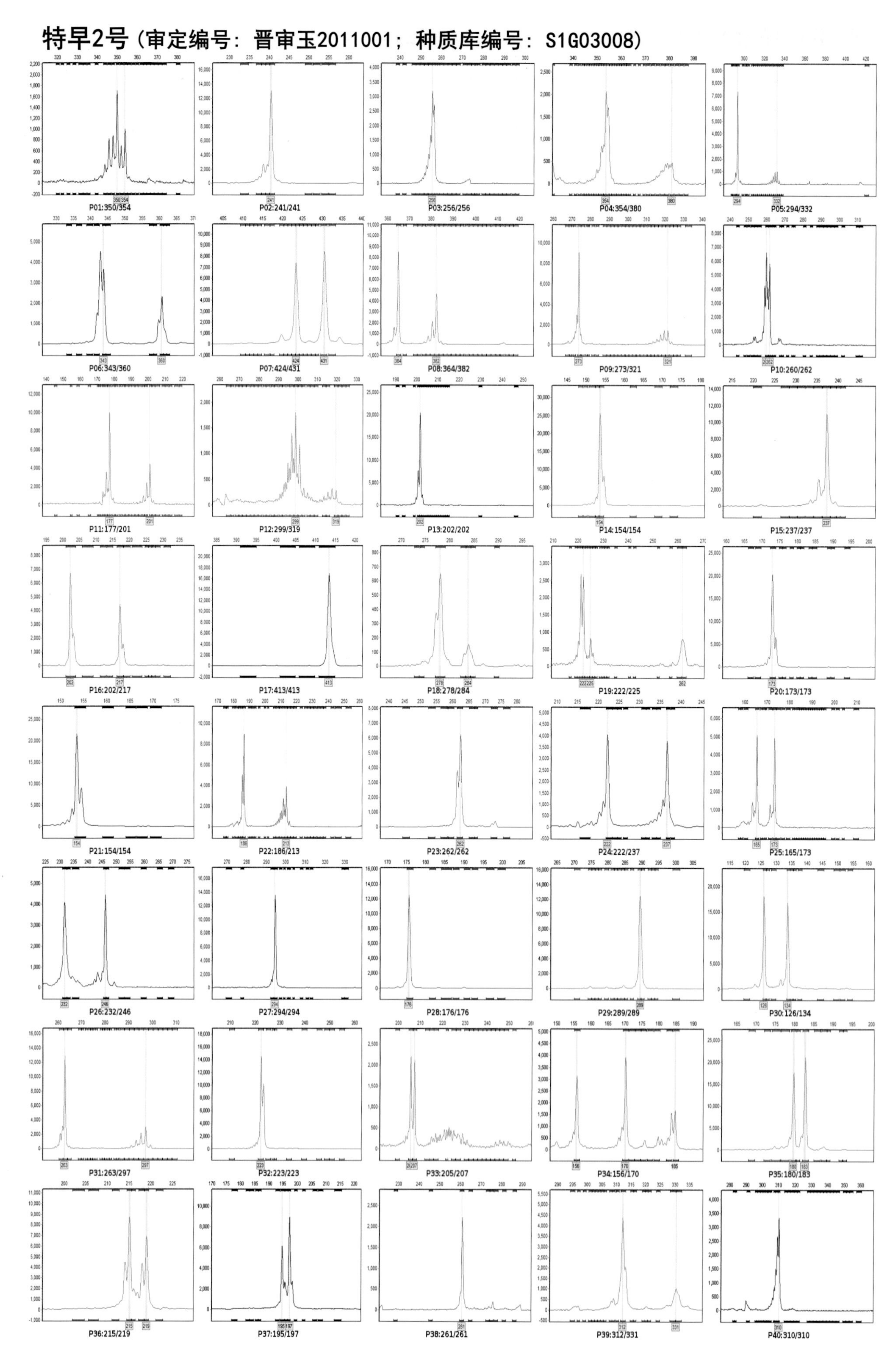
P01:350/354
P02:241/241
P03:256/256
P04:354/380
P05:294/332
P06:343/360
P07:424/431
P08:364/382
P09:273/321
P10:260/262
P11:177/201
P12:299/319
P13:202/202
P14:154/154
P15:237/237
P16:202/217
P17:413/413
P18:278/284
P19:222/225
P20:173/173
P21:154/154
P22:186/213
P23:262/262
P24:222/237
P25:165/173
P26:232/246
P27:294/294
P28:176/176
P29:289/289
P30:126/134
P31:263/297
P32:223/223
P33:205/207
P34:156/170
P35:180/183
P36:215/219
P37:195/197
P38:261/261
P39:312/331
P40:310/310

泉玉10号（审定编号：晋审玉2011002；种质库编号：S1G03010）

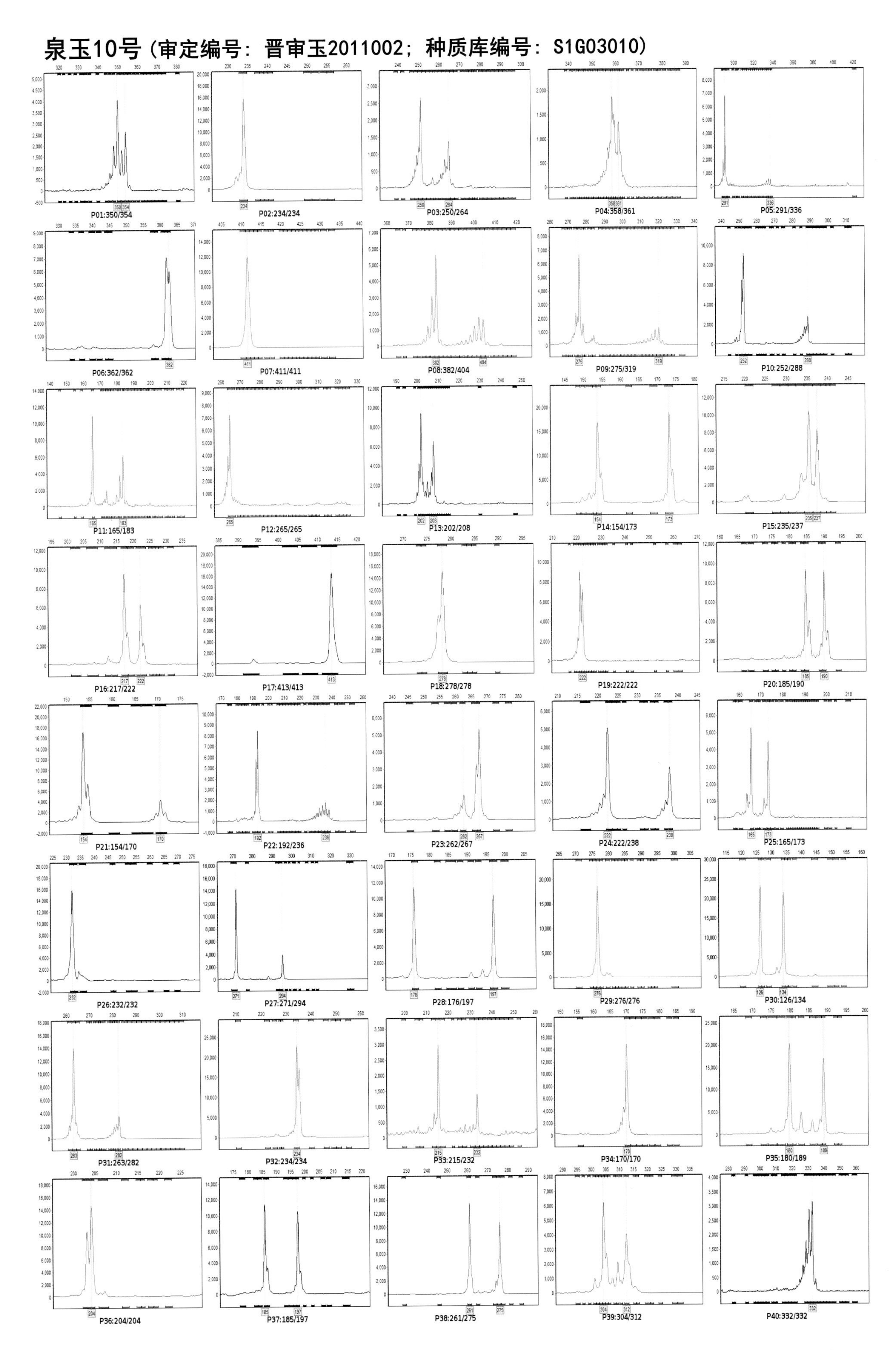
P01:350/354
P02:234/234
P03:250/264
P04:358/361
P05:291/336
P06:362/362
P07:411/411
P08:382/404
P09:275/319
P10:252/288
P11:165/183
P12:265/265
P13:202/208
P14:154/173
P15:235/237
P16:217/222
P17:413/413
P18:278/278
P19:222/222
P20:185/190
P21:154/170
P22:192/236
P23:262/267
P24:222/238
P25:165/173
P26:232/232
P27:271/294
P28:176/197
P29:276/276
P30:126/134
P31:263/282
P32:234/234
P33:215/232
P34:170/170
P35:180/189
P36:204/204
P37:185/197
P38:261/275
P39:304/312
P40:332/332

晋单78号（审定编号：晋审玉2011003；种质库编号：S1G03009）

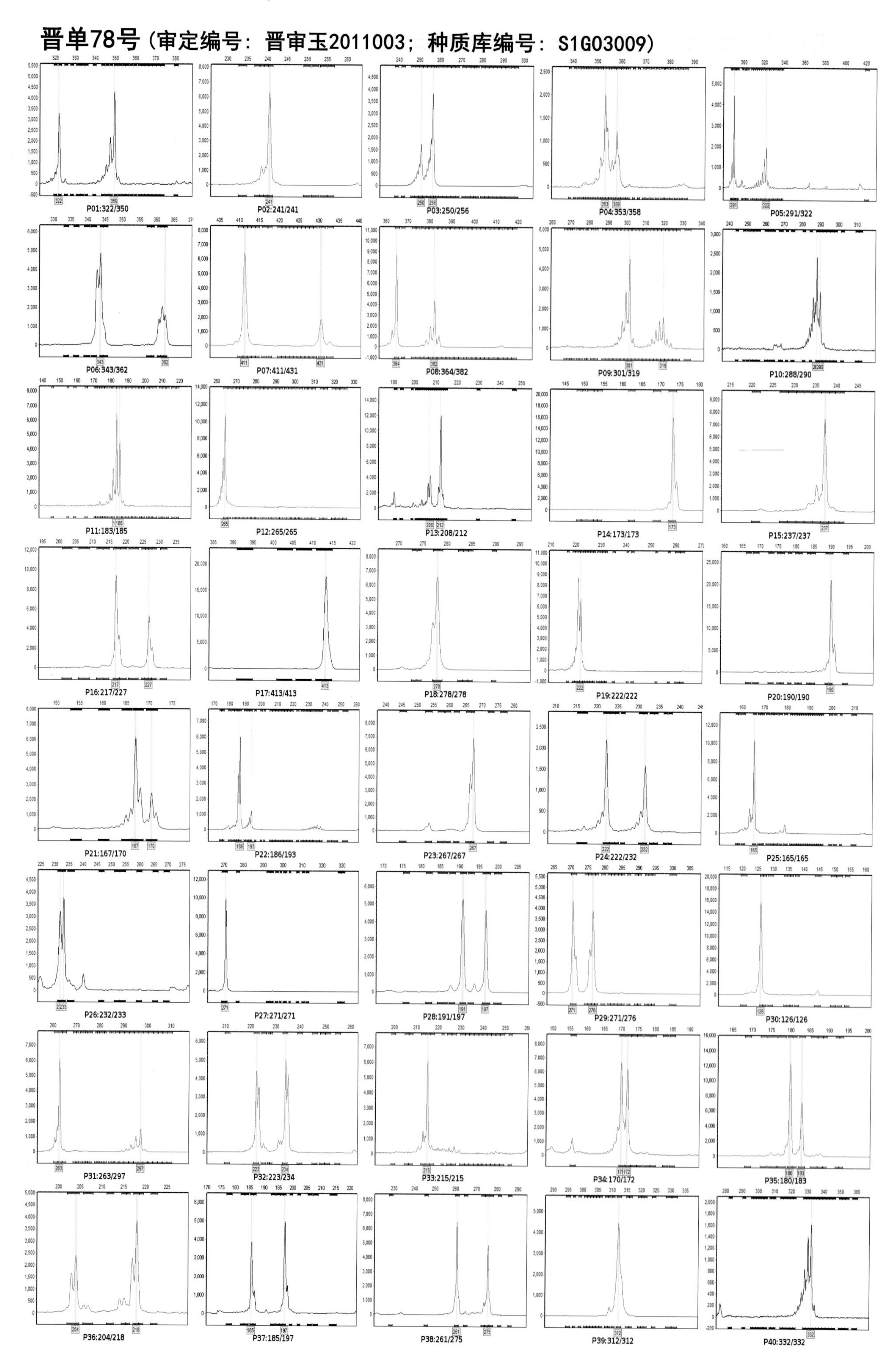
P01:322/350
P02:241/241
P03:250/256
P04:353/358
P05:291/322
P06:343/362
P07:411/431
P08:364/382
P09:301/319
P10:288/290
P11:183/185
P12:265/265
P13:208/212
P14:173/173
P15:237/237
P16:217/227
P17:413/413
P18:278/278
P19:222/222
P20:190/190
P21:167/170
P22:186/193
P23:267/267
P24:222/232
P25:165/165
P26:232/233
P27:271/271
P28:191/197
P29:271/276
P30:126/126
P31:263/297
P32:223/234
P33:215/215
P34:170/172
P35:180/183
P36:204/218
P37:185/197
P38:261/275
P39:312/312
P40:332/332

先牌007（审定编号：晋审玉2011004；种质库编号：S1G02997）

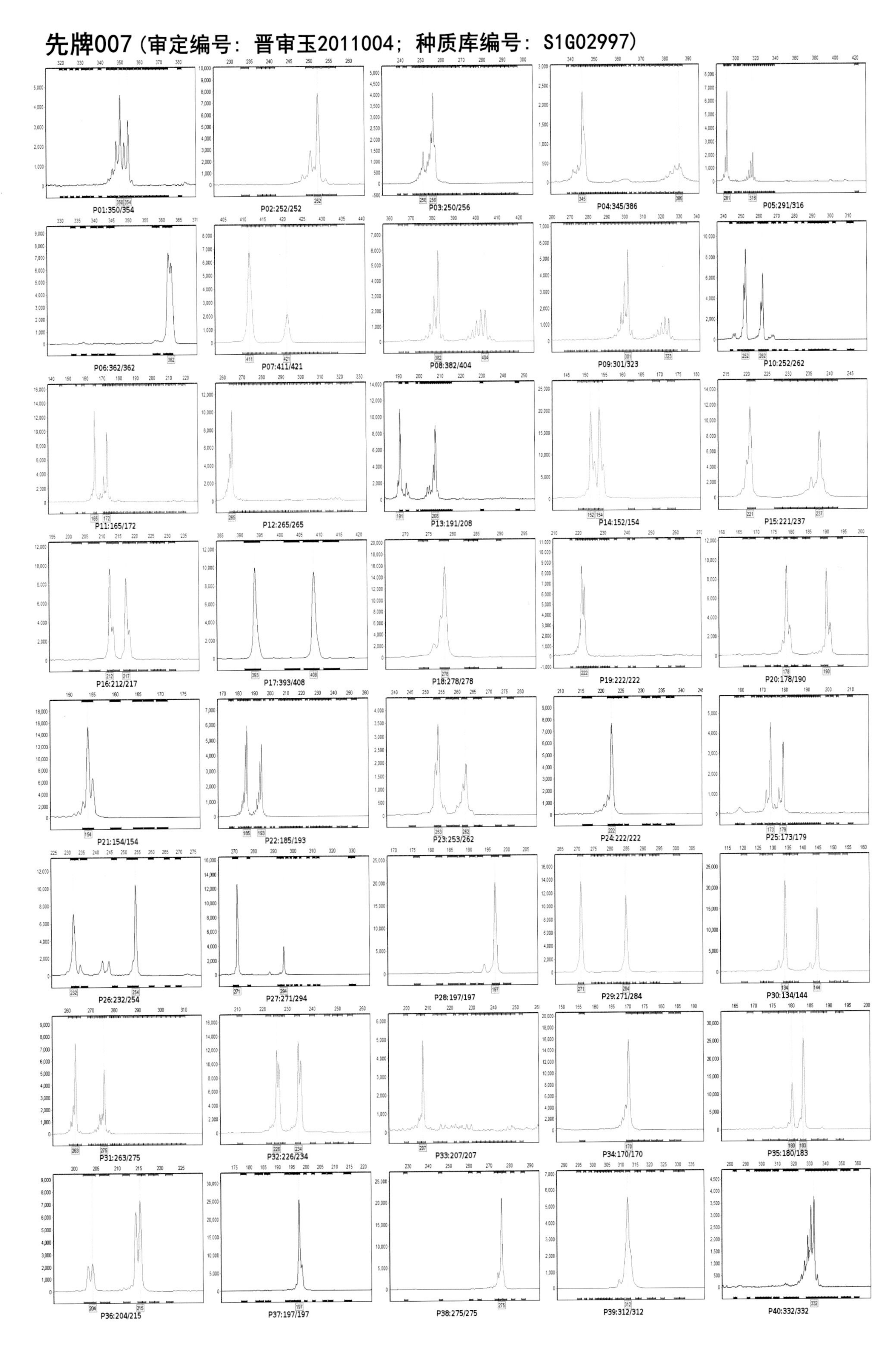

P01:350/354
P02:252/252
P03:250/256
P04:345/386
P05:291/316
P06:362/362
P07:411/421
P08:382/404
P09:301/323
P10:252/262
P11:165/172
P12:265/265
P13:191/208
P14:152/154
P15:221/237
P16:212/217
P17:393/408
P18:278/278
P19:222/222
P20:178/190
P21:154/154
P22:185/193
P23:253/262
P24:222/222
P25:173/179
P26:232/254
P27:271/294
P28:197/197
P29:271/284
P30:134/144
P31:263/275
P32:226/234
P33:207/207
P34:170/170
P35:180/183
P36:204/215
P37:197/197
P38:275/275
P39:312/312
P40:332/332

龙生1号（审定编号：晋审玉2011005；种质库编号：S1G03000）

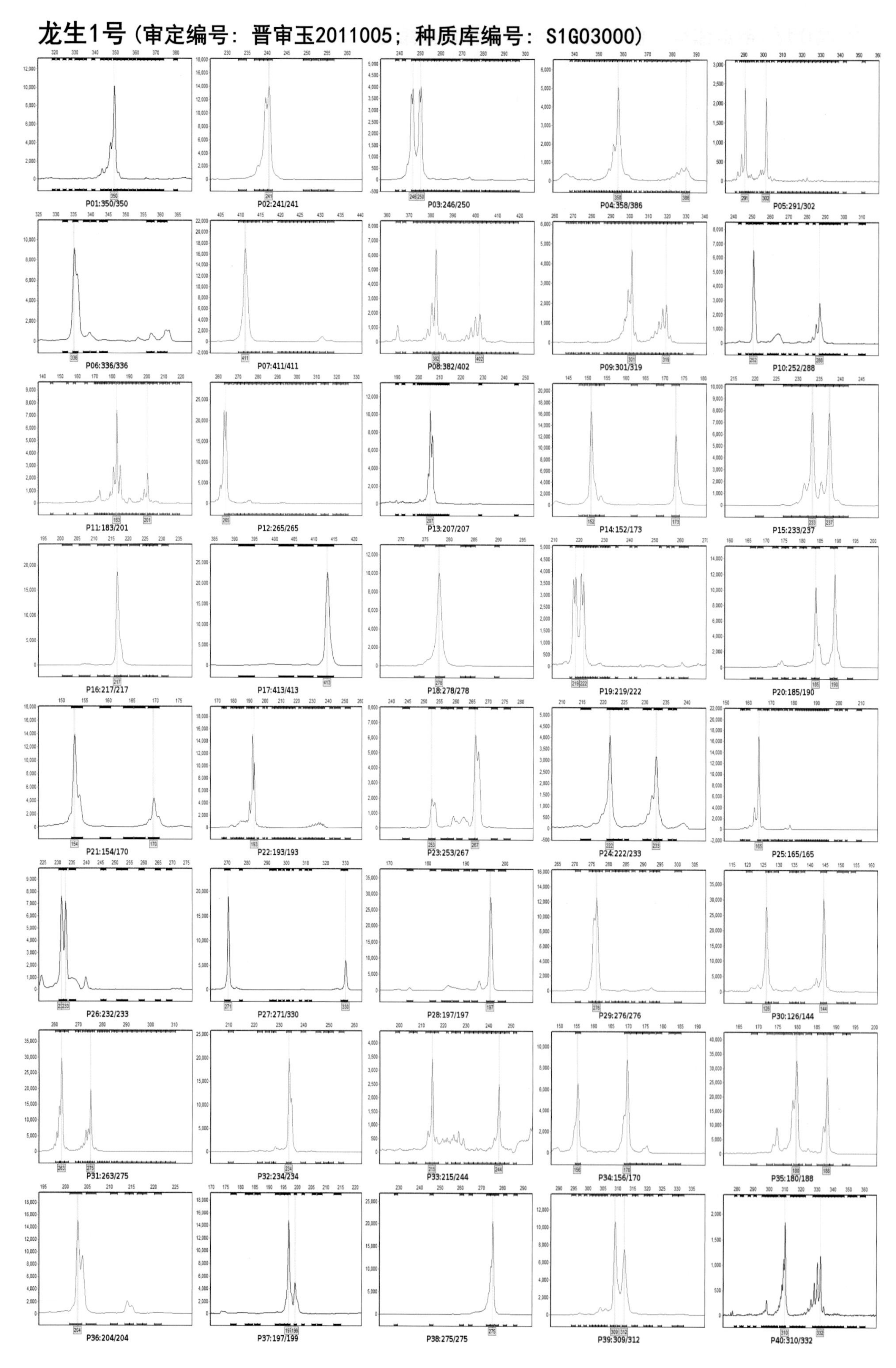
P01:350/350
P02:241/241
P03:246/250
P04:358/386
P05:291/302
P06:336/336
P07:411/411
P08:382/402
P09:301/319
P10:252/288
P11:183/201
P12:265/265
P13:207/207
P14:152/173
P15:233/237
P16:217/217
P17:413/413
P18:278/278
P19:219/222
P20:185/190
P21:154/170
P22:193/193
P23:253/267
P24:222/233
P25:165/165
P26:232/233
P27:271/330
P28:197/197
P29:276/276
P30:126/144
P31:263/275
P32:234/234
P33:215/244
P34:156/170
P35:180/188
P36:204/204
P37:197/199
P38:275/275
P39:309/312
P40:310/332

宁玉524（审定编号：晋审玉2011006；种质库编号：S1G01828）

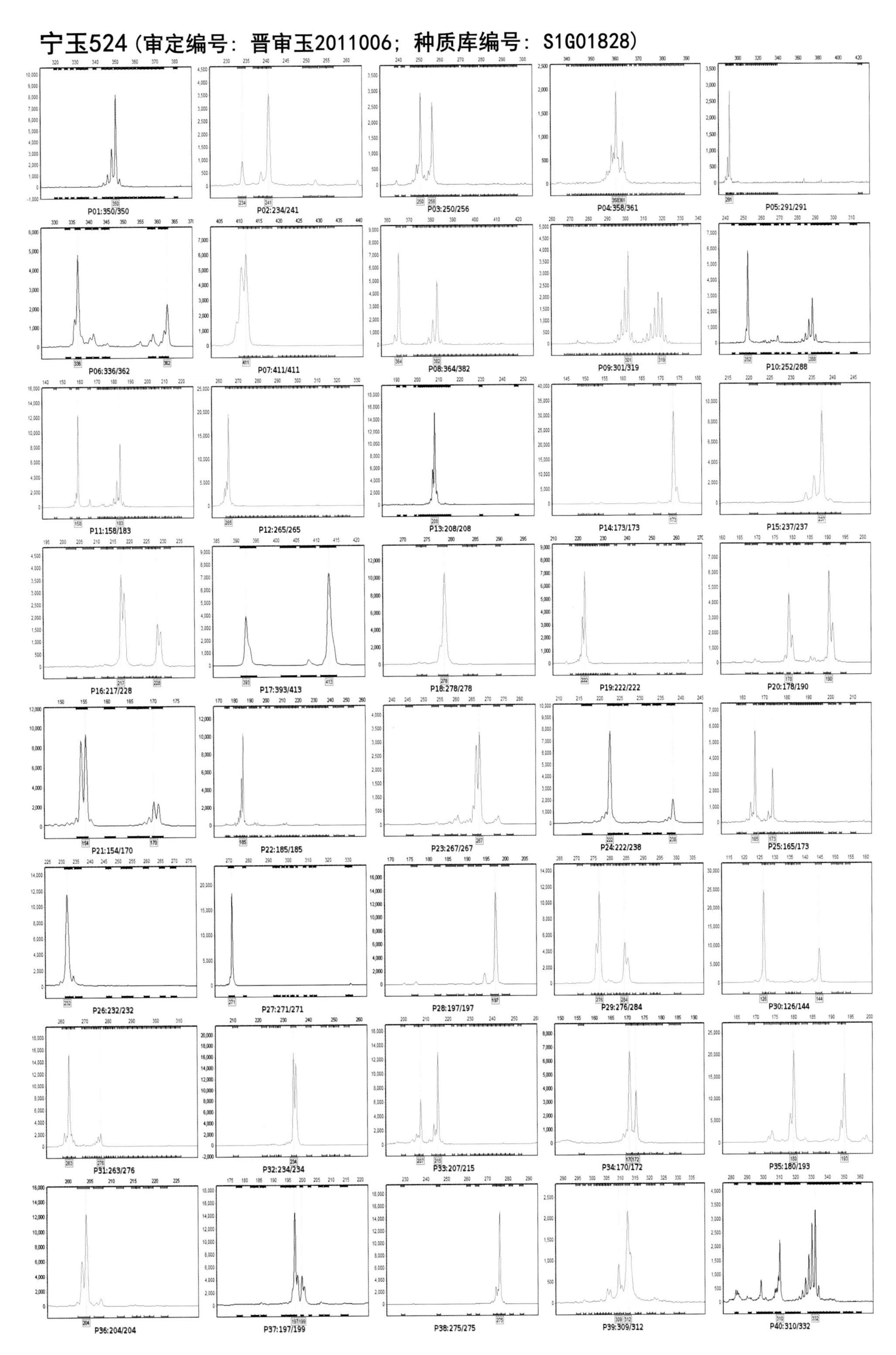

P01:350/350
P02:234/241
P03:250/256
P04:358/361
P05:291/291
P06:336/362
P07:411/411
P08:364/382
P09:301/319
P10:252/288
P11:158/183
P12:265/265
P13:208/208
P14:173/173
P15:237/237
P16:217/228
P17:393/413
P18:278/278
P19:222/222
P20:178/190
P21:154/170
P22:185/185
P23:267/267
P24:222/238
P25:165/173
P26:232/232
P27:271/271
P28:197/197
P29:276/284
P30:126/144
P31:263/276
P32:234/234
P33:207/215
P34:170/172
P35:180/193
P36:204/204
P37:197/199
P38:275/275
P39:309/312
P40:310/332

奥利18号（审定编号：晋审玉2011007；种质库编号：S1G03011）

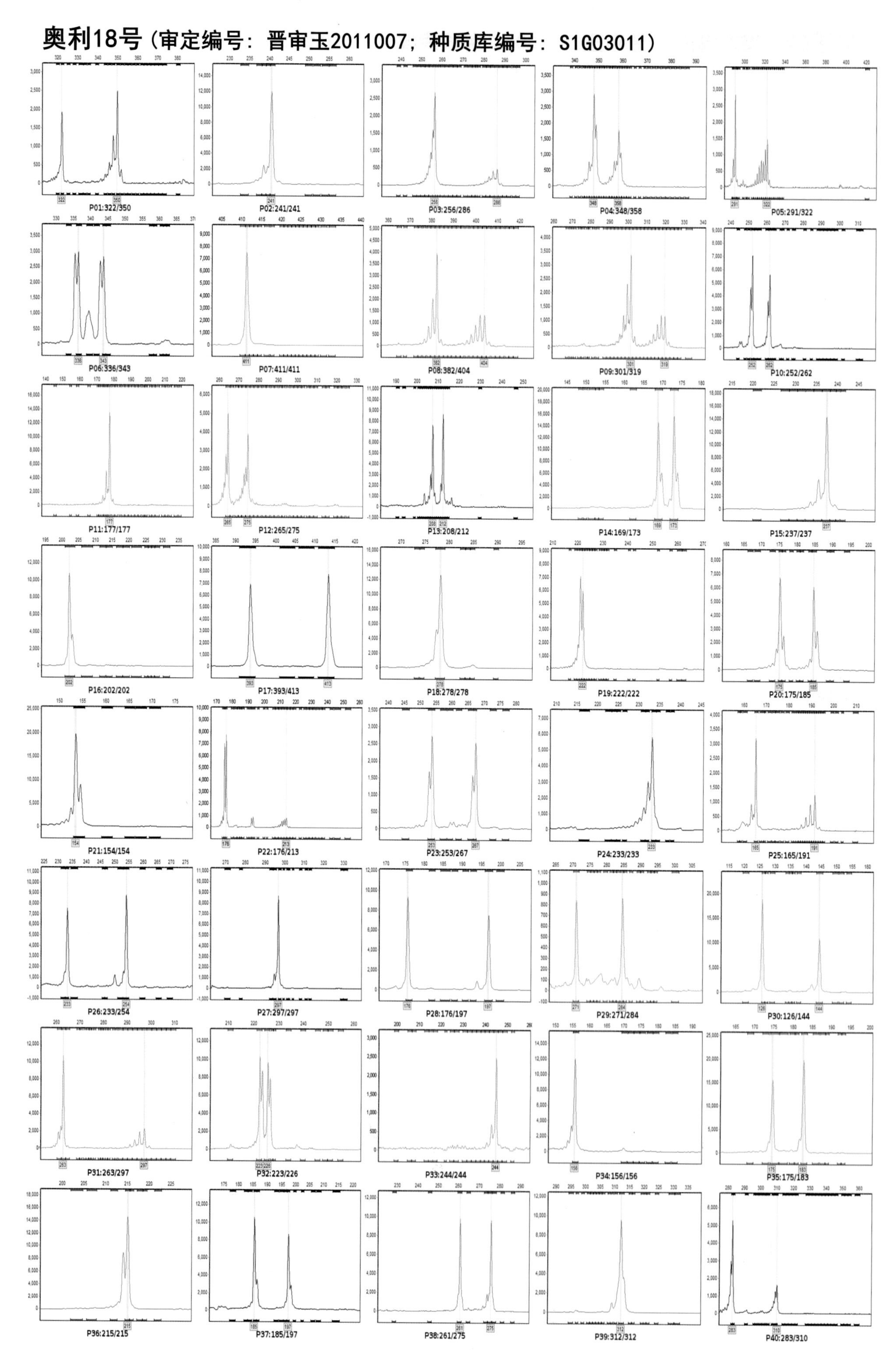

P01:322/350
P02:241/241
P03:256/286
P04:348/358
P05:291/322
P06:336/343
P07:411/411
P08:382/404
P09:301/319
P10:252/262
P11:177/177
P12:265/275
P13:208/212
P14:169/173
P15:237/237
P16:202/202
P17:393/413
P18:278/278
P19:222/222
P20:175/185
P21:154/154
P22:176/213
P23:253/267
P24:233/233
P25:165/191
P26:233/254
P27:297/297
P28:176/197
P29:271/284
P30:126/144
P31:263/297
P32:223/226
P33:244/244
P34:156/156
P35:175/183
P36:215/215
P37:185/197
P38:261/275
P39:312/312
P40:283/310

太育2号（审定编号：晋审玉2011008；种质库编号：S1G04115）

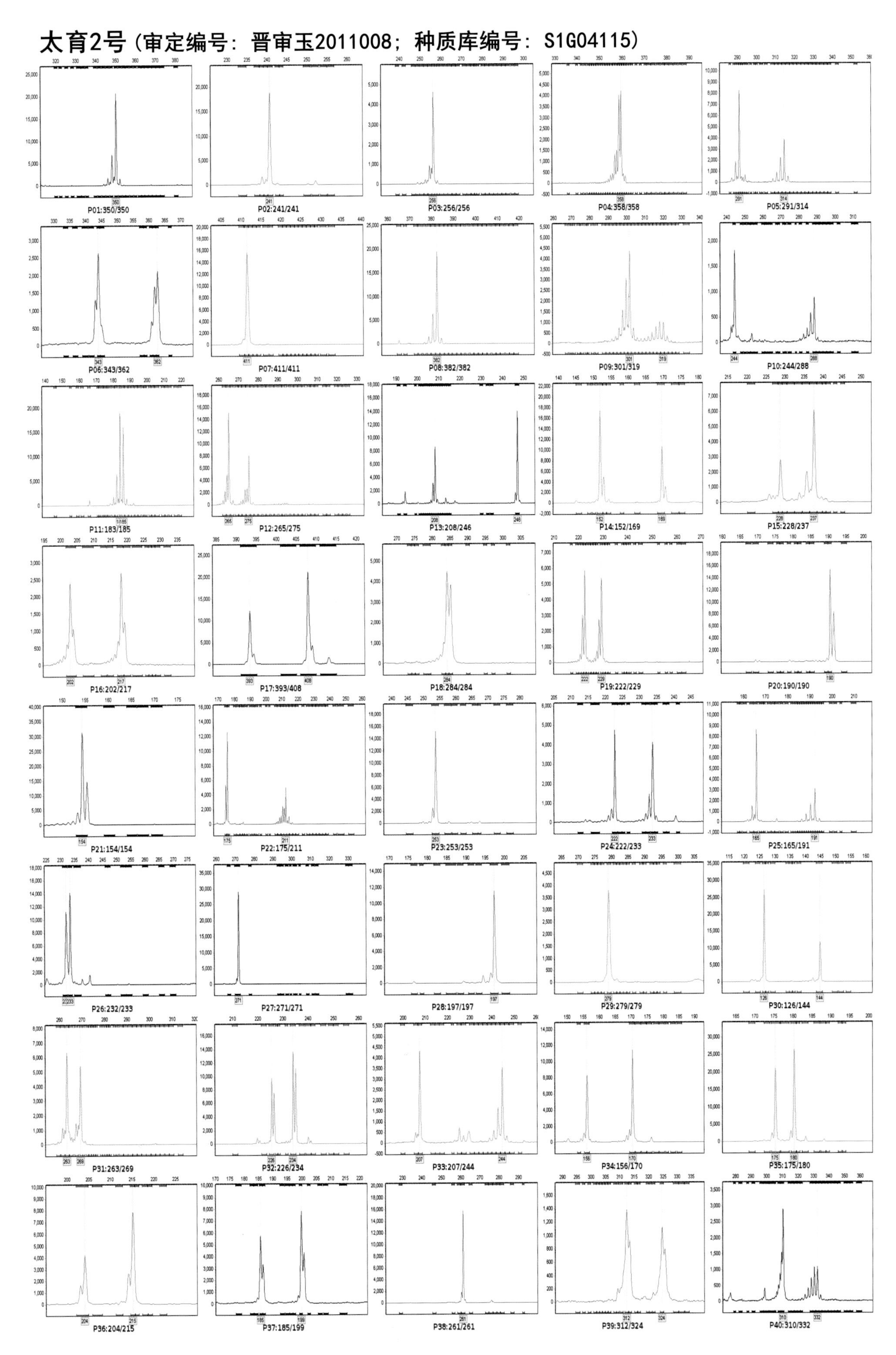
P01:350/350
P02:241/241
P03:256/256
P04:358/358
P05:291/314
P06:343/362
P07:411/411
P08:382/382
P09:301/319
P10:244/288
P11:183/185
P12:265/275
P13:208/246
P14:152/169
P15:228/237
P16:202/217
P17:393/408
P18:284/284
P19:222/229
P20:190/190
P21:154/154
P22:175/211
P23:253/253
P24:222/233
P25:165/191
P26:232/233
P27:271/271
P28:197/197
P29:279/279
P30:126/144
P31:263/269
P32:226/234
P33:207/244
P34:156/170
P35:175/180
P36:204/215
P37:185/199
P38:261/261
P39:312/324
P40:310/332

登海679（审定编号：晋审玉2011009；种质库编号：S1G03001）

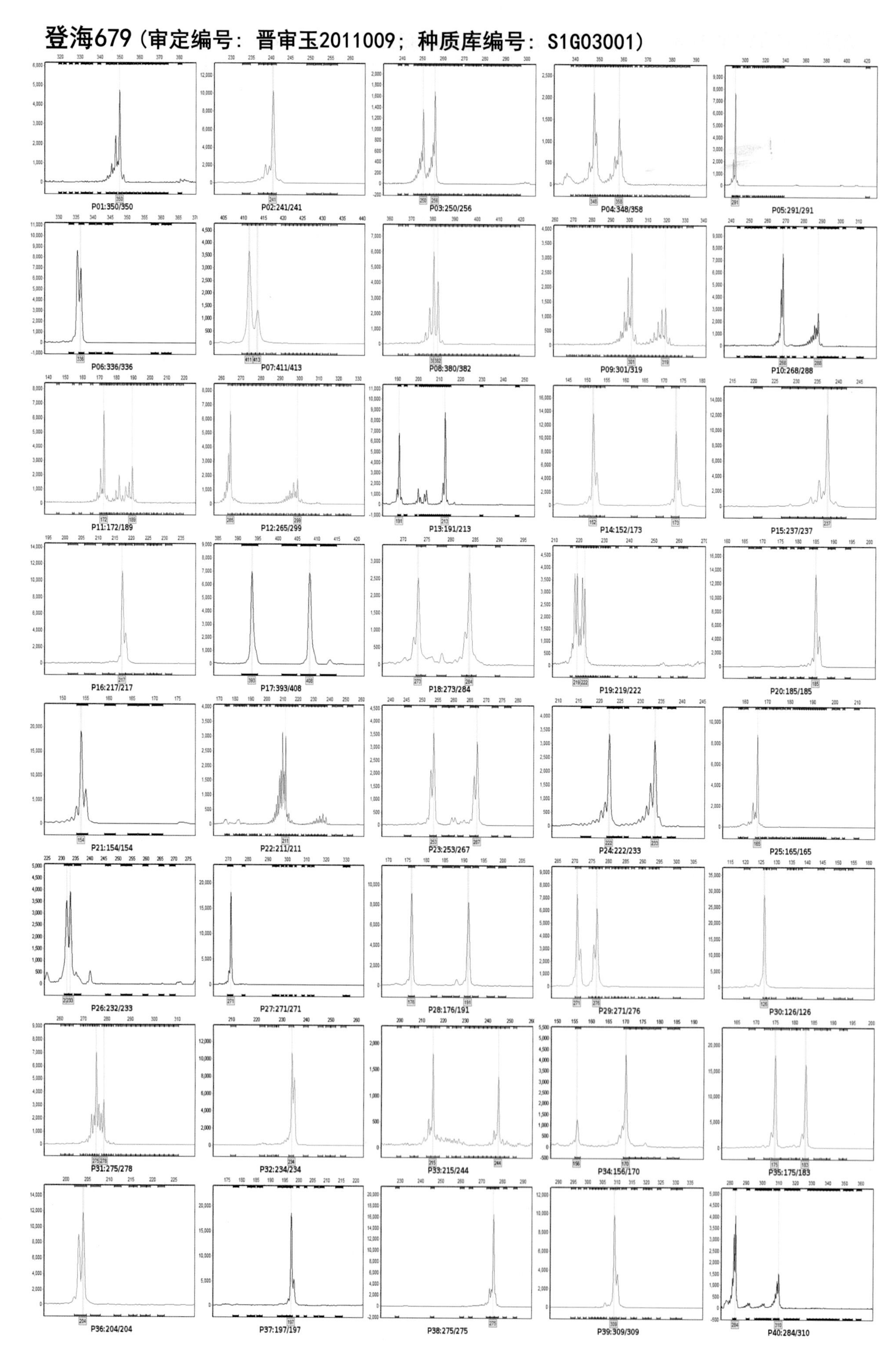

P01:350/350
P02:241/241
P03:250/256
P04:348/358
P05:291/291
P06:336/336
P07:411/413
P08:380/382
P09:301/319
P10:268/288
P11:172/189
P12:265/299
P13:191/213
P14:152/173
P15:237/237
P16:217/217
P17:393/408
P18:273/284
P19:219/222
P20:185/185
P21:154/154
P22:211/211
P23:253/267
P24:222/233
P25:165/165
P26:232/233
P27:271/271
P28:176/191
P29:271/276
P30:126/126
P31:275/278
P32:234/234
P33:215/244
P34:156/170
P35:175/183
P36:204/204
P37:197/197
P38:275/275
P39:309/309
P40:284/310

鑫丰盛966（审定编号：晋审玉2011010；种质库编号：S1G03002）

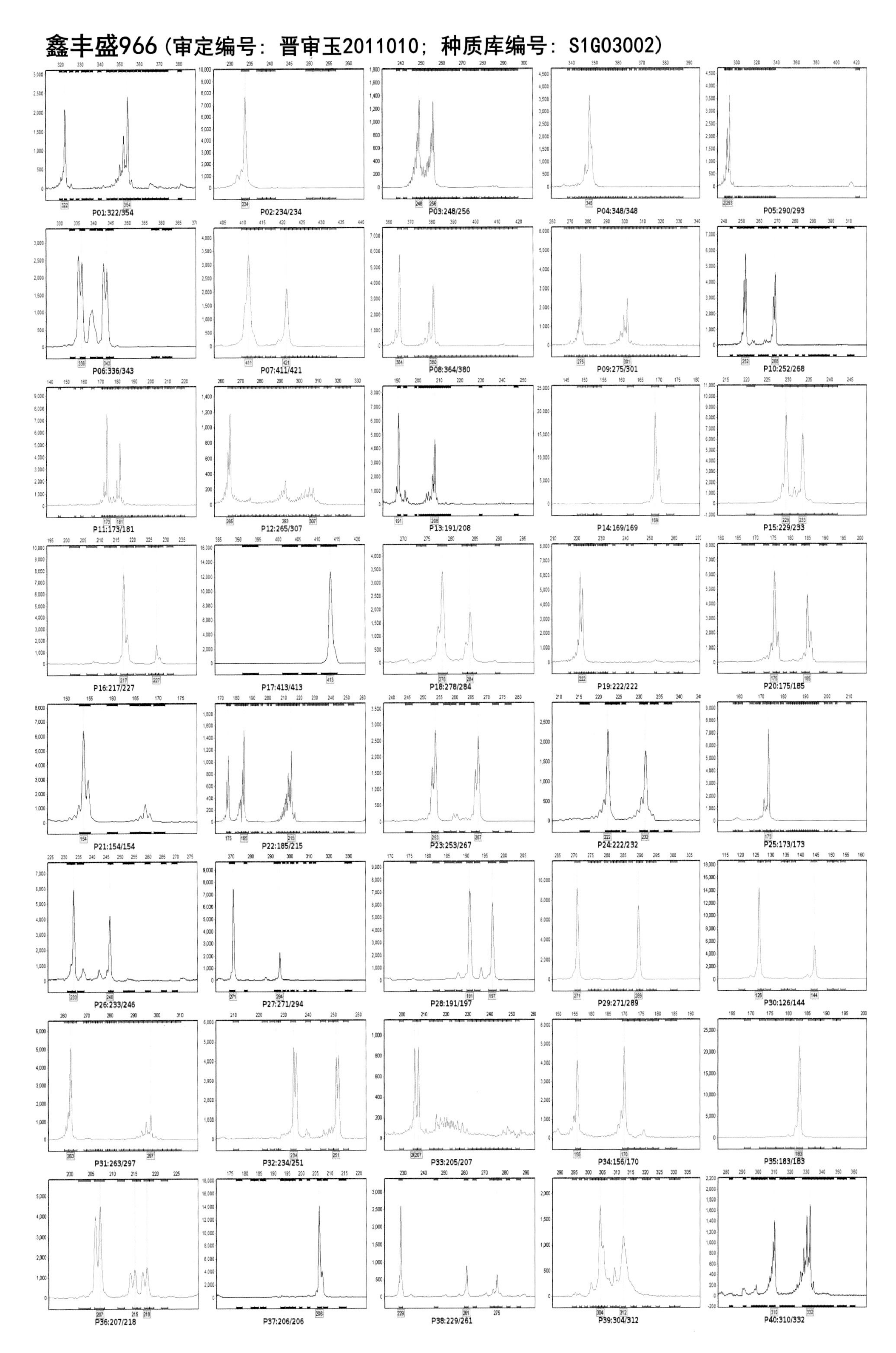

P01:322/354
P02:234/234
P03:248/256
P04:348/348
P05:290/293
P06:336/343
P07:411/421
P08:364/380
P09:275/301
P10:252/268
P11:173/181
P12:265/307
P13:191/208
P14:169/169
P15:229/233
P16:217/227
P17:413/413
P18:278/284
P19:222/222
P20:175/185
P21:154/154
P22:185/215
P23:253/267
P24:222/232
P25:173/173
P26:233/246
P27:271/294
P28:191/197
P29:271/289
P30:126/144
P31:263/297
P32:234/251
P33:205/207
P34:156/170
P35:183/183
P36:207/218
P37:206/206
P38:229/261
P39:304/312
P40:310/332

晋单79号（审定编号：晋审玉2011011；种质库编号：S1G03003）

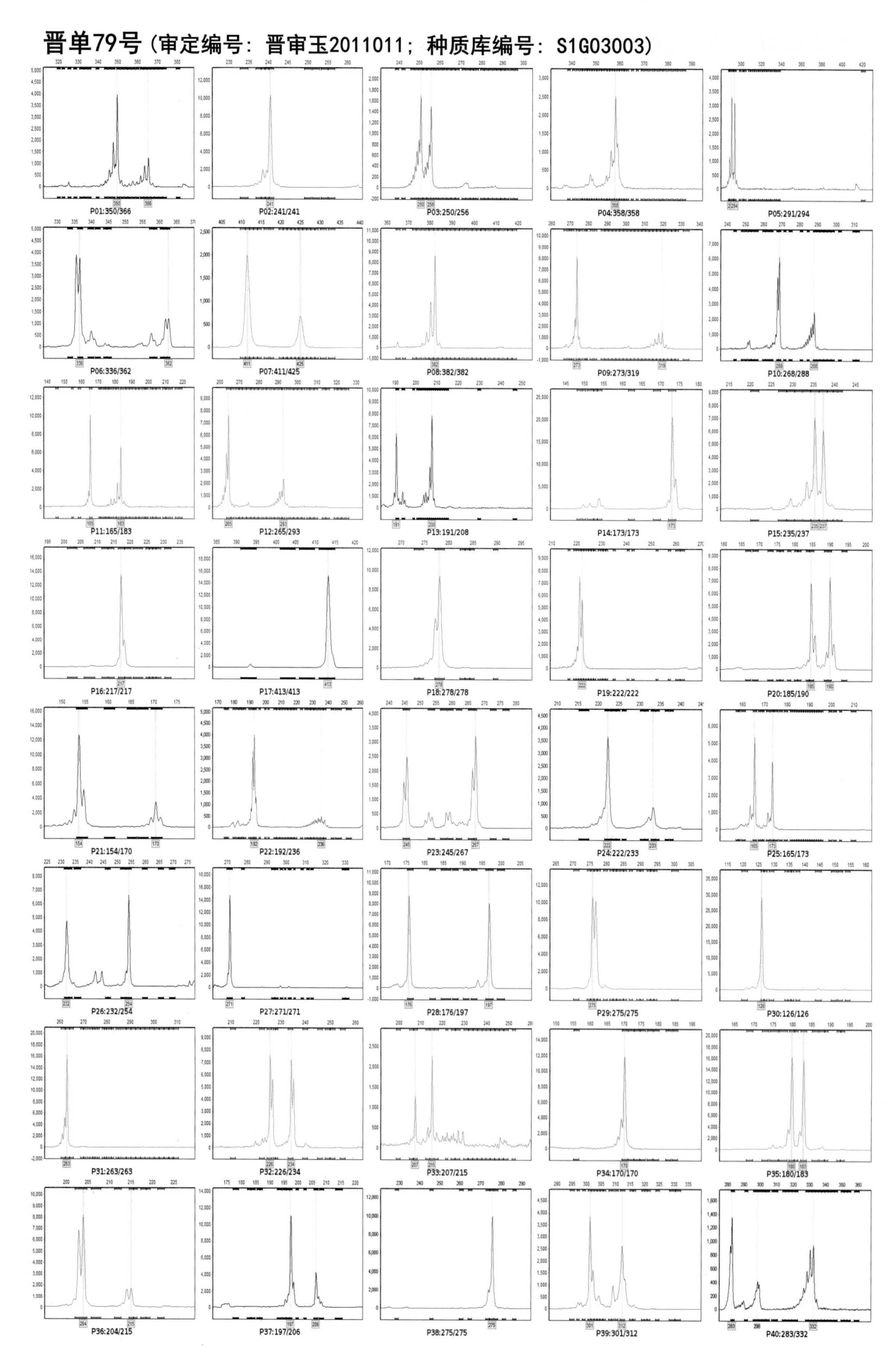

P01:350/366
P02:241/241
P03:250/256
P04:358/358
P05:291/294
P06:336/362
P07:411/425
P08:382/382
P09:273/319
P10:268/288
P11:165/183
P12:265/293
P13:191/208
P14:173/173
P15:235/237
P16:217/217
P17:413/413
P18:278/278
P19:222/222
P20:185/190
P21:154/170
P22:192/236
P23:245/267
P24:222/233
P25:165/173
P26:232/254
P27:271/271
P28:176/197
P29:275/275
P30:126/126
P31:263/263
P32:226/234
P33:207/215
P34:170/170
P35:180/183
P36:204/215
P37:197/206
P38:275/275
P39:301/312
P40:283/332

晋单80号（审定编号：晋审玉2011012；种质库编号：S1G05117）

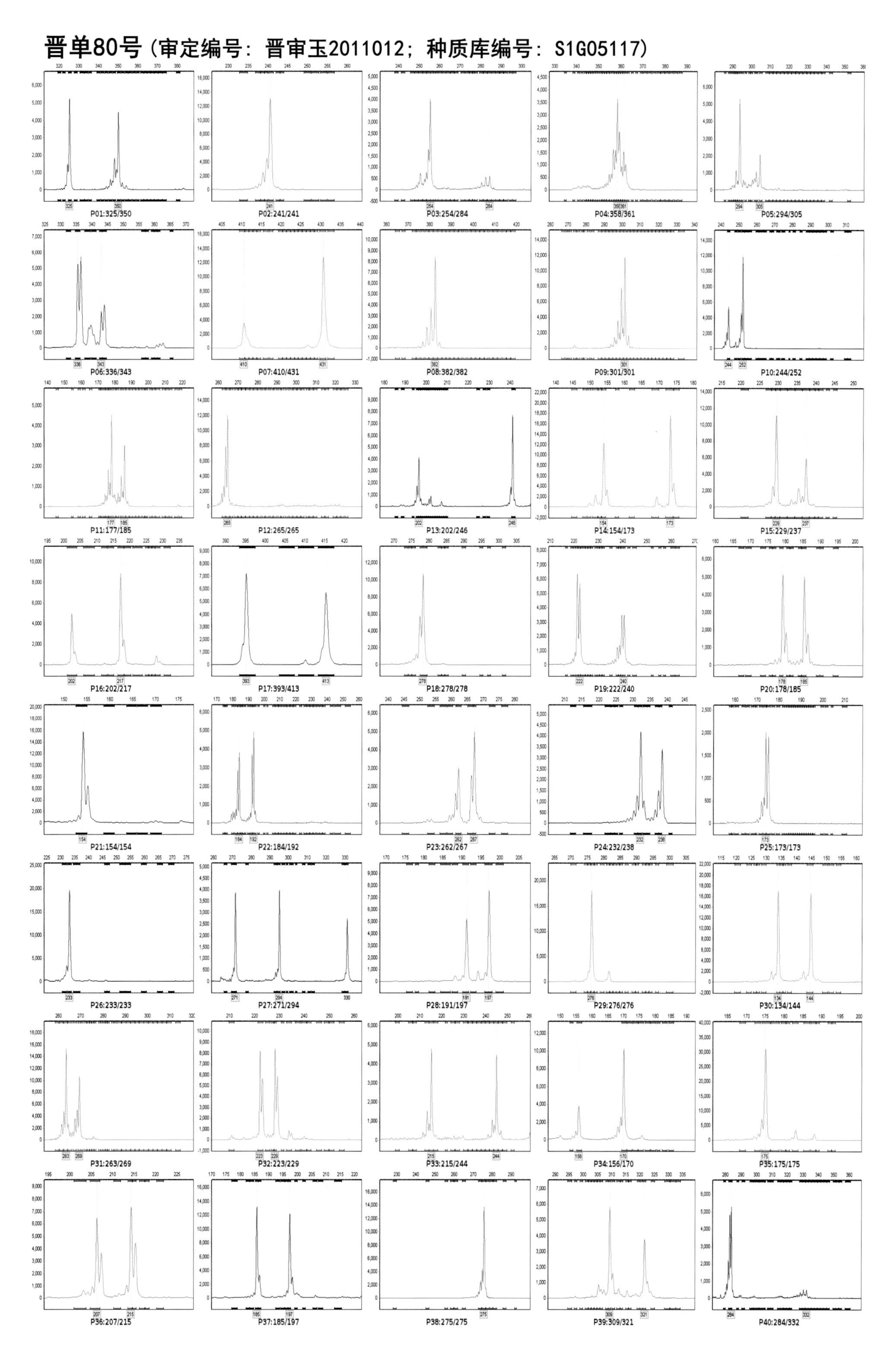

P01:325/350
P02:241/241
P03:254/284
P04:358/361
P05:294/305
P06:336/343
P07:410/431
P08:382/382
P09:301/301
P10:244/252
P11:177/185
P12:265/265
P13:202/246
P14:154/173
P15:229/237
P16:202/217
P17:393/413
P18:278/278
P19:222/240
P20:178/185
P21:154/154
P22:184/192
P23:262/267
P24:232/238
P25:173/173
P26:233/233
P27:271/294
P28:191/197
P29:276/276
P30:134/144
P31:263/269
P32:223/229
P33:215/244
P34:156/170
P35:175/175
P36:207/215
P37:185/197
P38:275/275
P39:309/321
P40:284/332

金博士588（审定编号：晋审玉2011013；种质库编号：S1G03005）

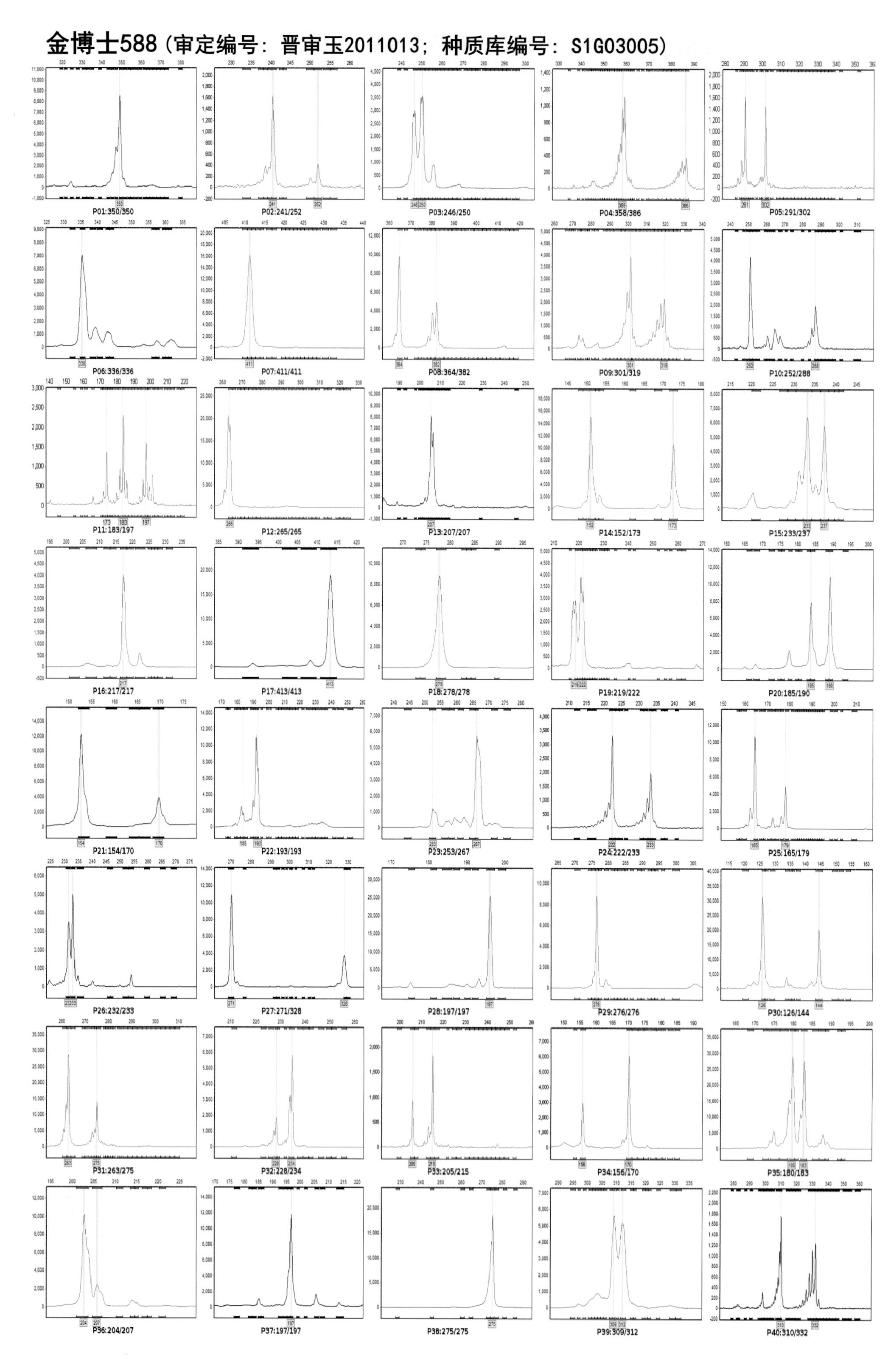
P01:350/350
P02:241/252
P03:246/250
P04:358/386
P05:291/302
P06:336/336
P07:411/411
P08:364/382
P09:301/319
P10:252/288
P11:183/197
P12:265/265
P13:207/207
P14:152/173
P15:233/237
P16:217/217
P17:413/413
P18:278/278
P19:219/222
P20:185/190
P21:154/170
P22:193/193
P23:253/267
P24:222/233
P25:165/179
P26:232/233
P27:271/328
P28:197/197
P29:276/276
P30:126/144
P31:263/275
P32:228/234
P33:205/215
P34:156/170
P35:180/183
P36:204/207
P37:197/197
P38:275/275
P39:309/312
P40:310/332

井单23号（审定编号：晋审玉2011014；种质库编号：S1G03004）

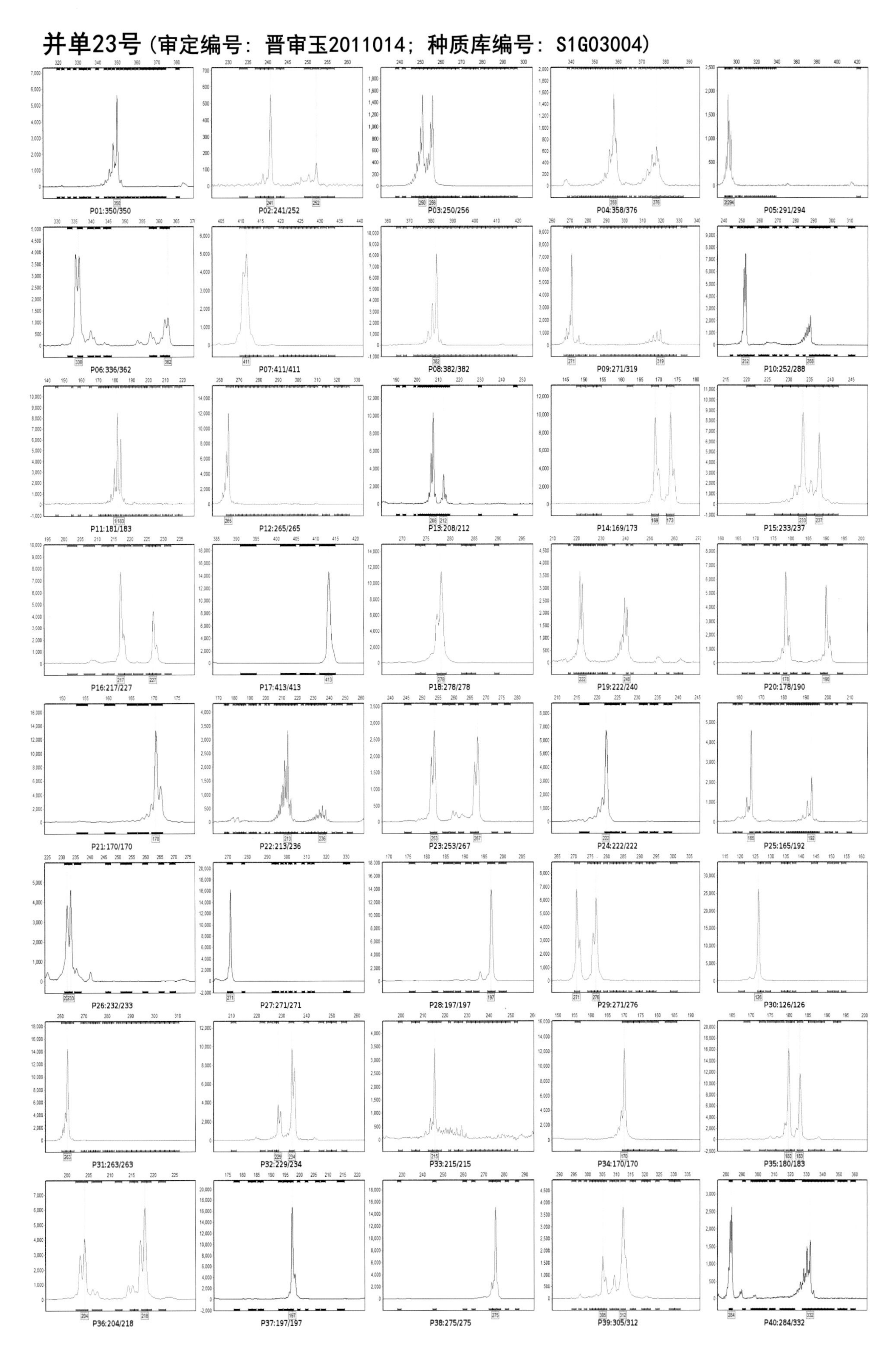

P01:350/350
P02:241/252
P03:250/256
P04:358/376
P05:291/294
P06:336/362
P07:411/411
P08:382/382
P09:271/319
P10:252/288
P11:181/183
P12:265/265
P13:208/212
P14:169/173
P15:233/237
P16:217/227
P17:413/413
P18:278/278
P19:222/240
P20:178/190
P21:170/170
P22:213/236
P23:253/267
P24:222/222
P25:165/192
P26:232/233
P27:271/271
P28:197/197
P29:271/276
P30:126/126
P31:263/263
P32:229/234
P33:215/215
P34:170/170
P35:180/183
P36:204/218
P37:197/197
P38:275/275
P39:305/312
P40:284/332

潞玉19（审定编号：晋审玉2011015；种质库编号：S1G03007）

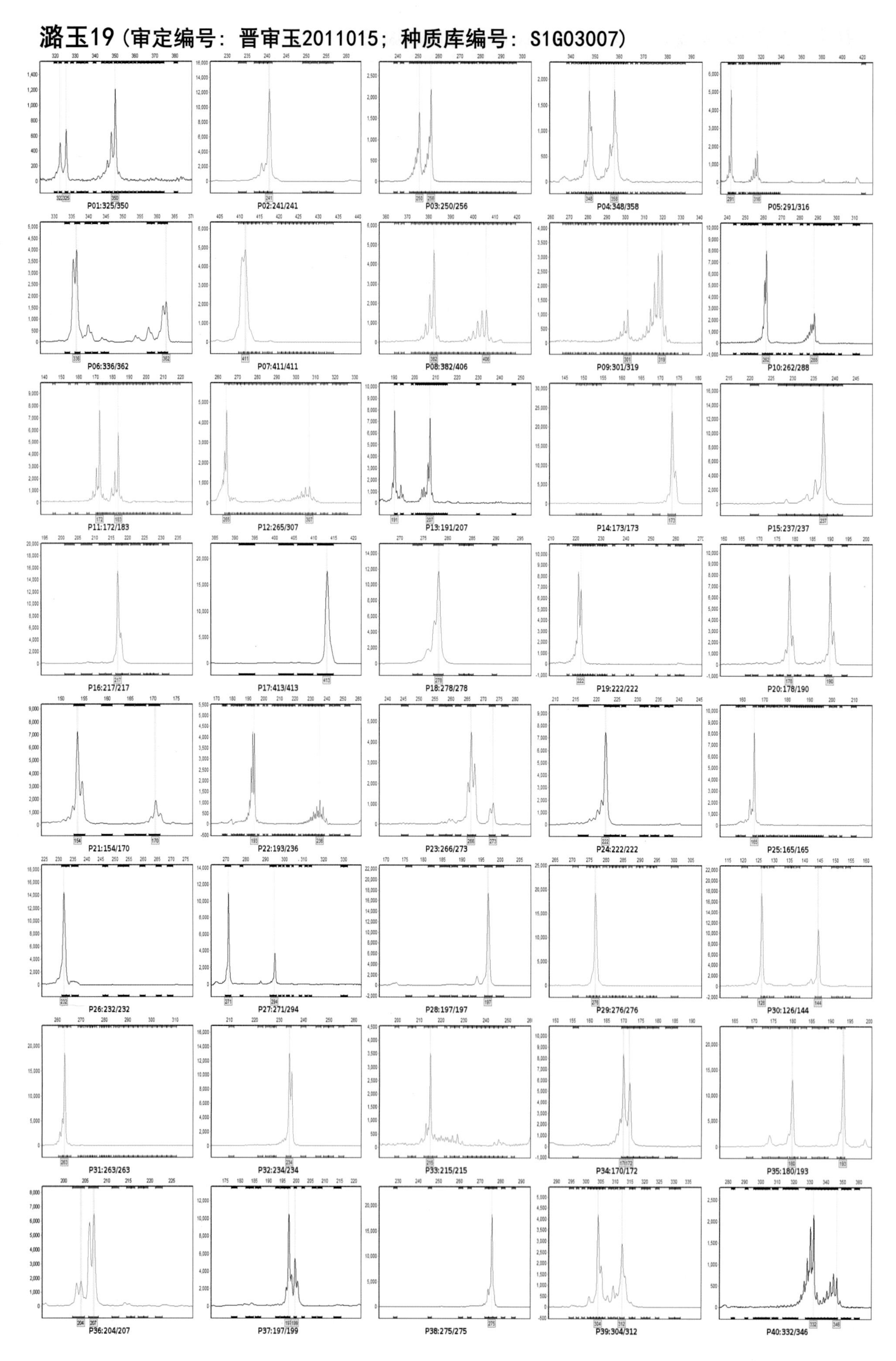
P01:325/350
P02:241/241
P03:250/256
P04:348/358
P05:291/316
P06:336/362
P07:411/411
P08:382/406
P09:301/319
P10:262/288
P11:172/183
P12:265/307
P13:191/207
P14:173/173
P15:237/237
P16:217/217
P17:413/413
P18:278/278
P19:222/222
P20:178/190
P21:154/170
P22:193/236
P23:266/273
P24:222/222
P25:165/165
P26:232/232
P27:271/294
P28:197/197
P29:276/276
P30:126/144
P31:263/263
P32:234/234
P33:215/215
P34:170/172
P35:180/193
P36:204/207
P37:197/199
P38:275/275
P39:304/312
P40:332/346

晋单81号（审定编号：晋审玉2011016；种质库编号：S1G03015）

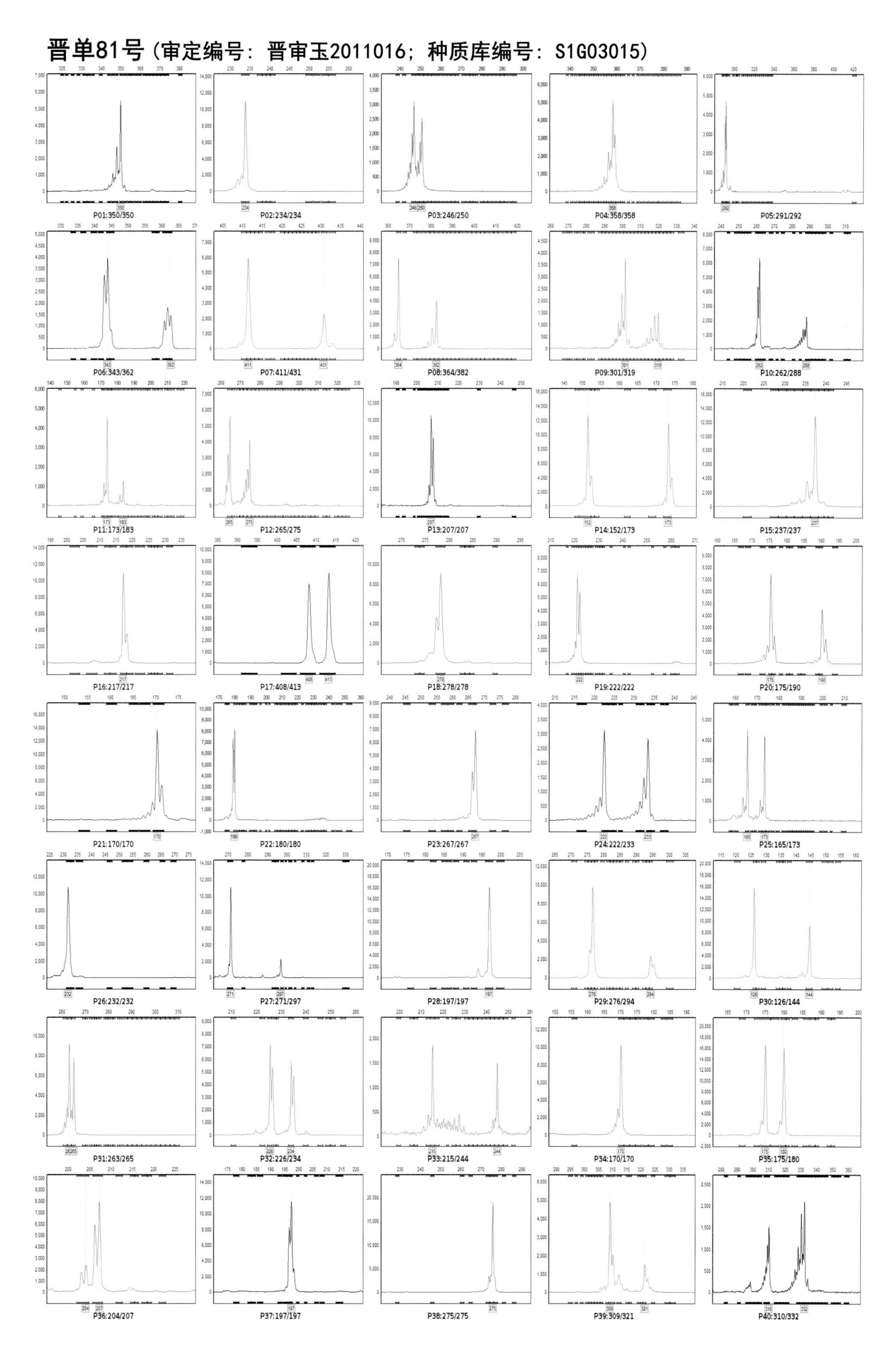
P01:350/350
P02:234/234
P03:246/250
P04:358/358
P05:291/292
P06:343/362
P07:411/431
P08:364/382
P09:301/319
P10:262/288
P11:173/183
P12:265/275
P13:207/207
P14:152/173
P15:237/237
P16:217/217
P17:408/413
P18:278/278
P19:222/222
P20:175/190
P21:170/170
P22:180/180
P23:267/267
P24:222/233
P25:165/173
P26:232/232
P27:271/297
P28:197/197
P29:276/294
P30:126/144
P31:263/265
P32:226/234
P33:215/244
P34:170/170
P35:175/180
P36:204/207
P37:197/197
P38:275/275
P39:309/321
P40:310/332

诚信1号（审定编号：晋审玉2011017；种质库编号：S1G02998）

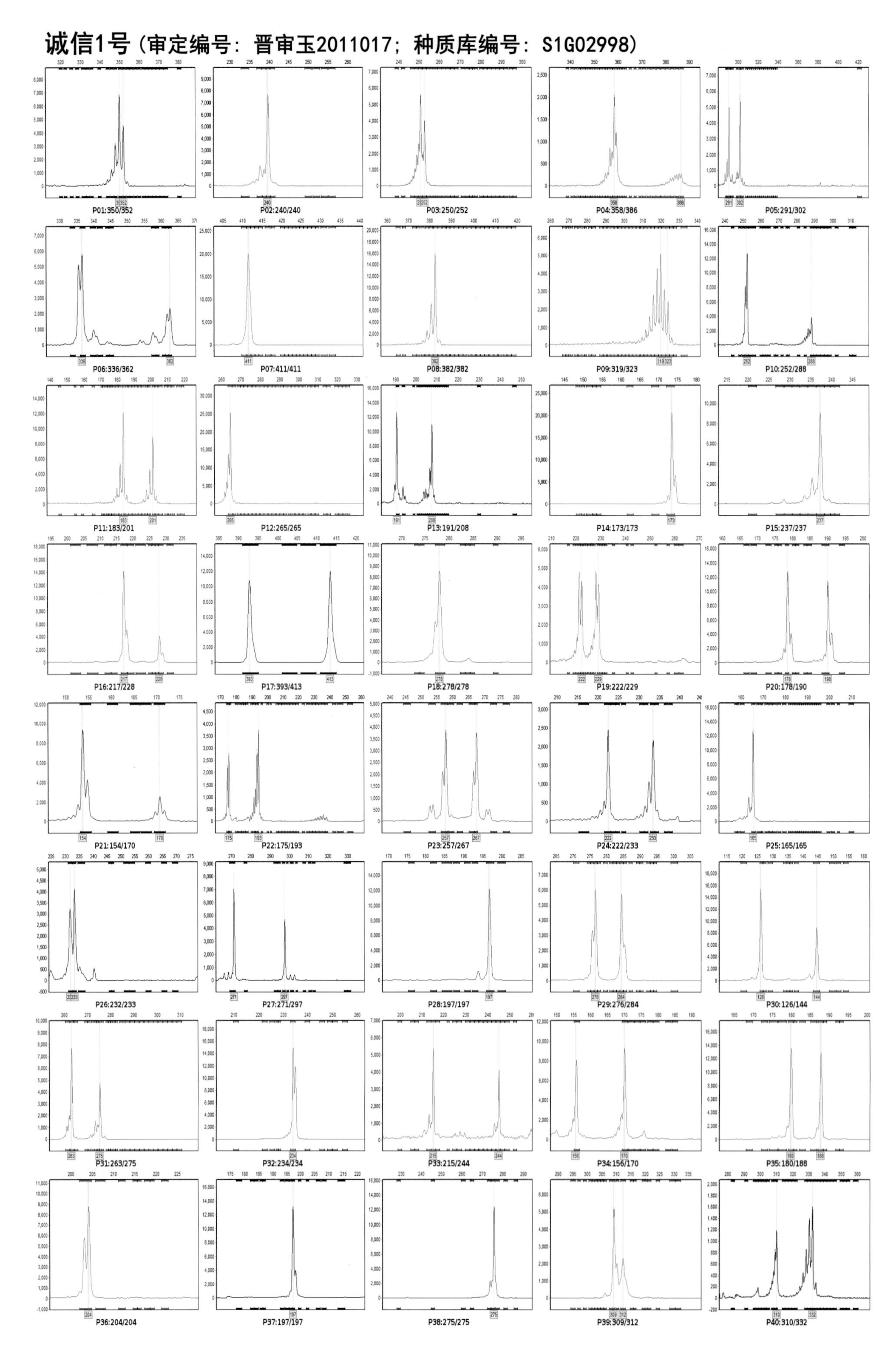
P01:350/352
P02:240/240
P03:250/252
P04:358/386
P05:291/302
P06:336/362
P07:411/411
P08:382/382
P09:319/323
P10:252/288
P11:183/201
P12:265/265
P13:191/208
P14:173/173
P15:237/237
P16:217/228
P17:393/413
P18:278/278
P19:222/229
P20:178/190
P21:154/170
P22:175/193
P23:257/267
P24:222/233
P25:165/165
P26:232/233
P27:271/297
P28:197/197
P29:276/284
P30:126/144
P31:263/275
P32:234/234
P33:215/244
P34:156/170
P35:180/188
P36:204/204
P37:197/197
P38:275/275
P39:309/312
P40:310/332

金农109（审定编号：晋审玉2011018；种质库编号：S1G04116）

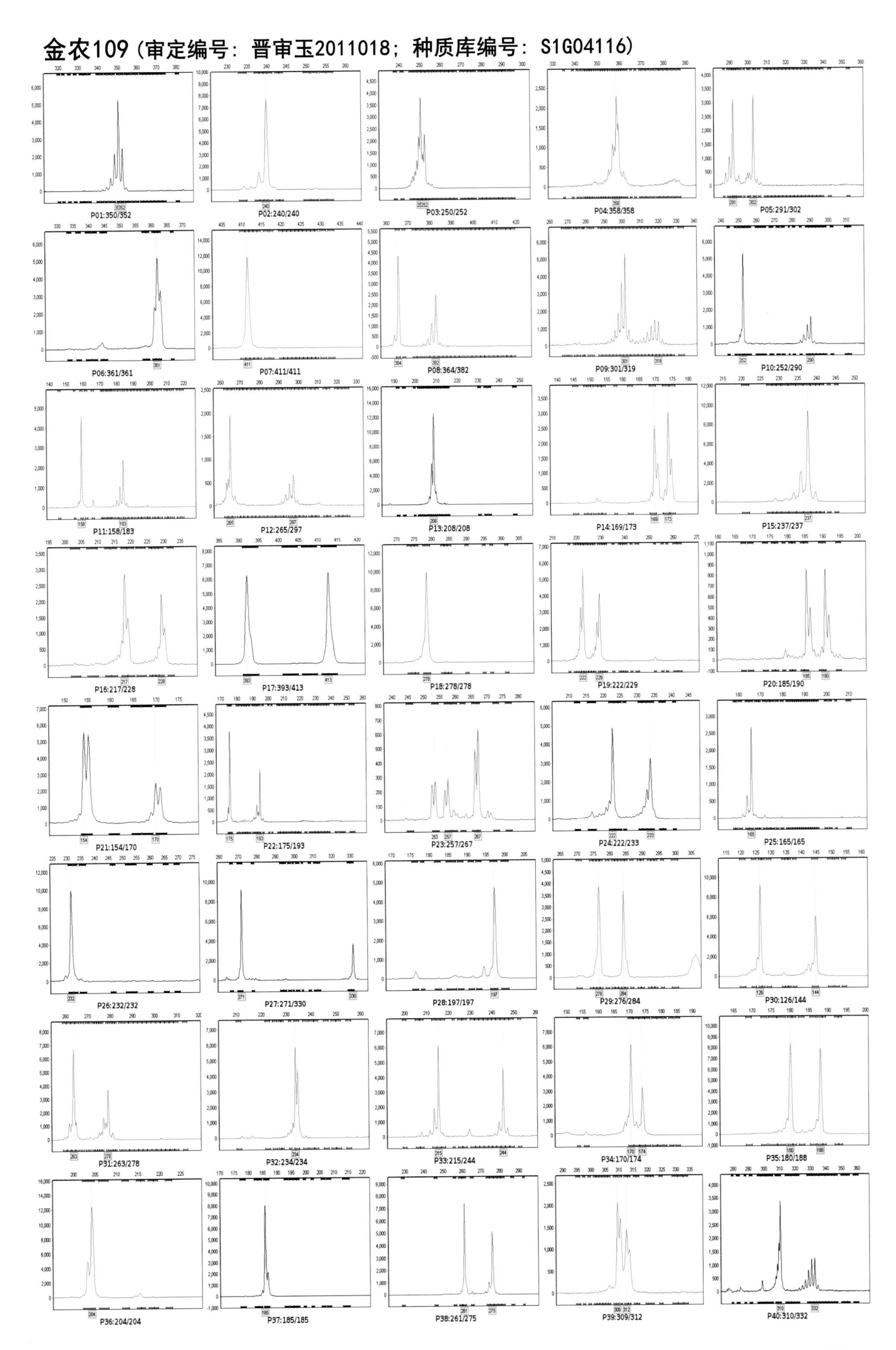
P01:350/352
P02:240/240
P03:250/252
P04:358/358
P05:291/302
P06:361/361
P07:411/411
P08:364/382
P09:301/319
P10:252/290
P11:158/183
P12:265/297
P13:208/208
P14:169/173
P15:237/237
P16:217/228
P17:393/413
P18:278/278
P19:222/229
P20:185/190
P21:154/170
P22:175/193
P23:257/267
P24:222/233
P25:165/165
P26:232/232
P27:271/330
P28:197/197
P29:276/284
P30:126/144
P31:263/278
P32:234/234
P33:215/244
P34:170/174
P35:180/188
P36:204/204
P37:185/185
P38:261/275
P39:309/312
P40:310/332

晋单82号（审定编号：晋审玉2011019；种质库编号：S1G03013）

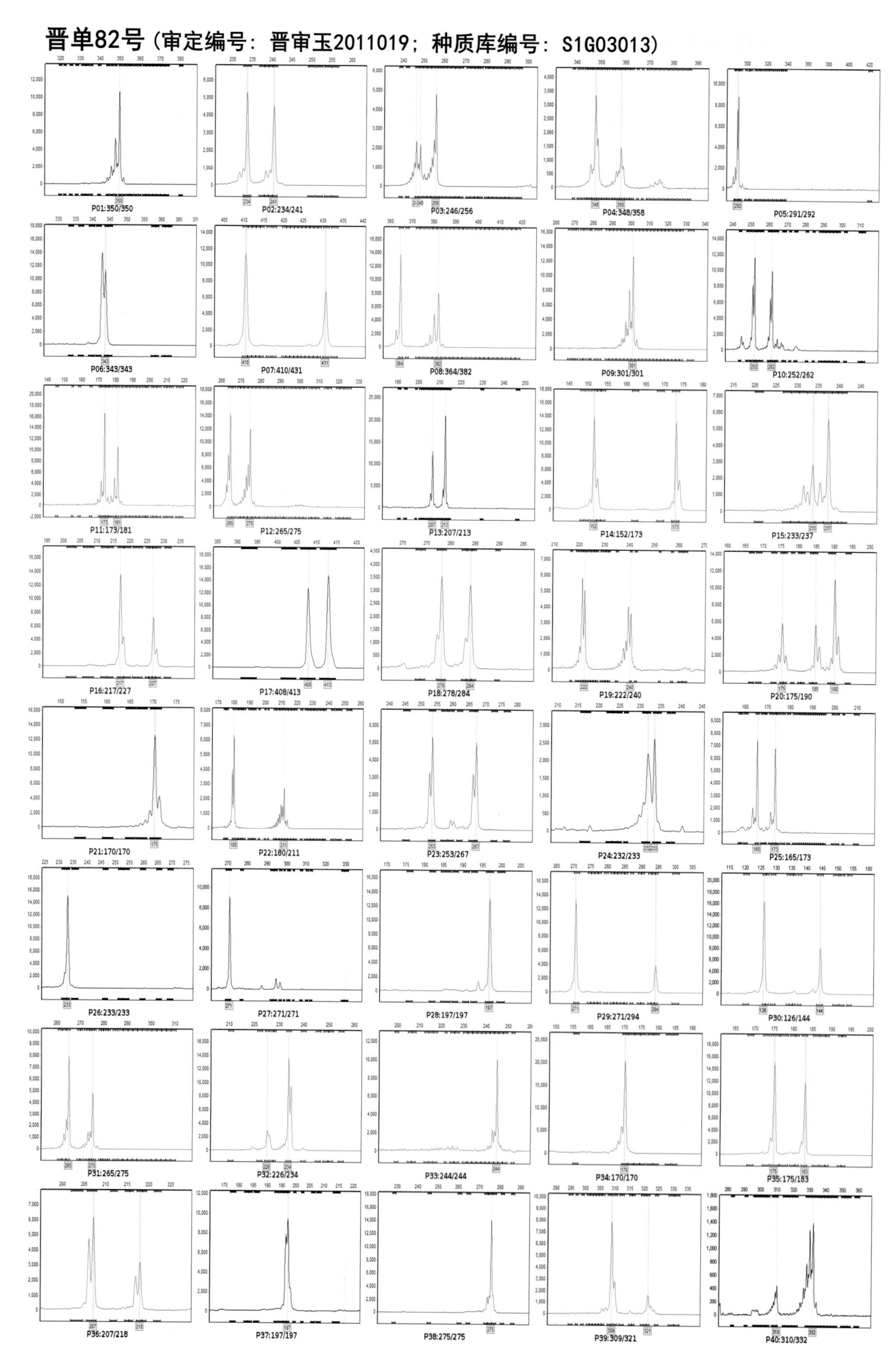
P01:350/350
P02:234/241
P03:246/256
P04:348/358
P05:291/292
P06:343/343
P07:410/431
P08:364/382
P09:301/301
P10:252/262
P11:173/181
P12:265/275
P13:207/213
P14:152/173
P15:233/237
P16:217/227
P17:408/413
P18:278/284
P19:222/240
P20:175/190
P21:170/170
P22:180/211
P23:253/267
P24:232/233
P25:165/173
P26:233/233
P27:271/271
P28:197/197
P29:271/294
P30:126/144
P31:265/275
P32:226/234
P33:244/244
P34:170/170
P35:175/183
P36:207/218
P37:197/197
P38:275/275
P39:309/321
P40:310/332

晋单83号（审定编号：晋审玉2011020；种质库编号：S1G03012）

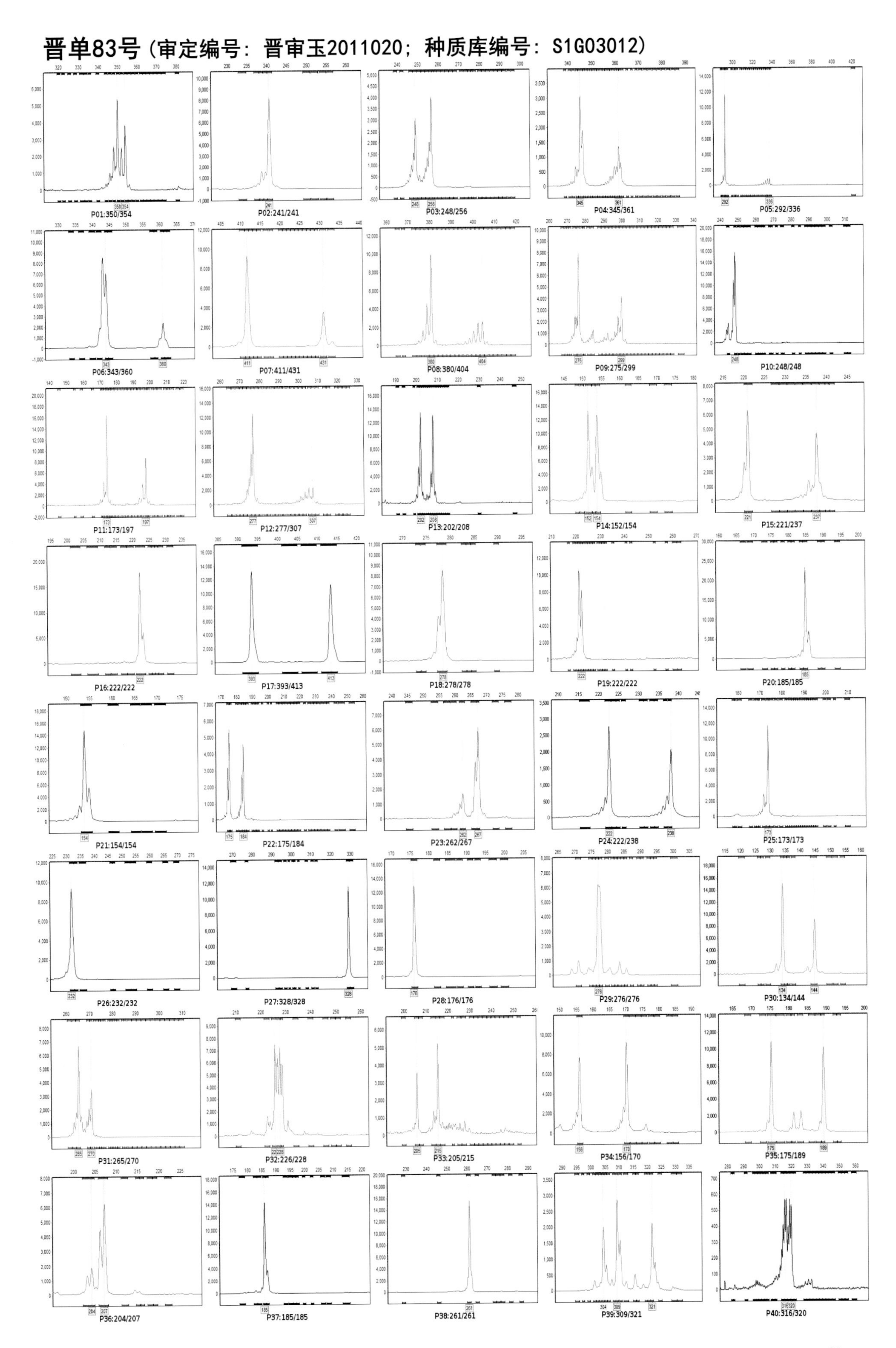
P01:350/354
P02:241/241
P03:248/256
P04:345/361
P05:292/336
P06:343/360
P07:411/431
P08:380/404
P09:275/299
P10:248/248
P11:173/197
P12:277/307
P13:202/208
P14:152/154
P15:221/237
P16:222/222
P17:393/413
P18:278/278
P19:222/222
P20:185/185
P21:154/154
P22:175/184
P23:262/267
P24:222/238
P25:173/173
P26:232/232
P27:328/328
P28:176/176
P29:276/276
P30:134/144
P31:265/270
P32:226/228
P33:205/215
P34:156/170
P35:175/189
P36:204/207
P37:185/185
P38:261/261
P39:309/321
P40:316/320

潞玉35（审定编号：晋审玉2011021；种质库编号：S1G02999）

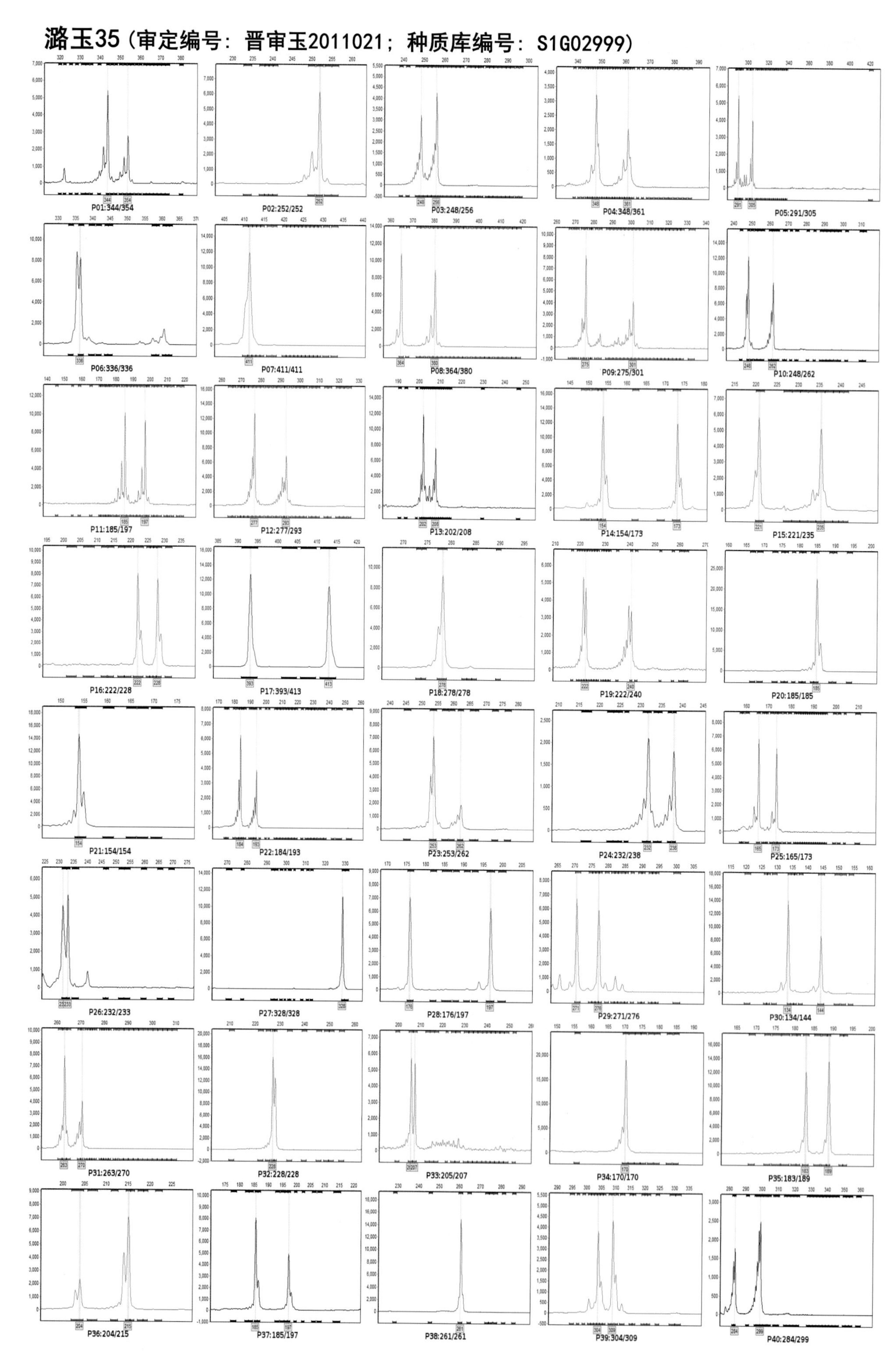
P01:344/354
P02:252/252
P03:248/256
P04:348/361
P05:291/305
P06:336/336
P07:411/411
P08:364/380
P09:275/301
P10:248/262
P11:185/197
P12:277/293
P13:202/208
P14:154/173
P15:221/235
P16:222/228
P17:393/413
P18:278/278
P19:222/240
P20:185/185
P21:154/154
P22:184/193
P23:253/262
P24:232/238
P25:165/173
P26:232/233
P27:328/328
P28:176/197
P29:271/276
P30:134/144
P31:263/270
P32:228/228
P33:205/207
P34:170/170
P35:183/189
P36:204/215
P37:185/197
P38:261/261
P39:304/309
P40:284/299

润民9号（审定编号：晋审玉2011022；种质库编号：S1G03006）

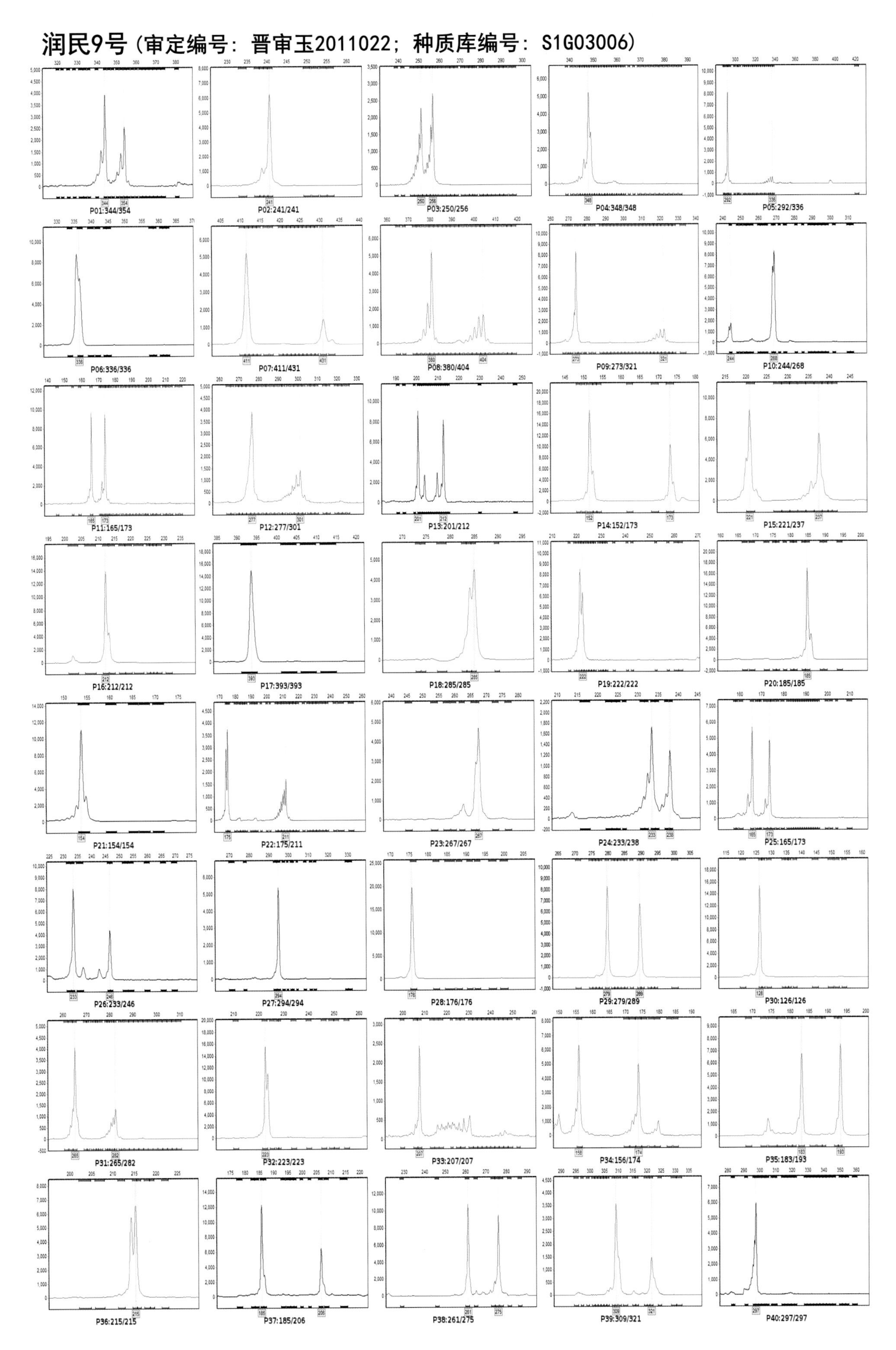
P01:344/354
P02:241/241
P03:250/256
P04:348/348
P05:292/336
P06:336/336
P07:411/431
P08:380/404
P09:273/321
P10:244/268
P11:165/173
P12:277/301
P13:201/212
P14:152/173
P15:221/237
P16:212/212
P17:393/393
P18:285/285
P19:222/222
P20:185/185
P21:154/154
P22:175/211
P23:267/267
P24:233/238
P25:165/173
P26:233/246
P27:294/294
P28:176/176
P29:279/289
P30:126/126
P31:265/282
P32:223/223
P33:207/207
P34:156/174
P35:183/193
P36:215/215
P37:185/206
P38:261/275
P39:309/321
P40:297/297

晋超甜1号（审定编号：晋审玉2011023；种质库编号：S1G03014）

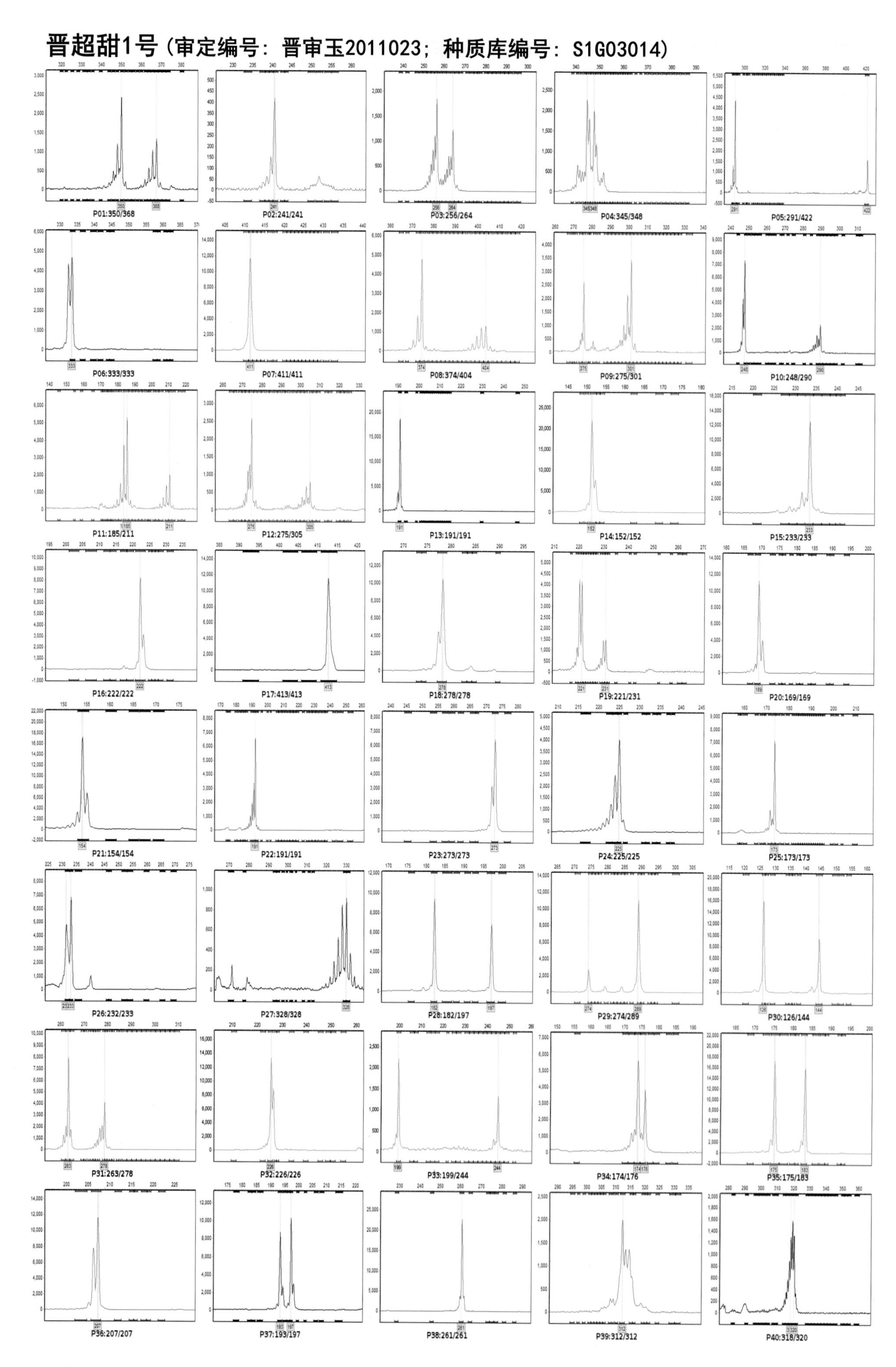

P01:350/368
P02:241/241
P03:256/264
P04:345/348
P05:291/422
P06:333/333
P07:411/411
P08:374/404
P09:275/301
P10:248/290
P11:185/211
P12:275/305
P13:191/191
P14:152/152
P15:233/233
P16:222/222
P17:413/413
P18:278/278
P19:221/231
P20:169/169
P21:154/154
P22:191/191
P23:273/273
P24:225/225
P25:173/173
P26:232/233
P27:328/328
P28:182/197
P29:274/289
P30:126/144
P31:263/278
P32:226/226
P33:199/244
P34:174/176
P35:175/183
P36:207/207
P37:193/197
P38:261/261
P39:312/312
P40:318/320

迪甜10号（审定编号：晋审玉2011024；种质库编号：S1G02996）

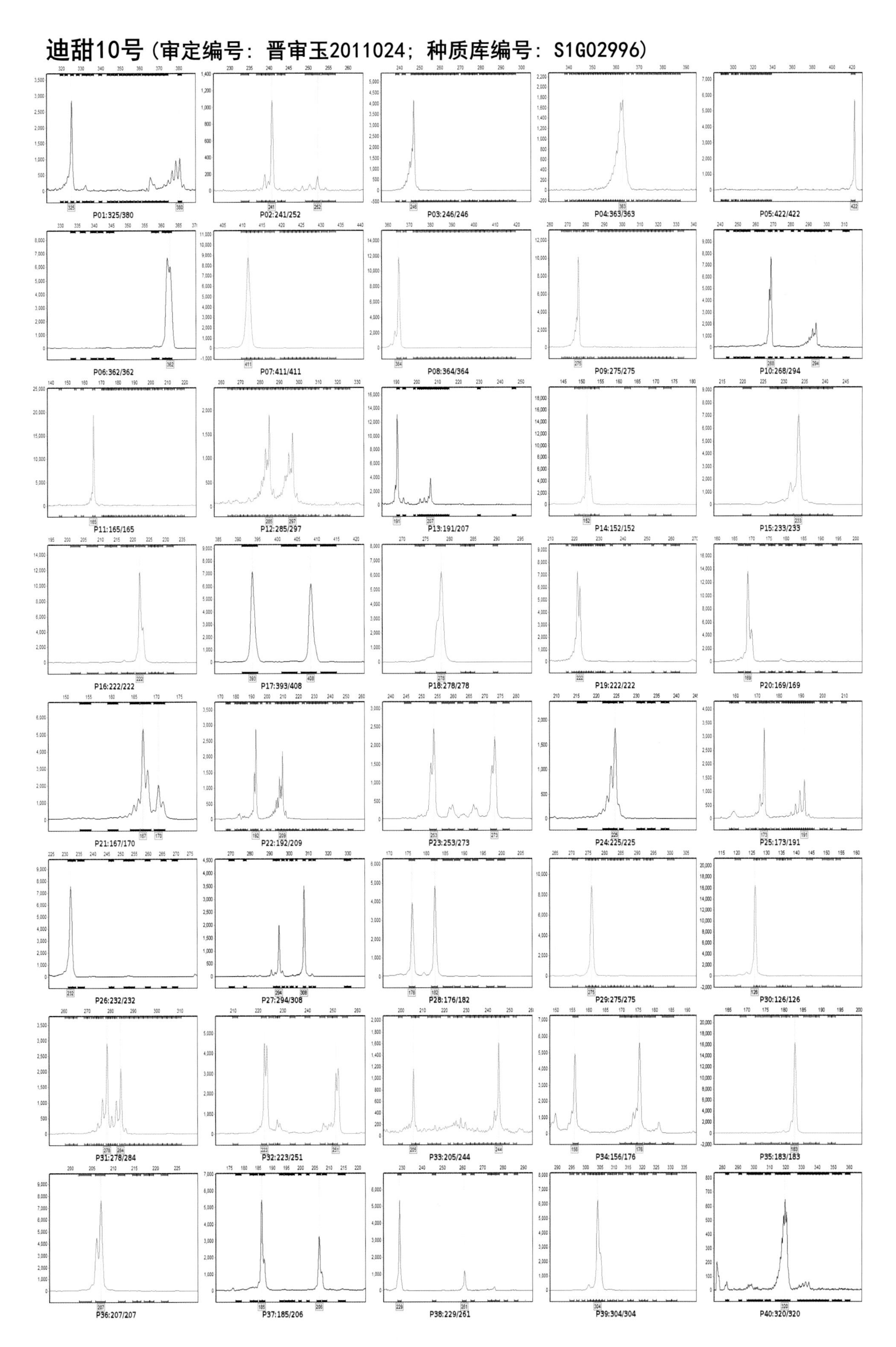
P01:325/380
P02:241/252
P03:246/246
P04:363/363
P05:422/422
P06:362/362
P07:411/411
P08:364/364
P09:275/275
P10:268/294
P11:165/165
P12:285/297
P13:191/207
P14:152/152
P15:233/233
P16:222/222
P17:393/408
P18:278/278
P19:222/222
P20:169/169
P21:167/170
P22:192/209
P23:253/273
P24:225/225
P25:173/191
P26:232/232
P27:294/308
P28:176/182
P29:275/275
P30:126/126
P31:278/284
P32:223/251
P33:205/244
P34:156/176
P35:183/183
P36:207/207
P37:185/206
P38:229/261
P39:304/304
P40:320/320

晋阳3号（审定编号：晋审玉2012001；种质库编号：S1G03875）

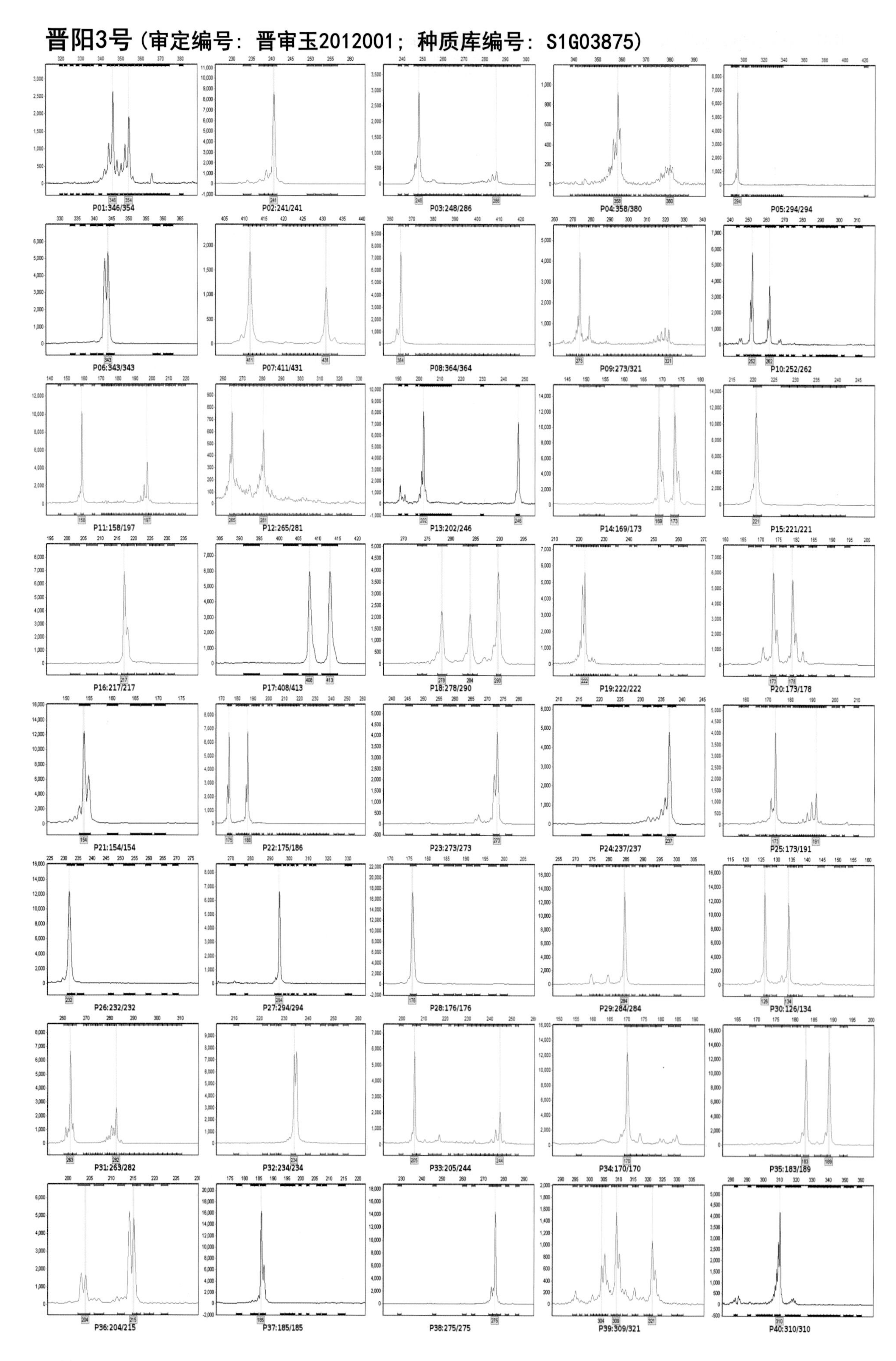
P01:346/354
P02:241/241
P03:248/286
P04:358/380
P05:294/294
P06:343/343
P07:411/431
P08:364/364
P09:273/321
P10:252/262
P11:158/197
P12:265/281
P13:202/246
P14:169/173
P15:221/221
P16:217/217
P17:408/413
P18:278/290
P19:222/222
P20:173/178
P21:154/154
P22:175/186
P23:273/273
P24:237/237
P25:173/191
P26:232/232
P27:294/294
P28:176/176
P29:284/284
P30:126/134
P31:263/282
P32:234/234
P33:205/244
P34:170/170
P35:183/189
P36:204/215
P37:185/185
P38:275/275
P39:309/321
P40:310/310

华元798（审定编号：晋审玉2012002；种质库编号：S1G03876）

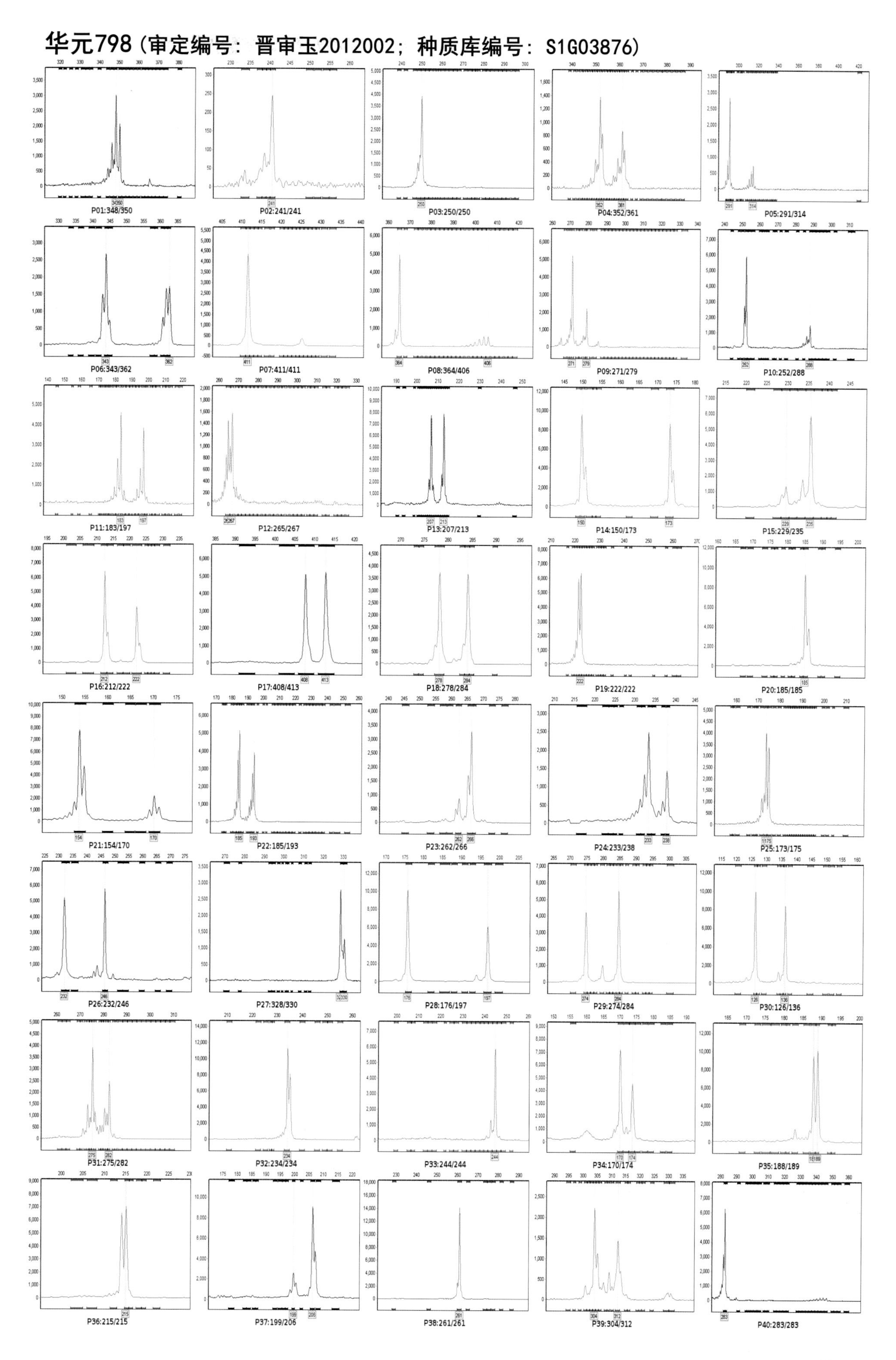
P01:348/350
P02:241/241
P03:250/250
P04:352/361
P05:291/314
P06:343/362
P07:411/411
P08:364/406
P09:271/279
P10:252/288
P11:183/197
P12:265/267
P13:207/213
P14:150/173
P15:229/235
P16:212/222
P17:408/413
P18:278/284
P19:222/222
P20:185/185
P21:154/170
P22:185/193
P23:262/266
P24:233/238
P25:173/175
P26:232/246
P27:328/330
P28:176/197
P29:274/284
P30:126/136
P31:275/282
P32:234/234
P33:244/244
P34:170/174
P35:188/189
P36:215/215
P37:199/206
P38:261/261
P39:304/312
P40:283/283

强盛3号（审定编号：晋审玉2012003；种质库编号：S1G03877）

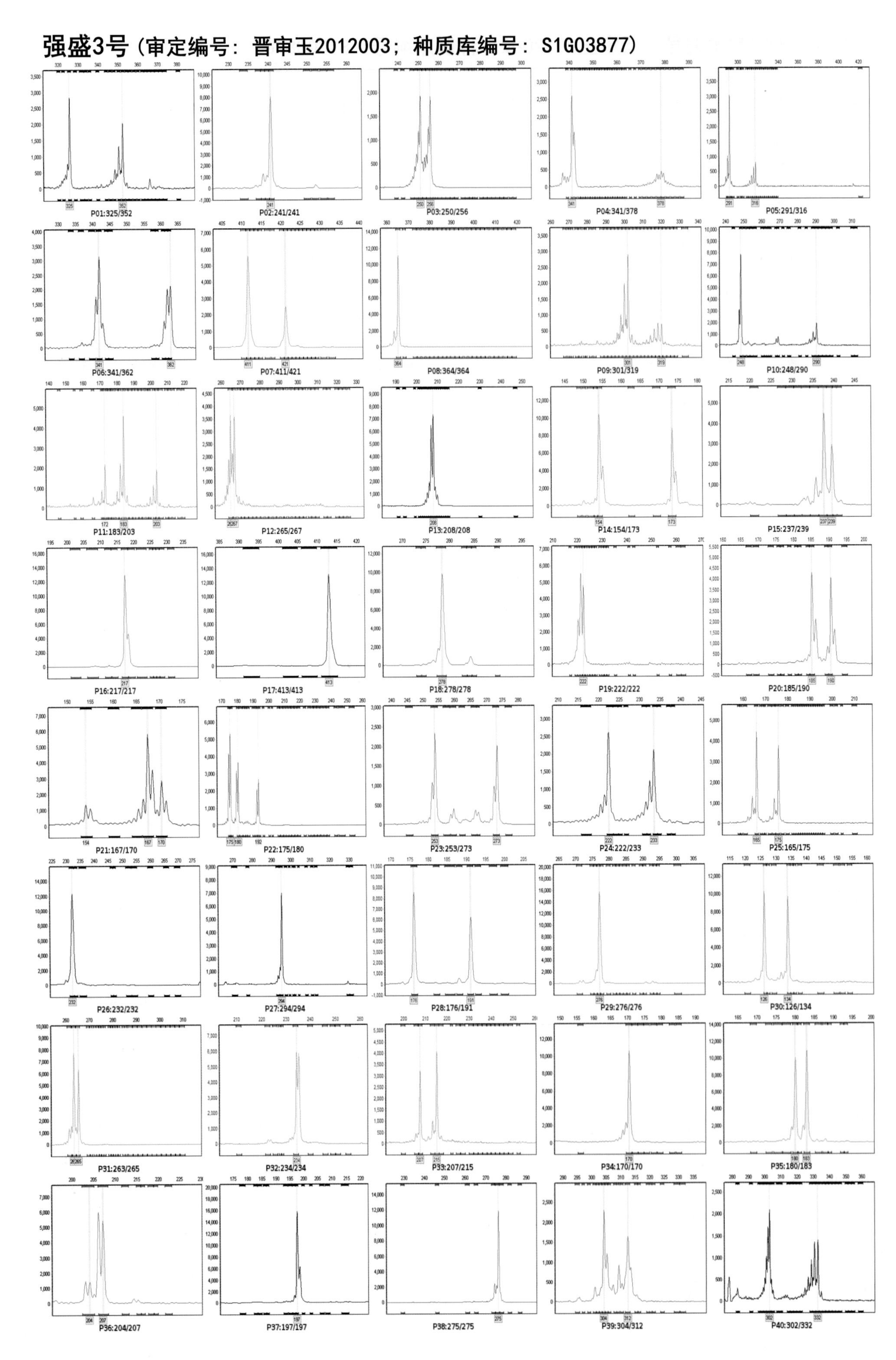
P01:325/352
P02:241/241
P03:250/256
P04:341/378
P05:291/316
P06:341/362
P07:411/421
P08:364/364
P09:301/319
P10:248/290
P11:183/203
P12:265/267
P13:208/208
P14:154/173
P15:237/239
P16:217/217
P17:413/413
P18:278/278
P19:222/222
P20:185/190
P21:167/170
P22:175/180
P23:253/273
P24:222/233
P25:165/175
P26:232/232
P27:294/294
P28:176/191
P29:276/276
P30:126/134
P31:263/265
P32:234/234
P33:207/215
P34:170/170
P35:180/183
P36:204/207
P37:197/197
P38:275/275
P39:304/312
P40:302/332

潞玉39（审定编号：晋审玉2012004，晋审玉2016035；种质库编号：S1G03878）

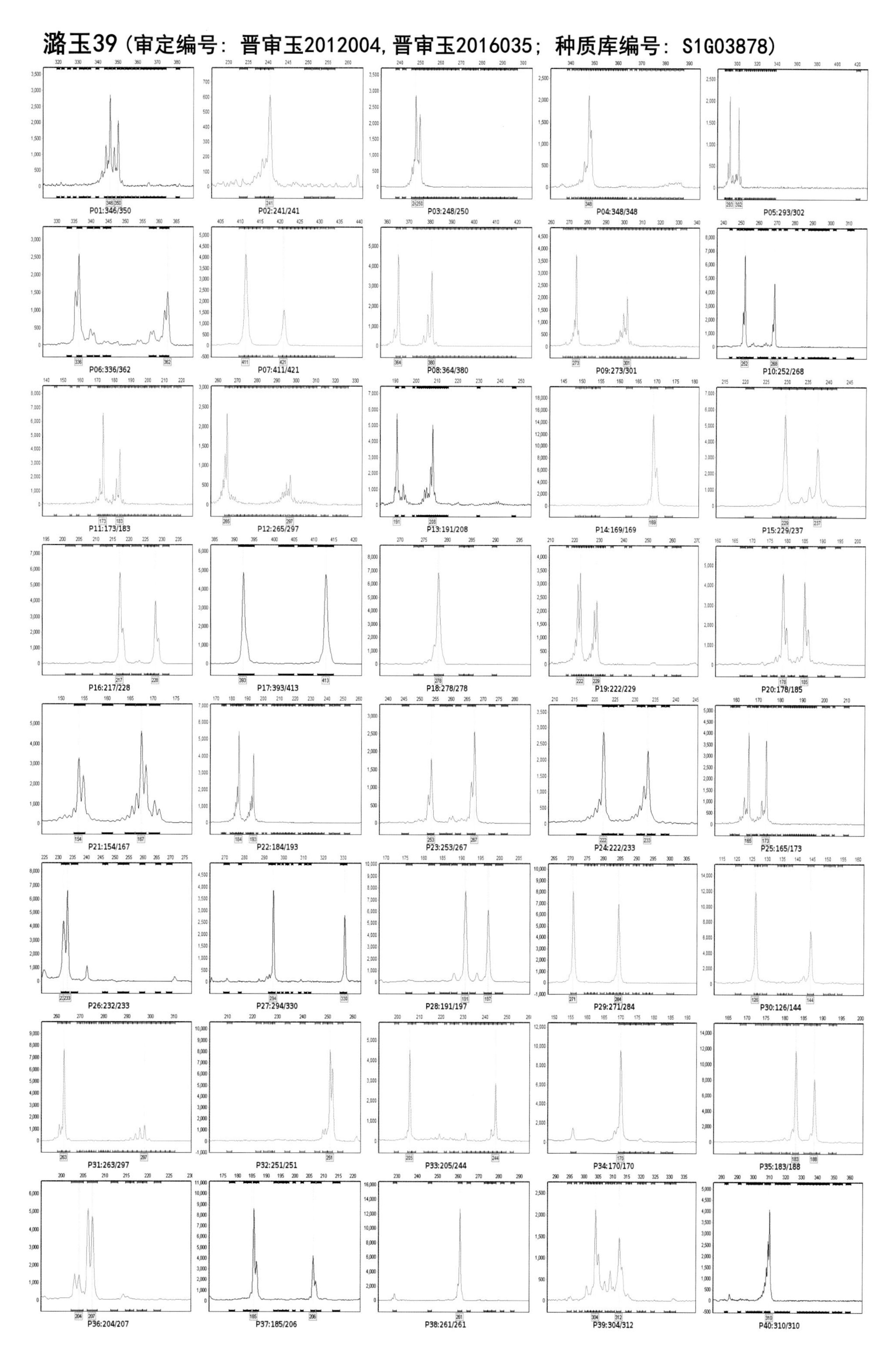

诚信5号（审定编号：晋审玉2012005；种质库编号：S1G03879）

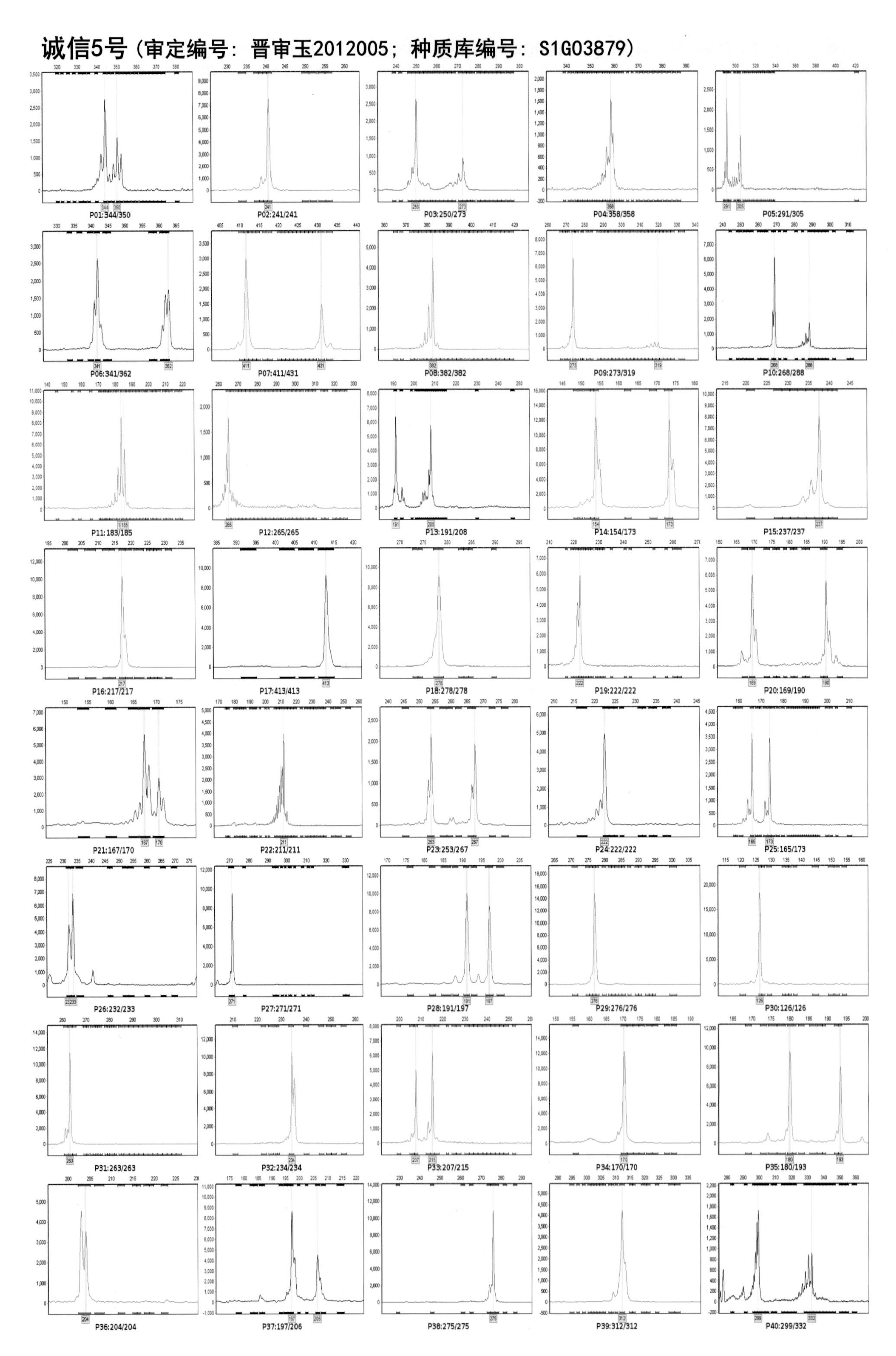

P01:344/350
P02:241/241
P03:250/273
P04:358/358
P05:291/305
P06:341/362
P07:411/431
P08:382/382
P09:273/319
P10:268/288
P11:183/185
P12:265/265
P13:191/208
P14:154/173
P15:237/237
P16:217/217
P17:413/413
P18:278/278
P19:222/222
P20:169/190
P21:167/170
P22:211/211
P23:253/267
P24:222/222
P25:165/173
P26:232/233
P27:271/271
P28:191/197
P29:276/276
P30:126/126
P31:263/263
P32:234/234
P33:207/215
P34:170/170
P35:180/193
P36:204/204
P37:197/206
P38:275/275
P39:312/312
P40:299/332

福盛园59（审定编号：晋审玉2012006；种质库编号：S1G03880）

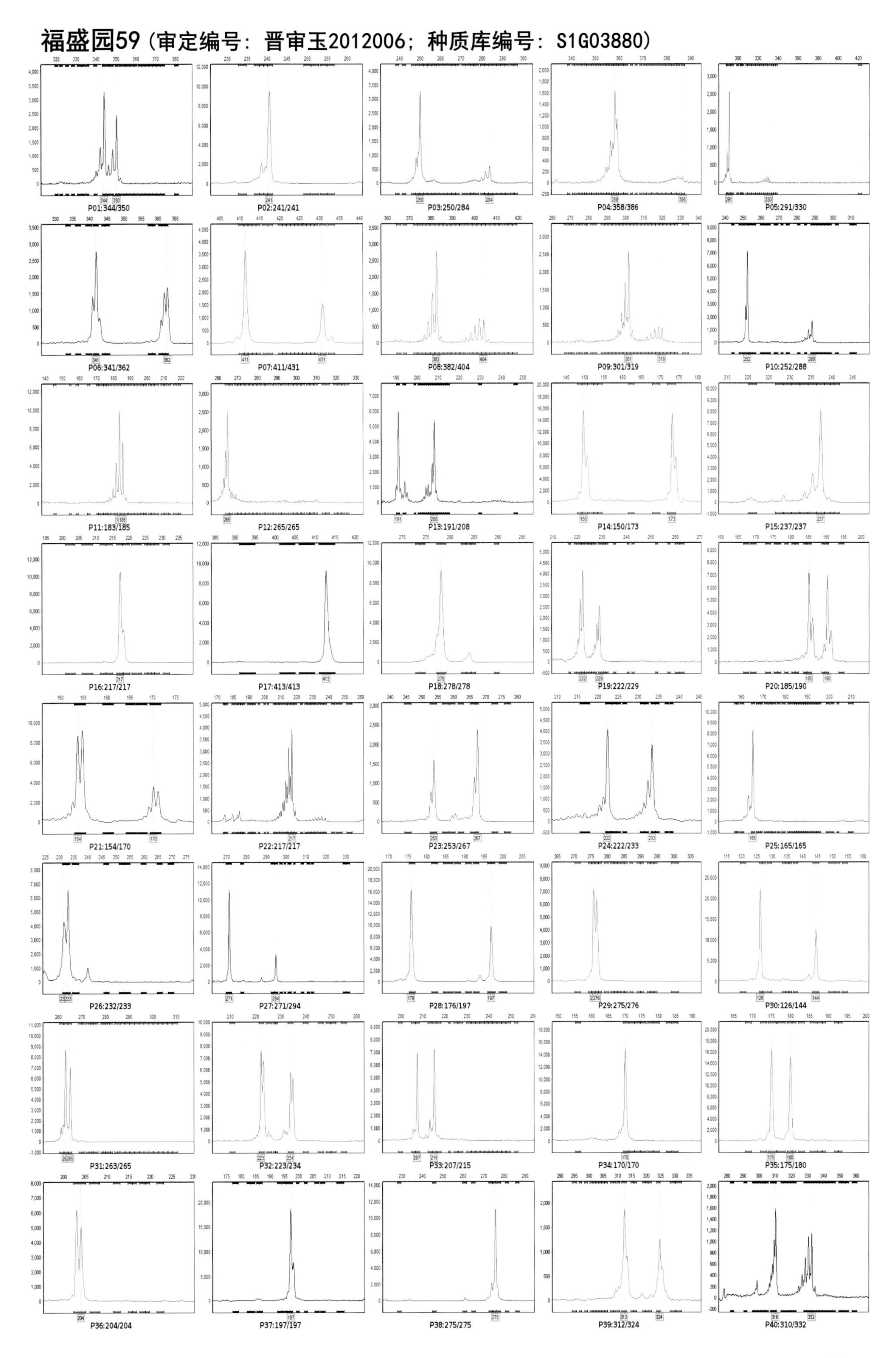

P01:344/350
P02:241/241
P03:250/284
P04:358/386
P05:291/330
P06:341/362
P07:411/431
P08:382/404
P09:301/319
P10:252/288
P11:183/185
P12:265/265
P13:191/208
P14:150/173
P15:237/237
P16:217/217
P17:413/413
P18:278/278
P19:222/229
P20:185/190
P21:154/170
P22:217/217
P23:253/267
P24:222/233
P25:165/165
P26:232/233
P27:271/294
P28:176/197
P29:275/276
P30:126/144
P31:263/265
P32:223/234
P33:207/215
P34:170/170
P35:175/180
P36:204/204
P37:197/197
P38:275/275
P39:312/324
P40:310/332

大丰30（审定编号：晋审玉2012007；种质库编号：S1G03881）

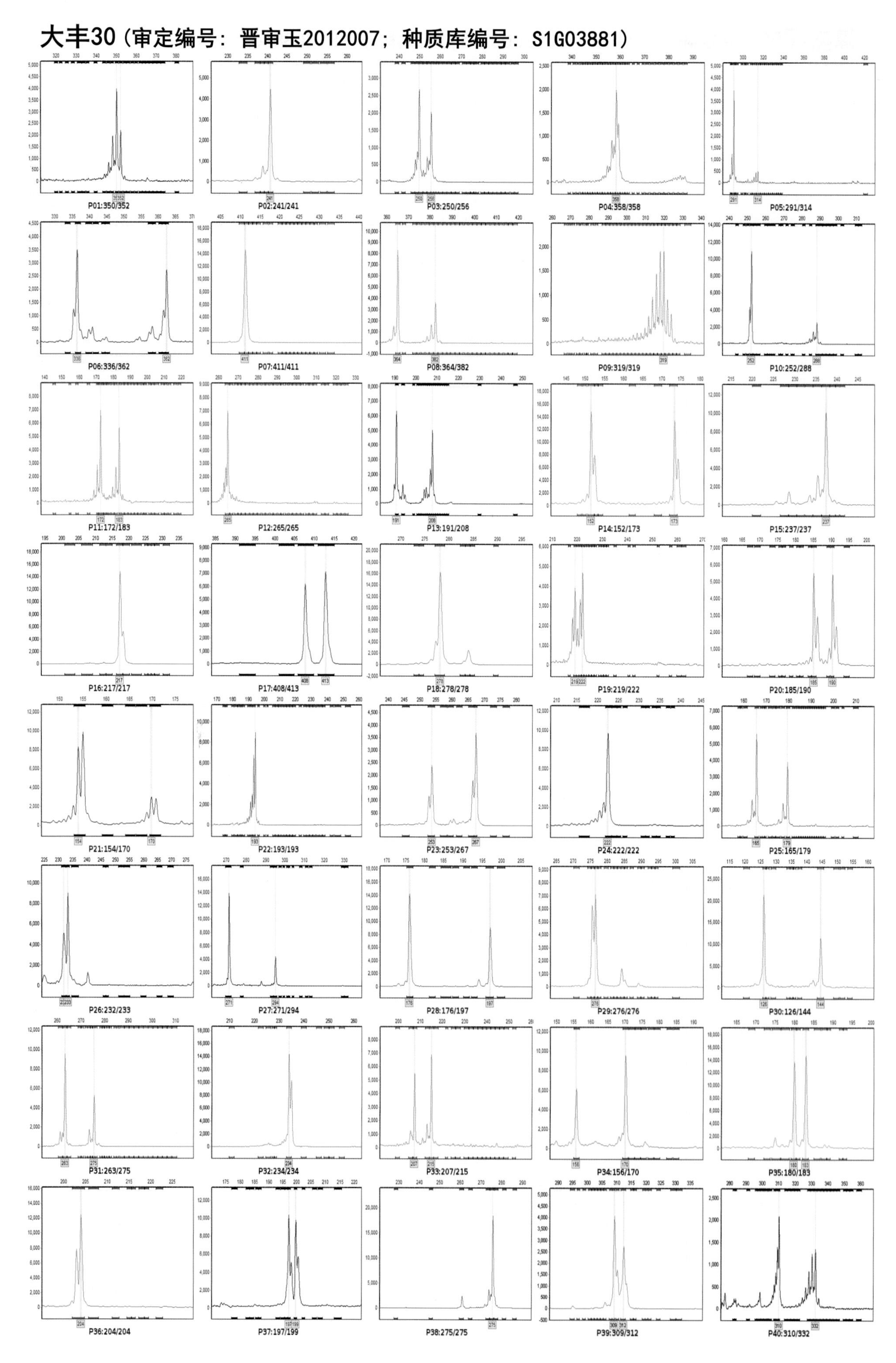
P01:350/352
P02:241/241
P03:250/256
P04:358/358
P05:291/314
P06:336/362
P07:411/411
P08:364/382
P09:319/319
P10:252/288
P11:172/183
P12:265/265
P13:191/208
P14:152/173
P15:237/237
P16:217/217
P17:408/413
P18:278/278
P19:219/222
P20:185/190
P21:154/170
P22:193/193
P23:253/267
P24:222/222
P25:165/179
P26:232/233
P27:271/294
P28:176/197
P29:276/276
P30:126/144
P31:263/275
P32:234/234
P33:207/215
P34:156/170
P35:180/183
P36:204/204
P37:197/199
P38:275/275
P39:309/312
P40:310/332

隆平207（审定编号：晋审玉2012008；种质库编号：S1G03882）

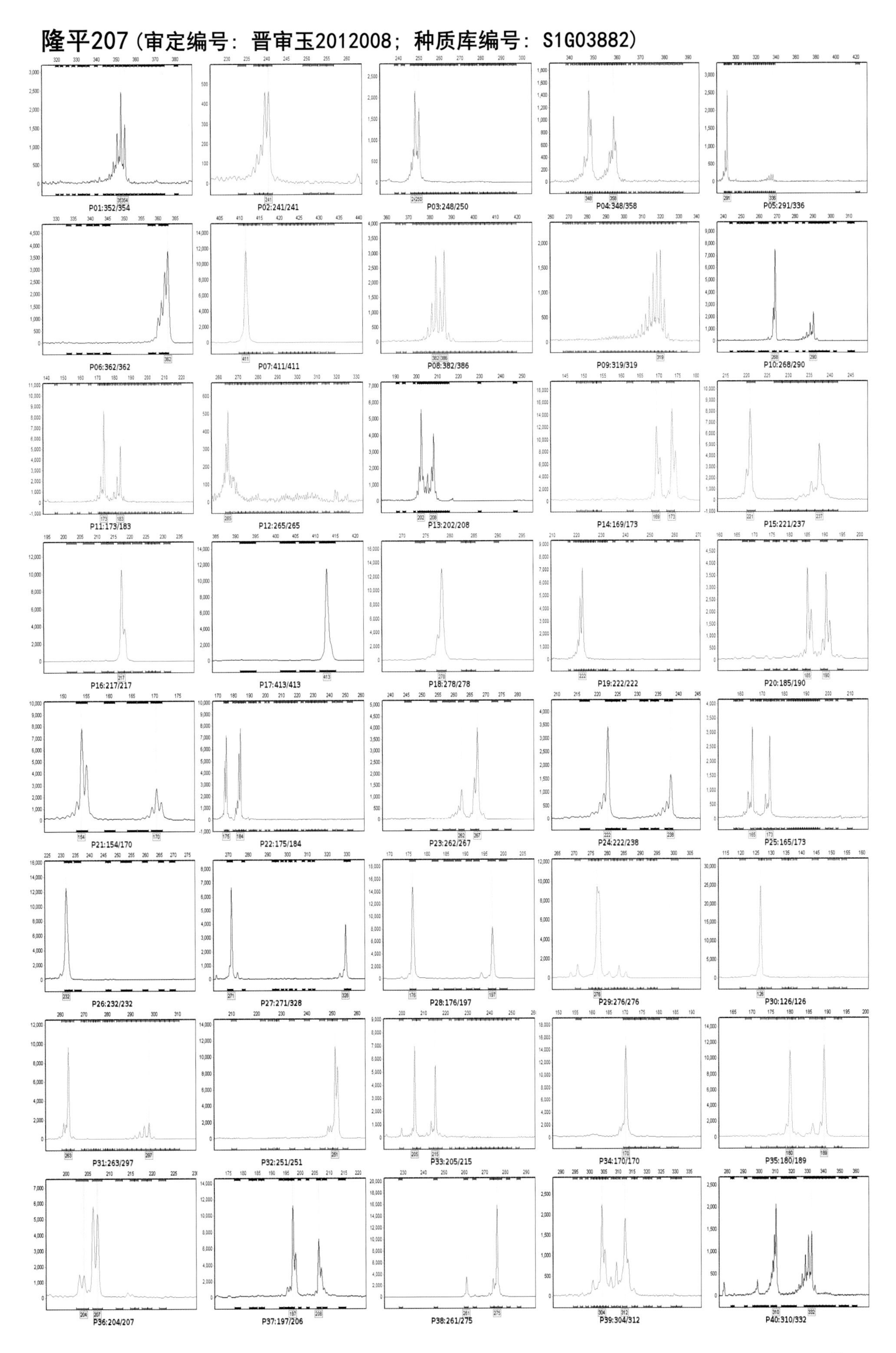
P01:352/354
P02:241/241
P03:248/250
P04:348/358
P05:291/336
P06:362/362
P07:411/411
P08:382/386
P09:319/319
P10:268/290
P11:173/183
P12:265/265
P13:202/208
P14:169/173
P15:221/237
P16:217/217
P17:413/413
P18:278/278
P19:222/222
P20:185/190
P21:154/170
P22:175/184
P23:262/267
P24:222/238
P25:165/173
P26:232/232
P27:271/328
P28:176/197
P29:276/276
P30:126/126
P31:263/297
P32:251/251
P33:205/215
P34:170/170
P35:180/189
P36:204/207
P37:197/206
P38:261/275
P39:304/312
P40:310/332

潞玉36（审定编号：晋审玉2012009；种质库编号：S1G03883）

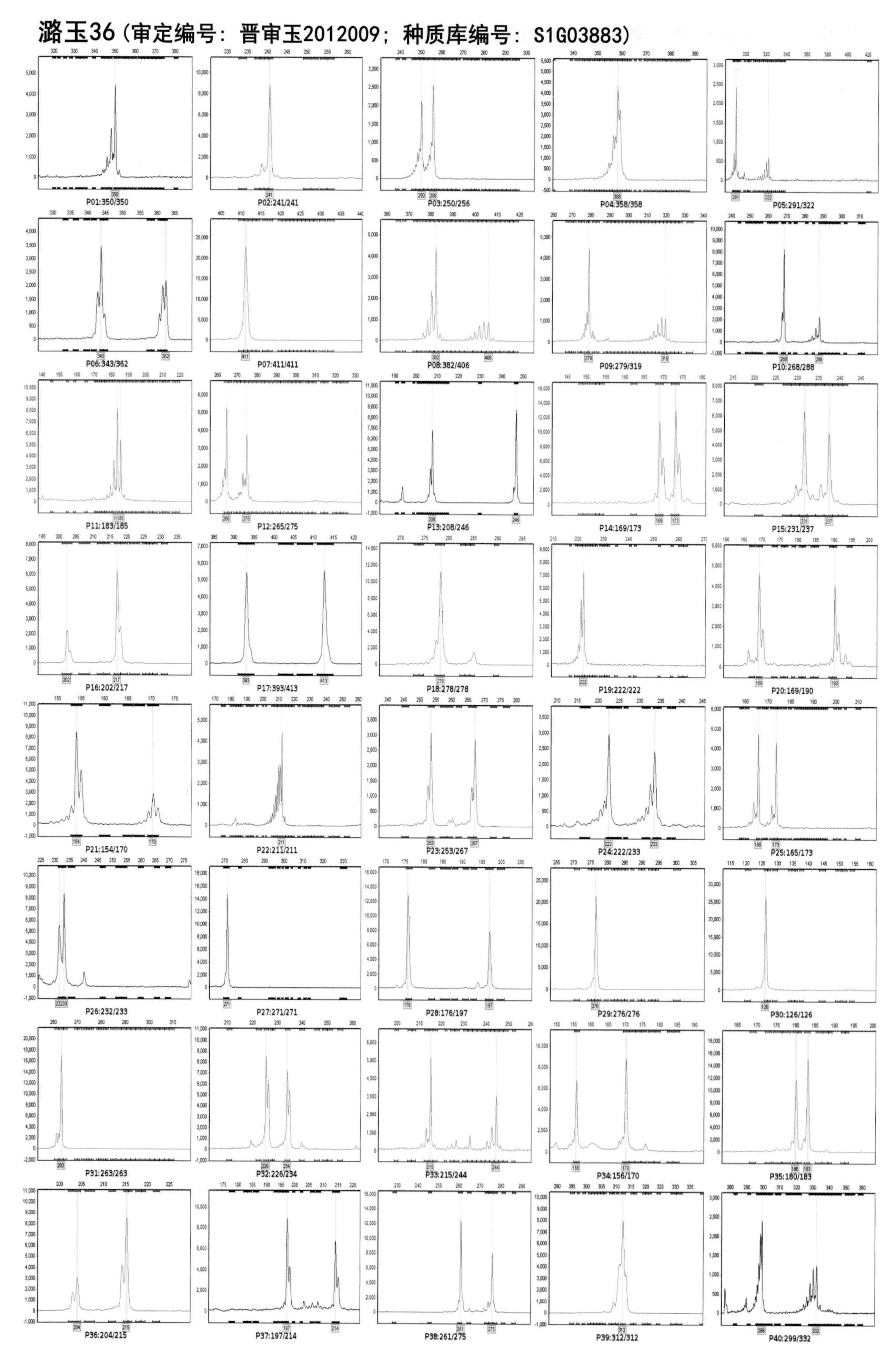
P01:350/350
P02:241/241
P03:250/256
P04:358/358
P05:291/322
P06:343/362
P07:411/411
P08:382/406
P09:279/319
P10:268/288
P11:183/185
P12:265/275
P13:208/246
P14:169/173
P15:231/237
P16:202/217
P17:393/413
P18:278/278
P19:222/222
P20:169/190
P21:154/170
P22:211/211
P23:253/267
P24:222/233
P25:165/173
P26:232/233
P27:271/271
P28:176/197
P29:276/276
P30:126/126
P31:263/263
P32:226/234
P33:215/244
P34:156/170
P35:180/183
P36:204/215
P37:197/214
P38:261/275
P39:312/312
P40:299/332

瑞普959（审定编号：晋审玉2012010；种质库编号：S1G03884）

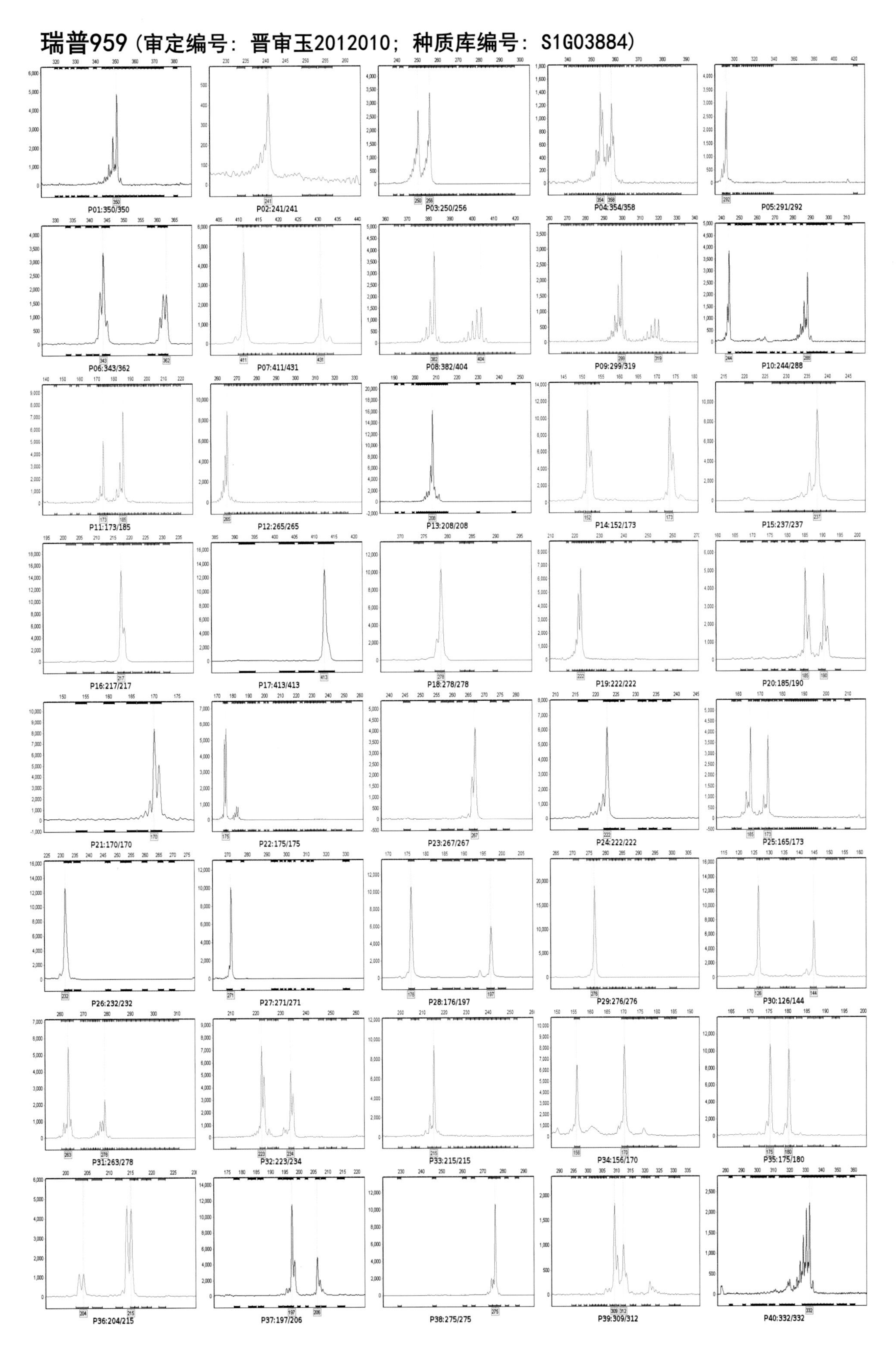
P01:350/350
P02:241/241
P03:250/256
P04:354/358
P05:291/292
P06:343/362
P07:411/431
P08:382/404
P09:299/319
P10:244/288
P11:173/185
P12:265/265
P13:208/208
P14:152/173
P15:237/237
P16:217/217
P17:413/413
P18:278/278
P19:222/222
P20:185/190
P21:170/170
P22:175/175
P23:267/267
P24:222/222
P25:165/173
P26:232/232
P27:271/271
P28:176/197
P29:276/276
P30:126/144
P31:263/278
P32:223/234
P33:215/215
P34:156/170
P35:175/180
P36:204/215
P37:197/206
P38:275/275
P39:309/312
P40:332/332

太育3号（审定编号：晋审玉2012011；种质库编号：S1G03885）

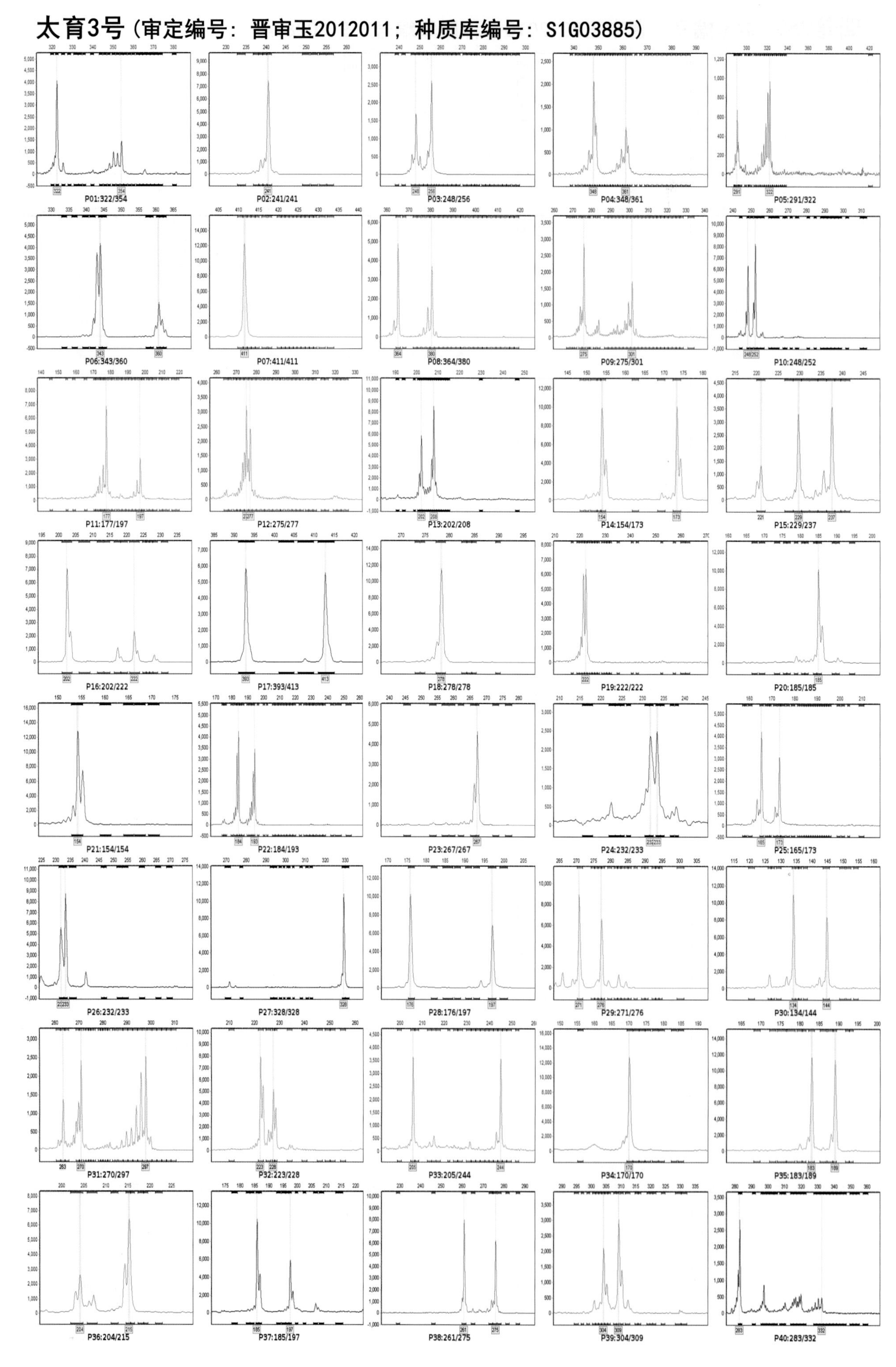
P01:322/354
P02:241/241
P03:248/256
P04:348/361
P05:291/322
P06:343/360
P07:411/411
P08:364/380
P09:275/301
P10:248/252
P11:177/197
P12:275/277
P13:202/208
P14:154/173
P15:229/237
P16:202/222
P17:393/413
P18:278/278
P19:222/222
P20:185/185
P21:154/154
P22:184/193
P23:267/267
P24:232/233
P25:165/173
P26:232/233
P27:328/328
P28:176/197
P29:271/276
P30:134/144
P31:270/297
P32:223/228
P33:205/244
P34:170/170
P35:183/189
P36:204/215
P37:185/197
P38:261/275
P39:304/309
P40:283/332

君实9号（审定编号：晋审玉2012012；种质库编号：S1G03886）

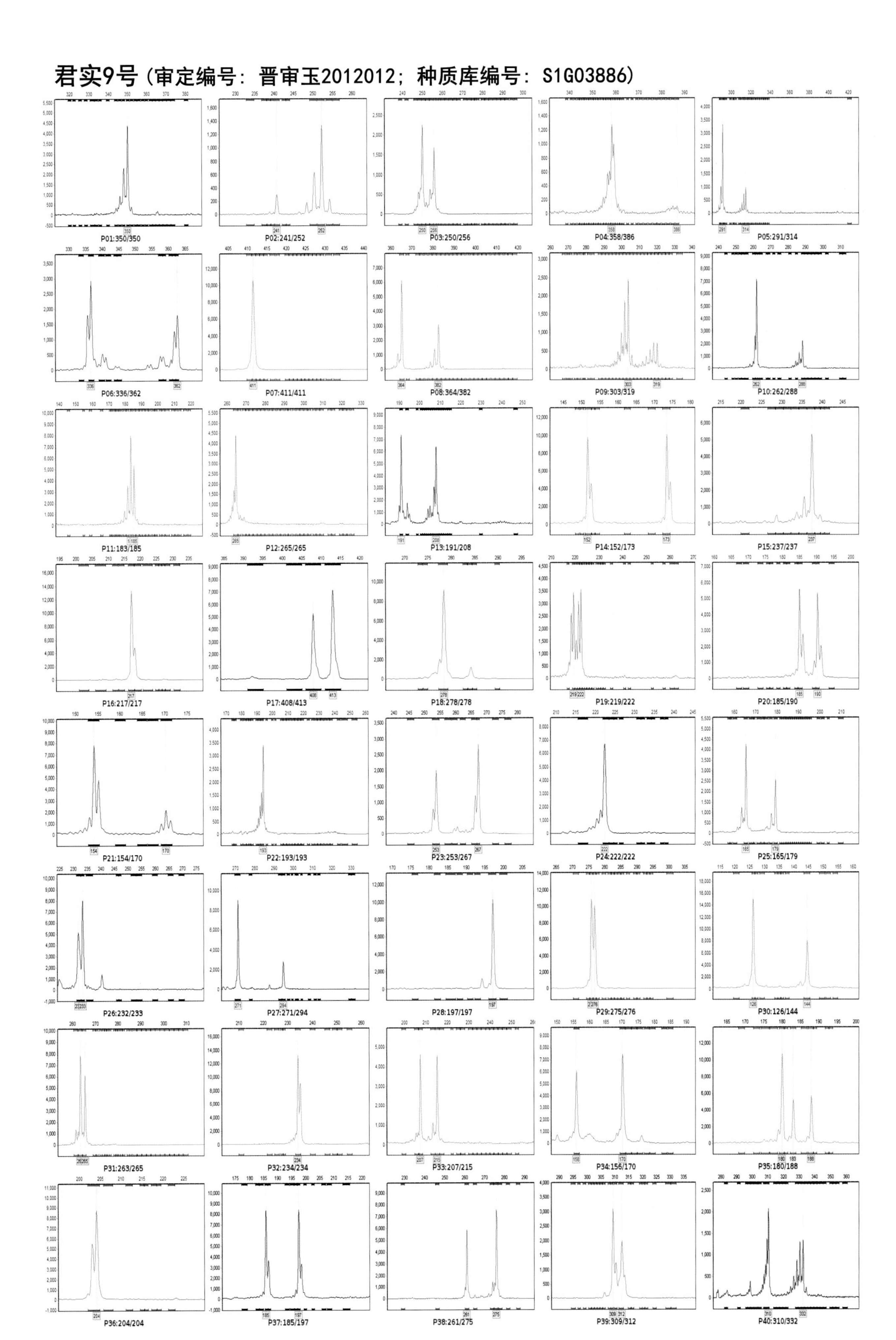
P01:350/350
P02:241/252
P03:250/256
P04:358/386
P05:291/314
P06:336/362
P07:411/411
P08:364/382
P09:303/319
P10:262/288
P11:183/185
P12:265/265
P13:191/208
P14:152/173
P15:237/237
P16:217/217
P17:408/413
P18:278/278
P19:219/222
P20:185/190
P21:154/170
P22:193/193
P23:253/267
P24:222/222
P25:165/179
P26:232/233
P27:271/294
P28:197/197
P29:275/276
P30:126/144
P31:263/265
P32:234/234
P33:207/215
P34:156/170
P35:180/188
P36:204/204
P37:185/197
P38:261/275
P39:309/312
P40:310/332

金庆117（审定编号：晋审玉2012013；种质库编号：S1G03887）

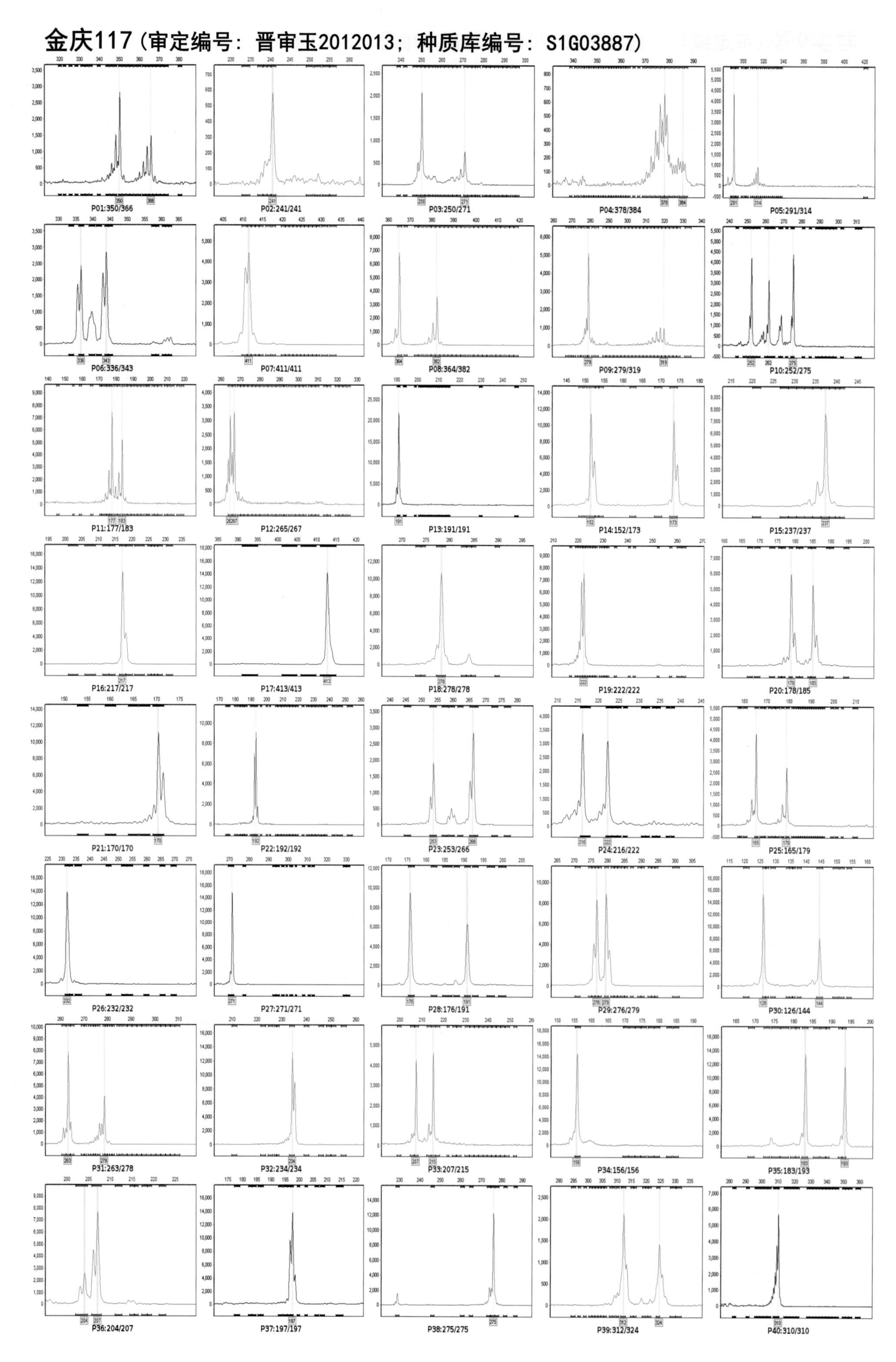
P01:350/366
P02:241/241
P03:250/271
P04:378/384
P05:291/314
P06:336/343
P07:411/411
P08:364/382
P09:279/319
P10:252/275
P11:177/183
P12:265/267
P13:191/191
P14:152/173
P15:237/237
P16:217/217
P17:413/413
P18:278/278
P19:222/222
P20:178/185
P21:170/170
P22:192/192
P23:253/266
P24:216/222
P25:165/179
P26:232/232
P27:271/271
P28:176/191
P29:276/279
P30:126/144
P31:263/278
P32:234/234
P33:207/215
P34:156/156
P35:183/193
P36:204/207
P37:197/197
P38:275/275
P39:312/324
P40:310/310

辉玉909（审定编号：晋审玉2012014；种质库编号：S1G03888）

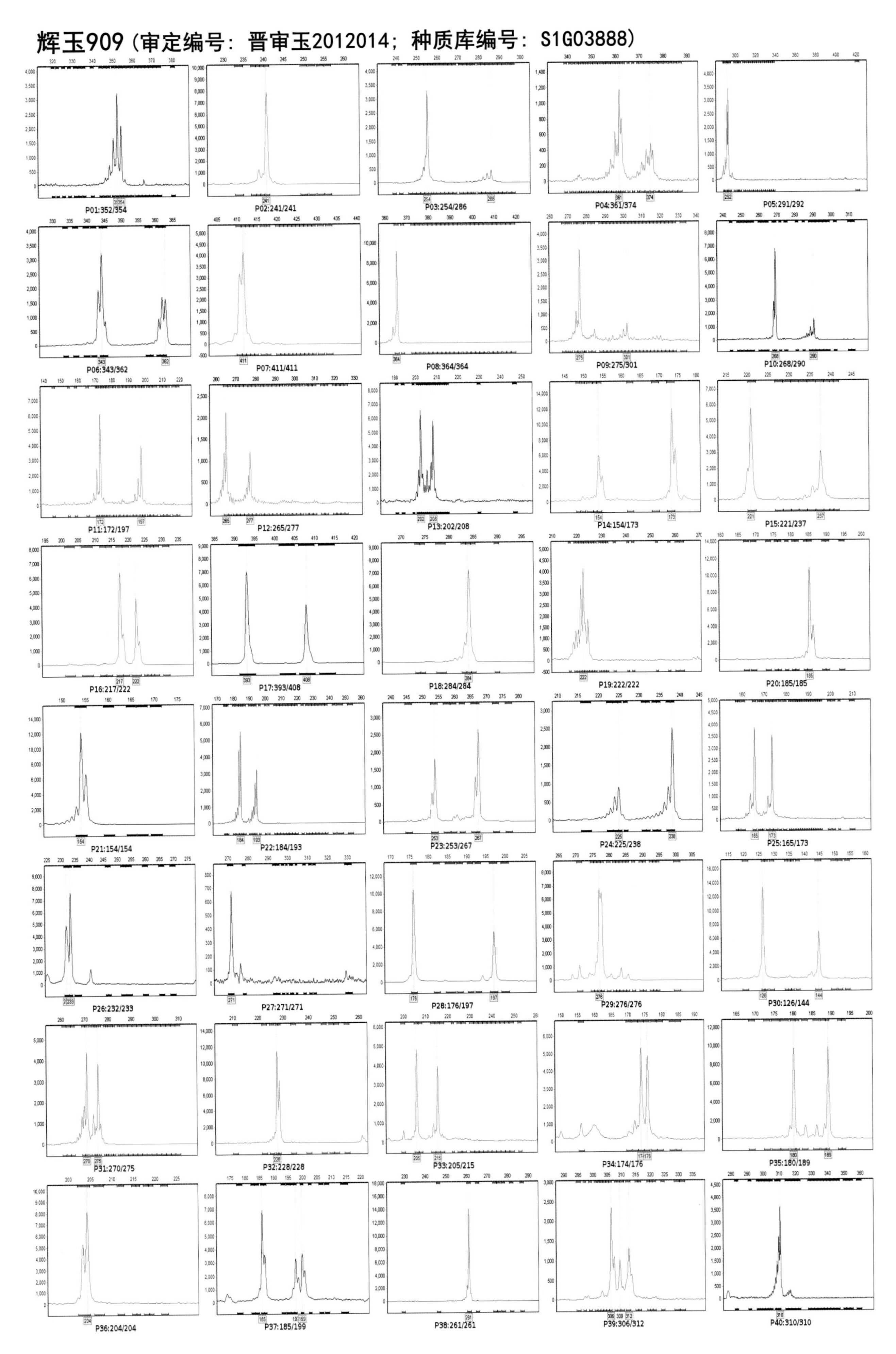

P01:352/354
P02:241/241
P03:254/286
P04:361/374
P05:291/292
P06:343/362
P07:411/411
P08:364/364
P09:275/301
P10:268/290
P11:172/197
P12:265/277
P13:202/208
P14:154/173
P15:221/237
P16:217/222
P17:393/408
P18:284/284
P19:222/222
P20:185/185
P21:154/154
P22:184/193
P23:253/267
P24:225/238
P25:165/173
P26:232/233
P27:271/271
P28:176/197
P29:276/276
P30:126/144
P31:270/275
P32:228/228
P33:205/215
P34:174/176
P35:180/189
P36:204/204
P37:185/199
P38:261/261
P39:306/312
P40:310/310

屯玉188（审定编号：晋审玉2013001；种质库编号：S1G03889）

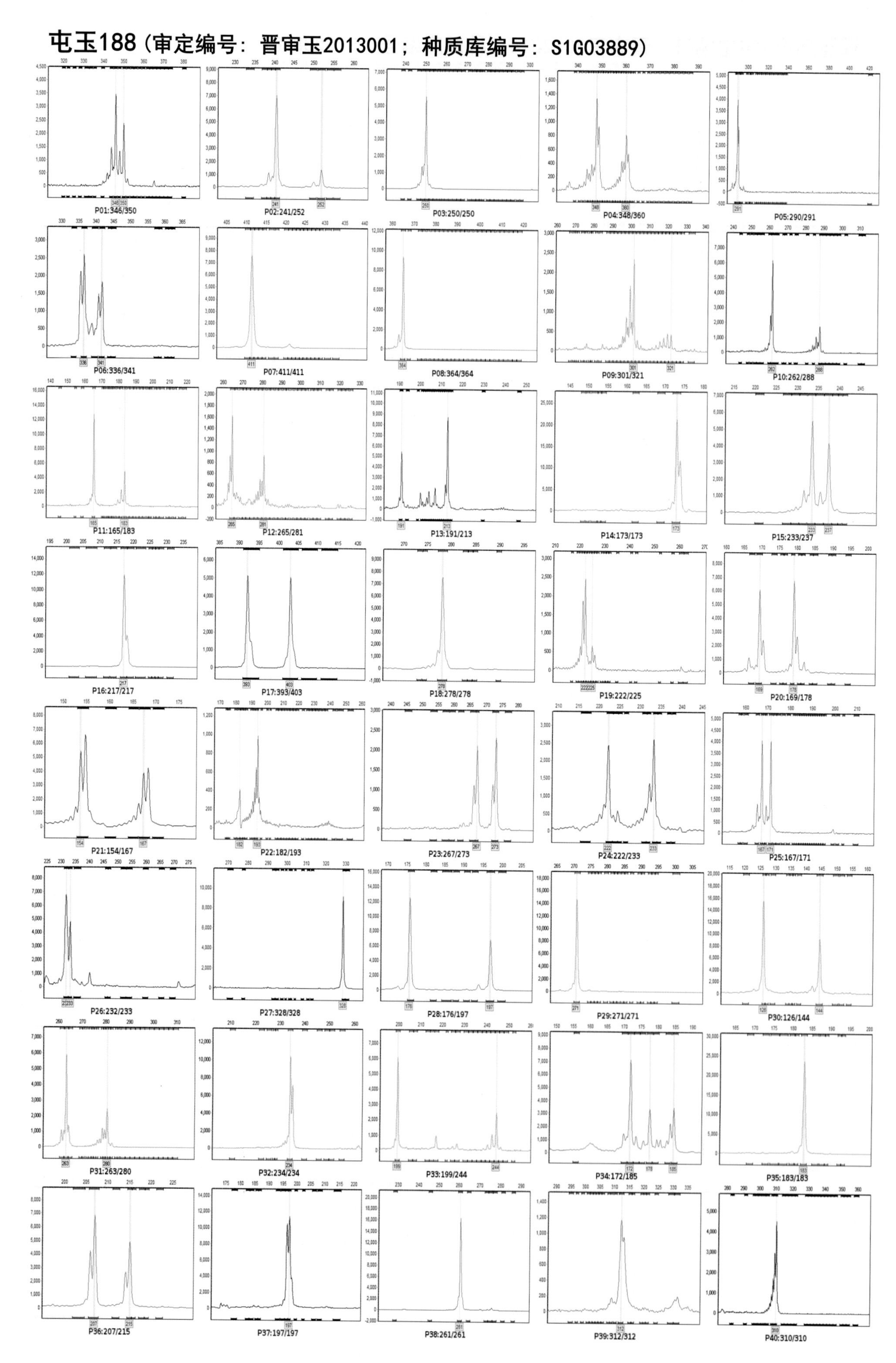

P01:346/350
P02:241/252
P03:250/250
P04:348/360
P05:290/291
P06:336/341
P07:411/411
P08:364/364
P09:301/321
P10:262/288
P11:165/183
P12:265/281
P13:191/213
P14:173/173
P15:233/237
P16:217/217
P17:393/403
P18:278/278
P19:222/225
P20:169/178
P21:154/167
P22:182/193
P23:267/273
P24:222/233
P25:167/171
P26:232/233
P27:328/328
P28:176/197
P29:271/271
P30:126/144
P31:263/280
P32:234/234
P33:199/244
P34:172/185
P35:183/183
P36:207/215
P37:197/197
P38:261/261
P39:312/312
P40:310/310

晋单84号（审定编号：晋审玉2013002；种质库编号：S1G03890）

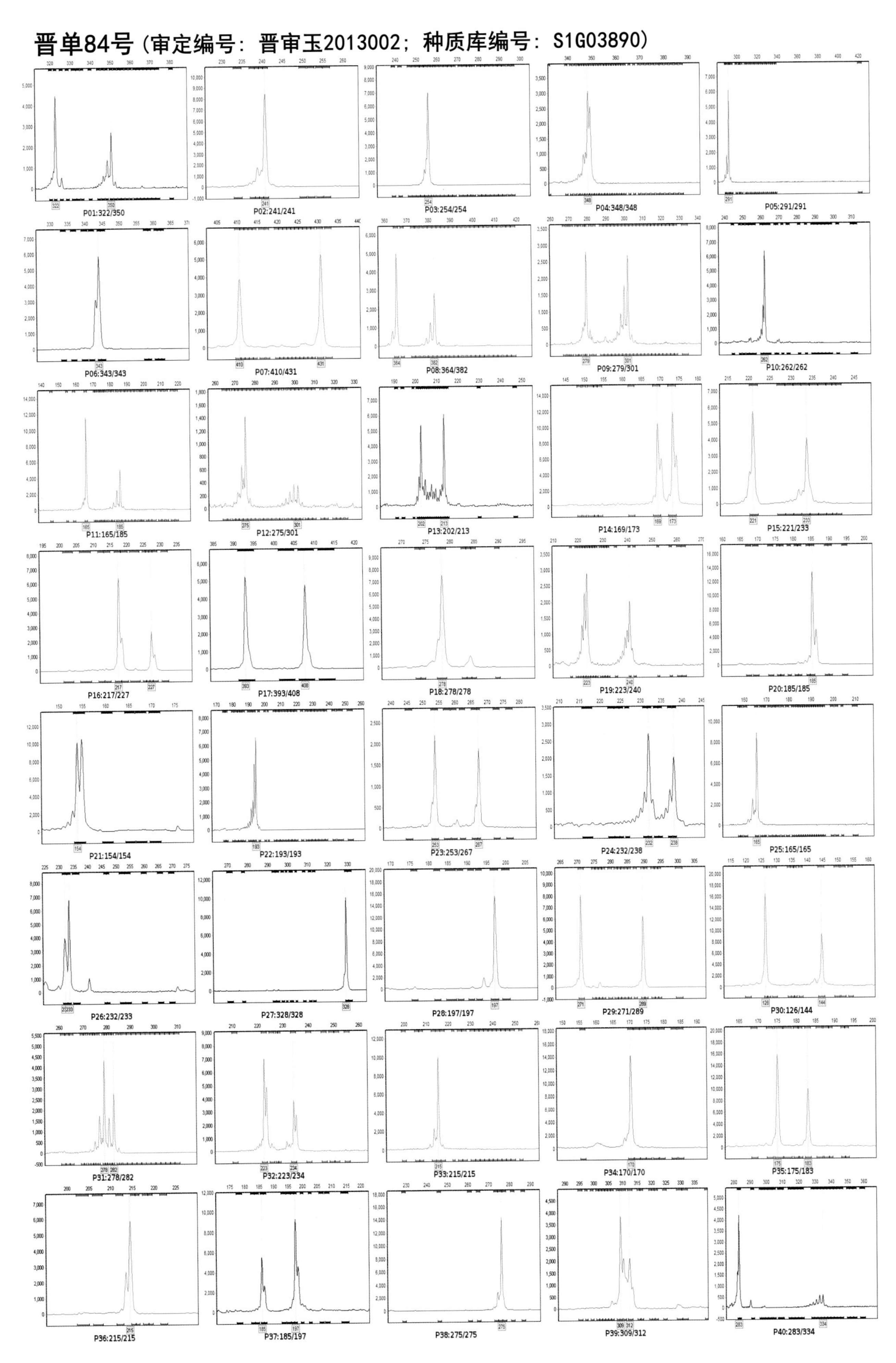

P01:322/350
P02:241/241
P03:254/254
P04:348/348
P05:291/291
P06:343/343
P07:410/431
P08:364/382
P09:279/301
P10:262/262
P11:165/185
P12:275/301
P13:202/213
P14:169/173
P15:221/233
P16:217/227
P17:393/408
P18:278/278
P19:223/240
P20:185/185
P21:154/154
P22:193/193
P23:253/267
P24:232/238
P25:165/165
P26:232/233
P27:328/328
P28:197/197
P29:271/289
P30:126/144
P31:278/282
P32:223/234
P33:215/215
P34:170/170
P35:175/183
P36:215/215
P37:185/197
P38:275/275
P39:309/312
P40:283/334

晋单85号（审定编号：晋审玉2013003；种质库编号：S1G03891）

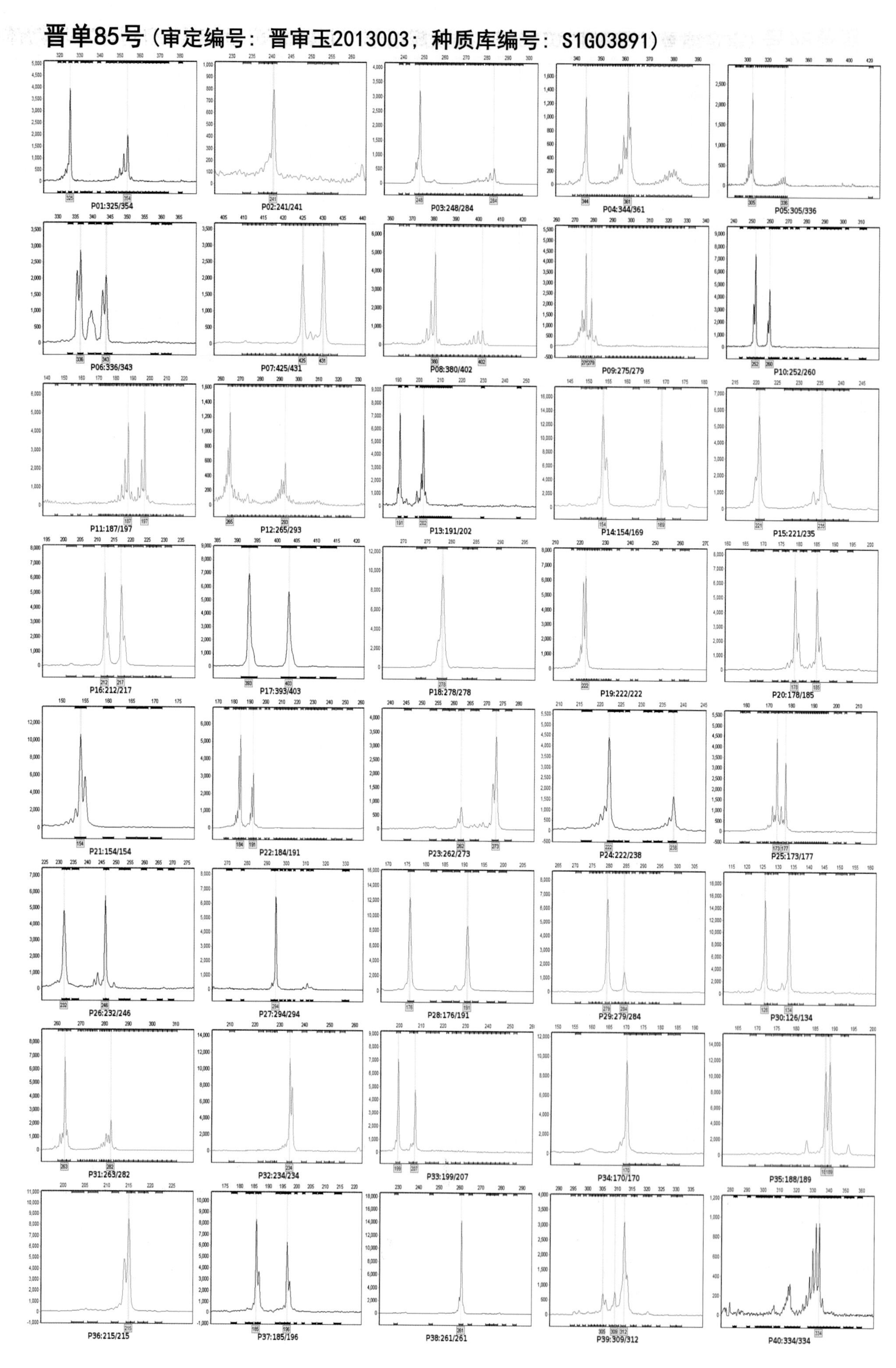

P01:325/354
P02:241/241
P03:248/284
P04:344/361
P05:305/336
P06:336/343
P07:425/431
P08:380/402
P09:275/279
P10:252/260
P11:187/197
P12:265/293
P13:191/202
P14:154/169
P15:221/235
P16:212/217
P17:393/403
P18:278/278
P19:222/222
P20:178/185
P21:154/154
P22:184/191
P23:262/273
P24:222/238
P25:173/177
P26:232/246
P27:294/294
P28:176/191
P29:279/284
P30:126/134
P31:263/282
P32:234/234
P33:199/207
P34:170/170
P35:188/189
P36:215/215
P37:185/196
P38:261/261
P39:309/312
P40:334/334

华科早18（审定编号：晋审玉2013004；种质库编号：S1G03892）

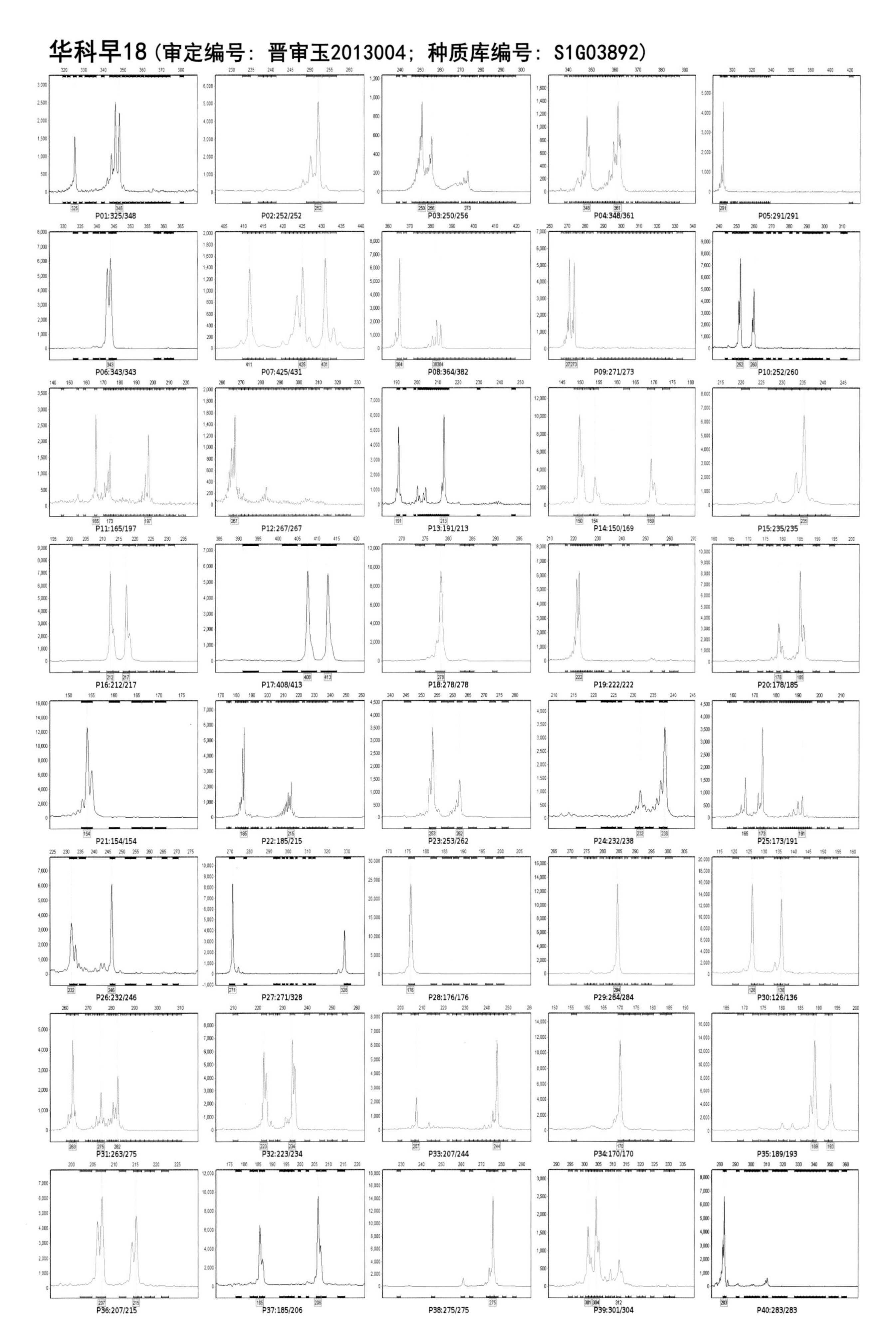
P01:325/348
P02:252/252
P03:250/256
P04:348/361
P05:291/291
P06:343/343
P07:425/431
P08:364/382
P09:271/273
P10:252/260
P11:165/197
P12:267/267
P13:191/213
P14:150/169
P15:235/235
P16:212/217
P17:408/413
P18:278/278
P19:222/222
P20:178/185
P21:154/154
P22:185/215
P23:253/262
P24:232/238
P25:173/191
P26:232/246
P27:271/328
P28:176/176
P29:284/284
P30:126/136
P31:263/275
P32:223/234
P33:207/244
P34:170/170
P35:189/193
P36:207/215
P37:185/206
P38:275/275
P39:301/304
P40:283/283

并单39（审定编号：晋审玉2013005；种质库编号：S1G03893）

P01:325/350　P02:240/240　P03:248/252　P04:348/348　P05:290/314

P06:362/362　P07:411/411　P08:364/382　P09:289/303　P10:292/292

P11:172/183　P12:265/265　P13:191/208　P14:173/173　P15:233/233

P16:217/217　P17:408/413　P18:278/278　P19:219/229　P20:178/185

P21:154/154　P22:191/191　P23:253/257　P24:232/233　P25:165/165

P26:232/233　P27:297/297　P28:191/197　P29:276/276　P30:126/144

P31:263/278　P32:234/251　P33:207/244　P34:156/170　P35:175/180

P36:204/219　P37:185/196　P38:275/275　P39:309/309　P40:310/310

金苹618（审定编号：晋审玉2013006；种质库编号：S1G03894）

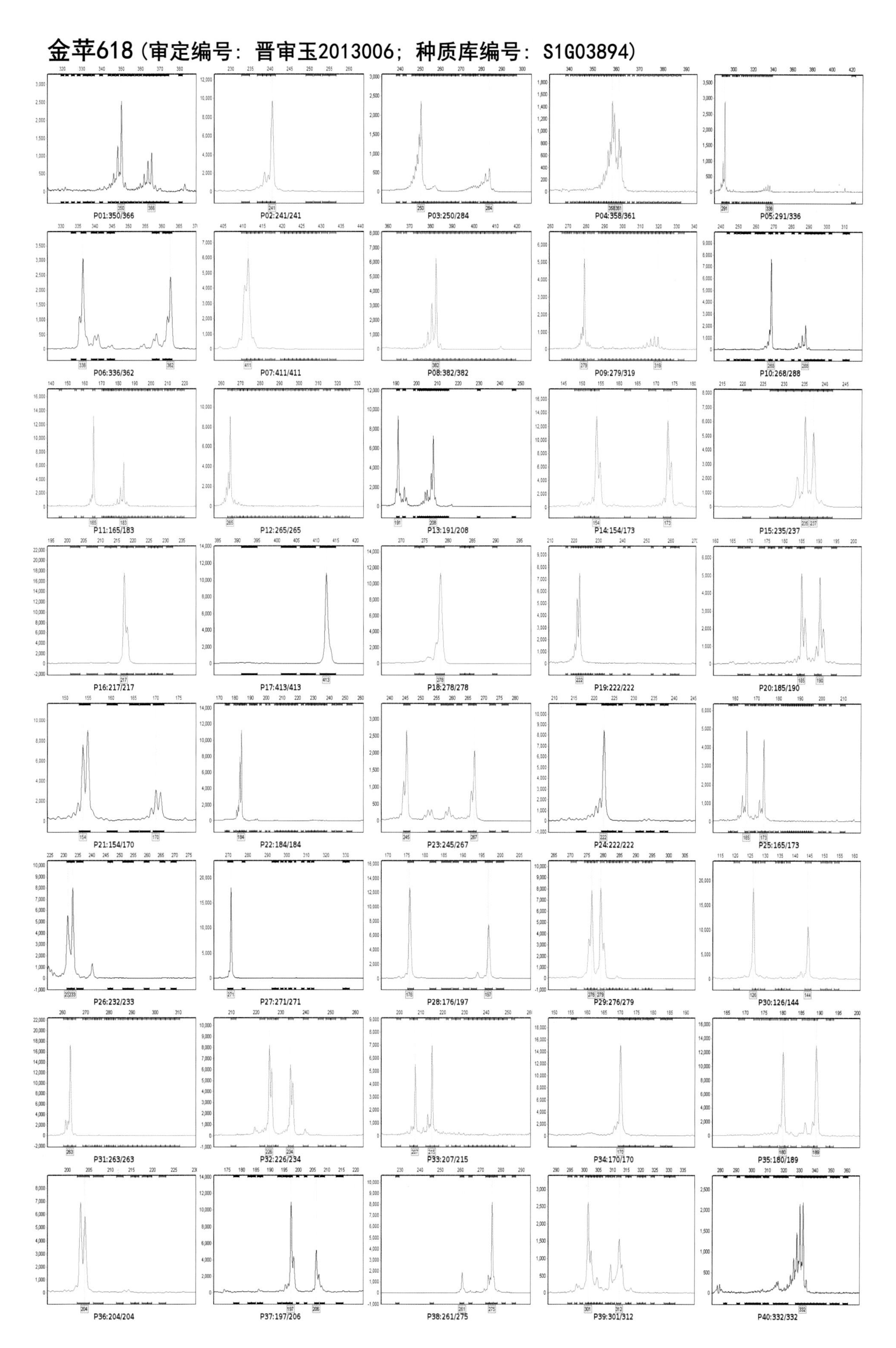

P01:350/366
P02:241/241
P03:250/284
P04:358/361
P05:291/336
P06:336/362
P07:411/411
P08:382/382
P09:279/319
P10:268/288
P11:165/183
P12:265/265
P13:191/208
P14:154/173
P15:235/237
P16:217/217
P17:413/413
P18:278/278
P19:222/222
P20:185/190
P21:154/170
P22:184/184
P23:245/267
P24:222/222
P25:165/173
P26:232/233
P27:271/271
P28:176/197
P29:276/279
P30:126/144
P31:263/263
P32:226/234
P33:207/215
P34:170/170
P35:180/189
P36:204/204
P37:197/206
P38:261/275
P39:301/312
P40:332/332

强盛388（审定编号：晋审玉2013007；种质库编号：S1G03895）

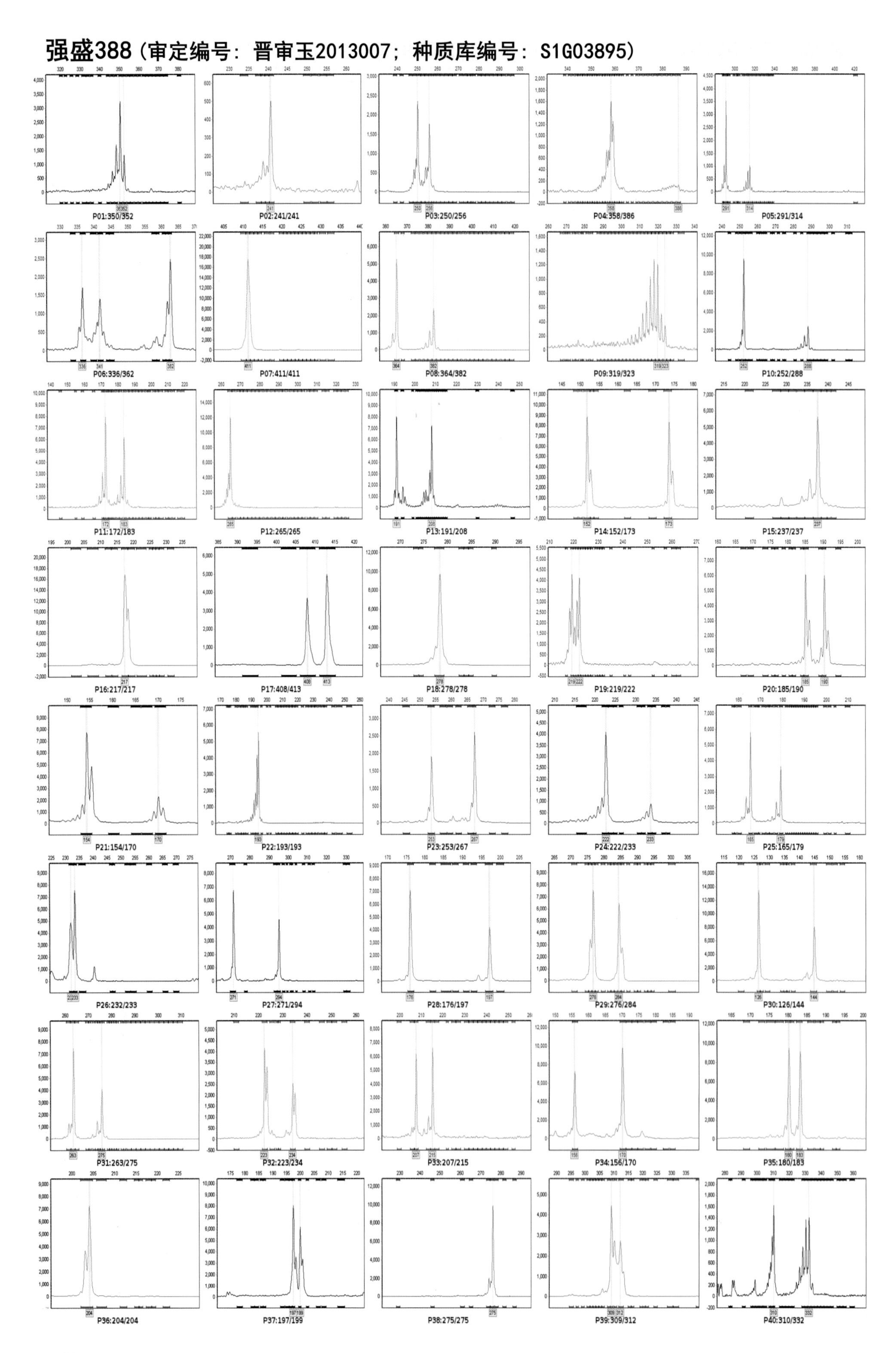

P01:350/352
P02:241/241
P03:250/256
P04:358/386
P05:291/314
P06:336/362
P07:411/411
P08:364/382
P09:319/323
P10:252/288
P11:172/183
P12:265/265
P13:191/208
P14:152/173
P15:237/237
P16:217/217
P17:408/413
P18:278/278
P19:219/222
P20:185/190
P21:154/170
P22:193/193
P23:253/267
P24:222/233
P25:165/179
P26:232/233
P27:271/294
P28:176/197
P29:276/284
P30:126/144
P31:263/275
P32:223/234
P33:207/215
P34:156/170
P35:180/183
P36:204/204
P37:197/199
P38:275/275
P39:309/312
P40:310/332

晋单86号（审定编号：晋审玉2013008；种质库编号：S1G03896）

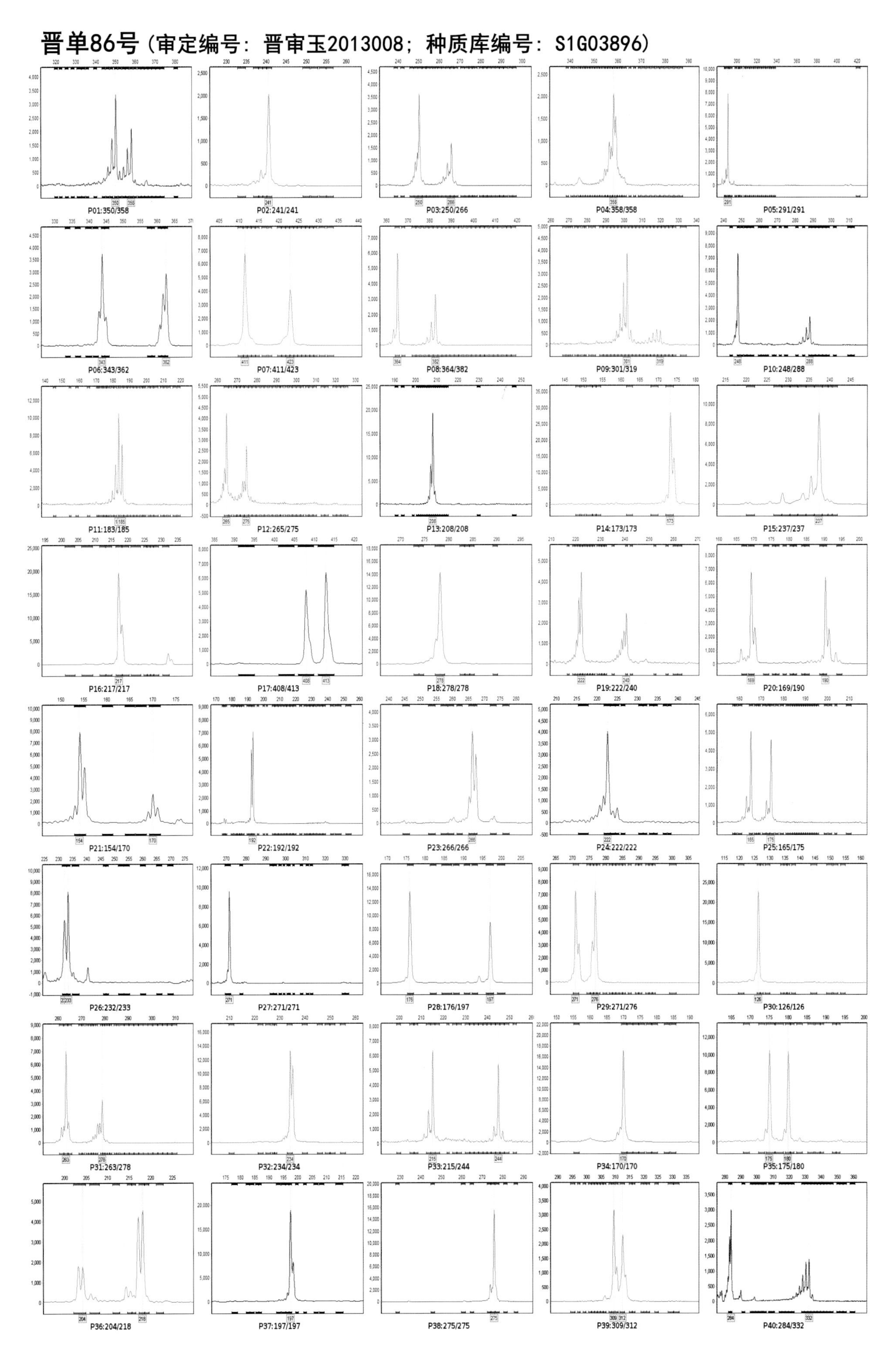

P01:350/358
P02:241/241
P03:250/266
P04:358/358
P05:291/291
P06:343/362
P07:411/423
P08:364/382
P09:301/319
P10:248/288
P11:183/185
P12:265/275
P13:208/208
P14:173/173
P15:237/237
P16:217/217
P17:408/413
P18:278/278
P19:222/240
P20:169/190
P21:154/170
P22:192/192
P23:266/266
P24:222/222
P25:165/175
P26:232/233
P27:271/271
P28:176/197
P29:271/276
P30:126/126
P31:263/278
P32:234/234
P33:215/244
P34:170/170
P35:175/180
P36:204/218
P37:197/197
P38:275/275
P39:309/312
P40:284/332

锦绣206（审定编号：晋审玉2013009；种质库编号：S1G03897）

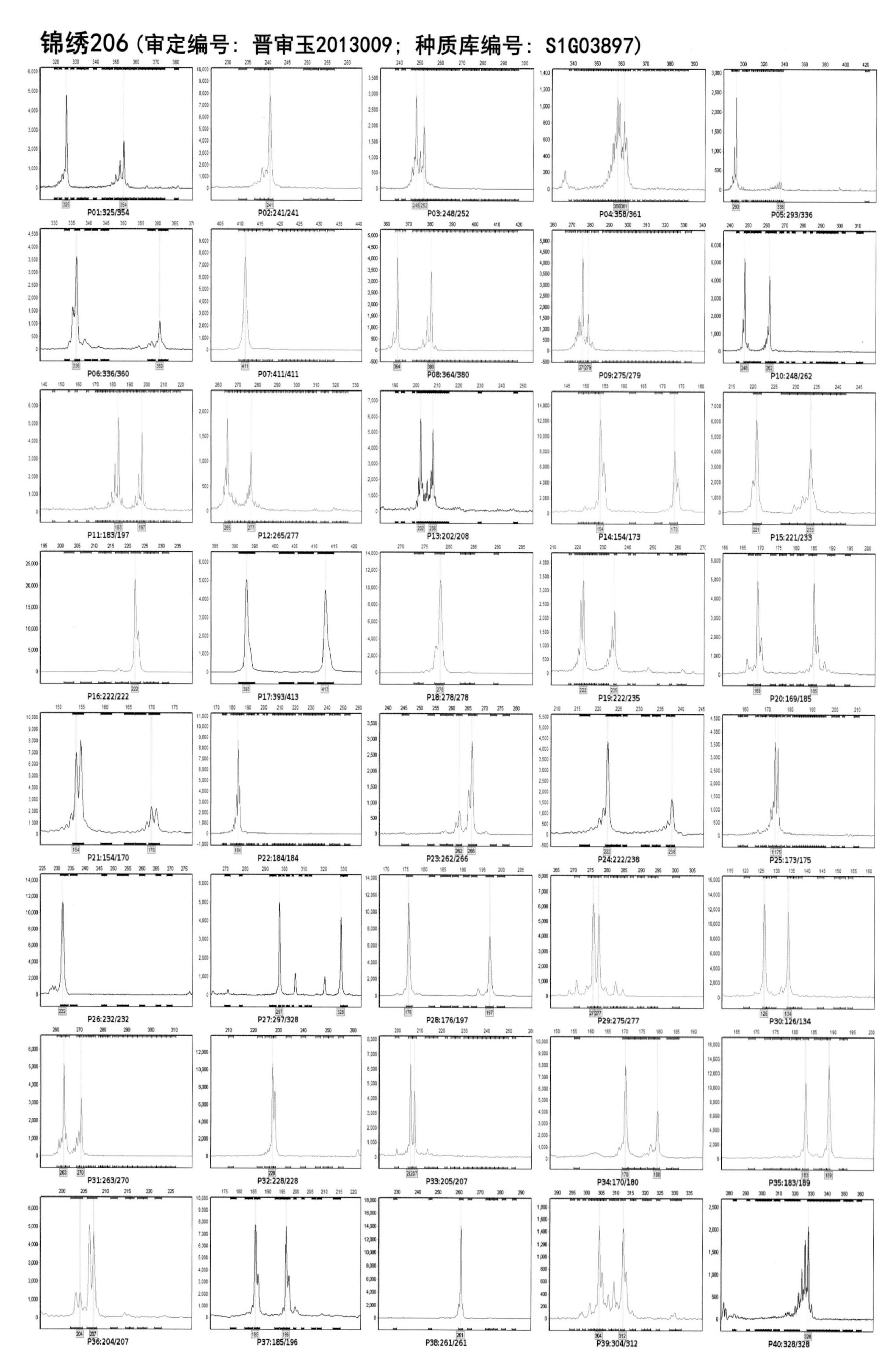

P01:325/354
P02:241/241
P03:248/252
P04:358/361
P05:293/336
P06:336/360
P07:411/411
P08:364/380
P09:275/279
P10:248/262
P11:183/197
P12:265/277
P13:202/208
P14:154/173
P15:221/233
P16:222/222
P17:393/413
P18:278/278
P19:222/235
P20:169/185
P21:154/170
P22:184/184
P23:262/266
P24:222/238
P25:173/175
P26:232/232
P27:297/328
P28:176/197
P29:275/277
P30:126/134
P31:263/270
P32:228/228
P33:205/207
P34:170/180
P35:183/189
P36:204/207
P37:185/196
P38:261/261
P39:304/312
P40:328/328

并单669（审定编号：晋审玉2013010；种质库编号：S1G03898）

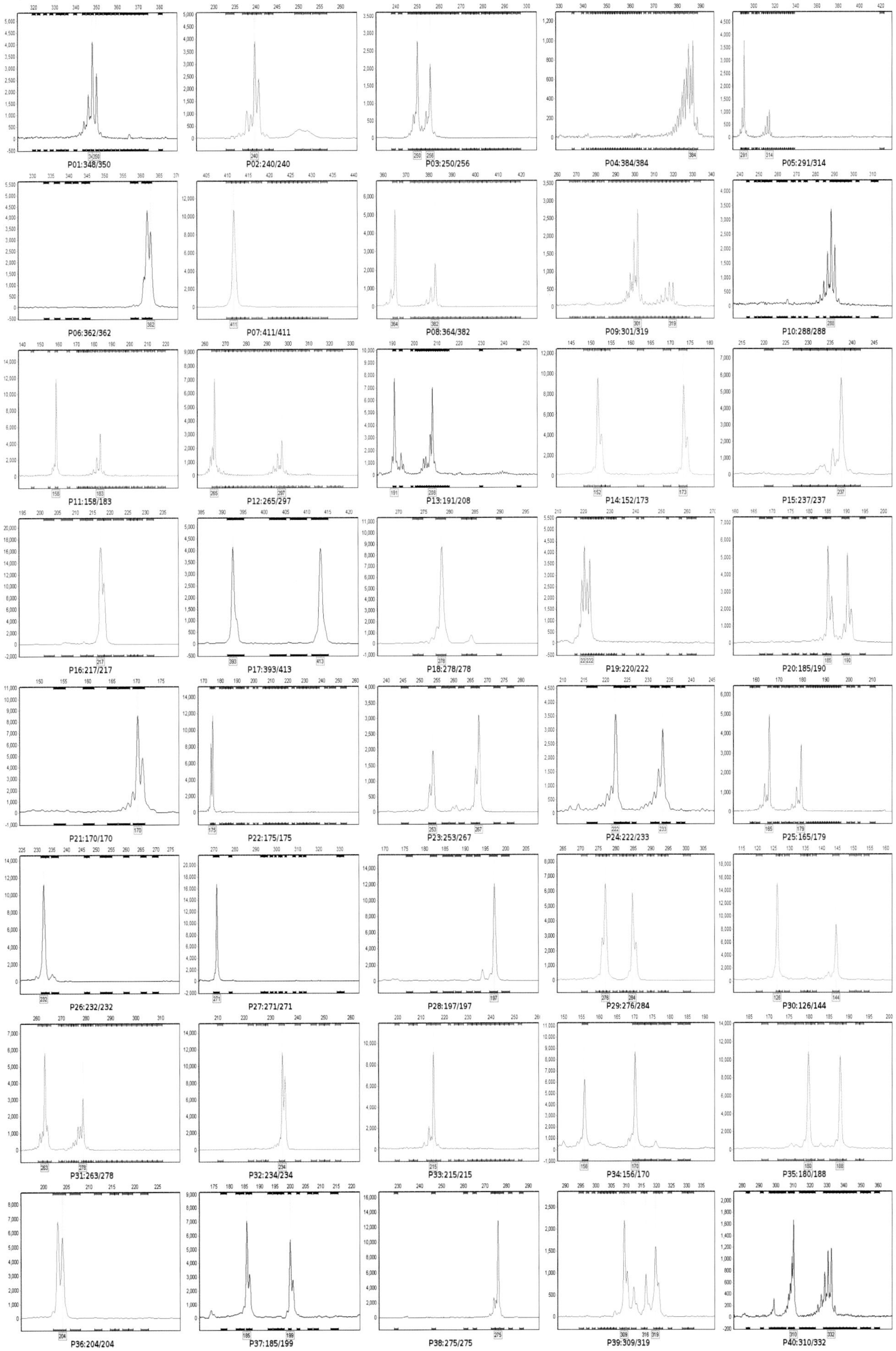

P01:348/350　P02:240/240　P03:250/256　P04:384/384　P05:291/314

P06:362/362　P07:411/411　P08:364/382　P09:301/319　P10:288/288

P11:158/183　P12:265/297　P13:191/208　P14:152/173　P15:237/237

P16:217/217　P17:393/413　P18:278/278　P19:220/222　P20:185/190

P21:170/170　P22:175/175　P23:253/267　P24:222/233　P25:165/179

P26:232/232　P27:271/271　P28:197/197　P29:276/284　P30:126/144

P31:263/278　P32:234/234　P33:215/215　P34:156/170　P35:180/188

P36:204/204　P37:185/199　P38:275/275　P39:309/319　P40:310/332

鑫玉90（审定编号：晋审玉2013011；种质库编号：S1G03899）

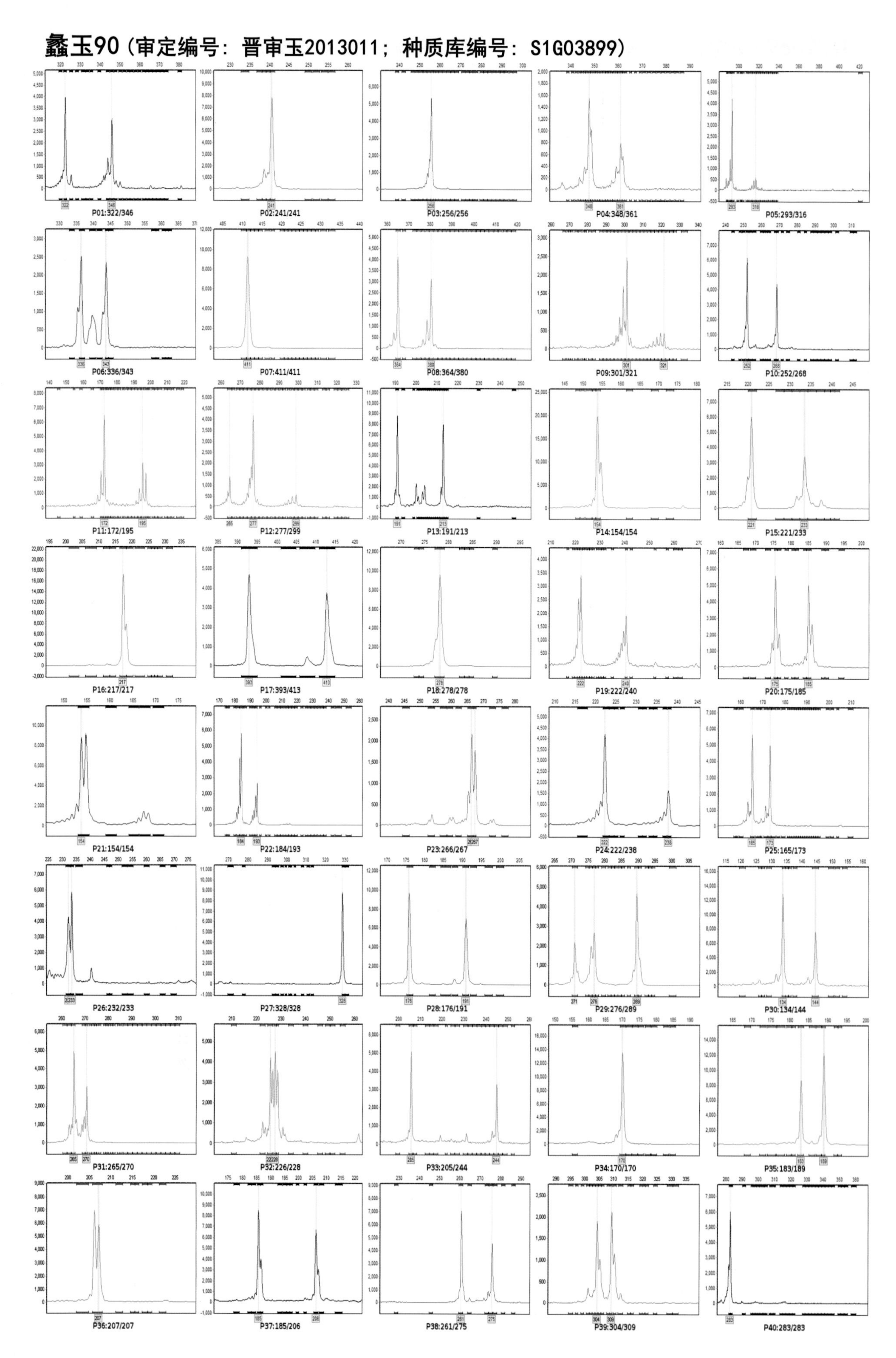

P01:322/346
P02:241/241
P03:256/256
P04:348/361
P05:293/316
P06:336/343
P07:411/411
P08:364/380
P09:301/321
P10:252/268
P11:172/195
P12:277/299
P13:191/213
P14:154/154
P15:221/233
P16:217/217
P17:393/413
P18:278/278
P19:222/240
P20:175/185
P21:154/154
P22:184/193
P23:266/267
P24:222/238
P25:165/173
P26:232/233
P27:328/328
P28:176/191
P29:276/289
P30:134/144
P31:265/270
P32:226/228
P33:205/244
P34:170/170
P35:183/189
P36:207/207
P37:185/206
P38:261/275
P39:304/309
P40:283/283

龙生2号（审定编号：晋审玉2013012；种质库编号：S1G03900）

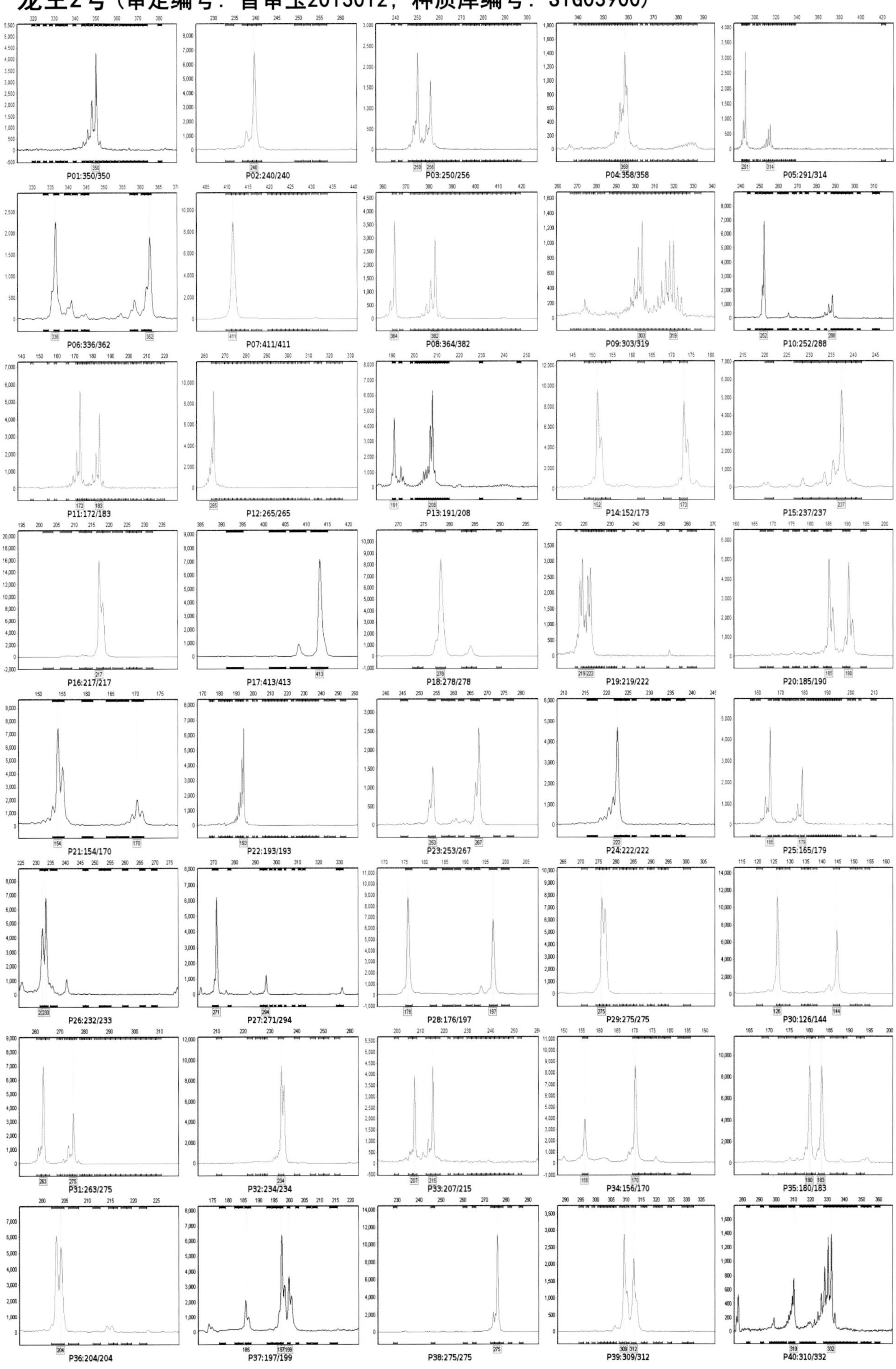
P01:350/350
P02:240/240
P03:250/256
P04:358/358
P05:291/314
P06:336/362
P07:411/411
P08:364/382
P09:303/319
P10:252/288
P11:172/183
P12:265/265
P13:191/208
P14:152/173
P15:237/237
P16:217/217
P17:413/413
P18:278/278
P19:219/222
P20:185/190
P21:154/170
P22:193/193
P23:253/267
P24:222/222
P25:165/179
P26:232/233
P27:271/294
P28:176/197
P29:275/275
P30:126/144
P31:263/275
P32:234/234
P33:207/215
P34:156/170
P35:180/183
P36:204/204
P37:197/199
P38:275/275
P39:309/312
P40:310/332

沃玉3号（审定编号：晋审玉2013013；种质库编号：S1G03901）

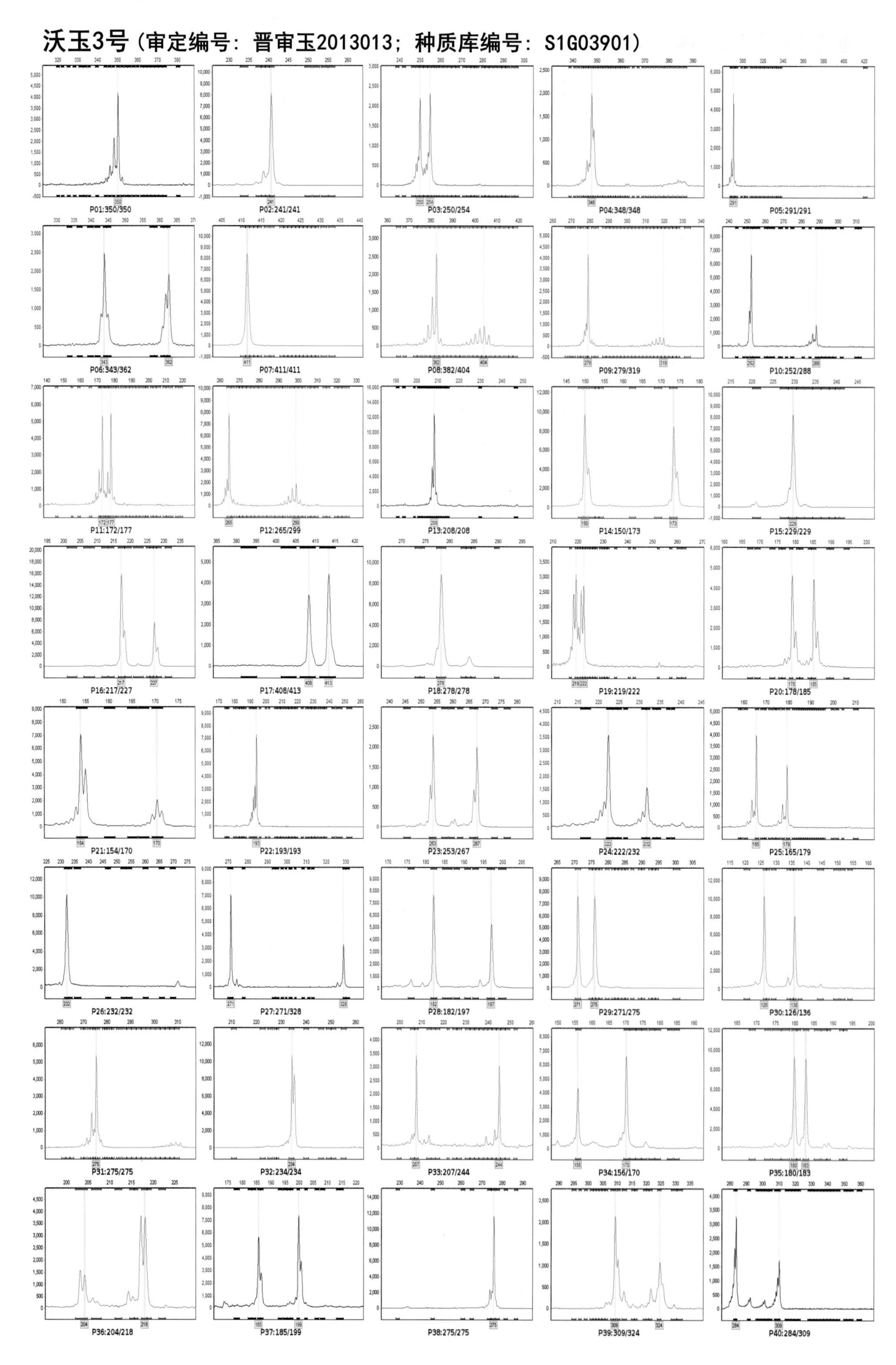

P01:350/350
P02:241/241
P03:250/254
P04:348/348
P05:291/291
P06:343/362
P07:411/411
P08:382/404
P09:279/319
P10:252/288
P11:172/177
P12:265/299
P13:208/208
P14:150/173
P15:229/229
P16:217/227
P17:408/413
P18:278/278
P19:219/222
P20:178/185
P21:154/170
P22:193/193
P23:253/267
P24:222/232
P25:165/179
P26:232/232
P27:271/328
P28:182/197
P29:271/275
P30:126/136
P31:275/275
P32:234/234
P33:207/244
P34:156/170
P35:180/183
P36:204/218
P37:185/199
P38:275/275
P39:309/324
P40:284/309

晋单87号（审定编号：晋审玉2013014；种质库编号：S1G03902）

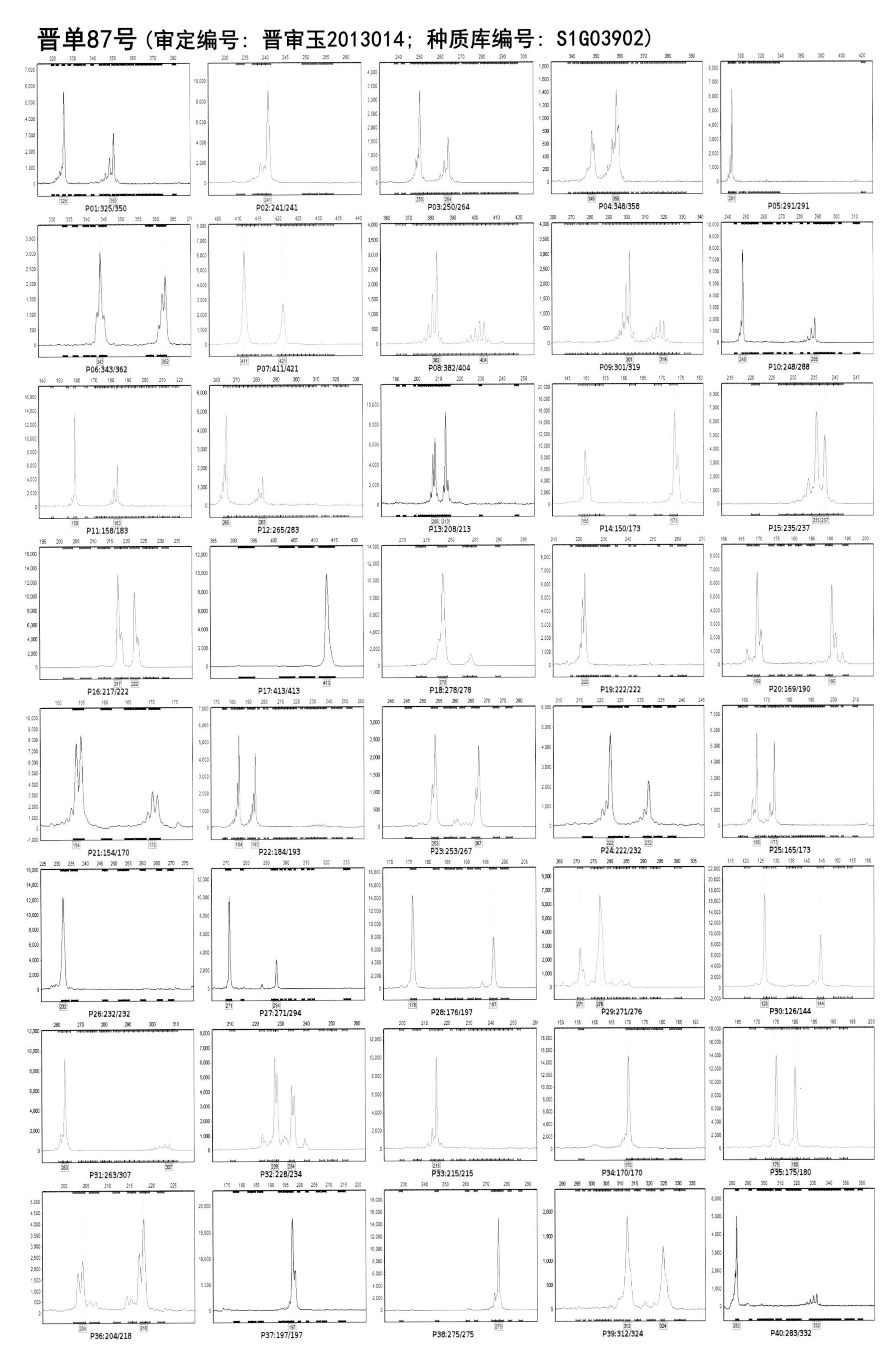
P01:325/350
P02:241/241
P03:250/264
P04:348/358
P05:291/291
P06:343/362
P07:411/421
P08:382/404
P09:301/319
P10:248/288
P11:158/183
P12:265/283
P13:208/213
P14:150/173
P15:235/237
P16:217/222
P17:413/413
P18:278/278
P19:222/222
P20:169/190
P21:154/170
P22:184/193
P23:253/267
P24:222/232
P25:165/173
P26:232/232
P27:271/294
P28:176/197
P29:271/276
P30:126/144
P31:263/307
P32:228/234
P33:215/215
P34:170/170
P35:175/180
P36:204/218
P37:197/197
P38:275/275
P39:312/324
P40:283/332

大丰132（审定编号：晋审玉2013015；种质库编号：S1G03903）

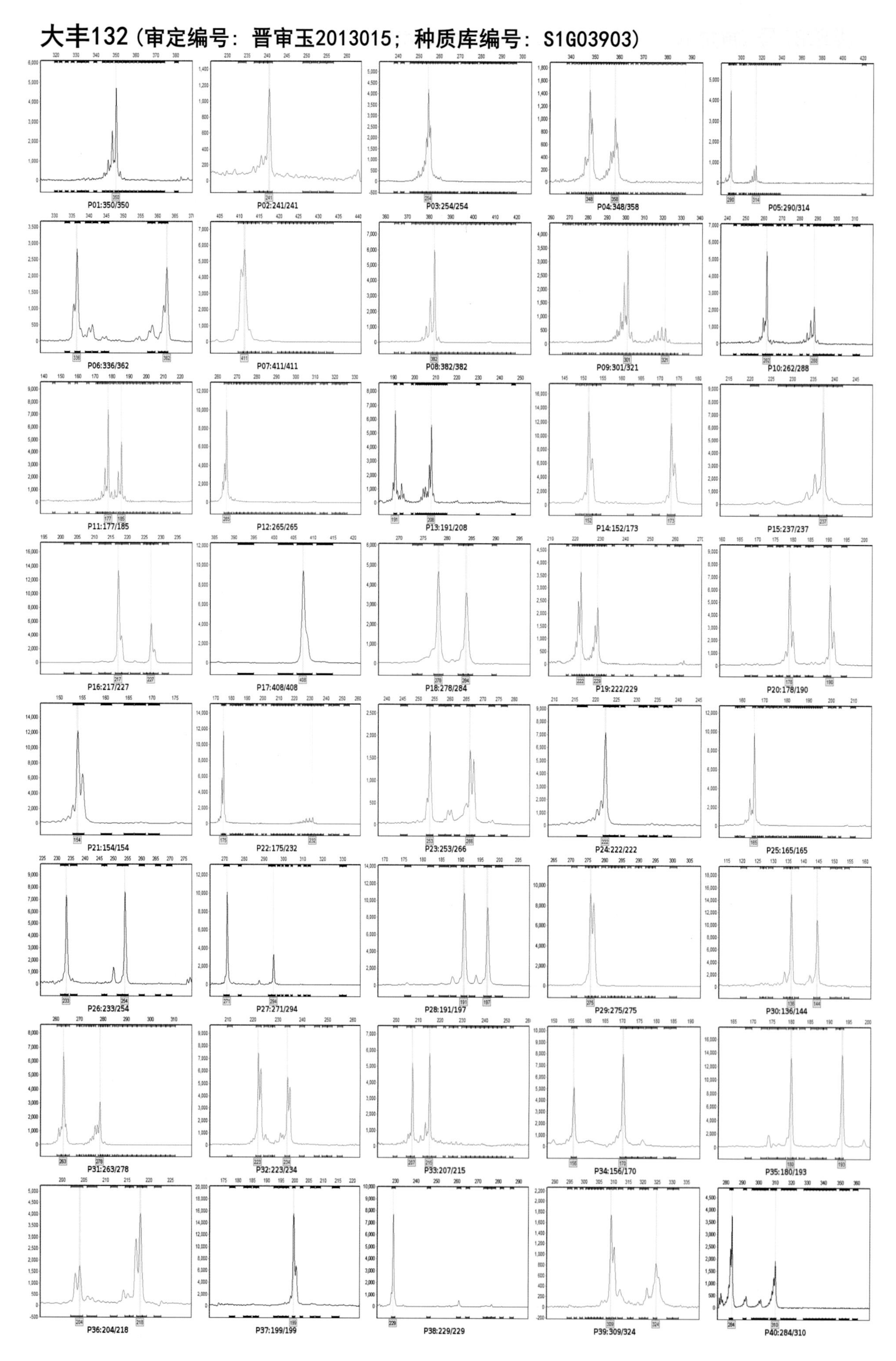
P01:350/350
P02:241/241
P03:254/254
P04:348/358
P05:290/314
P06:336/362
P07:411/411
P08:382/382
P09:301/321
P10:262/288
P11:177/185
P12:265/265
P13:191/208
P14:152/173
P15:237/237
P16:217/227
P17:408/408
P18:278/284
P19:222/229
P20:178/190
P21:154/154
P22:175/232
P23:253/266
P24:222/222
P25:165/165
P26:233/254
P27:271/294
P28:191/197
P29:275/275
P30:136/144
P31:263/278
P32:223/234
P33:207/215
P34:156/170
P35:180/193
P36:204/218
P37:199/199
P38:229/229
P39:309/324
P40:284/310

鑫源596（审定编号：晋审玉2013016；种质库编号：S1G03904）

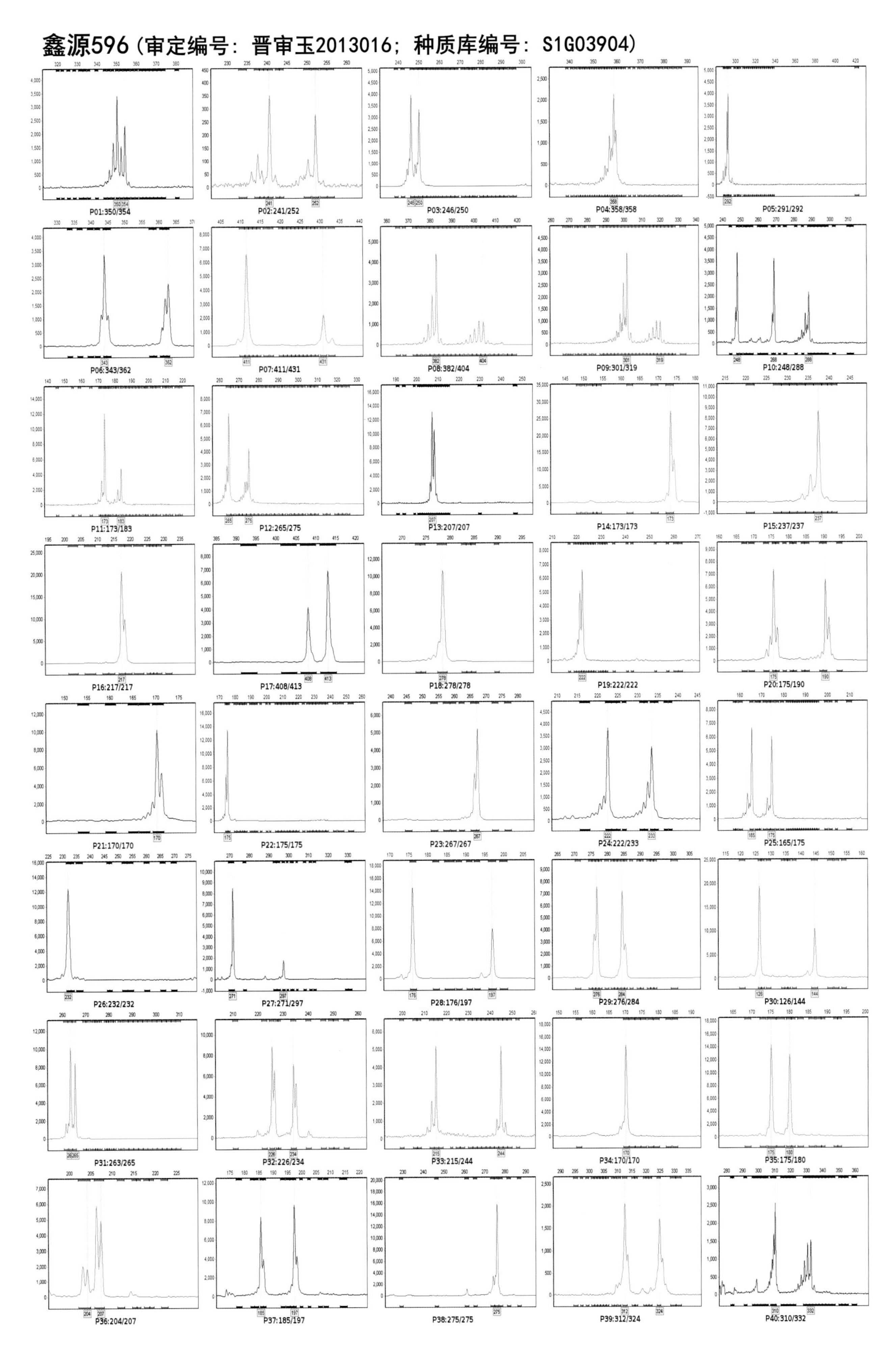

P01:350/354
P02:241/252
P03:246/250
P04:358/358
P05:291/292
P06:343/362
P07:411/431
P08:382/404
P09:301/319
P10:248/288
P11:173/183
P12:265/275
P13:207/207
P14:173/173
P15:237/237
P16:217/217
P17:408/413
P18:278/278
P19:222/222
P20:175/190
P21:170/170
P22:175/175
P23:267/267
P24:222/233
P25:165/175
P26:232/232
P27:271/297
P28:176/197
P29:276/284
P30:126/144
P31:263/265
P32:226/234
P33:215/244
P34:170/170
P35:175/180
P36:204/207
P37:185/197
P38:275/275
P39:312/324
P40:310/332

潞玉50（审定编号：晋审玉2013017；种质库编号：S1G03905）

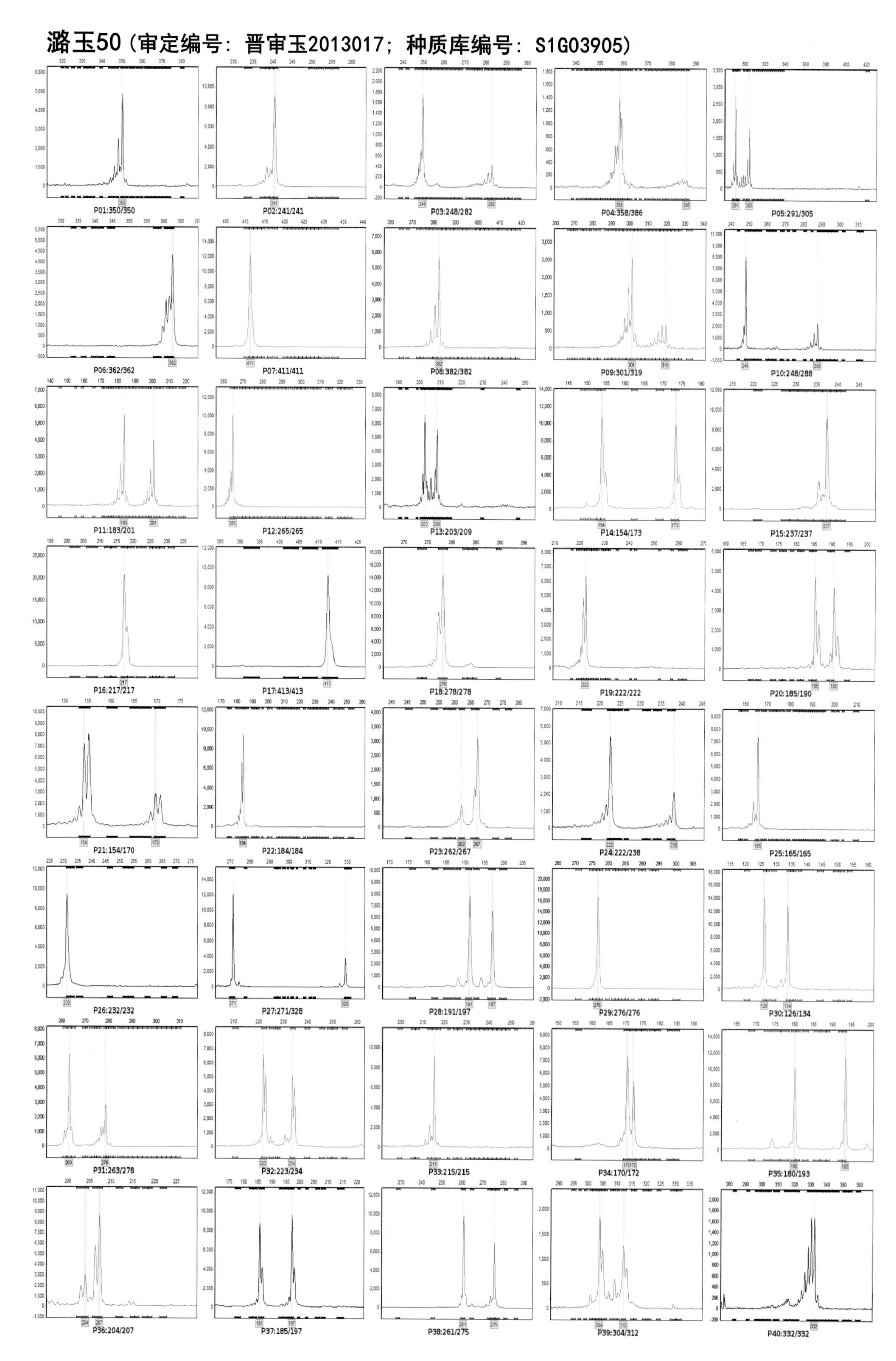
P01:350/350
P02:241/241
P03:248/282
P04:358/386
P05:291/305
P06:362/362
P07:411/411
P08:382/382
P09:301/319
P10:248/288
P11:183/201
P12:265/265
P13:203/209
P14:154/173
P15:237/237
P16:217/217
P17:413/413
P18:278/278
P19:222/222
P20:185/190
P21:154/170
P22:184/184
P23:262/267
P24:222/238
P25:165/165
P26:232/232
P27:271/328
P28:191/197
P29:276/276
P30:126/134
P31:263/278
P32:223/234
P33:215/215
P34:170/172
P35:180/193
P36:204/207
P37:185/197
P38:261/275
P39:304/312
P40:332/332

浚原单986（审定编号：晋审玉2013018；种质库编号：S1G03906）

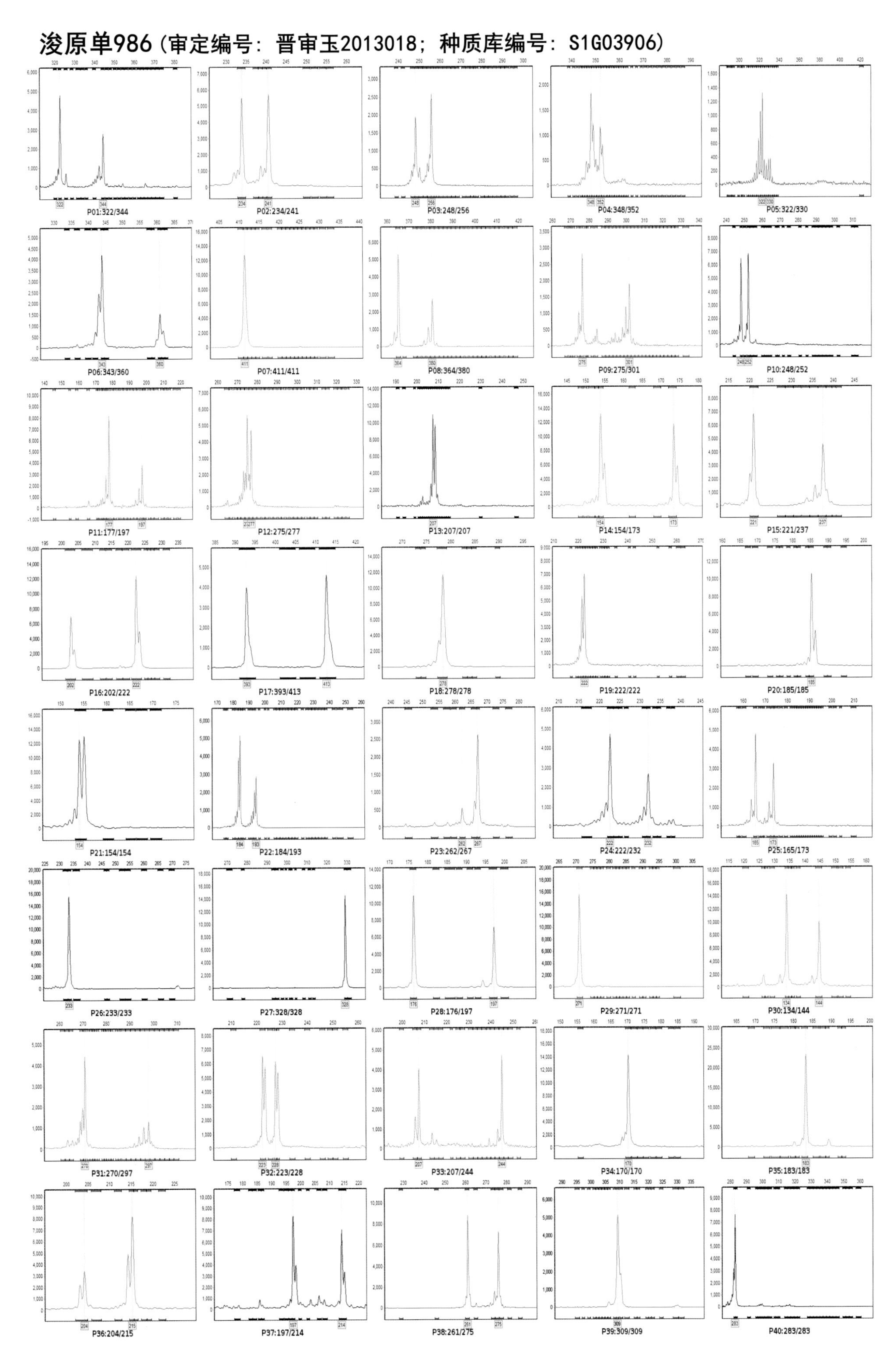
P01:322/344
P02:234/241
P03:248/256
P04:348/352
P05:322/330
P06:343/360
P07:411/411
P08:364/380
P09:275/301
P10:248/252
P11:177/197
P12:275/277
P13:207/207
P14:154/173
P15:221/237
P16:202/222
P17:393/413
P18:278/278
P19:222/222
P20:185/185
P21:154/154
P22:184/193
P23:262/267
P24:222/232
P25:165/173
P26:233/233
P27:328/328
P28:176/197
P29:271/271
P30:134/144
P31:270/297
P32:223/228
P33:207/244
P34:170/170
P35:183/183
P36:204/215
P37:197/214
P38:261/275
P39:309/309
P40:283/283

强盛369（审定编号：晋审玉2013019；种质库编号：S1G04719）

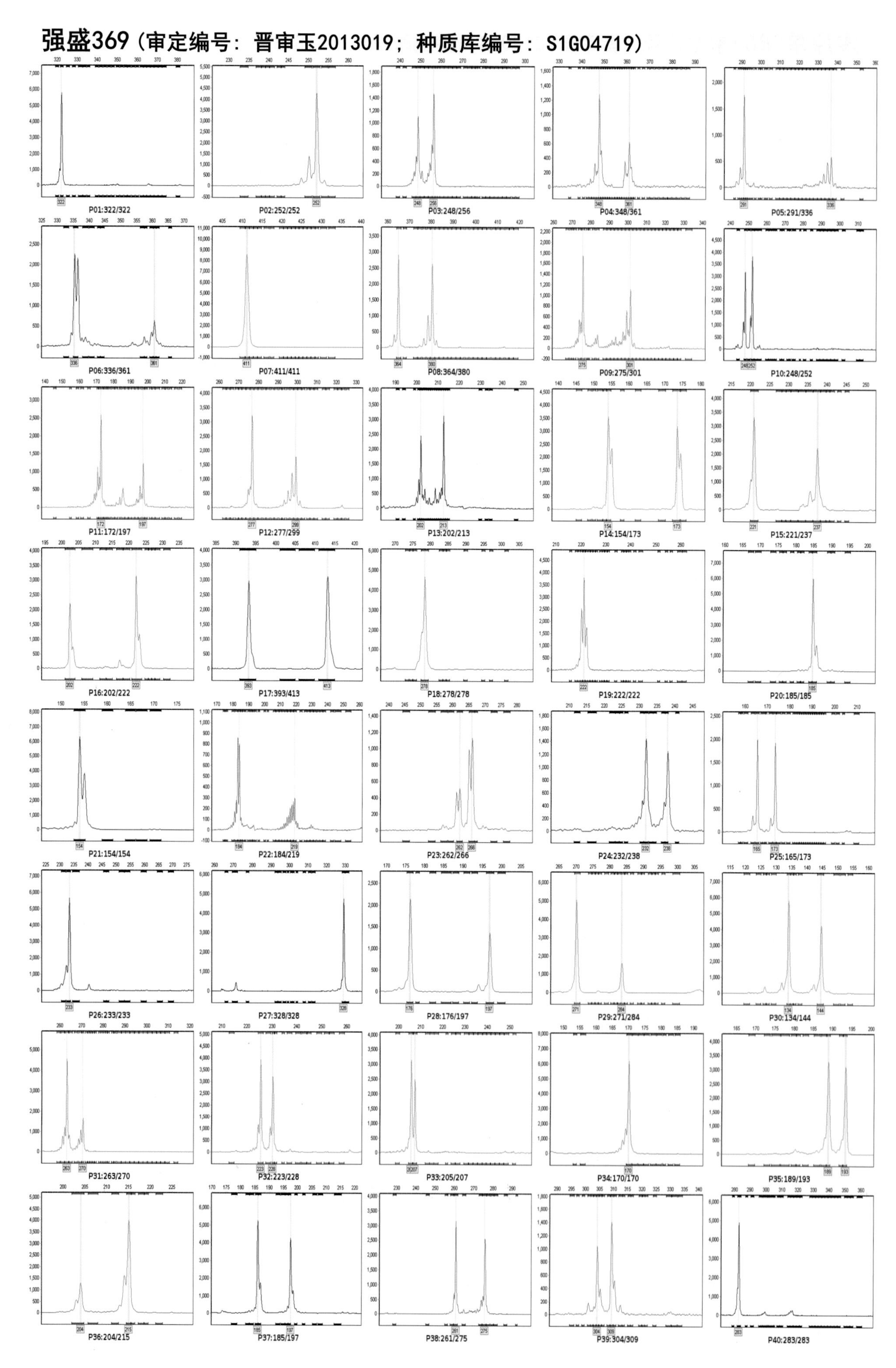

P01:322/322
P02:252/252
P03:248/256
P04:348/361
P05:291/336
P06:336/361
P07:411/411
P08:364/380
P09:275/301
P10:248/252
P11:172/197
P12:277/299
P13:202/213
P14:154/173
P15:221/237
P16:202/222
P17:393/413
P18:278/278
P19:222/222
P20:185/185
P21:154/154
P22:184/219
P23:262/266
P24:232/238
P25:165/173
P26:233/233
P27:328/328
P28:176/197
P29:271/284
P30:134/144
P31:263/270
P32:223/228
P33:205/207
P34:170/170
P35:189/193
P36:204/215
P37:185/197
P38:261/275
P39:304/309
P40:283/283

东润88（审定编号：晋审玉2013020；种质库编号：S1G03907）

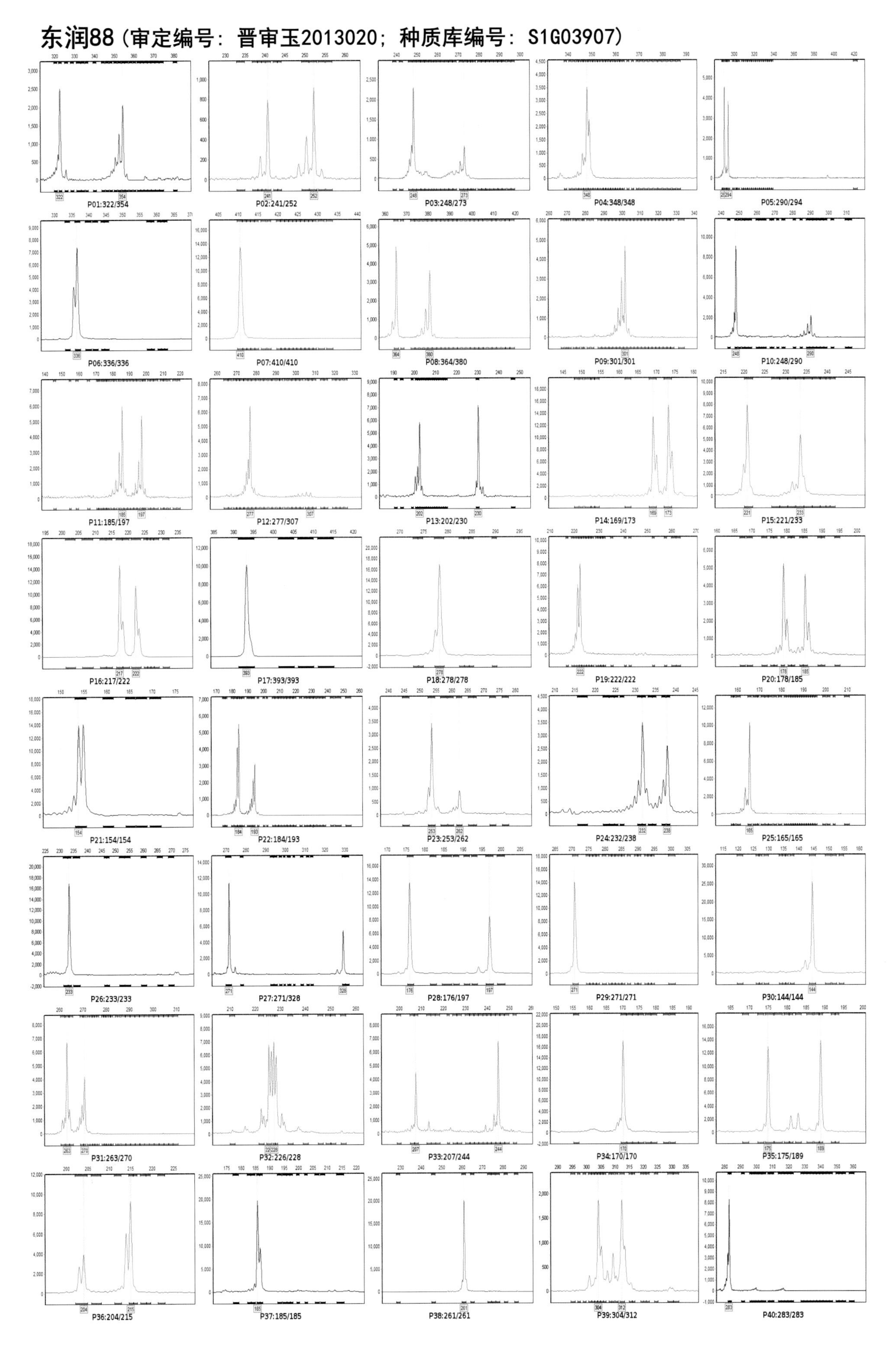
P01:322/354
P02:241/252
P03:248/273
P04:348/348
P05:290/294
P06:336/336
P07:410/410
P08:364/380
P09:301/301
P10:248/290
P11:185/197
P12:277/307
P13:202/230
P14:169/173
P15:221/233
P16:217/222
P17:393/393
P18:278/278
P19:222/222
P20:178/185
P21:154/154
P22:184/193
P23:253/262
P24:232/238
P25:165/165
P26:233/233
P27:271/328
P28:176/197
P29:271/271
P30:144/144
P31:263/270
P32:226/228
P33:207/244
P34:170/170
P35:175/189
P36:204/215
P37:185/185
P38:261/261
P39:304/312
P40:283/283

滑玉58（审定编号：晋审玉2013021；种质库编号：S1G03908）

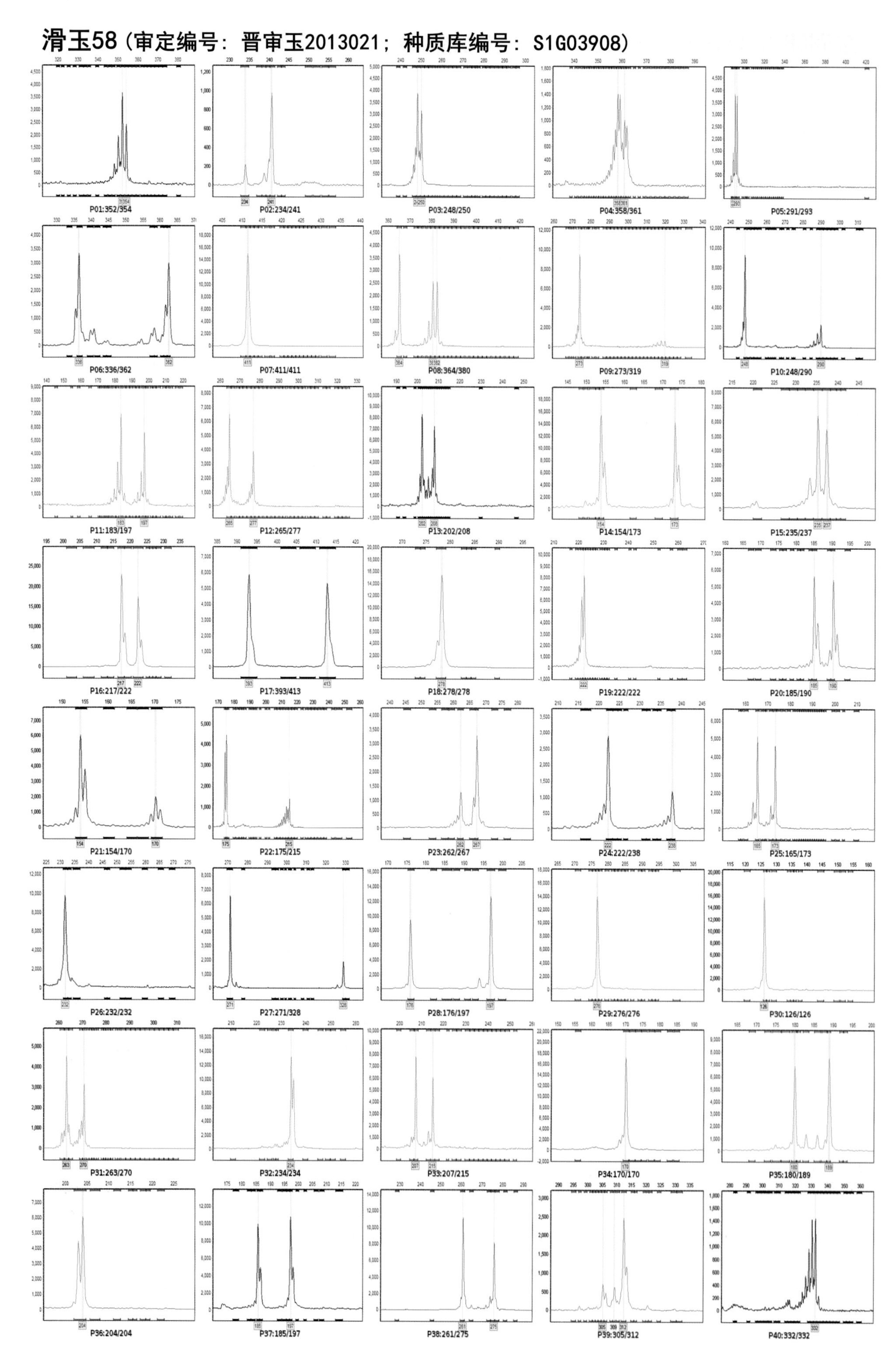

P01:352/354
P02:234/241
P03:248/250
P04:358/361
P05:291/293
P06:336/362
P07:411/411
P08:364/380
P09:273/319
P10:248/290
P11:183/197
P12:265/277
P13:202/208
P14:154/173
P15:235/237
P16:217/222
P17:393/413
P18:278/278
P19:222/222
P20:185/190
P21:154/170
P22:175/215
P23:262/267
P24:222/238
P25:165/173
P26:232/232
P27:271/328
P28:176/197
P29:276/276
P30:126/126
P31:263/270
P32:234/234
P33:207/215
P34:170/170
P35:180/189
P36:204/204
P37:185/197
P38:261/275
P39:305/312
P40:332/332

龙华368（审定编号：晋审玉2013022；种质库编号：S1G03909）

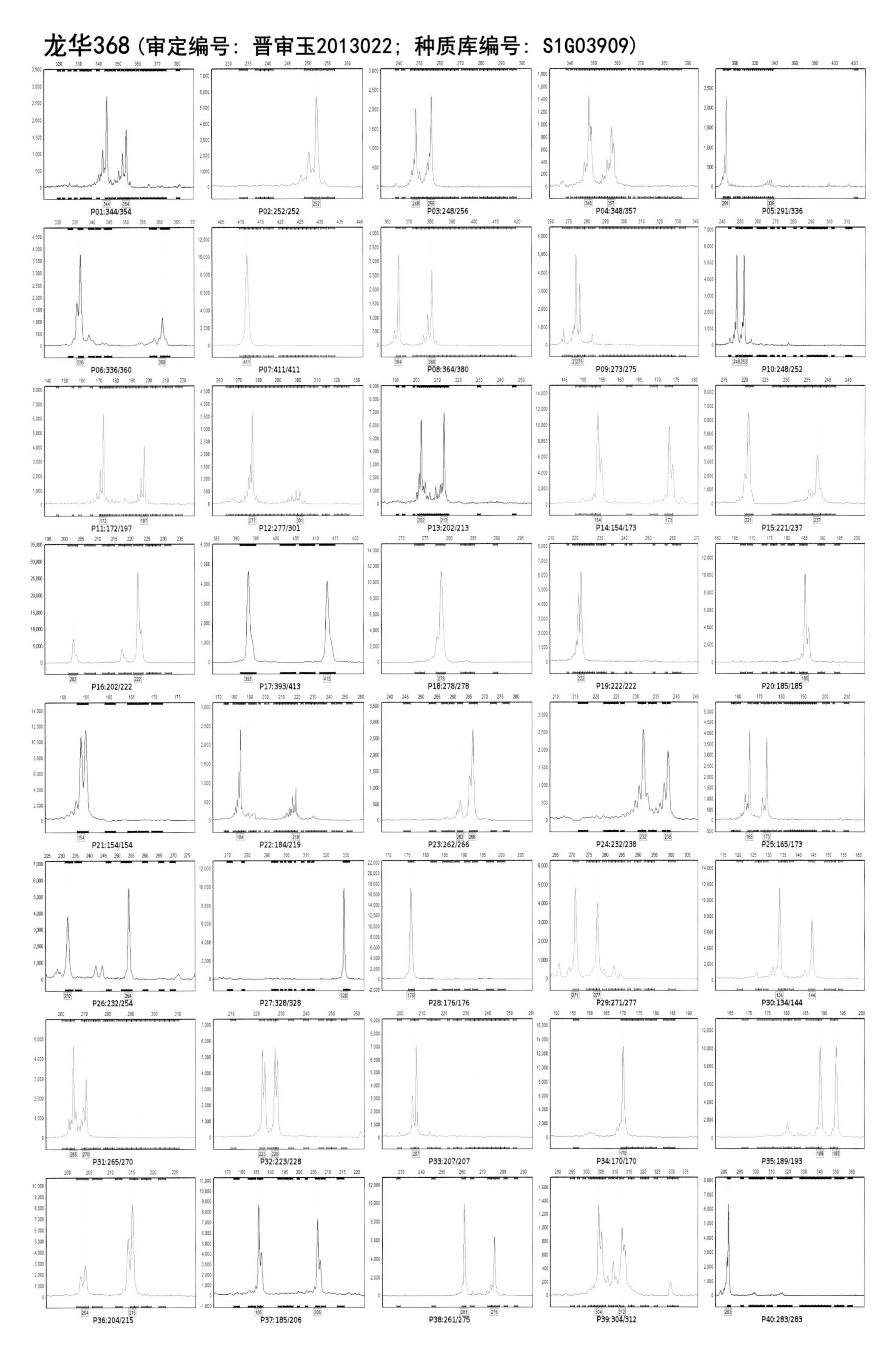
P01:344/354
P02:252/252
P03:248/256
P04:348/357
P05:291/336
P06:336/360
P07:411/411
P08:364/380
P09:273/275
P10:248/252
P11:172/197
P12:277/301
P13:202/213
P14:154/173
P15:221/237
P16:202/222
P17:393/413
P18:278/278
P19:222/222
P20:185/185
P21:154/154
P22:184/219
P23:262/266
P24:232/238
P25:165/173
P26:232/254
P27:328/328
P28:176/176
P29:271/277
P30:134/144
P31:265/270
P32:223/228
P33:207/207
P34:170/170
P35:189/193
P36:204/215
P37:185/206
P38:261/275
P39:304/312
P40:283/283

太育7号（审定编号：晋审玉2013023；种质库编号：S1G03910）

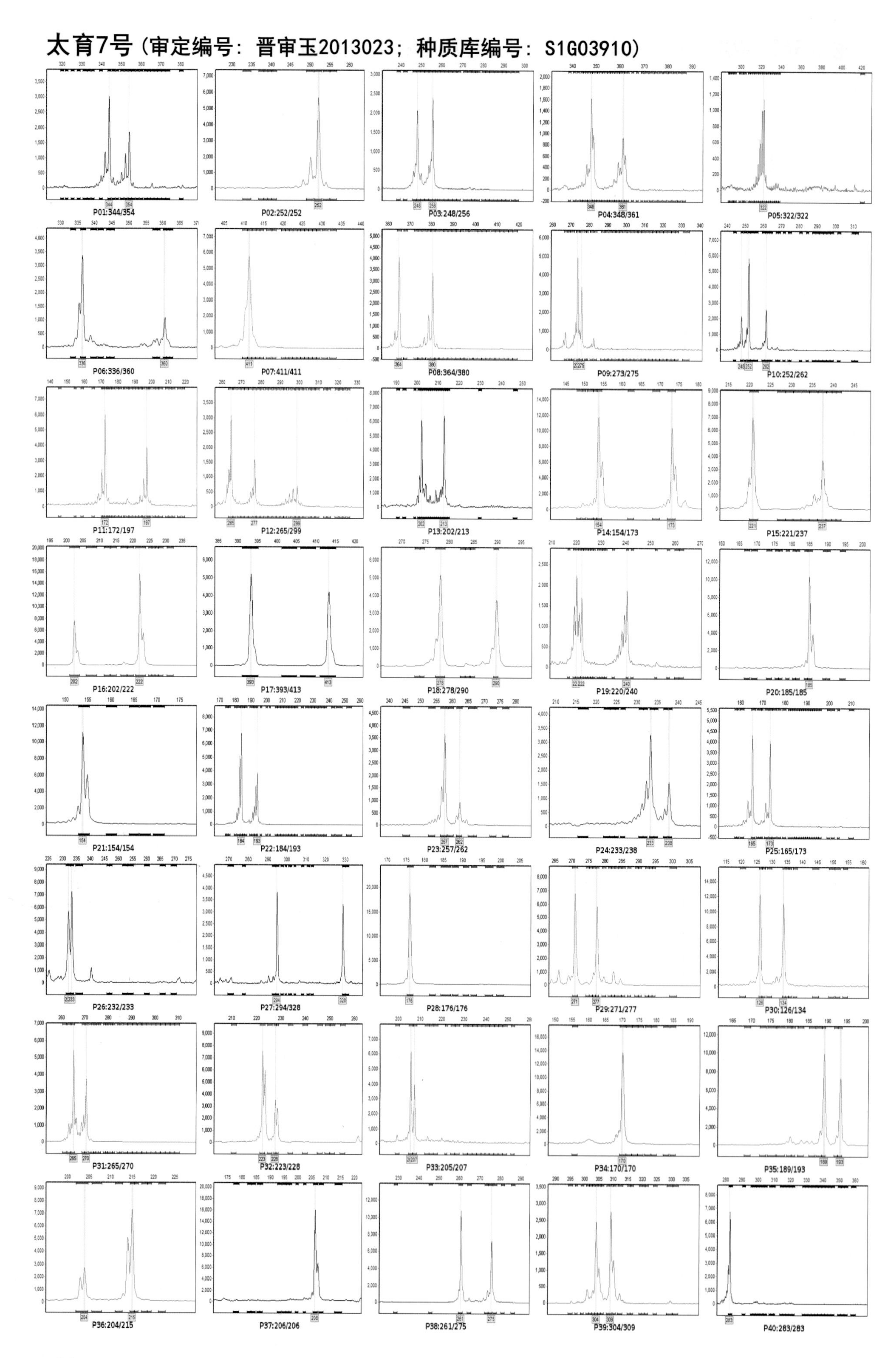
P01:344/354
P02:252/252
P03:248/256
P04:348/361
P05:322/322
P06:336/360
P07:411/411
P08:364/380
P09:273/275
P10:252/262
P11:172/197
P12:265/299
P13:202/213
P14:154/173
P15:221/237
P16:202/222
P17:393/413
P18:278/290
P19:220/240
P20:185/185
P21:154/154
P22:184/193
P23:257/262
P24:233/238
P25:165/173
P26:232/233
P27:294/328
P28:176/176
P29:271/277
P30:126/134
P31:265/270
P32:223/228
P33:205/207
P34:170/170
P35:189/193
P36:204/215
P37:206/206
P38:261/275
P39:304/309
P40:283/283

大丰133（审定编号：晋审玉2013024；种质库编号：S1G03911）

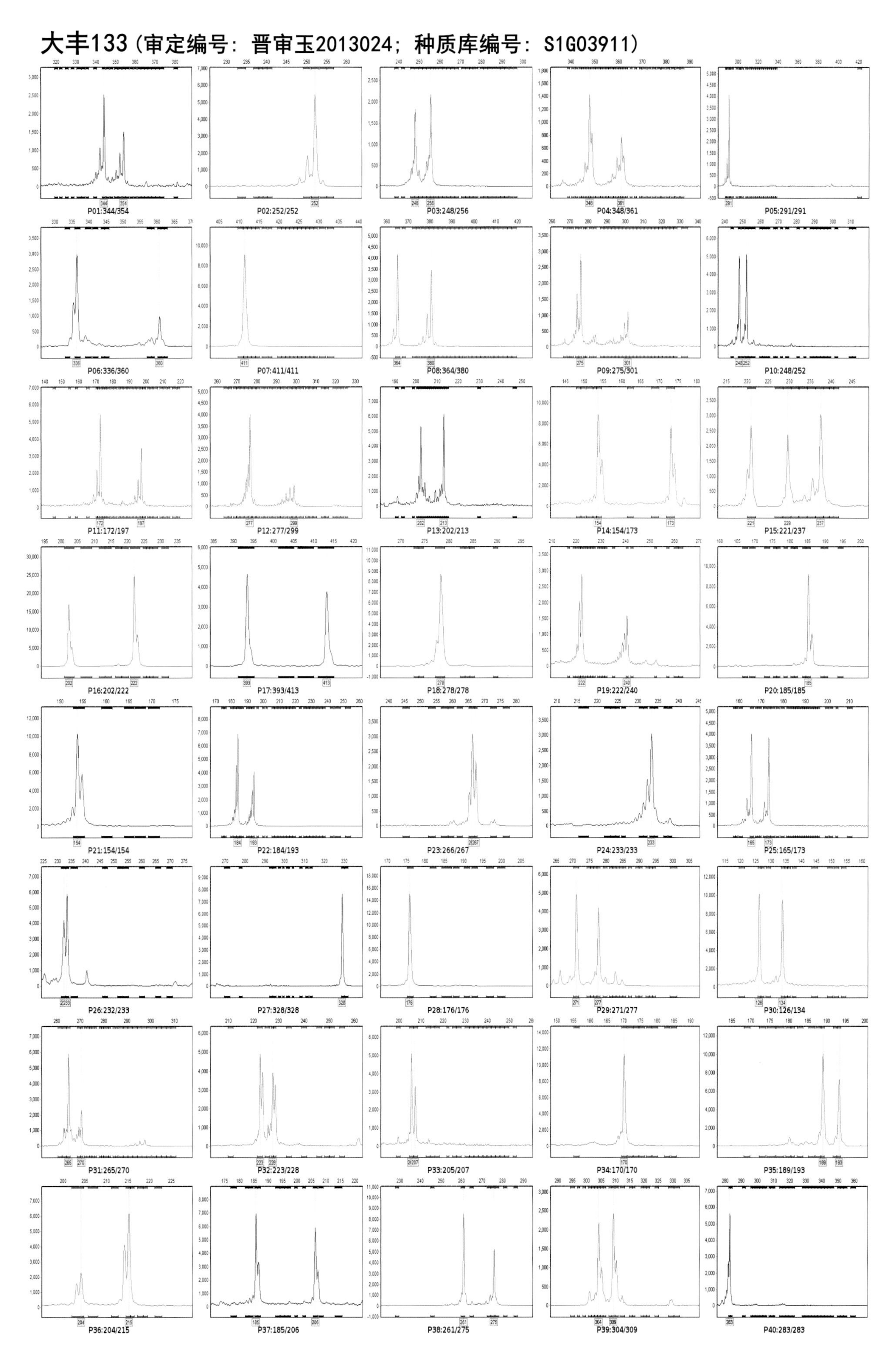
P01:344/354
P02:252/252
P03:248/256
P04:348/361
P05:291/291
P06:336/360
P07:411/411
P08:364/380
P09:275/301
P10:248/252
P11:172/197
P12:277/299
P13:202/213
P14:154/173
P15:221/237
P16:202/222
P17:393/413
P18:278/278
P19:222/240
P20:185/185
P21:154/154
P22:184/193
P23:266/267
P24:233/233
P25:165/173
P26:232/233
P27:328/328
P28:176/176
P29:271/277
P30:126/134
P31:265/270
P32:223/228
P33:205/207
P34:170/170
P35:189/193
P36:204/215
P37:185/206
P38:261/275
P39:304/309
P40:283/283

白甜糯102（审定编号：晋审玉2013025；种质库编号：S1G05133）

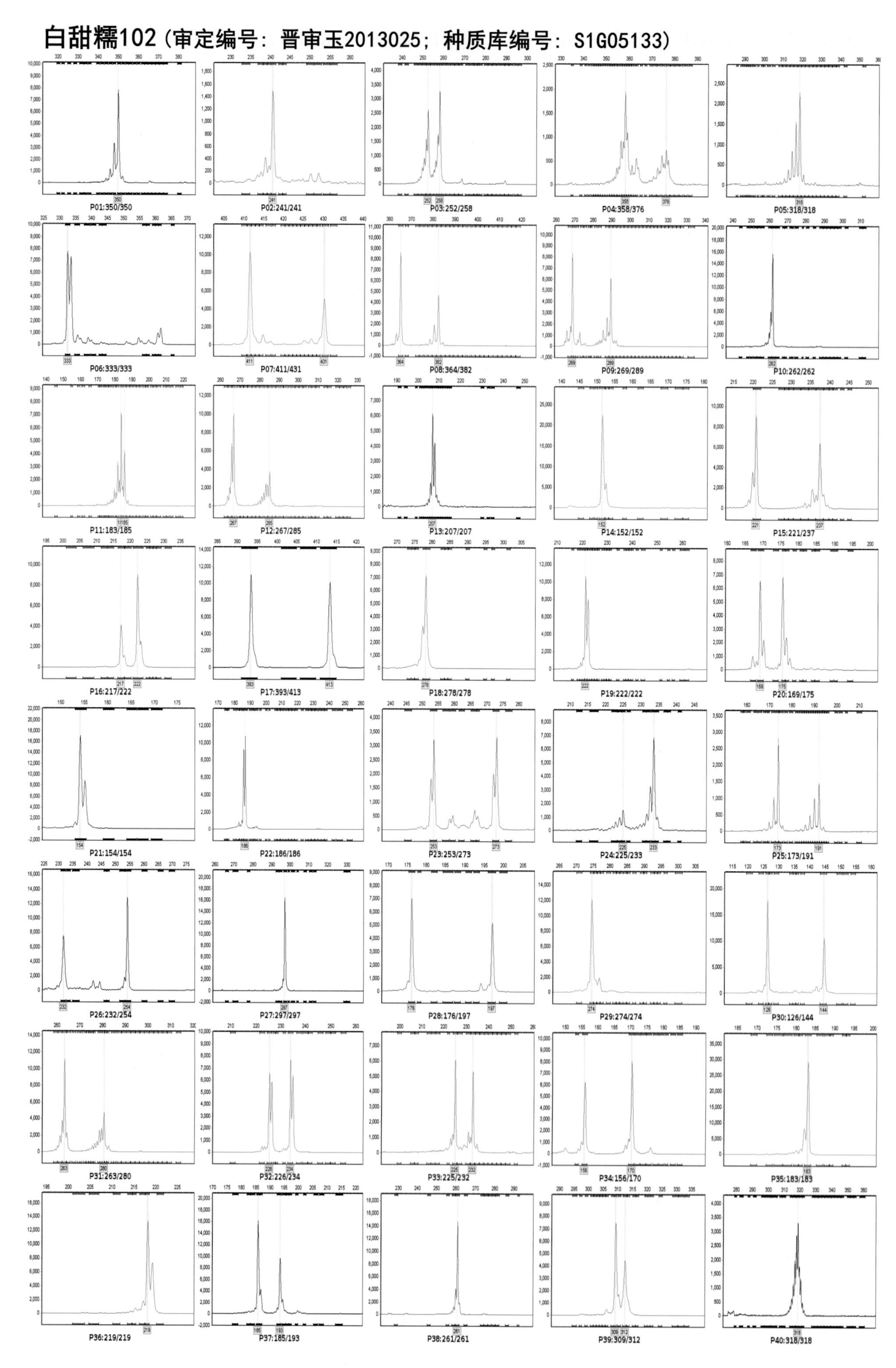

P01:350/350
P02:241/241
P03:252/258
P04:358/376
P05:318/318
P06:333/333
P07:411/431
P08:364/382
P09:269/289
P10:262/262
P11:183/185
P12:267/285
P13:207/207
P14:152/152
P15:221/237
P16:217/222
P17:393/413
P18:278/278
P19:222/222
P20:169/175
P21:154/154
P22:186/186
P23:253/273
P24:225/233
P25:173/191
P26:232/254
P27:297/297
P28:176/197
P29:274/274
P30:126/144
P31:263/280
P32:226/234
P33:225/232
P34:156/170
P35:183/183
P36:219/219
P37:185/193
P38:261/261
P39:309/312
P40:318/318

迪甜6号（审定编号：晋审玉2013026；种质库编号：S1G05134）

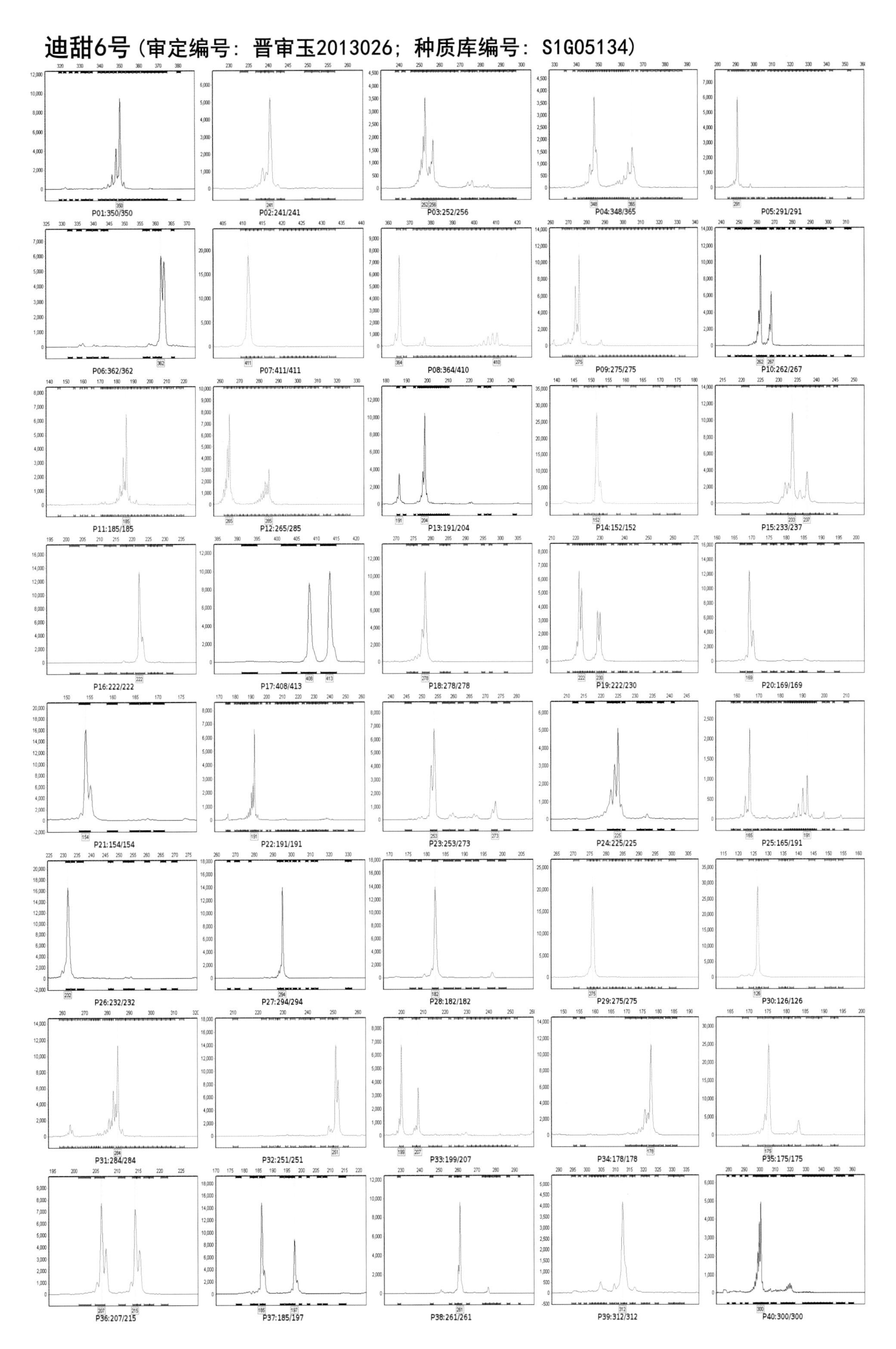
P01:350/350
P02:241/241
P03:252/256
P04:348/365
P05:291/291
P06:362/362
P07:411/411
P08:364/410
P09:275/275
P10:262/267
P11:185/185
P12:265/285
P13:191/204
P14:152/152
P15:233/237
P16:222/222
P17:408/413
P18:278/278
P19:222/230
P20:169/169
P21:154/154
P22:191/191
P23:253/273
P24:225/225
P25:165/191
P26:232/232
P27:294/294
P28:182/182
P29:275/275
P30:126/126
P31:284/284
P32:251/251
P33:199/207
P34:178/178
P35:175/175
P36:207/215
P37:185/197
P38:261/261
P39:312/312
P40:300/300

威卡926（审定编号：晋审玉2014001；种质库编号：S1G04268）

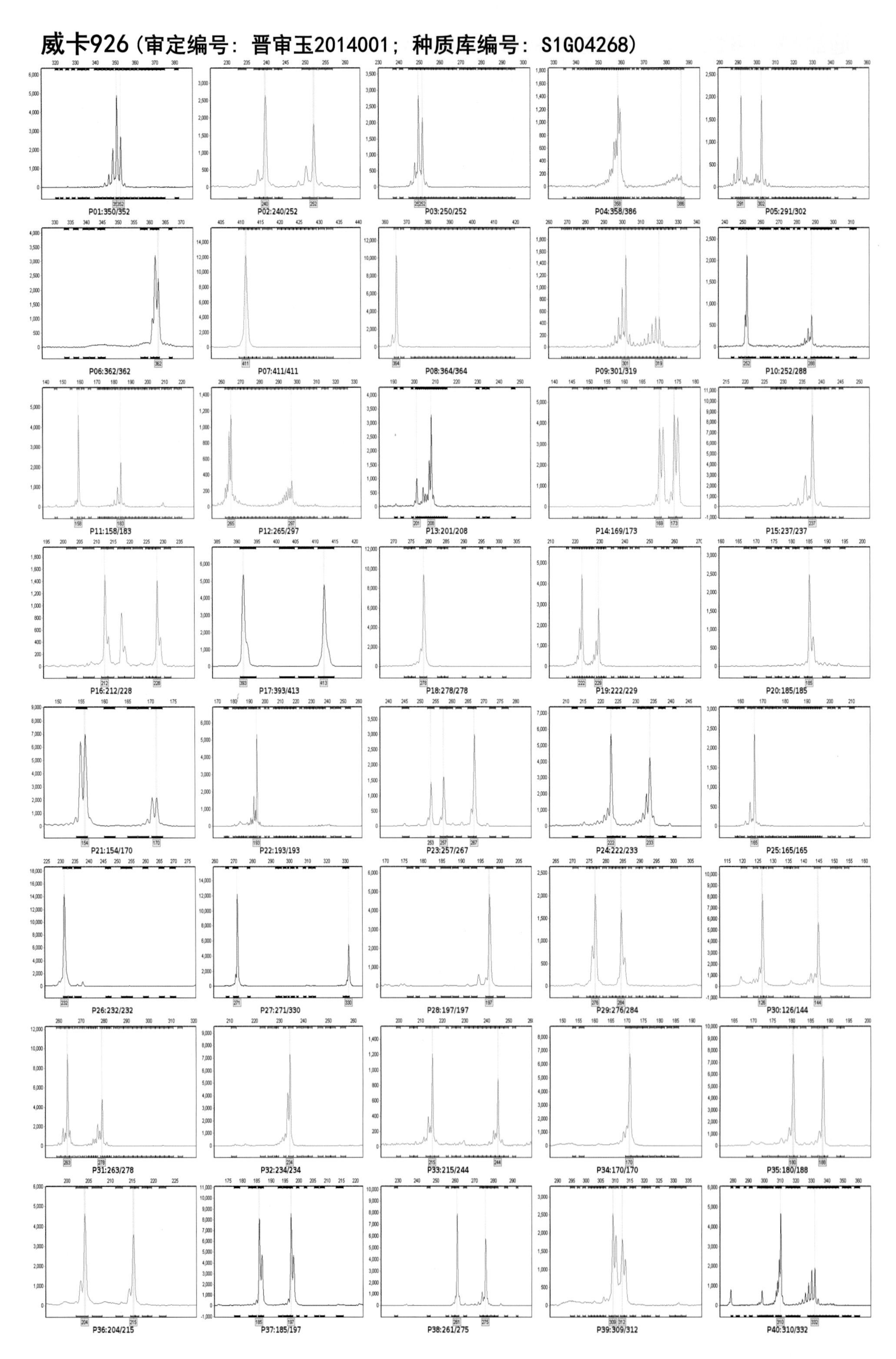
P01:350/352
P02:240/252
P03:250/252
P04:358/386
P05:291/302
P06:362/362
P07:411/411
P08:364/364
P09:301/319
P10:252/288
P11:158/183
P12:265/297
P13:201/208
P14:169/173
P15:237/237
P16:212/228
P17:393/413
P18:278/278
P19:222/229
P20:185/185
P21:154/170
P22:193/193
P23:257/267
P24:222/233
P25:165/165
P26:232/232
P27:271/330
P28:197/197
P29:276/284
P30:126/144
P31:263/278
P32:234/234
P33:215/244
P34:170/170
P35:180/188
P36:204/215
P37:185/197
P38:261/275
P39:309/312
P40:310/332

登海618（审定编号：晋审玉2014002，晋审玉2016033；种质库编号：S1G03940）

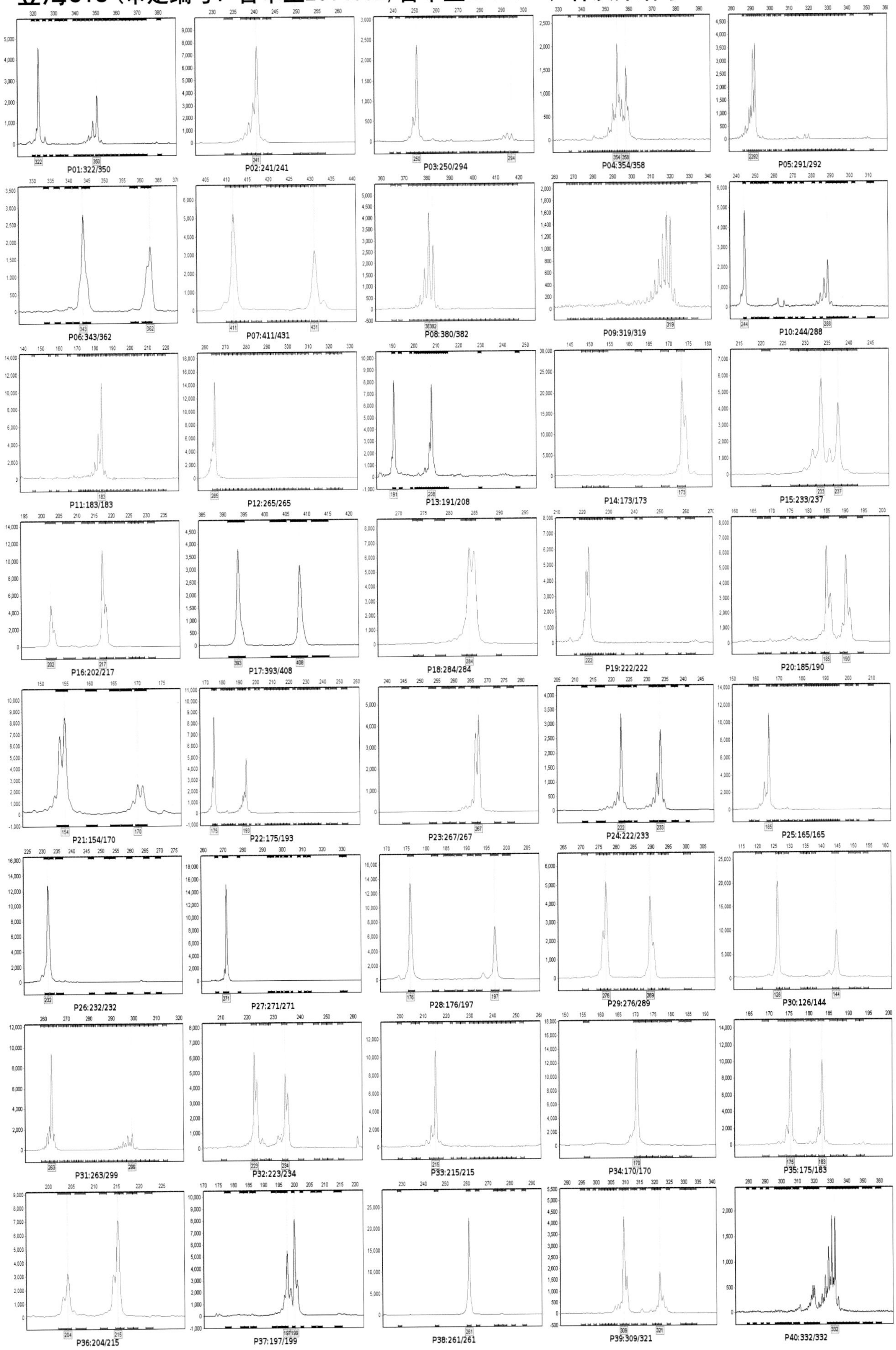

P01:322/350

P02:241/241

P03:250/294

P04:354/358

P05:291/292

P06:343/362

P07:411/431

P08:380/382

P09:319/319

P10:244/288

P11:183/183

P12:265/265

P13:191/208

P14:173/173

P15:233/237

P16:202/217

P17:393/408

P18:284/284

P19:222/222

P20:185/190

P21:154/170

P22:175/193

P23:267/267

P24:222/233

P25:165/165

P26:232/232

P27:271/271

P28:176/197

P29:276/289

P30:126/144

P31:263/299

P32:223/234

P33:215/215

P34:170/170

P35:175/183

P36:204/215

P37:197/199

P38:261/261

P39:309/321

P40:332/332

晋玉18（审定编号：晋审玉2014003；种质库编号：S1G04269）

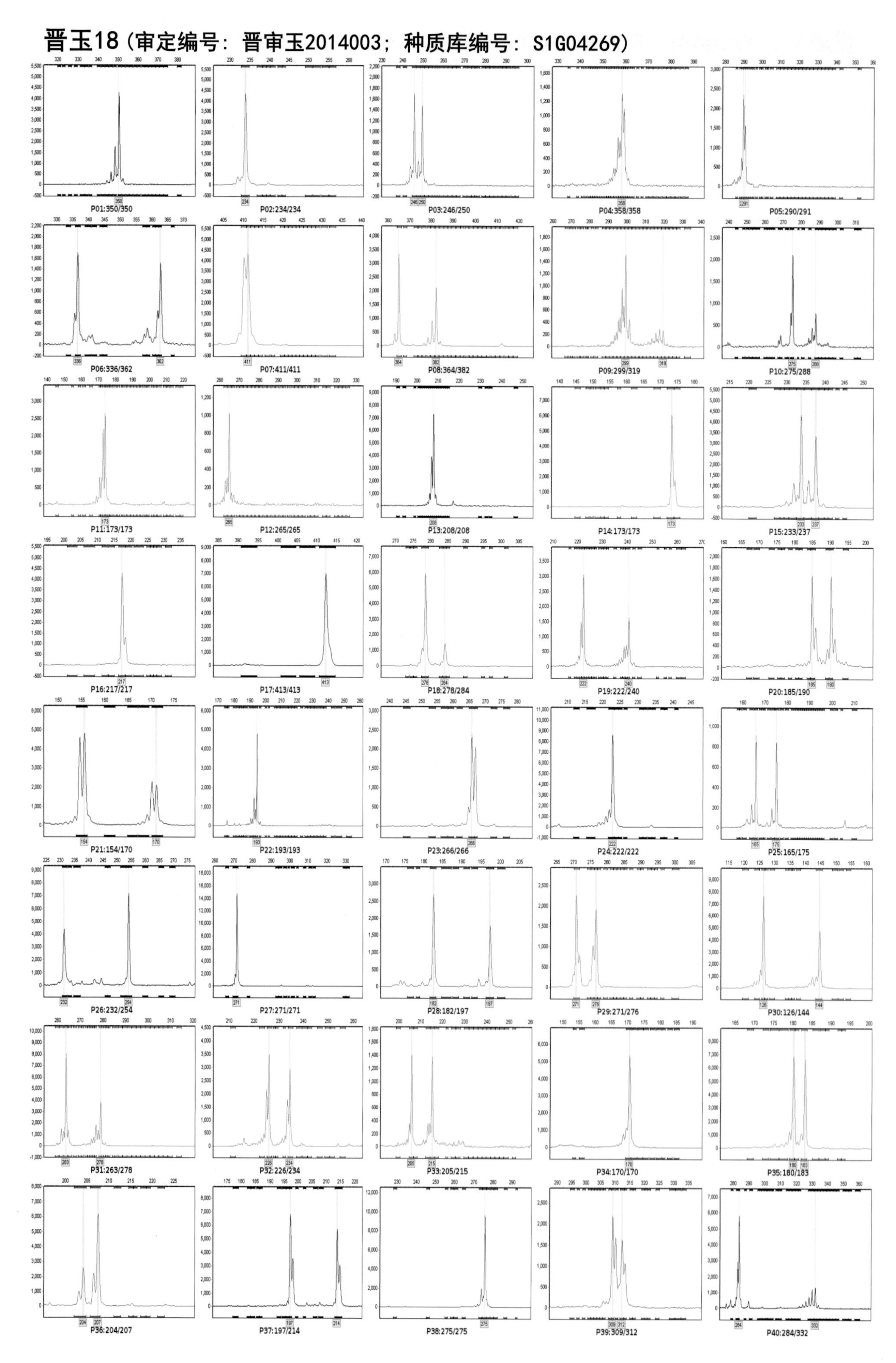
P01:350/350
P02:234/234
P03:246/250
P04:358/358
P05:290/291
P06:336/362
P07:411/411
P08:364/382
P09:299/319
P10:275/288
P11:173/173
P12:265/265
P13:208/208
P14:173/173
P15:233/237
P16:217/217
P17:413/413
P18:278/284
P19:222/240
P20:185/190
P21:154/170
P22:193/193
P23:266/266
P24:222/222
P25:165/175
P26:232/254
P27:271/271
P28:182/197
P29:271/276
P30:126/144
P31:263/278
P32:226/234
P33:205/215
P34:170/170
P35:180/183
P36:204/207
P37:197/214
P38:275/275
P39:309/312
P40:284/332

先玉987（审定编号：晋审玉2014004；种质库编号：S1G04270）

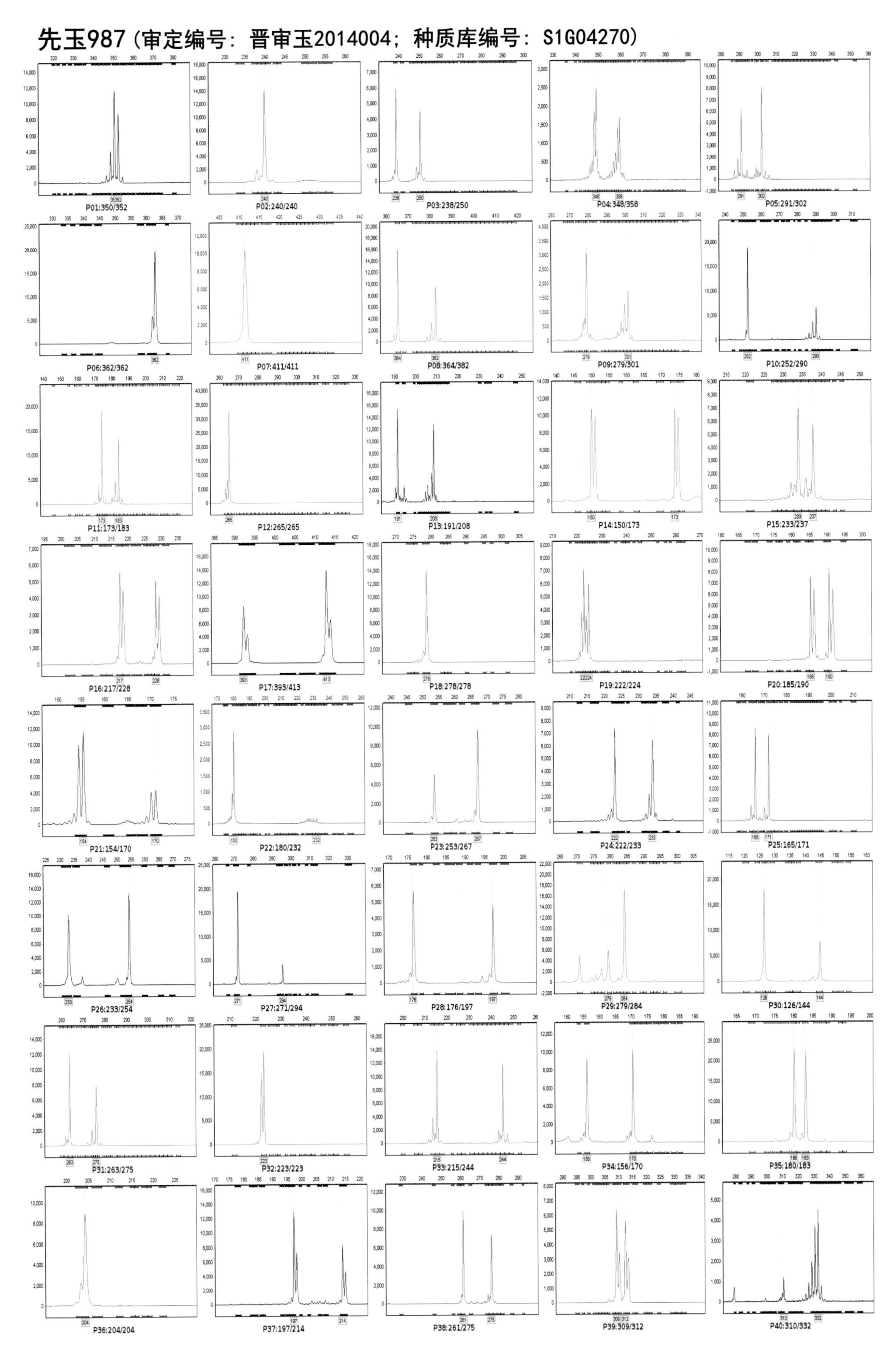

P01:350/352
P02:240/240
P03:238/250
P04:348/358
P05:291/302
P06:362/362
P07:411/411
P08:364/382
P09:279/301
P10:252/290
P11:173/183
P12:265/265
P13:191/208
P14:150/173
P15:233/237
P16:217/228
P17:393/413
P18:278/278
P19:222/224
P20:185/190
P21:154/170
P22:180/232
P23:253/267
P24:222/233
P25:165/171
P26:233/254
P27:271/294
P28:176/197
P29:279/284
P30:126/144
P31:263/275
P32:223/223
P33:215/244
P34:156/170
P35:180/183
P36:204/204
P37:197/214
P38:261/275
P39:309/312
P40:310/332

正成018（审定编号：晋审玉2014005；种质库编号：S1G04271）

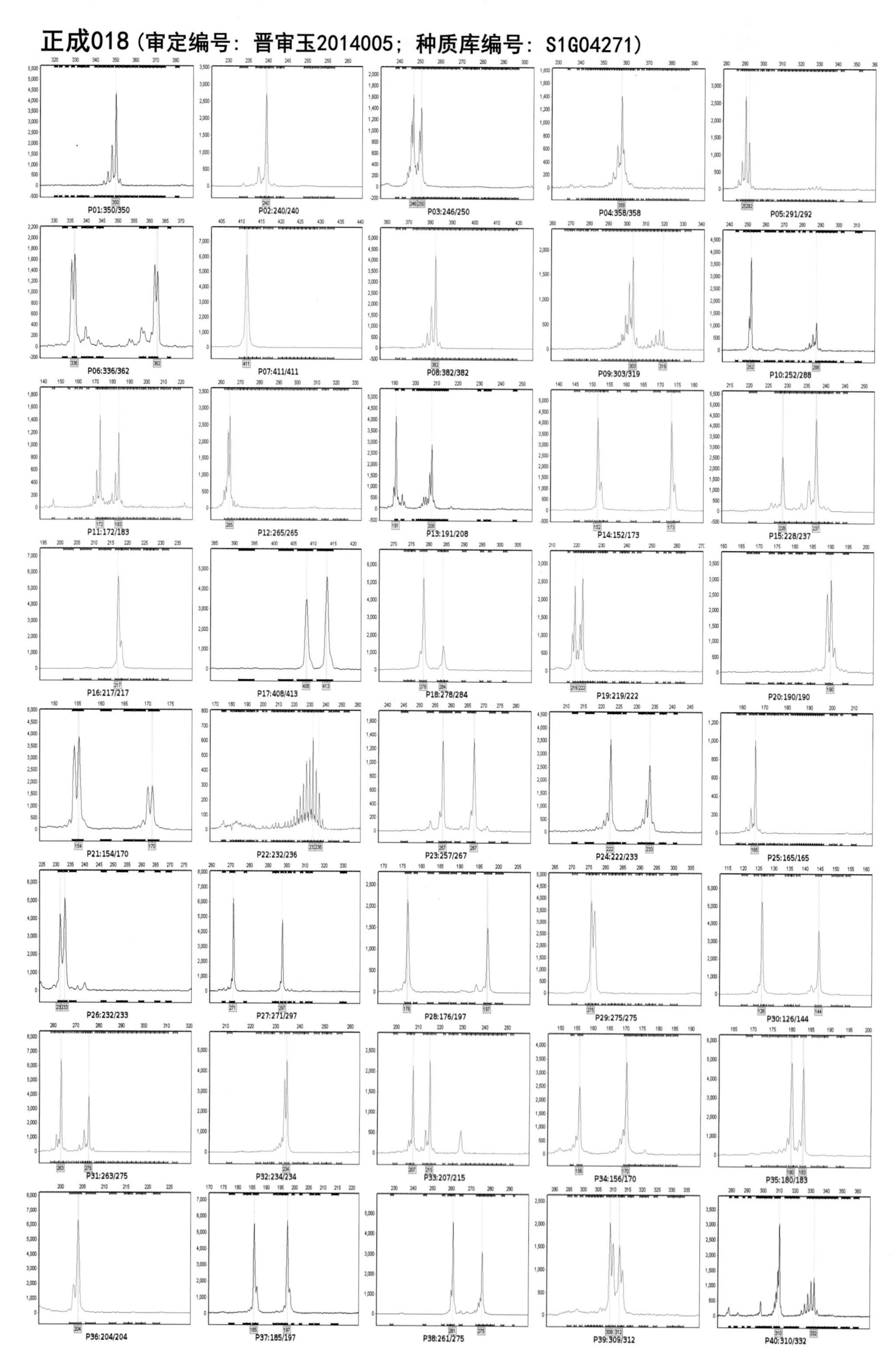
P01:350/350
P02:240/240
P03:246/250
P04:358/358
P05:291/292
P06:336/362
P07:411/411
P08:382/382
P09:303/319
P10:252/288
P11:172/183
P12:265/265
P13:191/208
P14:152/173
P15:228/237
P16:217/217
P17:408/413
P18:278/284
P19:219/222
P20:190/190
P21:154/170
P22:232/236
P23:257/267
P24:222/233
P25:165/165
P26:232/233
P27:271/297
P28:176/197
P29:275/275
P30:126/144
P31:263/275
P32:234/234
P33:207/215
P34:156/170
P35:180/183
P36:204/204
P37:185/197
P38:261/275
P39:309/312
P40:310/332

太育1号（审定编号：晋审玉2014006；种质库编号：S1G04272）

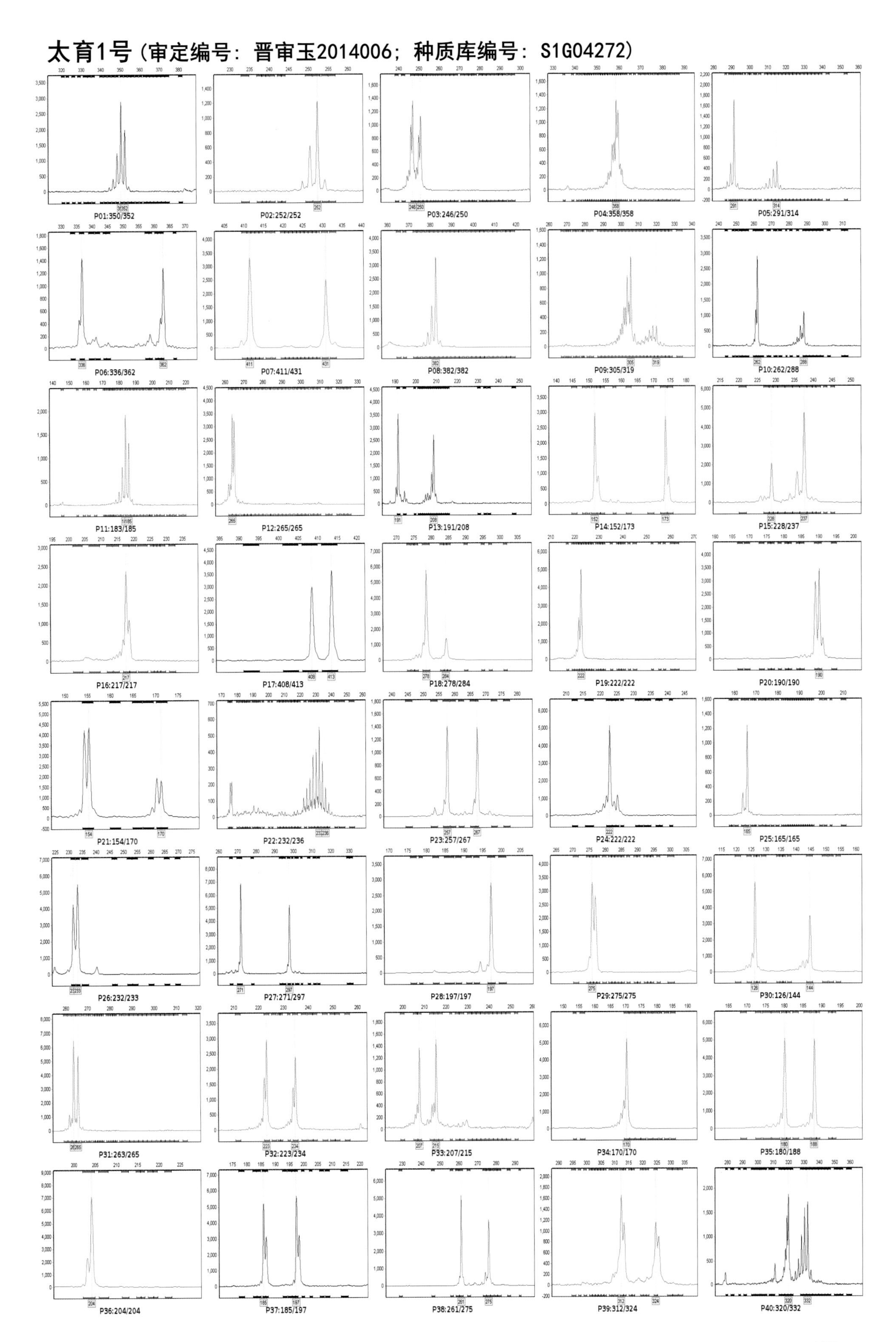
P01:350/352
P02:252/252
P03:246/250
P04:358/358
P05:291/314
P06:336/362
P07:411/431
P08:382/382
P09:305/319
P10:262/288
P11:183/185
P12:265/265
P13:191/208
P14:152/173
P15:228/237
P16:217/217
P17:408/413
P18:278/284
P19:222/222
P20:190/190
P21:154/170
P22:232/236
P23:257/267
P24:222/222
P25:165/165
P26:232/233
P27:271/297
P28:197/197
P29:275/275
P30:126/144
P31:263/265
P32:223/234
P33:207/215
P34:170/170
P35:180/188
P36:204/204
P37:185/197
P38:261/275
P39:312/324
P40:320/332

晋沃99（审定编号：晋审玉2014007；种质库编号：S1G04273）

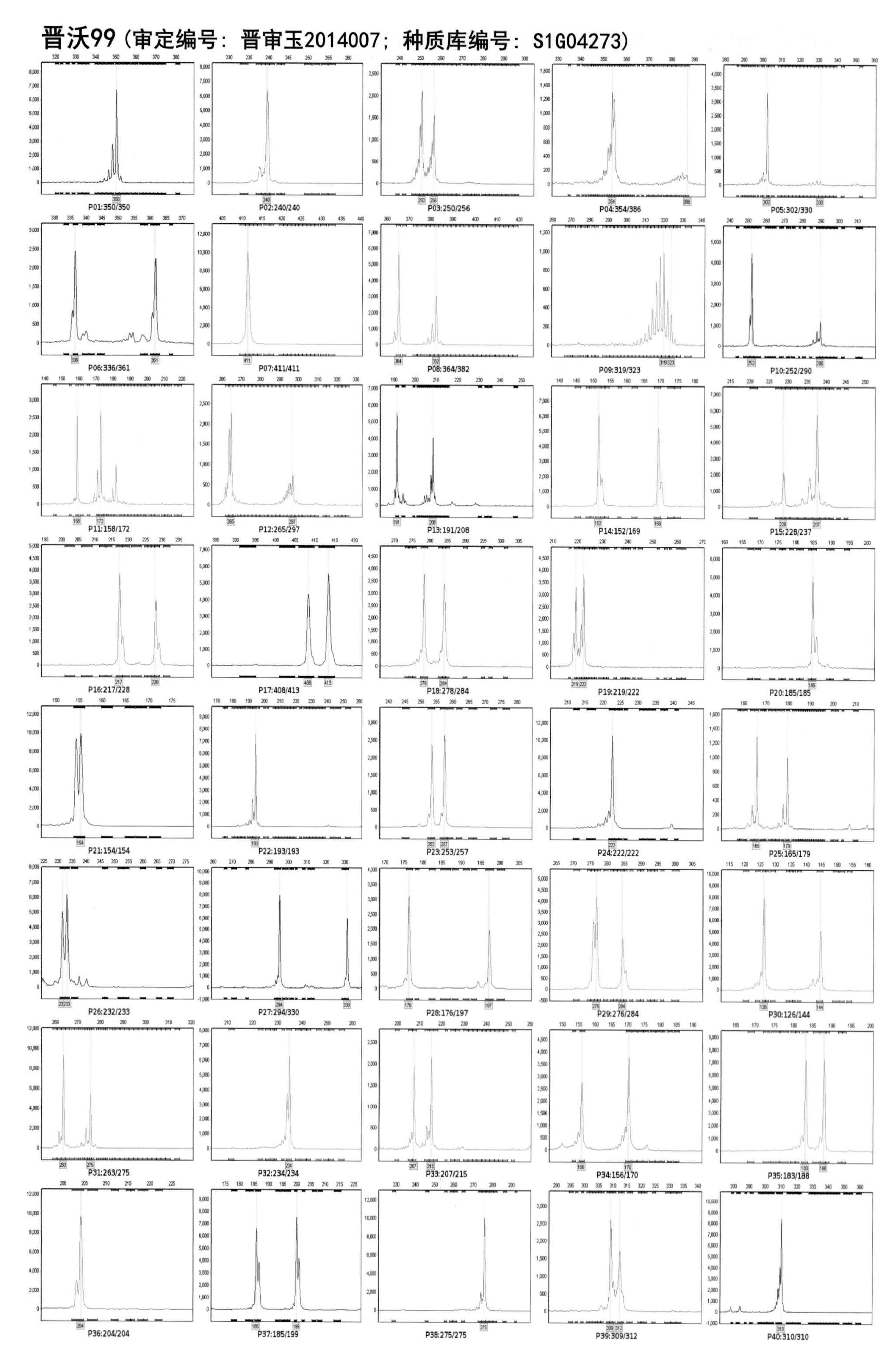

P01:350/350
P02:240/240
P03:250/256
P04:354/386
P05:302/330
P06:336/361
P07:411/411
P08:364/382
P09:319/323
P10:252/290
P11:158/172
P12:265/297
P13:191/208
P14:152/169
P15:228/237
P16:217/228
P17:408/413
P18:278/284
P19:219/222
P20:185/185
P21:154/154
P22:193/193
P23:253/257
P24:222/222
P25:165/179
P26:232/233
P27:294/330
P28:176/197
P29:276/284
P30:126/144
P31:263/275
P32:234/234
P33:207/215
P34:156/170
P35:183/188
P36:204/204
P37:185/199
P38:275/275
P39:309/312
P40:310/310

华美368（审定编号：晋审玉2014008；种质库编号：S1G04274）

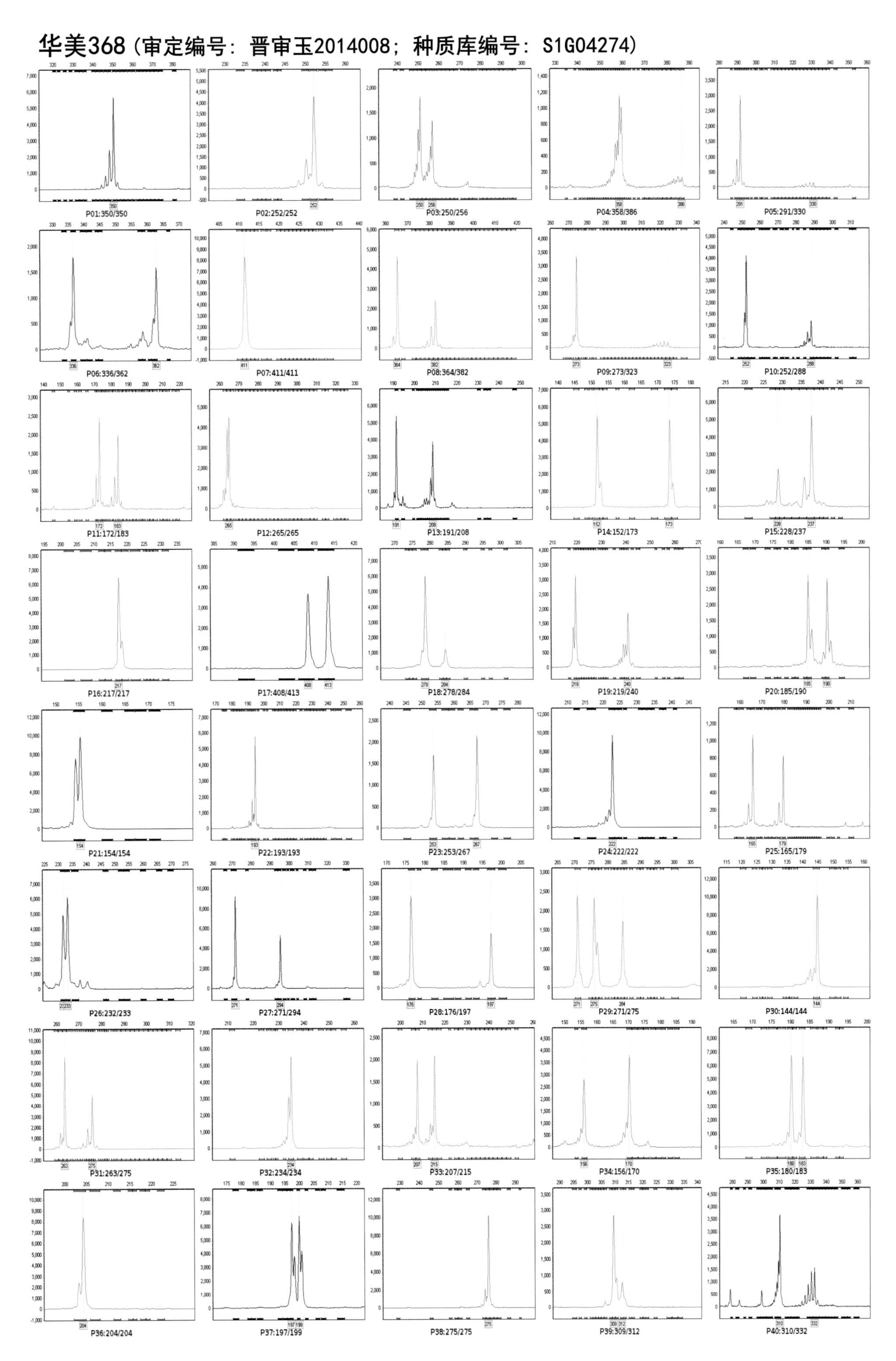
P01:350/350
P02:252/252
P03:250/256
P04:358/386
P05:291/330
P06:336/362
P07:411/411
P08:364/382
P09:273/323
P10:252/288
P11:172/183
P12:265/265
P13:191/208
P14:152/173
P15:228/237
P16:217/217
P17:408/413
P18:278/284
P19:219/240
P20:185/190
P21:154/154
P22:193/193
P23:253/267
P24:222/222
P25:165/179
P26:232/233
P27:271/294
P28:176/197
P29:271/275
P30:144/144
P31:263/275
P32:234/234
P33:207/215
P34:156/170
P35:180/183
P36:204/204
P37:197/199
P38:275/275
P39:309/312
P40:310/332

中地88（审定编号：晋审玉2014009；种质库编号：S1G04275）

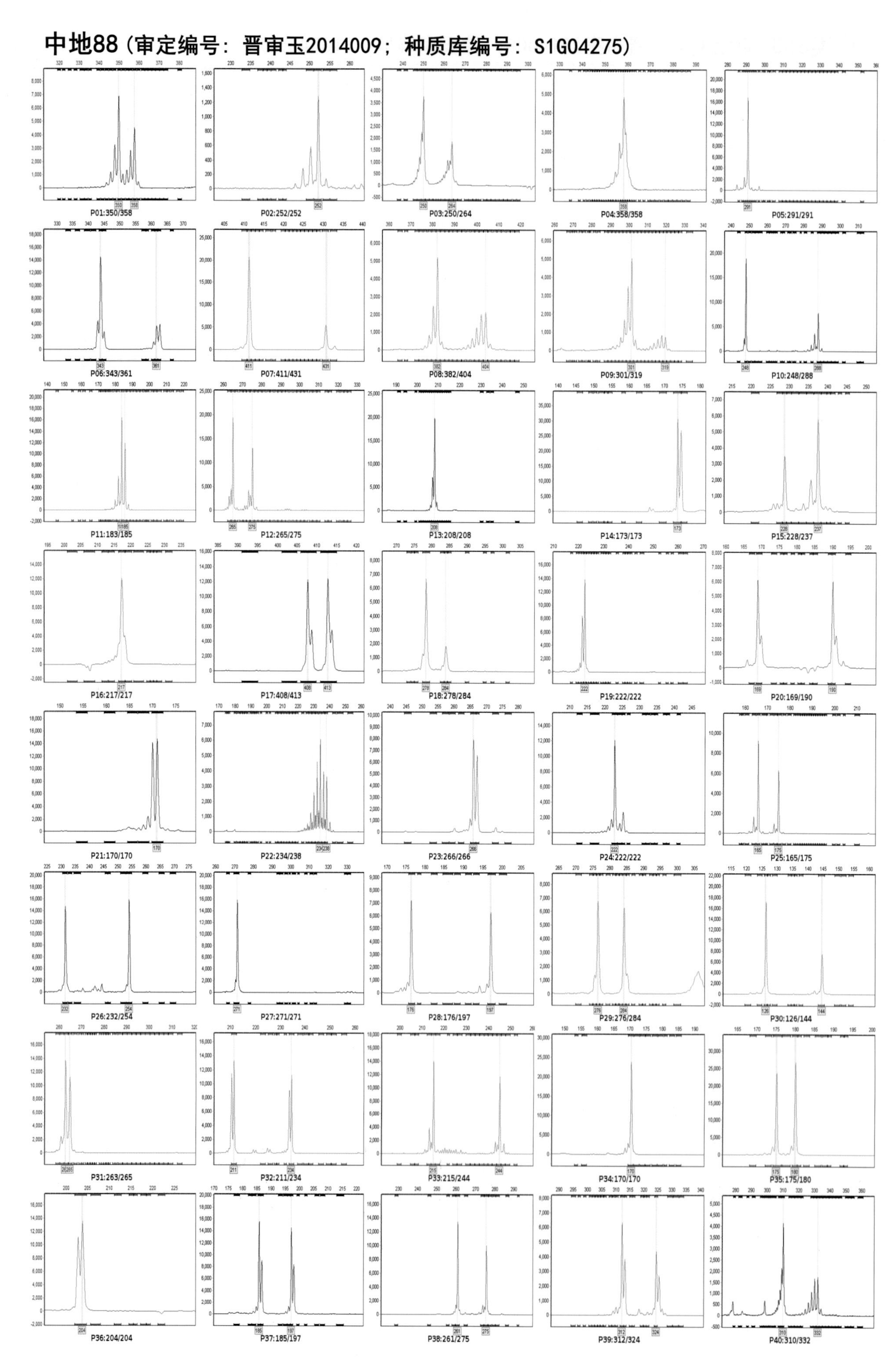
P01:350/358
P02:252/252
P03:250/264
P04:358/358
P05:291/291
P06:343/361
P07:411/431
P08:382/404
P09:301/319
P10:248/288
P11:183/185
P12:265/275
P13:208/208
P14:173/173
P15:228/237
P16:217/217
P17:408/413
P18:278/284
P19:222/222
P20:169/190
P21:170/170
P22:234/238
P23:266/266
P24:222/222
P25:165/175
P26:232/254
P27:271/271
P28:176/197
P29:276/284
P30:126/144
P31:263/265
P32:211/234
P33:215/244
P34:170/170
P35:175/180
P36:204/204
P37:185/197
P38:261/275
P39:312/324
P40:310/332

晋单88号（审定编号：晋审玉2014010；种质库编号：S1G04276）

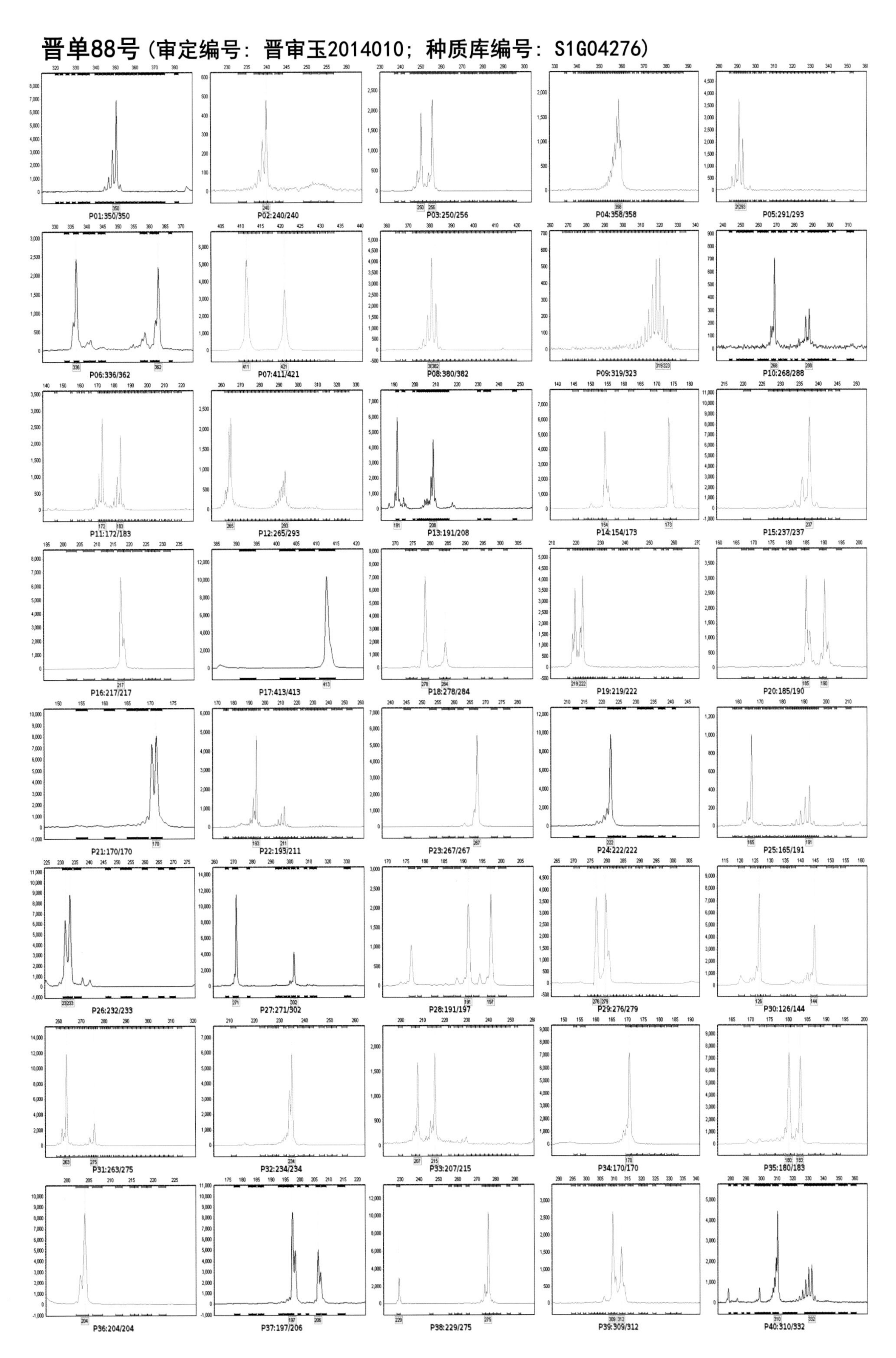
P01:350/350
P02:240/240
P03:250/256
P04:358/358
P05:291/293
P06:336/362
P07:411/421
P08:380/382
P09:319/323
P10:268/288
P11:172/183
P12:265/293
P13:191/208
P14:154/173
P15:237/237
P16:217/217
P17:413/413
P18:278/284
P19:219/222
P20:185/190
P21:170/170
P22:193/211
P23:267/267
P24:222/222
P25:165/191
P26:232/233
P27:271/302
P28:191/197
P29:276/279
P30:126/144
P31:263/275
P32:234/234
P33:207/215
P34:170/170
P35:180/183
P36:204/204
P37:197/206
P38:229/275
P39:309/312
P40:310/332

强盛103（审定编号：晋审玉2014011；种质库编号：S1G04277）

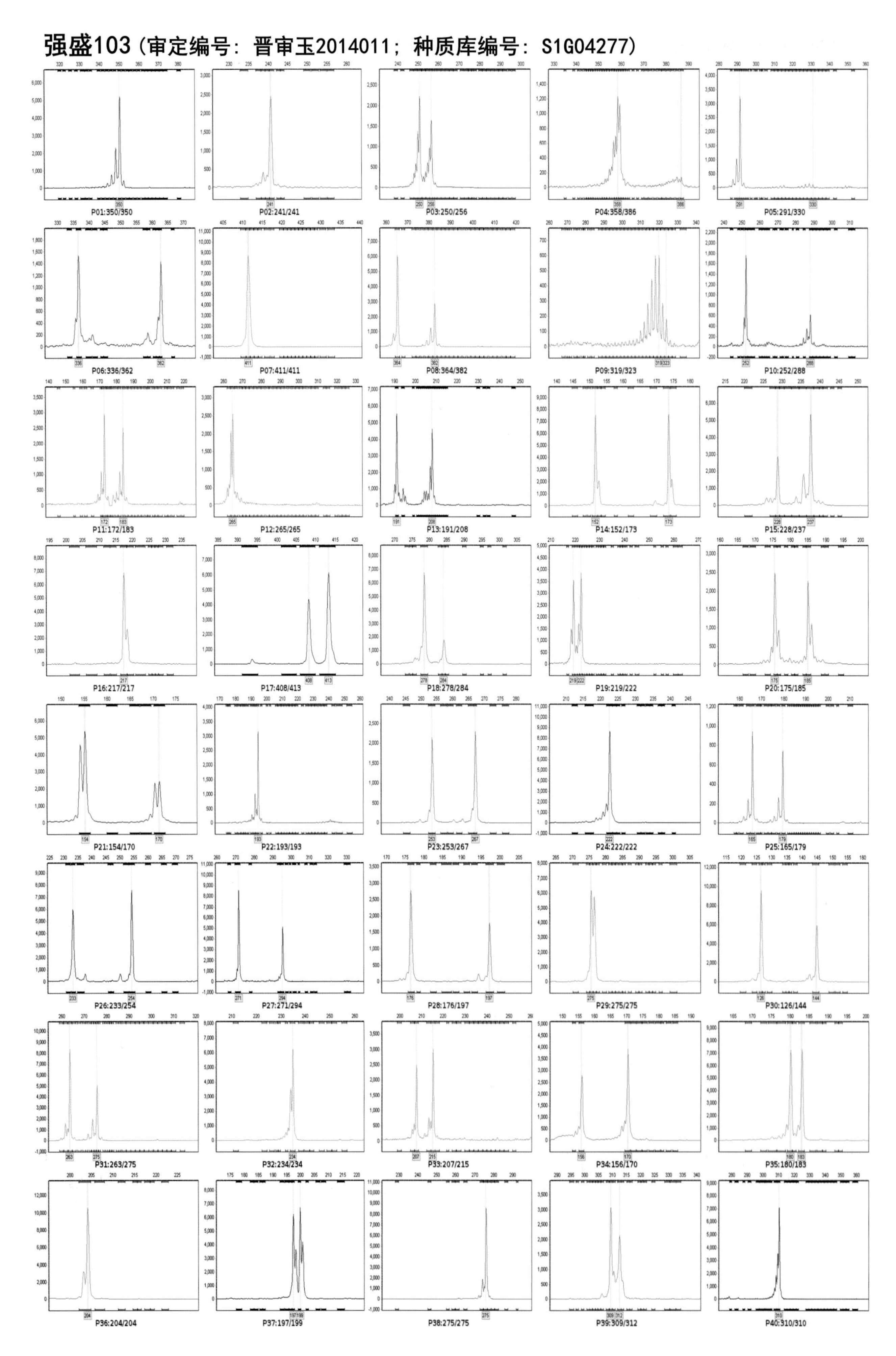

P01:350/350
P02:241/241
P03:250/256
P04:358/386
P05:291/330
P06:336/362
P07:411/411
P08:364/382
P09:319/323
P10:252/288
P11:172/183
P12:265/265
P13:191/208
P14:152/173
P15:228/237
P16:217/217
P17:408/413
P18:278/284
P19:219/222
P20:175/185
P21:154/170
P22:193/193
P23:253/267
P24:222/222
P25:165/179
P26:233/254
P27:271/294
P28:176/197
P29:275/275
P30:126/144
P31:263/275
P32:234/234
P33:207/215
P34:156/170
P35:180/183
P36:204/204
P37:197/199
P38:275/275
P39:309/312
P40:310/310

福盛园57（审定编号：晋审玉2014012；种质库编号：S1G04278）

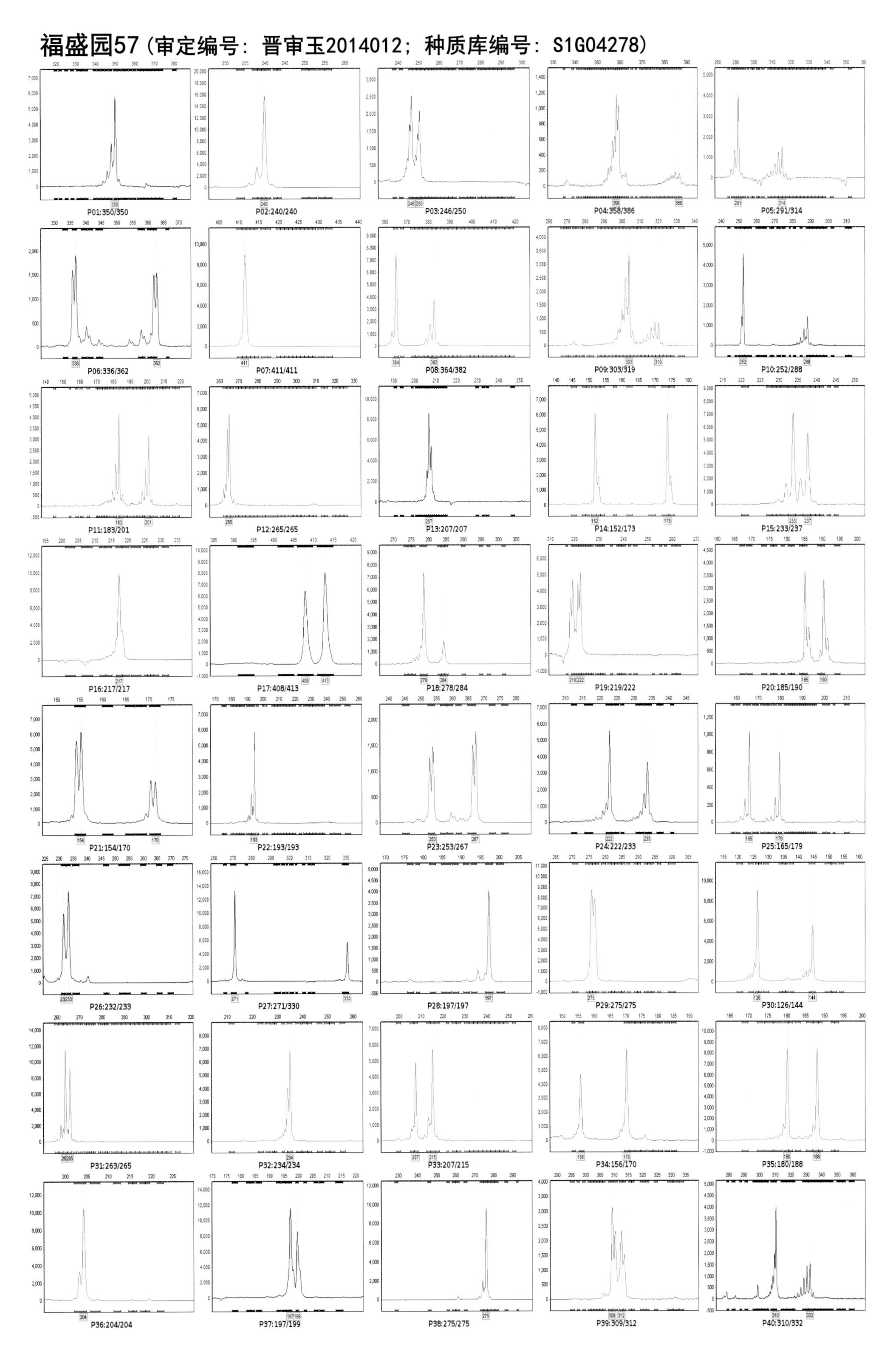

P01:350/350
P02:240/240
P03:246/250
P04:358/386
P05:291/314
P06:336/362
P07:411/411
P08:364/382
P09:303/319
P10:252/288
P11:183/201
P12:265/265
P13:207/207
P14:152/173
P15:233/237
P16:217/217
P17:408/413
P18:278/284
P19:219/222
P20:185/190
P21:154/170
P22:193/193
P23:253/267
P24:222/233
P25:165/179
P26:232/233
P27:271/330
P28:197/197
P29:275/275
P30:126/144
P31:263/265
P32:234/234
P33:207/215
P34:156/170
P35:180/188
P36:204/204
P37:197/199
P38:275/275
P39:309/312
P40:310/332

龙生16（审定编号：晋审玉2014013；种质库编号：S1G04279）

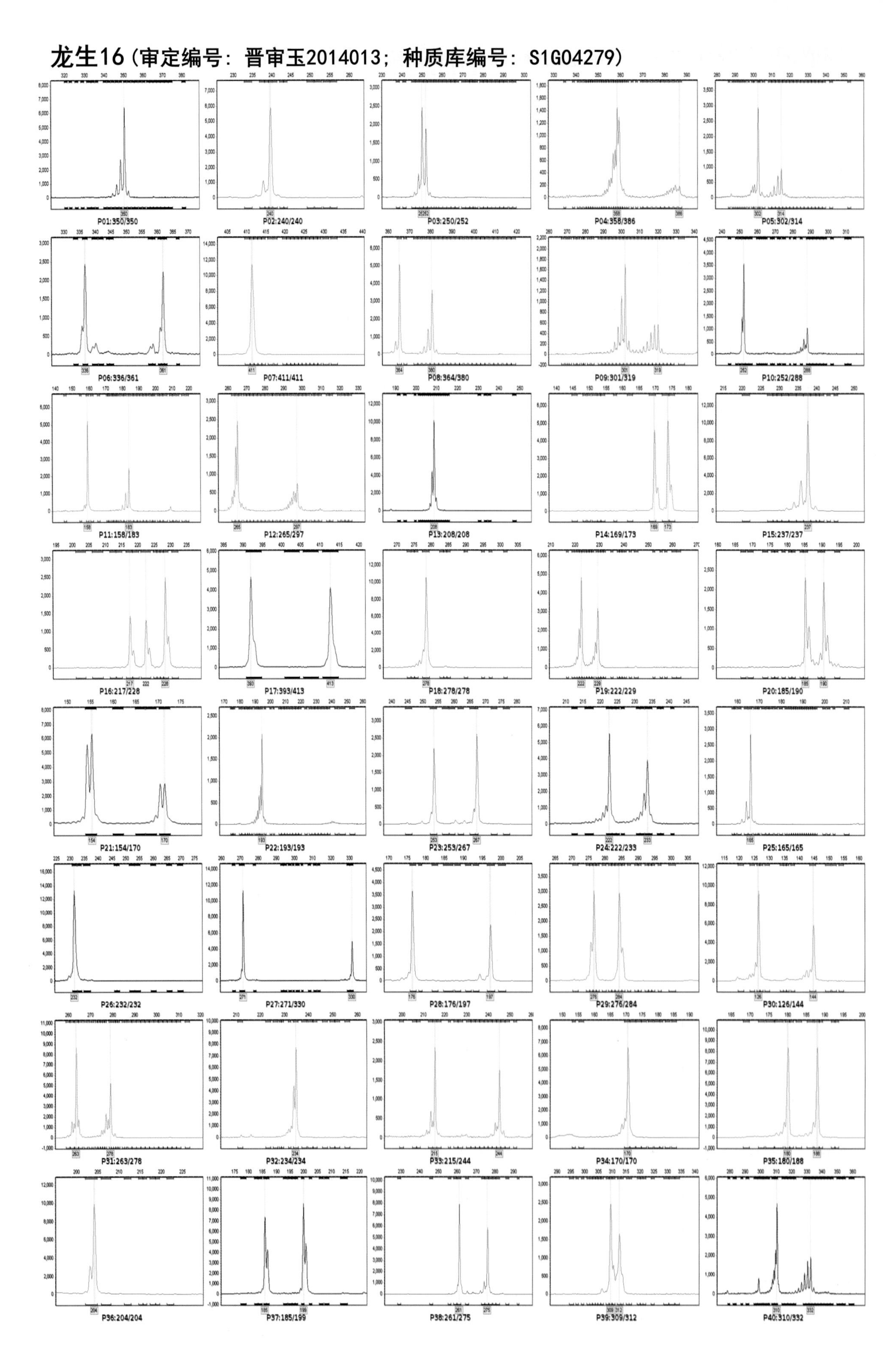

P01:350/350
P02:240/240
P03:250/252
P04:358/386
P05:302/314
P06:336/361
P07:411/411
P08:364/380
P09:301/319
P10:252/288
P11:158/183
P12:265/297
P13:208/208
P14:169/173
P15:237/237
P16:217/228
P17:393/413
P18:278/278
P19:222/229
P20:185/190
P21:154/170
P22:193/193
P23:253/267
P24:222/233
P25:165/165
P26:232/232
P27:271/330
P28:176/197
P29:276/284
P30:126/144
P31:263/278
P32:234/234
P33:215/244
P34:170/170
P35:180/188
P36:204/204
P37:185/199
P38:261/275
P39:309/312
P40:310/332

玉农118（审定编号：晋审玉2014014；种质库编号：S1G04280）

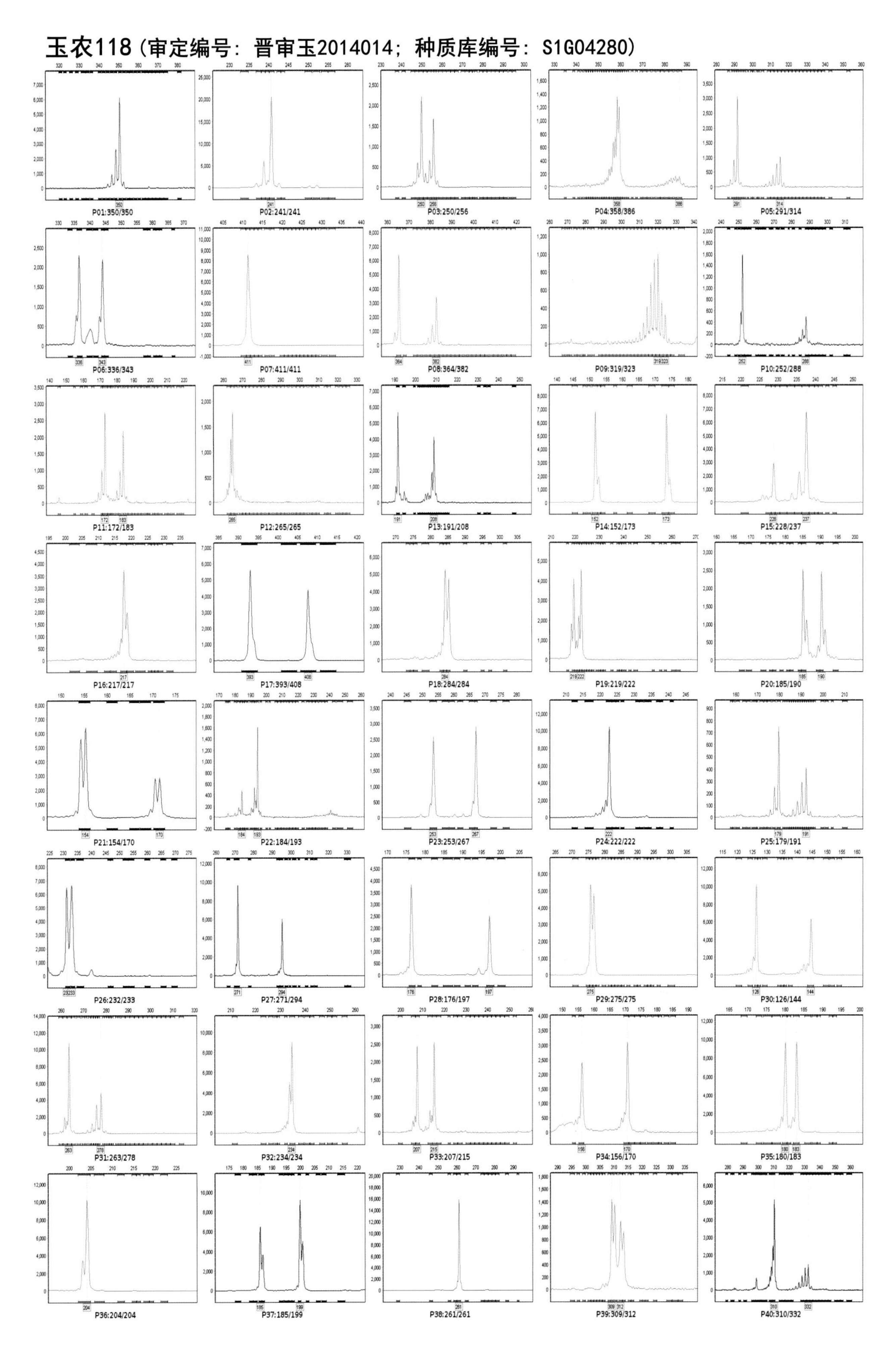
P01:350/350
P02:241/241
P03:250/256
P04:358/386
P05:291/314
P06:336/343
P07:411/411
P08:364/382
P09:319/323
P10:252/288
P11:172/183
P12:265/265
P13:191/208
P14:152/173
P15:228/237
P16:217/217
P17:393/408
P18:284/284
P19:219/222
P20:185/190
P21:154/170
P22:184/193
P23:253/267
P24:222/222
P25:179/191
P26:232/233
P27:271/294
P28:176/197
P29:275/275
P30:126/144
P31:263/278
P32:234/234
P33:207/215
P34:156/170
P35:180/183
P36:204/204
P37:185/199
P38:261/261
P39:309/312
P40:310/332

潞鑫88（审定编号：晋审玉2014015；种质库编号：S1G04281）

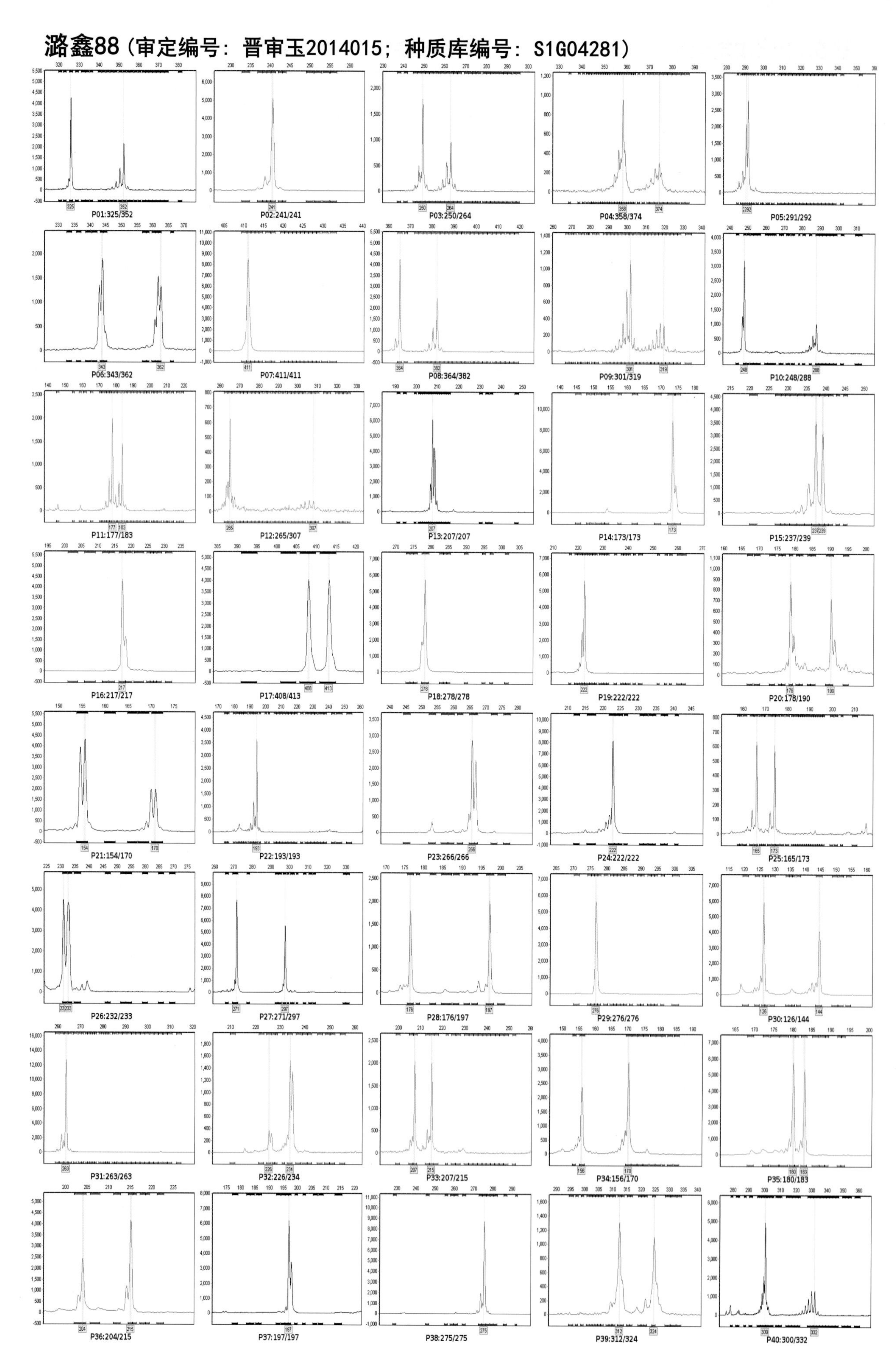

P01:325/352
P02:241/241
P03:250/264
P04:358/374
P05:291/292
P06:343/362
P07:411/411
P08:364/382
P09:301/319
P10:248/288
P11:177/183
P12:265/307
P13:207/207
P14:173/173
P15:237/239
P16:217/217
P17:408/413
P18:278/278
P19:222/222
P20:178/190
P21:154/170
P22:193/193
P23:266/266
P24:222/222
P25:165/173
P26:232/233
P27:271/297
P28:176/197
P29:276/276
P30:126/144
P31:263/263
P32:226/234
P33:207/215
P34:156/170
P35:180/183
P36:204/215
P37:197/197
P38:275/275
P39:312/324
P40:300/332

晋单89号（审定编号：晋审玉2014016；种质库编号：S1G04282）

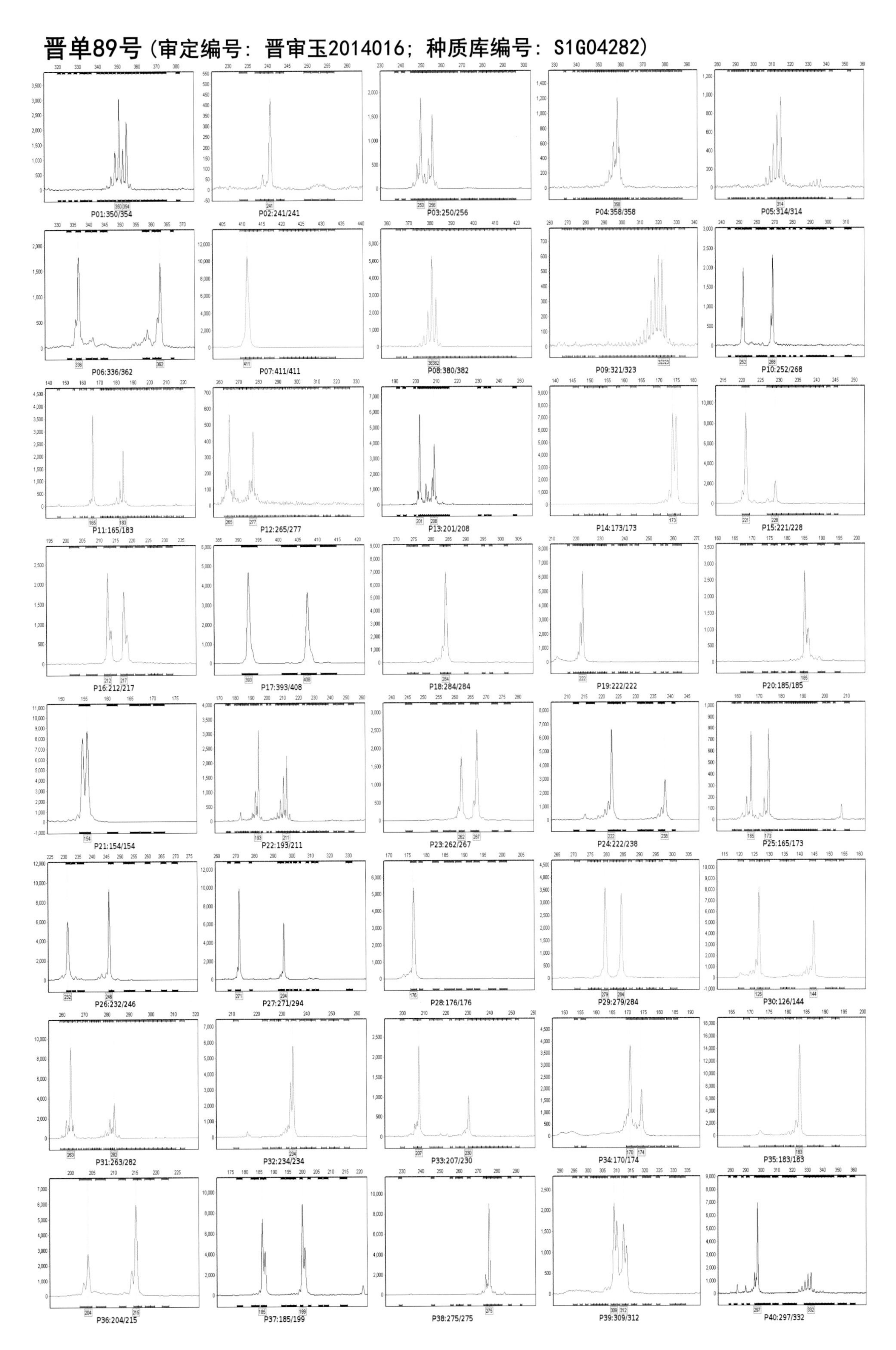
P01:350/354
P02:241/241
P03:250/256
P04:358/358
P05:314/314
P06:336/362
P07:411/411
P08:380/382
P09:321/323
P10:252/268
P11:165/183
P12:265/277
P13:201/208
P14:173/173
P15:221/228
P16:212/217
P17:393/408
P18:284/284
P19:222/222
P20:185/185
P21:154/154
P22:193/211
P23:262/267
P24:222/238
P25:165/173
P26:232/246
P27:271/294
P28:176/176
P29:279/284
P30:126/144
P31:263/282
P32:234/234
P33:207/230
P34:170/174
P35:183/183
P36:204/215
P37:185/199
P38:275/275
P39:309/312
P40:297/332

冀玉19（审定编号：晋审玉2014017；种质库编号：S1G04283）

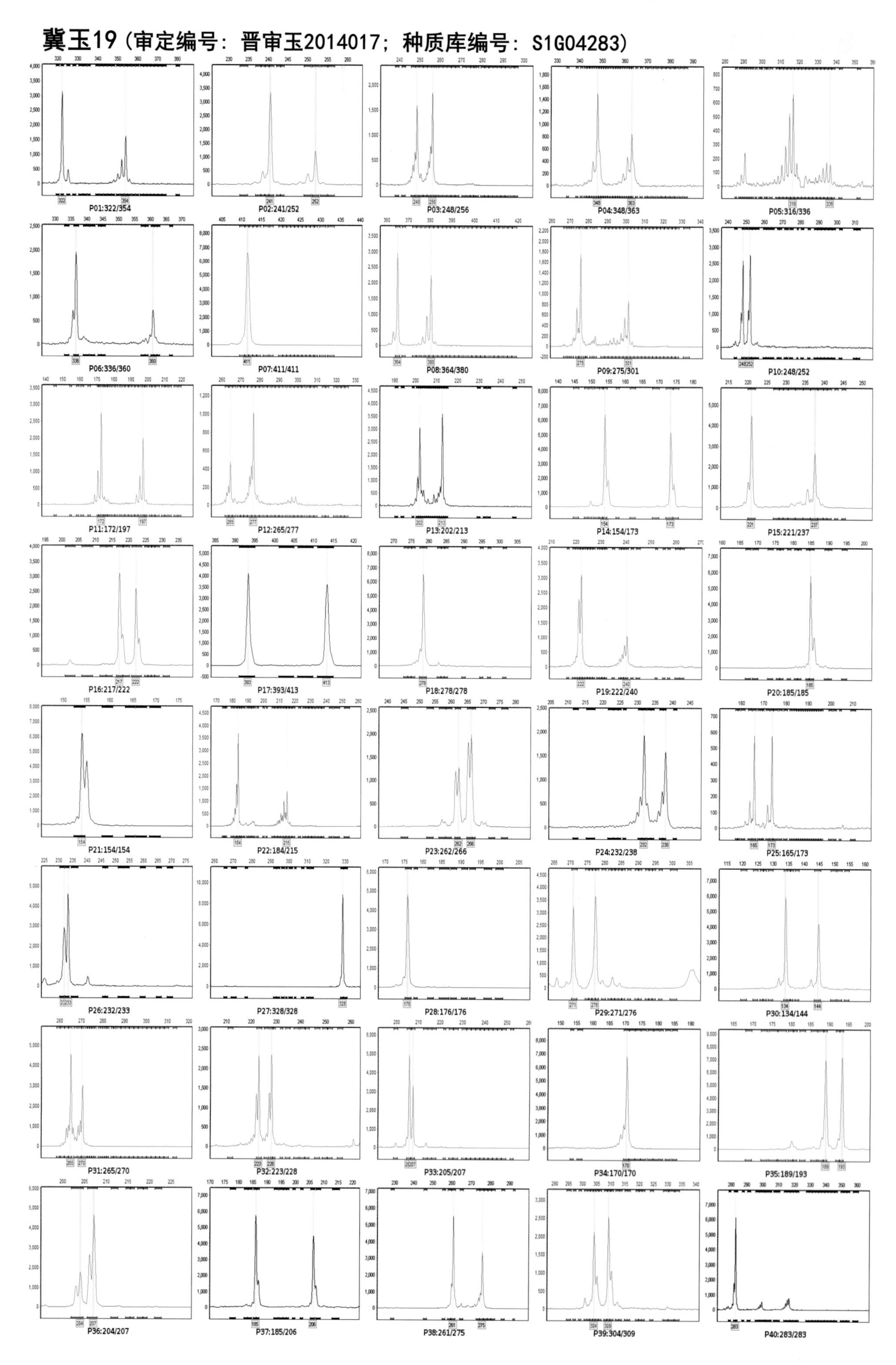
P01:322/354
P02:241/252
P03:248/256
P04:348/363
P05:316/336
P06:336/360
P07:411/411
P08:364/380
P09:275/301
P10:248/252
P11:172/197
P12:265/277
P13:202/213
P14:154/173
P15:221/237
P16:217/222
P17:393/413
P18:278/278
P19:222/240
P20:185/185
P21:154/154
P22:184/215
P23:262/266
P24:232/238
P25:165/173
P26:232/233
P27:328/328
P28:176/176
P29:271/276
P30:134/144
P31:265/270
P32:223/228
P33:205/207
P34:170/170
P35:189/193
P36:204/207
P37:185/206
P38:261/275
P39:304/309
P40:283/283

金玉698（审定编号：晋审玉2014018；种质库编号：S1G04284）

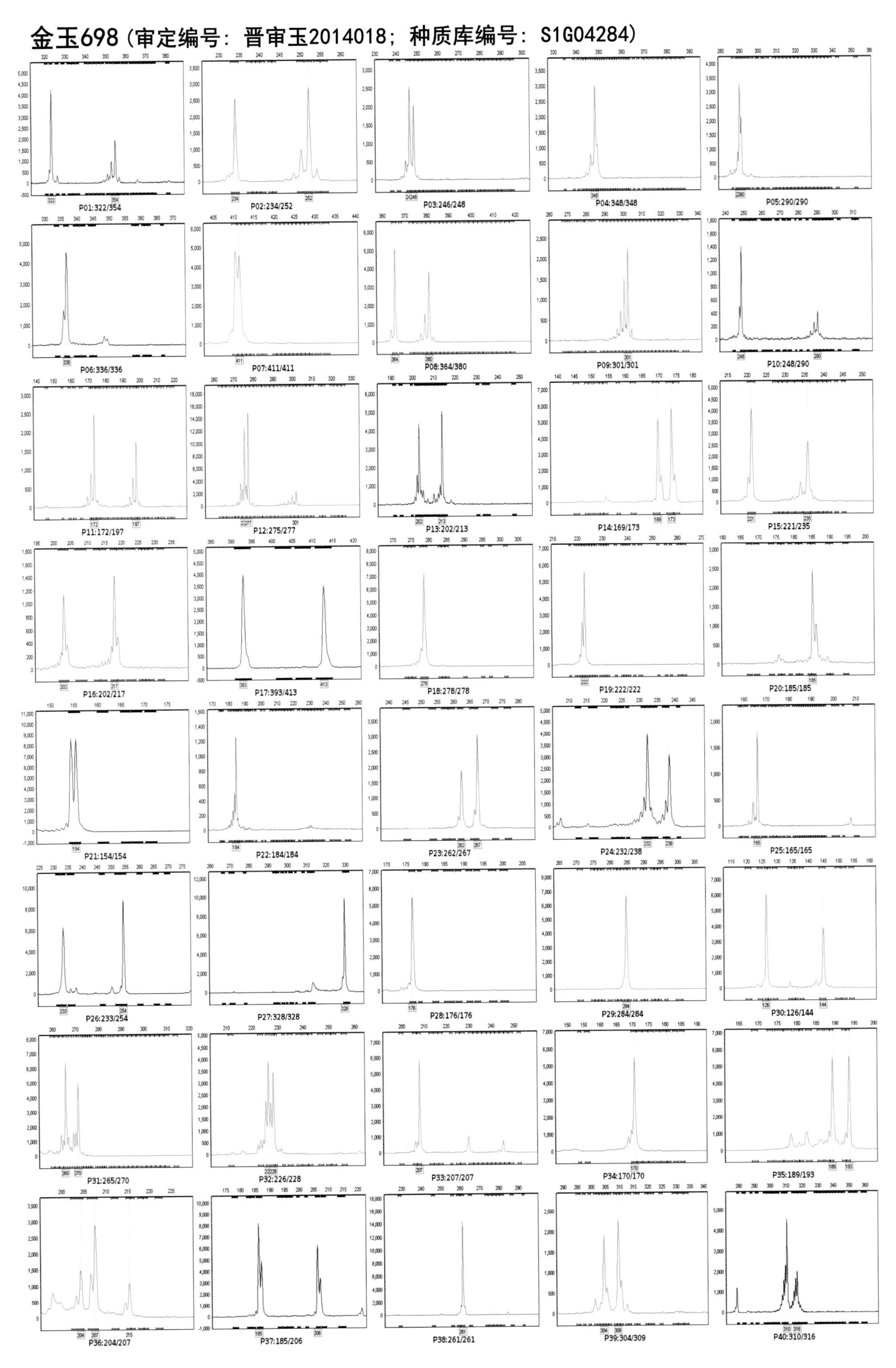
P01:322/354
P02:234/252
P03:246/248
P04:348/348
P05:290/290
P06:336/336
P07:411/411
P08:364/380
P09:301/301
P10:248/290
P11:172/197
P12:275/277
P13:202/213
P14:169/173
P15:221/235
P16:202/217
P17:393/413
P18:278/278
P19:222/222
P20:185/185
P21:154/154
P22:184/184
P23:262/267
P24:232/238
P25:165/165
P26:233/254
P27:328/328
P28:176/176
P29:284/284
P30:126/144
P31:265/270
P32:226/228
P33:207/207
P34:170/170
P35:189/193
P36:204/207
P37:185/206
P38:261/261
P39:304/309
P40:310/316

潞玉1号（审定编号：晋审玉2014019；种质库编号：S1G00681）

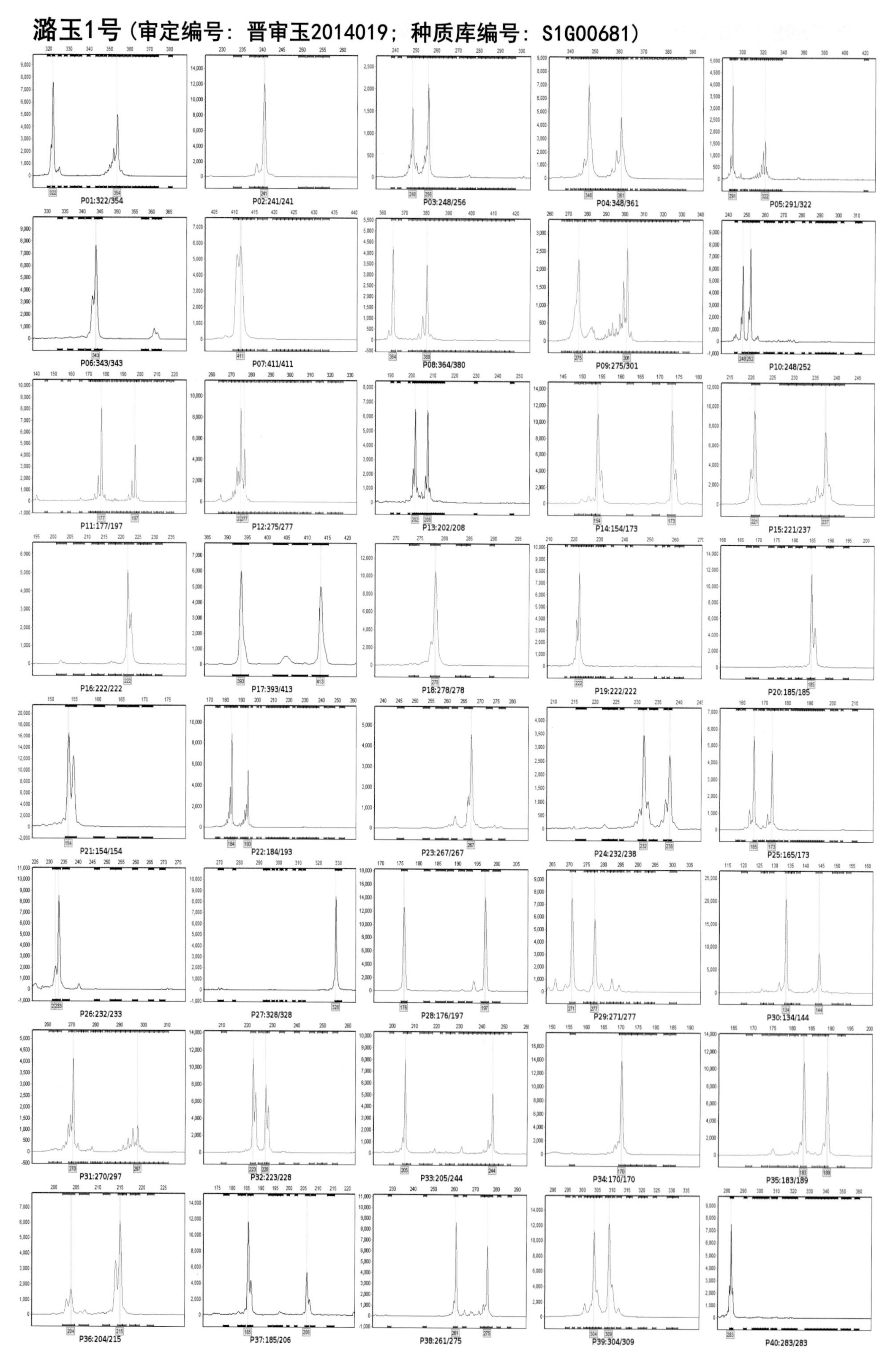
P01:322/354
P02:241/241
P03:248/256
P04:348/361
P05:291/322
P06:343/343
P07:411/411
P08:364/380
P09:275/301
P10:248/252
P11:177/197
P12:275/277
P13:202/208
P14:154/173
P15:221/237
P16:222/222
P17:393/413
P18:278/278
P19:222/222
P20:185/185
P21:154/154
P22:184/193
P23:267/267
P24:232/238
P25:165/173
P26:232/233
P27:328/328
P28:176/197
P29:271/277
P30:134/144
P31:270/297
P32:223/228
P33:205/244
P34:170/170
P35:183/189
P36:204/215
P37:185/206
P38:261/275
P39:304/309
P40:283/283

晋糯10号（审定编号：晋审玉2014020；种质库编号：S1G04285）

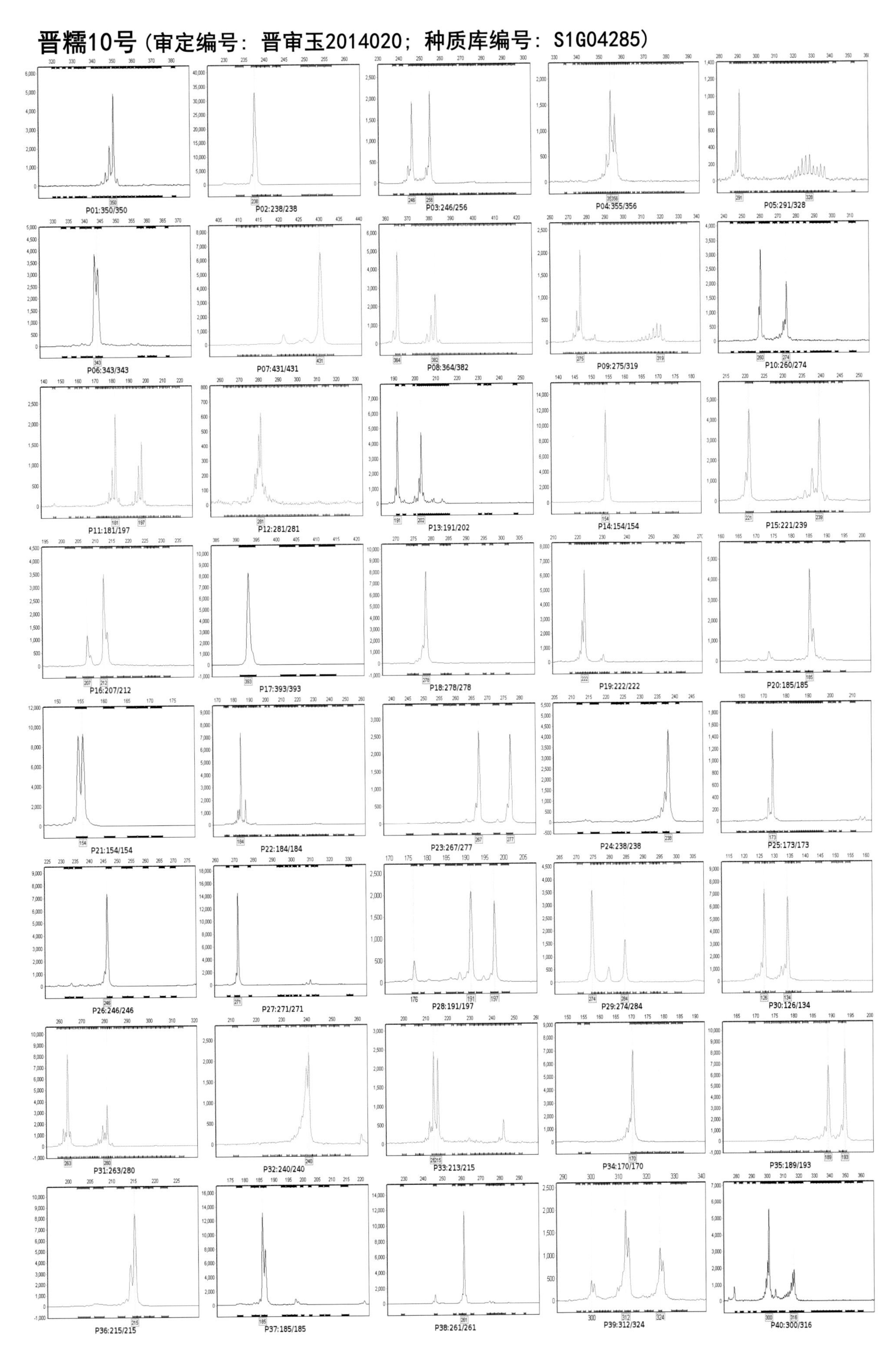

P01:350/350
P02:238/238
P03:246/256
P04:355/356
P05:291/328
P06:343/343
P07:431/431
P08:364/382
P09:275/319
P10:260/274
P11:181/197
P12:281/281
P13:191/202
P14:154/154
P15:221/239
P16:207/212
P17:393/393
P18:278/278
P19:222/222
P20:185/185
P21:154/154
P22:184/184
P23:267/277
P24:238/238
P25:173/173
P26:246/246
P27:271/271
P28:191/197
P29:274/284
P30:126/134
P31:263/280
P32:240/240
P33:213/215
P34:170/170
P35:189/193
P36:215/215
P37:185/185
P38:261/261
P39:312/324
P40:300/316

龙玉1号（审定编号：晋审玉2014021；种质库编号：S1G04286）

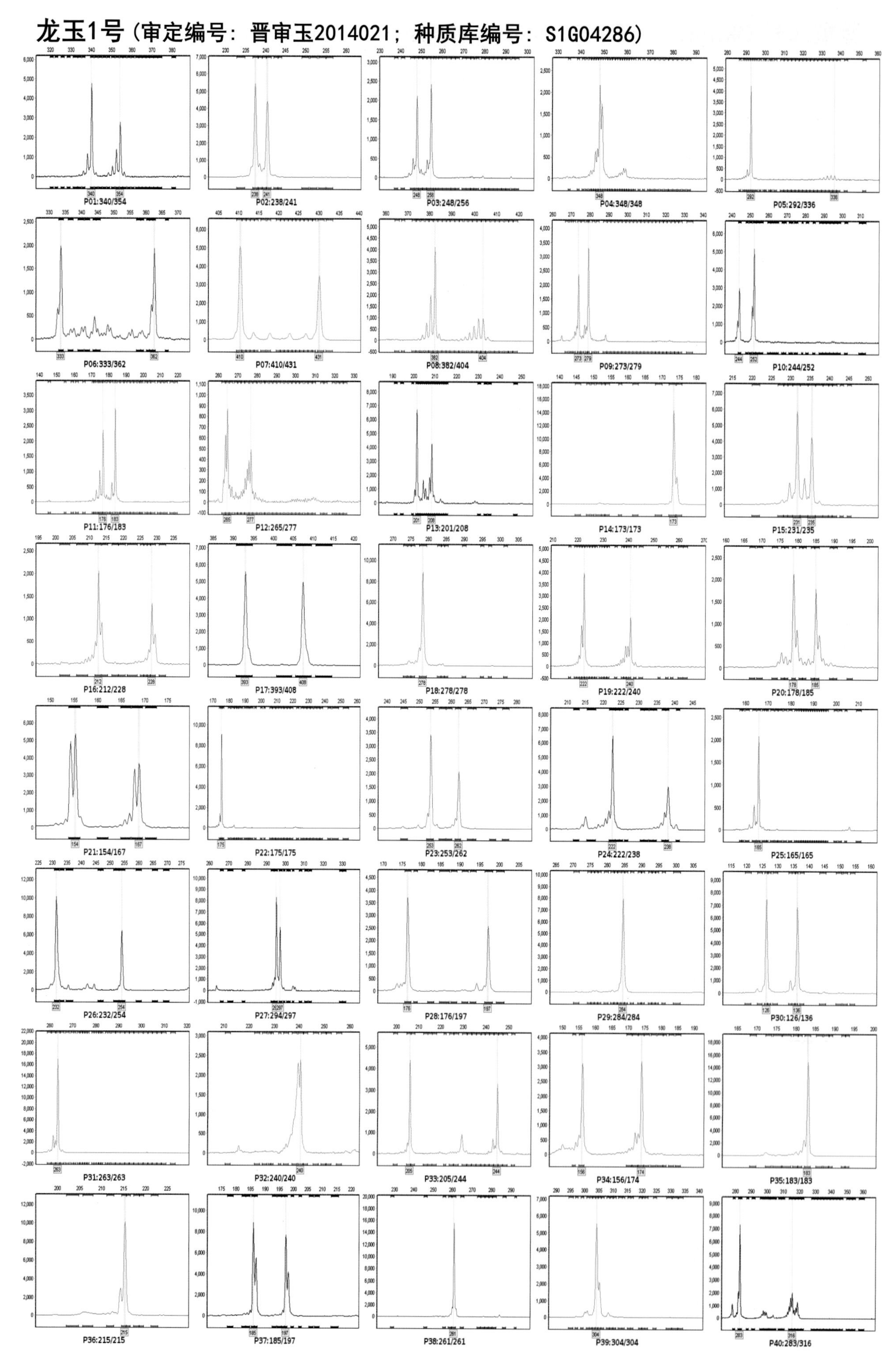

P01:340/354
P02:238/241
P03:248/256
P04:348/348
P05:292/336
P06:333/362
P07:410/431
P08:382/404
P09:273/279
P10:244/252
P11:176/183
P12:265/277
P13:201/208
P14:173/173
P15:231/235
P16:212/228
P17:393/408
P18:278/278
P19:222/240
P20:178/185
P21:154/167
P22:175/175
P23:253/262
P24:222/238
P25:165/165
P26:232/254
P27:294/297
P28:176/197
P29:284/284
P30:126/136
P31:263/263
P32:240/240
P33:205/244
P34:156/174
P35:183/183
P36:215/215
P37:185/197
P38:261/261
P39:304/304
P40:283/316

沃玉963（审定编号：晋审玉2014022；种质库编号：S1G05137）

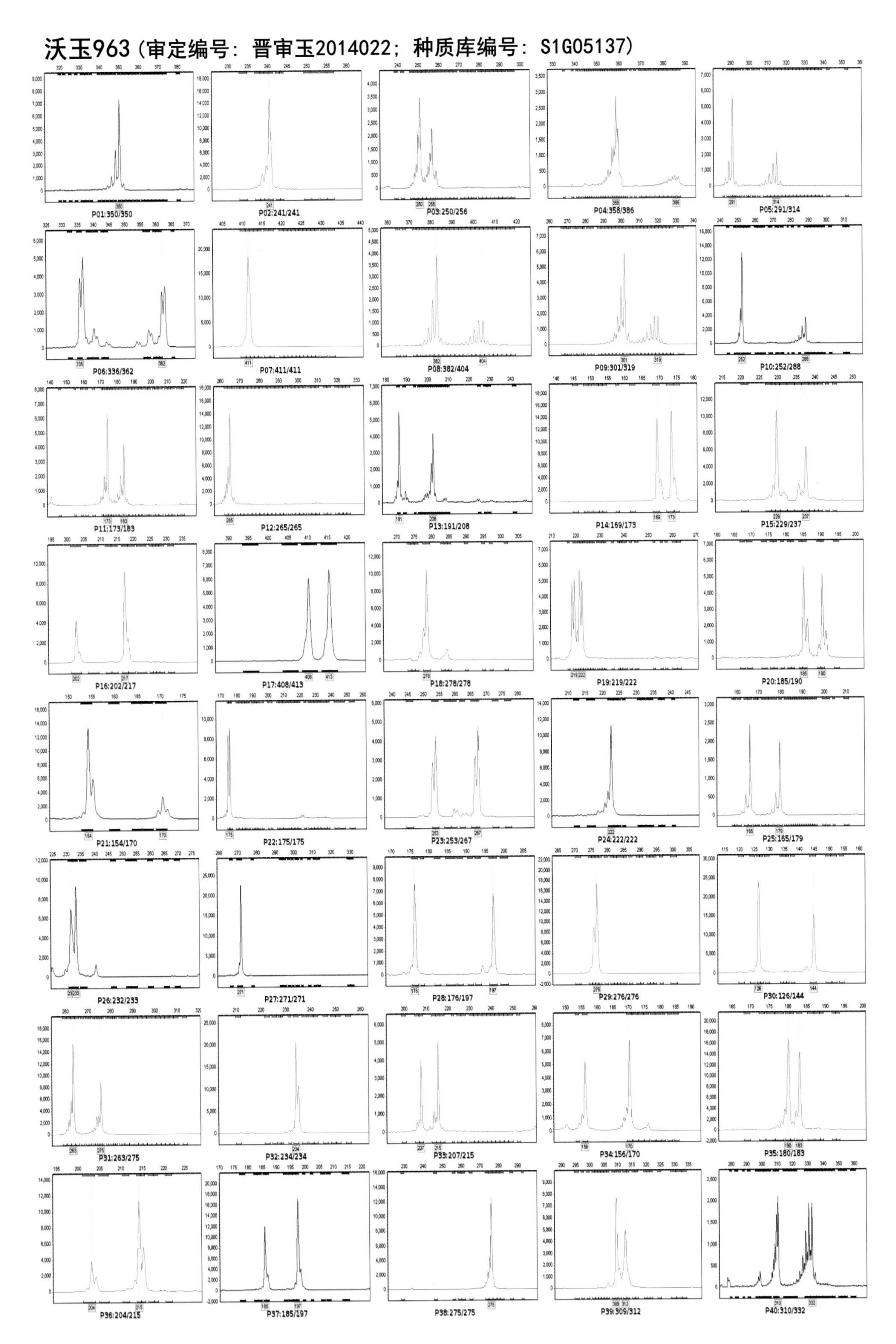
P01:350/350
P02:241/241
P03:250/256
P04:358/386
P05:291/314
P06:336/362
P07:411/411
P08:382/404
P09:301/319
P10:252/288
P11:173/183
P12:265/265
P13:191/208
P14:169/173
P15:229/237
P16:202/217
P17:408/413
P18:278/278
P19:219/222
P20:185/190
P21:154/170
P22:175/175
P23:253/267
P24:222/222
P25:165/179
P26:232/233
P27:271/271
P28:176/197
P29:276/276
P30:126/144
P31:263/275
P32:234/234
P33:207/215
P34:156/170
P35:180/183
P36:204/215
P37:185/197
P38:275/275
P39:309/312
P40:310/332

双惠208（审定编号：晋审玉2015001；种质库编号：S1G05135）

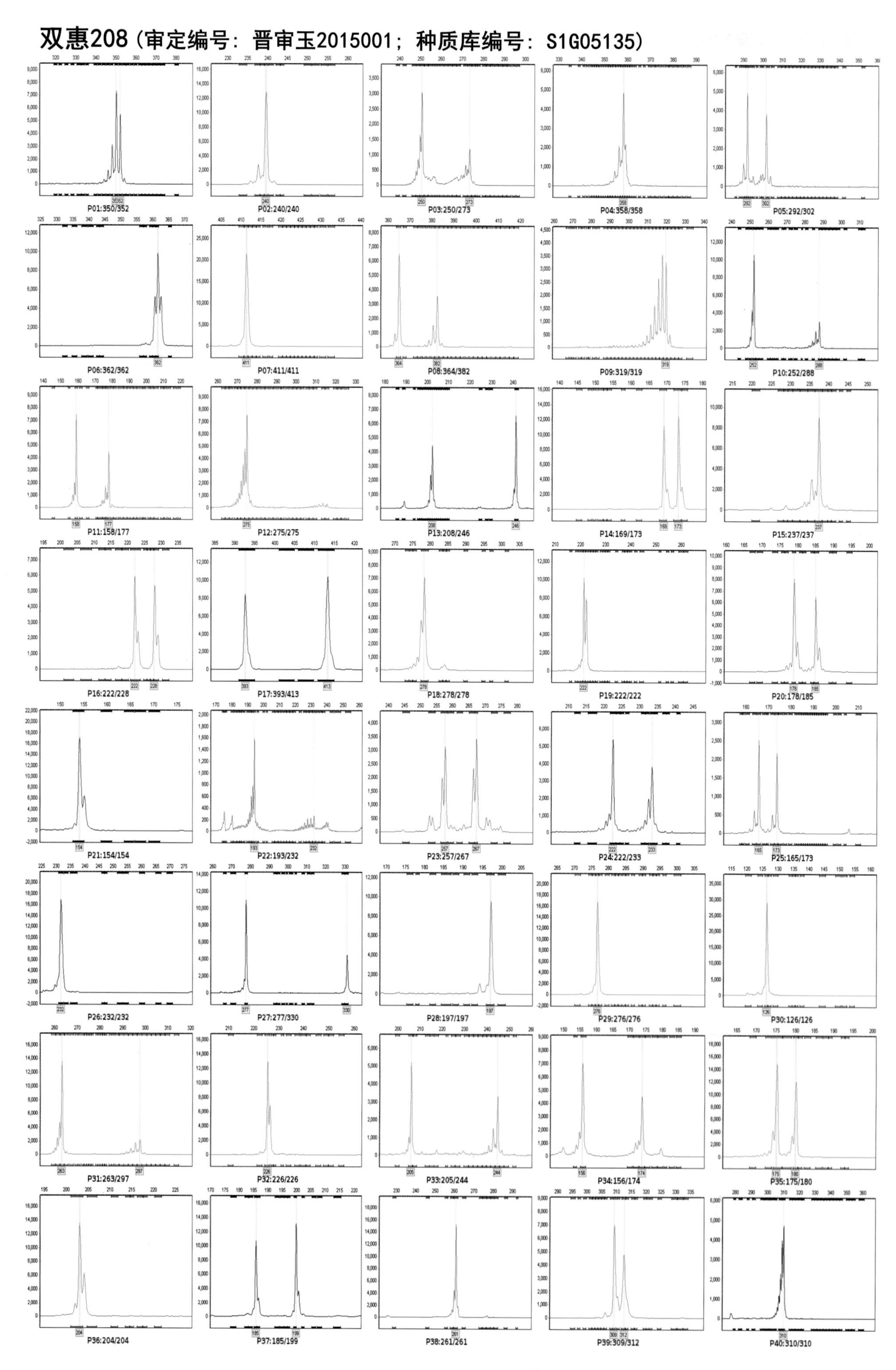

P01:350/352
P02:240/240
P03:250/273
P04:358/358
P05:292/302
P06:362/362
P07:411/411
P08:364/382
P09:319/319
P10:252/288
P11:158/177
P12:275/275
P13:208/246
P14:169/173
P15:237/237
P16:222/228
P17:393/413
P18:278/278
P19:222/222
P20:178/185
P21:154/154
P22:193/232
P23:257/267
P24:222/233
P25:165/173
P26:232/232
P27:277/330
P28:197/197
P29:276/276
P30:126/126
P31:263/297
P32:226/226
P33:205/244
P34:156/174
P35:175/180
P36:204/204
P37:185/199
P38:261/261
P39:309/312
P40:310/310

并单36（审定编号：晋审玉2015002；种质库编号：S1G05136）

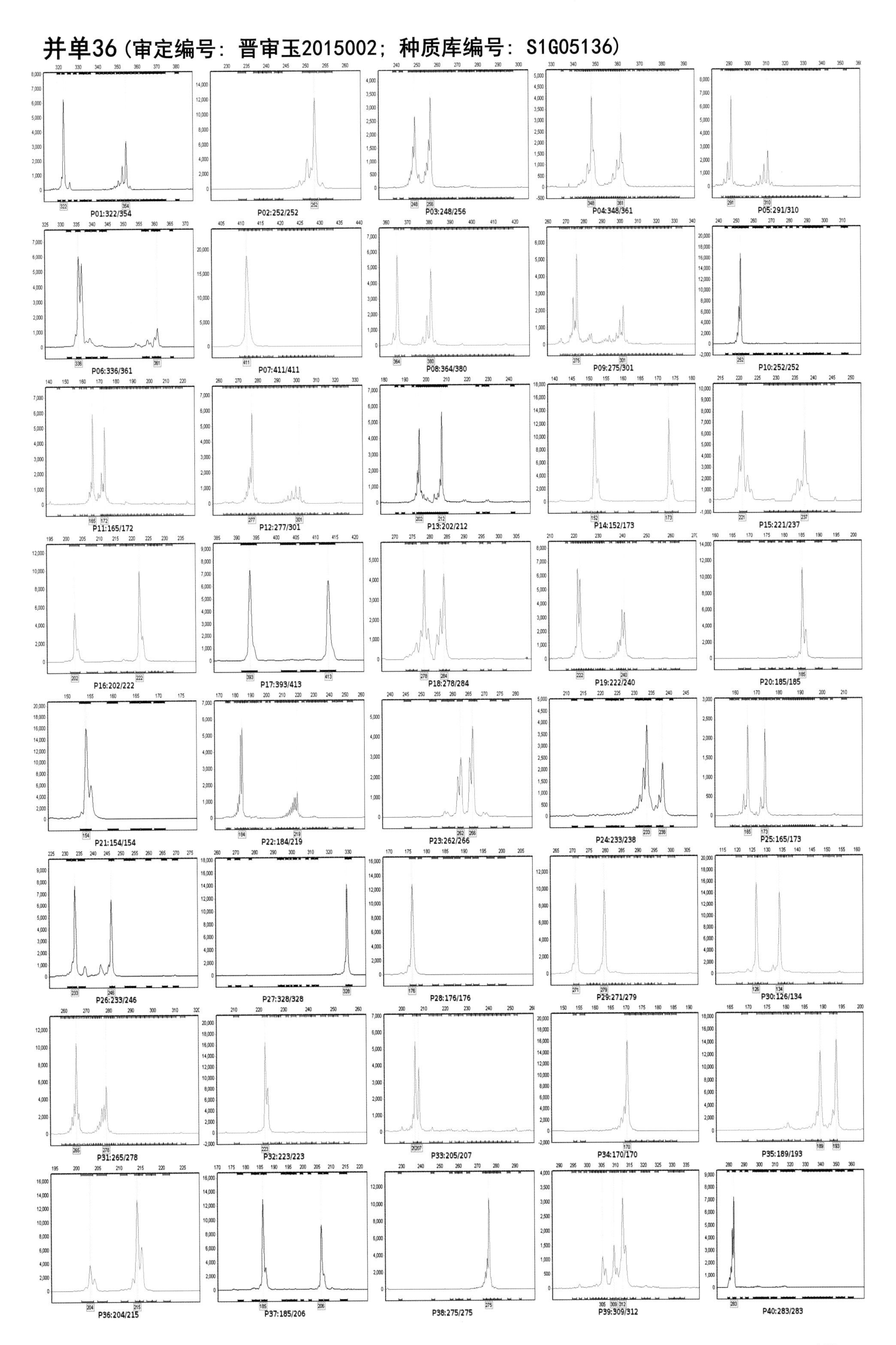
P01:322/354
P02:252/252
P03:248/256
P04:348/361
P05:291/310
P06:336/361
P07:411/411
P08:364/380
P09:275/301
P10:252/252
P11:165/172
P12:277/301
P13:202/212
P14:152/173
P15:221/237
P16:202/222
P17:393/413
P18:278/284
P19:222/240
P20:185/185
P21:154/154
P22:184/219
P23:262/266
P24:233/238
P25:165/173
P26:233/246
P27:328/328
P28:176/176
P29:271/279
P30:126/134
P31:265/278
P32:223/223
P33:205/207
P34:170/170
P35:189/193
P36:204/215
P37:185/206
P38:275/275
P39:309/312
P40:283/283

沃锋88（审定编号：晋审玉2016001；种质库编号：S1G05584）

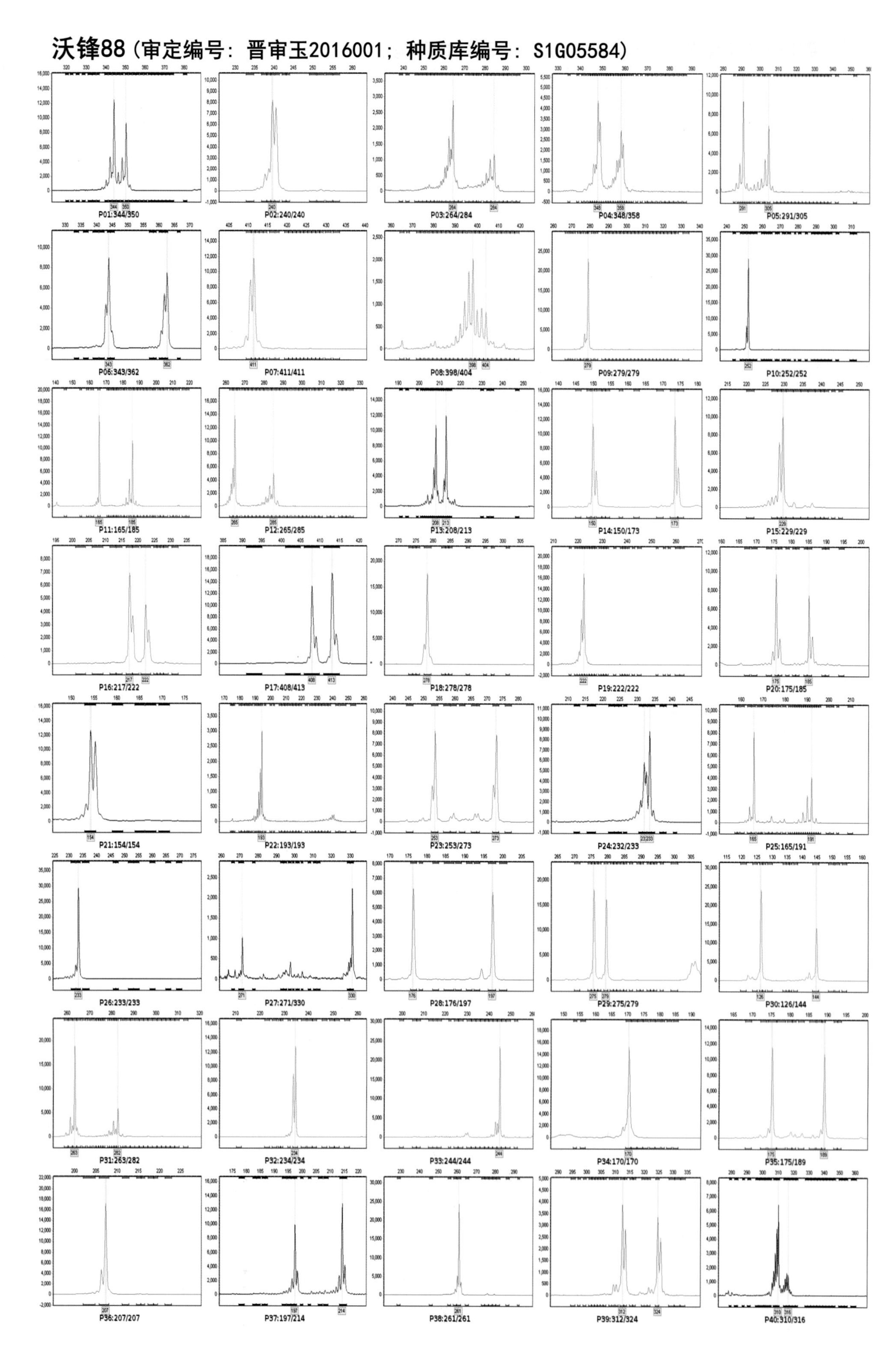
P01:344/350
P02:240/240
P03:264/284
P04:348/358
P05:291/305
P06:343/362
P07:411/411
P08:398/404
P09:279/279
P10:252/252
P11:165/185
P12:265/285
P13:208/213
P14:150/173
P15:229/229
P16:217/222
P17:408/413
P18:278/278
P19:222/222
P20:175/185
P21:154/154
P22:193/193
P23:253/273
P24:232/233
P25:165/191
P26:233/233
P27:271/330
P28:176/197
P29:275/279
P30:126/144
P31:263/282
P32:234/234
P33:244/244
P34:170/170
P35:175/189
P36:207/207
P37:197/214
P38:261/261
P39:312/324
P40:310/316

德朗118（审定编号：晋审玉2016002；种质库编号：S1G05585）

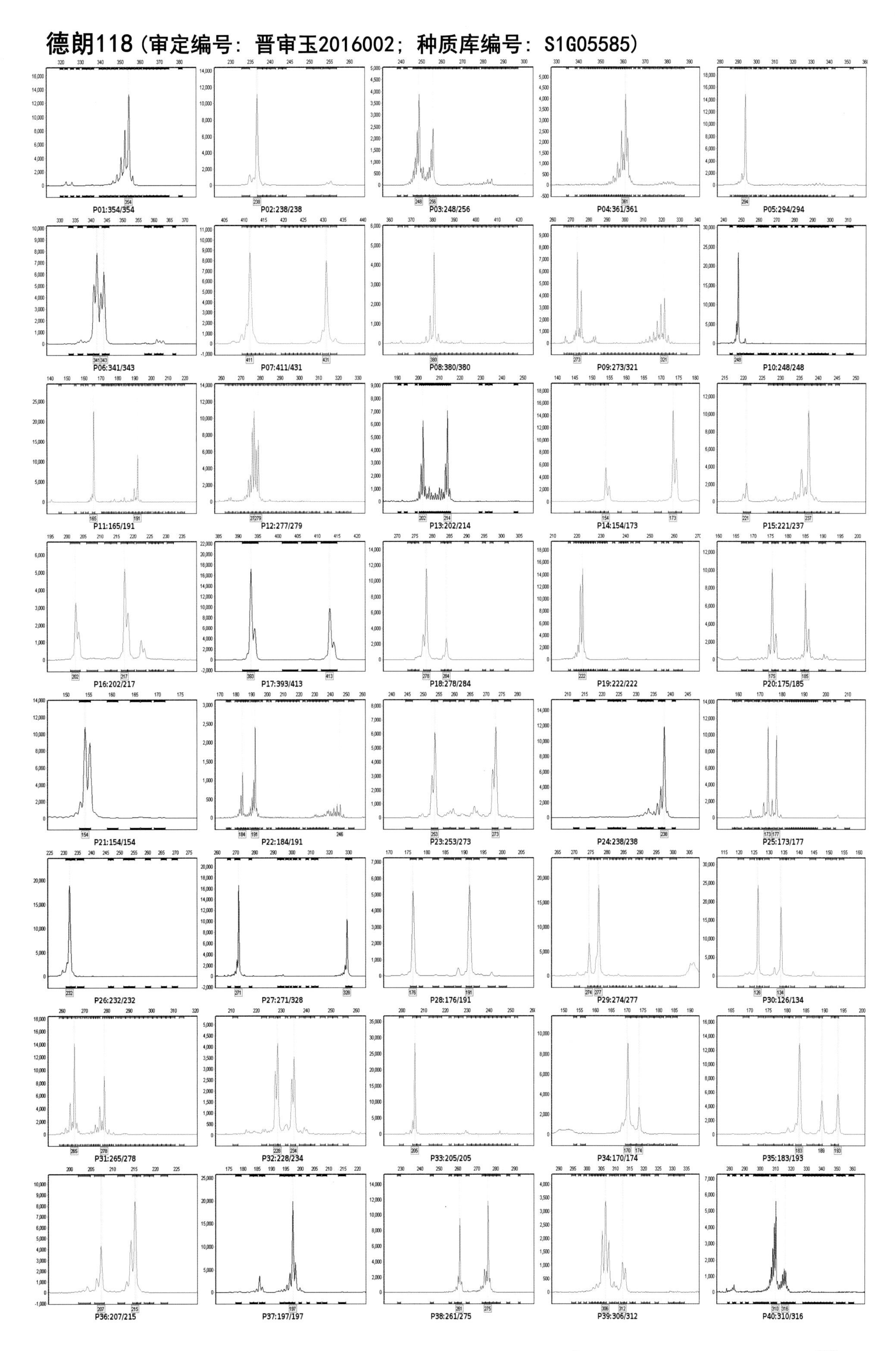

P01:354/354
P02:238/238
P03:248/256
P04:361/361
P05:294/294
P06:341/343
P07:411/431
P08:380/380
P09:273/321
P10:248/248
P11:165/191
P12:277/279
P13:202/214
P14:154/173
P15:221/237
P16:202/217
P17:393/413
P18:278/284
P19:222/222
P20:175/185
P21:154/154
P22:184/191
P23:253/273
P24:238/238
P25:173/177
P26:232/232
P27:271/328
P28:176/191
P29:274/277
P30:126/134
P31:265/278
P32:228/234
P33:205/205
P34:170/174
P35:183/193
P36:207/215
P37:197/197
P38:261/275
P39:306/312
P40:310/316

赛德1号（审定编号：晋审玉2016003；种质库编号：S1G05586）

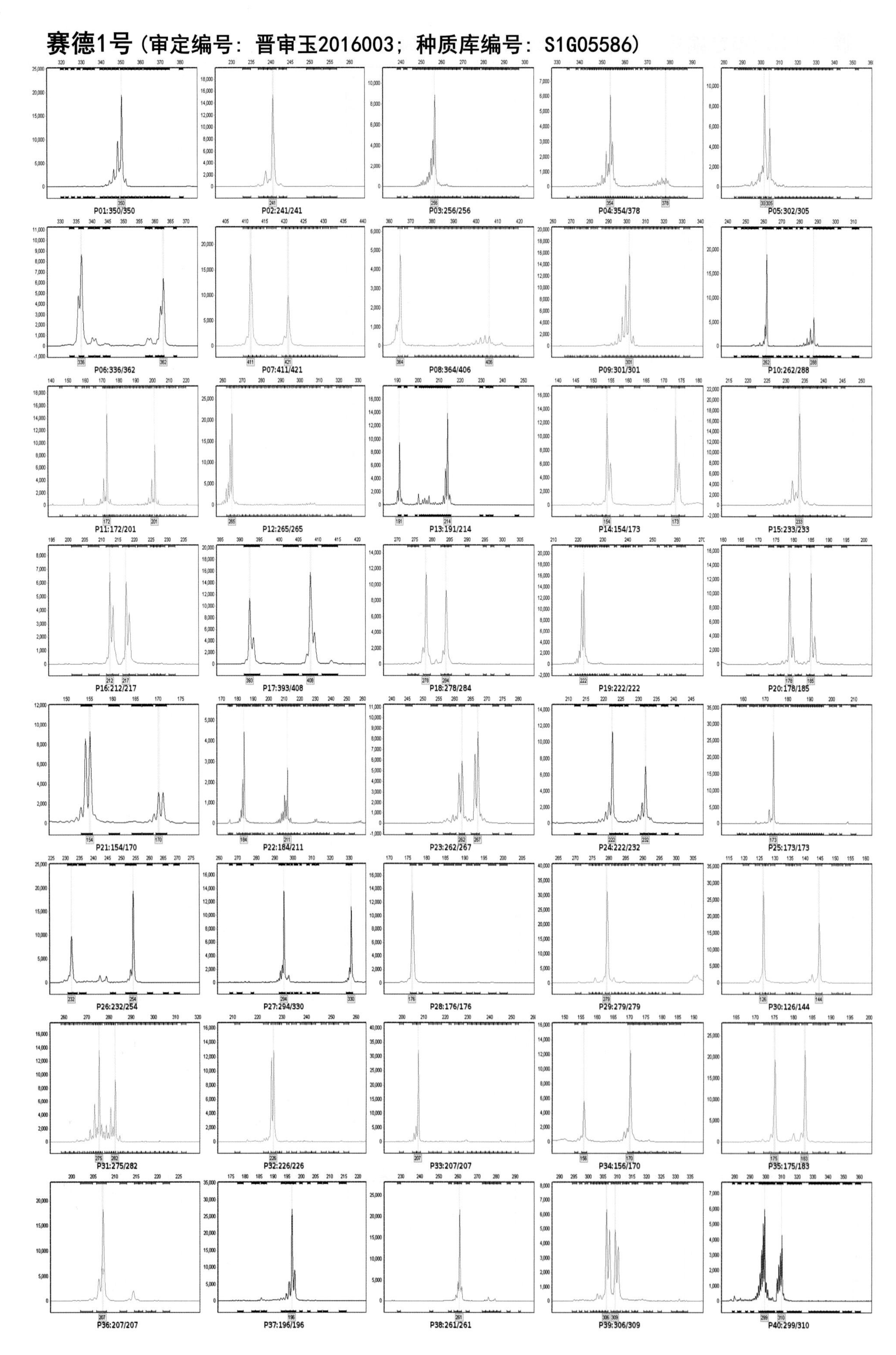
P01:350/350
P02:241/241
P03:256/256
P04:354/378
P05:302/305
P06:336/362
P07:411/421
P08:364/406
P09:301/301
P10:262/288
P11:172/201
P12:265/265
P13:191/214
P14:154/173
P15:233/233
P16:212/217
P17:393/408
P18:278/284
P19:222/222
P20:178/185
P21:154/170
P22:184/211
P23:262/267
P24:222/232
P25:173/173
P26:232/254
P27:294/330
P28:176/176
P29:279/279
P30:126/144
P31:275/282
P32:226/226
P33:207/207
P34:156/170
P35:175/183
P36:207/207
P37:196/196
P38:261/261
P39:306/309
P40:299/310

中种8号（审定编号：晋审玉2016004；种质库编号：S1G03314）

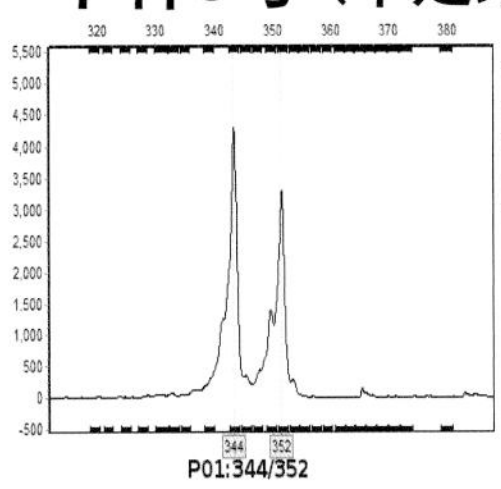

P01:344/352

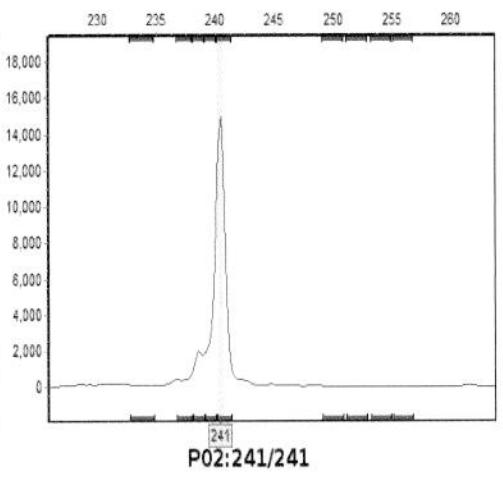

P02:241/241

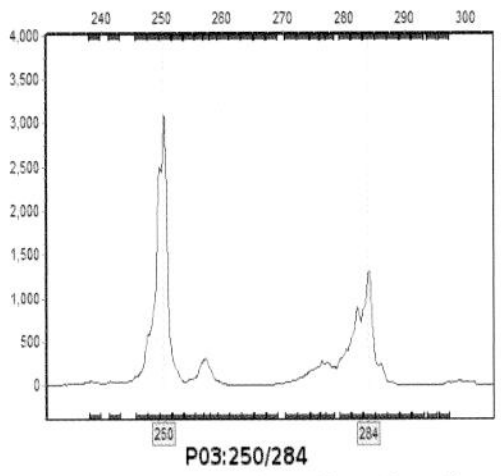

P03:250/284

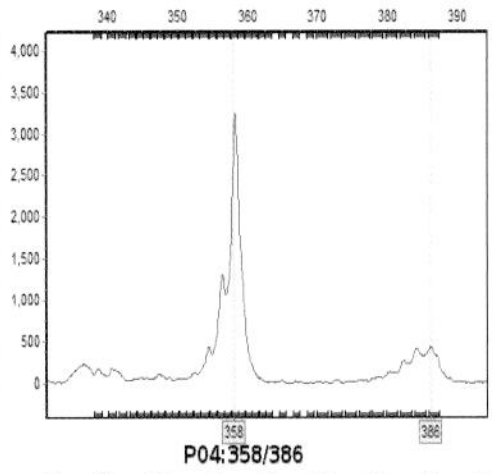

P04:358/386

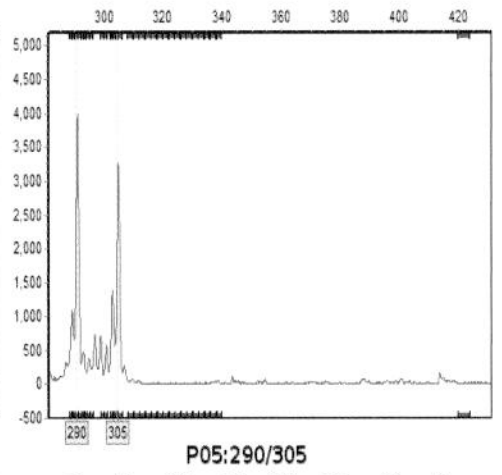

P05:290/305

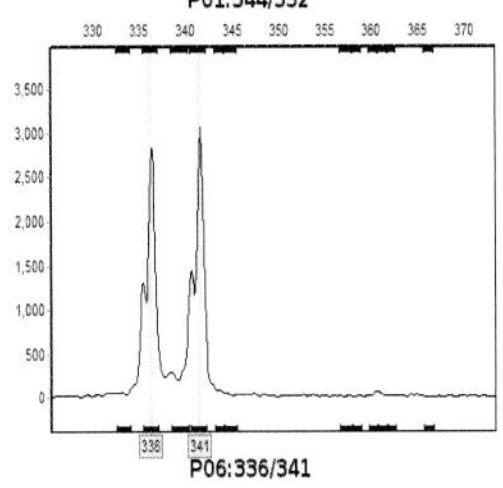

P06:336/341

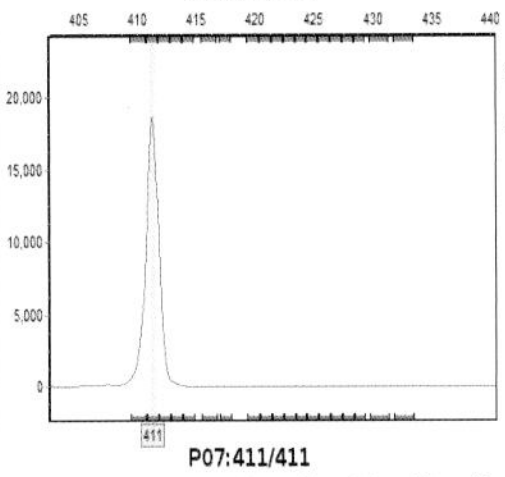

P07:411/411

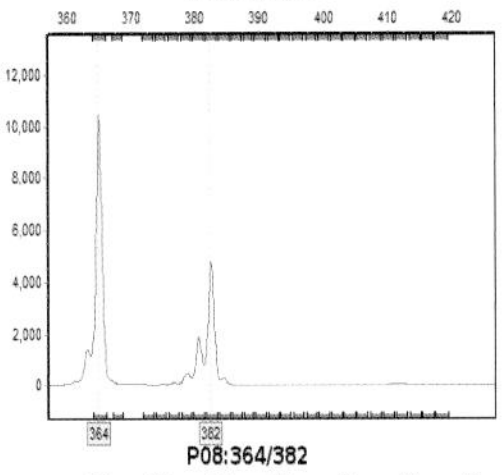

P08:364/382

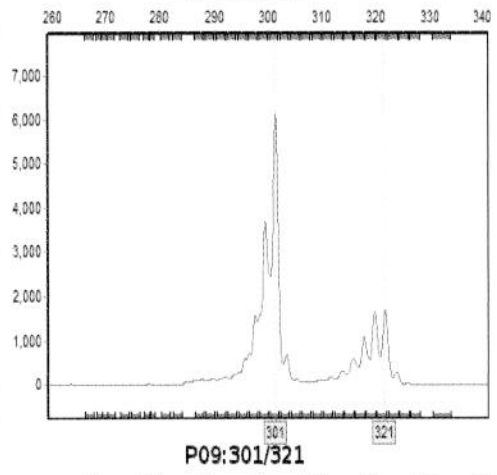

P09:301/321

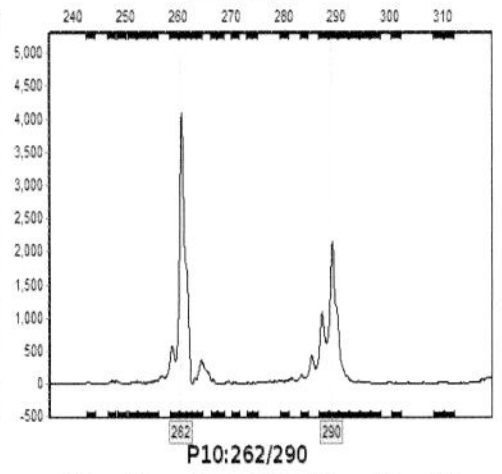

P10:262/290

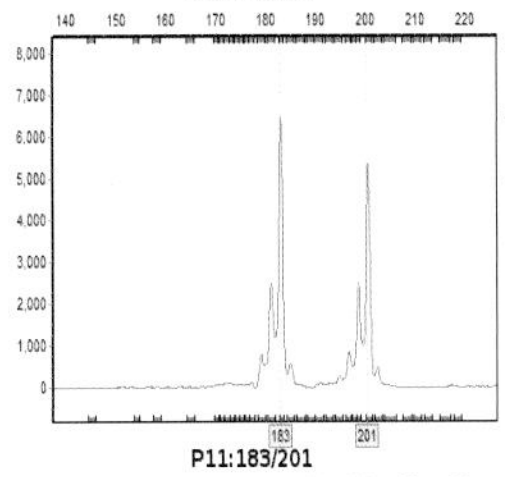

P11:183/201

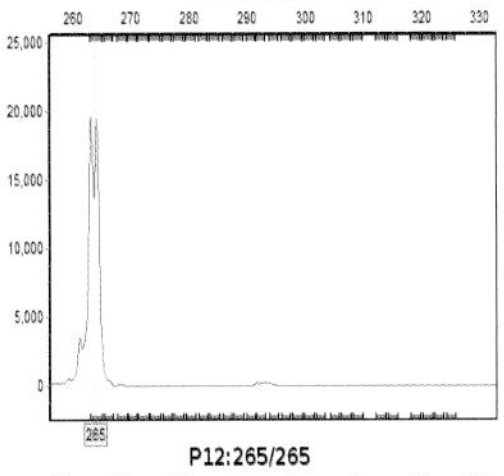

P12:265/265

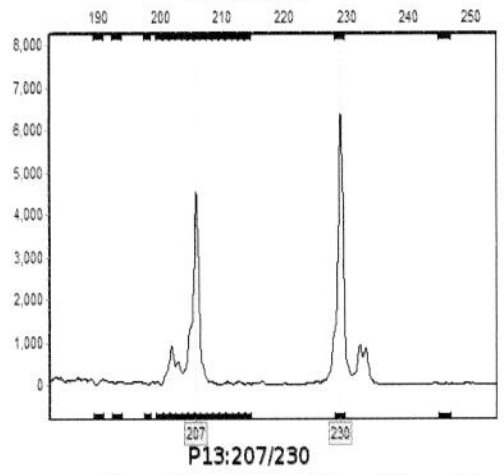

P13:207/230

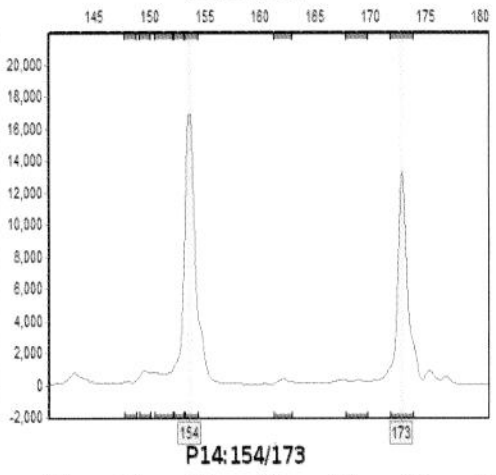

P14:154/173

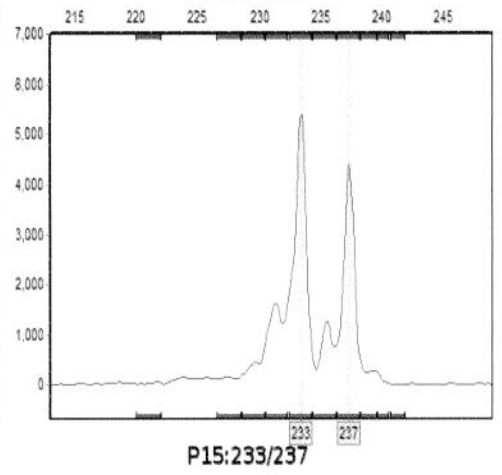

P15:233/237

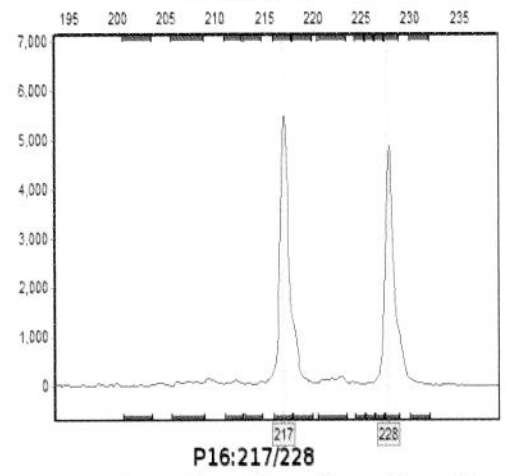

P16:217/228

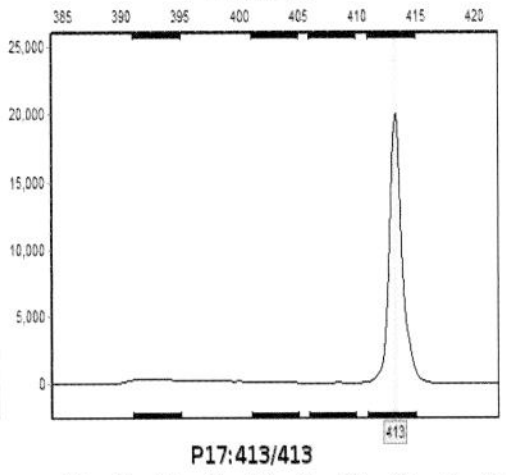

P17:413/413

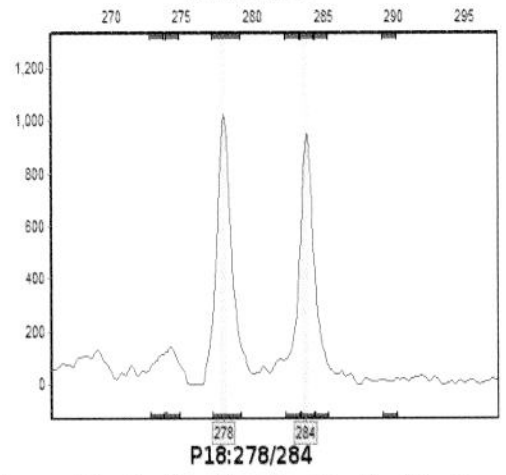

P18:278/284

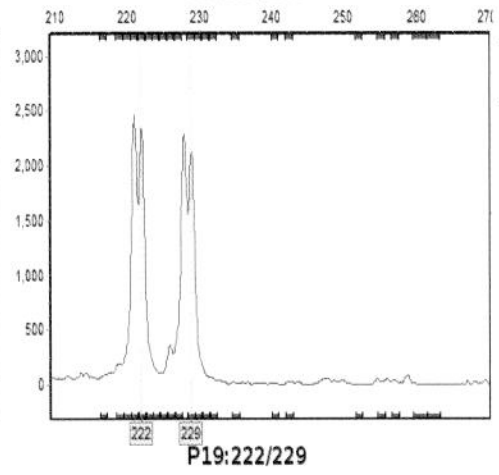

P19:222/229

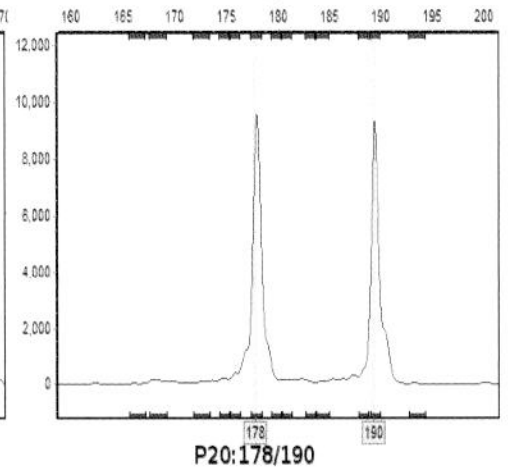

P20:178/190

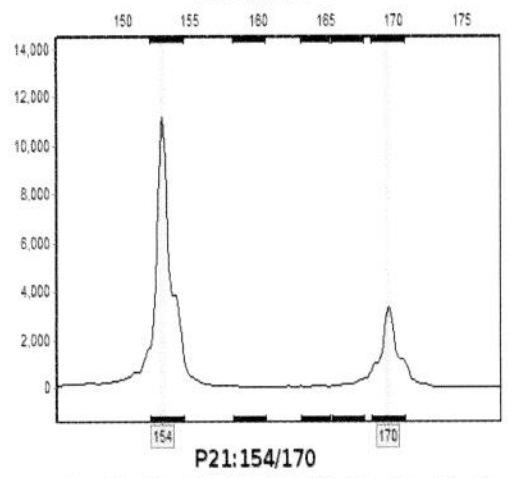

P21:154/170

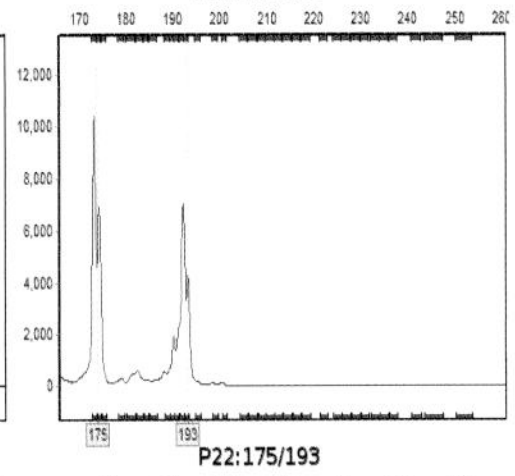

P22:175/193

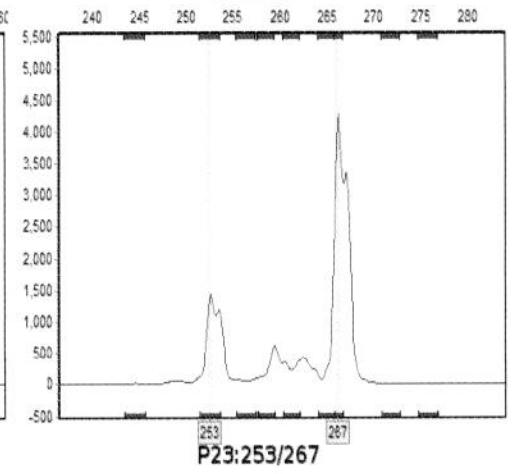

P23:253/267

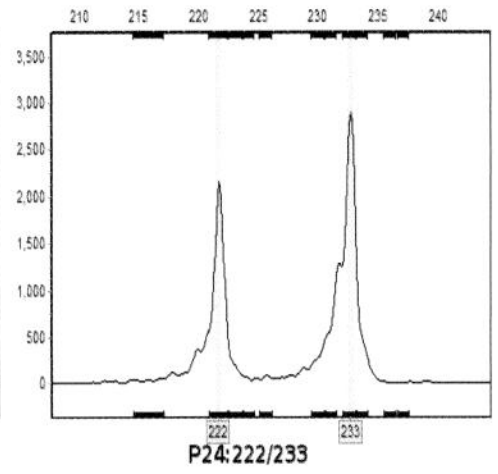

P24:222/233

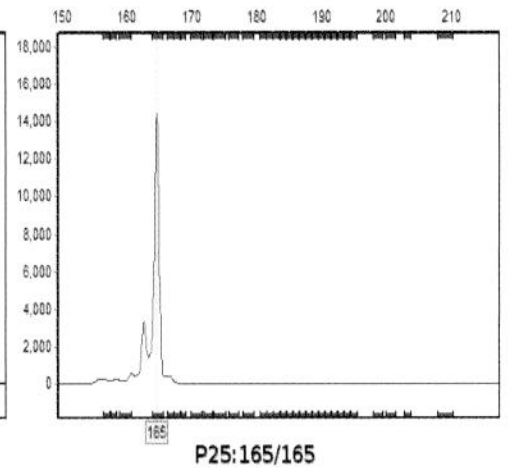

P25:165/165

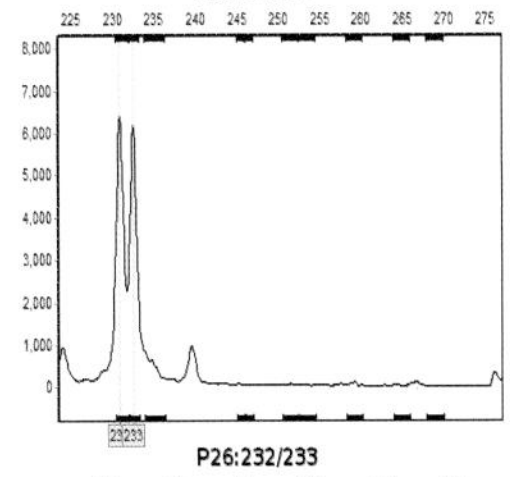

P26:232/233

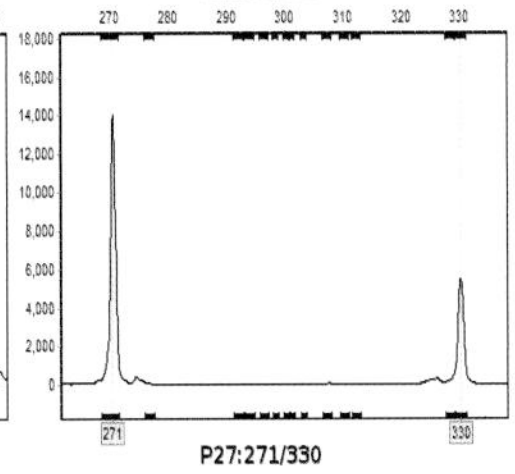

P27:271/330

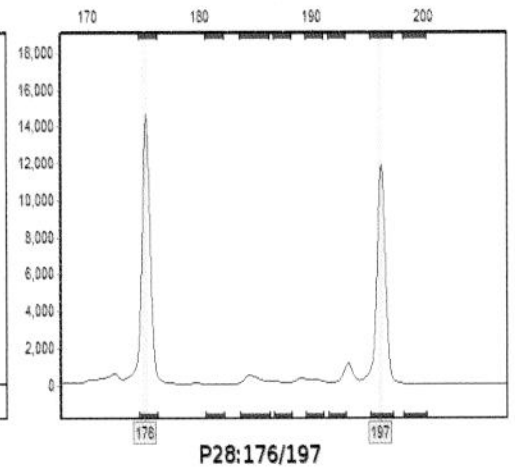

P28:176/197

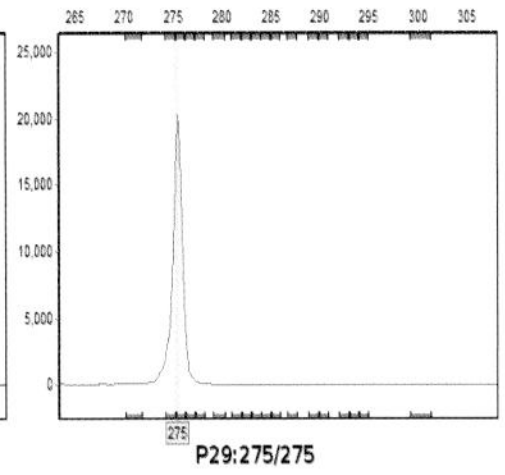

P29:275/275

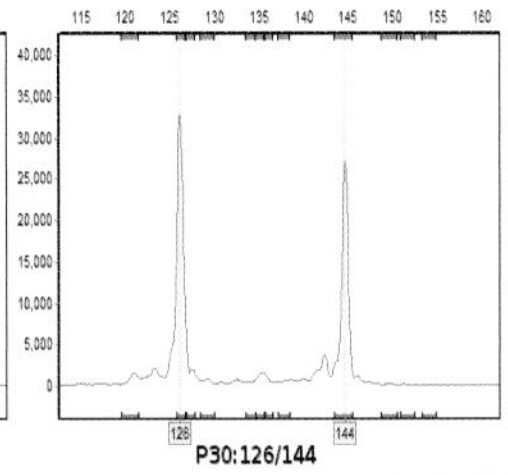

P30:126/144

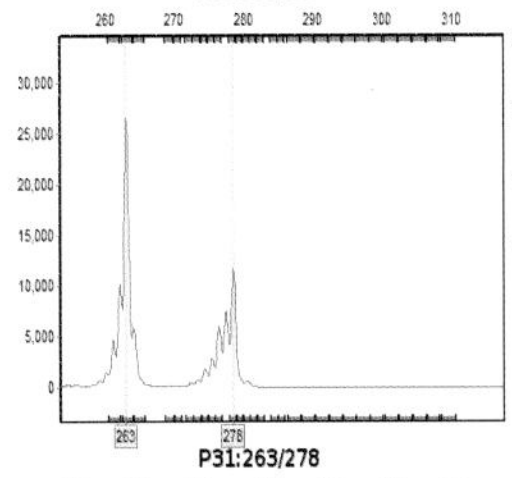

P31:263/278

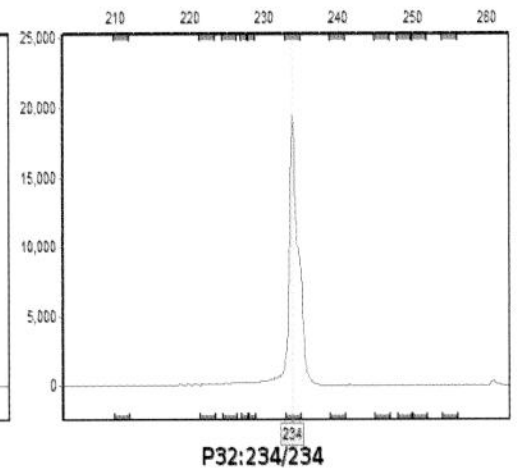

P32:234/234

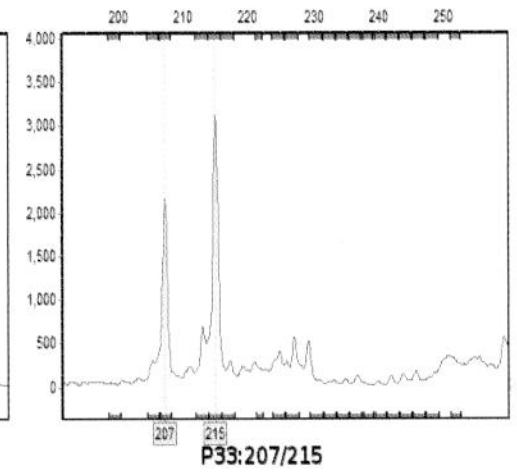

P33:207/215

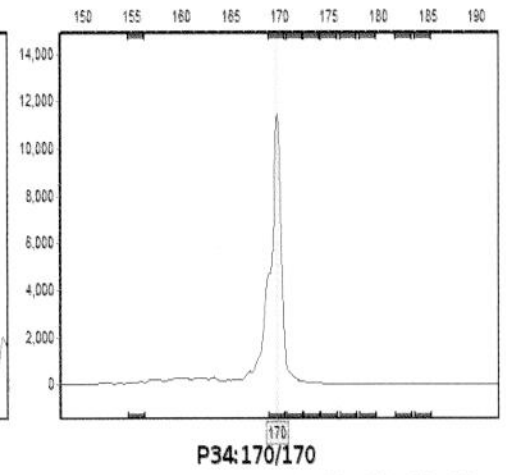

P34:170/170

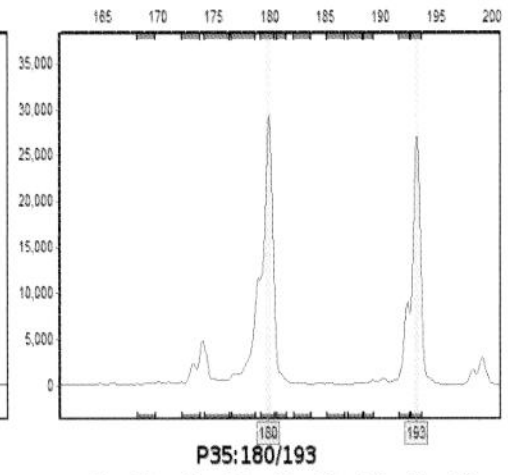

P35:180/193

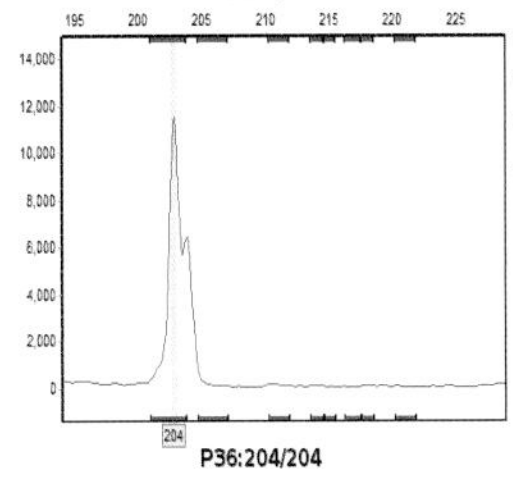

P36:204/204

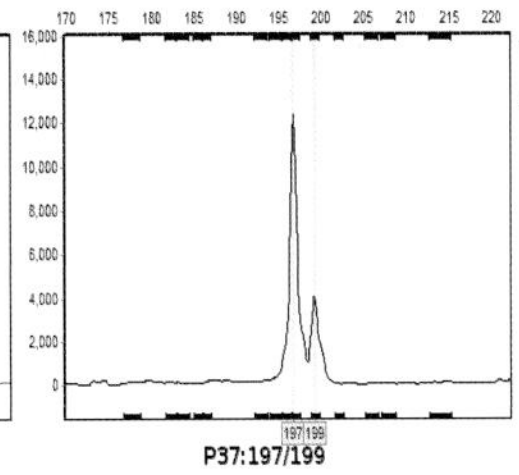

P37:197/199

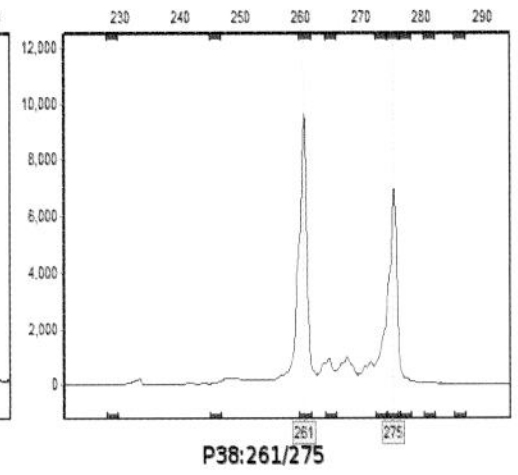

P38:261/275

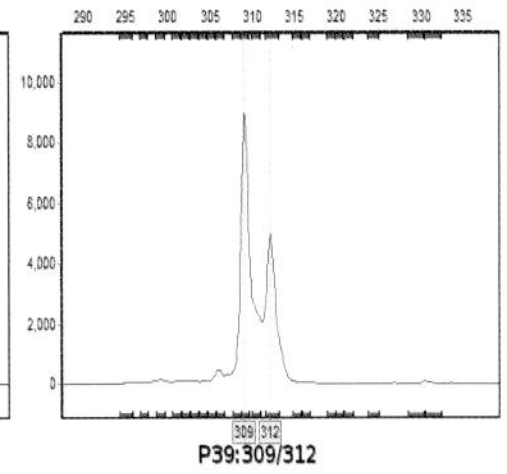

P39:309/312

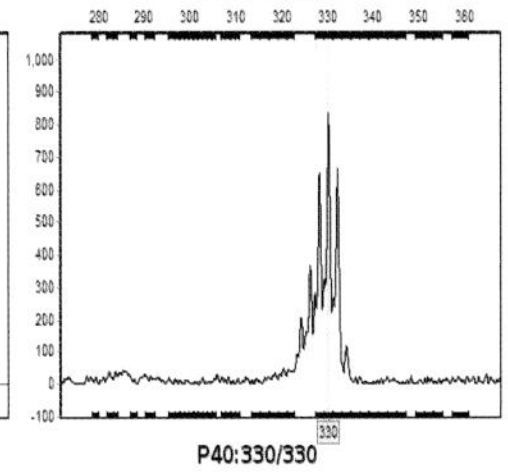

P40:330/330

章玉10号（审定编号：晋审玉2016005；种质库编号：S1G05587）

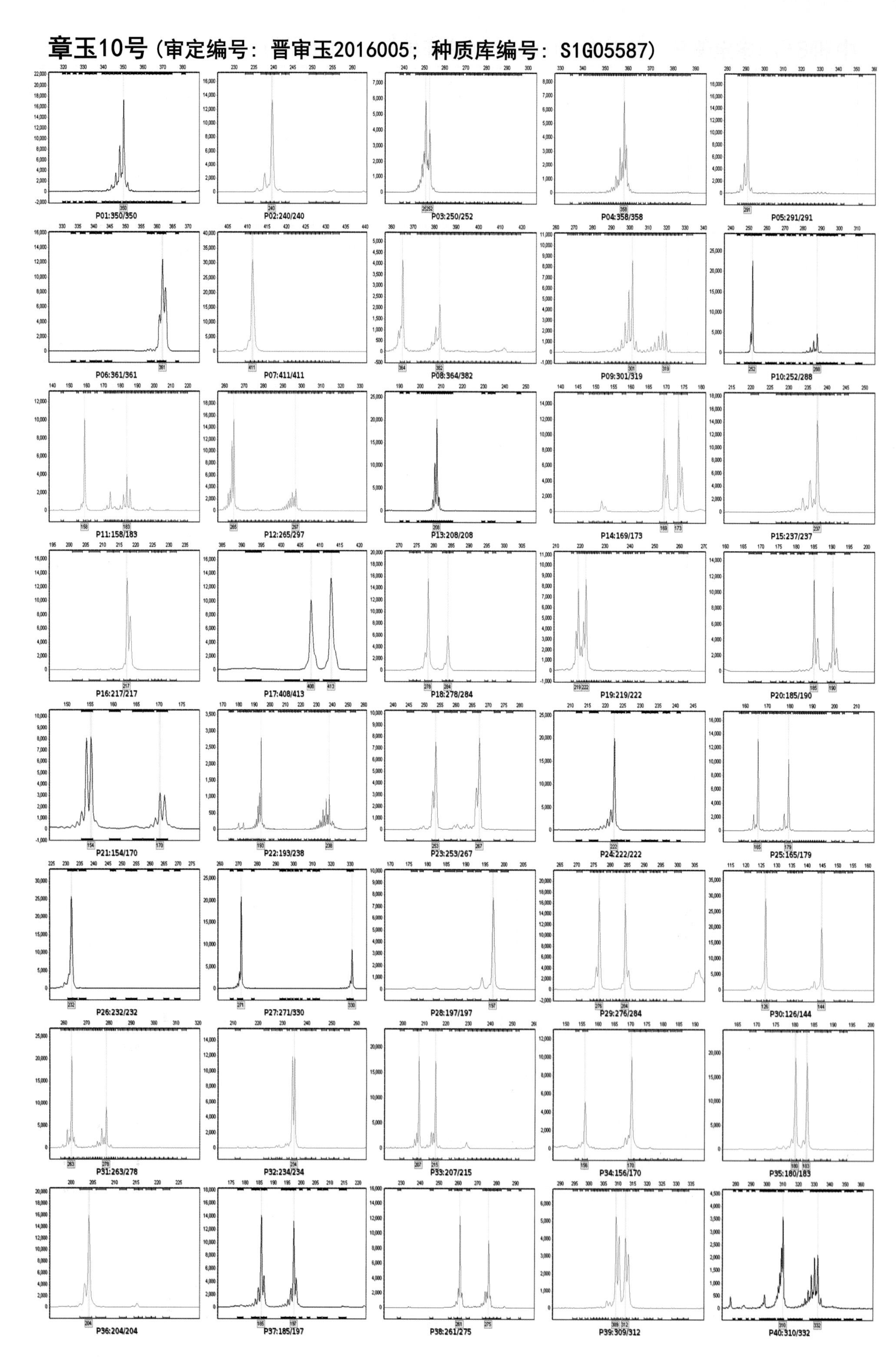
P01:350/350
P02:240/240
P03:250/252
P04:358/358
P05:291/291
P06:361/361
P07:411/411
P08:364/382
P09:301/319
P10:252/288
P11:158/183
P12:265/297
P13:208/208
P14:169/173
P15:237/237
P16:217/217
P17:408/413
P18:278/284
P19:219/222
P20:185/190
P21:154/170
P22:193/238
P23:253/267
P24:222/222
P25:165/179
P26:232/232
P27:271/330
P28:197/197
P29:276/284
P30:126/144
P31:263/278
P32:234/234
P33:207/215
P34:156/170
P35:180/183
P36:204/204
P37:185/197
P38:261/275
P39:309/312
P40:310/332

威卡979（审定编号：晋审玉2016006；种质库编号：S1G05588）

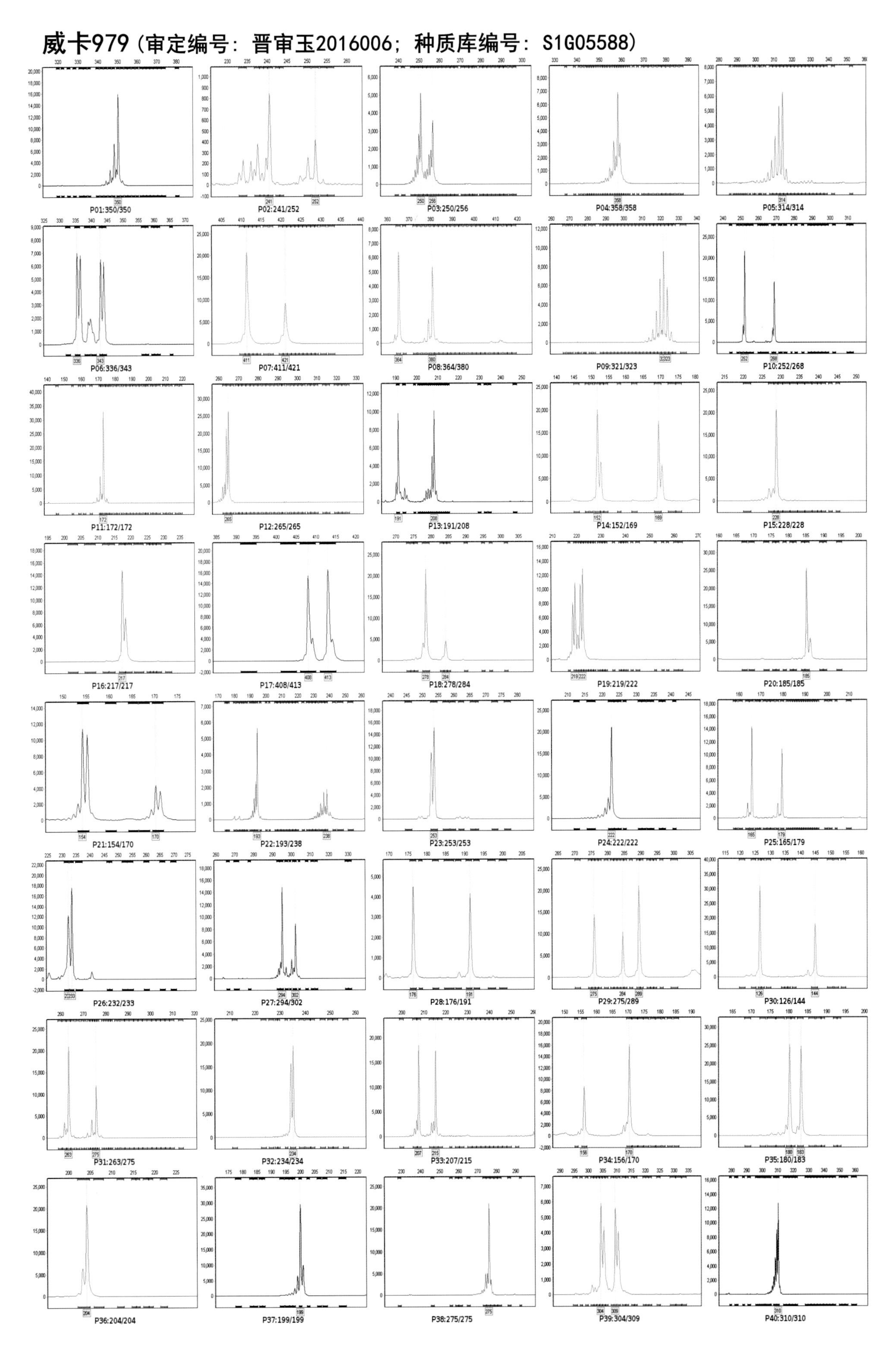
P01:350/350
P02:241/252
P03:250/256
P04:358/358
P05:314/314
P06:336/343
P07:411/421
P08:364/380
P09:321/323
P10:252/268
P11:172/172
P12:265/265
P13:191/208
P14:152/169
P15:228/228
P16:217/217
P17:408/413
P18:278/284
P19:219/222
P20:185/185
P21:154/170
P22:193/238
P23:253/253
P24:222/222
P25:165/179
P26:232/233
P27:294/302
P28:176/191
P29:275/289
P30:126/144
P31:263/275
P32:234/234
P33:207/215
P34:156/170
P35:180/183
P36:204/204
P37:199/199
P38:275/275
P39:304/309
P40:310/310

龙生5号（审定编号：晋审玉2016007；种质库编号：S1G05589）

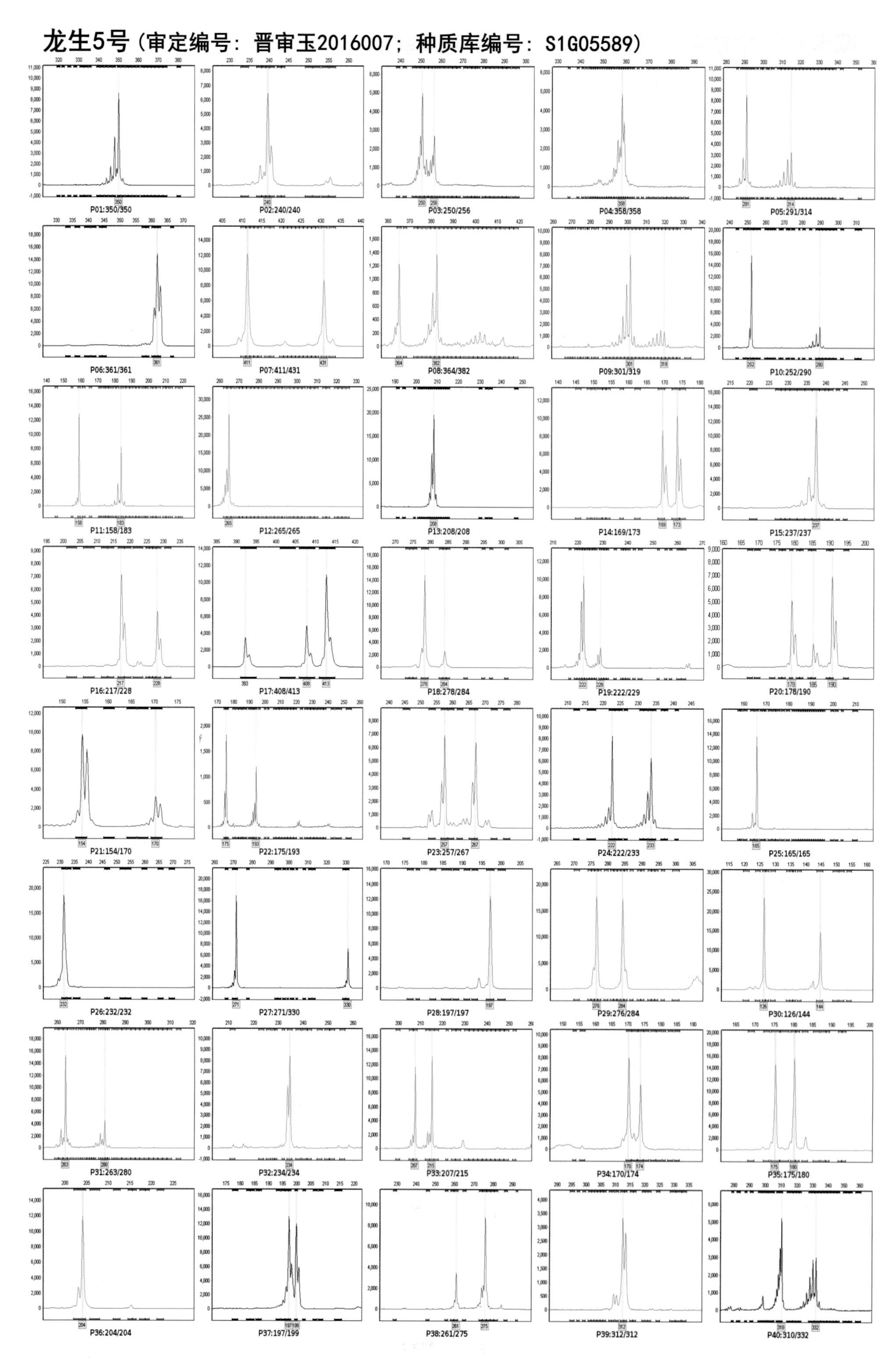
P01:350/350
P02:240/240
P03:250/256
P04:358/358
P05:291/314
P06:361/361
P07:411/431
P08:364/382
P09:301/319
P10:252/290
P11:158/183
P12:265/265
P13:208/208
P14:169/173
P15:237/237
P16:217/228
P17:408/413
P18:278/284
P19:222/229
P20:178/190
P21:154/170
P22:175/193
P23:257/267
P24:222/233
P25:165/165
P26:232/232
P27:271/330
P28:197/197
P29:276/284
P30:126/144
P31:263/280
P32:234/234
P33:207/215
P34:170/174
P35:175/180
P36:204/204
P37:197/199
P38:261/275
P39:312/312
P40:310/332

赛博159（审定编号：晋审玉2016008；种质库编号：S1G05590）

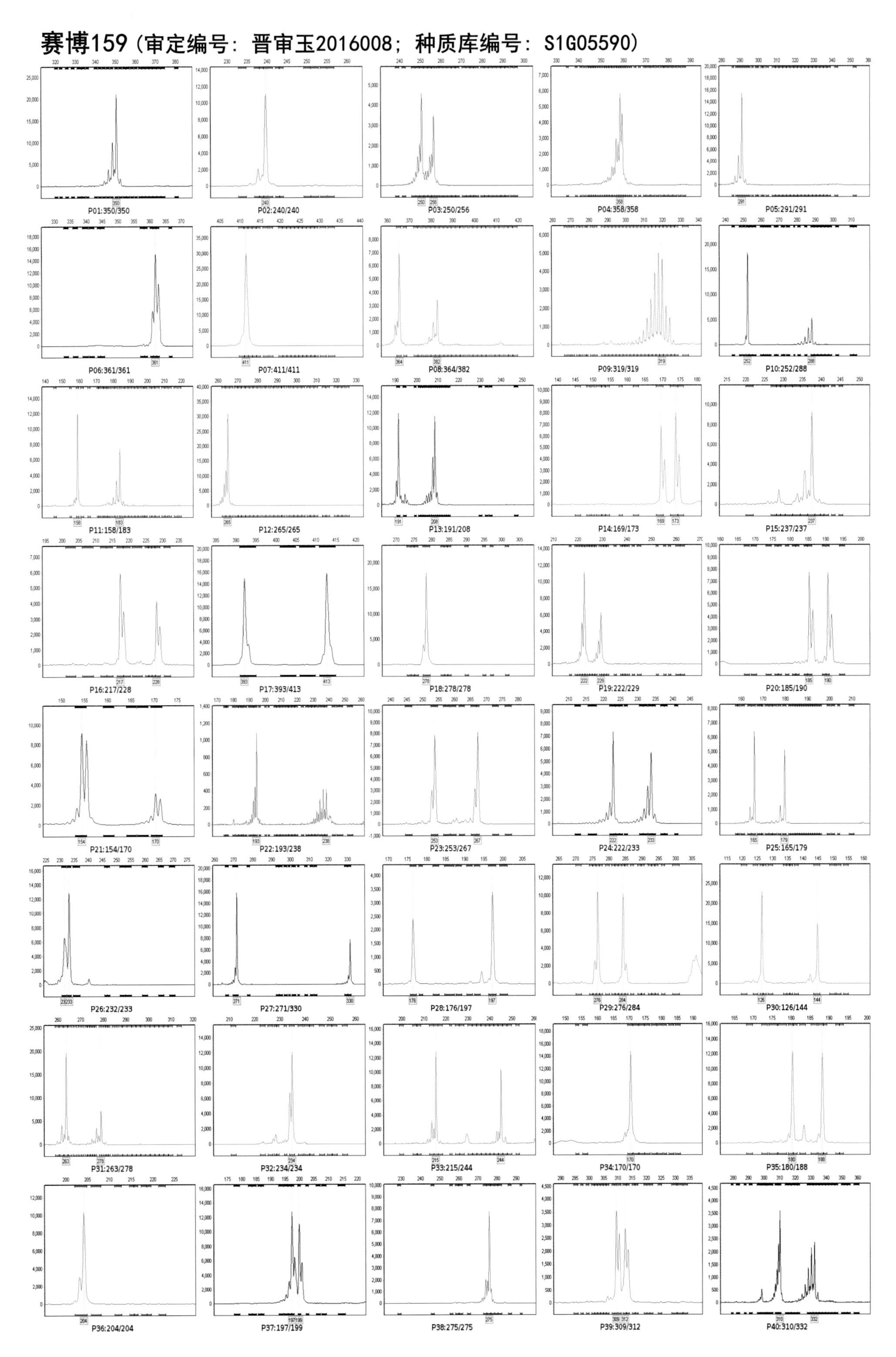

P01:350/350
P02:240/240
P03:250/256
P04:358/358
P05:291/291
P06:361/361
P07:411/411
P08:364/382
P09:319/319
P10:252/288
P11:158/183
P12:265/265
P13:191/208
P14:169/173
P15:237/237
P16:217/228
P17:393/413
P18:278/278
P19:222/229
P20:185/190
P21:154/170
P22:193/238
P23:253/267
P24:222/233
P25:165/179
P26:232/233
P27:271/330
P28:176/197
P29:276/284
P30:126/144
P31:263/278
P32:234/234
P33:215/244
P34:170/170
P35:180/188
P36:204/204
P37:197/199
P38:275/275
P39:309/312
P40:310/332

强盛288（审定编号：晋审玉2016009；种质库编号：S1G05591）

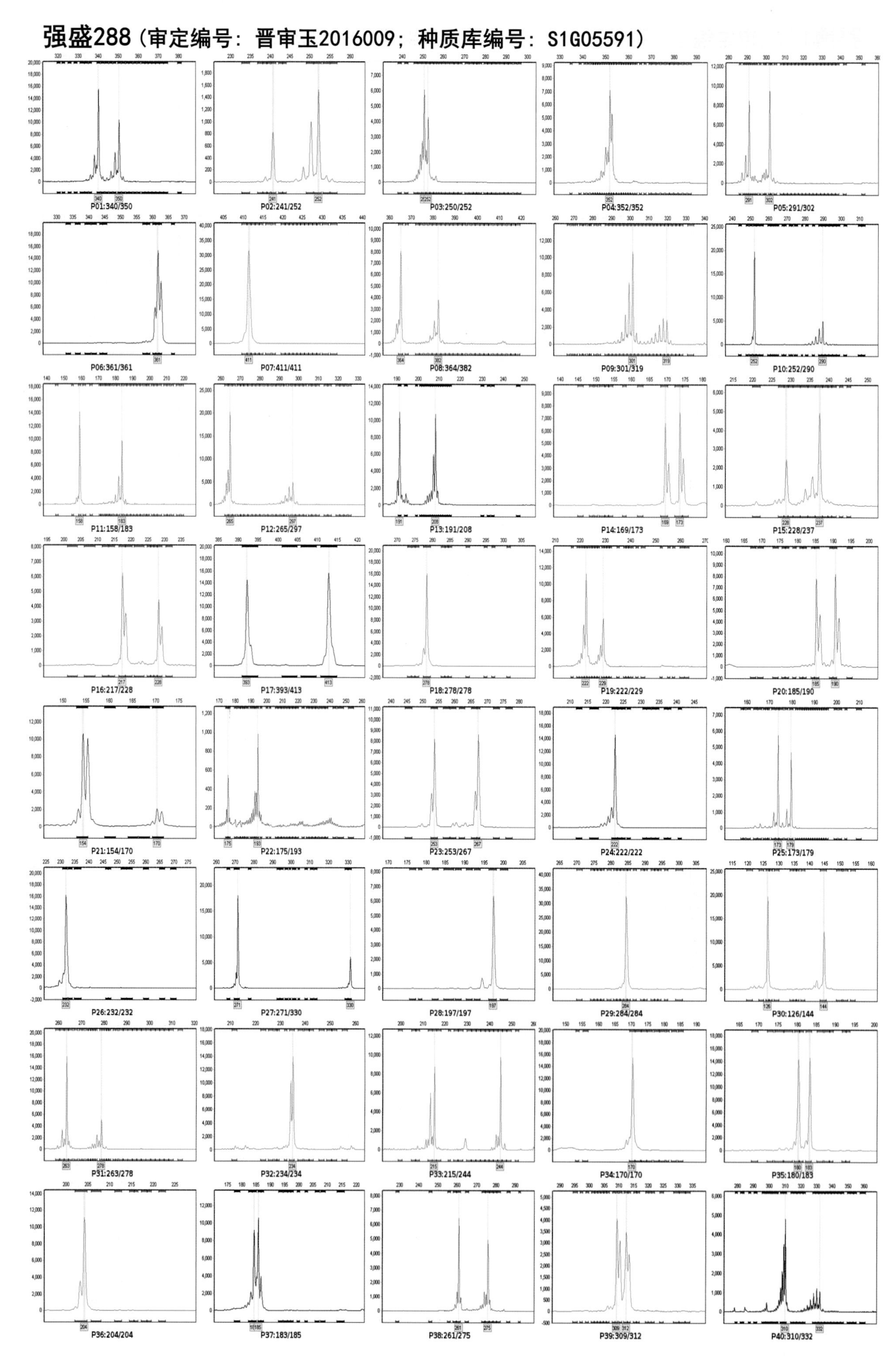

P01:340/350
P02:241/252
P03:250/252
P04:352/352
P05:291/302
P06:361/361
P07:411/411
P08:364/382
P09:301/319
P10:252/290
P11:158/183
P12:265/297
P13:191/208
P14:169/173
P15:228/237
P16:217/228
P17:393/413
P18:278/278
P19:222/229
P20:185/190
P21:154/170
P22:175/193
P23:253/267
P24:222/222
P25:173/179
P26:232/232
P27:271/330
P28:197/197
P29:284/284
P30:126/144
P31:263/278
P32:234/234
P33:215/244
P34:170/170
P35:180/183
P36:204/204
P37:183/185
P38:261/275
P39:309/312
P40:310/332

利禾1（审定编号：晋审玉2016010；种质库编号：S1G04593）

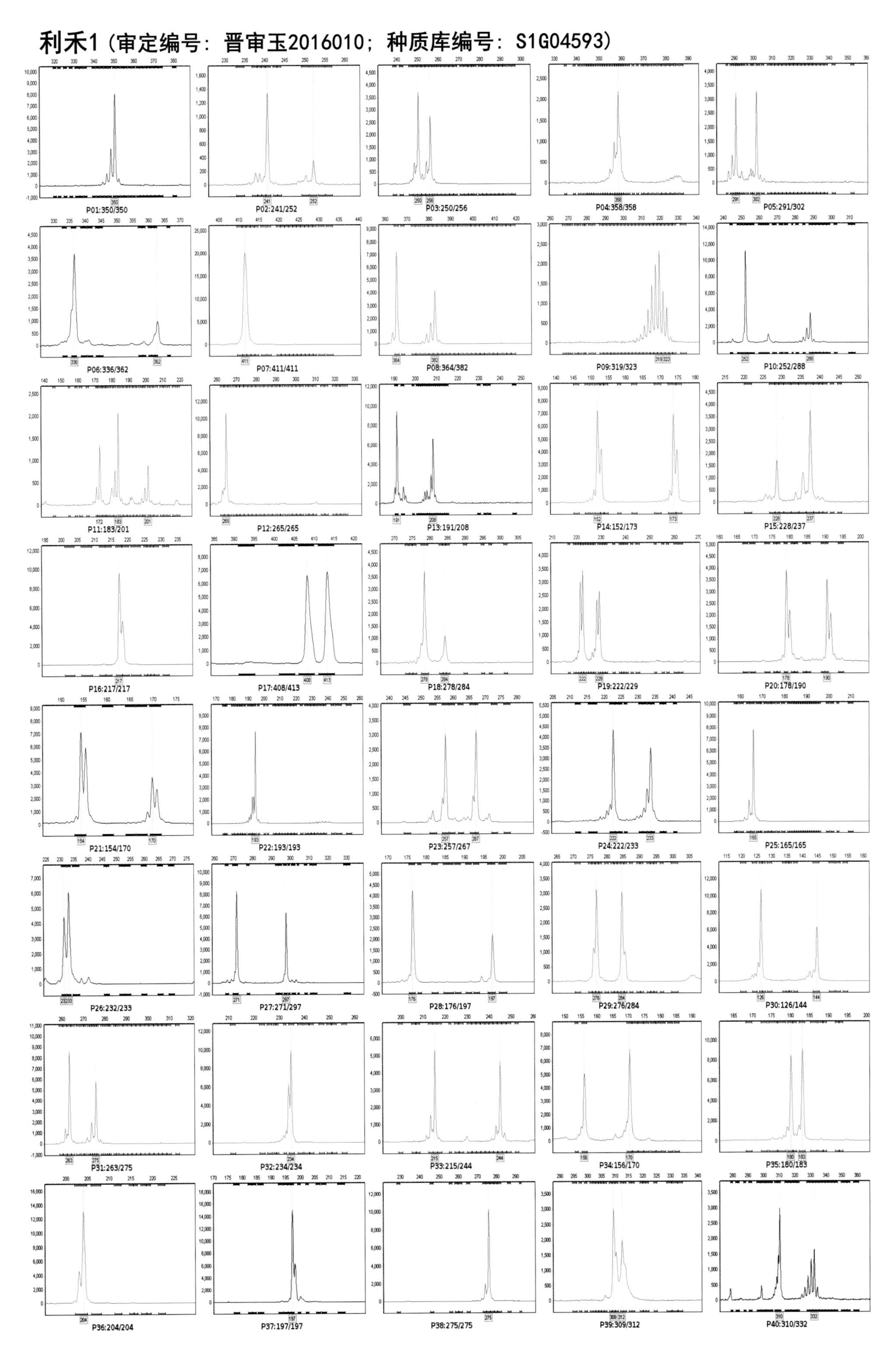
P01:350/350
P02:241/252
P03:250/256
P04:358/358
P05:291/302
P06:336/362
P07:411/411
P08:364/382
P09:319/323
P10:252/288
P11:183/201
P12:265/265
P13:191/208
P14:152/173
P15:228/237
P16:217/217
P17:408/413
P18:278/284
P19:222/229
P20:178/190
P21:154/170
P22:193/193
P23:257/267
P24:222/233
P25:165/165
P26:232/233
P27:271/297
P28:176/197
P29:276/284
P30:126/144
P31:263/275
P32:234/234
P33:215/244
P34:156/170
P35:180/183
P36:204/204
P37:197/197
P38:275/275
P39:309/312
P40:310/332

华美1号（审定编号：晋审玉2016011；种质库编号：S1G05286）

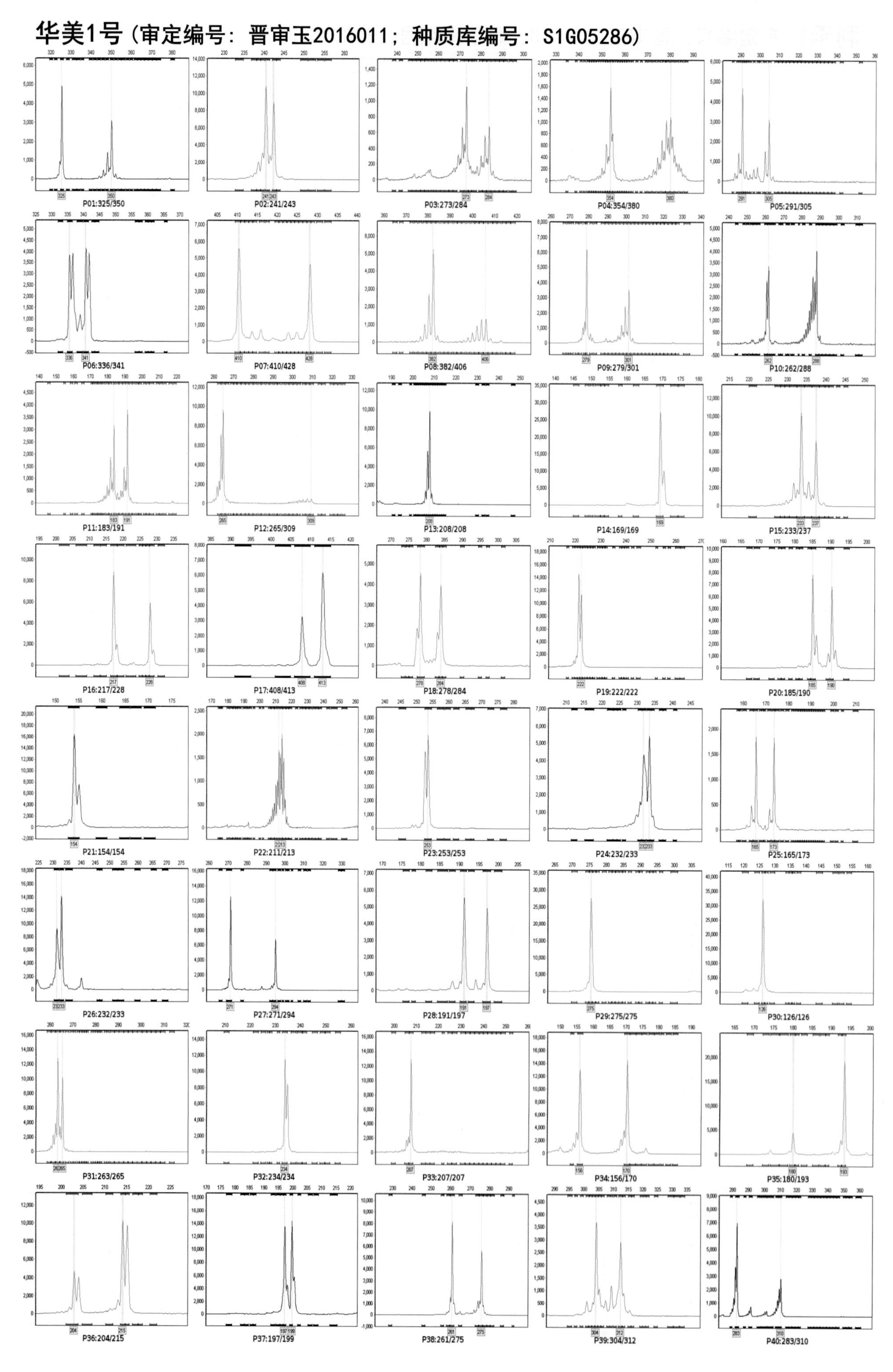
P01:325/350
P02:241/243
P03:273/284
P04:354/380
P05:291/305
P06:336/341
P07:410/428
P08:382/406
P09:279/301
P10:262/288
P11:183/191
P12:265/309
P13:208/208
P14:169/169
P15:233/237
P16:217/228
P17:408/413
P18:278/284
P19:222/222
P20:185/190
P21:154/154
P22:211/213
P23:253/253
P24:232/233
P25:165/173
P26:232/233
P27:271/294
P28:191/197
P29:275/275
P30:126/126
P31:263/265
P32:234/234
P33:207/207
P34:156/170
P35:180/193
P36:204/215
P37:197/199
P38:261/275
P39:304/312
P40:283/310

太玉811（审定编号：晋审玉2016012；种质库编号：S1G05592）

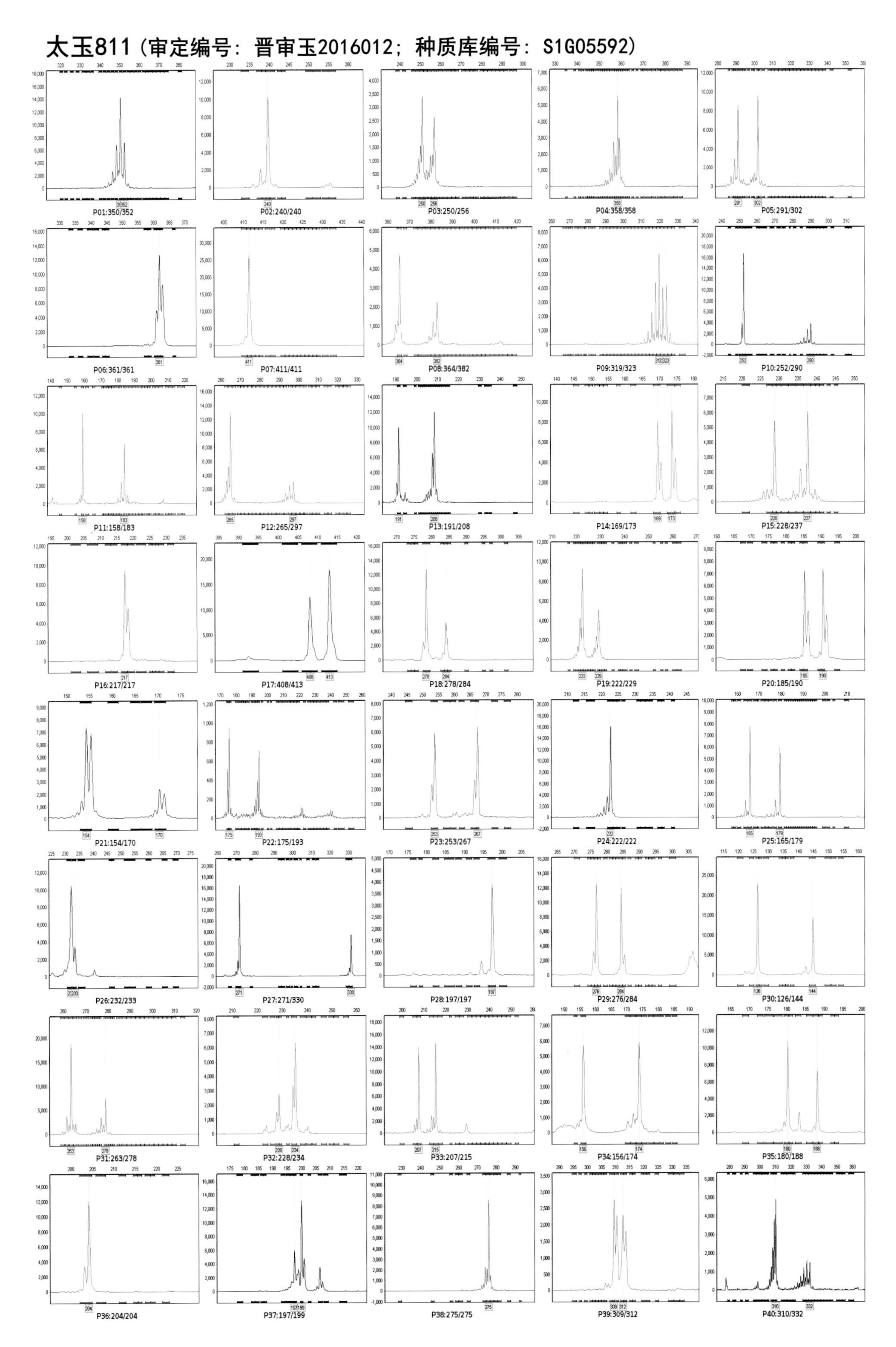

P01:350/352
P02:240/240
P03:250/256
P04:358/358
P05:291/302
P06:361/361
P07:411/411
P08:364/382
P09:319/323
P10:252/290
P11:158/183
P12:265/297
P13:191/208
P14:169/173
P15:228/237
P16:217/217
P17:408/413
P18:278/284
P19:222/229
P20:185/190
P21:154/170
P22:175/193
P23:253/267
P24:222/222
P25:165/179
P26:232/233
P27:271/330
P28:197/197
P29:276/284
P30:126/144
P31:263/278
P32:228/234
P33:207/215
P34:156/174
P35:180/188
P36:204/204
P37:197/199
P38:275/275
P39:309/312
P40:310/332

华美468（审定编号：晋审玉2016013；种质库编号：S1G05593）

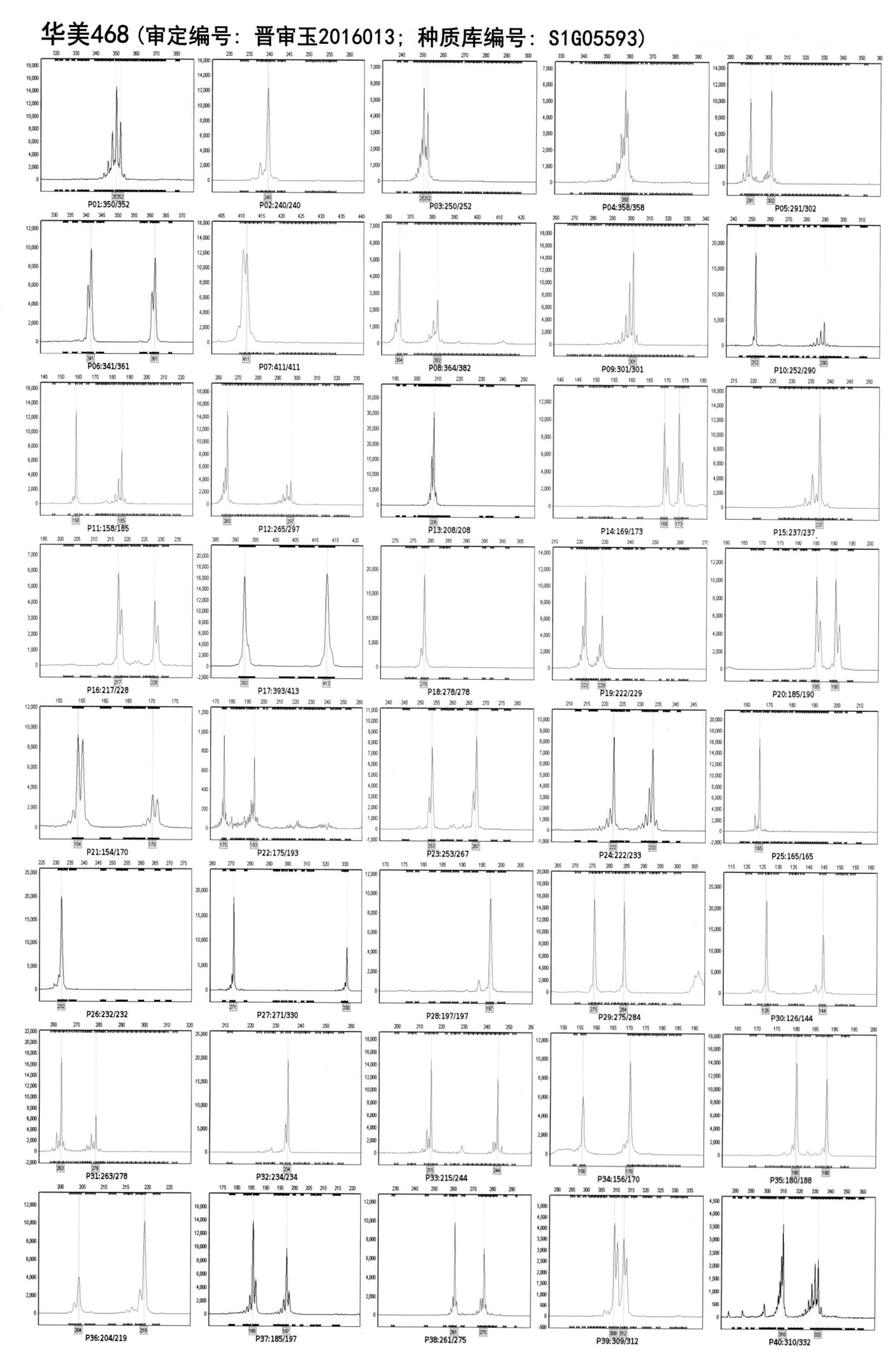
P01:350/352
P02:240/240
P03:250/252
P04:358/358
P05:291/302
P06:341/361
P07:411/411
P08:364/382
P09:301/301
P10:252/290
P11:158/185
P12:265/297
P13:208/208
P14:169/173
P15:237/237
P16:217/228
P17:393/413
P18:278/278
P19:222/229
P20:185/190
P21:154/170
P22:175/193
P23:253/267
P24:222/233
P25:165/165
P26:232/232
P27:271/330
P28:197/197
P29:275/284
P30:126/144
P31:263/278
P32:234/234
P33:215/244
P34:156/170
P35:180/188
P36:204/219
P37:185/197
P38:261/275
P39:309/312
P40:310/332

丰乐742（审定编号：晋审玉2016014；种质库编号：S1G05594）

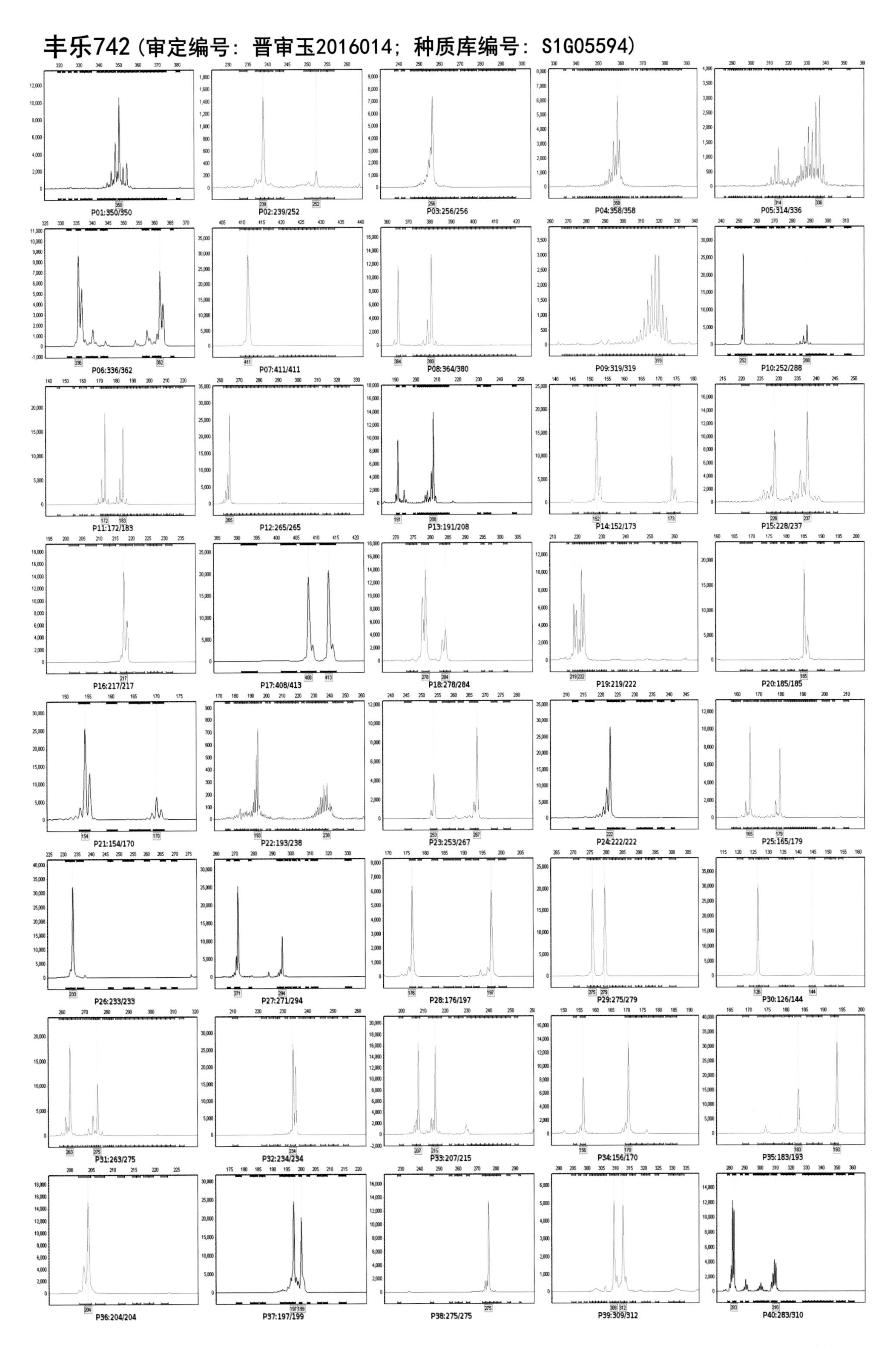

P01:350/350
P02:239/252
P03:256/256
P04:358/358
P05:314/336
P06:336/362
P07:411/411
P08:364/380
P09:319/319
P10:252/288
P11:172/183
P12:265/265
P13:191/208
P14:152/173
P15:228/237
P16:217/217
P17:408/413
P18:278/284
P19:219/222
P20:185/185
P21:154/170
P22:193/238
P23:253/267
P24:222/222
P25:165/179
P26:233/233
P27:271/294
P28:176/197
P29:275/279
P30:126/144
P31:263/275
P32:234/234
P33:207/215
P34:156/170
P35:183/193
P36:204/204
P37:197/199
P38:275/275
P39:309/312
P40:283/310

强盛399（审定编号：晋审玉2016015；种质库编号：S1G05595）

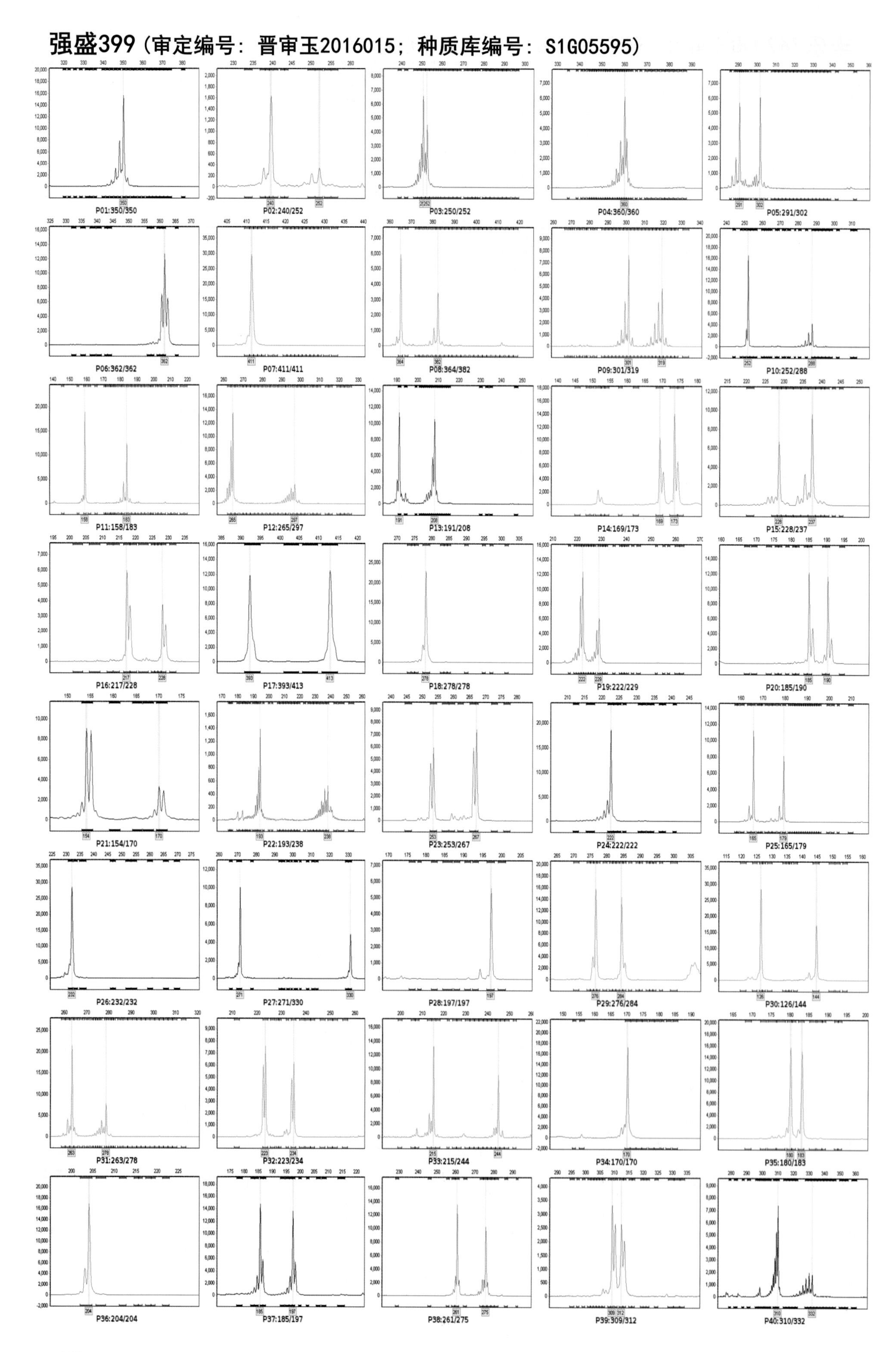
P01:350/350
P02:240/252
P03:250/252
P04:360/360
P05:291/302
P06:362/362
P07:411/411
P08:364/382
P09:301/319
P10:252/288
P11:158/183
P12:265/297
P13:191/208
P14:169/173
P15:228/237
P16:217/228
P17:393/413
P18:278/278
P19:222/229
P20:185/190
P21:154/170
P22:193/238
P23:253/267
P24:222/222
P25:165/179
P26:232/232
P27:271/330
P28:197/197
P29:276/284
P30:126/144
P31:263/278
P32:223/234
P33:215/244
P34:170/170
P35:180/183
P36:204/204
P37:185/197
P38:261/275
P39:309/312
P40:310/332

鑫丰盛9898（审定编号：晋审玉2016016；种质库编号：S1G05596）

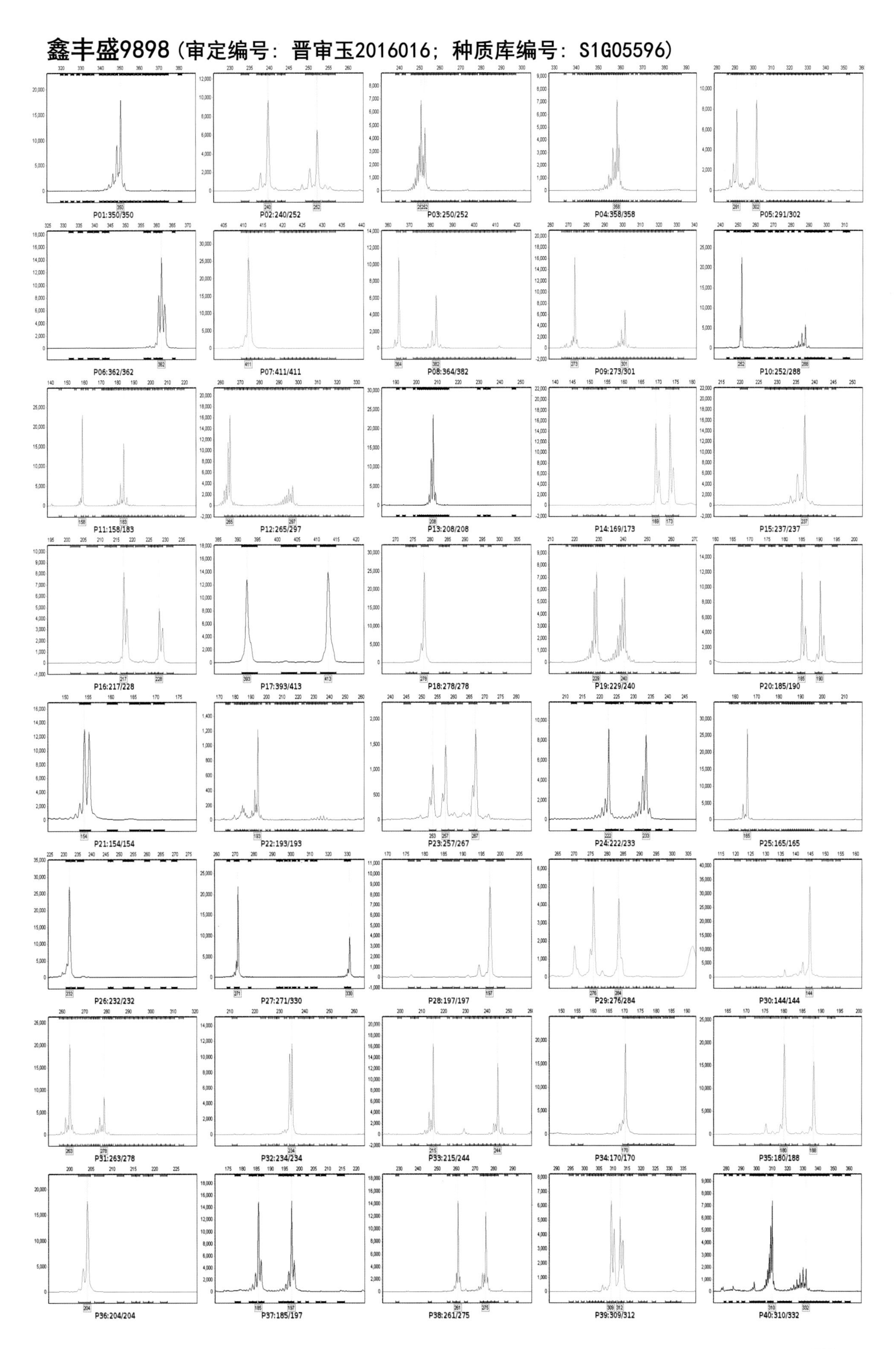
P01:350/350
P02:240/252
P03:250/252
P04:358/358
P05:291/302
P06:362/362
P07:411/411
P08:364/382
P09:273/301
P10:252/288
P11:158/183
P12:265/297
P13:208/208
P14:169/173
P15:237/237
P16:217/228
P17:393/413
P18:278/278
P19:229/240
P20:185/190
P21:154/154
P22:193/193
P23:257/267
P24:222/233
P25:165/165
P26:232/232
P27:271/330
P28:197/197
P29:276/284
P30:144/144
P31:263/278
P32:234/234
P33:215/244
P34:170/170
P35:180/188
P36:204/204
P37:185/197
P38:261/275
P39:309/312
P40:310/332

长单510（审定编号：晋审玉2016017；种质库编号：S1G05597）

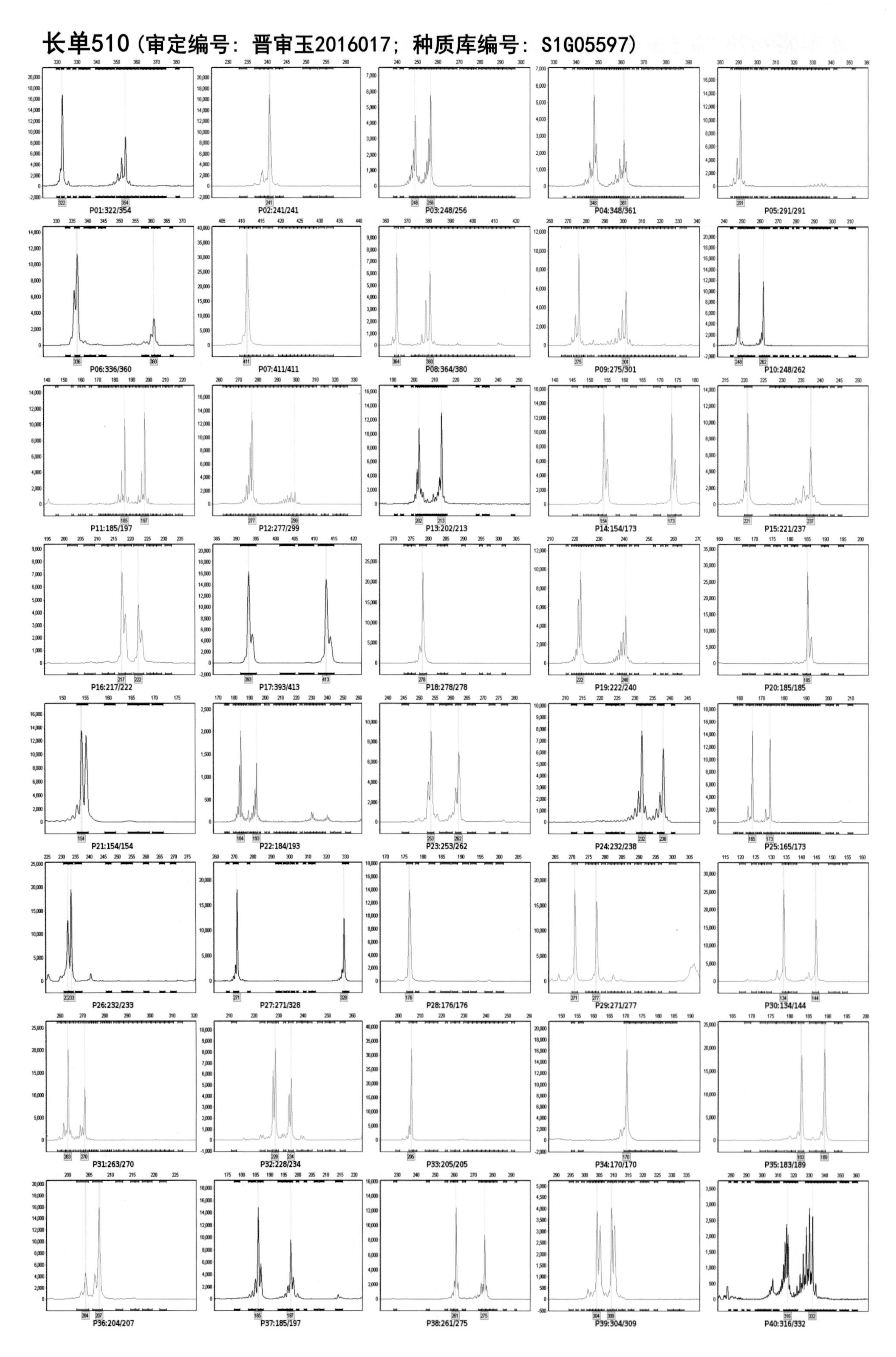
P01:322/354
P02:241/241
P03:248/256
P04:348/361
P05:291/291
P06:336/360
P07:411/411
P08:364/380
P09:275/301
P10:248/262
P11:185/197
P12:277/299
P13:202/213
P14:154/173
P15:221/237
P16:217/222
P17:393/413
P18:278/278
P19:222/240
P20:185/185
P21:154/154
P22:184/193
P23:253/262
P24:232/238
P25:165/173
P26:232/233
P27:271/328
P28:176/176
P29:271/277
P30:134/144
P31:263/270
P32:228/234
P33:205/205
P34:170/170
P35:183/189
P36:204/207
P37:185/197
P38:261/275
P39:304/309
P40:316/332

德力666（审定编号：晋审玉2016018；种质库编号：S1G05598）

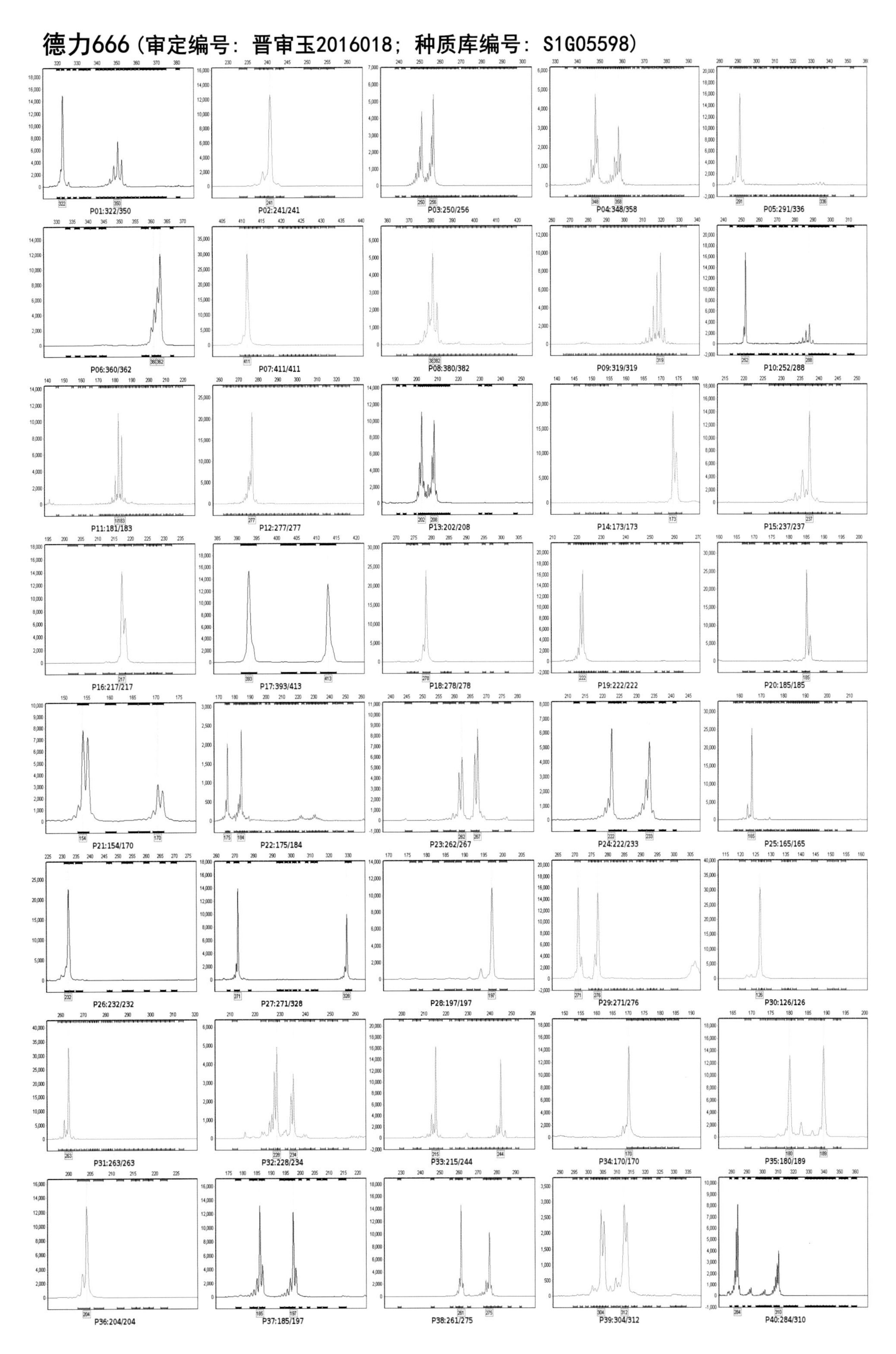
P01:322/350
P02:241/241
P03:250/256
P04:348/358
P05:291/336
P06:360/362
P07:411/411
P08:380/382
P09:319/319
P10:252/288
P11:181/183
P12:277/277
P13:202/208
P14:173/173
P15:237/237
P16:217/217
P17:393/413
P18:278/278
P19:222/222
P20:185/185
P21:154/170
P22:175/184
P23:262/267
P24:222/233
P25:165/165
P26:232/232
P27:271/328
P28:197/197
P29:271/276
P30:126/126
P31:263/263
P32:228/234
P33:215/244
P34:170/170
P35:180/189
P36:204/204
P37:185/197
P38:261/275
P39:304/312
P40:284/310

运单168（审定编号：晋审玉2016019；种质库编号：S1G05599）

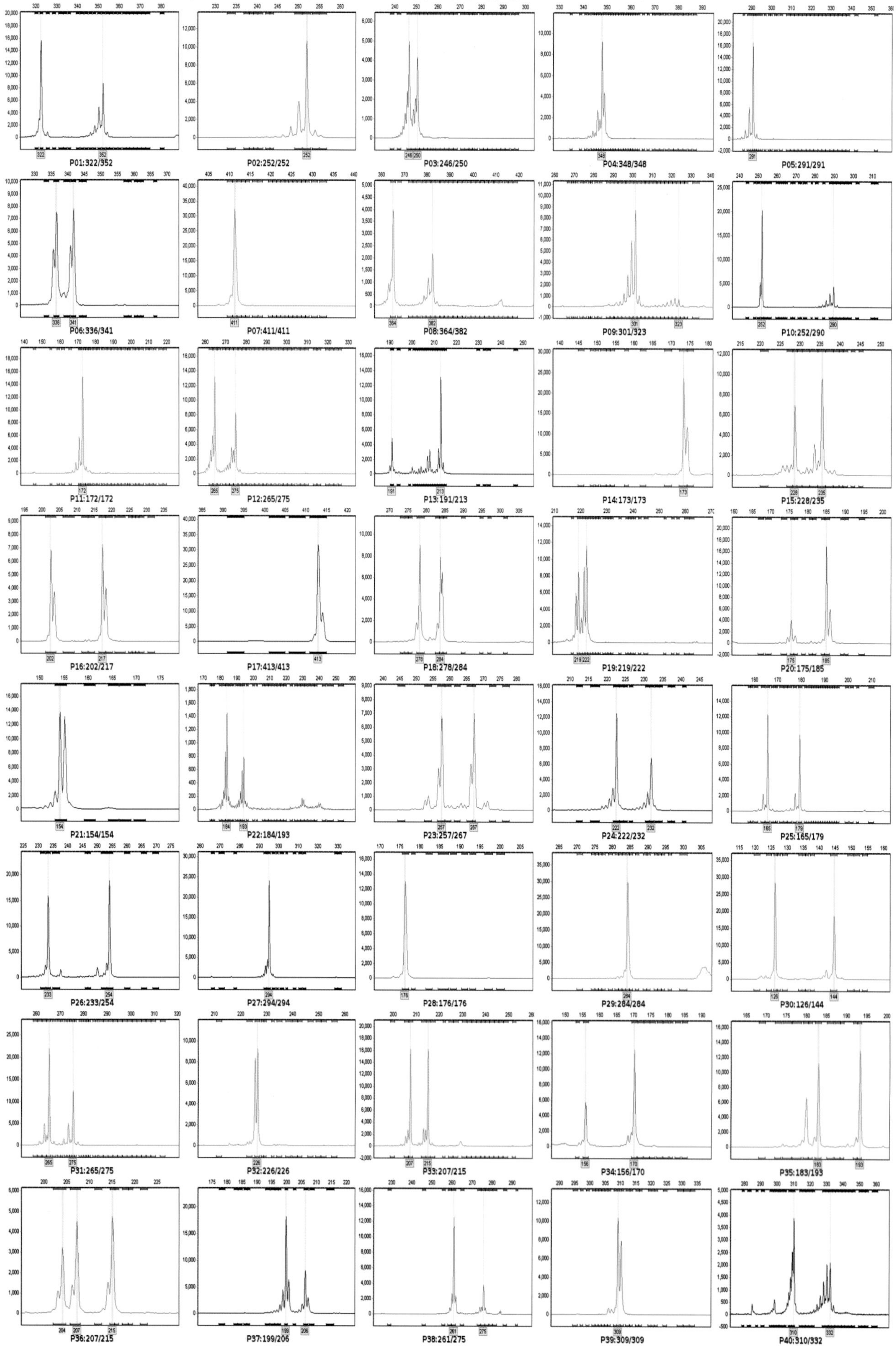

P01:322/352 P02:252/252 P03:246/250 P04:348/348 P05:291/291

P06:336/341 P07:411/411 P08:364/382 P09:301/323 P10:252/290

P11:172/172 P12:265/275 P13:191/213 P14:173/173 P15:228/235

P16:202/217 P17:413/413 P18:278/284 P19:219/222 P20:175/185

P21:154/154 P22:184/193 P23:257/267 P24:222/232 P25:165/179

P26:233/254 P27:294/294 P28:176/176 P29:284/284 P30:126/144

P31:265/275 P32:226/226 P33:207/215 P34:156/170 P35:183/193

P36:207/215 P37:199/206 P38:261/275 P39:309/309 P40:310/332

盛玉367（审定编号：晋审玉2016020；种质库编号：S1G05600）

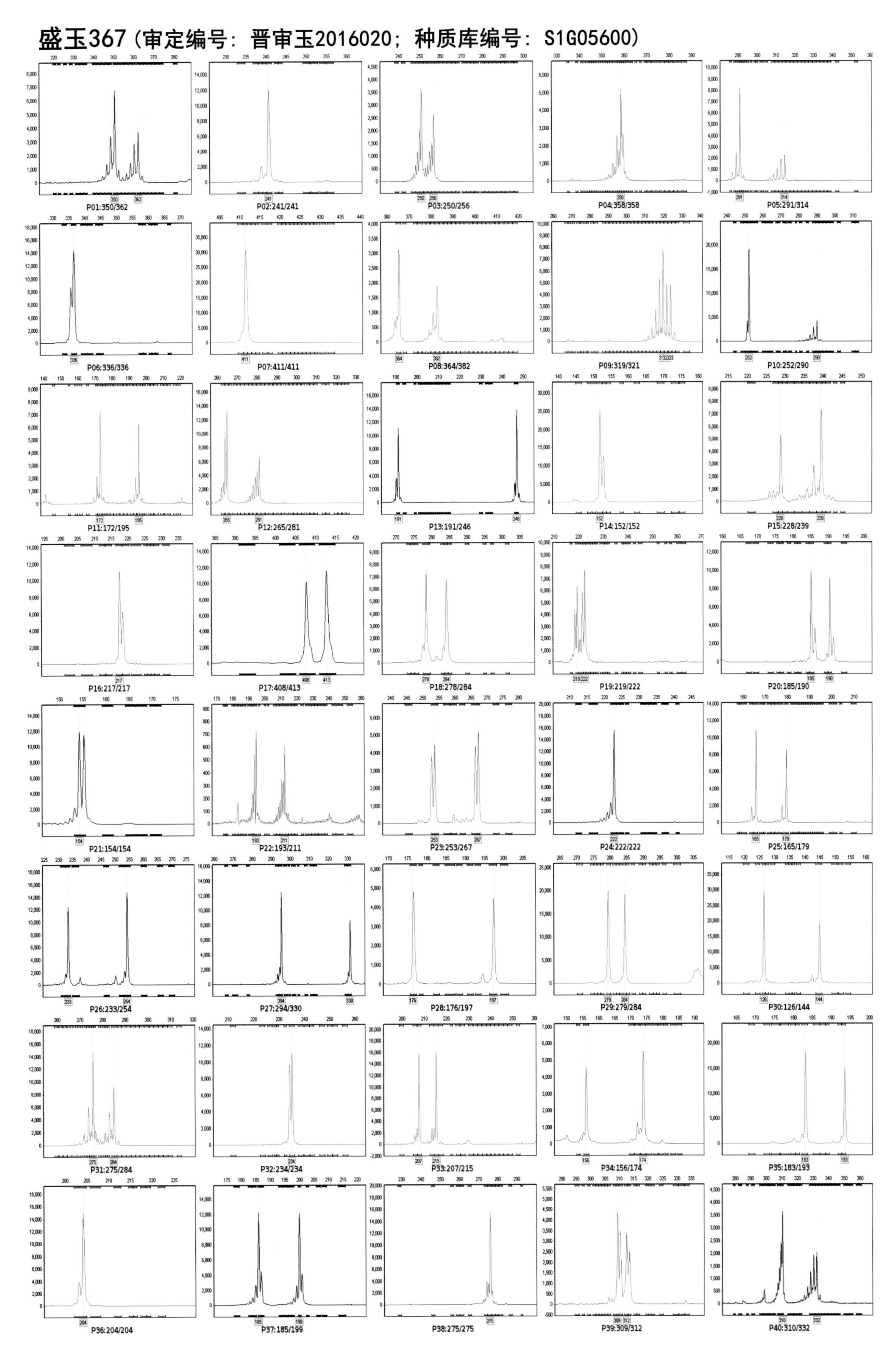
P01:350/362
P02:241/241
P03:250/256
P04:358/358
P05:291/314
P06:336/336
P07:411/411
P08:364/382
P09:319/321
P10:252/290
P11:172/195
P12:265/281
P13:191/246
P14:152/152
P15:228/239
P16:217/217
P17:408/413
P18:278/284
P19:219/222
P20:185/190
P21:154/154
P22:193/211
P23:253/267
P24:222/222
P25:165/179
P26:233/254
P27:294/330
P28:176/197
P29:279/284
P30:126/144
P31:275/284
P32:234/234
P33:207/215
P34:156/174
P35:183/193
P36:204/204
P37:185/199
P38:275/275
P39:309/312
P40:310/332

龙生3号（审定编号：晋审玉2016021；种质库编号：S1G05601）

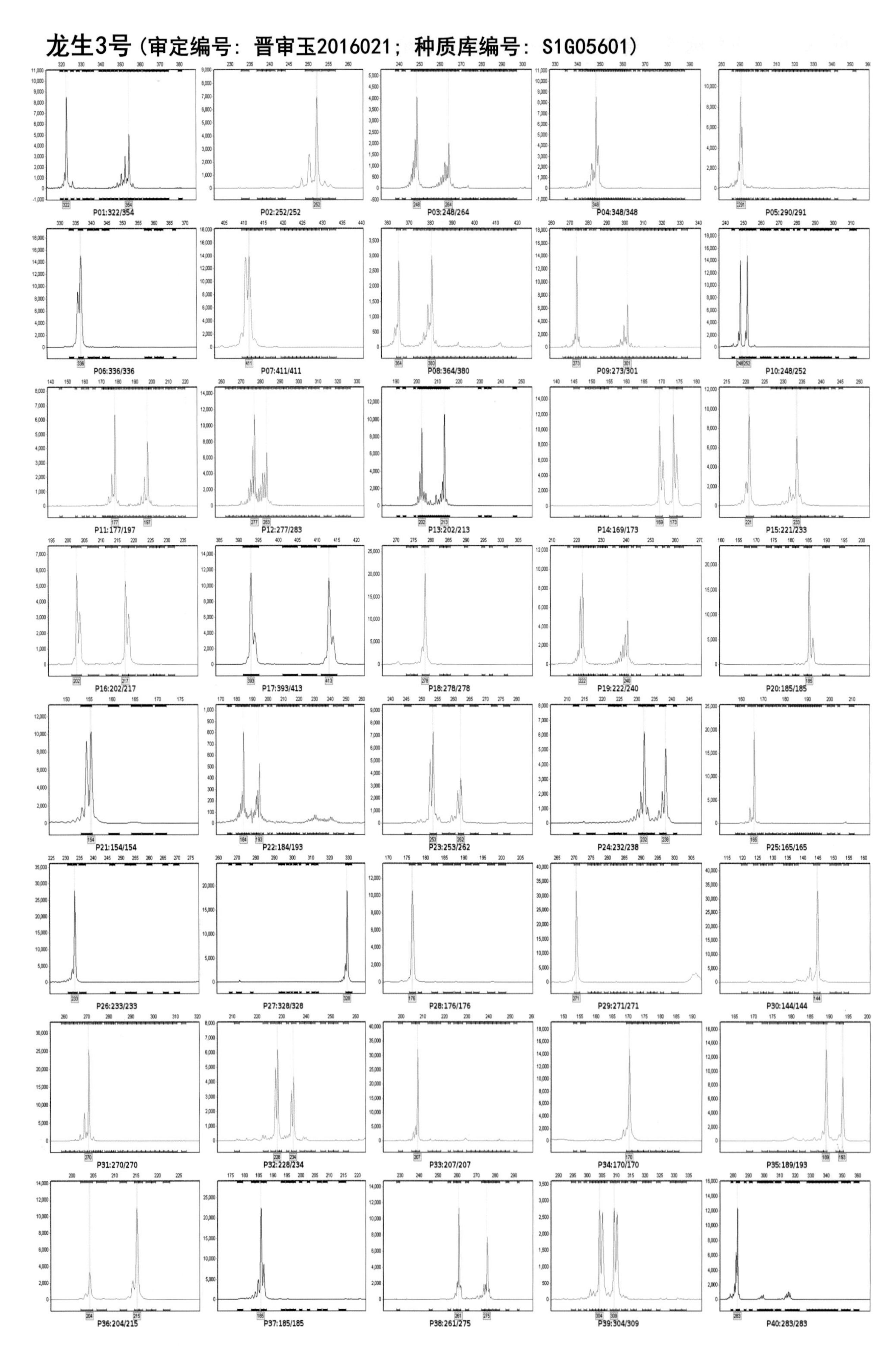

P01:322/354
P02:252/252
P03:248/264
P04:348/348
P05:290/291
P06:336/336
P07:411/411
P08:364/380
P09:273/301
P10:248/252
P11:177/197
P12:277/283
P13:202/213
P14:169/173
P15:221/233
P16:202/217
P17:393/413
P18:278/278
P19:222/240
P20:185/185
P21:154/154
P22:184/193
P23:253/262
P24:232/238
P25:165/165
P26:233/233
P27:328/328
P28:176/176
P29:271/271
P30:144/144
P31:270/270
P32:228/234
P33:207/207
P34:170/170
P35:189/193
P36:204/215
P37:185/185
P38:261/275
P39:304/309
P40:283/283

君实615（审定编号：晋审玉2016022；种质库编号：S1G05602）

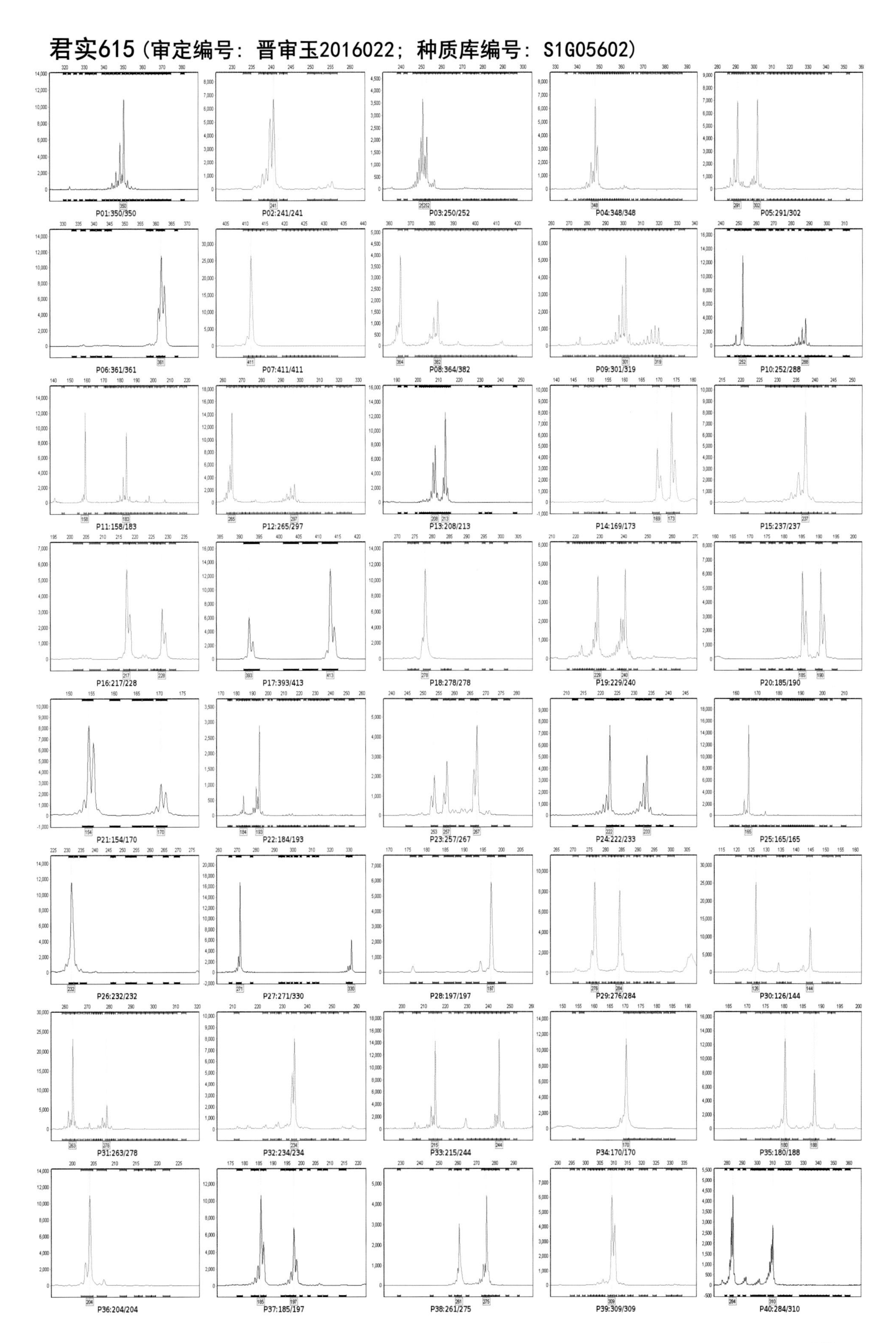

P01:350/350
P02:241/241
P03:250/252
P04:348/348
P05:291/302
P06:361/361
P07:411/411
P08:364/382
P09:301/319
P10:252/288
P11:158/183
P12:265/297
P13:208/213
P14:169/173
P15:237/237
P16:217/228
P17:393/413
P18:278/278
P19:229/240
P20:185/190
P21:154/170
P22:184/193
P23:257/267
P24:222/233
P25:165/165
P26:232/232
P27:271/330
P28:197/197
P29:276/284
P30:126/144
P31:263/278
P32:234/234
P33:215/244
P34:170/170
P35:180/188
P36:204/204
P37:185/197
P38:261/275
P39:309/309
P40:284/310

利玉619（审定编号：晋审玉2016023；种质库编号：S1G05603）

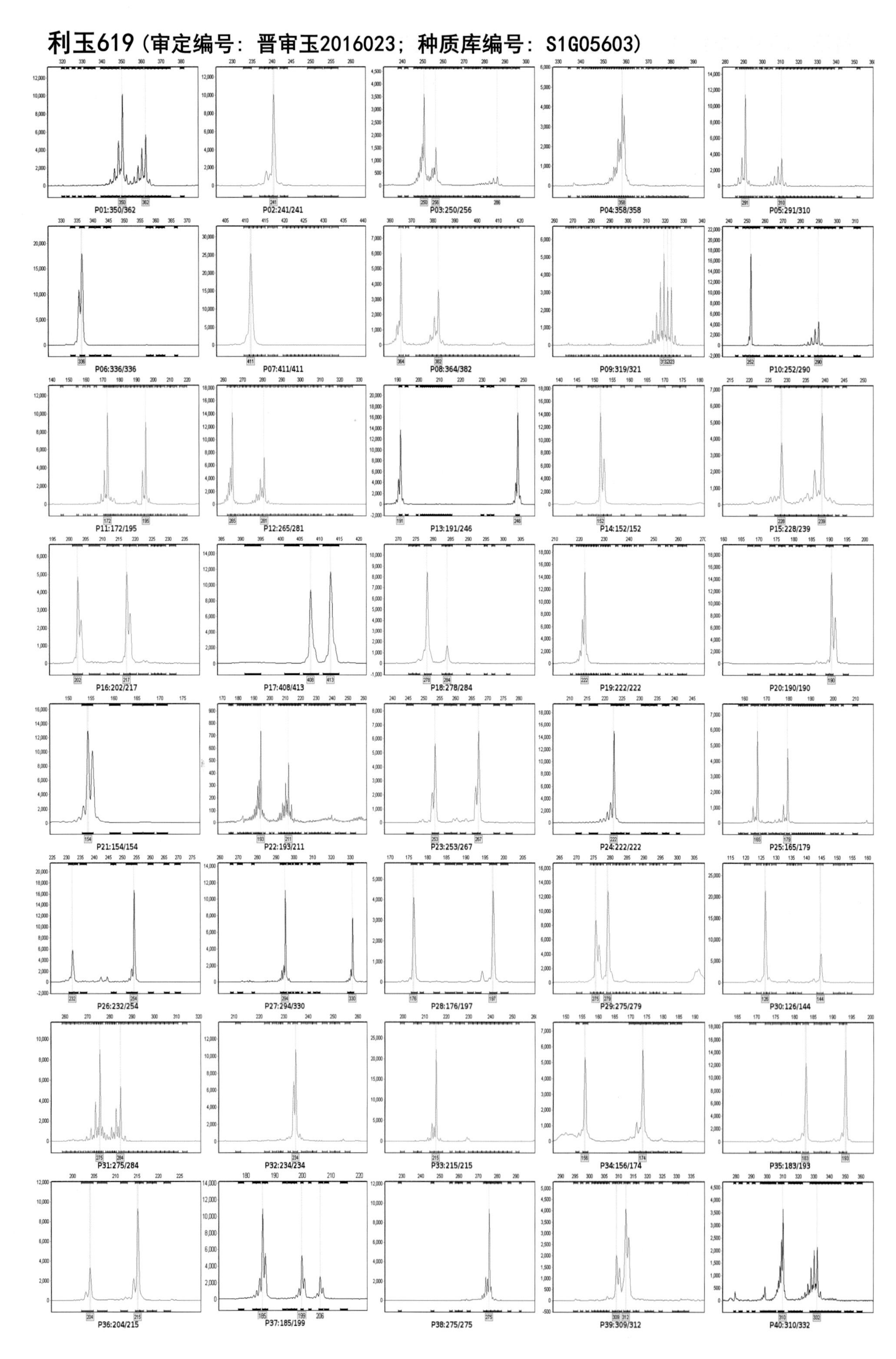

P01:350/362
P02:241/241
P03:250/256
P04:358/358
P05:291/310
P06:336/336
P07:411/411
P08:364/382
P09:319/321
P10:252/290
P11:172/195
P12:265/281
P13:191/246
P14:152/152
P15:228/239
P16:202/217
P17:408/413
P18:278/284
P19:222/222
P20:190/190
P21:154/154
P22:193/211
P23:253/267
P24:222/222
P25:165/179
P26:232/254
P27:294/330
P28:176/197
P29:275/279
P30:126/144
P31:275/284
P32:234/234
P33:215/215
P34:156/174
P35:183/193
P36:204/215
P37:185/199
P38:275/275
P39:309/312
P40:310/332

郑黄糯2号（审定编号：晋审玉2016024；种质库编号：S1G01064）

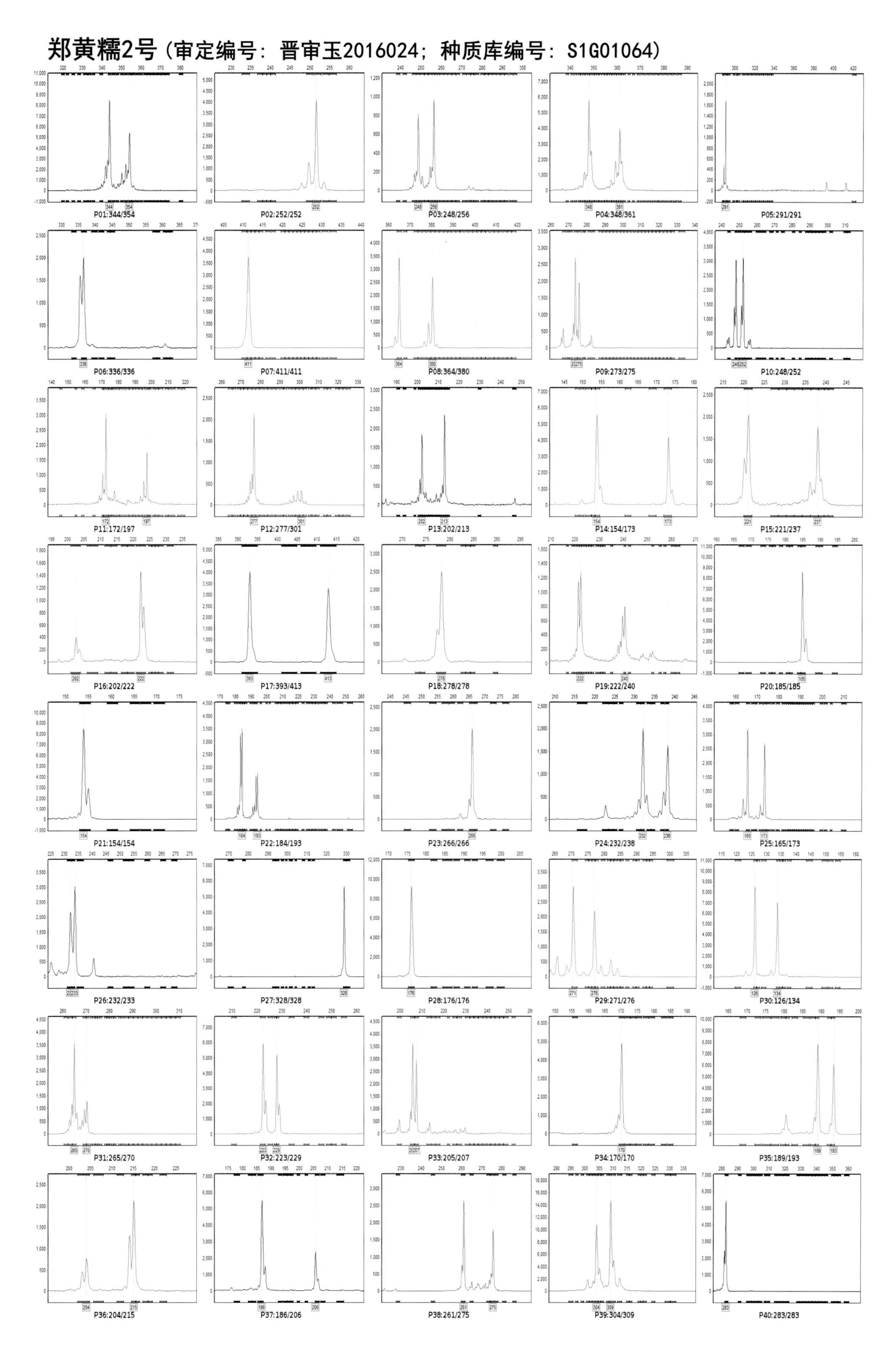

P01:344/354
P02:252/252
P03:248/256
P04:348/361
P05:291/291
P06:336/336
P07:411/411
P08:364/380
P09:273/275
P10:248/252
P11:172/197
P12:277/301
P13:202/213
P14:154/173
P15:221/237
P16:202/222
P17:393/413
P18:278/278
P19:222/240
P20:185/185
P21:154/154
P22:184/193
P23:266/266
P24:232/238
P25:165/173
P26:232/233
P27:328/328
P28:176/176
P29:271/276
P30:126/134
P31:265/270
P32:223/229
P33:205/207
P34:170/170
P35:189/193
P36:204/215
P37:186/206
P38:261/275
P39:304/309
P40:283/283

龙作1号（审定编号：晋审玉2016025；种质库编号：S1G03768）

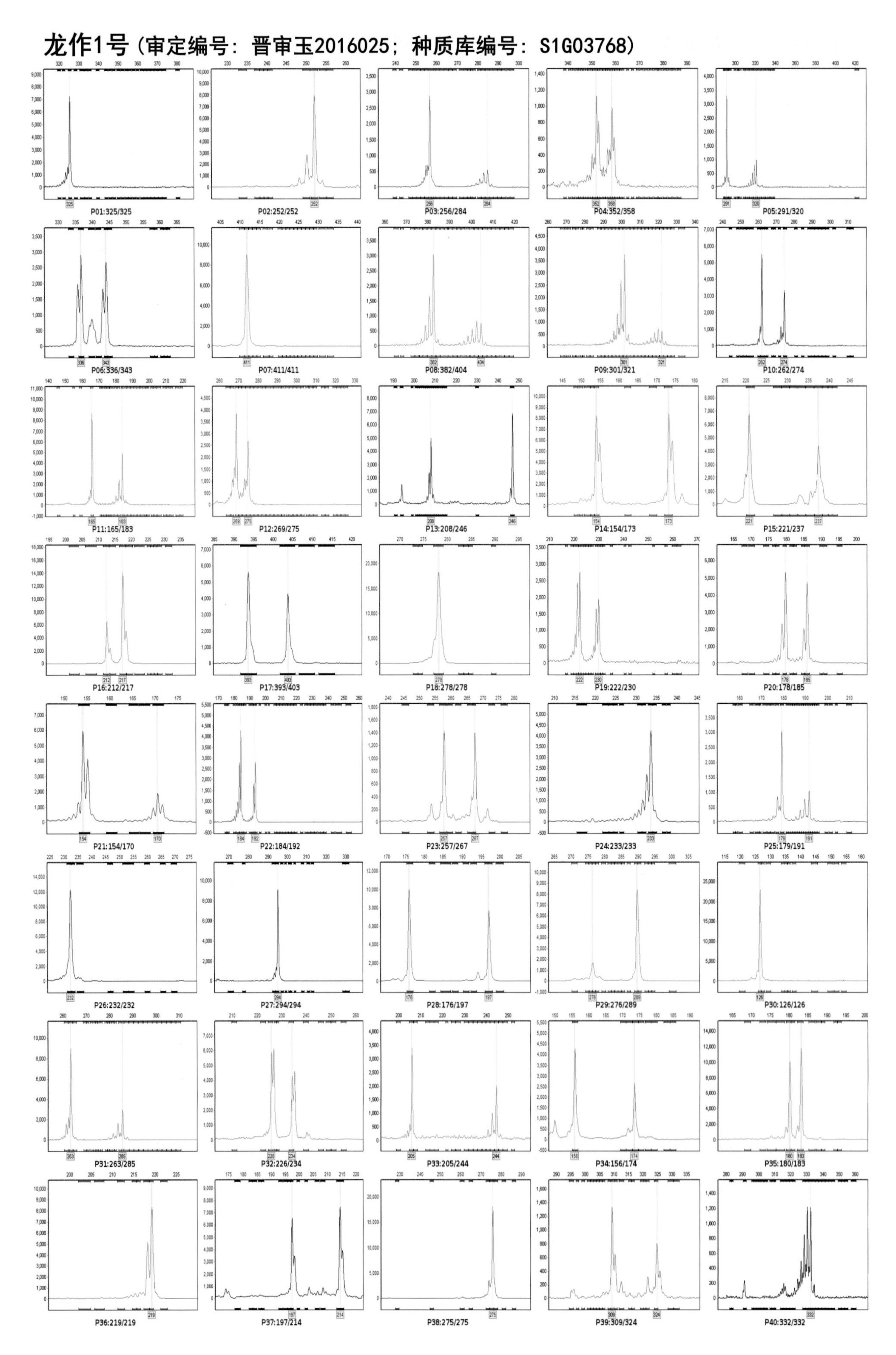

P01:325/325
P02:252/252
P03:256/284
P04:352/358
P05:291/320
P06:336/343
P07:411/411
P08:382/404
P09:301/321
P10:262/274
P11:165/183
P12:269/275
P13:208/246
P14:154/173
P15:221/237
P16:212/217
P17:393/403
P18:278/278
P19:222/230
P20:178/185
P21:154/170
P22:184/192
P23:257/267
P24:233/233
P25:179/191
P26:232/232
P27:294/294
P28:176/197
P29:276/289
P30:126/126
P31:263/285
P32:226/234
P33:205/244
P34:156/174
P35:180/183
P36:219/219
P37:197/214
P38:275/275
P39:309/324
P40:332/332

鹏玉2号（审定编号：晋审玉2016026；种质库编号：S1G04060）

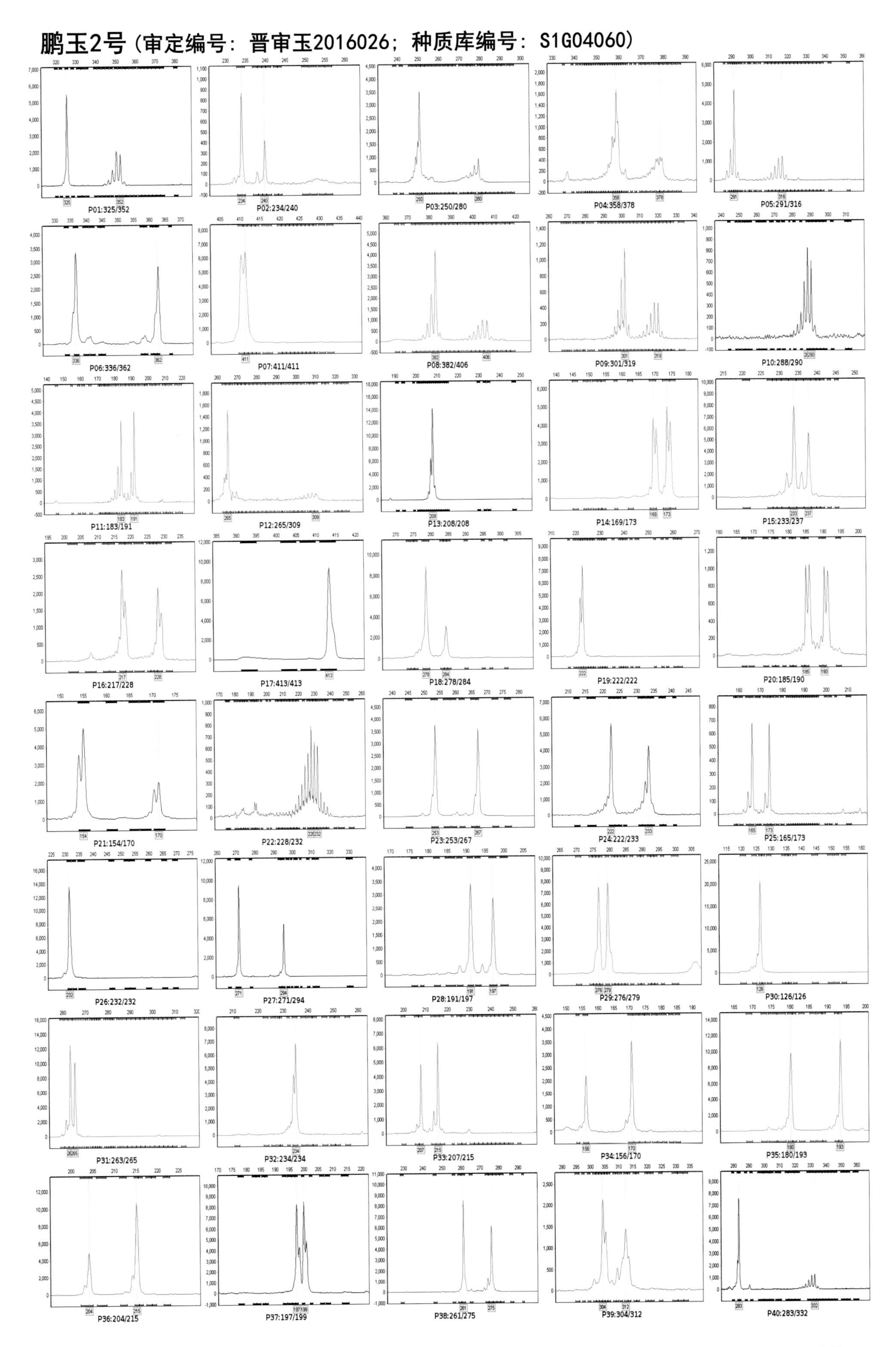

P01:325/352
P02:234/240
P03:250/280
P04:358/378
P05:291/316
P06:336/362
P07:411/411
P08:382/406
P09:301/319
P10:288/290
P11:183/191
P12:265/309
P13:208/208
P14:169/173
P15:233/237
P16:217/228
P17:413/413
P18:278/284
P19:222/222
P20:185/190
P21:154/170
P22:228/232
P23:253/267
P24:222/233
P25:165/173
P26:232/232
P27:271/294
P28:191/197
P29:276/279
P30:126/126
P31:263/265
P32:234/234
P33:207/215
P34:156/170
P35:180/193
P36:204/215
P37:197/199
P38:261/275
P39:304/312
P40:283/332

金华瑞T82（审定编号：晋审玉2016027；种质库编号：S1G05501）

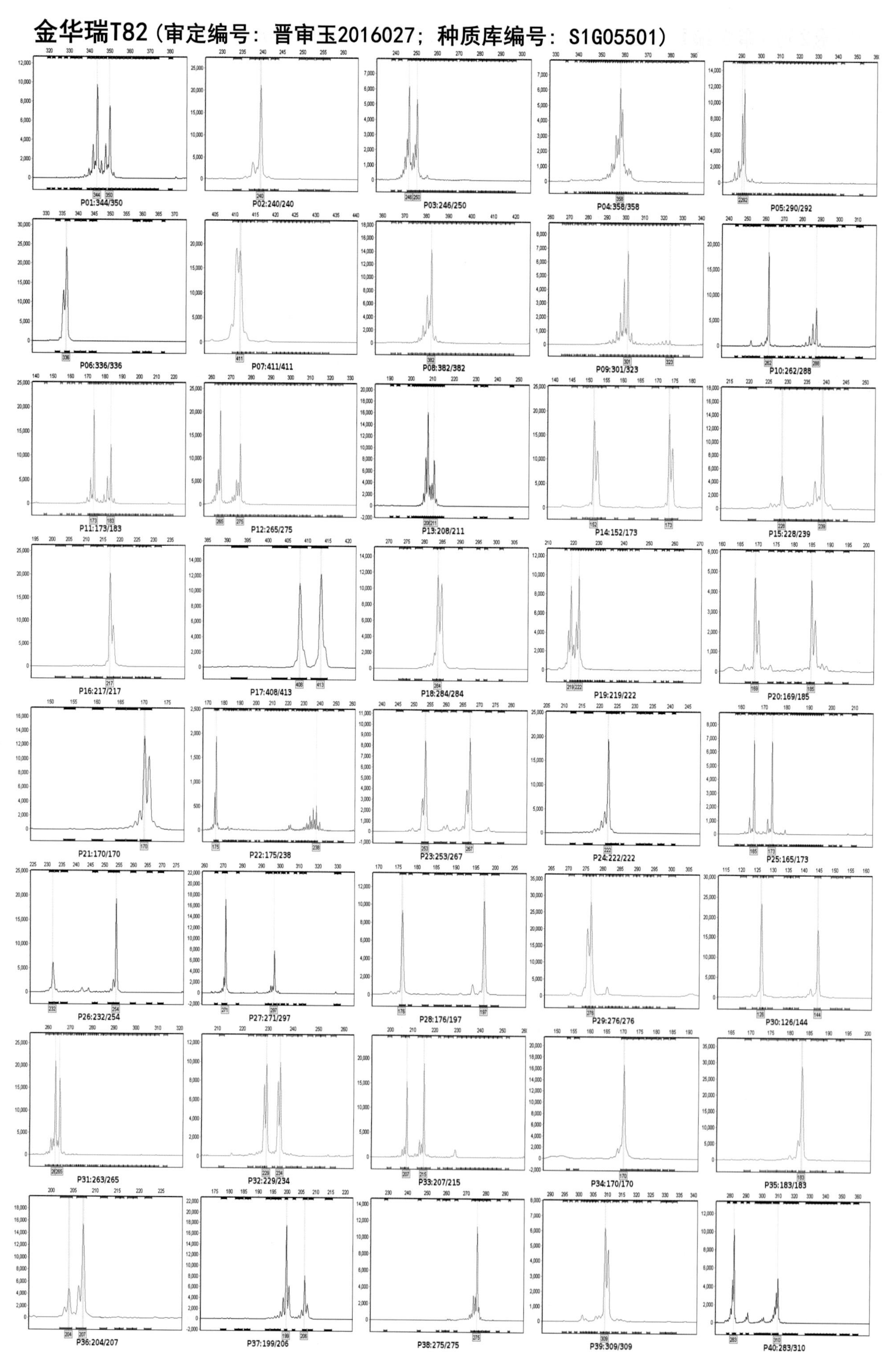

P01:344/350
P02:240/240
P03:246/250
P04:358/358
P05:290/292
P06:336/336
P07:411/411
P08:382/382
P09:301/323
P10:262/288
P11:173/183
P12:265/275
P13:208/211
P14:152/173
P15:228/239
P16:217/217
P17:408/413
P18:284/284
P19:219/222
P20:169/185
P21:170/170
P22:175/238
P23:253/267
P24:222/222
P25:165/173
P26:232/254
P27:271/297
P28:176/197
P29:276/276
P30:126/144
P31:263/265
P32:229/234
P33:207/215
P34:170/170
P35:183/183
P36:204/207
P37:199/206
P38:275/275
P39:309/309
P40:283/310

中地9988（审定编号：晋审玉2016028；种质库编号：S1G04451）

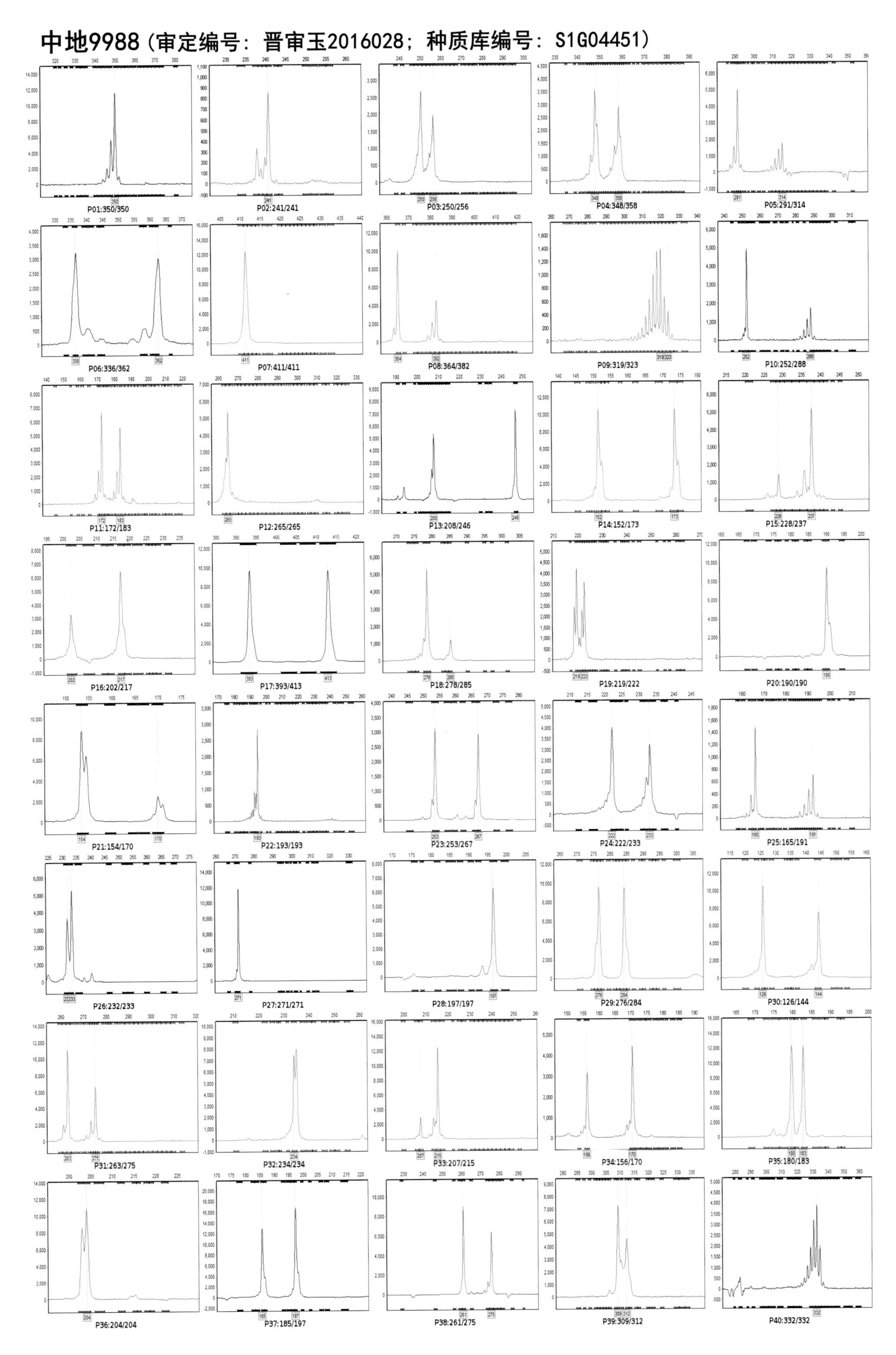
P01:350/350
P02:241/241
P03:250/256
P04:348/358
P05:291/314
P06:336/362
P07:411/411
P08:364/382
P09:319/323
P10:252/288
P11:172/183
P12:265/265
P13:208/246
P14:152/173
P15:228/237
P16:202/217
P17:393/413
P18:278/285
P19:219/222
P20:190/190
P21:154/170
P22:193/193
P23:253/267
P24:222/233
P25:165/191
P26:232/233
P27:271/271
P28:197/197
P29:276/284
P30:126/144
P31:263/275
P32:234/234
P33:207/215
P34:156/170
P35:180/183
P36:204/204
P37:185/197
P38:261/275
P39:309/312
P40:332/332

致泰3号（审定编号：晋审玉2016029；种质库编号：S1G02576）

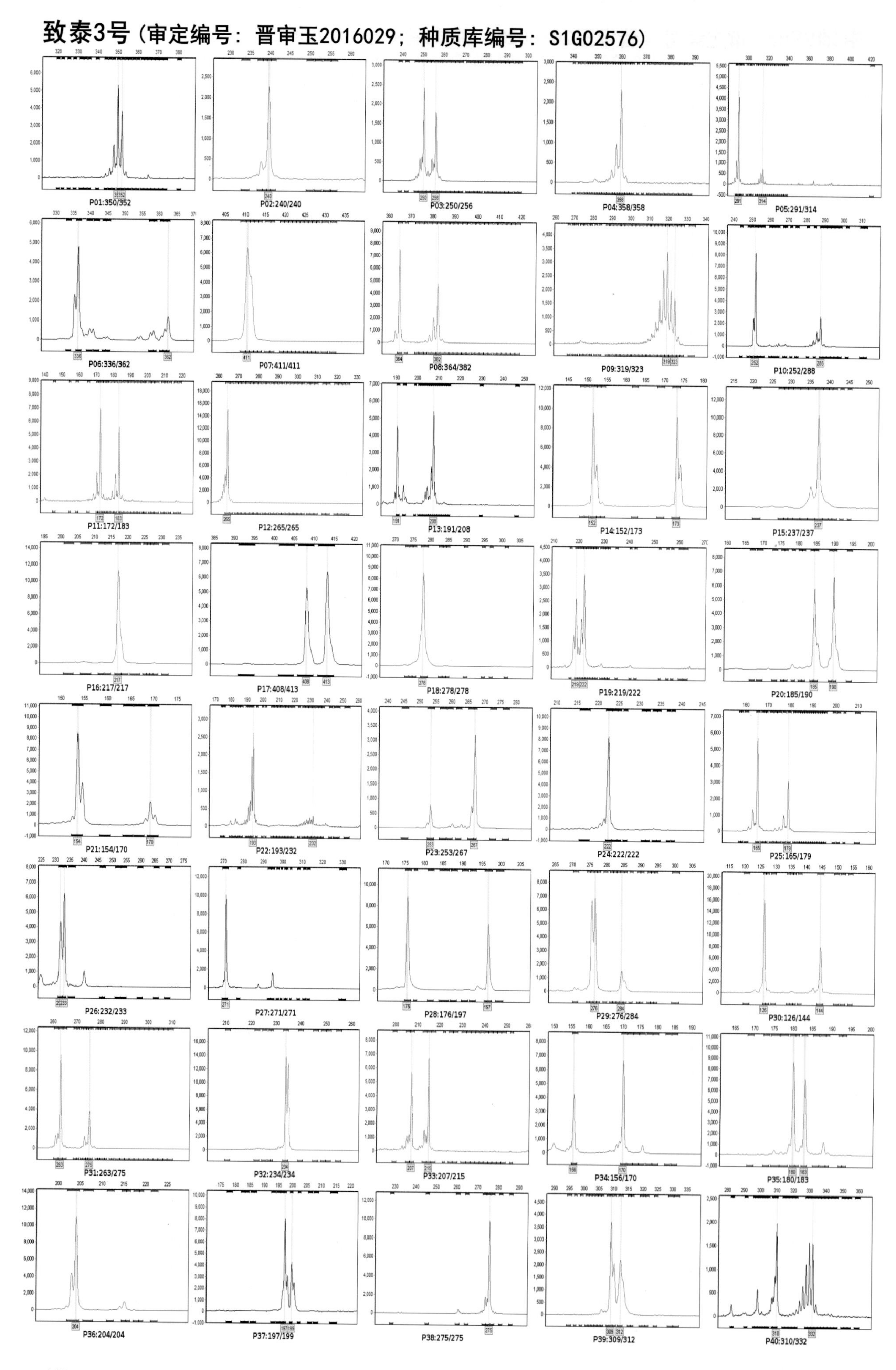
P01:350/352
P02:240/240
P03:250/256
P04:358/358
P05:291/314
P06:336/362
P07:411/411
P08:364/382
P09:319/323
P10:252/288
P11:172/183
P12:265/265
P13:191/208
P14:152/173
P15:237/237
P16:217/217
P17:408/413
P18:278/278
P19:219/222
P20:185/190
P21:154/170
P22:193/232
P23:253/267
P24:222/222
P25:165/179
P26:232/233
P27:271/271
P28:176/197
P29:276/284
P30:126/144
P31:263/275
P32:234/234
P33:207/215
P34:156/170
P35:180/183
P36:204/204
P37:197/199
P38:275/275
P39:309/312
P40:310/332

NK718（审定编号：晋审玉2016031；种质库编号：S1G05417）

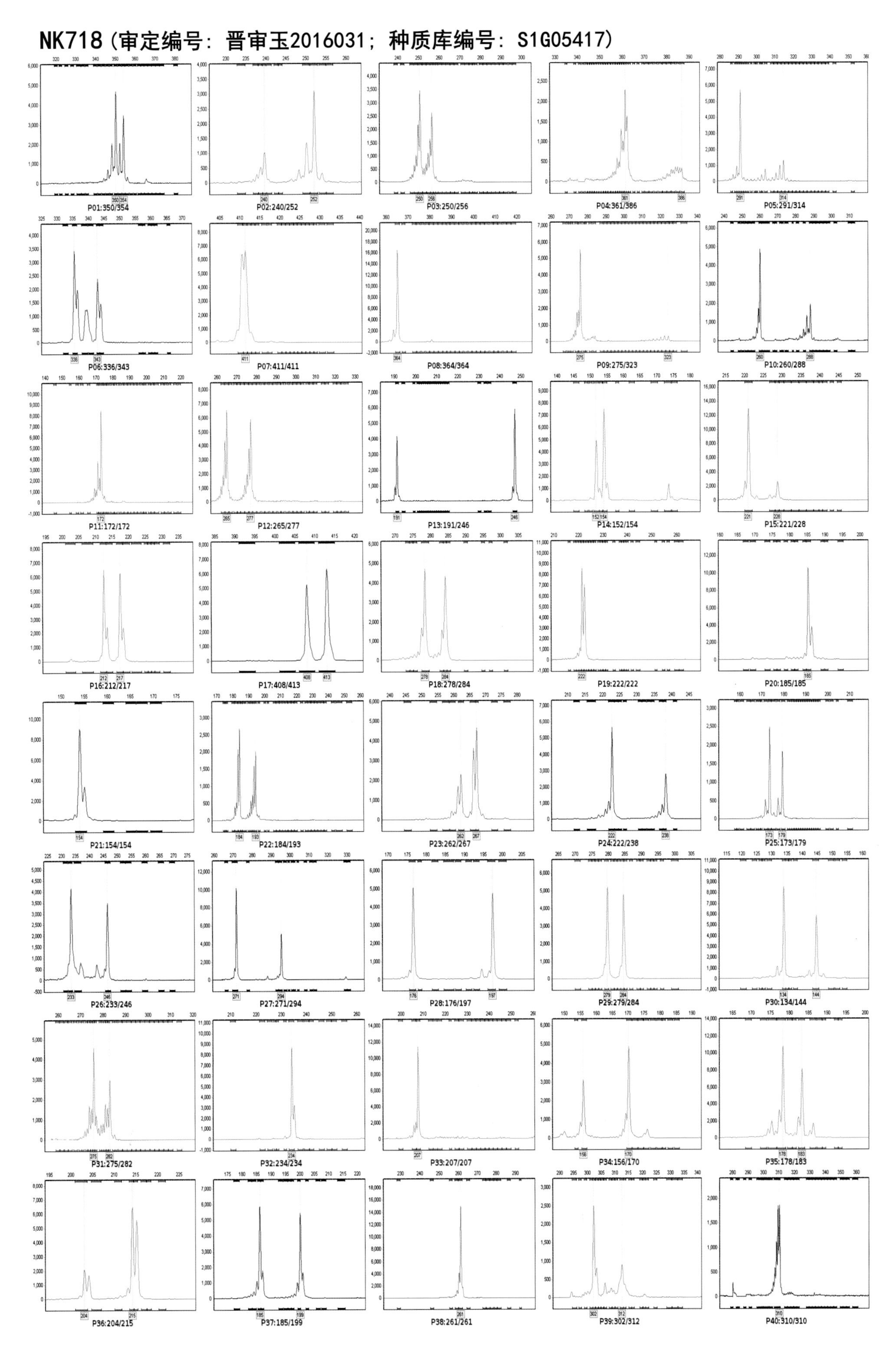

P01:350/354
P02:240/252
P03:250/256
P04:361/386
P05:291/314
P06:336/343
P07:411/411
P08:364/364
P09:275/323
P10:260/288
P11:172/172
P12:265/277
P13:191/246
P14:152/154
P15:221/228
P16:212/217
P17:408/413
P18:278/284
P19:222/222
P20:185/185
P21:154/154
P22:184/193
P23:262/267
P24:222/238
P25:173/179
P26:233/246
P27:271/294
P28:176/197
P29:279/284
P30:134/144
P31:275/282
P32:234/234
P33:207/207
P34:156/170
P35:178/183
P36:204/215
P37:185/199
P38:261/261
P39:302/312
P40:310/310

宁玉218（审定编号：晋审玉2016032；种质库编号：S1G04577）

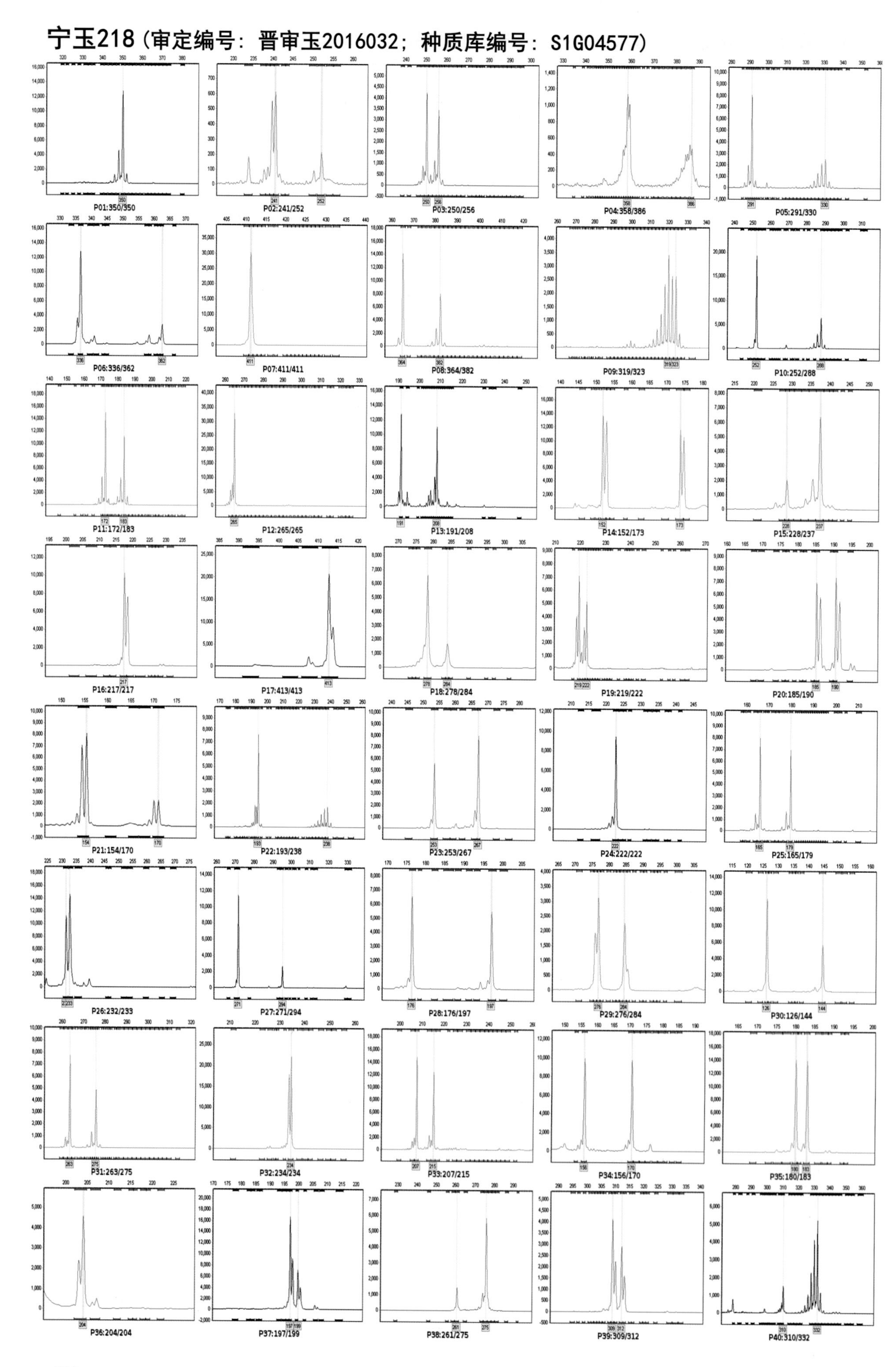
P01:350/350
P02:241/252
P03:250/256
P04:358/386
P05:291/330
P06:336/362
P07:411/411
P08:364/382
P09:319/323
P10:252/288
P11:172/183
P12:265/265
P13:191/208
P14:152/173
P15:228/237
P16:217/217
P17:413/413
P18:278/284
P19:219/222
P20:185/190
P21:154/170
P22:193/238
P23:253/267
P24:222/222
P25:165/179
P26:232/233
P27:271/294
P28:176/197
P29:276/284
P30:126/144
P31:263/275
P32:234/234
P33:207/215
P34:156/170
P35:180/183
P36:204/204
P37:197/199
P38:261/275
P39:309/312
P40:310/332

连胜188（审定编号：晋审玉2016034；种质库编号：S1G03024）

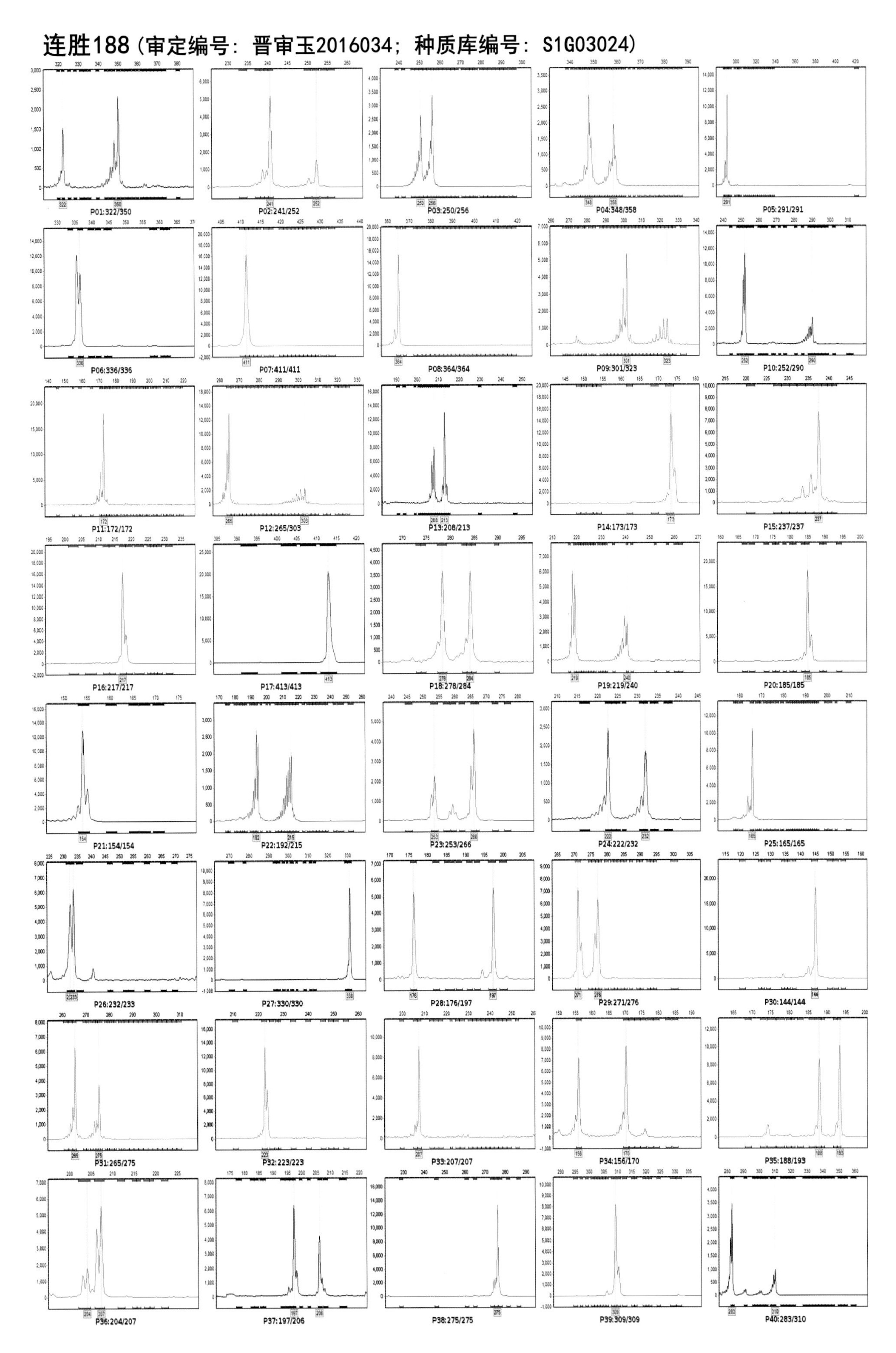
P01:322/350
P02:241/252
P03:250/256
P04:348/358
P05:291/291
P06:336/336
P07:411/411
P08:364/364
P09:301/323
P10:252/290
P11:172/172
P12:265/303
P13:208/213
P14:173/173
P15:237/237
P16:217/217
P17:413/413
P18:278/284
P19:219/240
P20:185/185
P21:154/154
P22:192/215
P23:253/266
P24:222/232
P25:165/165
P26:232/233
P27:330/330
P28:176/197
P29:271/276
P30:144/144
P31:265/275
P32:223/223
P33:207/207
P34:156/170
P35:188/193
P36:204/207
P37:197/206
P38:275/275
P39:309/309
P40:283/310

嵩玉619（审定编号：晋审玉2016036；种质库编号：S1G03524）

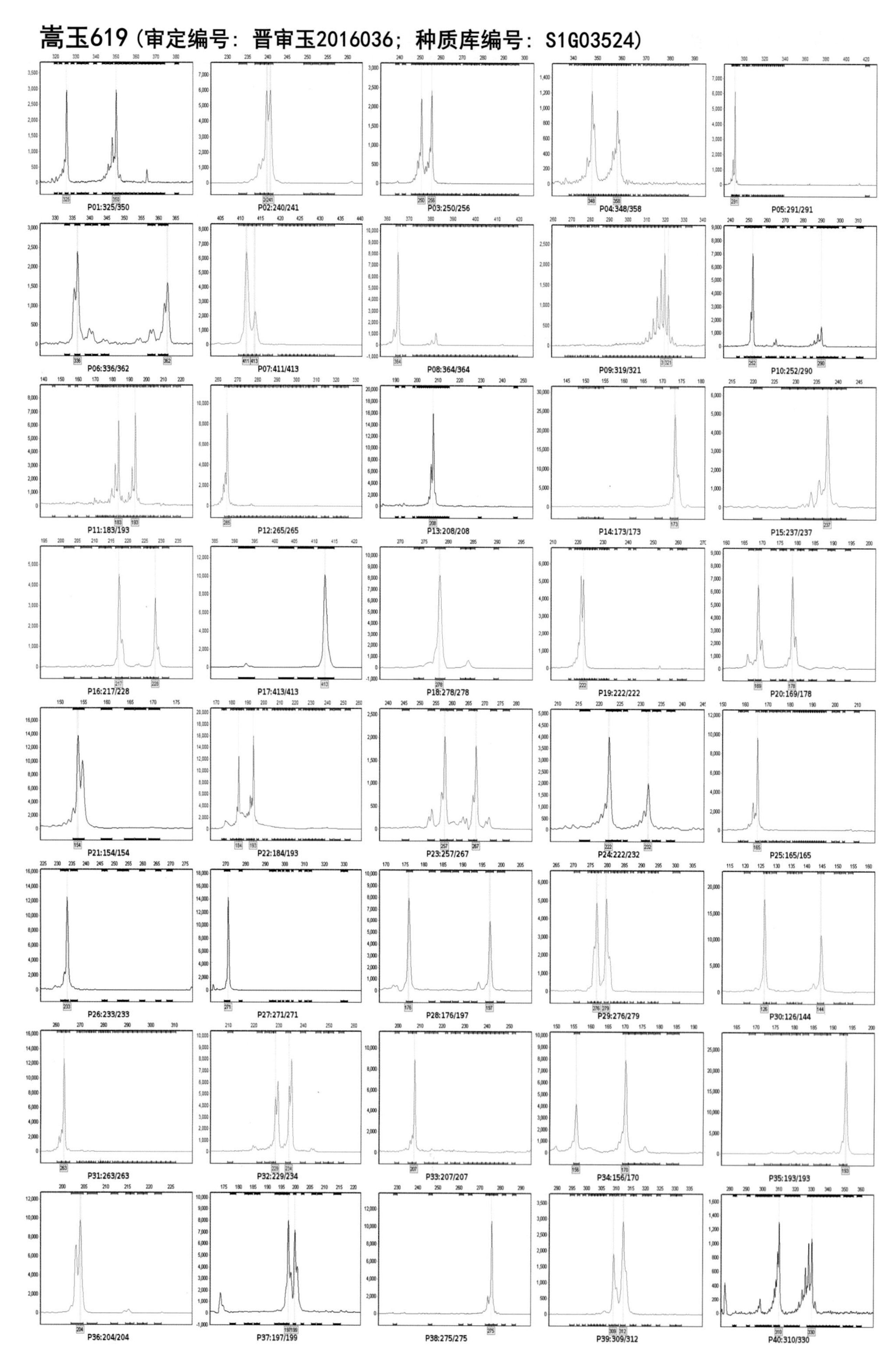

P01:325/350
P02:240/241
P03:250/256
P04:348/358
P05:291/291
P06:336/362
P07:411/413
P08:364/364
P09:319/321
P10:252/290
P11:183/193
P12:265/265
P13:208/208
P14:173/173
P15:237/237
P16:217/228
P17:413/413
P18:278/278
P19:222/222
P20:169/178
P21:154/154
P22:184/193
P23:257/267
P24:222/232
P25:165/165
P26:233/233
P27:271/271
P28:176/197
P29:276/279
P30:126/144
P31:263/263
P32:229/234
P33:207/207
P34:156/170
P35:193/193
P36:204/204
P37:197/199
P38:275/275
P39:309/312
P40:310/330

赛德5号（审定编号：晋审玉20170001；种质库编号：S1G05793）

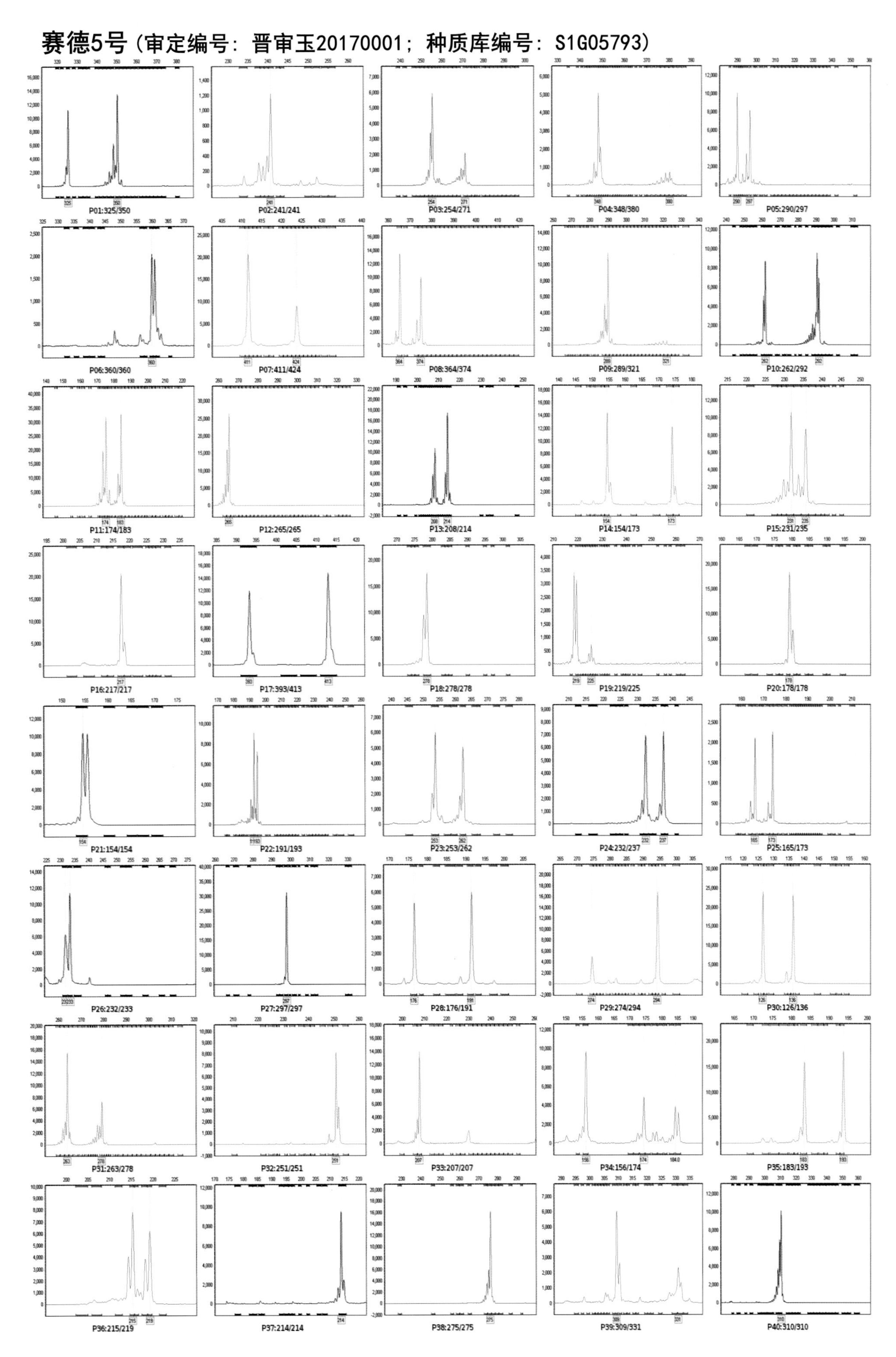
P01:325/350
P02:241/241
P03:254/271
P04:348/380
P05:290/297
P06:360/360
P07:411/424
P08:364/374
P09:289/321
P10:262/292
P11:174/183
P12:265/265
P13:208/214
P14:154/173
P15:231/235
P16:217/217
P17:393/413
P18:278/278
P19:219/225
P20:178/178
P21:154/154
P22:191/193
P23:253/262
P24:232/237
P25:165/173
P26:232/233
P27:297/297
P28:176/191
P29:274/294
P30:126/136
P31:263/278
P32:251/251
P33:207/207
P34:156/174
P35:183/193
P36:215/219
P37:214/214
P38:275/275
P39:309/331
P40:310/310

晋阳5号（审定编号：晋审玉20170003；种质库编号：S1G05794）

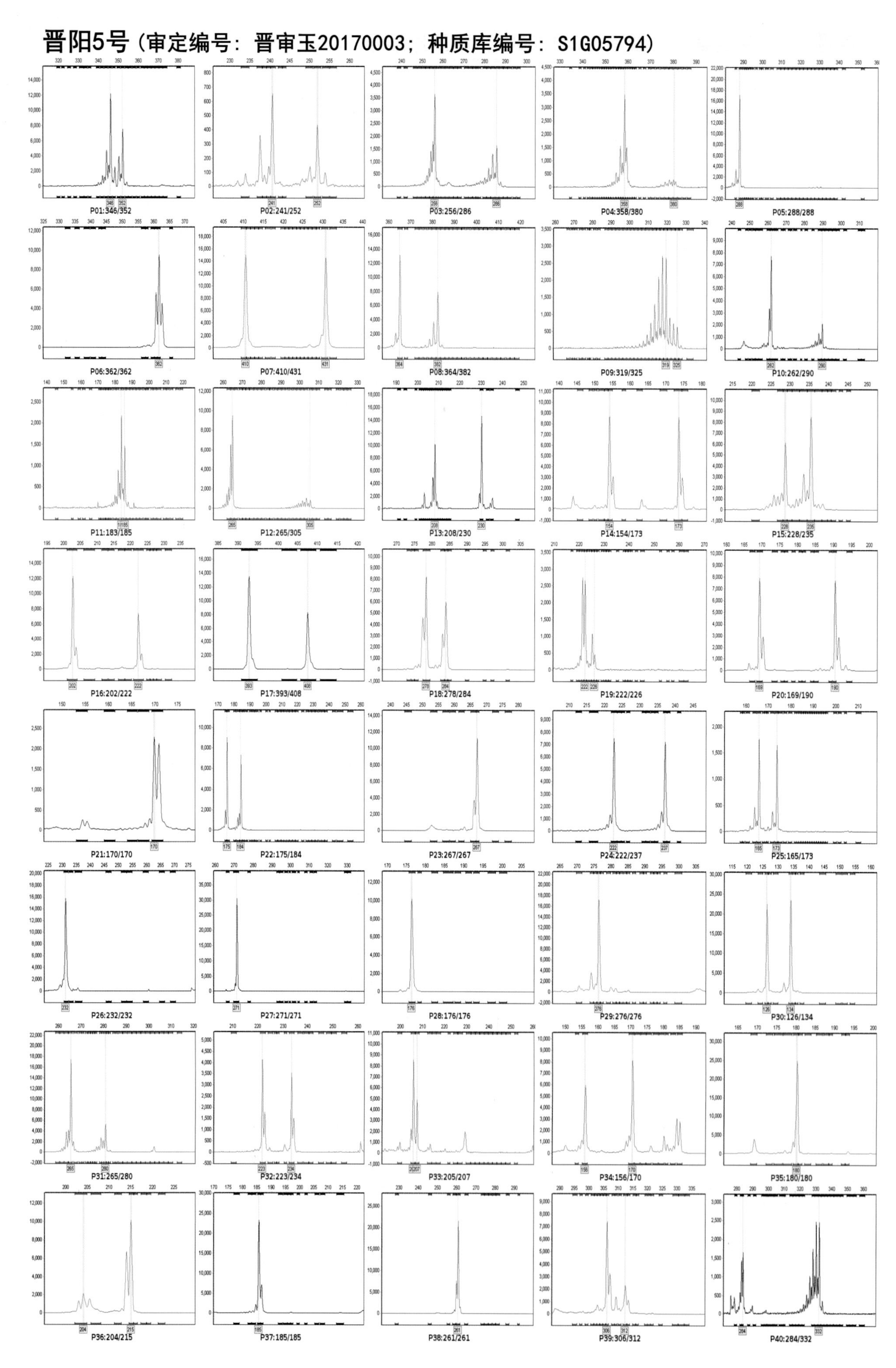
P01:346/352
P02:241/252
P03:256/286
P04:358/380
P05:288/288
P06:362/362
P07:410/431
P08:364/382
P09:319/325
P10:262/290
P11:183/185
P12:265/305
P13:208/230
P14:154/173
P15:228/235
P16:202/222
P17:393/408
P18:278/284
P19:222/226
P20:169/190
P21:170/170
P22:175/184
P23:267/267
P24:222/237
P25:165/173
P26:232/232
P27:271/271
P28:176/176
P29:276/276
P30:126/134
P31:265/280
P32:223/234
P33:205/207
P34:156/170
P35:180/180
P36:204/215
P37:185/185
P38:261/261
P39:306/312
P40:284/332

兆早1号（审定编号：晋审玉20170004；种质库编号：S1G05795）

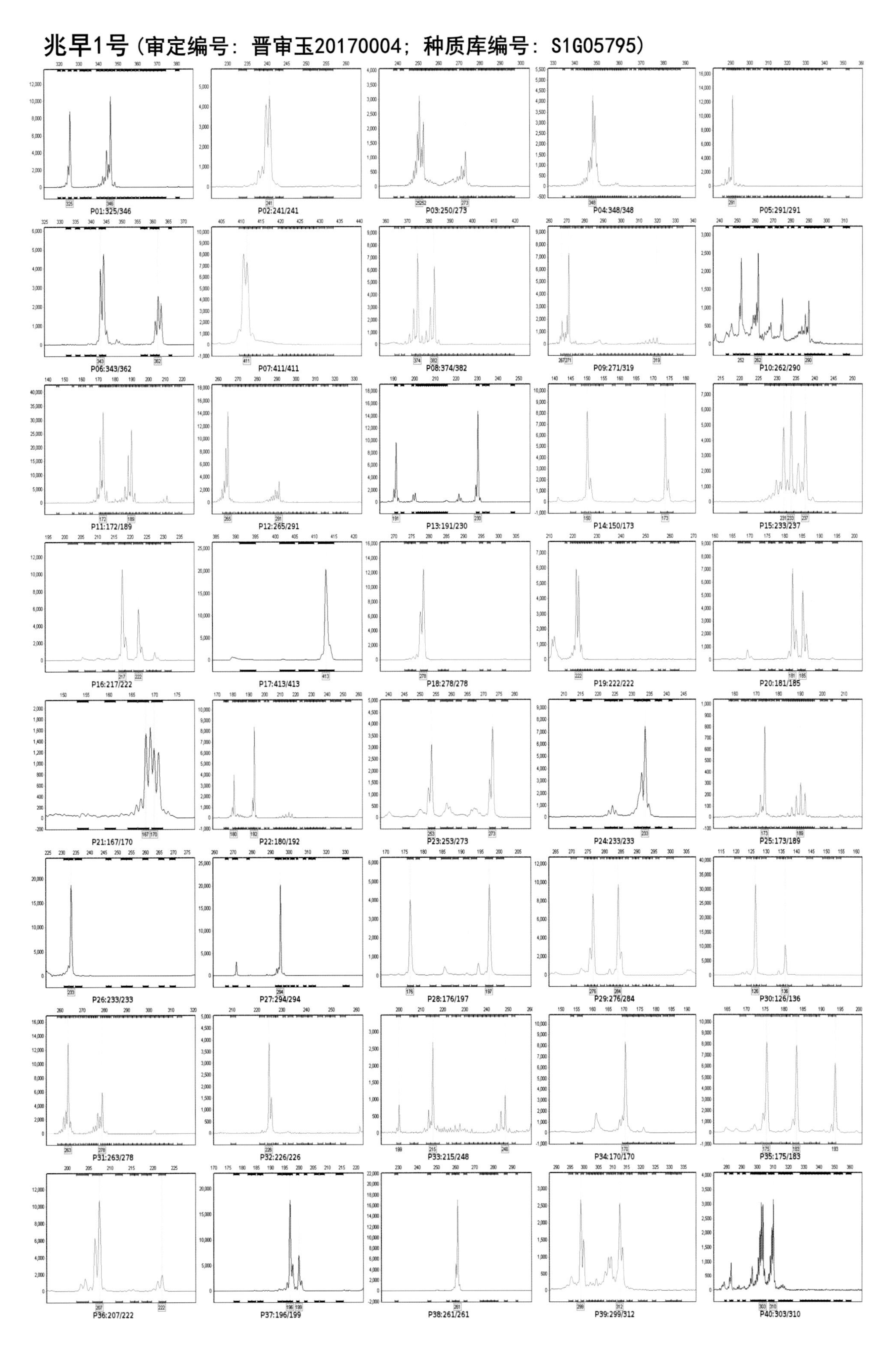

P01:325/346
P02:241/241
P03:250/273
P04:348/348
P05:291/291
P06:343/362
P07:411/411
P08:374/382
P09:271/319
P10:262/290
P11:172/189
P12:265/291
P13:191/230
P14:150/173
P15:233/237
P16:217/222
P17:413/413
P18:278/278
P19:222/222
P20:181/185
P21:167/170
P22:180/192
P23:253/273
P24:233/233
P25:173/189
P26:233/233
P27:294/294
P28:176/197
P29:276/284
P30:126/136
P31:263/278
P32:226/226
P33:215/248
P34:170/170
P35:175/183
P36:207/222
P37:196/199
P38:261/261
P39:299/312
P40:303/310

井单56（审定编号：晋审玉20170005；种质库编号：S1G05796）

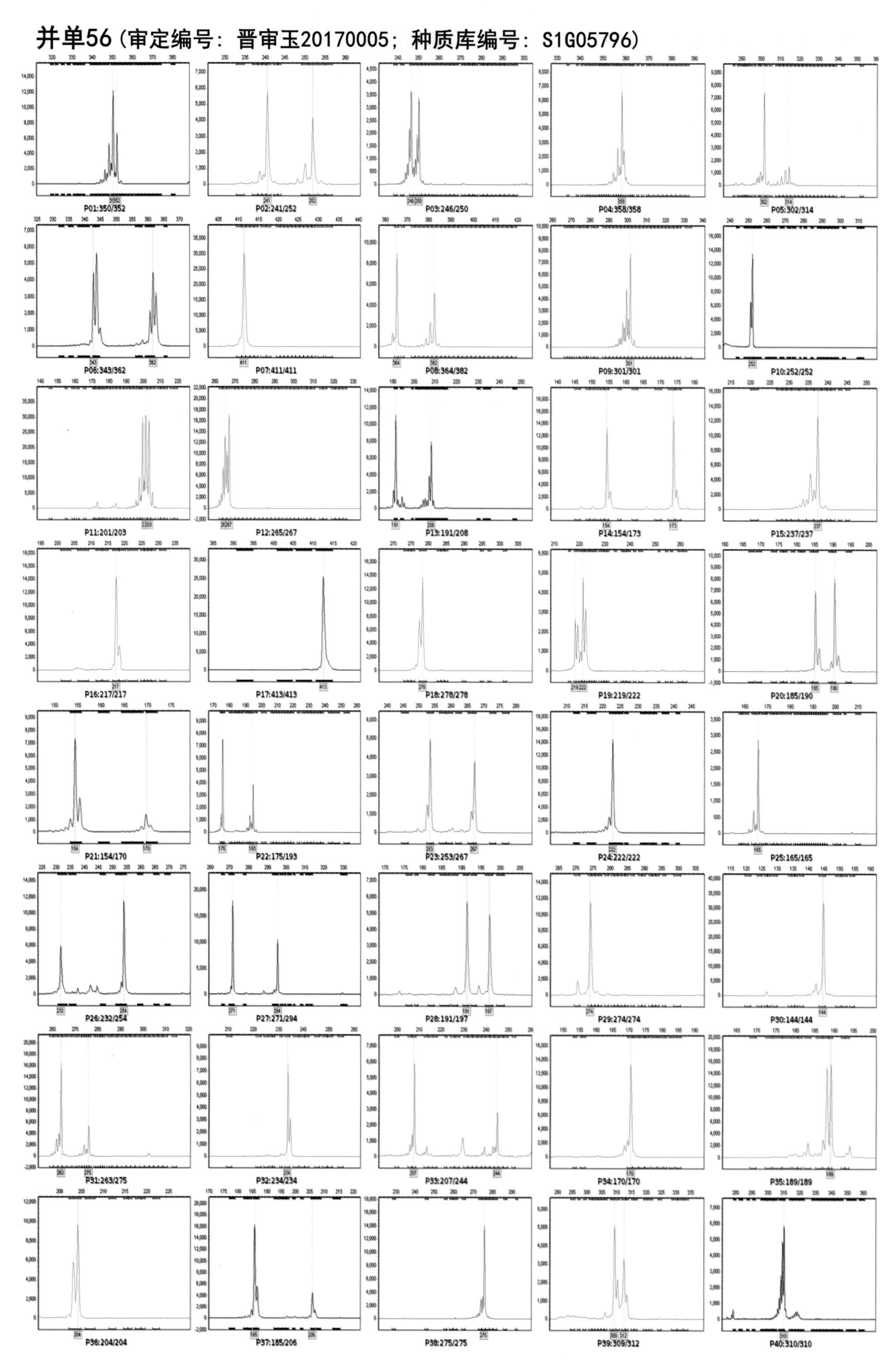
P01:350/352
P02:241/252
P03:246/250
P04:358/358
P05:302/314
P06:343/362
P07:411/411
P08:364/382
P09:301/301
P10:252/252
P11:201/203
P12:265/267
P13:191/208
P14:154/173
P15:237/237
P16:217/217
P17:413/413
P18:278/278
P19:219/222
P20:185/190
P21:154/170
P22:175/193
P23:253/267
P24:222/222
P25:165/165
P26:232/254
P27:271/294
P28:191/197
P29:274/274
P30:144/144
P31:263/275
P32:234/234
P33:207/244
P34:170/170
P35:189/189
P36:204/204
P37:185/206
P38:275/275
P39:309/312
P40:310/310

瑞丰168（审定编号：晋审玉20170006；种质库编号：S1G05797）

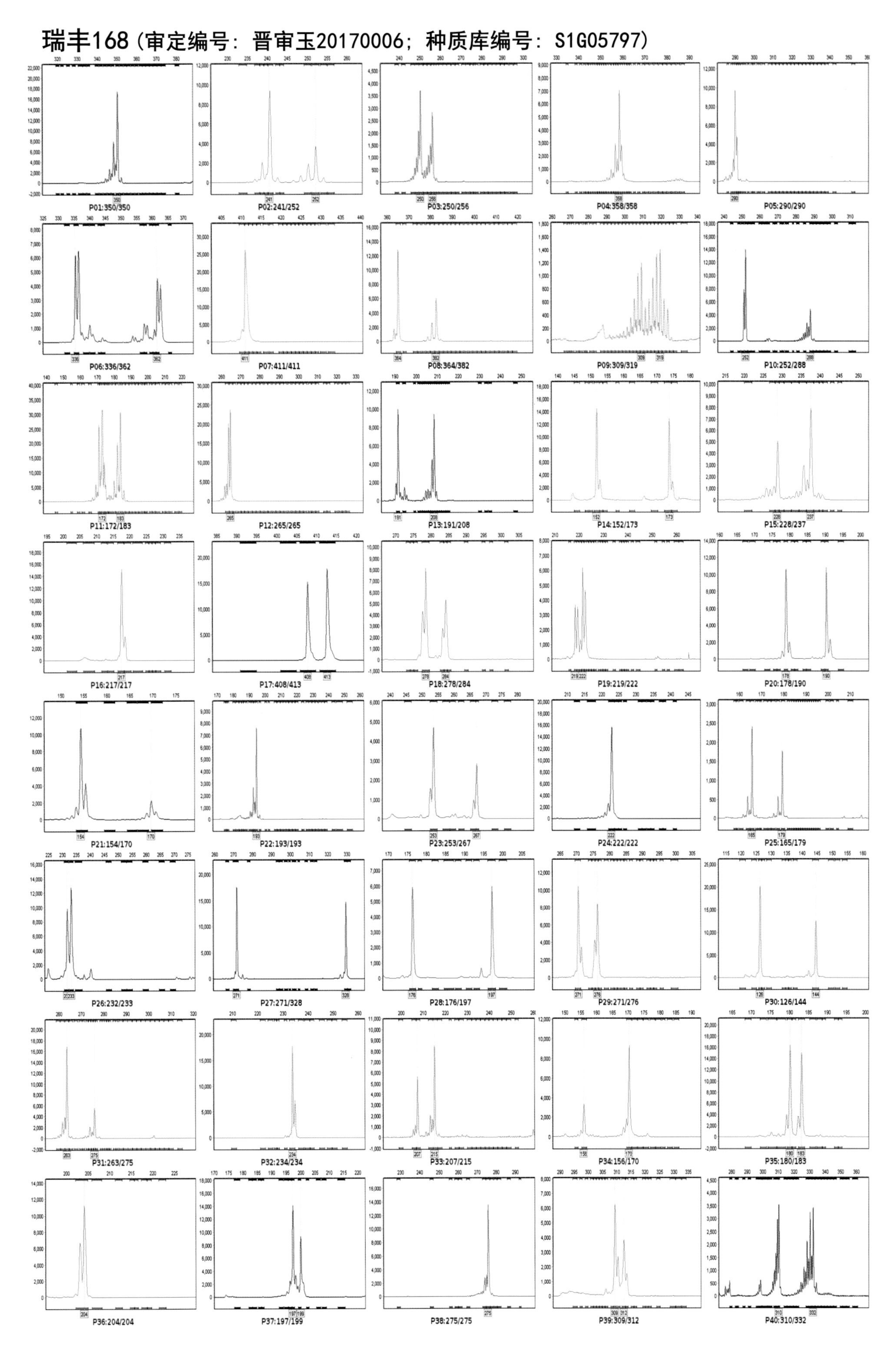

P01:350/350
P02:241/252
P03:250/256
P04:358/358
P05:290/290
P06:336/362
P07:411/411
P08:364/382
P09:309/319
P10:252/288
P11:172/183
P12:265/265
P13:191/208
P14:152/173
P15:228/237
P16:217/217
P17:408/413
P18:278/284
P19:219/222
P20:178/190
P21:154/170
P22:193/193
P23:253/267
P24:222/222
P25:165/179
P26:232/233
P27:271/328
P28:176/197
P29:271/276
P30:126/144
P31:263/275
P32:234/234
P33:207/215
P34:156/170
P35:180/183
P36:204/204
P37:197/199
P38:275/275
P39:309/312
P40:310/332

太玉968（审定编号：晋审玉20170007；种质库编号：S1G05798）

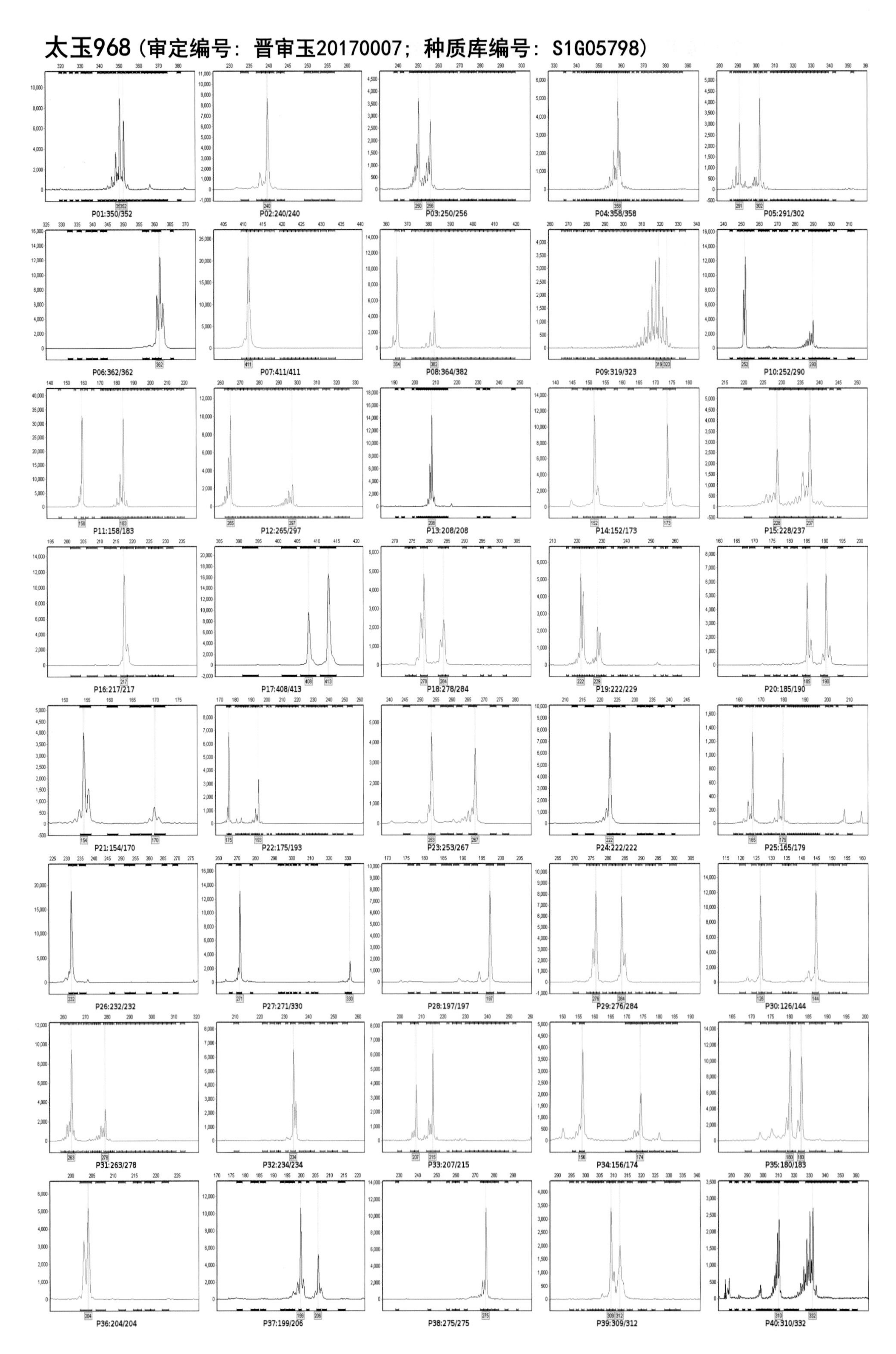
P01:350/352
P02:240/240
P03:250/256
P04:358/358
P05:291/302
P06:362/362
P07:411/411
P08:364/382
P09:319/323
P10:252/290
P11:158/183
P12:265/297
P13:208/208
P14:152/173
P15:228/237
P16:217/217
P17:408/413
P18:278/284
P19:222/229
P20:185/190
P21:154/170
P22:175/193
P23:253/267
P24:222/222
P25:165/179
P26:232/232
P27:271/330
P28:197/197
P29:276/284
P30:126/144
P31:263/278
P32:234/234
P33:207/215
P34:156/174
P35:180/183
P36:204/204
P37:199/206
P38:275/275
P39:309/312
P40:310/332

松科706（审定编号：晋审玉20170008；种质库编号：S1G05799）

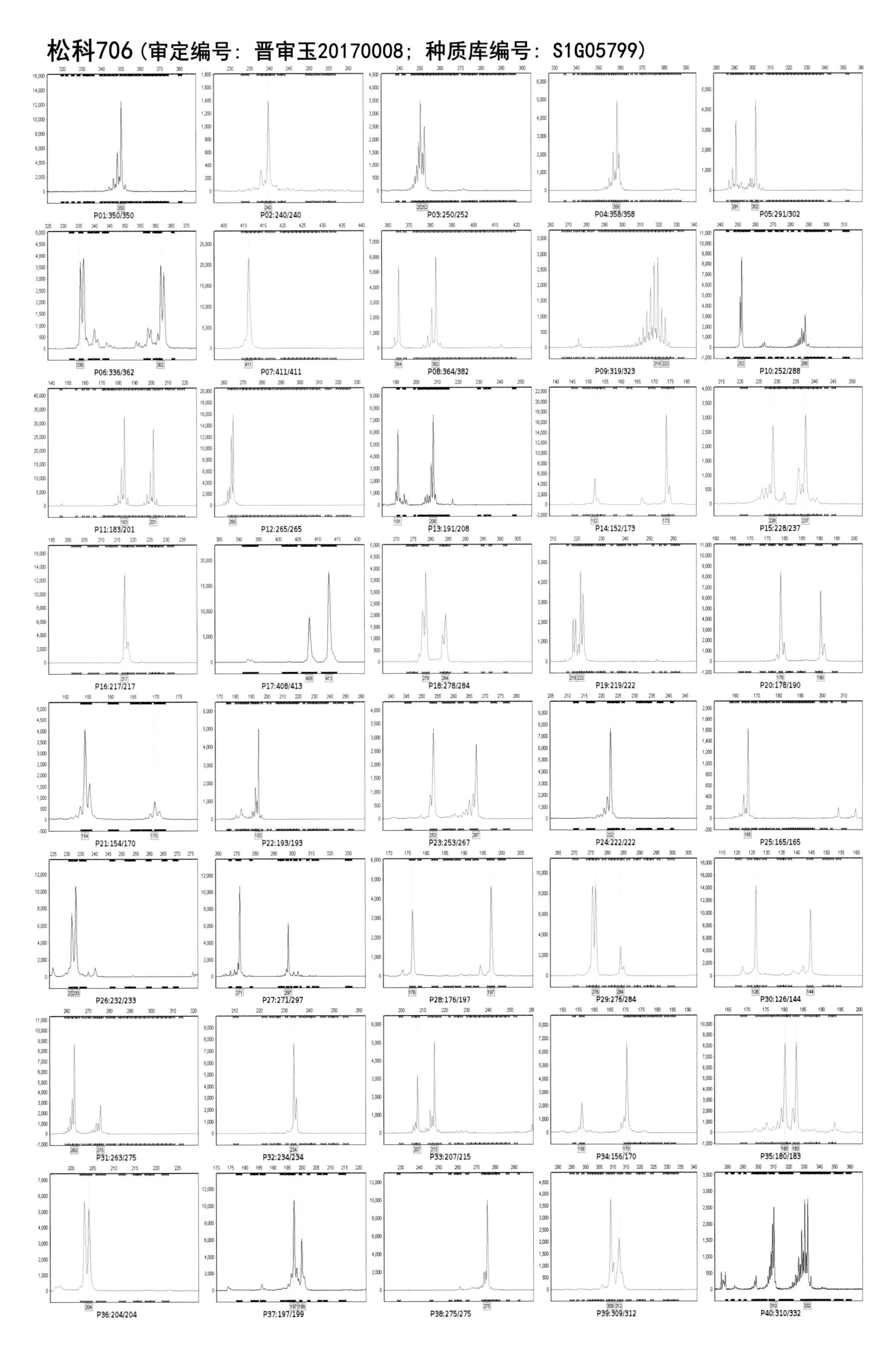

P01:350/350
P02:240/240
P03:250/252
P04:358/358
P05:291/302
P06:336/362
P07:411/411
P08:364/382
P09:319/323
P10:252/288
P11:183/201
P12:265/265
P13:191/208
P14:152/173
P15:228/237
P16:217/217
P17:408/413
P18:278/284
P19:219/222
P20:178/190
P21:154/170
P22:193/193
P23:253/267
P24:222/222
P25:165/165
P26:232/233
P27:271/297
P28:176/197
P29:276/284
P30:126/144
P31:263/275
P32:234/234
P33:207/215
P34:156/170
P35:180/183
P36:204/204
P37:197/199
P38:275/275
P39:309/312
P40:310/332

强盛389（审定编号：晋审玉20170009；种质库编号：S1G05800）

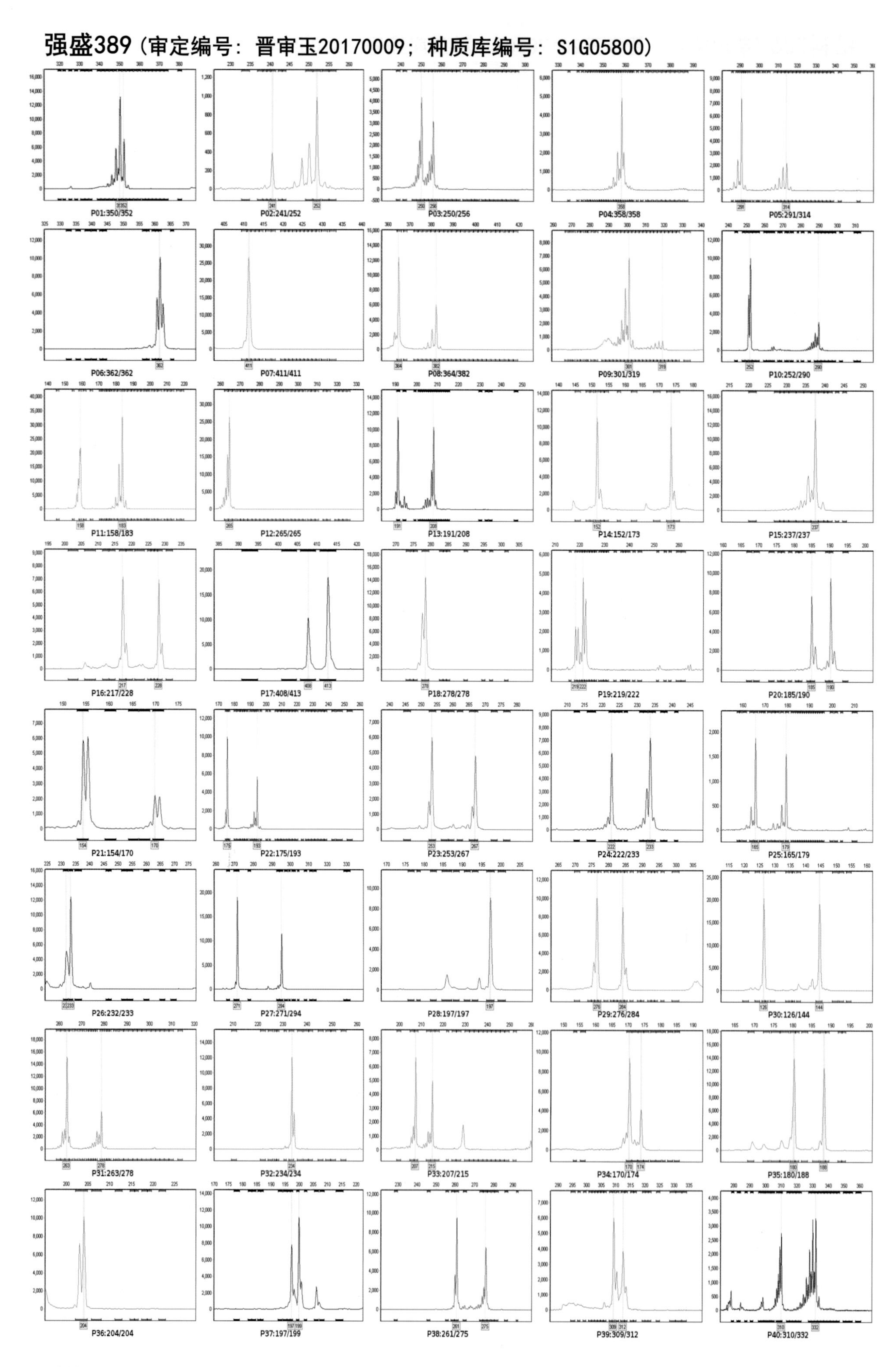

P01:350/352
P02:241/252
P03:250/256
P04:358/358
P05:291/314
P06:362/362
P07:411/411
P08:364/382
P09:301/319
P10:252/290
P11:158/183
P12:265/265
P13:191/208
P14:152/173
P15:237/237
P16:217/228
P17:408/413
P18:278/278
P19:219/222
P20:185/190
P21:154/170
P22:175/193
P23:253/267
P24:222/233
P25:165/179
P26:232/233
P27:271/294
P28:197/197
P29:276/284
P30:126/144
P31:263/278
P32:234/234
P33:207/215
P34:170/174
P35:180/188
P36:204/204
P37:197/199
P38:261/275
P39:309/312
P40:310/332

优迪339（审定编号：晋审玉20170010；种质库编号：S1G05801）

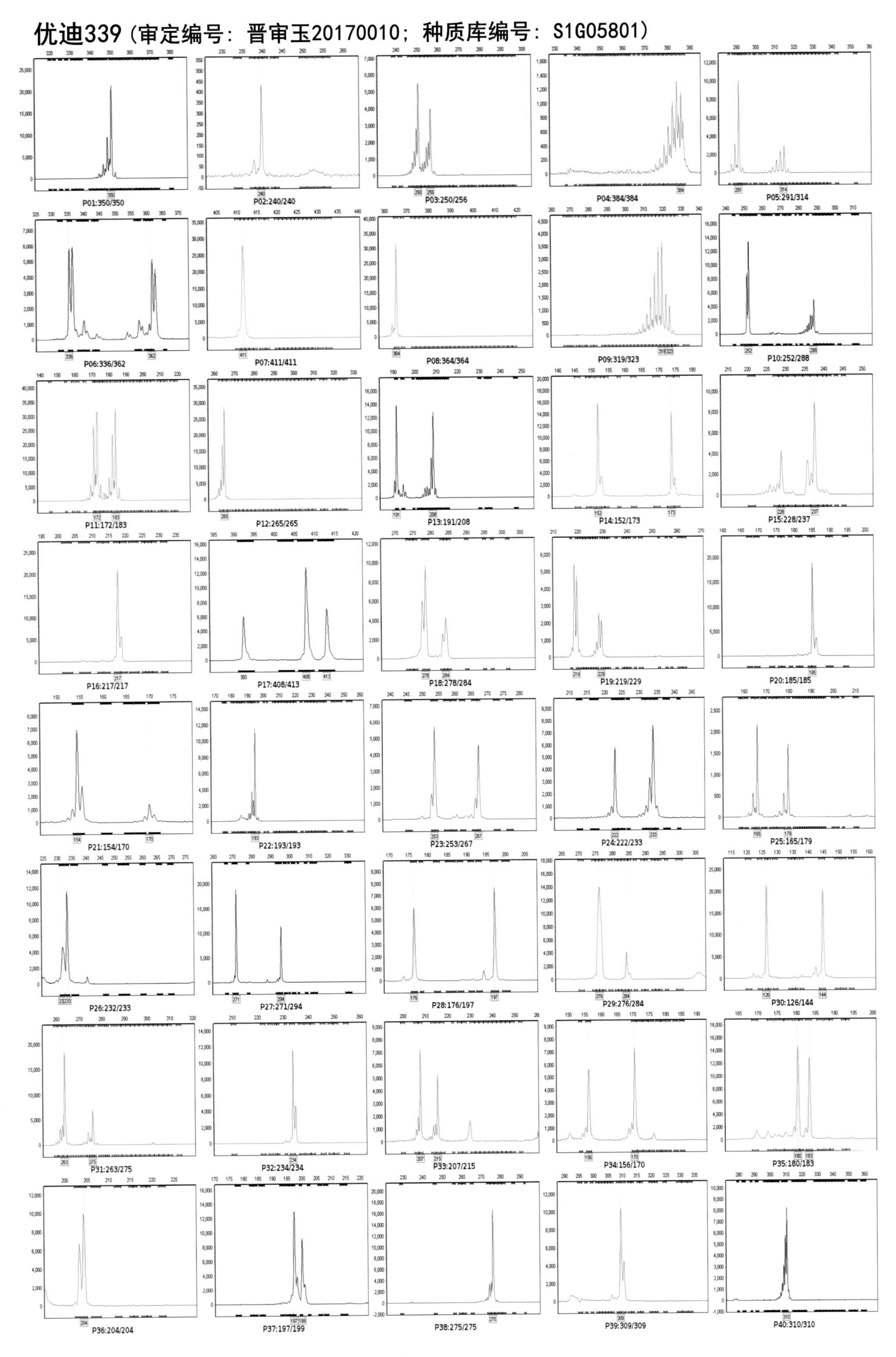

P01:350/350
P02:240/240
P03:250/256
P04:384/384
P05:291/314
P06:336/362
P07:411/411
P08:364/364
P09:319/323
P10:252/288
P11:172/183
P12:265/265
P13:191/208
P14:152/173
P15:228/237
P16:217/217
P17:408/413
P18:278/284
P19:219/229
P20:185/185
P21:154/170
P22:193/193
P23:253/267
P24:222/233
P25:165/179
P26:232/233
P27:271/294
P28:176/197
P29:276/284
P30:126/144
P31:263/275
P32:234/234
P33:207/215
P34:156/170
P35:180/183
P36:204/204
P37:197/199
P38:275/275
P39:309/309
P40:310/310

大德216（审定编号：晋审玉20170011；种质库编号：S1G04617）

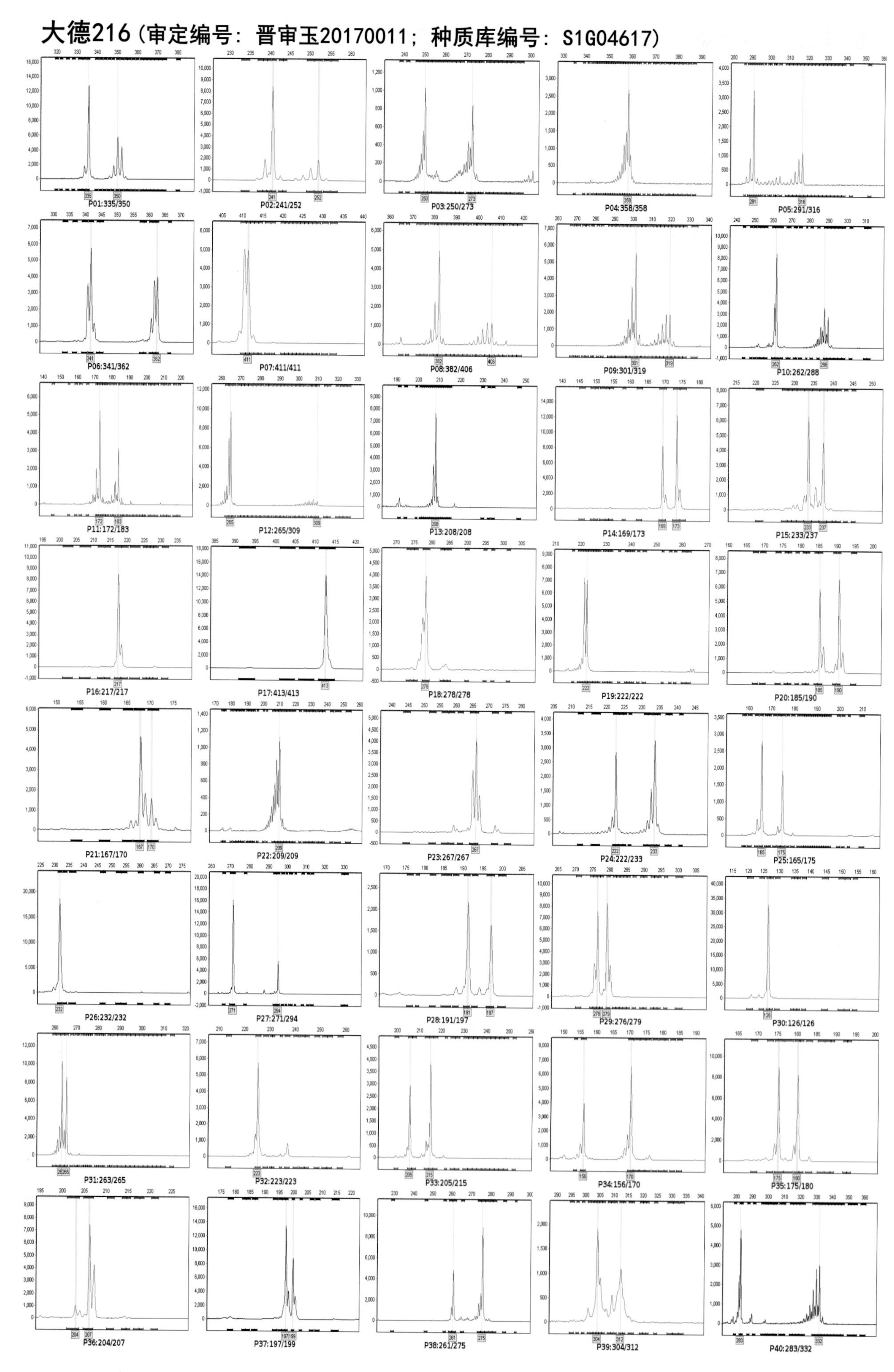

P01:335/350
P02:241/252
P03:250/273
P04:358/358
P05:291/316
P06:341/362
P07:411/411
P08:382/406
P09:301/319
P10:262/288
P11:172/183
P12:265/309
P13:208/208
P14:169/173
P15:233/237
P16:217/217
P17:413/413
P18:278/278
P19:222/222
P20:185/190
P21:167/170
P22:209/209
P23:267/267
P24:222/233
P25:165/175
P26:232/232
P27:271/294
P28:191/197
P29:276/279
P30:126/126
P31:263/265
P32:223/223
P33:205/215
P34:156/170
P35:175/180
P36:204/207
P37:197/199
P38:261/275
P39:304/312
P40:283/332

强盛377（审定编号：晋审玉20170012；种质库编号：S1G05802）

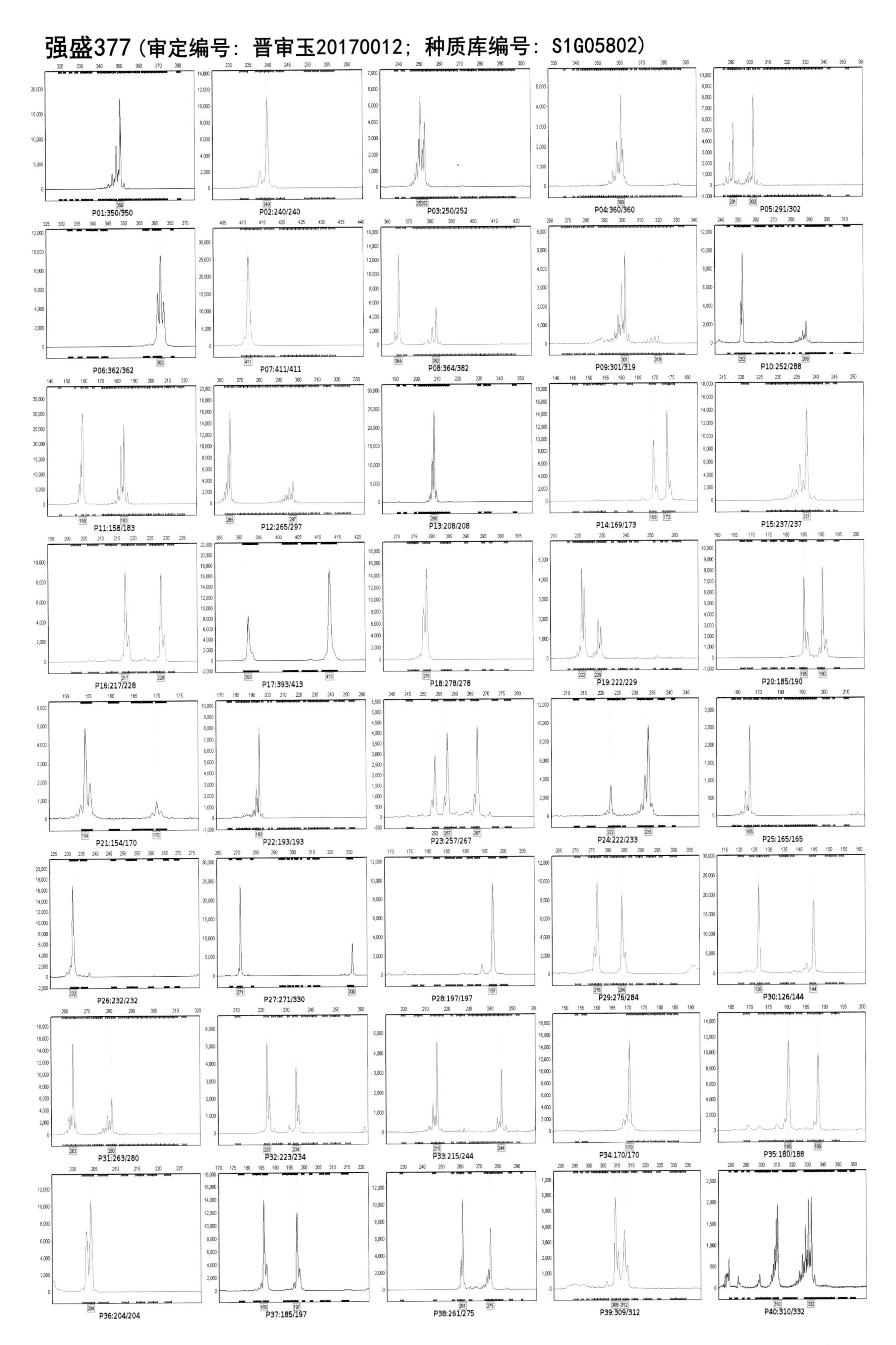

P01:350/350
P02:240/240
P03:250/252
P04:360/360
P05:291/302
P06:362/362
P07:411/411
P08:364/382
P09:301/319
P10:252/288
P11:158/183
P12:265/297
P13:208/208
P14:169/173
P15:237/237
P16:217/228
P17:393/413
P18:278/278
P19:222/229
P20:185/190
P21:154/170
P22:193/193
P23:257/267
P24:222/233
P25:165/165
P26:232/232
P27:271/330
P28:197/197
P29:276/284
P30:126/144
P31:263/280
P32:223/234
P33:215/244
P34:170/170
P35:180/188
P36:204/204
P37:185/197
P38:261/275
P39:309/312
P40:310/332

龙生19号（审定编号：晋审玉20170013；种质库编号：S1G05803）

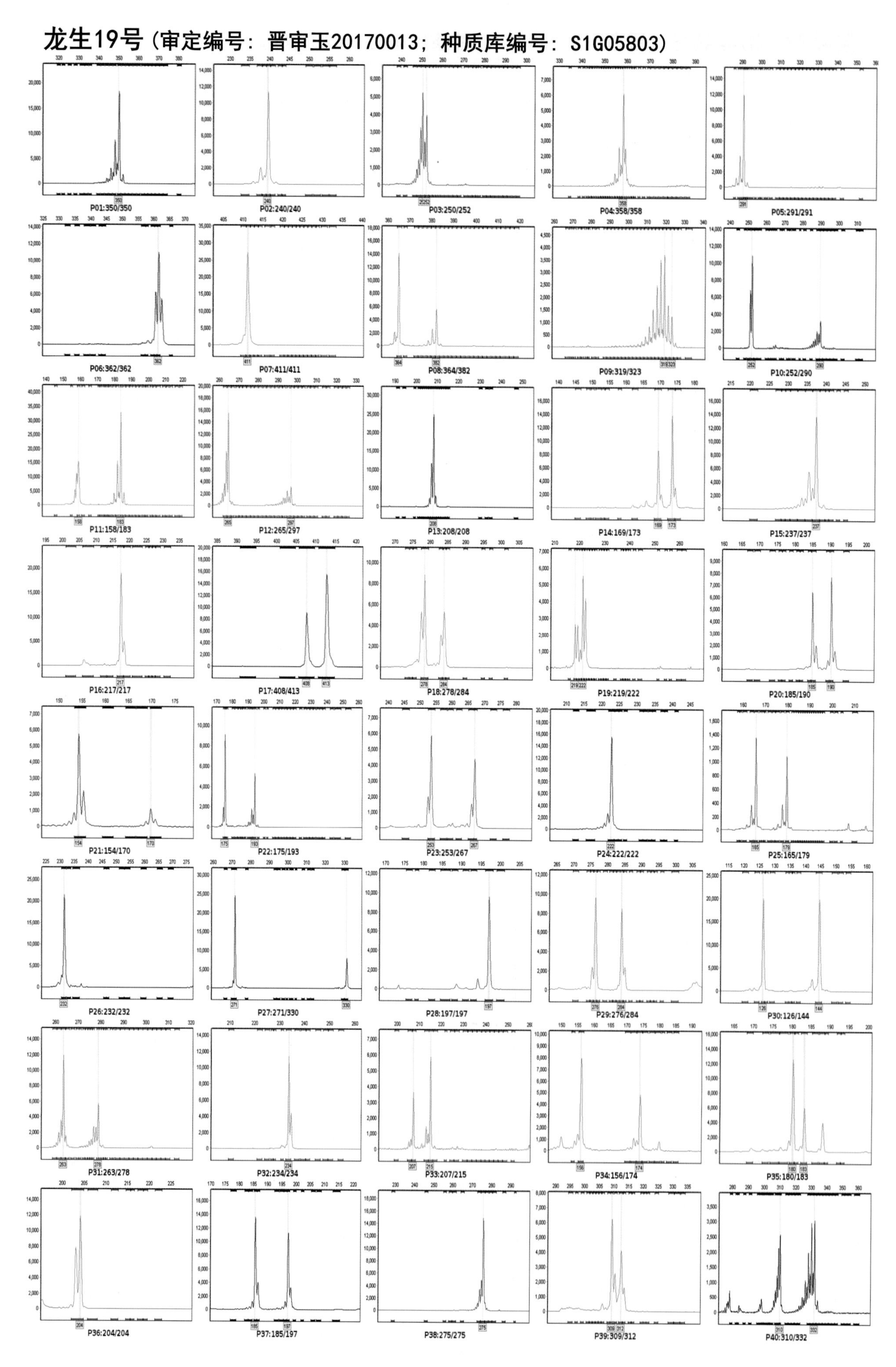
P01:350/350
P02:240/240
P03:250/252
P04:358/358
P05:291/291
P06:362/362
P07:411/411
P08:364/382
P09:319/323
P10:252/290
P11:158/183
P12:265/297
P13:208/208
P14:169/173
P15:237/237
P16:217/217
P17:408/413
P18:278/284
P19:219/222
P20:185/190
P21:154/170
P22:175/193
P23:253/267
P24:222/222
P25:165/179
P26:232/232
P27:271/330
P28:197/197
P29:276/284
P30:126/144
P31:263/278
P32:234/234
P33:207/215
P34:156/174
P35:180/183
P36:204/204
P37:185/197
P38:275/275
P39:309/312
P40:310/332

鑫源88（审定编号：晋审玉20170014；种质库编号：S1G05804）

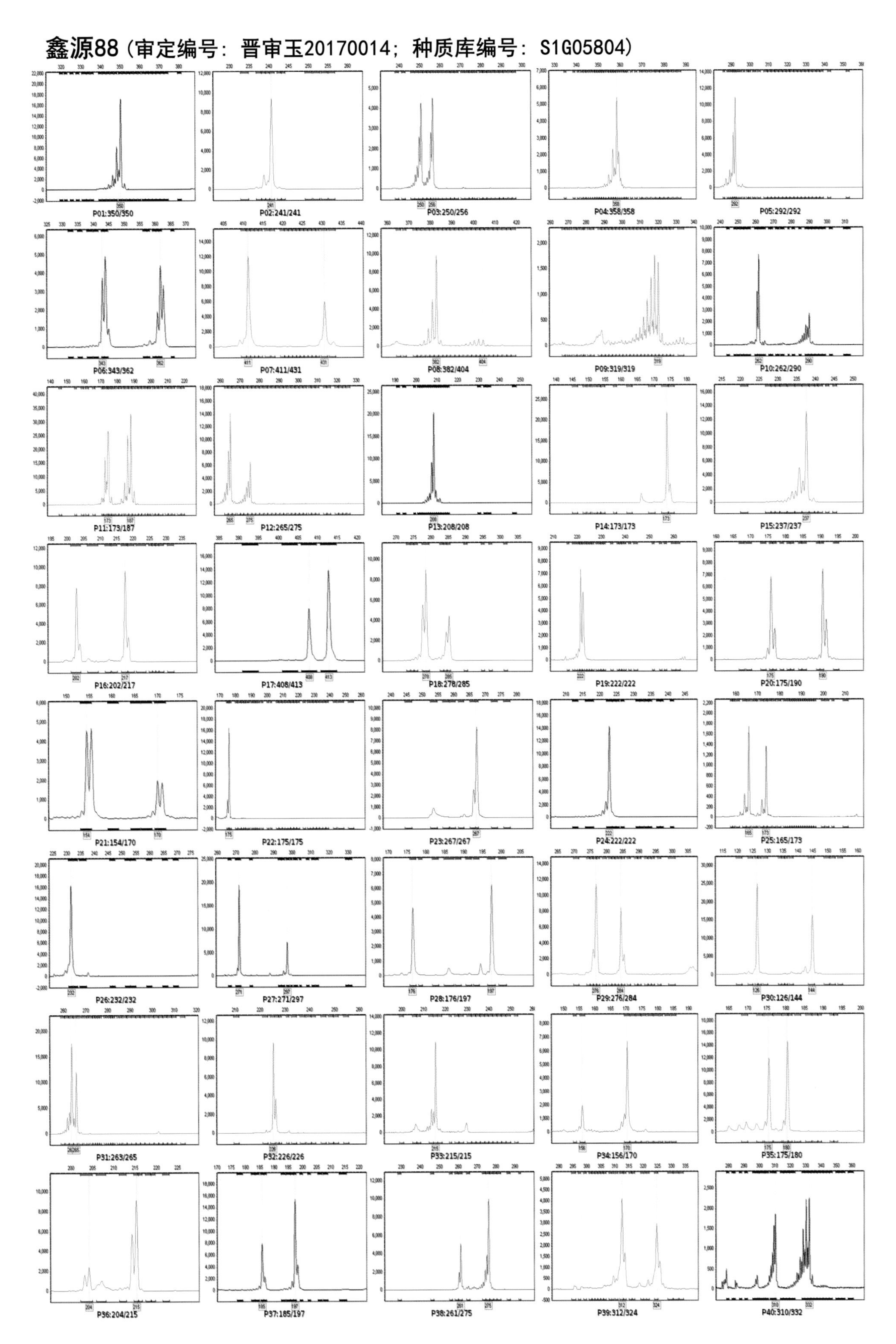
P01:350/350
P02:241/241
P03:250/256
P04:358/358
P05:292/292
P06:343/362
P07:411/431
P08:382/404
P09:319/319
P10:262/290
P11:173/187
P12:265/275
P13:208/208
P14:173/173
P15:237/237
P16:202/217
P17:408/413
P18:278/285
P19:222/222
P20:175/190
P21:154/170
P22:175/175
P23:267/267
P24:222/222
P25:165/173
P26:232/232
P27:271/297
P28:176/197
P29:276/284
P30:126/144
P31:263/265
P32:226/226
P33:215/215
P34:156/170
P35:175/180
P36:204/215
P37:185/197
P38:261/275
P39:312/324
P40:310/332

长单511（审定编号：晋审玉20170015；种质库编号：S1G05805）

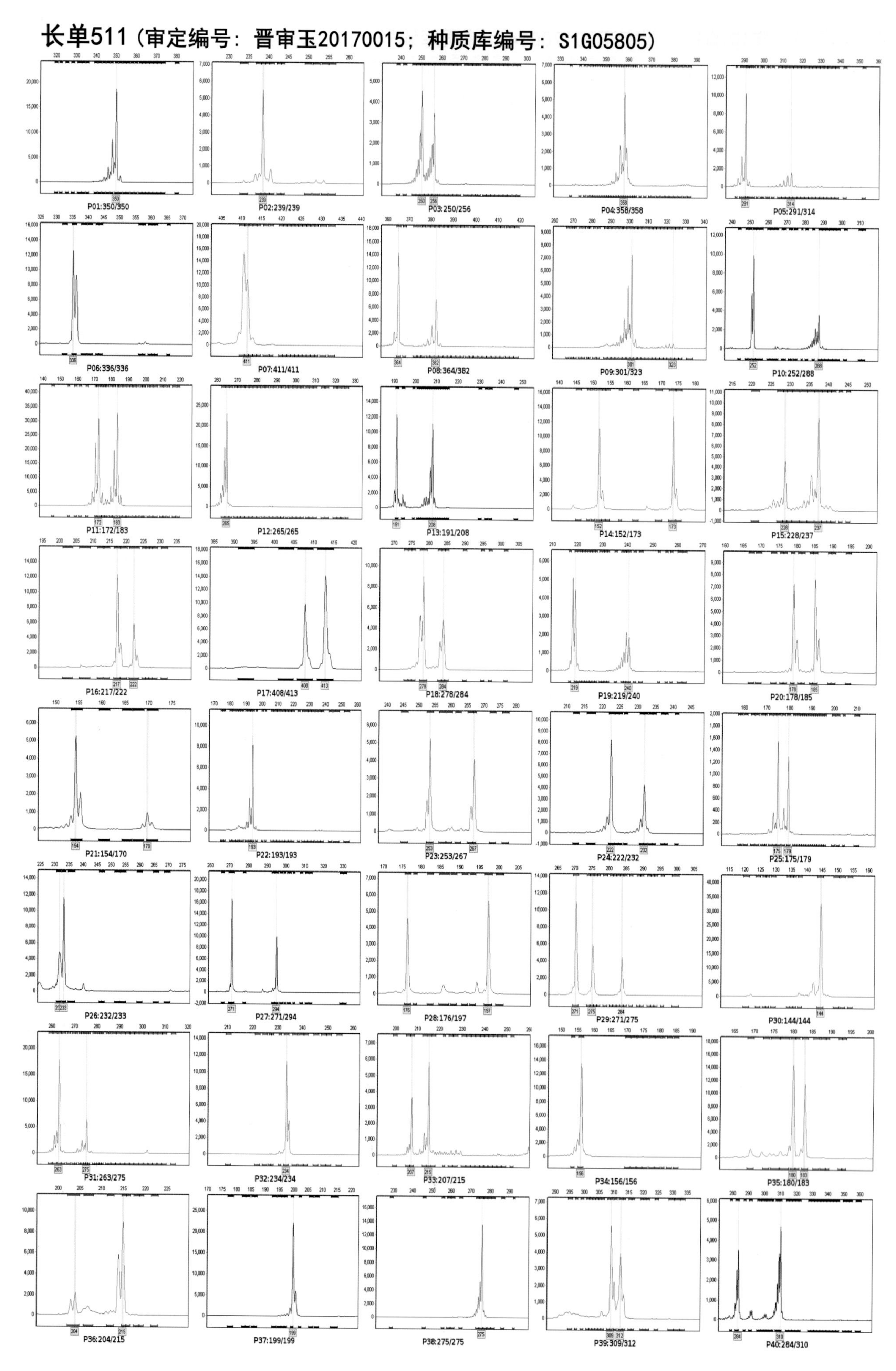

P01:350/350
P02:239/239
P03:250/256
P04:358/358
P05:291/314
P06:336/336
P07:411/411
P08:364/382
P09:301/323
P10:252/288
P11:172/183
P12:265/265
P13:191/208
P14:152/173
P15:228/237
P16:217/222
P17:408/413
P18:278/284
P19:219/240
P20:178/185
P21:154/170
P22:193/193
P23:253/267
P24:222/232
P25:175/179
P26:232/233
P27:271/294
P28:176/197
P29:271/275
P30:144/144
P31:263/275
P32:234/234
P33:207/215
P34:156/156
P35:180/183
P36:204/215
P37:199/199
P38:275/275
P39:309/312
P40:284/310

晋育1号（审定编号：晋审玉20170016；种质库编号：S1G05806）

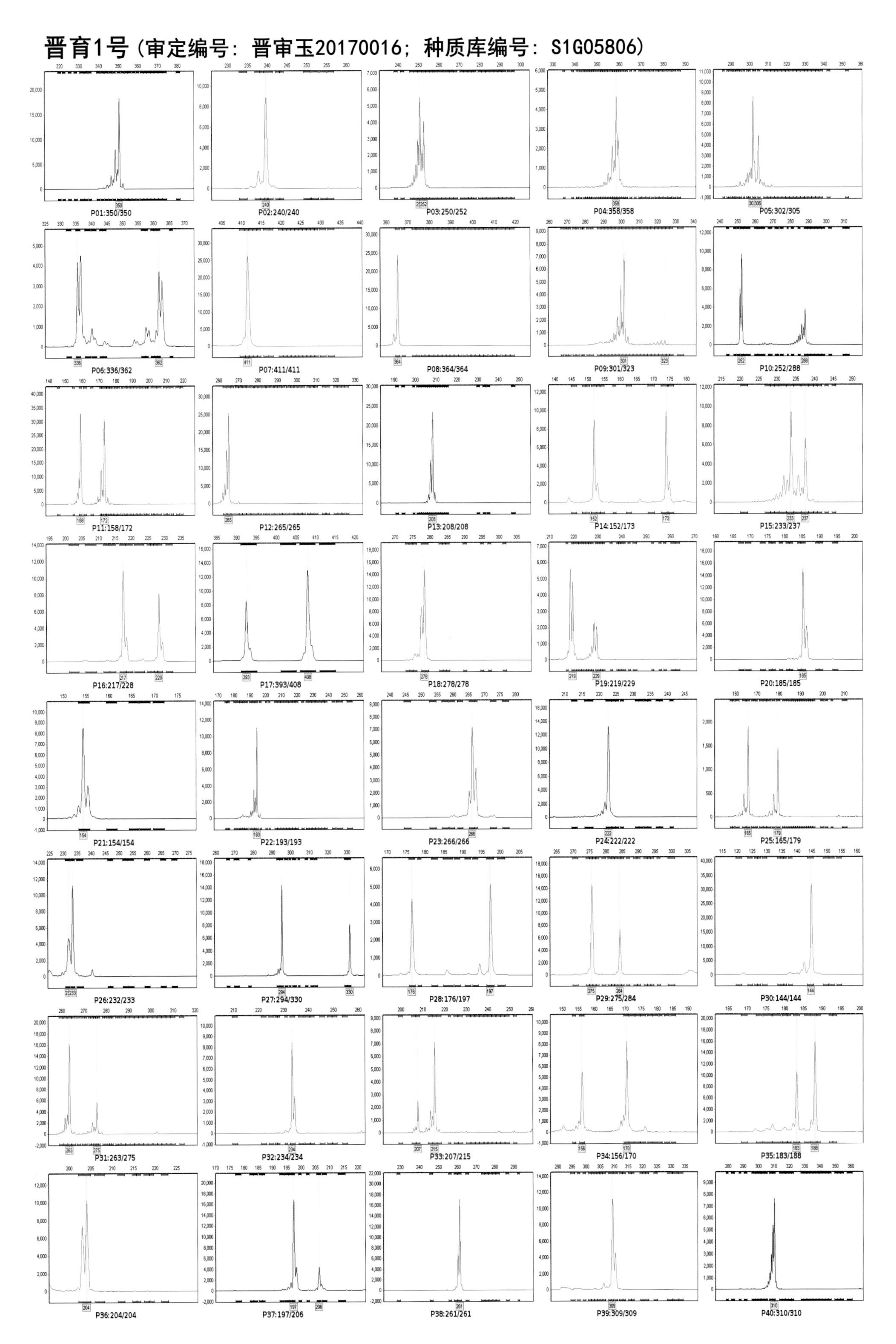

P01:350/350
P02:240/240
P03:250/252
P04:358/358
P05:302/305
P06:336/362
P07:411/411
P08:364/364
P09:301/323
P10:252/288
P11:158/172
P12:265/265
P13:208/208
P14:152/173
P15:233/237
P16:217/228
P17:393/408
P18:278/278
P19:219/229
P20:185/185
P21:154/154
P22:193/193
P23:266/266
P24:222/222
P25:165/179
P26:232/233
P27:294/330
P28:176/197
P29:275/284
P30:144/144
P31:263/275
P32:234/234
P33:207/215
P34:156/170
P35:183/188
P36:204/204
P37:197/206
P38:261/261
P39:309/309
P40:310/310

晋单90号（审定编号：晋审玉20170017；种质库编号：S1G05807）

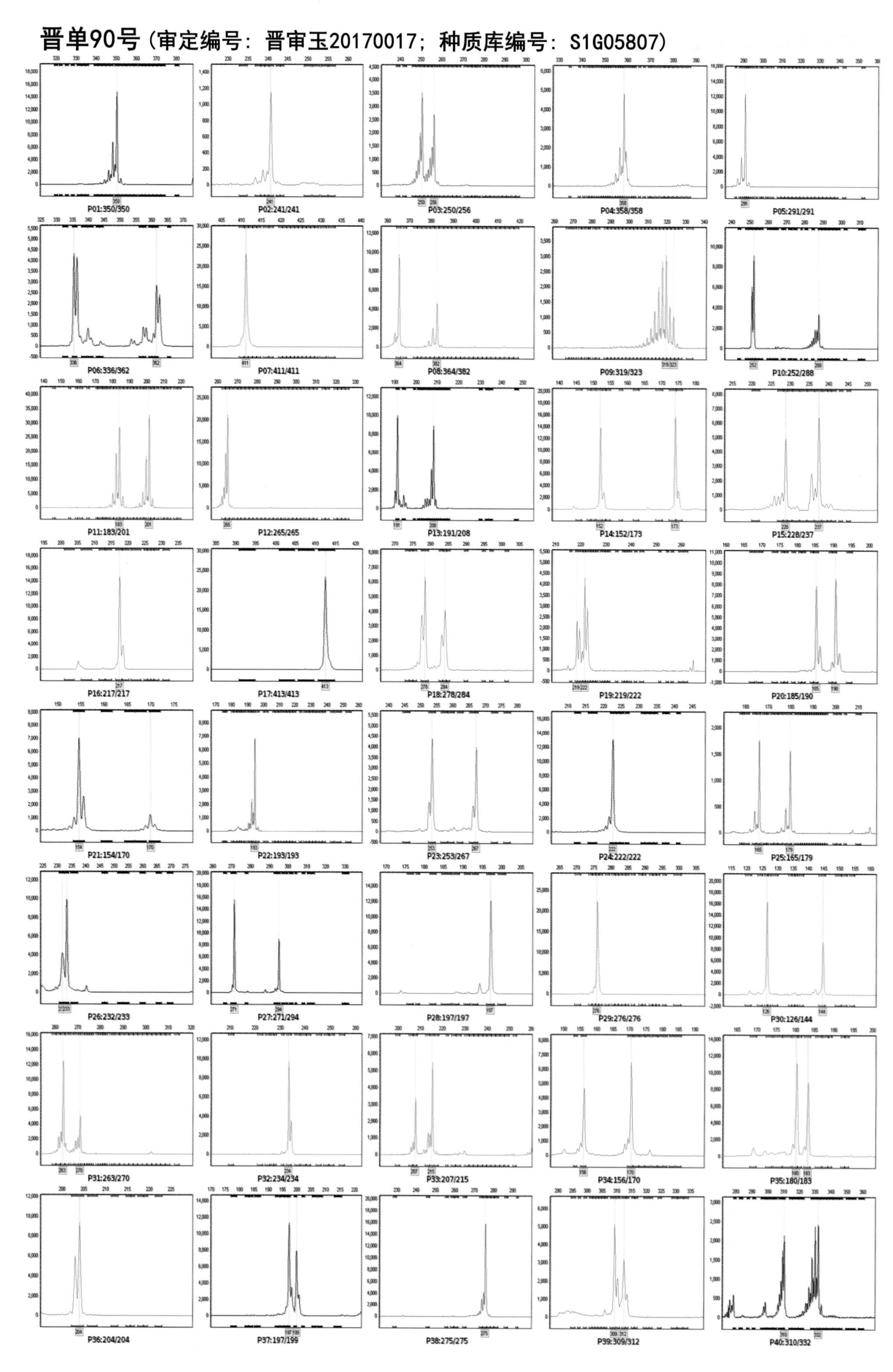
P01:350/350
P02:241/241
P03:250/256
P04:358/358
P05:291/291
P06:336/362
P07:411/411
P08:364/382
P09:319/323
P10:252/288
P11:183/201
P12:265/265
P13:191/208
P14:152/173
P15:228/237
P16:217/217
P17:413/413
P18:278/284
P19:219/222
P20:185/190
P21:154/170
P22:193/193
P23:253/267
P24:222/222
P25:165/179
P26:232/233
P27:271/294
P28:197/197
P29:276/276
P30:126/144
P31:263/270
P32:234/234
P33:207/215
P34:156/170
P35:180/183
P36:204/204
P37:197/199
P38:275/275
P39:309/312
P40:310/332

盛玉688（审定编号：晋审玉20170018；种质库编号：S1G05808）

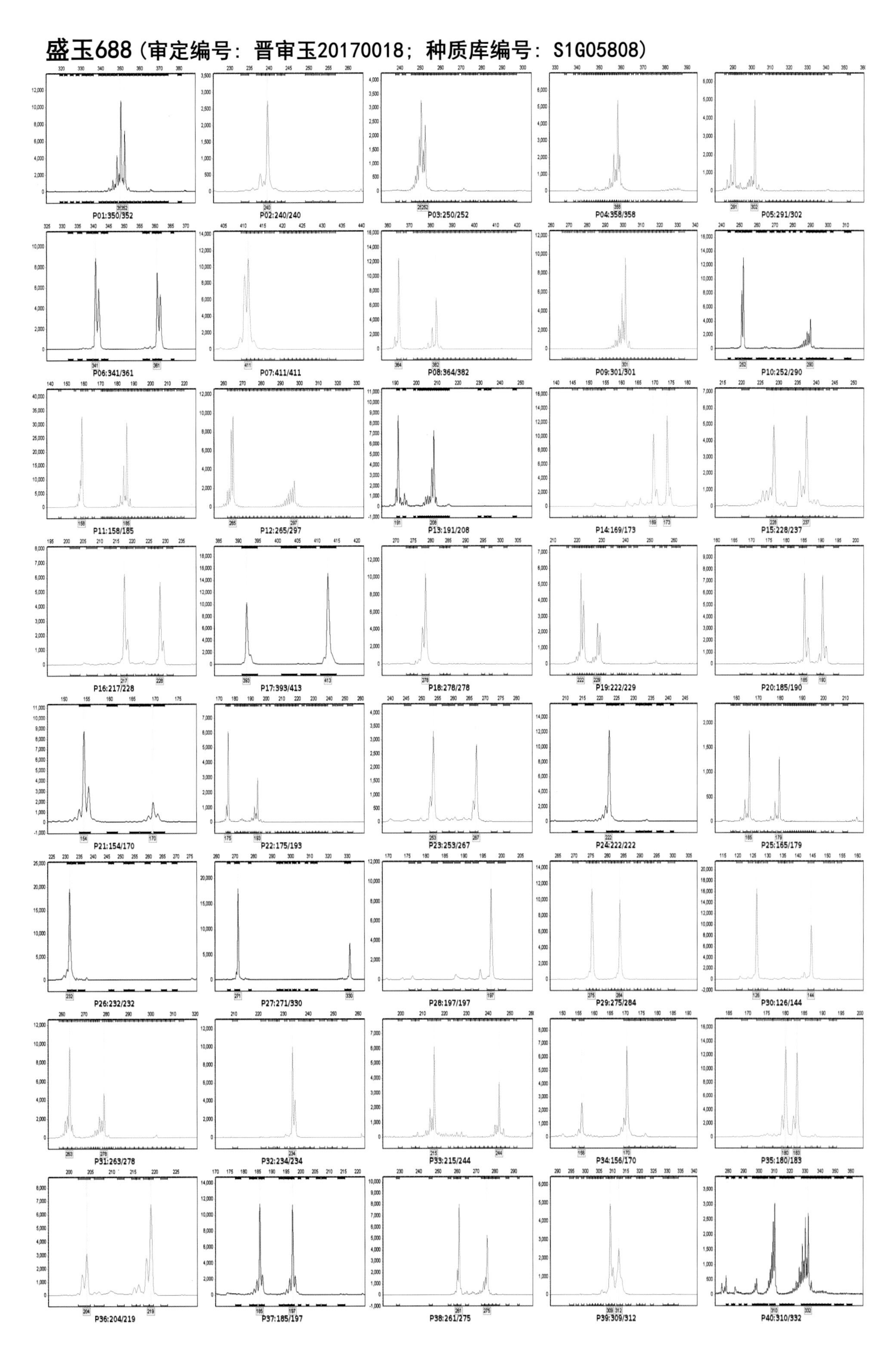
P01:350/352
P02:240/240
P03:250/252
P04:358/358
P05:291/302
P06:341/361
P07:411/411
P08:364/382
P09:301/301
P10:252/290
P11:158/185
P12:265/297
P13:191/208
P14:169/173
P15:228/237
P16:217/228
P17:393/413
P18:278/278
P19:222/229
P20:185/190
P21:154/170
P22:175/193
P23:253/267
P24:222/222
P25:165/179
P26:232/232
P27:271/330
P28:197/197
P29:275/284
P30:126/144
P31:263/278
P32:234/234
P33:215/244
P34:156/170
P35:180/183
P36:204/219
P37:185/197
P38:261/275
P39:309/312
P40:310/332

邦农369（审定编号：晋审玉20170019；种质库编号：S1G05809）

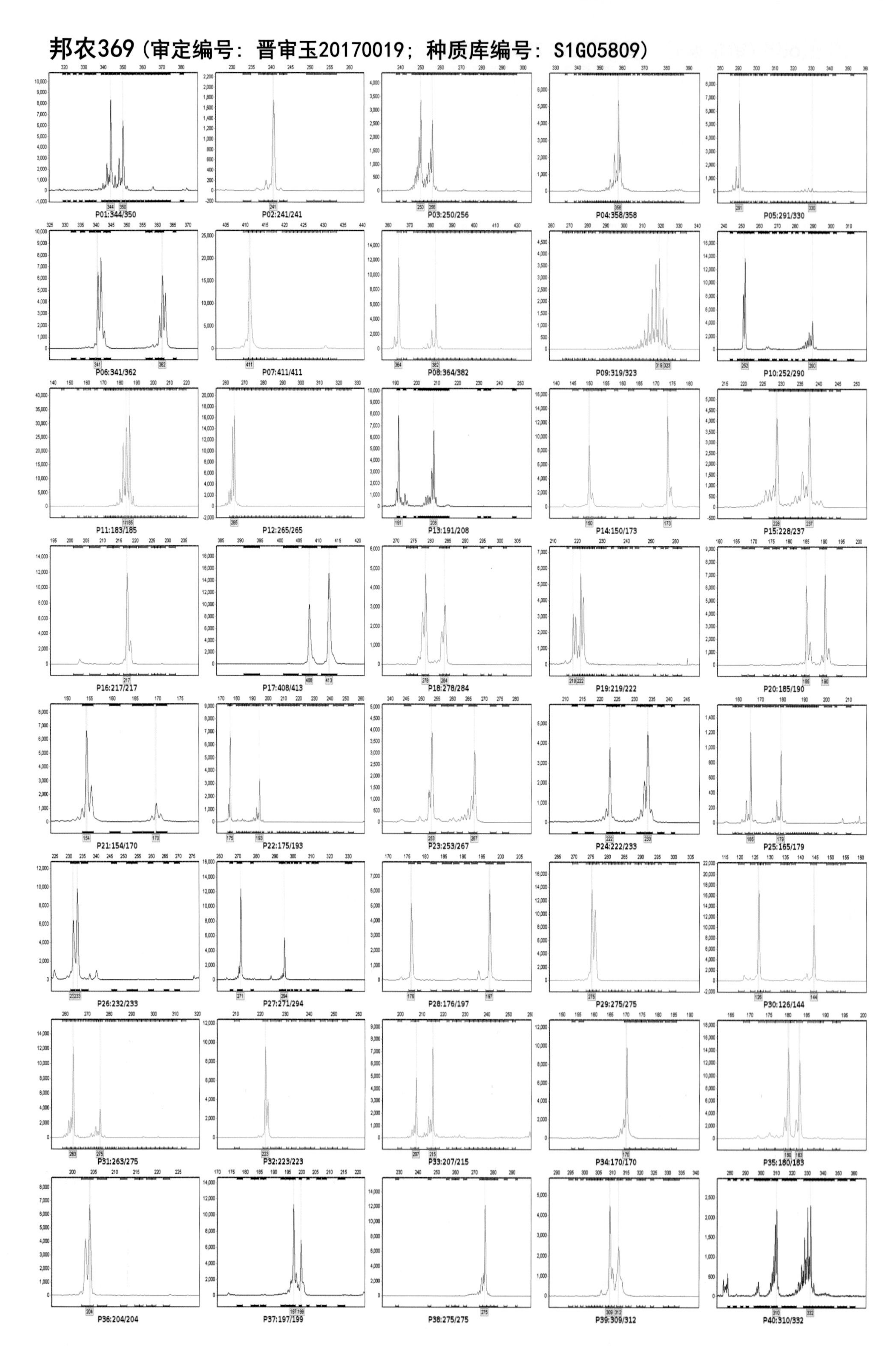
P01:344/350
P02:241/241
P03:250/256
P04:358/358
P05:291/330
P06:341/362
P07:411/411
P08:364/382
P09:319/323
P10:252/290
P11:183/185
P12:265/265
P13:191/208
P14:150/173
P15:228/237
P16:217/217
P17:408/413
P18:278/284
P19:219/222
P20:185/190
P21:154/170
P22:175/193
P23:253/267
P24:222/233
P25:165/179
P26:232/233
P27:271/294
P28:176/197
P29:275/275
P30:126/144
P31:263/275
P32:223/223
P33:207/215
P34:170/170
P35:180/183
P36:204/204
P37:197/199
P38:275/275
P39:309/312
P40:310/332

德玉909（审定编号：晋审玉20170020；种质库编号：S1G05810）

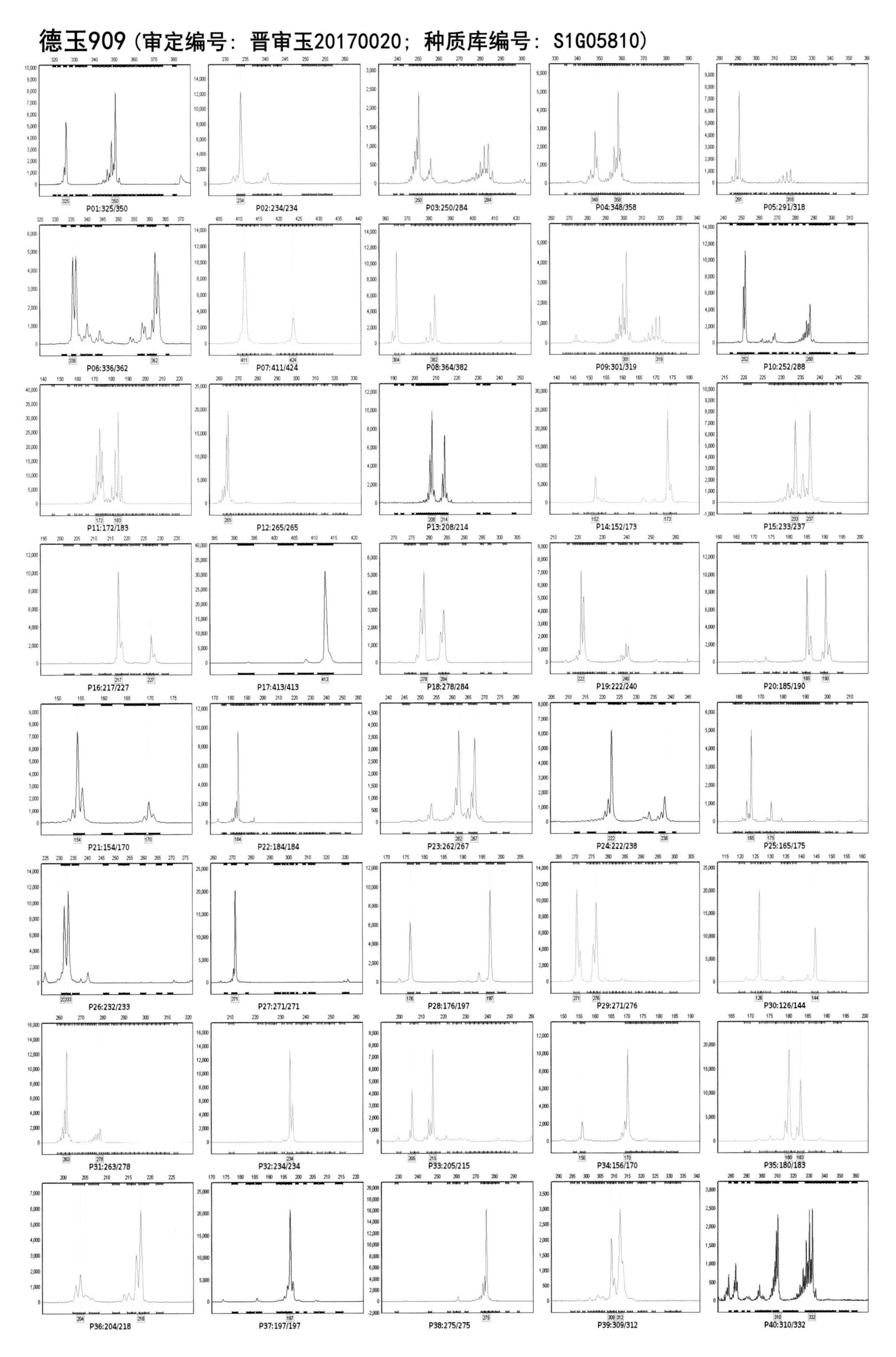
P01:325/350
P02:234/234
P03:250/284
P04:348/358
P05:291/318
P06:336/362
P07:411/424
P08:364/382
P09:301/319
P10:252/288
P11:172/183
P12:265/265
P13:208/214
P14:152/173
P15:233/237
P16:217/227
P17:413/413
P18:278/284
P19:222/240
P20:185/190
P21:154/170
P22:184/184
P23:262/267
P24:222/238
P25:165/175
P26:232/233
P27:271/271
P28:176/197
P29:271/276
P30:126/144
P31:263/278
P32:234/234
P33:205/215
P34:156/170
P35:180/183
P36:204/218
P37:197/197
P38:275/275
P39:309/312
P40:310/332

禾博士126（审定编号：晋审玉20170021；种质库编号：S1G05680）

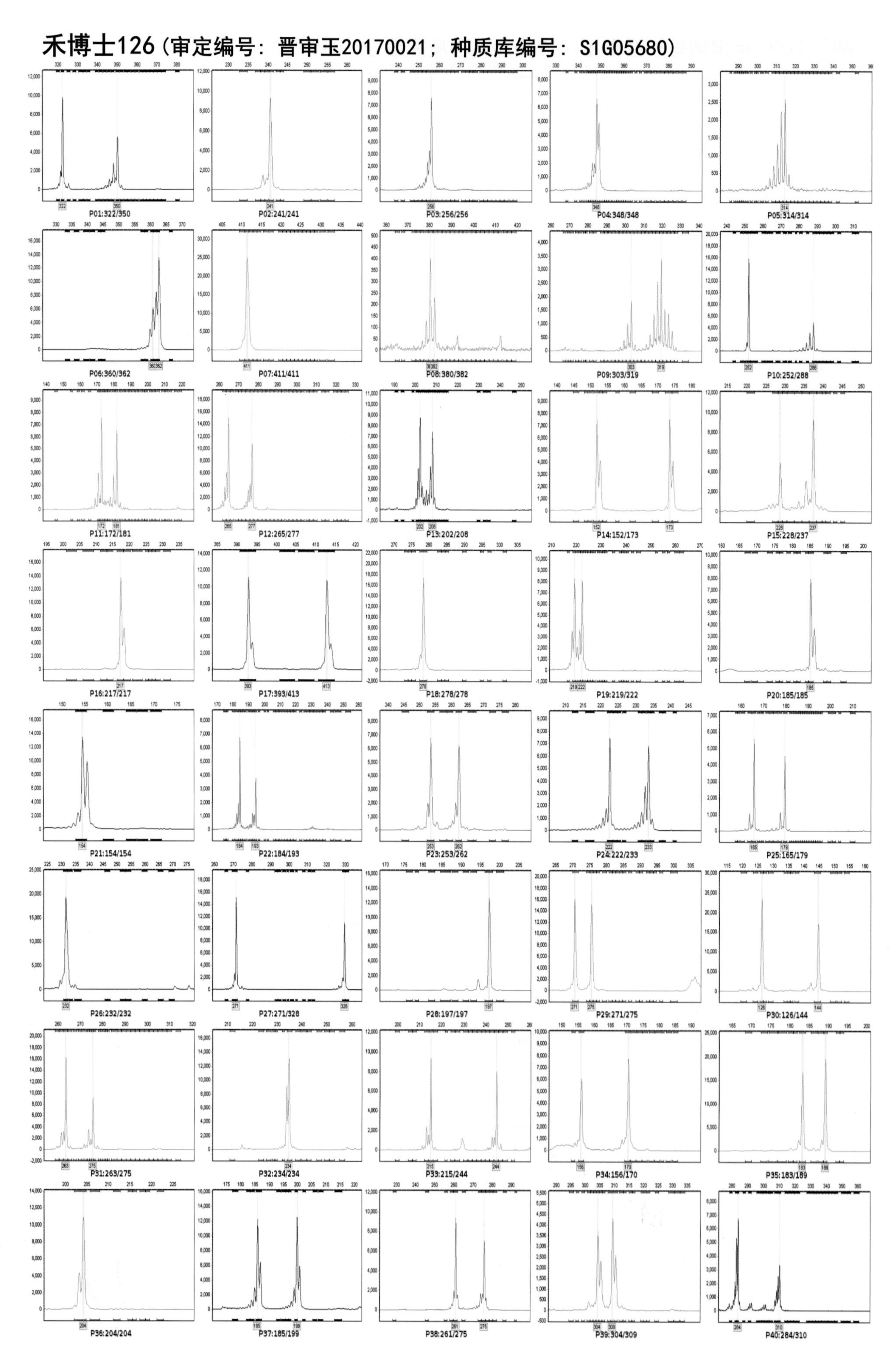
P01:322/350
P02:241/241
P03:256/256
P04:348/348
P05:314/314
P06:360/362
P07:411/411
P08:380/382
P09:303/319
P10:252/288
P11:172/181
P12:265/277
P13:202/208
P14:152/173
P15:228/237
P16:217/217
P17:393/413
P18:278/278
P19:219/222
P20:185/185
P21:154/154
P22:184/193
P23:253/262
P24:222/233
P25:165/179
P26:232/232
P27:271/328
P28:197/197
P29:271/275
P30:126/144
P31:263/275
P32:234/234
P33:215/244
P34:156/170
P35:183/189
P36:204/204
P37:185/199
P38:261/275
P39:304/309
P40:284/310

MC278（审定编号：晋审玉20170022；种质库编号：S1G04594）

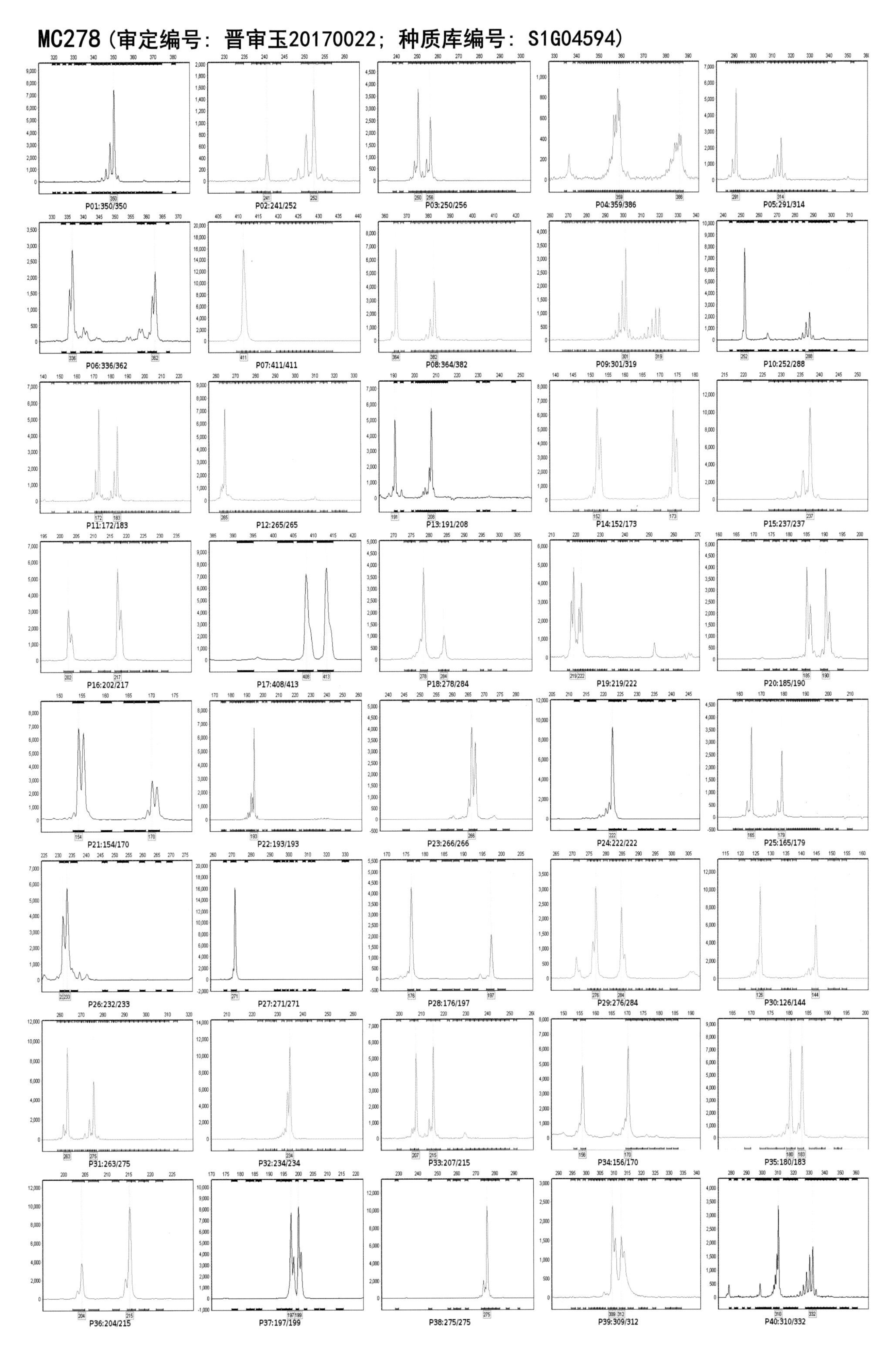

P01:350/350
P02:241/252
P03:250/256
P04:359/386
P05:291/314
P06:336/362
P07:411/411
P08:364/382
P09:301/319
P10:252/288
P11:172/183
P12:265/265
P13:191/208
P14:152/173
P15:237/237
P16:202/217
P17:408/413
P18:278/284
P19:219/222
P20:185/190
P21:154/170
P22:193/193
P23:266/266
P24:222/222
P25:165/179
P26:232/233
P27:271/271
P28:176/197
P29:276/284
P30:126/144
P31:263/275
P32:234/234
P33:207/215
P34:156/170
P35:180/183
P36:204/215
P37:197/199
P38:275/275
P39:309/312
P40:310/332

DK193（审定编号：晋审玉20170023；种质库编号：XIN28002）

P01:350/350

P02:241/252

P03:250/256

P04:358/376

P05:291/330

P06:336/362

P07:411/411

P08:382/382

P09:319/323

P10:252/288

P11:181/183

P12:265/265

P13:191/208

P14:169/173

P15:233/237

P16:217/217

P17:408/413

P18:278/284

P19:222/240

P20:178/190

P21:154/170

P22:213/238

P23:253/267

P24:222/222

P25:165/192

P26:232/233

P27:271/271

P28:176/197

P29:276/284

P30:126/144

P31:263/263

P32:234/234

P33:207/215

P34:156/170

P35:180/183

P36:204/204

P37:197/199

P38:275/275

P39:309/312

P40:284/332

华美玉336（审定编号：晋审玉20170024；种质库编号：S1G05811）

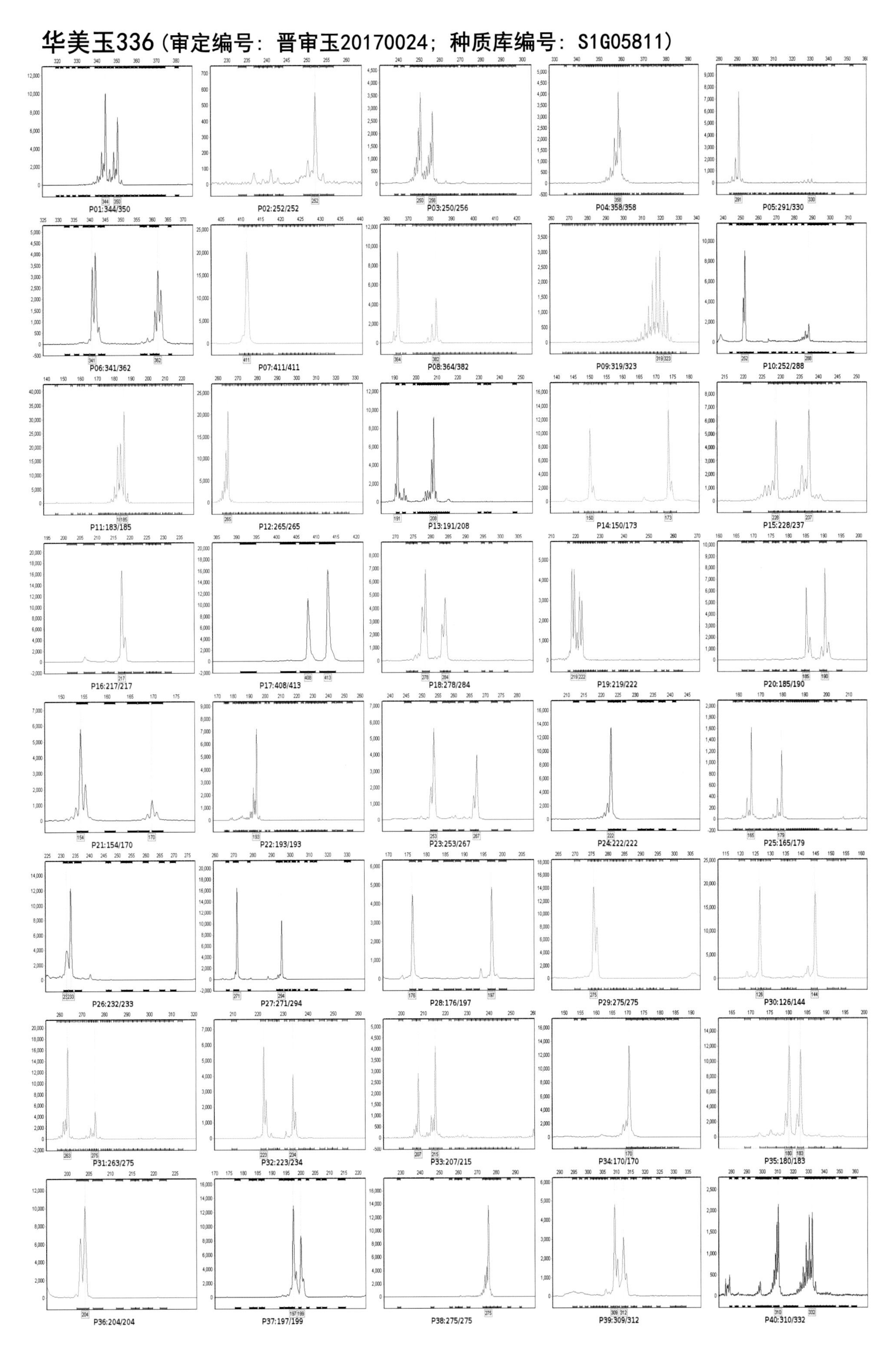

P01:344/350
P02:252/252
P03:250/256
P04:358/358
P05:291/330
P06:341/362
P07:411/411
P08:364/382
P09:319/323
P10:252/288
P11:183/185
P12:265/265
P13:191/208
P14:150/173
P15:228/237
P16:217/217
P17:408/413
P18:278/284
P19:219/222
P20:185/190
P21:154/170
P22:193/193
P23:253/267
P24:222/222
P25:165/179
P26:232/233
P27:271/294
P28:176/197
P29:275/275
P30:126/144
P31:263/275
P32:223/234
P33:207/215
P34:170/170
P35:180/183
P36:204/204
P37:197/199
P38:275/275
P39:309/312
P40:310/332

德育丰568（审定编号：晋审玉20170025；种质库编号：S1G05812）

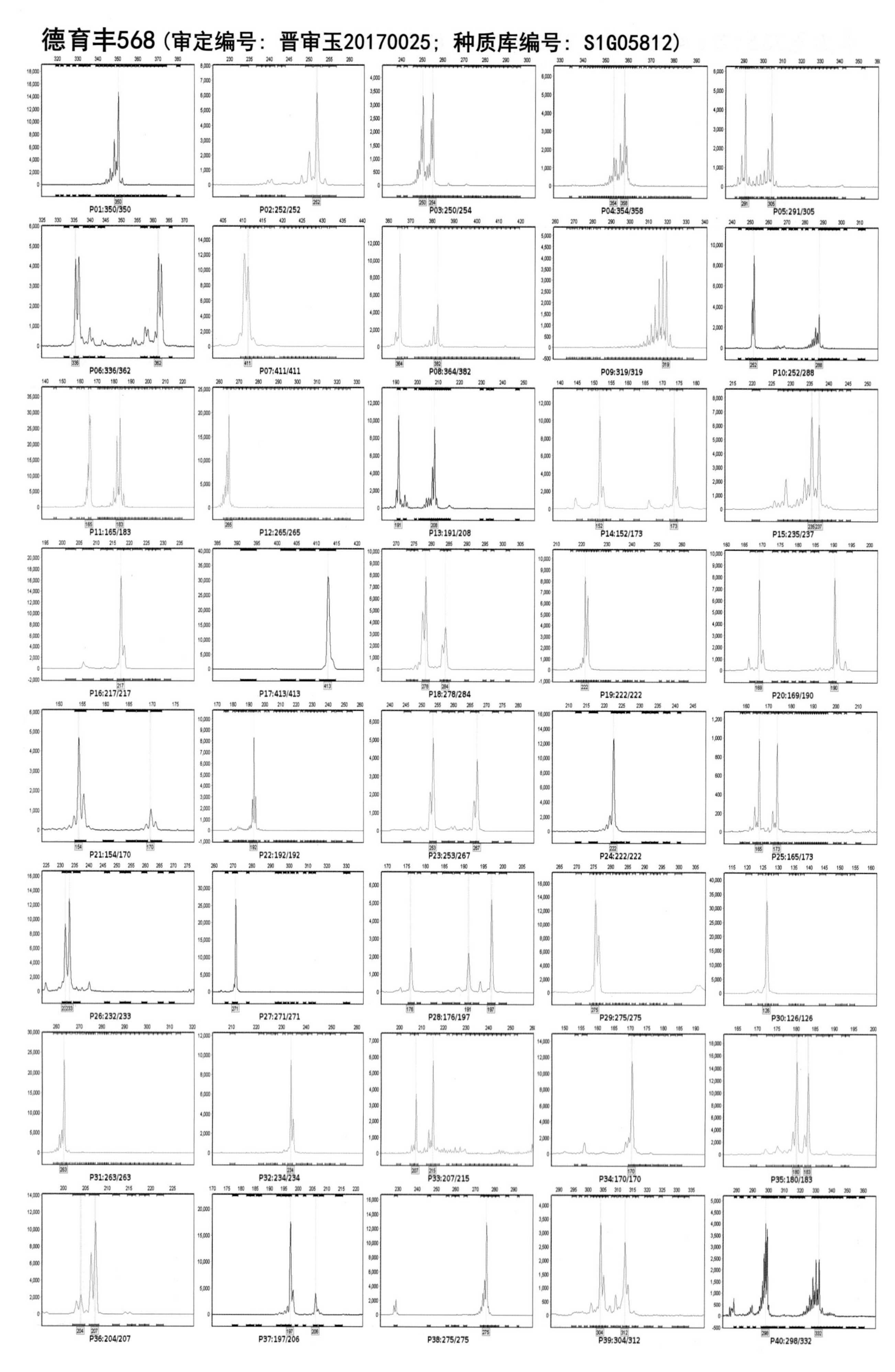

P01:350/350
P02:252/252
P03:250/254
P04:354/358
P05:291/305
P06:336/362
P07:411/411
P08:364/382
P09:319/319
P10:252/288
P11:165/183
P12:265/265
P13:191/208
P14:152/173
P15:235/237
P16:217/217
P17:413/413
P18:278/284
P19:222/222
P20:169/190
P21:154/170
P22:192/192
P23:253/267
P24:222/222
P25:165/173
P26:232/233
P27:271/271
P28:176/197
P29:275/275
P30:126/126
P31:263/263
P32:234/234
P33:207/215
P34:170/170
P35:180/183
P36:204/207
P37:197/206
P38:275/275
P39:304/312
P40:298/332

恒玉1号（审定编号：晋审玉20170026；种质库编号：S1G05813）

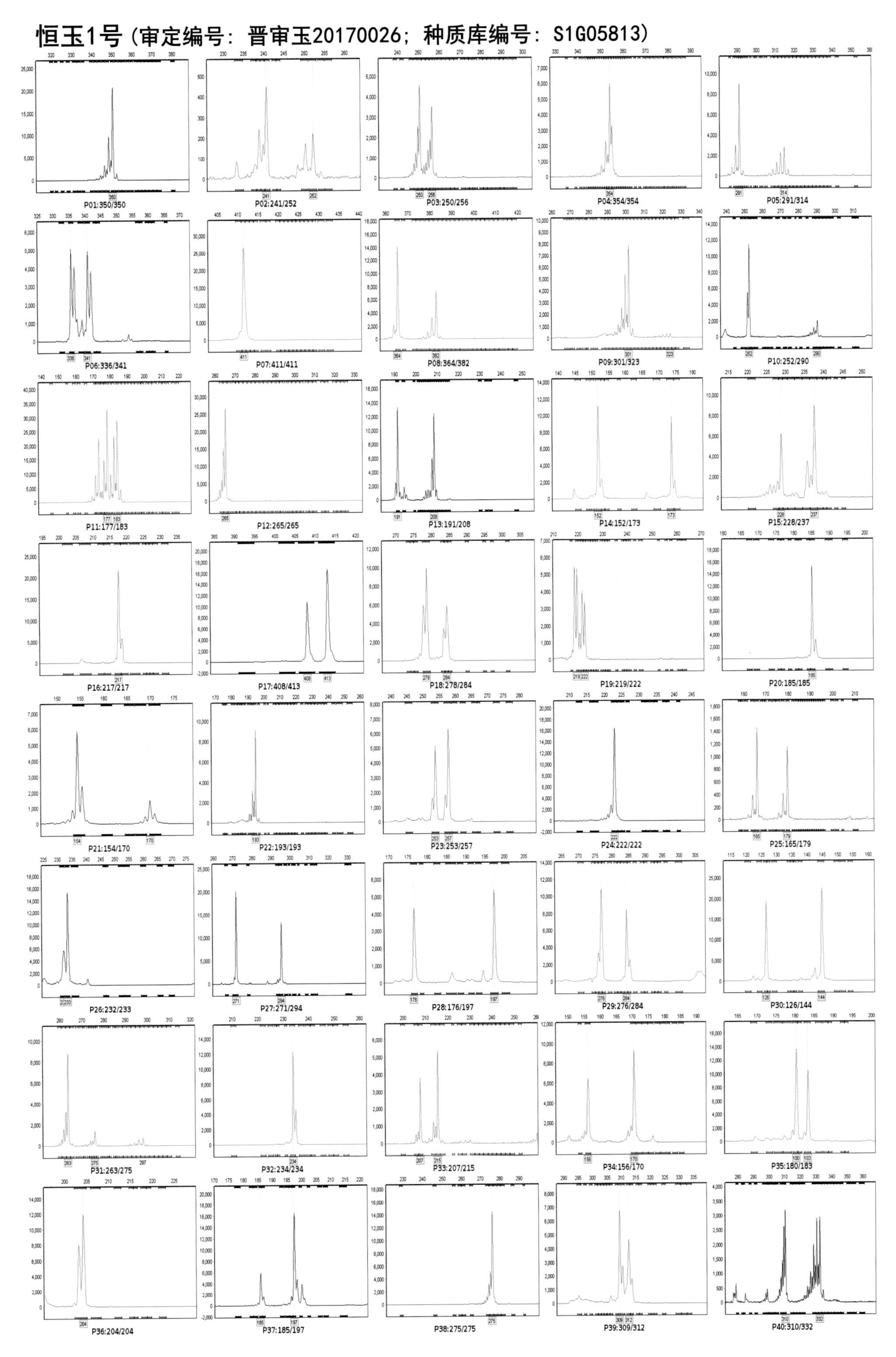

P01:350/350
P02:241/252
P03:250/256
P04:354/354
P05:291/314
P06:336/341
P07:411/411
P08:364/382
P09:301/323
P10:252/290
P11:177/183
P12:265/265
P13:191/208
P14:152/173
P15:228/237
P16:217/217
P17:408/413
P18:278/284
P19:219/222
P20:185/185
P21:154/170
P22:193/193
P23:253/257
P24:222/222
P25:165/179
P26:232/233
P27:271/294
P28:176/197
P29:276/284
P30:126/144
P31:263/275
P32:234/234
P33:207/215
P34:156/170
P35:180/183
P36:204/204
P37:185/197
P38:275/275
P39:309/312
P40:310/332

品玉188（审定编号：晋审玉20170028；种质库编号：S1G05814）

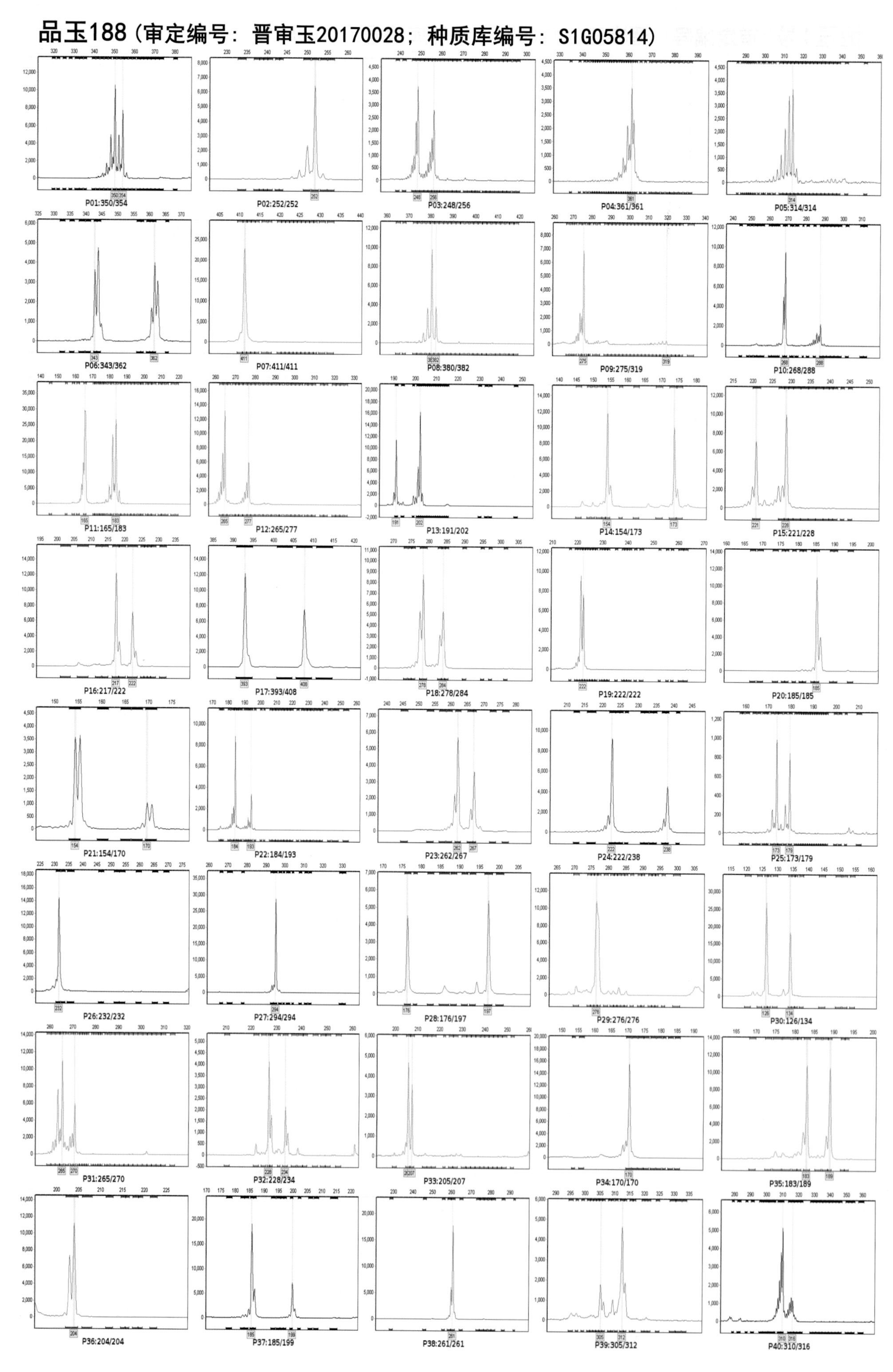

P01:350/354
P02:252/252
P03:248/256
P04:361/361
P05:314/314
P06:343/362
P07:411/411
P08:380/382
P09:275/319
P10:268/288
P11:165/183
P12:265/277
P13:191/202
P14:154/173
P15:221/228
P16:217/222
P17:393/408
P18:278/284
P19:222/222
P20:185/185
P21:154/170
P22:184/193
P23:262/267
P24:222/238
P25:173/179
P26:232/232
P27:294/294
P28:176/197
P29:276/276
P30:126/134
P31:265/270
P32:228/234
P33:205/207
P34:170/170
P35:183/189
P36:204/204
P37:185/199
P38:261/261
P39:305/312
P40:310/316

丹玉336（审定编号：晋审玉20170029；种质库编号：S1G04927）

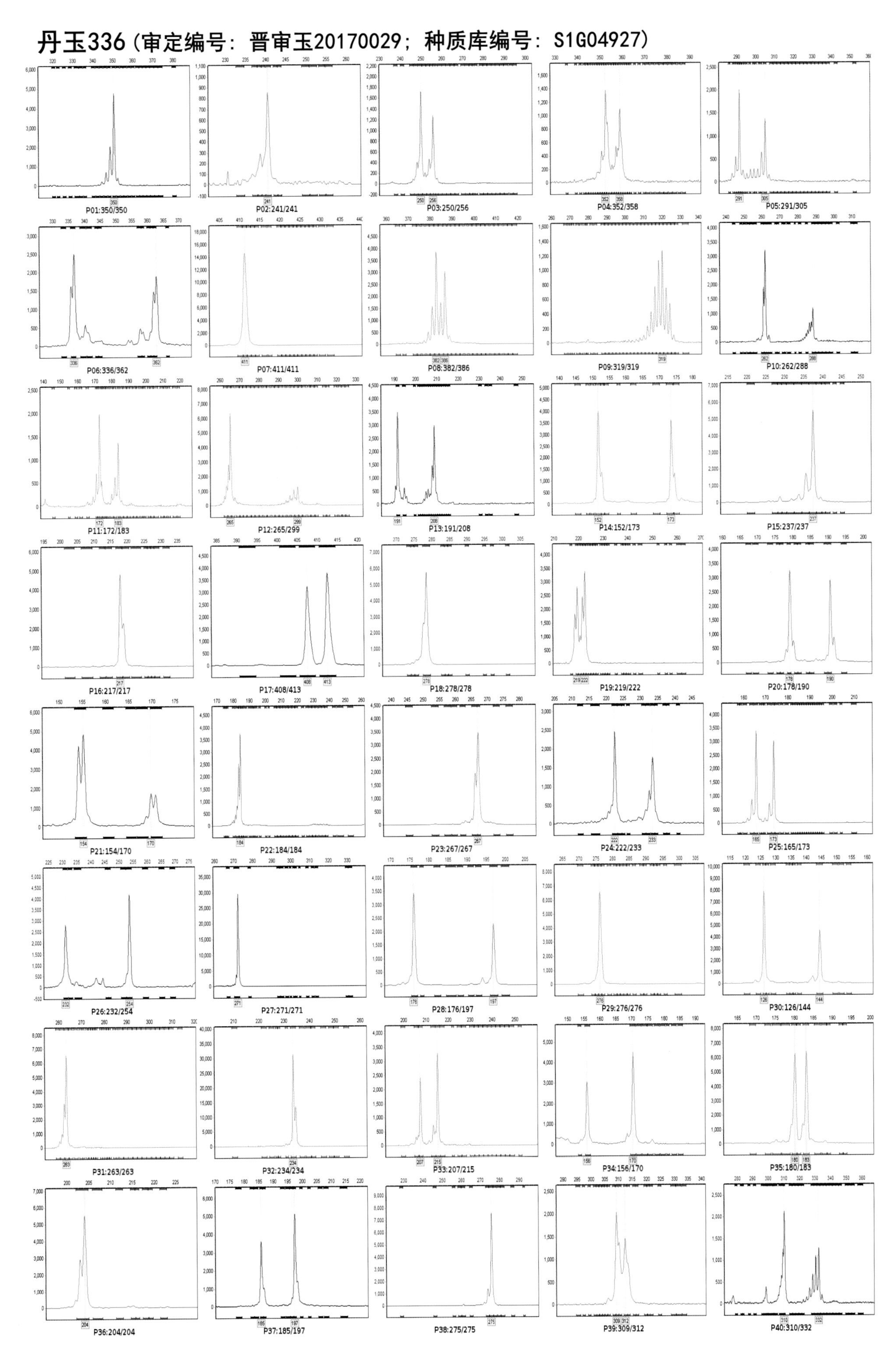

P01:350/350
P02:241/241
P03:250/256
P04:352/358
P05:291/305
P06:336/362
P07:411/411
P08:382/386
P09:319/319
P10:262/288
P11:172/183
P12:265/299
P13:191/208
P14:152/173
P15:237/237
P16:217/217
P17:408/413
P18:278/278
P19:219/222
P20:178/190
P21:154/170
P22:184/184
P23:267/267
P24:222/233
P25:165/173
P26:232/254
P27:271/271
P28:176/197
P29:276/276
P30:126/144
P31:263/263
P32:234/234
P33:207/215
P34:156/170
P35:180/183
P36:204/204
P37:185/197
P38:275/275
P39:309/312
P40:310/332

鑫玉168（审定编号：晋审玉20170031；种质库编号：S1G05815）

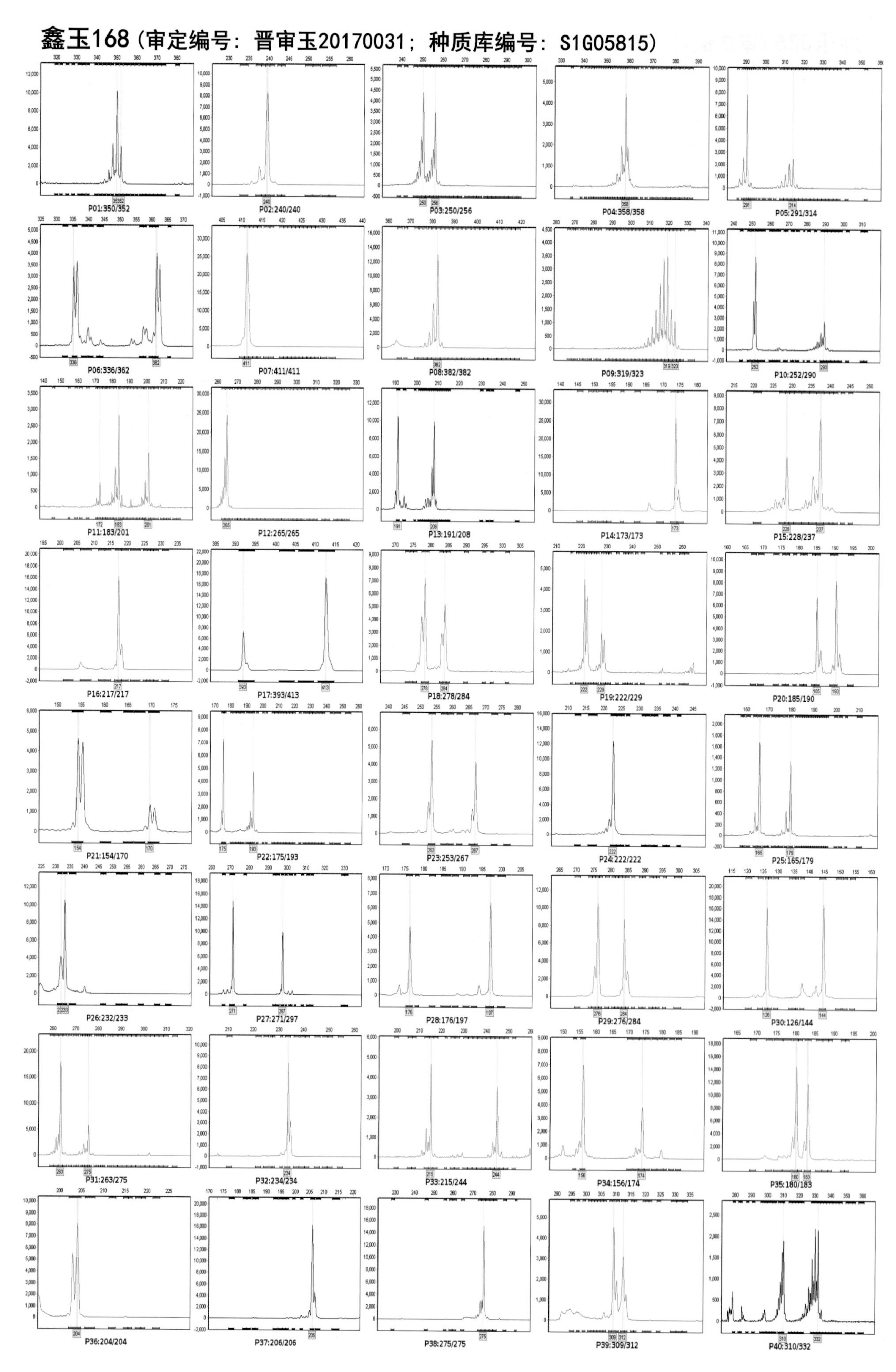

P01:350/352
P02:240/240
P03:250/256
P04:358/358
P05:291/314
P06:336/362
P07:411/411
P08:382/382
P09:319/323
P10:252/290
P11:183/201
P12:265/265
P13:191/208
P14:173/173
P15:228/237
P16:217/217
P17:393/413
P18:278/284
P19:222/229
P20:185/190
P21:154/170
P22:175/193
P23:253/267
P24:222/222
P25:165/179
P26:232/233
P27:271/297
P28:176/197
P29:276/284
P30:126/144
P31:263/275
P32:234/234
P33:215/244
P34:156/174
P35:180/183
P36:204/204
P37:206/206
P38:275/275
P39:309/312
P40:310/332

金科玉3306（审定编号：晋审玉20170032；种质库编号：S1G05221）

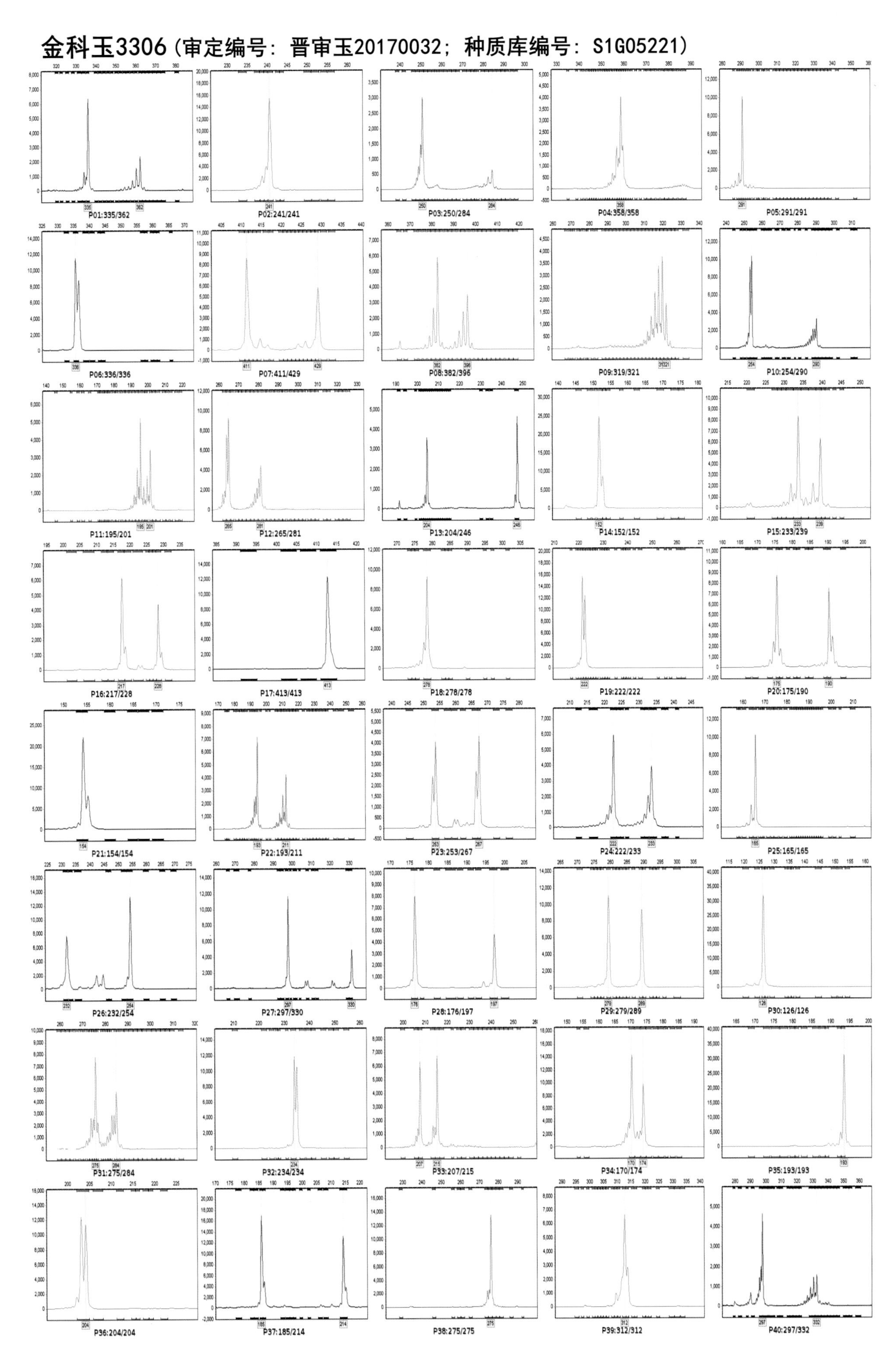
P01:335/362
P02:241/241
P03:250/284
P04:358/358
P05:291/291
P06:336/336
P07:411/429
P08:382/396
P09:319/321
P10:254/290
P11:195/201
P12:265/281
P13:204/246
P14:152/152
P15:233/239
P16:217/228
P17:413/413
P18:278/278
P19:222/222
P20:175/190
P21:154/154
P22:193/211
P23:253/267
P24:222/233
P25:165/165
P26:232/254
P27:297/330
P28:176/197
P29:279/289
P30:126/126
P31:275/284
P32:234/234
P33:207/215
P34:170/174
P35:193/193
P36:204/204
P37:185/214
P38:275/275
P39:312/312
P40:297/332

中航102（审定编号：晋审玉20170033；种质库编号：S1G05816）

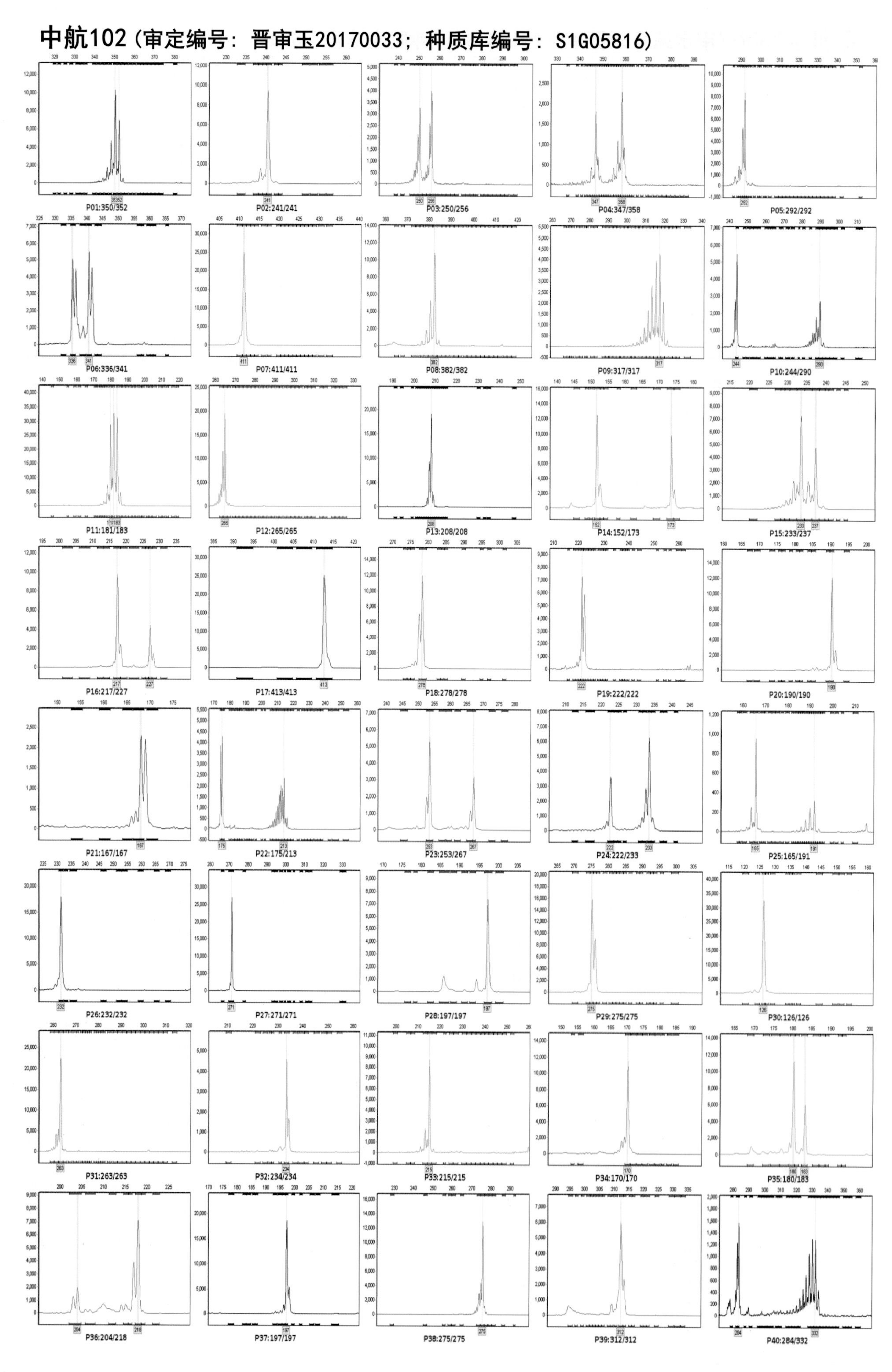
P01:350/352
P02:241/241
P03:250/256
P04:347/358
P05:292/292
P06:336/341
P07:411/411
P08:382/382
P09:317/317
P10:244/290
P11:181/183
P12:265/265
P13:208/208
P14:152/173
P15:233/237
P16:217/227
P17:413/413
P18:278/278
P19:222/222
P20:190/190
P21:167/167
P22:175/213
P23:253/267
P24:222/233
P25:165/191
P26:232/232
P27:271/271
P28:197/197
P29:275/275
P30:126/126
P31:263/263
P32:234/234
P33:215/215
P34:170/170
P35:180/183
P36:204/218
P37:197/197
P38:275/275
P39:312/312
P40:284/332

丰乐109（审定编号：晋审玉20170035；种质库编号：S1G05817）

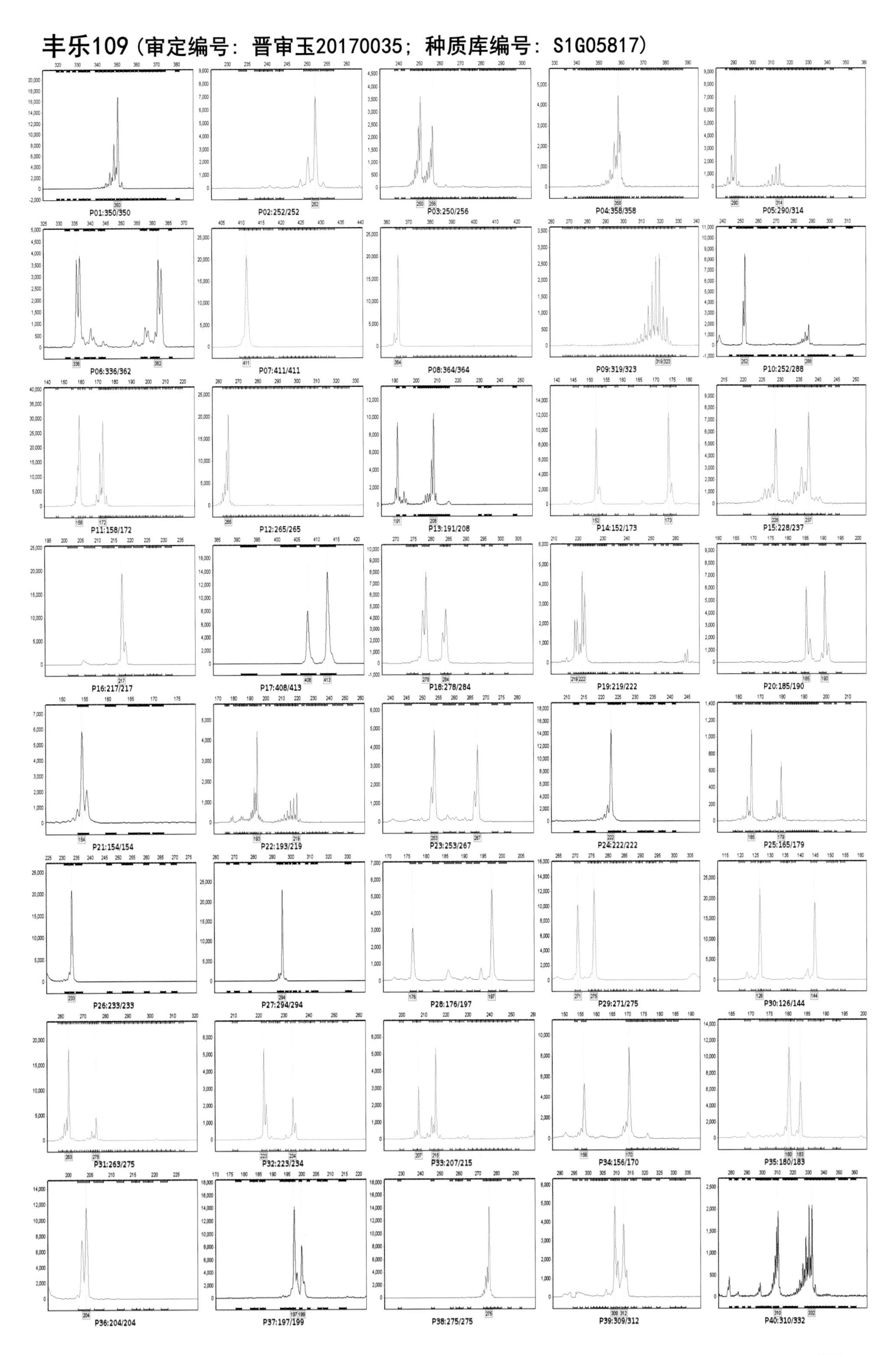
P01:350/350
P02:252/252
P03:250/256
P04:358/358
P05:290/314
P06:336/362
P07:411/411
P08:364/364
P09:319/323
P10:252/288
P11:158/172
P12:265/265
P13:191/208
P14:152/173
P15:228/237
P16:217/217
P17:408/413
P18:278/284
P19:219/222
P20:185/190
P21:154/154
P22:193/219
P23:253/267
P24:222/222
P25:165/179
P26:233/233
P27:294/294
P28:176/197
P29:271/275
P30:126/144
P31:263/275
P32:223/234
P33:207/215
P34:156/170
P35:180/183
P36:204/204
P37:197/199
P38:275/275
P39:309/312
P40:310/332

九圣禾2468（审定编号：晋审玉20170036；种质库编号：XIN25100）

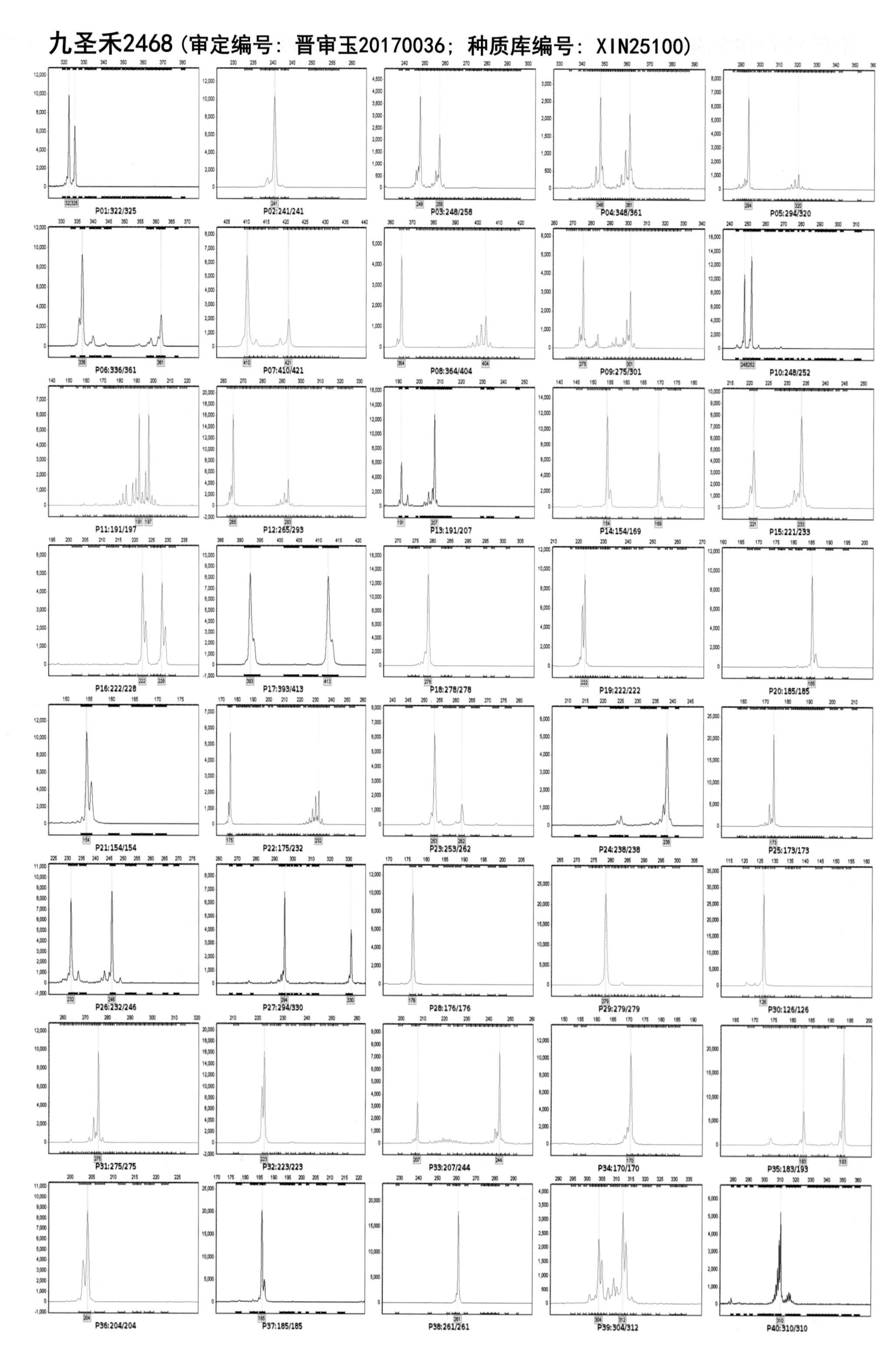
P01:322/325
P02:241/241
P03:248/258
P04:348/361
P05:294/320
P06:336/361
P07:410/421
P08:364/404
P09:275/301
P10:248/252
P11:191/197
P12:265/293
P13:191/207
P14:154/169
P15:221/233
P16:222/228
P17:393/413
P18:278/278
P19:222/222
P20:185/185
P21:154/154
P22:175/232
P23:253/262
P24:238/238
P25:173/173
P26:232/246
P27:294/330
P28:176/176
P29:279/279
P30:126/126
P31:275/275
P32:223/223
P33:207/244
P34:170/170
P35:183/193
P36:204/204
P37:185/185
P38:261/261
P39:304/312
P40:310/310

华玉68（审定编号：晋审玉20170038；种质库编号：S1G05818）

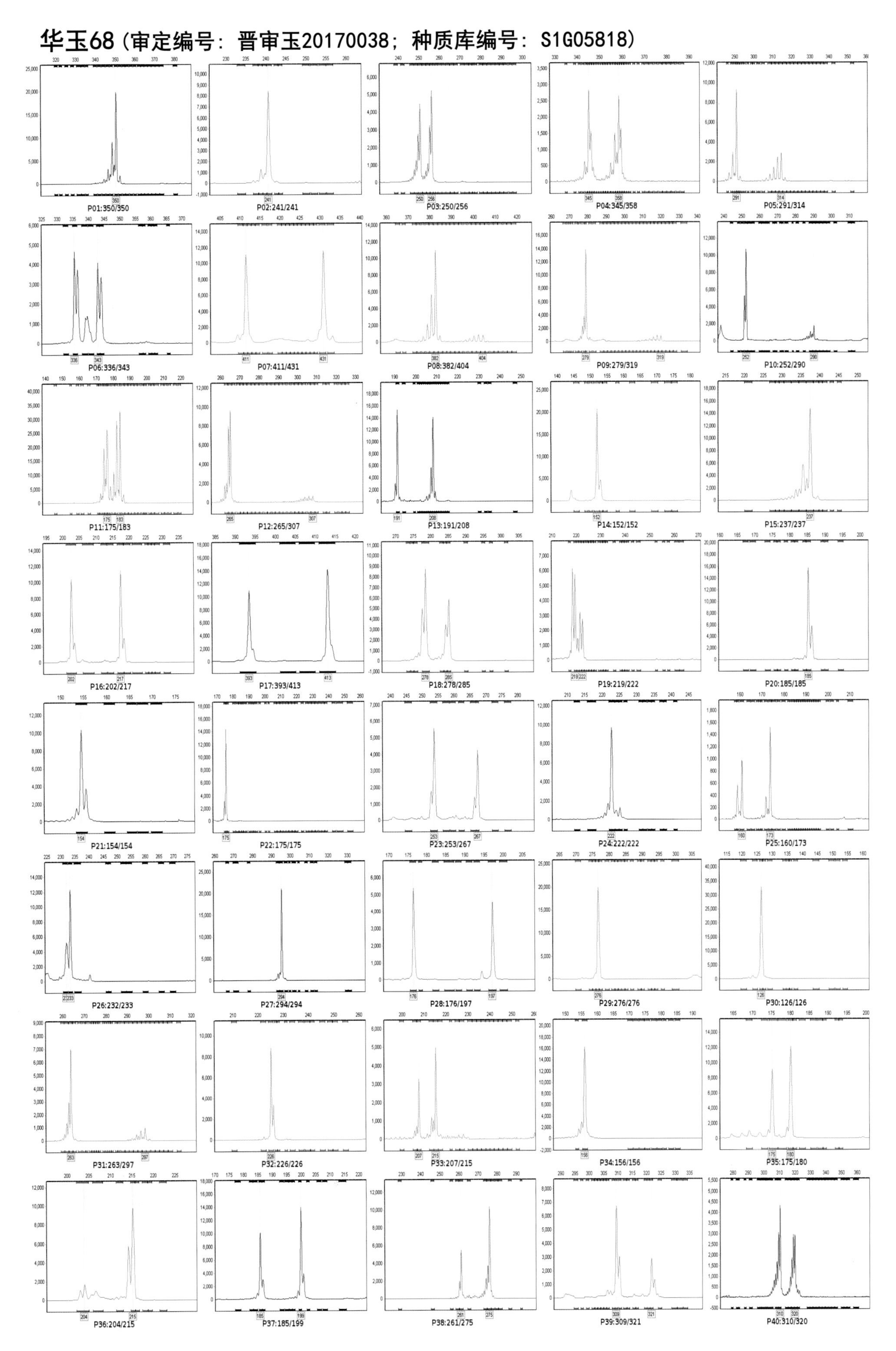

P01:350/350
P02:241/241
P03:250/256
P04:345/358
P05:291/314
P06:336/343
P07:411/431
P08:382/404
P09:279/319
P10:252/290
P11:175/183
P12:265/307
P13:191/208
P14:152/152
P15:237/237
P16:202/217
P17:393/413
P18:278/285
P19:219/222
P20:185/185
P21:154/154
P22:175/175
P23:253/267
P24:222/222
P25:160/173
P26:232/233
P27:294/294
P28:176/197
P29:276/276
P30:126/126
P31:263/297
P32:226/226
P33:207/215
P34:156/156
P35:175/180
P36:204/215
P37:185/199
P38:261/275
P39:309/321
P40:310/320

沃单818（审定编号：晋审玉20170039；种质库编号：S1G05819）

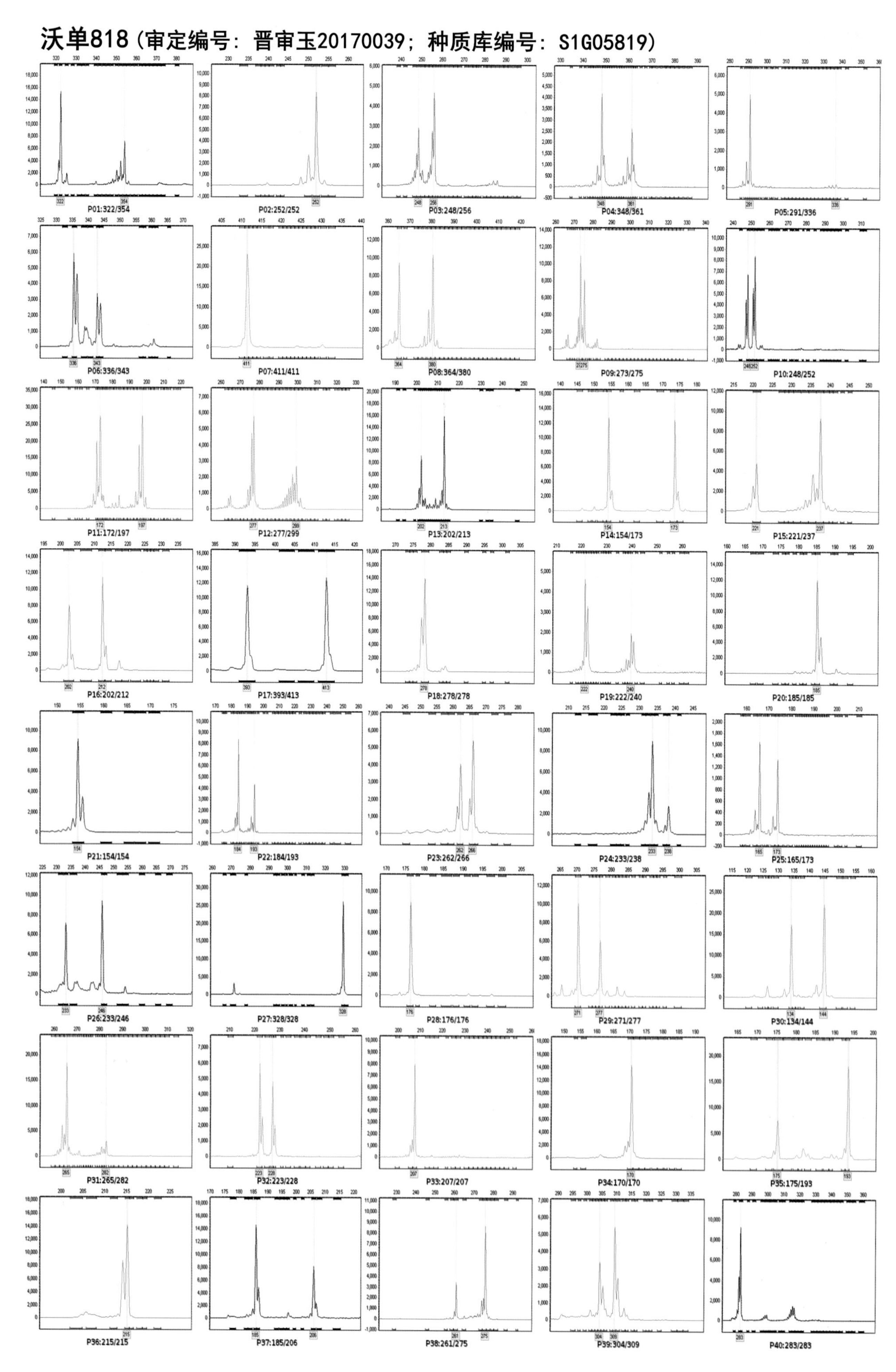
P01:322/354
P02:252/252
P03:248/256
P04:348/361
P05:291/336
P06:336/343
P07:411/411
P08:364/380
P09:273/275
P10:248/252
P11:172/197
P12:277/299
P13:202/213
P14:154/173
P15:221/237
P16:202/212
P17:393/413
P18:278/278
P19:222/240
P20:185/185
P21:154/154
P22:184/193
P23:262/266
P24:233/238
P25:165/173
P26:233/246
P27:328/328
P28:176/176
P29:271/277
P30:134/144
P31:265/282
P32:223/228
P33:207/207
P34:170/170
P35:175/193
P36:215/215
P37:185/206
P38:261/275
P39:304/309
P40:283/283

龙生306（审定编号：晋审玉20170040；种质库编号：S1G05820）

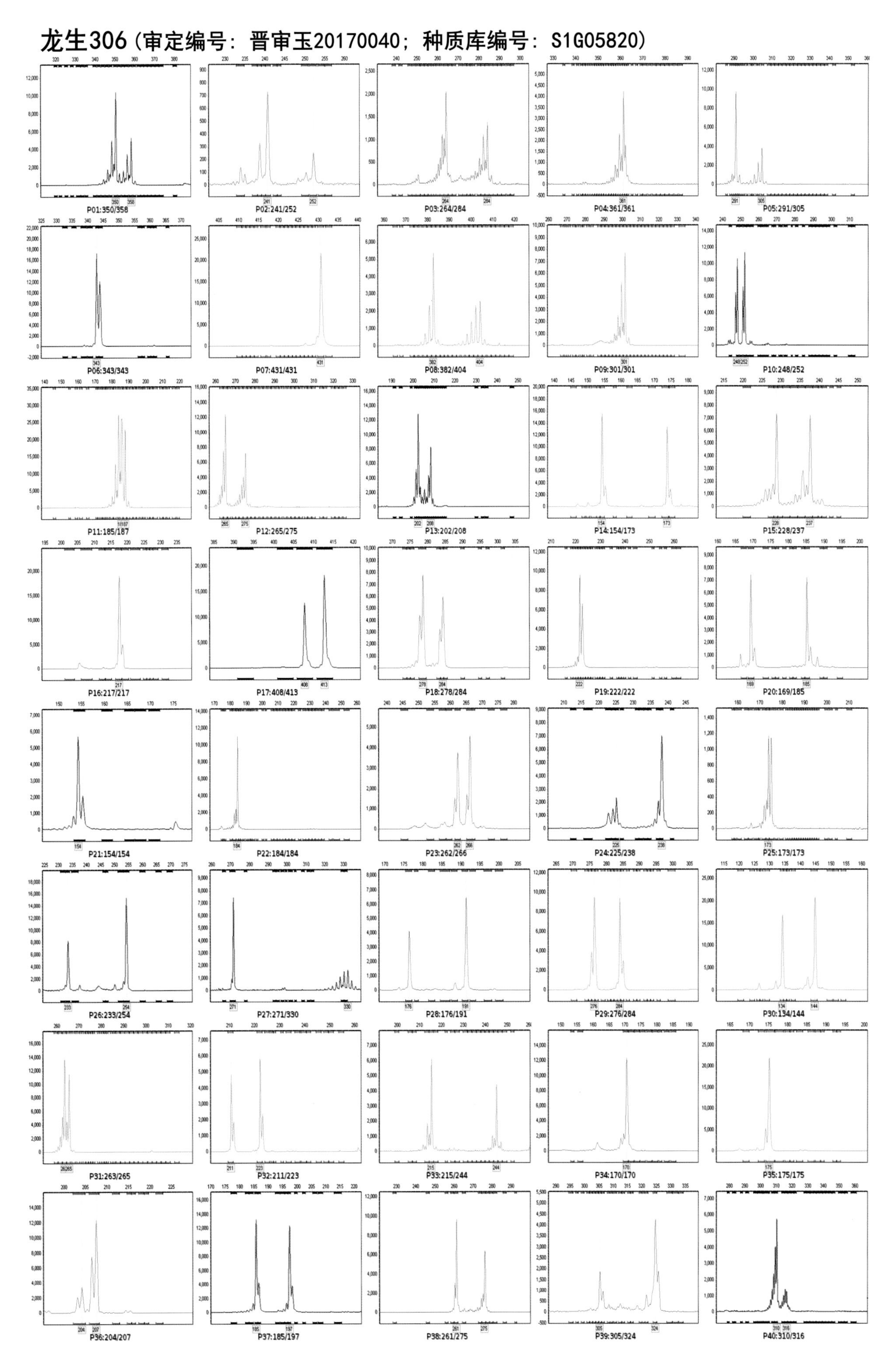
P01:350/358
P02:241/252
P03:264/284
P04:361/361
P05:291/305
P06:343/343
P07:431/431
P08:382/404
P09:301/301
P10:248/252
P11:185/187
P12:265/275
P13:202/208
P14:154/173
P15:228/237
P16:217/217
P17:408/413
P18:278/284
P19:222/222
P20:169/185
P21:154/154
P22:184/184
P23:262/266
P24:225/238
P25:173/173
P26:233/254
P27:271/330
P28:176/191
P29:276/284
P30:134/144
P31:263/265
P32:211/223
P33:215/244
P34:170/170
P35:175/175
P36:204/207
P37:185/197
P38:261/275
P39:305/324
P40:310/316

沃科华德9号（审定编号：晋审玉20170041；种质库编号：S1G05821）

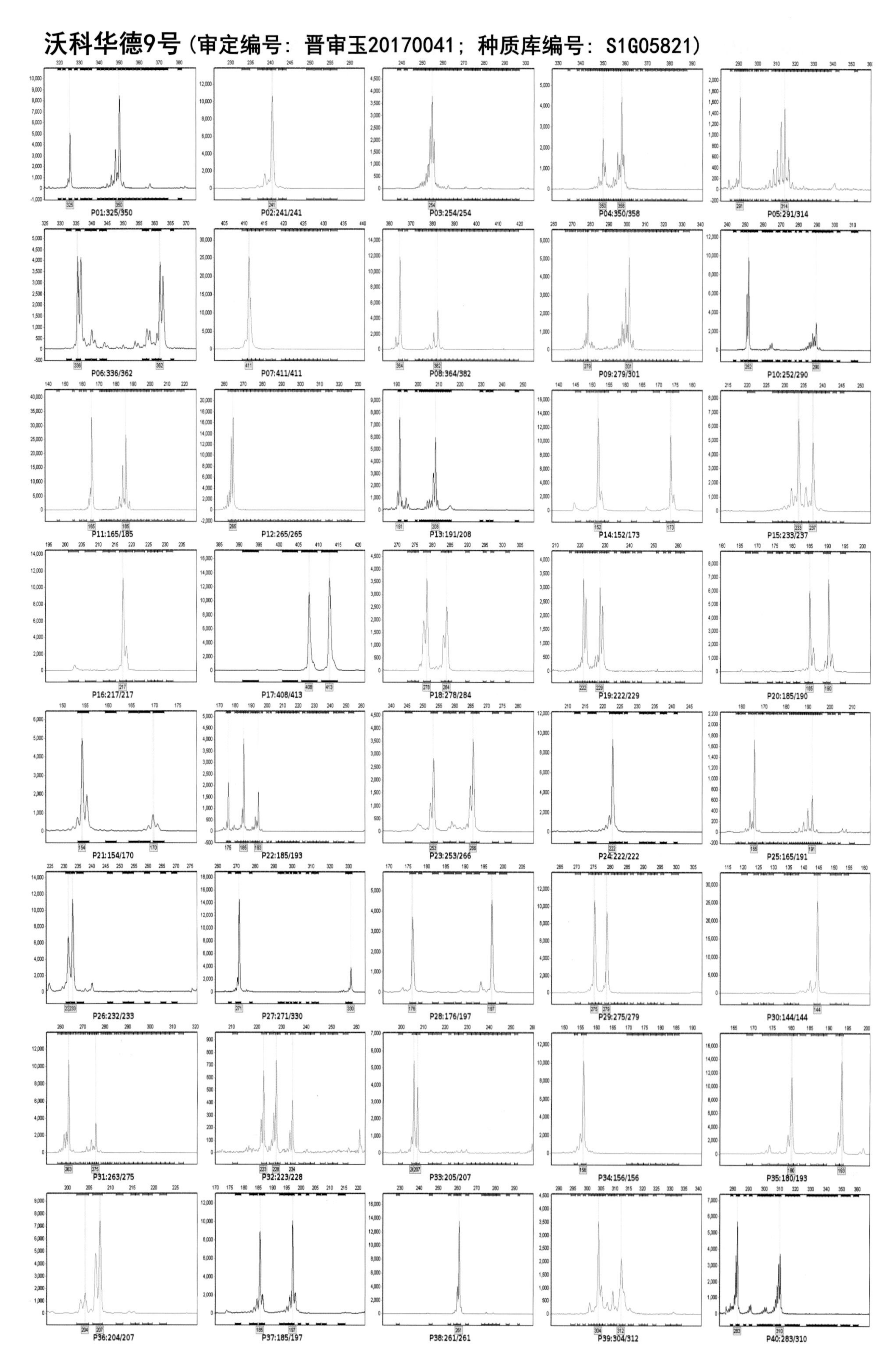
P01:325/350
P02:241/241
P03:254/254
P04:350/358
P05:291/314
P06:336/362
P07:411/411
P08:364/382
P09:279/301
P10:252/290
P11:165/185
P12:265/265
P13:191/208
P14:152/173
P15:233/237
P16:217/217
P17:408/413
P18:278/284
P19:222/229
P20:185/190
P21:154/170
P22:185/193
P23:253/266
P24:222/222
P25:165/191
P26:232/233
P27:271/330
P28:176/197
P29:275/279
P30:144/144
P31:263/275
P32:223/228
P33:205/207
P34:156/156
P35:180/193
P36:204/207
P37:185/197
P38:261/261
P39:304/312
P40:283/310

先玉1266（审定编号：晋审玉20170042；种质库编号：S1G04503）

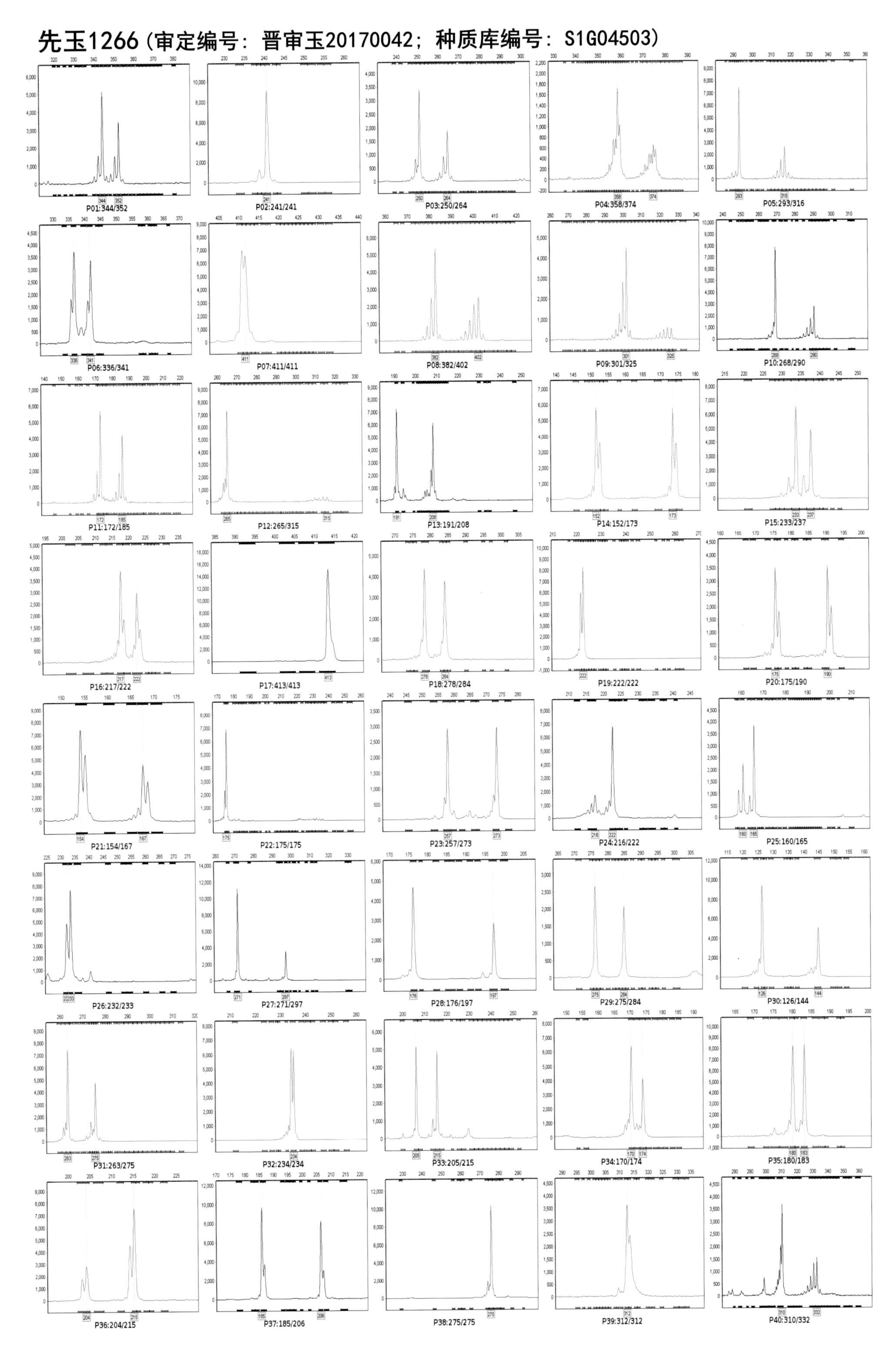

P01:344/352
P02:241/241
P03:250/264
P04:358/374
P05:293/316
P06:336/341
P07:411/411
P08:382/402
P09:301/325
P10:268/290
P11:172/185
P12:265/315
P13:191/208
P14:152/173
P15:233/237
P16:217/222
P17:413/413
P18:278/284
P19:222/222
P20:175/190
P21:154/167
P22:175/175
P23:257/273
P24:216/222
P25:160/165
P26:232/233
P27:271/297
P28:176/197
P29:275/284
P30:126/144
P31:263/275
P32:234/234
P33:205/215
P34:170/174
P35:180/183
P36:204/215
P37:185/206
P38:275/275
P39:312/312
P40:310/332

玉迪216（审定编号：晋审玉20170043；种质库编号：S1G04373）

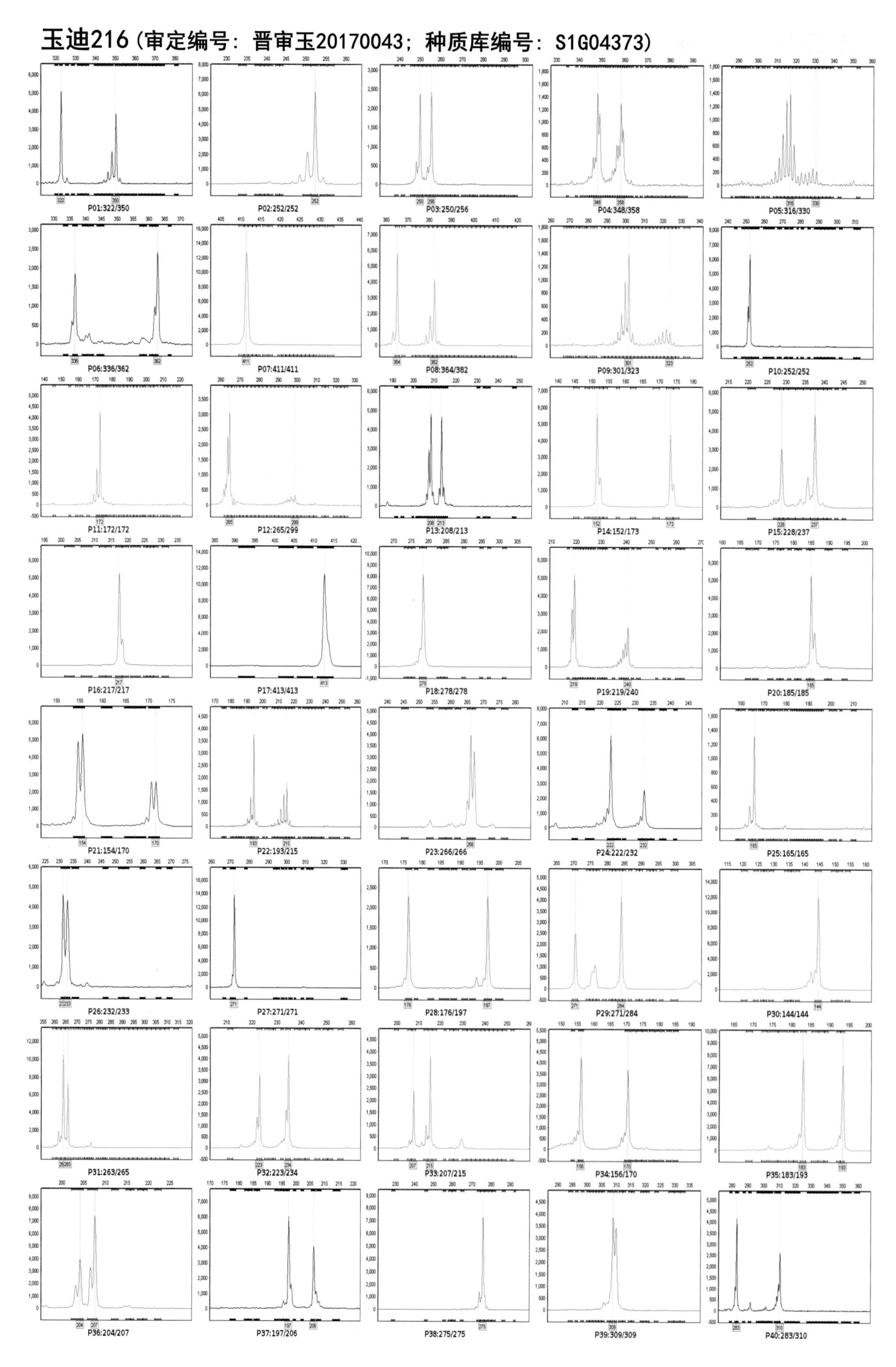

P01:322/350
P02:252/252
P03:250/256
P04:348/358
P05:316/330
P06:336/362
P07:411/411
P08:364/382
P09:301/323
P10:252/252
P11:172/172
P12:265/299
P13:208/213
P14:152/173
P15:228/237
P16:217/217
P17:413/413
P18:278/278
P19:219/240
P20:185/185
P21:154/170
P22:193/215
P23:266/266
P24:222/232
P25:165/165
P26:232/233
P27:271/271
P28:176/197
P29:271/284
P30:144/144
P31:263/265
P32:223/234
P33:207/215
P34:156/170
P35:183/193
P36:204/207
P37:197/206
P38:275/275
P39:309/309
P40:283/310

迪卡517（审定编号：晋审玉20170044；种质库编号：S1G04835）

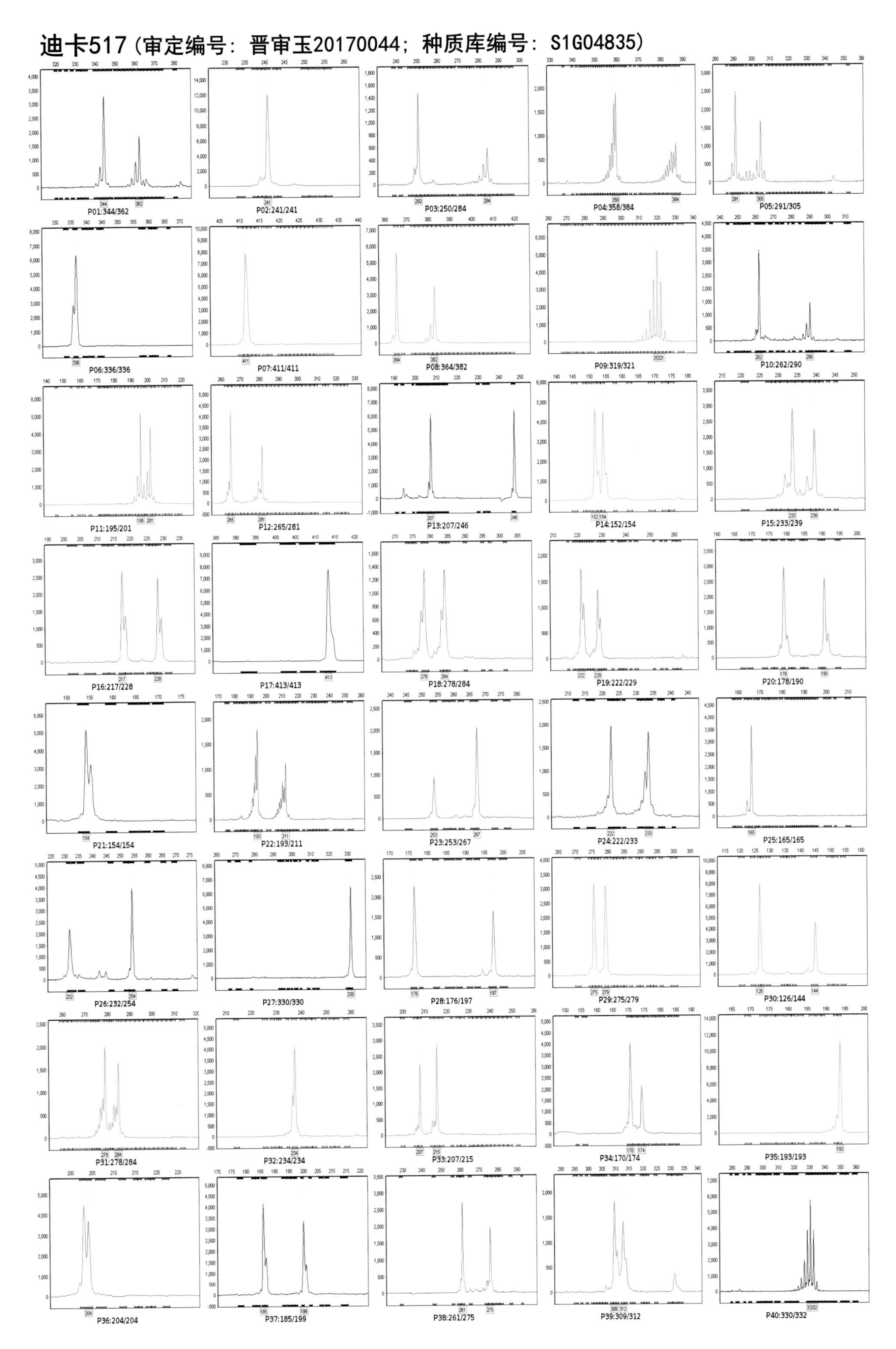
P01:344/362
P02:241/241
P03:250/284
P04:358/384
P05:291/305
P06:336/336
P07:411/411
P08:364/382
P09:319/321
P10:262/290
P11:195/201
P12:265/281
P13:207/246
P14:152/154
P15:233/239
P16:217/228
P17:413/413
P18:278/284
P19:222/229
P20:178/190
P21:154/154
P22:193/211
P23:253/267
P24:222/233
P25:165/165
P26:232/254
P27:330/330
P28:176/197
P29:275/279
P30:126/144
P31:278/284
P32:234/234
P33:207/215
P34:170/174
P35:193/193
P36:204/204
P37:185/199
P38:261/275
P39:309/312
P40:330/332

黑甜糯631（审定编号：晋审玉20170045；种质库编号：S1G05822）

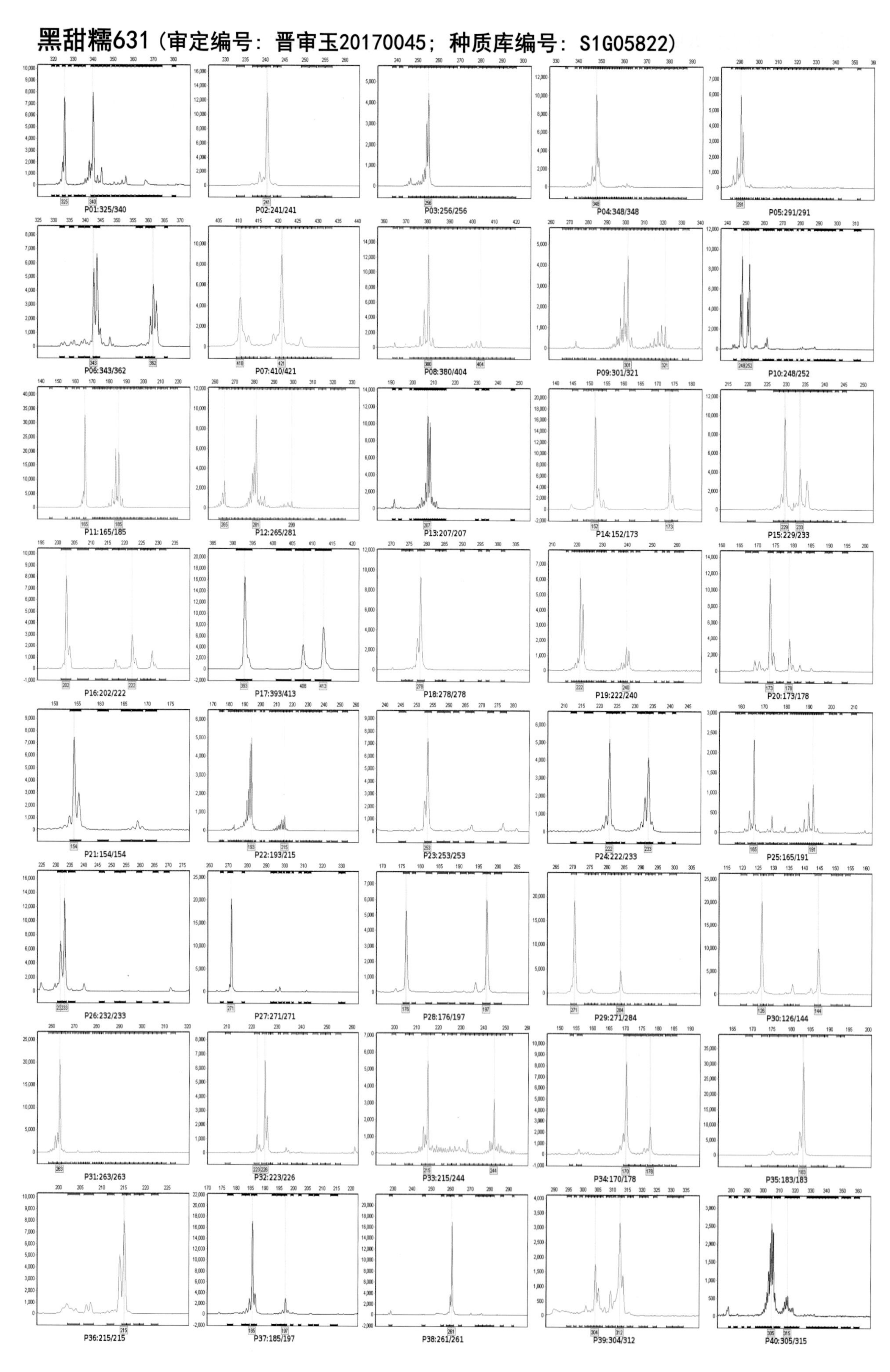

P01:325/340
P02:241/241
P03:256/256
P04:348/348
P05:291/291
P06:343/362
P07:410/421
P08:380/404
P09:301/321
P10:248/252
P11:165/185
P12:265/281
P13:207/207
P14:152/173
P15:229/233
P16:202/222
P17:393/413
P18:278/278
P19:222/240
P20:173/178
P21:154/154
P22:193/215
P23:253/253
P24:222/233
P25:165/191
P26:232/233
P27:271/271
P28:176/197
P29:271/284
P30:126/144
P31:263/263
P32:223/226
P33:215/244
P34:170/178
P35:183/183
P36:215/215
P37:185/197
P38:261/261
P39:304/312
P40:305/315

晋糯15号（审定编号：晋审玉20170046；种质库编号：S1G05823）

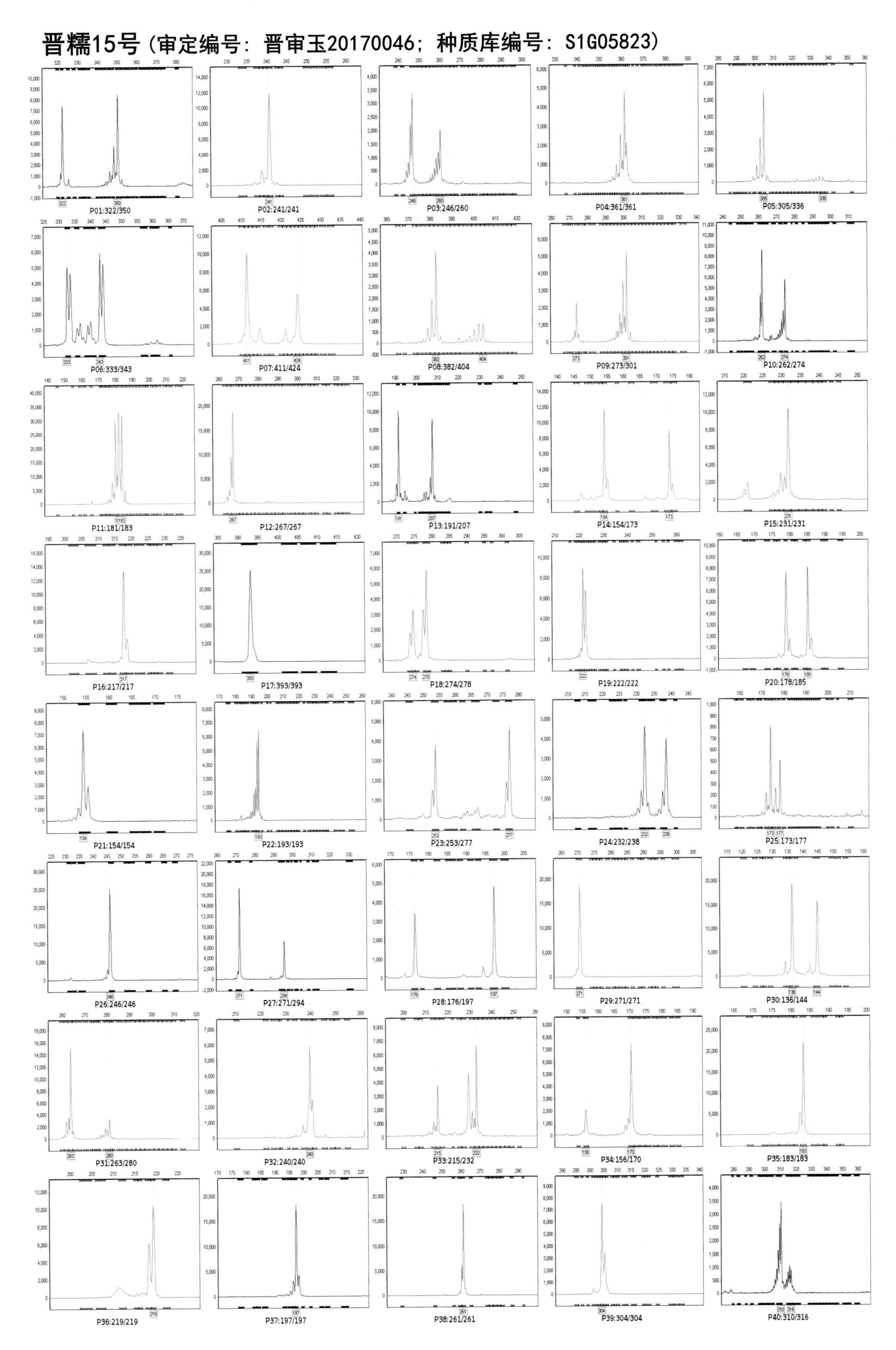

P01:322/350
P02:241/241
P03:246/260
P04:361/361
P05:305/336
P06:333/343
P07:411/424
P08:382/404
P09:273/301
P10:262/274
P11:181/183
P12:267/267
P13:191/207
P14:154/173
P15:231/231
P16:217/217
P17:393/393
P18:274/278
P19:222/222
P20:178/185
P21:154/154
P22:193/193
P23:253/277
P24:232/238
P25:173/177
P26:246/246
P27:271/294
P28:176/197
P29:271/271
P30:136/144
P31:263/280
P32:240/240
P33:215/232
P34:156/170
P35:183/183
P36:219/219
P37:197/197
P38:261/261
P39:304/304
P40:310/316

第二部分　品种审定公告

晋单69号

审定编号：晋审玉2010001

选育单位：山西省现代农业研究中心、山西省农业科学院作物遗传研究所

品种来源：D993×太早126-1

特征特性：生育期比对照极早单2号早1天。幼苗叶色深绿，叶鞘浅紫色，第一叶长圆，第二、三叶细长。株形平展，株高219厘米，穗位68厘米，雄穗分枝4～5个，花药黄色，护颖绿色，花丝浅紫色。果穗筒型，穗轴红色。穗长19.7厘米，穗行数14～16行，行粒数42.4粒，籽粒半马齿型，百粒重31.5克，出籽率83.4%。2008—2009年经山西省农业科学院植物保护研究所鉴定，抗穗腐病，中抗粗缩病，感丝黑穗病、大斑病，高感矮花叶病、青枯病。2009年农业部谷物及制品质量监督检验测试中心检测，容重789.0克/升，粗蛋白9.86%，粗脂肪4.5%，粗淀粉71.91%。

产量表现：2008—2009年参加山西省特早熟区玉米品种区域试验，2008年亩产619.2千克，比对照极早单2号增产14.4%，2009年亩产610.9千克，比对照增产14.5%，两年平均亩产615.0千克，比对照增产14.5%。2009年生产试验，平均亩产659.4千克，比对照增产13.5%。

栽培技术要点：种子包衣，防治丝黑穗病和地下害虫；亩留苗4000株左右。

适宜种植地区：山西春播特早熟玉米区。

长单525

审定编号：晋审玉2010002

选育单位：山西省农业科学院谷子研究所

品种来源：KY9903×KY414-6

特征特性：生育期比对照极早单2号晚1天。幼苗叶鞘浅紫色，叶片绿色，第一叶尖端卵圆形。株形半紧凑，株高220厘米，穗位66厘米，雄穗一级分枝5～7枝，花粉黄色，花丝青白色，果穗筒型，穗轴白色。穗长19.5厘米，穗行数18行，行粒数38.0粒，籽粒黄色、半硬粒型，百粒重28.0克，出籽率84.3%。2008—2009年经山西省农业科学院植物保护研究所鉴定，抗粗缩病，中抗大斑病、丝黑穗病、穗腐病，感青枯病、矮花叶病。2009年农业部谷物及制品质量监督检验测试中心检测，容重778克/升，粗蛋白9.5%，粗脂肪4.59%，粗淀粉73.23%。

产量表现：2008—2009年参加山西省特早熟区玉米品种区域试验，2008年亩产634.0千克，比对照极早

单 2 号增产 17.1%，2009 年亩产 616.1 千克，比对照增产 15.5%，两年平均亩产 625.0 千克，比对照增产 16.3%。2009 年生产试验，平均亩产 654.6 千克，比对照增产 12.6%。

栽培技术要点：适宜播期 4 月 25 日至 5 月 5 日；亩留苗 3500 株；拔节期亩追尿素 30 千克。

适宜种植地区：山西春播特早熟玉米区。

并单 16 号

审定编号：晋审玉 2010003

选育单位：山西省农业科学院作物遗传研究所

品种来源：206-305×太系 50

特征特性：生育期比对照极早单 2 号早 1 天。幼苗第一片叶呈椭圆形，叶鞘紫色，叶色深绿。株形紧凑，株高 200 厘米，穗位 60 厘米，花丝浅紫色，花药浅紫色，雄穗分枝较多。果穗锥型，穗轴红色。穗长 18 厘米，穗行数 14～16 行，行粒数 32 粒，籽粒橘黄色，半硬粒型，百粒重 31.0 克，出籽率 85.3%。2008—2009 年经山西省农业科学院植物保护研究所鉴定，抗丝黑穗病、穗腐病，中抗大斑病，感青枯病、矮花叶病、粗缩病。2009 年农业部谷物及制品质量监督检验测试中心检测，容重 762 克/升，粗蛋白 9.6%，粗脂肪 4.03%，粗淀粉 71.76%。

产量表现：2008—2009 年参加山西省特早熟区玉米品种区域试验，2008 年亩产 588.0 千克，比对照极早单 2 号增产 8.6%，2009 年亩产 615.1 千克，比对照增产 15.3%，两年平均亩产 601.6 千克，比对照增产 11.9%。2009 年生产试验，平均亩产 661.2 千克，比对照增产 13.8%。

栽培技术要点：亩留苗 3800～4000 株；制种时父母本同期播种，父母本种植比例为 1∶4 或 1∶5。

适宜种植地区：山西春播特早熟玉米区。

并单 17 号

审定编号：晋审玉 2010004

选育单位：山西省农业科学院作物遗传研究所

品种来源：206-352×H06-100

特征特性：生育期 129 天左右。幼苗第一片叶呈椭圆型，叶鞘浅紫色。株形紧凑，株高 250 厘米，穗位 93 厘米，花丝浅绿色，花药粉色，雄穗分枝 5～6 个。果穗筒型，穗轴粉色。穗长 20.6 厘米，穗行数 16～18

行，籽粒黄色、半马齿型，百粒重 33.3 克，出籽率 81.9%。2008—2009 年经山西省农业科学院植物保护研究所鉴定，高抗青枯病，抗丝黑穗病、穗腐病，中抗大斑病，感矮花叶病、粗缩病。2009 年农业部谷物及制品质量监督检验测试中心检测，容重 730 克/升，粗蛋白 8.46%，粗脂肪 3.85%，粗淀粉 74.74%。

产量表现：2008—2009 年参加山西省早熟玉米品种区域试验，2008 年亩产 686.2 千克，比对照吉单 261 增产 12.5%，2009 年亩产 752.2 千克，比对照增产 16.4%，两年平均亩产 719.2 千克，比对照增产 14.5%。2009 年生产试验，平均亩产 672.7 千克，比当地对照增产 13.4%。

栽培技术要点：该品种适宜密植，根据土壤肥力，一般亩留苗 3500～4500 株。

适宜种植地区：山西春播早熟玉米区。

晋阳 2 号

审定编号：晋审玉 2010005

选育单位：山西省农业科学院作物遗传研究所

品种来源：早 48×1437

特征特性：生育期 128 天左右。株形半紧凑，株高 231 厘米，穗位 85 厘米，雄穗分枝数 10～13 个，花药黄色，花粉粒黄色，花丝粉色。果穗筒型，穗轴白色。穗长 20.4 厘米，穗行数 14 行，行粒数 39.5 粒，籽粒黄色，半马齿型，百粒重 35.8 克，出籽率 83.9%。2008—2009 年经山西省农业科学院植物保护研究所鉴定，高抗矮花叶病，抗穗腐病，中抗大斑病、粗缩病，感丝黑穗病、青枯病。2009 年农业部谷物及制品质量监督检验测试中心检测，容重 732 克/升，粗蛋白 8.88%，粗脂肪 3.72%，粗淀粉 71.49%。

产量表现：2008—2009 年参加山西省早熟玉米品种区域试验，2008 年亩产 674.5 千克，比对照吉单 261 增产 4.9%，2009 年亩产 759.7 千克，比对照增产 11.6%，两年平均亩产 717.0 千克，比对照增产 8.3%。2009 年生产试验，平均亩产 679.9 千克，比当地对照增产 14.4%。

栽培技术要点：适宜播期 4 月下旬至 5 月上旬；亩留苗 3300～3500 株；亩施农家肥 3000 千克，硝酸磷肥 50 千克，结合整地一次施入；亩追施尿素 25～30 千克。

适宜种植地区：山西春播早熟玉米区。

晋单 70 号

审定编号：晋审玉 2010006

选育单位：山西省农业科学院玉米研究所

品种来源：早 4881×白 H2172

特征特性：生育期 128 天左右。株形紧凑，株高 204 厘米，穗位 74 厘米，雄穗分枝 13～20 个，花粉黄色，花丝浅粉色。穗型筒型，穗轴白色。穗长 20.2 厘米，穗行数 14～16 行，行粒数 38.2 粒，籽粒黄色，硬粒型，百粒重 37.9 克，出籽率 81.5%。2008—2009 年经山西省农业科学院植物保护研究所鉴定，中抗大斑病、穗腐病，感丝黑穗病、青枯病、矮花叶病、粗缩病。2009 年农业部谷物及制品质量监督检验测试中心检测，容重 718 克/升，粗蛋白 8.88%，粗脂肪 3.49%，粗淀粉 75.38%。

产量表现：2008—2009 年参加山西省早熟玉米品种区域试验，2008 年亩产 677.4 千克，比对照吉单 261 增产 11.0%，2009 年亩产 744.9 千克，比对照增产 15.2%，两年平均亩产 711.1 千克，比对照增产 13.2%。2009 年生产试验，平均亩产 672.5 千克，比当地对照增产 13.4%。

栽培技术要点：适合中上等肥力地块种植；亩留苗 3500～4000 株；注意防治丝黑穗病。

适宜种植地区：山西春播早熟玉米区。

晋单 71 号

审定编号：晋审玉 2010007

选育单位：山西省农业科学院玉米研究所

品种来源：重 200×CH7-2-1

特征特性：生育期 132 天左右。植株半紧凑，株高 260 厘米，穗位 109 厘米，雄穗分枝 19 个，主枝较长，花药黄色，花粉量大，雌穗花丝粉红色，果穗长筒型，穗轴白色。穗长 20.4 厘米，穗行数 14 行，行粒数 40.6 粒，籽粒黄色、半硬粒型，百粒重 34.7 克，出籽率 84.1%。2008—2009 年经山西省农业科学院植物保护研究所鉴定，抗穗腐病，中抗大斑病、青枯病、矮花叶病，感丝黑穗病、粗缩病。2009 年农业部谷物及制品质量监督检验测试中心检测，容重 686 克/升，粗蛋白 9.72%，粗脂肪 3.66%，粗淀粉 71.56%。

产量表现：2008—2009 年参加山西省早熟玉米品种区域试验，2008 年亩产 690.9 千克，比对照吉单 261 增产 7.4%，2009 年亩产 755.3 千克，比对照增产 10.9%，两年平均亩产 723.1 千克，比对照增产 9.2%。2009 年生产试验，平均亩产 678.1 千克，比当地对照增产 12.9%。

栽培技术要点：高肥水条件下亩留苗 4000 株，肥力较低或旱地种植留苗密度适当减少；采用一炮轰的施肥方式氮磷做底肥一次施入或磷肥和 1/2 氮肥做底肥，其余 1/2 氮肥在大喇叭口期追施。

适宜种植地区：山西春播早熟玉米区。

晋单72号

审定编号：晋审玉2010008

选育单位：山西省农业科学院玉米研究所

品种来源：HA5243×58

特征特性：生育期129天左右。株形紧凑，株高244厘米，穗位89厘米，雄穗主轴与分枝的角度小，花丝紫红色。果穗筒型，穗轴白色。穗长20.3厘米，穗行数16～18行，行粒数40.8粒左右，籽粒黄色、半硬粒型，百粒重32.7克，出籽率82.9%。2008—2009年经山西省农业科学院植物保护研究所鉴定，抗穗腐病，中抗丝黑穗病、大斑病，感矮花叶病、粗缩病，高感青枯病。2009年农业部谷物及制品质量监督检验测试中心检测，容重722克/升，粗蛋白8.56%，粗脂肪3.13%，粗淀粉75.80%。

产量表现：2008—2009年参加山西省早熟玉米品种区域试验，2008年亩产698.5千克，比对照吉单261增产8.6%，2009年亩产739.3千克，比对照增产14.4%，两年平均亩产718.9千克，比对照增产11.5%。2009年生产试验，平均亩产648.8千克，比当地对照增产9.4%。

栽培技术要点：亩留苗3500～4500株，旱地宜稀植，水地宜密植。

适宜种植地区：山西春播早熟玉米区。

晋单73号

审定编号：晋审玉2010009

选育单位：山西省阳高县晋阳玉米研究所

品种来源：1131×东16

特征特性：生育期127天左右。幼苗芽鞘紫色，叶色淡绿。成株株形紧凑，叶色深绿，株高266厘米，穗位82厘米，雄穗分枝5～7枝，果穗筒型，穗轴红色。穗长20.4厘米，穗行数16～18行，百粒重33.0克，出籽率83.8%，籽粒黄色，马齿型。2008—2009年经山西省农业科学院植物保护研究所鉴定，抗粗缩病，中抗丝黑穗病、大斑病、穗腐病，感青枯病，高感矮花叶病。2009年农业部谷物及制品质量监督检验测试中心检测，容重748克/升，粗蛋白8.09%，粗脂肪3.53%，粗淀粉74.4%。

产量表现：2008—2009年参加山西省早熟玉米品种区域试验，2008年亩产702.2千克，比对照吉单261增产15.1%，2009年亩产763.5千克，比对照增产18.1%，两年平均亩产732.8千克，比对照增产16.6%。2009年生产试验，平均亩产665.4千克，比当地对照增产12.1%。

栽培技术要点：亩留苗3500～3800株。

适宜种植地区：山西春播早熟玉米区。

晋单74号

审定编号：晋审玉2010010

选育单位：山西省农业科学院玉米研究所

品种来源：WX641×WX511

特征特性：生育期130天左右。幼苗芽鞘浅紫色。株形半紧凑，株高275厘米,穗位106厘米，雄穗一级分枝8～9个，花丝粉红色，花药紫色，花粉黄色。果穗筒型，穗轴红色。穗长19.7厘米，穗行数18行，行粒数39.0粒，籽粒黄色、半马齿型，百粒重33.6克，出籽率84.3%。2008—2009年经山西省农业科学院植物保护研究所鉴定，高抗矮花叶病，抗青枯病、穗腐病，中抗丝黑穗病、大斑病，感粗缩病。2009年农业部谷物及制品质量监督检验测试中心检测，容重793克/升，粗蛋白8.97%，粗脂肪3.59%，粗淀粉71.5%。

产量表现：2008—2009年参加山西省中晚熟玉米品种区域试验，2008年亩产747.6千克，比对照郑单958增产6.2%，2009年亩产691.9千克，比对照增产8.8%，两年平均亩产719.8千克，比对照增产7.5%。2009年生产试验，平均亩产727.8千克，比当地对照增产7.6%。

栽培技术要点：4月中下旬播种；亩留苗3500株左右；亩底施硝酸磷肥40千克，追施尿素30千克；早间苗定苗，及时中耕除草；注意防治苗期病虫害。

适宜种植地区：山西春播中晚熟玉米区。

晋单75号

审定编号：晋审玉2010011

选育单位：山西省农业科学院玉米研究所

品种来源：L118×04-93

特征特性：生育期131天左右。幼苗叶鞘紫色。株形半紧凑，株高302厘米，穗位128厘米，雄穗分枝13～16个，全株20～21片叶，护颖绿色，花药黄色，花粉量中等，花丝浅紫色，果穗长筒型，穗轴白色。穗长20.7厘米，穗行数16～18行，行粒数40.7粒，籽粒黄色、马齿型，百粒重34.0克，出籽率84.9%。2008—2009年经山西省农业科学院植物保护研究所鉴定，高抗矮花叶病，抗丝黑穗病、穗腐病、粗缩病，中抗大斑病、青枯病。2009年农业部谷物及制品质量监督检验测试中心检测，容重758克/升，粗蛋白9.03%，粗脂肪 4.59%，粗淀粉 70.96%。

产量表现：2008—2009 年参加山西省中晚熟玉米品种区域试验，2008 年亩产 737.2 千克，比对照郑单 958 增产 5.6%，2009 年亩产 708.0 千克，比对照增产 10.0%，两年平均亩产 722.6 千克，比对照增产 7.7%。2009 年生产试验，平均亩产 728.8 千克，比当地对照增产 5.5%。

栽培技术要点：4 月下旬播种为宜；一般亩留苗 3300～3500 株；亩底施硝酸磷肥 40 千克，追施尿素 30 千克；早间苗定苗，及时中耕除草。

适宜种植地区：山西春播中晚熟玉米区。

潞玉 16

审定编号：晋审玉 2010012

选育单位：山西潞玉种业股份有限公司

品种来源：LZA4-3×LZF12

特征特性：生育期 131 天左右。株形半紧凑，株高 271 厘米，穗位 108 厘米，果穗筒型，穗轴白色。穗长 19.7 厘米，穗行数 16～18 行，行粒数 39.7 粒，籽粒橘黄色、半硬粒型，百粒重 34.4 克，出籽率 81.7%。2008—2009 年经山西省农业科学院植物保护研究所鉴定，高抗青枯病、矮花叶病，抗丝黑穗病、大斑病、穗腐病，感粗缩病。2009 年农业部谷物及制品质量监督检验测试中心检测，容重 782 克/升，粗蛋白 9.49%，粗脂肪 4.69%，粗淀粉 72.09%。

产量表现：2008—2009 年参加山西省中晚熟玉米品种区域试验，2008 年亩产 765.1 千克，比对照郑单 958 增产 9.6%，2009 年亩产 697.6 千克，比对照增产 11.2%，两年平均亩产 731.4 千克，比对照增产 10.4%。2009 年生产试验，平均亩产 685.1 千克，比当地对照增产 5.1%。

栽培技术要点：选择中等偏上地力种植；适宜播期 5 月 1 日前后；亩留苗 3500 株；亩施农家肥 1500 千克，拔节期亩追尿素 15～20 千克。

适宜种植地区：山西春播中晚熟玉米区。

大正 2 号

审定编号：晋审玉 2010013

选育单位：山西大正农业发展有限公司

品种来源：P33×L801

特征特性：生育期125天左右。株高291厘米，穗位100厘米，雄花分枝8个左右，花药浅红色，花丝粉红色，果穗筒型，穗轴红色。穗长19.9厘米，穗行数16行，行粒数39.2粒，籽粒黄色、马齿型，百粒重37.5克。2007—2008年经山西省农业科学院植物保护研究所鉴定，抗穗腐病、粗缩病，中抗大斑病，感丝黑穗病、青枯病、矮花叶病。2008年农业部谷物及制品质量监督检验测试中心检测，容重792克/升，粗蛋白9.16%，粗脂肪4.19%，粗淀粉75.26%。

产量表现：2007—2008年参加山西省中晚熟玉米品种区域试验，2007年亩产765.2千克，比对照农大108增产16.0%，2008年亩产771.7千克，比对照郑单958增产11.0%，两年平均亩产768.4千克，比对照增产13.4%。2008年生产试验，平均亩产734.5千克，比当地对照增产6.4%。

栽培技术要点：亩留苗3500株左右。

适宜种植地区：山西春播中晚熟玉米区。

盛玉366

审定编号：晋审玉2010014

选育单位：山西强盛种业有限公司

品种来源：06988×D12

特征特性：生育期130天左右。株形半紧凑，株高282厘米，穗位104厘米，雄穗分枝11个，花粉黄色，花丝红色，穗型筒型，穗轴红色。穗长19.3厘米，穗行数16行，行粒数38.3粒，籽粒橙黄色、半硬粒型，百粒重34.9克，出籽率83.2%。2008—2009年经山西省农业科学院植物保护研究所鉴定，抗穗腐病，中抗大斑病、青枯病，感丝黑穗病、粗缩病，高感矮花叶病。2009年农业部谷物及制品质量监督检验测试中心检测，容重791克/升，粗蛋白8.25%，粗脂肪3.96%，粗淀粉73.01%。

产量表现：2008—2009年参加山西省中晚熟玉米品种区域试验，2008年亩产762.9千克，比对照郑单958增产8.4%，2009年亩产700.3千克，比对照增产10.2%，两年平均亩产731.6千克，比对照增产9.2%。2009年生产试验，平均亩产729.7千克，比当地对照增产6.3%。

栽培技术要点：亩施农家肥800～1000千克、磷酸二铵或复合肥20千克；4月20日左右播种；亩留苗4000株左右。

适宜种植地区：山西春播中晚熟玉米区。

润民 8 号

审定编号：晋审玉 2010015

选育单位：晋城市润农种业有限公司

品种来源：润自 01×润自 87

特征特性：生育期 130 天左右。幼苗叶鞘紫色，第一叶椭圆型，叶缘紫色。株形半紧凑，株高 265 厘米，穗位 110 厘米，雄穗主枝直立，长 28～30 厘米，雄穗分枝 18～20 个，全株 19～21 片叶，护颖绿色，花药红色，花粉量中等，花丝粉色，果穗长筒型，穗轴红色。穗长 20.4 厘米，穗行数 18 行，行粒数 40.6 粒，籽粒橙色，半马齿型，百粒重 33.2 克。2007—2008 年经山西省农业科学院植物保护研究所鉴定，高抗矮花叶病，抗穗腐病、粗缩病，中抗大斑病、青枯病，感丝黑穗病。2008 年农业部谷物及制品质量监督检验测试中心检测，容重 718 克/升，粗蛋白 8.67%，粗脂肪 4.13%，粗淀粉 73.49%。

产量表现：2007—2008 年参加山西省中晚熟玉米品种区域试验，2007 年亩产 748.6 千克，比对照农大 108 增产 15.1%，2008 年亩产 749.7 千克，比对照郑单 958 增产 7.8%，两年平均亩产 749.1 千克，比对照增产 11.3%。2008 年生产试验，平均亩产 736.0 千克，比当地对照增产 5.7%。

栽培技术要点：亩留苗 3000 株左右；重施基肥，中后期适时追肥、浇水。

适宜种植地区：山西春播中晚熟玉米区。

润民 336

审定编号：晋审玉 2010016

选育单位：晋城市润农种业有限公司

品种来源：润自 119×润自 58

特征特性：生育期 131 天左右。幼苗芽鞘紫色，第一叶尖端形状尖，第四叶叶边缘浅紫色。株形紧凑，株高 283 厘米，穗位 105 厘米，花丝绿色，雄穗花药紫色，叶脉明显，果穗筒型，穗轴白色。穗长 18.9 厘米，穗行数 18 行，行粒数 38.8 粒，籽粒黄色，半马齿型，百粒重 35 克，出籽率 86.3%。2008—2009 年经山西省农业科学院植物保护研究所鉴定，抗穗腐病，中抗丝黑穗病、大斑病、青枯病、粗缩病，感矮花叶病。2009 年农业部谷物及制品质量监督检验测试中心检测，容重 762 克/升，粗蛋白 8.63%，粗脂肪 3.42%，粗淀粉 73.02%。

产量表现：2008—2009 年参加山西省中晚熟玉米品种区域试验，2008 年亩产 808.5 千克，比对照郑单 958 增产 14.8%，2009 年亩产 737.5 千克，比对照增产 16.0%，两年平均亩产 773.0 千克，比对照增产 15.4%。2009

年生产试验，平均亩产 777.5 千克，比当地对照增产 13.6%。

栽培技术要点： 亩留苗 3500～4000 株；重施基肥，中后期适时追肥、浇水。

适宜种植地区： 山西春播中晚熟玉米区。

农福 8 号

审定编号： 晋审玉 2010017

选育单位： 山西农福科贸股份有限公司

品种来源： NF070×C78

特征特性： 生育期 134 天左右。株形半紧凑，株高 284 厘米，穗位 128 厘米，叶鞘紫绿色，雄穗分枝 15～18 个，果穗筒型，穗轴白色。穗长 19.1 厘米，穗行数 18 行，行粒数 38.2 粒，籽粒黄色、半马齿型，百粒重 35.6 克，出籽率 84.6%。2007 年、2009 年经山西省农业科学院植物保护研究所鉴定，高抗青枯病，抗穗腐病、矮花叶病，中抗大斑病，感丝黑穗病、粗缩病。2009 年农业部谷物及制品质量监督检验测试中心检测，容重 798 克/升，粗蛋白 9.64%，粗脂肪 4.38%，粗淀粉 72.32%。

产量表现： 2007 年、2009 年参加山西省中晚熟玉米品种区域试验，2007 年亩产 749.9 千克，比对照农大 108 增产 13.7%，2009 年亩产 665.5 千克，比对照郑单 958 增产 6.1%，两年平均亩产 707.7 千克，比对照增产 10.0%。2009 年生产试验，平均亩产 744.3 千克，比当地对照增产 8.3%。

栽培技术要点： 亩留苗 3500 株；亩施农家肥 4000～5000 千克，复合肥 30～50 千克；大喇叭口期亩追施尿素 20～30 千克。

适宜种植地区： 山西春播中晚熟玉米区。

晋单 76 号

审定编号： 晋审玉 2010018

申报单位： 国营泽州县农作物原种场

选育单位： 国营泽州县农作物原种场、晋城市玉农种业有限公司

品种来源： E165×E118

特征特性： 生育期 130 天左右。幼苗叶鞘紫色，叶片深绿色，第一叶叶尖端尖至圆，叶边缘紫色。株形紧凑，株高 287 厘米，穗位 101 厘米，穗上部“之”字形明显，护颖浅紫色，花药紫色，花粉量大，雌穗花

丝浅紫色，苞叶短，果穗长筒型，穗轴白色。穗长 21.1 厘米，穗行数 16 行，行粒数 39.5 粒，籽粒橙黄色、半马齿型，百粒重 37.4 克，出籽率 85.8%。2008—2009 年经山西省农业科学院植物保护研究所鉴定，高抗青枯病，抗穗腐病，中抗丝黑穗病、大斑病、粗缩病，感矮花叶病。2009 年农业部谷物及制品质量监督检验测试中心检测，容重 799.0 克/升，粗蛋白 9.57%，粗脂肪 4.21%，粗淀粉 71.17%。

产量表现：2008—2009 年参加山西省中晚熟区玉米品种区域试验，2008 年亩产 798.6 千克，比对照郑单 958 增产 13.4%，2009 年亩产 721.7 千克，比对照增产 12.1%，两年平均亩产 760.2 千克，比对照增产 12.8%。2009 年生产试验，平均亩产 754.3 千克，比当地对照增产 10.4%。

栽培技术要点：亩留苗 3500～4000 株；重施基肥，中后期适时追肥浇水。

适宜种植地区：山西春播中晚熟玉米区。

奥利 66 号

审定编号：晋审玉 2010019

选育单位：黎城县奥利种业有限公司

品种来源：8639H×F138

特征特性：生育期 135 天左右。株形紧凑，株高 301 厘米，穗位 119 厘米，雄穗分枝 14～18 个，花粉量充足，花药黄色，花丝粉红色，果穗长筒型，穗轴红色。穗长 21.4 厘米，穗行数 16 行，行粒数 40.1 粒，籽粒黄色、马齿型，百粒重 34.7 克，出籽率 82.2%。2008—2009 年经山西省农业科学院植物保护研究所鉴定，高抗青枯病，抗丝黑穗病、穗腐病、矮花叶病，中抗大斑病、粗缩病。2009 年农业部谷物及制品质量监督检验测试中心检测，容重 776 克/升，粗蛋白 9.92%，粗脂肪 4.37%，粗淀粉 70.18%。

产量表现：2008—2009 年参加山西省春播中晚熟玉米区域试验，2008 年亩产 751.7 千克，比对照郑单 958 增产 6.8%，2009 年亩产 685.7 千克，比对照增产 6.5%，两年平均亩产 718.7 千克，比对照增产 6.7%。2009 年生产试验，平均亩产 731.9 千克，比当地对照增产 7.1%。

栽培技术要点：施足底肥；亩留苗 3500 株；及时定苗中耕；重施孕穗肥。

适宜种植地区：山西春播中晚熟玉米区。

奥利 10 号

审定编号：晋审玉 2010020

选育单位：黎城县奥利种业有限公司

品种来源：WMF122×WMF112

特征特性：生育期130天左右。幼苗叶鞘浅紫色。株形半紧凑，株高275厘米、穗位107厘米，穗上叶细长，叶尖下披，叶色浓绿，全株20片叶，雄穗分枝16～20个，花粉量大，花药浅黄色，雌穗苞叶较长，花丝粉红色。果穗长型，穗轴粉红色。穗长22.3厘米，穗行数18行，行粒数43.4，籽粒黄色、马齿型，百粒重34.6克。2007—2008年经山西省农业科学院植物保护研究所鉴定，抗丝黑穗病、穗腐病、矮花叶病，中抗大斑病、粗缩病，感青枯病。2008年农业部谷物及制品质量监督检验测试中心检测，容重741克/升，粗蛋白8.54%，粗脂肪3.86%，粗淀粉75.44%。

产量表现：2007—2008年参加山西省春播中晚熟玉米区域试验，2007年亩产736.1千克，比对照农大108增产11.6%，2008年亩产739.2千克，比对照郑单958增产6.3%，两年平均亩产737.7千克，比对照增产8.9%。2008年生产试验，平均亩产765.1千克，比当地对照增产10.3%。

栽培技术要点：选择中上等肥力地种植，施足底肥；亩留苗3200～3500株；中后期加强肥水管理。

适宜种植地区：山西春播中晚熟玉米区。

双宝16

审定编号：晋审玉2010021

选育单位：山西双宝种业有限公司

品种来源：M50×M90

特征特性：生育期130天左右。株形紧凑，株高272厘米，穗位91厘米，叶鞘浅紫，花丝青绿色，雄穗分枝上冲，果穗筒型，穗轴红色。穗长21.3厘米，穗行数16行，行粒数39.1粒，籽粒黄色、半硬粒型，百粒重35.7克，出籽率86.3%。2008—2009年经山西省农业科学院植物保护研究所鉴定，抗穗腐病，中抗大斑病、青枯病，感丝黑穗病、矮花叶病、粗缩病。2009年农业部谷物及制品质量监督检验测试中心检测，容重750克/升，粗蛋白10.16%，粗脂肪3.83%，粗淀粉72.34%。

产量表现：2008—2009年参加山西省春播中晚熟玉米区域试验，2008年亩产757.2千克，比对照郑单958增产7.6%，2009年亩产688.5千克，比对照增产7.0%，两年平均亩产722.8千克，比对照增产7.3%。2009年生产试验，平均亩产732.5千克，比当地对照增产7.2%。

栽培技术要点：亩留苗3500～4000株为宜；种子包衣，防治丝黑穗病及地下害虫；底肥增施有机肥；注意喇叭口期培土；后期注意防螟虫、防蚜虫。

适宜种植地区：山西春播中晚熟玉米区。

金玉18号

审定编号：晋审玉2010022

选育单位：临汾市金玉种业有限公司

品种来源：J18×F07

特征特性：生育期134天左右。株形半紧凑，株高309厘米，穗位136厘米，果穗长筒型，穗轴白色。穗长20.8厘米，穗行数18行，行粒数37.1粒，籽粒橙黄色，马齿型，百粒重33.9克，出籽率85.1%。2008—2009年经山西省农业科学院植物保护研究所鉴定，高抗青枯病，抗穗腐病、矮花叶病，中抗丝黑穗病、大斑病、粗缩病。2009年农业部谷物质量监督检验测试中心检测，容重771克/升，粗蛋白9.37%，粗脂肪4.47%，粗淀粉71.31%。

产量表现：2008—2009年参加山西省春播中晚熟玉米区域试验，2008年亩产730.7千克，比对照郑单958增产4.7%，2009亩产708.3千克，比对照增产10.0%，两年平均亩产719.5千克，比对照增产7.2%。2009年生产试验，平均亩产733.8千克，比当地对照增产6.7%。

栽培技术要点：亩留苗2800～3000株；八叶一心时喷洒玉米矮壮素以降低株高，促根系发育，防止后期倒伏。

适宜种植地区：山西春播中晚熟玉米区。

诚信16

审定编号：晋审玉2010023

选育单位：山西诚信种业有限公司

品种来源：C0314×W91

特征特性：生育期128天左右。株形半紧凑，株高277厘米，穗位104厘米，雄穗分枝数10～13个，花丝黄白色，花药棕黄色，护颖绿色，果穗长筒型，穗轴红色。穗长21.2厘米，穗行数16行，行粒数42.2粒，籽粒黄色、马齿型，百粒重36.6克。2007—2008年经山西省农业科学院植物保护研究所鉴定，抗穗腐病，中抗大斑病、青枯病、矮花叶病，感丝黑穗病、粗缩病。2008年农业部谷物及制品质量监督检验测试中心检测，容重772克/升，粗蛋白10.66%，粗脂肪4.35%，粗淀粉72.35%。

产量表现：2007—2008年参加山西省春播中晚熟玉米区域试验，2007年亩产755.9千克，比对照农大108

增产 15.4%，2008 年亩产 759.0 千克，比对照郑单 958 增产 8.7%，两年平均亩产 757.4 千克，比对照增产 11.9%。2008 年生产试验，平均亩产 727.8 千克，比当地对照增产 5.9%。

栽培技术要点：亩留苗 3000～3500 株；增施有机底肥，配施氮、钾肥；注意喇叭口期培土，防止后期倒伏。

适宜种植地区：山西春播中晚熟玉米区。

晋单 77 号

审定编号：晋审玉 2010024

选育单位：山西省现代农业研究中心

品种来源：L3115×L0367

特征特性：生育期 129 天左右。株形半紧凑，株高 263 厘米，穗位 115 厘米，叶片宽厚，茎秆硬挺，“之”字形明显，雄穗分枝 15 个左右，主枝较长，护颖紫色，花粉粒呈黄色，雌穗花丝粉色。果穗筒型，穗轴红色。穗长 19.6 厘米，穗行数 18 行，行粒数 40.9 粒，籽粒黄色、马齿型，百粒重 32.7 克。2007—2008 年经山西省农业科学院植物保护研究所鉴定，高抗矮花叶病，抗穗腐病，中抗大斑病、青枯病，感丝黑穗病、粗缩病。2008 年农业部谷物及制品质量监督检验测试中心检测，容重 764 克/升，粗蛋白 8.82%，粗脂肪 4.03%，粗淀粉 74.45%。

产量表现：2007—2008 年参加山西省春播中晚熟玉米区域试验，2007 年亩产 737.7 千克，比对照农大 108 增产 12.6%，2008 年亩产 760.0 千克，比对照郑单 958 增产 8.9%，两年平均亩产 748.9 千克，比对照增产 10.7%。2008 年生产试验，平均亩产 741.7 千克，比当地对照增产 7.3%。

栽培技术要点：种子包衣，防治丝黑穗病及地下害虫；亩留苗 3500～3700 株；亩施农家肥 2000 千克，复合肥或磷酸二铵 20 千克，追施尿素 25 千克。

适宜种植地区：山西春播中晚熟玉米区。

长单 506

审定编号：晋审玉 2010025

选育单位：山西省农业科学院谷子研究所

品种来源：CD208×950411

特征特性：生育期 132 天左右。株形平展，株高 281 厘米，穗位 111 厘米，叶片宽大。果穗筒型，穗轴红色。穗长 23 厘米，穗行数 16～18 行，行粒数 42.3 粒，籽粒黄色、马齿型，百粒重 33.1 克。2007—2008 年经山西省农业科学院植物保护研究所鉴定，高抗矮花叶病，抗丝黑穗病、穗腐病，中抗大斑病，感青枯病、粗缩病。2008 年农业部谷物及制品质量监督检验测试中心检测，容重 748 克/升，粗蛋白 8.68%，粗脂肪 3.66%，粗淀粉 74.71%。

产量表现：2007—2008 年参加山西省春播中晚熟玉米区域试验，2007 年亩产 718.9 千克，比对照农大 108 增产 9.7%，2008 年亩产 726.0 千克，比对照郑单 958 增产 4.0%，两年平均亩产 722.5 千克，比对照增产 6.8%。2008 年生产试验，平均亩产 738.8 千克，比当地对照增产 6.3%。

栽培技术要点：中等以上肥力地块种植；亩留苗 2800～3000 株；亩施 80 千克硝酸磷肥作基肥，拔节期亩追施尿素 40 千克。

适宜种植地区：山西春播中晚熟玉米区。

奥玉 21

审定编号：晋审玉 2010026

选育单位：北京奥瑞金种业股份有限公司

品种来源：OSL218×9801

特征特性：生育期 132 天左右。株形半紧凑，株高 297 厘米，穗位 116 厘米，雄穗分枝 15 个左右，花粉黄色，花丝绿色。果穗筒型，穗轴白色。穗长 20.5 厘米，穗行数 14～16 行，行粒数 40.2 粒，籽粒黄白、半马齿型，百粒重 38.5 克，出籽率 85.1%。2008—2009 年经山西省农业科学院植物保护研究所鉴定，抗穗腐病、矮花叶病，中抗丝黑穗病、大斑病、青枯病，感粗缩病。2009 年农业部谷物及制品质量监督检验测试中心检测，容重 751 克/升，粗蛋白 10.39%，粗脂肪 3.84%，粗淀粉 71.83%。

产量表现：2008—2009 年参加山西省春播中晚熟玉米区域试验，2008 年亩产 749.1 千克，比对照郑单 958 增产 6.4%，2009 年亩产 699.3 千克，比对照增产 8.6%，两年平均亩产 724.2 千克，比对照增产 7.5%。2009 年生产试验，平均亩产 748.96 千克，比当地对照增产 9.3%。

栽培技术要点：亩留苗 3800～4000 株；亩施多元复合肥 30 千克作底肥，追施尿素 25～30 千克。

适宜种植地区：山西春播中晚熟玉米区。

北玉 509

审定编号：晋审玉 2010027

选育单位：沈阳北玉种子科技有限公司

品种来源：BY022×BY021-2

特征特性：生育期 129 天左右。株形半紧凑，株高 291 厘米，穗位 124 厘米，果穗长筒型，穗轴白色。穗长 20.5 厘米，穗行数 18 行，行粒数 41.2 粒，籽粒黄色、半马齿型，百粒重 35.7 克，出籽率 84.8%。2007—2008 年经山西省农业科学院植物保护研究所鉴定，高抗青枯病、矮花叶病，抗丝黑穗病、穗腐病、粗缩病，中抗大斑病。2008 年农业部谷物及制品质量监督检验测试中心检测，容重 794 克/升，粗蛋白 9.57%，粗脂肪 4.98%，粗淀粉 74.04%。

产量表现：2007—2008 年参加山西省春播中晚熟玉米区域试验，2007 年亩产 760.5 千克，比对照农大 108 增产 15.3%，2008 年亩产 789.5 千克，比对照郑单 958 增产 13.5%，两年平均亩产 775.0 千克，比对照增产 14.4%。2008 年生产试验，平均亩产 751.7 千克，比当地对照增产 8.0%。

栽培技术要点：选择肥力中等以上地块种植；亩留苗 3000～3300 株；成熟后及时收获，防止穗粒腐病发生。

适宜种植地区：山西春播中晚熟玉米区。

永玉 35

审定编号：晋审玉 2010028

选育单位：河北冀南玉米研究所、山西华农种业有限公司

品种来源：351×永 1422

特征特性：生育期 128 天左右。株形紧凑，株高 278 厘米，穗位 115 厘米，全株 20～21 片叶，花药淡紫色，花丝青绿色，果穗筒型，穗轴红色。穗长 19.8 厘米，穗行数 16 行，行粒数 37.3 粒，籽粒黄色、半硬粒型，百粒重 40.9 克，出籽率 87.4%。2008—2009 年经山西省农业科学院植物保护研究所鉴定，高抗丝黑穗病，抗穗腐病，中抗大斑病、青枯病，感矮花叶病、粗缩病。2009 年农业部谷物及制品质量监督检验测试中心检测，容重 752 克/升，粗蛋白 9.21%，粗脂肪 4.79%，粗淀粉 72.05%。

产量表现：2008—2009 年参加山西春播中晚熟高密组区域试验，2008 年亩产 866.3 千克，比对照先玉 335 增产 2.6%，2009 年亩产 931.7 千克，比对照增产 2.4%，两年平均亩产 899.0 千克，比对照增产 2.5%。

栽培技术要点：亩留苗3800～4500株；田间管理宜早；重施拔节肥。

适宜种植地区：山西春播中晚熟玉米区。

荣鑫338

审定编号：晋审玉2010029

选育单位：山西瑞普种业有限责任公司

品种来源：A101×B101

特征特性：生育期春播130天左右，南部复播101天左右。株高262厘米，穗位119厘米，花药黄色，护颖绿色,花丝紫红色，果穗筒型，穗轴白色。穗长17.2厘米，穗行数16行，行粒数36.9粒，籽粒黄色，半马齿型，百粒重30.2克，出籽率87%。2008—2009年经山西省农业科学院植物保护研究所鉴定，高抗矮花叶病，抗穗腐病，中抗大斑病、青枯病，感丝黑穗病、粗缩病。2009年农业部谷物及制品质量监督检验测试中心检测，容重748克/升，粗蛋白8.95%，粗脂肪4.27%，粗淀粉71.36%。

产量表现：2008—2009年参加山西春播中晚熟高密组区域试验，2008年亩产855.3千克，比对照先玉335增产1.3%，2009年亩产930.8千克，比对照增产2.3%，两年平均亩产893.1千克，比对照增产1.8%。2008—2009年参加南部复播玉米区域试验，2008年亩产621.1千克，比对照郑单958增产4.4%，2009年亩产646.6千克，比对照增产7.7%，两年平均亩产633.9千克，比对照增产6.1%；2009年生产试验，平均亩产653.1千克，比对照增产5.2%。

栽培技术要点：亩适宜密度3500～4000株；苗期适当控制肥水。

适宜种植地区：山西春播中晚熟玉米区和南部复播区。

品玉598

审定编号：晋审玉2010030

选育单位：山西省农业科学院农作物品种资源研究所

品种来源：金283×金372

特征特性：生育期99天左右。苗期叶色较深，第一叶椭圆型，叶鞘紫色。株形紧凑，株高268厘米，穗位118厘米，叶色较深，花药黄色，雄穗一级分枝15～18个，花丝绿色，果穗筒型，穗轴红色，穗长19.0厘米，穗行数16行，行粒数38.3粒，粒型黄色、半马齿型，百粒重31.8克，出籽率86.7%。2008—2009年经山西省农业科学院植物保护研究所鉴定，抗穗腐病、矮花叶病，中抗丝黑穗病、大斑病、青枯病、粗缩病。2009 年农业部谷物及制品质量监督检验测试中心检测，容重 774 克/升，粗蛋白 9.51%，粗脂肪 4.51%，粗淀粉 71.55%。

产量表现：2008—2009 年参加山西南部复播玉米区域试验，2008 年亩产 629.1 千克，比对照郑单 958 增产 5.8%，2009 年亩产 627.2 千克，比对照增产 4.5%，两年平均亩产 628.2 千克，比对照增产 5.1%。2009 年生产试验，平均亩产 689.1 千克，比对照增产 9.3%。

栽培技术要点：6 月上旬播种；亩留苗 3500～4000 株；亩底施硝酸磷肥 40 千克，追施尿素 30 千克；早间苗定苗，及时中耕除草。

适宜种植地区：山西南部复播玉米区。

潞鑫 66 号

审定编号：晋审玉 2010031

选育单位：长治市鑫农种业有限公司

品种来源：长系 005×长选 B9

特征特性：生育期 102 天左右。幼苗叶鞘紫色，叶色浓绿，叶缘紫红。株形半紧凑，株高 274 厘米，穗位 124 厘米，雄穗分枝 15 个，护颖紫红色，花粉黄色，花粉量大，雌穗穗柄较短，花丝红色。果穗筒型，穗轴白色。穗长 18.2 厘米，穗行数 14 行，行粒数 37.5 粒，籽粒黄色、半马齿型，百粒重 32.0 克，出籽率 84.6%。2008—2009 年经山西省农业科学院植物保护研究所鉴定，抗丝黑穗病、穗腐病，中抗大斑病、粗缩病，感青枯病，高感矮花叶病。2009 年农业部谷物及制品质量监督检验测试中心检测，容重 759 克/升，粗蛋白 8.69%，粗脂肪 4.13%，粗淀粉 72.72%。

产量表现：2008—2009 年参加山西南部复播玉米区域试验，2008 年亩产 635.2 千克，比对照郑单 958 增产 6.8%，2009 年亩产 650.4 千克，比对照增产 8.3%，两年平均亩产 642.8 千克，比对照增产 7.6%。2009 年生产试验，平均亩产 683.8 千克，比对照增产 9.3%。

栽培技术要点：亩留苗 3500～4000 株；施足底肥，增施磷、钾肥。

适宜种植地区：山西南部复播玉米区。

品糯 1 号

审定编号：晋审玉 2010032

选育单位：山西省农业科学院农作物品种资源研究所

品种来源：PN256-1×PN4818

特征特性：出苗至采收88天左右。株形半紧凑，株高246厘米，穗位103厘米,雄穗一级分枝11～13个，花粉黄色，花丝绿色,果穗锥形，穗轴白色。穗长19厘米，穗行数16～18行，行粒数36.5粒，籽粒糯质，粒色浅黄。2008—2009年经山西省农业科学院植物保护研究所鉴定，抗穗腐病，中抗青枯病、矮花叶病、粗缩病，感丝黑穗病、大斑病。2009年农业部谷物质量监督检验测试中心检测，粗淀粉70.59%，支链淀粉/粗淀粉99.74%。

产量表现：2008—2009年参加山西糯玉米品种区域试验，2008年鲜穗亩产940.6千克，2009年鲜穗亩产807.5千克，两年平均鲜穗亩产874.1千克。

栽培技术要点：4月中旬播种为宜；亩留苗3000株左右；亩底施硝酸磷肥40千克，追施尿素30千克；早间苗定苗，及时中耕除草；注意防治丝黑穗病。

适宜种植地区：山西糯玉米主产区。

太玉511

审定编号：晋审玉2010033

选育单位：太原三元灯现代农业发展有限公司

品种来源：H06-71×H06-136

特征特性：幼苗第一叶呈椭圆型，叶鞘紫色，叶色深绿。株形半紧凑，株高312厘米，穗位145厘米，雄穗分枝11个，花丝紫色，花药粉色，果穗筒型，穗长23.5厘米，穗行数16～18行，行粒数42粒。2008—2009年经山西省农业科学院植物保护研究所鉴定，高抗青枯病，抗穗腐病、矮花叶病，中抗丝黑穗病、大斑病，感粗缩病。2008—2009年参加山西青贮玉米品种区域试验，2008年鲜重亩产4742.8千克，比对照中北410增产4.7%，2009年鲜重亩产6235.0千克，比对照增产21.4%，两年平均亩产5488.9千克，比对照增产13.6%。

栽培技术要点：亩留苗3500株左右；亩施农家肥1000千克，过磷酸钙50千克做底肥，中期亩追尿素25千克；后期亩追尿素10千克。

适宜种植地区：山西青贮玉米主产区。

大丰青贮 1 号

审定编号：晋审玉 2010034

选育单位：山西大丰种业有限公司

品种来源：559×555

特征特性：幼苗第一叶圆勺形，叶鞘花青甙显色强，叶色深绿，叶缘紫色，叶背有紫晕。株形半紧凑，株高 316 厘米，穗位 146 厘米，雄穗发达，花粉量大，花丝红色，果穗筒型，穗轴白色。穗长 23.7 厘米，穗行数 12～14 行，行粒数 39.4 粒，籽粒黄色，半马齿型。2008—2009 年经山西省农业科学院植物保护研究所鉴定，高抗青枯病，抗穗腐病、矮花叶病、粗缩病，中抗大斑病，感丝黑穗病。2008—2009 年参加山西青贮玉米品种区域试验，2008 年鲜重亩产 4717.4 千克，2009 年鲜重亩产 4912.3 千克，两年平均亩产 4814.9 千克。

栽培技术要点：亩留苗 3800～4000 株；施足农家肥，亩施 40 千克硝酸磷肥作基肥；拔节期亩追施尿素 10～15 千克。

适宜种植地区：山西青贮玉米主产区。

牧玉 2 号

审定编号：晋审玉 2010035

选育单位：山西省农业科学院畜牧兽医研究所

品种来源：562×554

特征特性：株形平展，株高 317 厘米，穗位 143 厘米,雄穗发达，花粉量大，雌雄协调，花丝青色，果穗筒型，穗轴红色。穗长 21.6 厘米，穗行数 14～16 行，行粒数 36.4 粒，籽粒黄色，半硬粒型。2008—2009 年经山西省农业科学院植物保护研究所鉴定，抗丝黑穗病、青枯病、穗腐病，中抗大斑病、矮花叶病、粗缩病。2008—2009 年参加山西青贮玉米品种区域试验，2008 年鲜重亩产 4819.2 千克，比对照中北 410 增产 6.4%，2009 年鲜重亩产 5392.7 千克，比对照增产 5.0%，两年平均亩产 5105.9 千克，比对照增产 5.7%。

栽培技术要点：亩留苗 3500～3800 株；施足农家肥，亩施 40 千克硝酸磷肥作基肥；拔节期亩追施尿素 10～15 千克。

适宜种植地区：山西青贮玉米主产区。

特早2号

审定编号：晋审玉2011001

选育单位：山西省农业科学院现代农业研究中心、山西省农业科学院作物科学研究所

品种来源：太早1001×R综57-3

特征特性：生育期123天，比对照并单6号早2天。幼苗第一叶叶鞘紫色，尖端匙形，叶缘绿色。株形半紧凑，总叶片数15～16片，株高220厘米，穗位80厘米，雄穗主轴与分枝角度小，侧枝姿态直，一级分枝4～5个，最高位侧枝以上的主轴长15～20厘米，花药黄色，颖壳绿色，花丝绿色，果穗筒型，穗轴红色，穗长18.0厘米，穗行数16～18行，行粒数39粒，籽粒黄色，粒型半硬粒型，籽粒顶端黄色，百粒重33克，出籽率87%。2009—2010年经山西省农业科学院植物保护研究所鉴定，抗粗缩病、矮花叶病，中抗穗腐病、大斑病、青枯病，感丝黑穗病。2010年农业部谷物及制品质量监督检验测试中心检测，容重774.0克/升，粗蛋白9.63%，粗脂肪4.71%，粗淀粉74.37%。

产量表现：2009—2010年参加山西省特早熟区玉米品种区域试验，2009年亩产594.9千克，比对照极早单2号增产11.5%，2010年亩产601.9千克，比对照并单6号增产7.1%，两年平均亩产598.4千克，比对照增产9.3%。2010年生产试验，平均亩产624.4千克，比对照增产10.4%。

栽培技术要点：种子包衣，防治丝黑穗病和地下害虫；亩留苗4000～4500株。

适宜种植地区：山西春播特早熟玉米区。

泉玉10号

审定编号：晋审玉2011002

选育单位：阳高县益源种业科技有限公司

品种来源：YG122×YG482

特征特性：生育期127天，比对照长城799晚1天。幼苗第一叶叶鞘红色，尖端圆形，叶缘紫红色。株形紧凑，总叶片数20片，株高290厘米，穗位118厘米，雄穗主轴与分枝角度中，侧枝姿态轻度下弯，一级分枝3～4个，最高位侧枝以上的主轴长15～20厘米，花药黄色，颖壳黄绿色，花丝粉红色，果穗筒型，穗轴白色，穗长21～23厘米，穗行数16～18行，行粒数40粒，籽粒黄色，粒型半马齿型，籽粒顶端黄色，百粒重38.6克，出籽率89.2%。2009—2010年经山西省农业科学院植物保护研究所鉴定，中抗大斑病、青枯病、穗腐病、矮花叶病，感丝黑穗病、粗缩病。2010年农业部谷物及制品质量监督检验测试中心检测，容重779克/

升，粗蛋白 9.93%，粗脂肪 4.33%，粗淀粉 74.87%。

产量表现：2009—2010 年参加山西省早熟玉米品种区域试验，2009 年亩产 774.6 千克，比对照长城 799 增产 13.8%，2010 年亩产 701.1 千克，比对照增产 13.4%，两年平均亩产 737.9 千克，比对照增产 13.6%。2010 年生产试验，平均亩产 668.8 千克，比当地对照增产 12.2%。

栽培技术要点：一般肥力地亩留苗 3800～4000 株，高水肥地 4000～4500 株。

适宜种植地区：山西春播早熟玉米区。

晋单 78 号

审定编号：晋审玉 2011003

选育单位：山西省农业科学院作物科学研究所、山西省农业科学院高粱研究所

品种来源：P001×太早 95137

特征特性：生育期 124 天，比对照长城 799 早 2 天。幼苗第一叶叶鞘紫色，尖端圆至匙形，叶缘绿色。株形紧凑，总叶片数 19～20 片，株高 235 厘米，穗位 95 厘米，雄穗主轴与分枝角度中，侧枝姿态轻度下弯，一级分枝 5～8 个，最高位侧枝以上的主轴长 15～20 厘米，花药浅紫色，颖壳绿色，花丝浅褐色，果穗筒型，穗轴白色，穗长 20.5 厘米，穗行数 14～16 行，行粒数 41 粒，籽粒黄色，粒型半马齿型，籽粒顶端黄色，百粒重 40 克，出籽率 90%。2009—2010 年经山西省农业科学院植物保护研究所鉴定，抗青枯病，中抗大斑病、穗腐病、矮花叶病，感丝黑穗病、粗缩病。2010 年农业部谷物及制品质量监督检验测试中心检测，容重 741 克/升，粗蛋白 9.02%，粗脂肪 3.66%，粗淀粉 75.65%。

产量表现：2009—2010 年参加山西省早熟玉米品种区域试验，2009 年亩产 742.3 千克，比对照长城 799 增产 14.8%，2010 年亩产 676.7 千克，比对照增产 9.5%，两年平均亩产 709.5 千克，比对照增产 12.2%。2010 年生产试验，平均亩产 646.4 千克，比当地对照增产 11.7%。

栽培技术要点：种子包衣，防治丝黑穗病和地下害虫；亩留苗 3500～4000 株。

适宜种植地区：山西春播早熟玉米区。

先牌 007

审定编号：晋审玉 2011004

选育单位：松原市利民种业有限责任公司

品种来源：选 404×多早 34

特征特性：生育期 126 天，与对照长城 799 相同。幼苗第一叶叶鞘紫色，尖端圆至匙形，叶缘紫色。株形半紧凑，总叶片数 18 片，株高 279 厘米，穗位 103 厘米，雄穗主轴与分枝角度中，侧枝姿态直，一级分枝 7～9 个，最高位侧枝以上的主轴长 10～12 厘米，花药紫色，颖壳绿色，花丝紫红色，果穗筒型，穗轴粉红色，穗长 20 厘米，穗行数 16～18 行，行粒数 38 粒，籽粒黄色，粒型马齿型，籽粒顶端淡黄色，百粒重 36.4 克，出籽率 86.1%。2009—2010 年经山西省农业科学院植物保护研究所鉴定，高抗青枯病，抗粗缩病，中抗大斑病、丝黑穗病、穗腐病，感矮花叶病。2010 年农业部谷物及制品质量监督检验测试中心检测，容重 747 克/升，粗蛋白 10.65%，粗脂肪 2.87%，粗淀粉 74.64%。

产量表现：2009—2010 年参加山西省早熟玉米品种区域试验，2009 年亩产 715.9 千克，比对照长城 799 增产 10.8%，2010 年亩产 730.5 千克，比对照增产 18.2%，两年平均亩产 723.2 千克，比对照增产 14.4%。2010 年生产试验，平均亩产 684.4 千克，比当地对照增产 14.5%。

栽培技术要点：选择中等肥力以上地块种植；亩留苗 3500～4500 株；注意增施钾肥；防治玉米螟、蚜虫。

适宜种植地区：山西春播早熟玉米区。

龙生 1 号

审定编号：晋审玉 2011005

选育单位：晋中龙生种业有限公司

品种来源：LS01×AX10

特征特性：生育期 128 天，比对照长城 799 晚 2 天。幼苗第一叶叶鞘紫色，尖端圆至匙形，叶缘绿色。株形半紧凑，总叶片数 20 片，株高 300 厘米，穗位 115 厘米，雄穗主轴与分枝角度中，侧枝姿态直，一级分枝 7 个左右，最高位侧枝以上的主轴长 29 厘米，花药紫色，颖壳绿色，花丝粉红色，果穗筒型，穗轴红色，穗长 22 厘米，穗行数 16 行，行粒数 39 粒，籽粒黄色，粒型马齿型，籽粒顶端黄色，百粒重 39 克，出籽率 87.8%。2009—2010 年经山西省农业科学院植物保护研究所鉴定，抗穗腐病，中抗矮花叶病，感丝黑穗病、大斑病、粗缩病，高感青枯病。2010 年农业部谷物及制品质量监督检验测试中心检测，容重 759 克/升，粗蛋白 9.59%，粗脂肪 4.34%，粗淀粉 75.55%。

产量表现：2009—2010 年参加山西省早熟玉米品种区域试验，2009 年亩产 718.4 千克，比对照长城 799 增产 11.1%，2010 年亩产 691.6 千克，比对照增产 11.9%，两年平均亩产 705.0 千克，比对照增产 11.5%。2010 年生产试验，平均亩产 678.3 千克，比当地对照增产 13.7%。

栽培技术要点：亩留苗3500～3800株；重施基肥，中后期适时追肥浇水。

适宜种植地区：山西春播早熟玉米区。

宁玉524

审定编号：晋审玉2011006

选育单位：南京春曦种子研究中心

品种来源：宁晨26×宁晨41

特征特性：生育期126天，与对照长城799相同。幼苗第一叶叶鞘紫绿色，尖端圆至匙形，叶缘绿色。株形紧凑，总叶片数20～21片，株高285厘米，穗位106厘米，雄穗主轴与分枝角度中，侧枝姿态中度下弯，一级分枝5～7个，最高位侧枝以上的主轴长30厘米，花药紫色，颖壳绿色，花丝紫色，果穗柱型，穗轴红色，穗长19.4厘米，穗行数14～16行，行粒数30粒，籽粒黄色，粒型偏硬粒型，籽粒顶端淡黄色，百粒重38.7克，出籽率82.6%。2009—2010年经山西省农业科学院植物保护研究所鉴定，抗穗腐病、粗缩病，感丝黑穗病、大斑病、青枯病、矮花叶病。2010年农业部谷物及制品质量监督检验测试中心检测，容重774克/升，粗蛋白10.16%，粗脂肪3.90%，粗淀粉74.02%。

产量表现：2009—2010年参加山西省早熟玉米品种区域试验，2009年亩产721.7千克，比对照长城799增产6.0%，2010年亩产681.1千克，比对照增产10.2%，两年平均亩产701.4千克，比对照增产8.0%。2010年生产试验，平均亩产633.4千克，比当地对照增产5.1%。

栽培技术要点：适宜播期为4月中旬至5月上旬；亩留苗3500～4500株；在施足农肥的基础上，一般种肥亩施二铵15千克、硫酸钾15千克左右；大喇叭口期亩追尿素30千克；拔节前注意防治苗期病虫害，大喇叭口期及时防治玉米螟；适当晚收获。

适宜种植地区：山西春播早熟玉米区。

奥利18号

审定编号：晋审玉2011007

选育单位：黎城县奥利种业有限公司

品种来源：WmF245×WmF76

特征特性：生育期131天，比对照大丰26号晚3天。幼苗第一叶叶鞘浅紫色，尖端圆至匙形，叶缘浅紫色。株形半紧凑，总叶片数 21 片，株高 294 厘米，穗位 128 厘米，雄穗主轴与分枝角度中，侧枝姿态轻度下弯，一级分枝 15 个，最高位侧枝以上的主轴长 10 厘米，花药黄色，颖壳青色，花丝粉色，果穗筒型，穗轴白色，穗长 19.9 厘米，穗行数 18～20 行，行粒数 37.1 粒，籽粒黄色，粒型马齿型，籽粒顶端淡黄色，百粒重 34.8 克，出籽率 83.1%。2009—2010 年经山西省农业科学院植物保护研究所鉴定，高抗青枯病、矮花叶病，抗大斑病、穗腐病，中抗粗缩病，感丝黑穗病。2010 年农业部谷物及制品质量监督检验测试中心检测，容重 754 克/升，粗蛋白 10.78%，粗脂肪 5.11%，粗淀粉 70.43%。

产量表现：2009—2010 年参加山西省中晚熟玉米品种区域试验，2009 年亩产 686.0 千克，比对照郑单 958 增产 9.3%，2010 年亩产 731.8 千克，比对照大丰 26 号增产 5.1%，两年平均亩产 708.9 千克，比对照增产 7.1%。2010 年生产试验，平均亩产 742.9 千克，比当地对照增产 6.3%。

栽培技术要点：应选择中等肥力地种植，施足底肥，足墒下种；亩留苗 3500 株左右，适时早播，极早定苗；重施孕穗肥。

适宜种植地区：山西春播中晚熟玉米区。

太育 2 号

审定编号：晋审玉 2011008

选育单位：山西太玉种业有限公司

品种来源：A79×F939

特征特性：生育期 129 天，比对照大丰 26 号晚 1 天。幼苗第一叶叶鞘紫色，尖端尖至圆形，叶缘红色。株形半紧凑，总叶片数 20 片，株高 315 厘米，穗位 123 厘米，雄穗主轴与分枝角度中，侧枝姿态轻度下弯，一级分枝 7 个，最高位侧枝以上的主轴长 30.6 厘米，花药红色，颖壳青红色，花丝由青变红色，果穗筒型，穗轴白色，穗长 21.6 厘米，穗行数 16～18 行，行粒数 44.3 粒，籽粒黄色，粒型半马齿型，籽粒顶端淡黄色，百粒重 38.6 克，出籽率 88.0%。2009—2010 年经山西省农业科学院植物保护研究所鉴定，高抗青枯病，抗穗腐病，中抗大斑病，感丝黑穗病、矮花叶病、粗缩病。2010 年农业部谷物及制品质量监督检验测试中心检测，容重 772 克/升，粗蛋白 8.91%，粗脂肪 3.25%，粗淀粉 75.44%。

产量表现：2009—2010 年参加山西省中晚熟玉米品种区域试验，2009 年亩产 709.7 千克，比对照郑单 958 增产 10.3%，2010 年亩产 730.8 千克，比对照大丰 26 号增产 5.0%，两年平均亩产 720.3 千克，比对照增产 7.5%。2010 年生产试验，平均亩产 760.5 千克，比当地对照增产 9.5%。

栽培技术要点：精细整地，施足底肥；一般在 4 月下旬播种；亩留苗 3800 株左右；及时防治病虫害；加强田间管理，适时收获。

适宜种植地区：山西春播中晚熟玉米区。

登海679

审定编号：晋审玉2011009

选育单位：山东登海种业股份有限公司

品种来源：DH382×DH377

特征特性：生育期127天，比对照大丰26号早1天。幼苗第一叶叶鞘浅紫色，尖端圆至匙形，叶缘绿色。株形紧凑，总叶片数19片，株高275厘米，穗位99厘米，雄穗主轴与分枝角度中等，侧枝姿态直立，一级分枝6～7个，最高位侧枝以上的主轴长27～28厘米，花药黄色，颖壳绿带紫色，花丝浅紫色，果穗筒型，穗轴紫色，穗长20.4厘米，穗行数16～18行，行粒数41.6粒，籽粒黄色，粒型马齿型，籽粒顶端黄色，百粒重36.1克，出籽率85.9%。2009—2010年经山西省农业科学院植物保护研究所鉴定，抗穗腐病，中抗青枯病、粗缩病,感丝黑穗病、大斑病、矮花叶病。2010年农业部谷物及制品质量监督检验测试中心检测，容重770克/升，粗蛋白10.13%，粗脂肪3.91%，粗淀粉75.36%。

产量表现：2009—2010年参加山西省中晚熟玉米品种区域试验，2009年亩产684.1千克，比对照郑单958增产9.0%，2010年亩产726.5千克，比对照大丰26号增产4.3%，两年平均亩产705.3千克，比对照增产6.6%。2010年生产试验，平均亩产737.5千克，比当地对照增产7.1%。

栽培技术要点：足墒播种；亩留苗4000株左右；氮、磷、钾肥配合使用，适时施用拔节肥、穗肥和粒肥；及时防治病虫害。

适宜种植地区：山西春播中晚熟玉米区。

鑫丰盛966

审定编号：晋审玉2011010

选育单位：晋城市玉农种业有限公司、国营泽州县农作物原种场

品种来源：E88×E201

特征特性：生育期128天，与对照大丰26号相当。幼苗第一叶叶鞘紫色，尖端尖至圆形，叶缘紫色。株形紧凑，总叶片数20～22片，株高256厘米，穗位93厘米，雄穗主轴与分枝角度小，侧枝姿态轻度下弯，

一级分枝 11～13 个，最高位侧枝以上的主轴长 13～16 厘米，花药浅紫色，颖壳浅紫色，花丝绿色，果穗长筒型，穗轴白色，穗长 17.9 厘米，穗行数 18～20 行，行粒数 36.6 粒，籽粒黄色，粒型马齿型，籽粒顶端浅黄色，百粒重 33.7 克，出籽率 83.6%。2009—2010 年经山西省农业科学院植物保护研究所鉴定，高抗青枯病、矮花叶病，抗大斑病、穗腐病，中抗粗缩病，感丝黑穗病。2010 年农业部谷物及制品质量监督检验测试中心检测，容重 740 克/升，粗蛋白 10.78%，粗脂肪 3.82%，粗淀粉 73.11%。

产量表现：2009—2010 年参加山西省中晚熟玉米品种区域试验，2009 年亩产 692.2 千克，比对照郑单 958 增产 8.9%，2010 年亩产 705.3 千克，比对照大丰 26 号增产 1.3%，两年平均亩产 698.7 千克，比对照增产 4.9%。2010 年生产试验，平均亩产 739.7 千克，比当地对照增产 7.4%。

栽培技术要点：一般亩留苗 3500～3800 株；重施基肥，中后期适时追肥浇水。

适宜种植地区：山西春播中晚熟玉米区。

晋单 79 号

审定编号：晋审玉 2011011

选育单位：山西省农业科学院隰县农业试验站

品种来源：隰 3391×F349

特征特性：生育期 127 天，比对照大丰 26 号早 1 天。幼苗第一叶叶鞘紫色，尖端尖至圆形，叶缘浅紫色。株形半紧凑，总叶片数 21 片，株高 285 厘米，穗位 108 厘米，雄穗主轴与分枝角度中，侧枝姿态轻度下弯，一级分枝 5～7 个，最高位侧枝以上的主轴长 18～20 厘米，花药浅紫色，颖壳浅紫色，花丝青色，果穗长筒型，穗轴红色，穗长 20 厘米，穗行数 16～18 行，行粒数 35.7 粒，籽粒橘黄色，粒型半硬粒型，籽粒顶端黄色，百粒重 37.5 克，出籽率 84.9%。2009—2010 年经山西省农业科学院植物保护研究所鉴定，高抗青枯病，抗穗腐病，中抗大斑病、粗缩病，感丝黑穗病、矮花叶病。2010 年农业部谷物及制品质量监督检验测试中心检测，容重 740 克/升，粗蛋白 9.8%，粗脂肪 5.11%，粗淀粉 74.18%。

产量表现：2009—2010 年参加山西省中晚熟玉米品种区域试验，2009 年亩产 706.3 千克，比对照郑单 958 增产 11.1%，2010 年亩产 730.4 千克，比对照大丰 26 号增产 4.9%，两年平均亩产 718.4 千克，比对照增产 7.9%。2010 年生产试验，平均亩产 726.0 千克，比当地对照增产 5.5%。

栽培技术要点：选择中等以上肥力地种植；施足底肥，一般亩施农家肥 1500 千克，N、P、K 化肥配合使用；适宜播期 4 月 25 日左右；亩留苗 3500 株左右；拔节期亩追尿素 15～20 千克；加强田间管理。

适宜种植地区：山西春播中晚熟玉米区。

晋单 80 号

审定编号：晋审玉 2011012

选育单位：山西省农业科学院玉米研究所

品种来源：14-3B×295

特征特性：生育期 128 天，比对照郑单 958 晚 3 天。幼苗第一叶叶鞘浅绿色，尖端匙形，叶缘白色。株形紧凑，总叶片数 23 片，株高 275 厘米，穗位 105 厘米，雄穗主轴与分枝角度极小，侧枝姿态中度下弯，一级分枝 6 个，最高位侧枝以上的主轴长 15 厘米，花药黄色，颖壳淡紫色，花丝淡粉色，果穗筒型，穗轴粉红色，穗长 24.5 厘米，穗行数 20 行，行粒数 46 粒，籽粒黄色，粒型小马齿型，籽粒顶端淡黄色，百粒重 37.5 克，出籽率 87.8%。2008—2009 年经山西省农业科学院植物保护研究所鉴定：抗穗腐病、粗缩病，中抗矮花叶病，感丝黑穗病、大斑病、青枯病。2009 年农业部谷物及制品质量监督检验测试中心检测，容重 788 克/升，粗蛋白 9.64%，粗脂肪 4.03%，粗淀粉 72.80%。

产量表现：2008—2009 年参加山西省中晚熟玉米品种区域试验，2008 年亩产 766.3 千克，比对照郑单 958 增产 8.8%，2009 年亩产 683.3 千克，比对照增产 7.5%，两年平均亩产 724.8 千克，比对照增产 8.2%。2009 年生产试验，平均亩产 740.2 千克，比当地对照增产 8.2%。

栽培技术要点：一般在 4 月下旬播种为宜；亩留苗 3500 株左右；一般亩底施硝酸磷肥 40 千克，追施尿素 30 千克；早间苗定苗，及时中耕除草；种子用 22%福克戊或 20%黑虫双全种衣剂包衣，防治地下害虫和丝黑穗病。

适宜种植地区：山西春播中晚熟玉米区。

金博士 588

审定编号：晋审玉 2011013

选育单位：阳高县晋阳玉米研究所、河南金博士种业股份有限公司山西分公司

品种来源：D8×M4

特征特性：生育期 127 天，与对照先玉 335 晚 1 天。幼苗第一叶叶鞘紫色，尖端圆形，叶缘绿色。株形半紧凑型，总叶片数 21 片，株高 315 厘米，穗位 115 厘米，雄穗主轴与分枝角度中度，侧枝姿态轻度下弯，一级分枝 8 个，最高位侧枝以上的主轴长 28 厘米，花药浅紫色，颖壳绿色，花丝粉红色，果穗筒型，穗轴红色，穗长 21 厘米，穗行数 16 行，行粒数 38 粒，籽粒黄色，粒型马齿型，籽粒顶端黄色，百粒重 37 克，出

籽率 86%。2010 年经山西省农业科学院植物保护研究所鉴定，抗粗缩病，中抗大斑病、青枯病、穗腐病，感丝黑穗病，高感矮花叶病。2010 年农业部谷物及制品质量监督检验测试中心检测，容重 764 克/升，粗蛋白 9.47%，粗脂肪 3.89%，粗淀粉 75.09%。

产量表现：2009—2010 年参加山西省中晚熟玉米品种区域试验，2009 年亩产 941.5 千克，比对照先玉 335 增产 5.9%，2010 年亩产 863.4 千克，比对照增产 2.9%，两年平均亩产 902.4 千克，比对照增产 4.4%。2010 年生产试验，平均亩产 806.5 千克，比当地对照增产 7.0%。

栽培技术要点：亩留苗 3800～4200 株；成熟后苞叶疏松，适于机械收获。

适宜种植地区：山西春播中晚熟玉米区。

并单23号

审定编号：晋审玉 2011014

选育单位：山西省农业科学院作物科学研究所

品种来源：H07-8×207-428

特征特性：生育期 128 天，比对照先玉 335 晚 2 天。幼苗第一叶叶鞘浅紫色，尖端匙形，叶缘绿色。株形半紧凑，总叶片数 20 片，株高 288 厘米，穗位 105 厘米，雄穗主轴与分枝角度中，侧枝姿态轻度下弯，一级分枝 5～7 个，最高位侧枝以上的主轴长 12 厘米，花药紫色，颖壳紫色，花丝绿色，果穗筒型，穗轴粉色，穗长 21.2 厘米，穗行数 16 行，行粒数 43 粒，籽粒黄色，粒型半马齿型，籽粒顶端黄色，百粒重 38.8 克，出籽率 88.2%。2009—2010 年经山西省农业科学院植物保护研究所鉴定，抗穗腐病，中抗大斑病、青枯病、粗缩病，感丝黑穗病、矮花叶病。2010 年农业部谷物及制品质量监督检验测试中心检测，容重 750 克/升，粗蛋白 8.42%，粗脂肪 3.91%，粗淀粉 75.17%。

产量表现：2009—2010 年参加山西省中晚熟玉米品种区域试验，2009 年亩产 947.8 千克，比对照先玉 335 增产 4.2%，2010 年亩产 879.8 千克，比对照增产 4.8%，两年平均亩产 913.8 千克，比对照增产 4.5%。2010 年生产试验，平均亩产 796.0 千克，比当地对照增产 5.5%。

栽培技术要点：一般亩留苗 3800～4200 株，随土壤肥力而定，土壤越肥，密度增加。

适宜种植地区：山西春播中晚熟玉米区。

潞玉 19

审定编号：晋审玉 2011015

选育单位：山西潞玉种业玉米科学研究院、山东天泰种业有限公司

品种来源：L8×L88

特征特性：生育期 125 天，比对照先玉 335 早 1 天。幼苗第一叶叶鞘紫色，尖端圆至匙形，叶缘紫色。株形半紧凑，总叶片数 20～21 片，株高 296 厘米，穗位 114 厘米，雄穗主轴与分枝角度中，侧枝姿态轻度下弯，一级分枝 3～5 个，最高位侧枝以上的主轴长 12 厘米，花药黄色，颖壳绿间紫色，花丝微紫色，果穗筒型，穗轴红色，穗长 20.2 厘米，穗行数 16～18 行，行粒数 40.3 粒，籽粒黄色，粒型半马齿型，籽粒顶端橘黄色，百粒重 34.8 克，出籽率 87.5%。2009—2010 年经山西省农业科学院植物保护研究所鉴定，抗穗腐病，中抗大斑病、青枯病、粗缩病，感丝黑穗病、矮花叶病。2010 年农业部谷物及制品质量监督检验测试中心检测，容重 762 克/升，粗蛋白 9.06%，粗脂肪 4.26%，粗淀粉 74.82%。

产量表现：2009—2010 年参加山西省中晚熟玉米品种区域试验，2009 年亩产 914.4 千克，比对照先玉 335 增产 2.8%，2010 年亩产 887.6 千克，比对照增产 5.7%，两年平均亩产 901.0 千克，比对照增产 4.2%。2010 年生产试验，平均亩产 822.7 千克，比当地对照增产 9.6%。

栽培技术要点：选择中等偏上肥力地种植；适宜播期 5 月 1 日左右；亩留苗 4000 株；亩施农家肥 1500 千克，N、P、K 化肥配合使用；拔节期亩追尿素 15～20 千克。

适宜种植地区：山西春播中晚熟玉米区。

晋单 81 号

审定编号：晋审玉 2011016

选育单位：山西益田农业科技有限公司、山西省农业科学院农业环境与资源研究所

品种来源：W1×X11

特征特性：生育期 128 天，比对照先玉 335 晚 2 天。幼苗第一叶叶鞘紫色，尖端匙形，叶缘紫色。株形紧凑，总叶片数 22 片，株高 285 厘米，穗位 105 厘米，雄穗主轴与分枝角度中等，侧枝姿态轻度下弯，一级分枝 4～8 个，最高位侧枝以上的主轴长 13 厘米，花药黄色，颖壳绿色，花丝黄色，果穗筒型，穗轴白色，穗长 25.5 厘米，穗行数 16～18 行，行粒数 39 粒，籽粒橘黄色，粒型半马齿型，籽粒顶端橘黄色，百粒重 40.1 克，出籽率 90%。2009—2010 年经山西省农业科学院植物保护研究所鉴定，抗丝黑穗病、穗腐病，中抗大斑

病、青枯病、矮花叶病、粗缩病。2010 年农业部谷物及制品质量监督检验测试中心检测，容重 769 克/升，粗蛋白 9.09%，粗脂肪 4.62%，粗淀粉 74.71%。

产量表现：2009—2010 年参加山西省中晚熟玉米品种区域试验，2009 年亩产 917.6 千克，比对照先玉 335 增产 3.2%，2010 年亩产 884.6 千克，比对照增产 5.4%，两年平均亩产 901.1 千克，比对照增产 4.2%。2010 年生产试验，平均亩产 842.9 千克，比当地对照增产 12.3%。

栽培技术要点：选择中等偏上肥力地种植；适宜播种期 5 月 1 日左右；亩留苗 3800 株；亩施农家肥 1500 千克，N、P、K 化肥配合使用，大喇叭口期亩追尿素 15～20 千克。

适宜种植地区：山西春播中晚熟玉米区。

诚信 1 号

审定编号：晋审玉 2011017

选育单位：山西诚信种业有限公司

品种来源：PH6WC×C34

特征特性：生育期 128 天，比先玉 335 晚 2 天。幼苗第一叶叶鞘紫色，尖端尖至圆形，叶缘红绿色。株形半紧凑，总叶片数 21 片，株高 309 厘米，穗位 120 厘米，雄穗主轴与分枝角度中，侧枝姿态轻度下弯，一级分枝 8.4 个，最高位侧枝以上的主轴长 31.4 厘米，花药红色，颖壳青红色，花丝青色，果穗直圆锥形，穗轴白色，穗长 20.5 厘米，穗行数 18～20 行，行粒数 41.2 粒，籽粒黄色，粒型半马齿型，籽粒顶端黄色，百粒重 34.5 克，出籽率 89.0%。2009—2010 年经山西省农业科学院植物保护研究所鉴定，抗穗腐病，中抗大斑病、青枯病、矮花叶病、粗缩病，感丝黑穗病。2010 年农业部谷物及制品质量监督检验测试中心检测，容重 761 克/升，粗蛋白 10.07%，粗脂肪 4.37%，粗淀粉 74.28%。

产量表现：2009—2010 年参加山西省中晚熟玉米品种区域试验，2009 年亩产 923.1 千克，比对照先玉 335 增产 1.5%，2010 年亩产 901.4 千克，比对照增产 7.4%，两年平均亩产 912.3 千克，比对照增产 4.3%。2010 年生产试验，平均亩产 838.8 千克，比当地对照增产 12.0%。

栽培技术要点：多施农家肥，精细整地；一般在 4 月下旬播种；亩留苗 4000 株左右；加强田间管理，防止倒伏；及时防治病虫害。

适宜种植地区：山西春播中晚熟玉米区。

金农 109

审定编号：晋审玉 2011018

选育单位：山西绛山种业科技有限公司、运城市盐湖区晋萌种子有限公司

品种来源：H08-18×H08-19

特征特性：生育期 126 天，与对照先玉 335 相当。幼苗第一叶叶鞘浅紫色，尖端匙形，叶缘绿色。株形半紧凑，总叶片数 20 片，株高 303 厘米，穗位 108 厘米，雄穗主轴与分枝角度中，侧枝姿态直，一级分枝 4～5 个，最高位侧枝以上的主轴长 10 厘米，花药紫色，颖壳绿色，花丝绿色，果穗筒型，穗轴白色，穗长 20.6 厘米，穗行数 16～18 行，行粒数 42 粒，籽粒黄色，粒型半马齿型，籽粒顶端黄色，百粒重 38.1 克，出籽率 87.7%。2009—2010 年经山西省农业科学院植物保护研究所鉴定，抗穗腐病、矮花叶病，中抗丝黑穗病、大斑病、青枯病，感粗缩病。2010 年农业部谷物及制品质量监督检验测试中心检测，容重 776 克/升，粗蛋白 9.61%，粗脂肪 4.88%，粗淀粉 73.24%。

产量表现：2009—2010 年参加山西省中晚熟区玉米品种区域试验，2009 年亩产 927.7 千克，比对照先玉 335 增产 4.3%，2010 年亩产 864.1 千克，比对照增产 2.9%，两年平均亩产 895.9 千克，比对照增产 3.6%。2010 年生产试验，平均亩产 778.4 千克，比当地对照增产 3.7%。

栽培技术要点：一般亩留苗 3500～4200 株。

适宜种植地区：山西春播中晚熟玉米区。

晋单 82 号

审定编号：晋审玉 2011019

选育单位：山西省农业科学院棉花研究所

品种来源：运系 0419×运系 0405

特征特性：生育期 98 天，与对照郑单 958 相当。幼苗第一叶叶鞘紫色，尖端圆至匙形，叶缘紫色。株形半紧凑，总叶片数 21 片，株高 252 厘米，穗位 98 厘米，雄穗主轴与分枝角度中，侧枝姿态轻度下弯，一级分枝 18 个，最高位侧枝以上的主轴长 19 厘米，花药黄色，颖壳紫色，花丝红色，果穗筒型，穗轴白色，穗长 24.5 厘米，穗行数 16 行，行粒数 41 粒，籽粒黄色，粒型半马齿型，籽粒顶端黄色，百粒重 39.4 克，出籽率 87%。2008 年、2010 年经山西省农业科学院植物保护研究所鉴定，高抗矮花叶病，抗穗腐病，中抗大斑病、青枯病、丝黑穗病，感粗缩病。2010 年农业部谷物及制品质量监督检验测试中心检测，容重 748 克/升，

粗蛋白 9.52%，粗脂肪 4.65%，粗淀粉 74.05%。

产量表现：2008 年、2010 年参加南部复播玉米区域试验，2008 年亩产 617.0 千克，比对照郑单 958 增产 7.2%，2010 年亩产 703.1 千克，比对照增产 10.8%，两年平均亩产 660.0 千克，比对照增产 9.1%。2010 年生产试验，平均亩产 674.8 千克，比当地对照增产 6.6%。

栽培技术要点：播前施足底肥，注重增施农家肥；亩留苗 4000 株左右；注意浇好孕穗和灌浆水；及时收获。

适宜种植地区：山西南部复播玉米区。

晋单 83 号

审定编号：晋审玉 2011020

选育单位：山西省农业科学院玉米研究所

品种来源：X136-4×X232

特征特性：生育期 100 天，比郑单 958 晚 2 天。幼苗第一叶叶鞘紫色，尖端尖至圆形，叶缘紫色。株形紧凑，总叶片数 20 片，株高 280 厘米，穗位 129 厘米，雄穗主轴与分枝角度中，侧枝姿态中度下弯，一级分枝 13 个，最高位侧枝以上的主轴长 15 厘米，花药黄色，颖壳紫色，花丝粉红色，果穗筒型，穗轴粉红色，穗长 18.6 厘米，穗行数 16 行，行粒数 38.1 粒，籽粒黄色，粒型半马齿型，籽粒顶端黄色，百粒重 31.7 克，出籽率 85.1%。2009—2010 年经山西省农业科学院植物保护研究所鉴定，高抗青枯病、矮花叶病，抗穗腐病、粗缩病，中抗大斑病、丝黑穗病。2010 年农业部谷物及制品质量监督检验测试中心检测，容重 746 克/升，粗蛋白 9.28%，粗脂肪 4.19%，粗淀粉 76.14%。

产量表现：2009—2010 年参加山西省南部复播区玉米区域试验，2009 年亩产 613.2 千克，比对照郑单 958 增产 6.9%，2010 年亩产 670.9 千克，比对照增产 5.8%，两年平均亩产 642.1 千克，比对照增产 6.3%。2010 年生产试验，平均亩产 665.1 千克，比当地对照增产 6.2%。

栽培技术要点：一般在 6 月上旬播种为宜；亩留苗 4000 株；亩底施硝酸磷肥 40 千克，追施尿素 25 千克；早间苗定苗，及时中耕除草；种子用 22%福克戊种衣剂包衣防治苗期病虫害。

适宜种植地区：山西南部复播玉米区。

潞玉 35

审定编号：晋审玉 2011021

选育单位：山西潞玉种业玉米科学研究院、河南省豫玉种业有限公司、内蒙古真金种业科技有限公司

品种来源：LZA11×LZD5

特征特性：生育期 99 天，比对照郑单 958 晚 1 天。幼苗第一叶叶鞘微紫色，尖端圆至匙形，叶缘紫色。株形紧凑，总叶片数 20～21 片，株高 255 厘米，穗位 111 厘米，雄穗主轴与分枝角度小，侧枝姿态中度下弯，一级分枝 13～16 个，最高位侧枝以上的主轴长 8 厘米，花药黄色，颖壳绿色，花丝微紫色，果穗筒型，穗轴红色，穗长 16 厘米，穗行数 16～18 行，行粒数 36.6 粒，籽粒黄色，粒型半马齿型，籽粒顶端黄色，百粒重 32.1 克，出籽率 84.4%。2009—2010 年经山西省农业科学院植物保护研究所鉴定，高抗矮花叶病，中抗大斑病、穗腐病、粗缩病，感丝黑穗病，高感青枯病。2010 年农业部谷物及制品质量监督检验测试中心检测，容重 746 克/升，粗蛋白 8.55%，粗脂肪 4.38%，粗淀粉 75.95%。

产量表现：2009—2010 年参加山西省南部复播玉米区域试验，2009 年亩产 643.8 千克，比对照郑单 958 增产 7.2%，2010 年亩产 677.9 千克，比对照增产 6.9%，两年平均亩产 660.8 千克，比对照增产 7.0%。2010 年生产试验，平均亩产 669.7 千克，比当地对照增产 6.9%。

栽培技术要点：选择中等偏上肥力地种植；适宜播期 6 月 15 日左右；亩留苗 4000～4500 株；拔节期亩追尿素 15～20 千克。

适宜种植地区：山西南部复播玉米区。

润民 9 号

审定编号：晋审玉 2011022

选育单位：晋城市润农种业有限公司

品种来源：R228×昌 7-2

特征特性：生育期 99 天，比对照郑单 958 晚 1 天。幼苗第一叶叶鞘暗绿色，尖端匙形，叶缘浅紫色。株形半紧凑，总叶片数 18 片，株高 246 厘米，穗位 105 厘米，雄穗主轴与分枝角度中，侧枝姿态直，一级分枝 7 个，最高位侧枝以上的主轴长 13 厘米，花药橙色，颖壳绿色，花丝青色，果穗尖筒型，穗轴白色，穗长 19 厘米，穗行数 15.4 行，行粒数 40 粒，籽粒黄色，粒型中间型，籽粒顶端黄色，百粒重 38 克，出籽率 88%。2008—2009 年经山西省农业科学院植物保护研究所鉴定，抗穗腐病、矮花叶病，中抗大斑病，感丝黑穗病、

青枯病、粗缩病。2009年农业部谷物质量监督检验测试中心检测，容重768克/升，粗蛋白9.32%，粗脂肪4.44%，粗淀粉71.85%。

产量表现：2008—2009年参加山西省南部复播玉米区域试验，2008年亩产659.9千克，比对照郑单958增产6.5%，2009年亩产625.9千克，比对照增产9.1%，两年平均亩产642.9千克，比对照增产7.8%。2009年生产试验，平均亩产668.6千克，比当地对照增产6.8%。

栽培技术要点：亩留苗3500～4200株；重施基肥，中后期适时追肥、浇水。

适宜种植地区：山西南部复播玉米区。

晋超甜1号

审定编号：晋审玉2011023

选育单位：山西省农业科学院玉米研究所

品种来源：TY32-111×TY37/7710

特征特性：出苗至采收85天左右。幼苗第一叶叶鞘绿色，尖端圆至匙形，叶缘绿色。株形平展，总叶片数19片，株高227厘米，穗位84厘米，雄穗主轴与分枝角度中等，侧枝姿态轻度下弯，一级分枝8个，最高位侧枝以上的主轴长16厘米，花药黄色，颖壳绿色，花丝绿色，果穗筒型，穗轴白色，穗长21厘米，穗行数16行，行粒数46粒，籽粒黄色。2009—2010年经山西省农业科学院植物保护研究所鉴定，抗矮花叶病，中抗大斑病、青枯病、粗缩病，感丝黑穗病、穗腐病。2010年农业部谷物品质监督检验测试中心检测，粗蛋白2.73%，粗脂肪1.49%，粗淀粉5.90%，总糖12.25%，蔗糖8.70%，还原糖3.09%。

产量表现：2009—2010年参加山西省甜玉米品种区域试验，2009年亩产908.8千克，2010年亩产1011.7千克，两年平均亩产960.3千克。

栽培技术要点：与普通玉米隔离种植；选择中上水肥地；一般亩留苗3000～3500株；氮磷配合，施足底肥；授粉后18～25天采收鲜穗为宜。

适宜种植地区：山西中部甜玉米生产区。

迪甜10号

审定编号：晋审玉2011024

选育单位：山西省农业科学院高粱研究所

品种来源：919×737

特征特性：出苗至采收 77 天左右。幼苗第一叶叶鞘绿色，尖端尖形，叶缘绿色。株形平展，总叶片数 15 片，株高 150 厘米，穗位 32 厘米，雄穗主轴与分枝角度中，侧枝姿态直，一级分枝 18～22 个，最高位侧枝以上的主轴长 18 厘米，花药黄色，颖壳绿色，花丝绿色，果穗短锥型，穗轴白色，穗长 19.5 厘米，穗行数 16 行，行粒数 40 粒，籽粒黄白两色。2008 年、2010 年经山西省农业科学院植物保护研究所鉴定，中抗穗腐病，感丝黑穗病、粗缩病，高感矮花叶病、大斑病、青枯病。2010 年山西省农业科学院农产品综合利用研究所检测，可溶性总糖 20.6%。

产量表现：2008 年、2010 年参加山西省甜玉米品种区域试验，2008 年亩产 769.7 千克，2010 年亩产 780.7 千克，两年平均亩产 775.2 千克。

栽培技术要点：与普通玉米隔离种植；选择地块平整、土质松软、水肥条件好的地块；播种时精细整地，足墒浅播，细土盖种，防止板结；一般在 4 月中旬到 5 月上旬进行播种；亩留苗 3500 株左右；在苗高 40 厘米左右时要及时彻底去除分蘖；播前应施足基肥，每亩可施充分腐熟的粪肥 1000 千克或鸡粪 150 千克，外加三元复合肥 100 千克；5 片叶时浅松土并适当培土，亩追施尿素 10 千克，氯化钾 7.5 千克；大喇叭口期亩追施尿素 15～20 千克，氯化钾 15 千克；抽雄前亩追施尿素 10 千克，氯化钾 7.5 千克，每次追肥都深施严埋；在拔节期和孕穗期要根据墒情，及时灌溉；及时防治病虫害；授粉后 25 天左右适时采收。

适宜种植地区：该品种植株低矮，对栽培管理要求较高，适应范围较窄，限定在晋中平川区水地种植，要严格按照栽培技术要点操作。

晋阳 3 号

审定编号：晋审玉 2012001

选育单位：山西省农业科学院作物科学研究所

品种来源：MP311×499

特征特性：生育期 120 天左右。幼苗第一叶叶鞘浅紫色，尖端圆形，叶缘淡黄色。株形半紧凑，总叶片数 15～16 片，株高 220 厘米，穗位 85 厘米，雄穗主轴与分枝角度大，侧枝姿态中度下弯，一级分枝 16 个，最高位侧枝以上的主轴长 21 厘米，花药紫色，颖壳绿色，花丝粉红色，果穗锥型，穗轴白色，穗长 16.8 厘米，穗行数 16～18 行，行粒数 40 粒，籽粒黄色，粒型硬粒型，籽粒顶端淡黄色，百粒重 30.2 克，出籽率 82.6%。2010—2011 年山西省农业科学院植物保护研究所、山西农业大学农学院鉴定，高抗矮花叶病，中抗茎腐病，感丝黑穗病、大斑病、穗腐病、粗缩病。2011 年农业部谷物及制品质量监督检验测试中心检测，容重 761 克/

升，粗蛋白 8.86%，粗脂肪 4.50%，粗淀粉 76.25%。

产量表现：2010—2011 年参加山西省特早熟区玉米品种区域试验，2010 年亩产 638.8 千克，比对照并单 6 号增产 13.7%，2011 年亩产 512.5 千克，比对照增产 14.3%，两年平均亩产 575.6 千克，比对照增产 14.0%。2011 年生产试验，平均亩产 542.0 千克，比对照增产 13.9%。

栽培技术要点：适宜播期 4 月下旬至 5 月上旬；亩留苗 3000～3500 株；亩施农家肥 3000 千克、复合肥或硝酸磷肥 50 千克作底肥，追施尿素 25～30 千克；注意防治苗期病虫害。

适宜种植地区：山西春播特早熟玉米区。

华元 798

审定编号：晋审玉 2012002

选育单位：甘肃华元神谷种业有限公司、山西省农业科学院作物科学研究所

品种来源：H02-87×H02-98

特征特性：生育期 120 天左右。幼苗第一叶叶鞘紫色，尖端匙形，叶缘浅紫色。株形半紧凑，总叶片数 16 片，株高 260 厘米，穗位 90 厘米，雄穗主轴与分枝角度中，侧枝姿态轻度下弯，一级分枝 7～8 个，最高位侧枝以上的主轴长 12 厘米，花药黄色，颖壳绿色，花丝红色，果穗长筒型，穗轴红色，穗长 21 厘米，穗行数 12 行，行粒数 42 粒，籽粒黄色，粒型半马齿型，籽粒顶端淡黄色，百粒重 39 克，出籽率 88.2%。2010—2011 年山西省农业科学院植物保护研究所、山西农业大学农学院鉴定，高抗矮花叶病，中抗茎腐病、穗腐病，感丝黑穗病、大斑病、粗缩病。2011 年农业部谷物及制品质量监督检验测试中心检测，容重 742 克/升，粗蛋白 9.41%，粗脂肪 4.16%，粗淀粉 73.88%。

产量表现：2010—2011 年参加山西省特早熟玉米品种区域试验，2010 年亩产 611.7 千克，比对照并单 6 号增产 8.9%，2011 年亩产 498.4 千克，比对照增产 11.1%，两年平均亩产 555.1 千克，比对照增产 9.9%。2011 年生产试验，平均亩产 526.3 千克，比对照增产 10.6%。

栽培技术要点：亩留苗 3500～3800 株，高水肥地 3800～4200 株。

适宜种植地区：山西春播特早熟玉米区。

强盛 3 号

审定编号：晋审玉 2012003

选育单位：山西强盛种业有限公司

品种来源：PS3×141-038

特征特性：生育期春播 123 天左右。幼苗第一叶叶鞘深紫色，尖端圆至匙形，叶缘红色。株形半紧凑，总叶片数 15～16 片，株高 226 厘米，穗位 81 厘米，雄穗主轴与分枝角度大，侧枝姿态中度下弯，一级分枝 5 个，最高位侧枝以上的主轴长 15 厘米，花药红色，颖壳红色，花丝浅红色，果穗筒型，穗轴红色，穗长 21 厘米，穗行数 16 行，行粒数 44.4 粒，籽粒黄红色，粒型马齿型，籽粒顶端黄色，百粒重 31 克，出籽率 87%。2008—2009 年山西省农业科学院植物保护研究所鉴定，抗穗腐病，中抗粗缩病，感丝黑穗病，高感大斑病、茎腐病、矮花叶病。2010 年农业部谷物及制品质量监督检验测试中心检测，容重 731 克/升，粗蛋白 8.25%，粗脂肪 3.96%，粗淀粉 73.01%。

产量表现：2008—2009 年参加山西省特早熟玉米品种区域试验，2008 年亩产 570.7 千克，比对照极早单 2 号增产 5.4%，2009 年亩产 627.2 千克，比对照增产 17.6%，两年平均亩产 599.0 千克，比对照增产 11.5%。2009—2010 年生产试验，平均亩产 649.7 千克，比当地对照增产 13.3%。

栽培技术要点：适宜播期 4 月下旬至 5 月上旬；亩施农家肥 2000 千克，增施磷钾肥；亩留苗 3500～4000 株。

适宜种植地区：山西春播特早熟玉米区。

潞玉 39

审定编号：晋审玉 2012004

选育单位：山西潞玉种业玉米科学研究院

品种来源：LZA13×LZF4-1

特征特性：生育期 124 天左右。幼苗第一叶叶鞘紫色，尖端尖至圆形，叶缘微紫色。株形半紧凑，总叶片数 20～21 片，株高 260 厘米，穗位 85 厘米，雄穗主轴与分枝角度中，侧枝姿态轻度下弯，一级分枝 7～10 个，最高位侧枝以上的主轴长 4～6 厘米，花药黄色，颖壳绿间紫色，花丝青色，果穗偏锥型，穗轴红色，穗长 21.5 厘米，穗行数 16～18 行，行粒数 42 粒，籽粒橘红色，粒型半马齿型，籽粒顶端黄色，百粒重 35.5 克，出籽率 88.8%。2010—2011 年山西省农业科学院植物保护研究所、山西农业大学农学院鉴定，中抗大斑病、茎腐病、矮花叶病，感丝黑穗病、穗腐病、粗缩病。2011 年农业部谷物及制品质量监督检验测试中心检测，容重 750 克/升，粗蛋白 9.31%，粗脂肪 3.85%，粗淀粉 76.21%。

产量表现：2010—2011 年参加山西省早熟玉米品种区域试验，2010 年亩产 656.1 千克，比对照长城 799

增产 10.9%，2011 年亩产 701.6 千克，比对照增产 19.2%，两年平均亩产 678.8 千克，比对照增产 15.0%。2011 年生产试验，平均亩产 708.6 千克，比当地对照增产 13.9%。

栽培技术要点：选择中等肥力以上地块种植；亩留苗 3800 株；施足底肥，亩追施尿素 15～20 千克。

适宜种植地区：山西春播早熟玉米区。

诚信 5 号

审定编号：晋审玉 2012005

选育单位：山西诚信种业有限公司

品种来源：PH6WC×CX32

特征特性：生育期 126 天左右。幼苗第一叶叶鞘紫色，尖端圆至匙形，叶缘紫红色。株形半紧凑，总叶片数 19～20 片，株高 297 厘米，穗位 101 厘米，雄穗主轴与分枝角度适中，雄穗侧枝姿态中度下弯，一级分枝 4～5 个，最高位侧枝以上的主轴长 38 厘米，花药黄色，颖壳青色，花丝微红色，果穗筒型，穗轴红色，穗长 23.8 厘米，穗行数 16～18 行，行粒数 47 粒，籽粒黄色，粒型马齿型，籽粒顶端黄色，百粒重 40.0 克，出籽率 89.6%。2010—2011 年山西省农业科学院植物保护研究所、山西农业大学农学院鉴定，中抗茎腐病、穗腐病，感丝黑穗病、大斑病、矮花叶病、粗缩病。2011 年农业部谷物及制品质量监督检验测试中心检测，容重 758 克/升，粗蛋白 9.63%，粗脂肪 4.24%，粗淀粉 75.27%。

产量表现：2010—2011 年参加山西省早熟玉米品种区域试验，2010 年亩产 662.3 千克，比对照长城 799 增产 7.2%，2011 年亩产 650.1 千克，比对照增产 10.1%，两年平均亩产 656.2 千克，比对照增产 8.6%。2011 年生产试验，平均亩产 697.4 千克，比当地对照增产 12.1%。

栽培技术要点：适宜播期 4 月下旬；亩留苗 4000 株；注意防治病虫害。

适宜种植地区：山西春播早熟玉米区。

福盛园 59

审定编号：晋审玉 2012006

选育单位：山西福盛园科技发展有限公司

品种来源：美冲 358×春 H221

特征特性：生育期 126 天左右。幼苗第一叶叶鞘紫色，尖端圆至匙形，叶缘紫色。株形半紧凑，总叶片数 18～19 片，株高 271 厘米，穗位 115 厘米，雄穗主轴与分枝角度中，侧枝姿态轻度下弯，一级分枝 5～8 个，最高位侧枝以上的主轴长 10～14 厘米，花药黄色，颖壳绿色，花丝浅红色，果穗筒型，穗轴红色，穗长 24 厘米，穗行数 16～18 行，行粒数 44.6 粒，籽粒黄色，粒型马齿型，籽粒顶端黄色，百粒重 41 克，出籽率 89%。2010—2011 年山西省农业科学院植物保护研究所、山西农业大学农学院鉴定，高抗茎腐病，中抗丝黑穗病，感大斑病、穗腐病、粗缩病，高感矮花叶病。2011 年农业部谷物及制品质量监督检验测试中心检测，容重 736 克/升，粗蛋白 8.56%，粗脂肪 3.85%，粗淀粉 76.28%。

产量表现：2010—2011 年参加山西省早熟玉米品种区域试验，2010 年亩产 692.4 千克，比对照长城 799 增产 12.0%，2011 年亩产 701.0 千克，比对照增产 19.1%，两年平均亩产 696.7 千克，比对照增产 15.5%。2011 年生产试验，平均亩产 699.3 千克，比当地对照增产 11.9%。

栽培技术要点：适宜播期 4 月中旬至 5 月上旬；亩留苗 4000 株左右；施足农肥，增施磷钾肥；大喇叭口期亩追施尿素 30 千克。

适宜种植地区：山西春播早熟玉米区。

大丰 30

审定编号：晋审玉 2012007

选育单位：山西大丰种业有限公司

品种来源：A311×PH4CV

特征特性：生育期 127 天左右。幼苗第一叶叶鞘深紫色，尖端圆至匙形，叶缘紫色。株形半紧凑，总叶片数 21 片，株高 325 厘米，穗位 110 厘米，雄穗主轴与分枝角度中，侧枝姿态直，一级分枝 4～5 个，最高位侧枝以上的主轴长 28.8 厘米，花药紫色，颖壳紫色，花丝由淡黄转红色，果穗筒型，穗轴深紫色，穗长 18.8 厘米，穗行数 16～18 行，行粒数 40.4 粒，籽粒黄色，粒型马齿型，籽粒顶端黄色，百粒重 40.5 克，出籽率 89.7%。2009—2011 年山西省农业科学院植物保护研究所、山西农业大学农学院鉴定，中抗茎腐病，感丝黑穗病、大斑病、穗腐病、矮花叶病、粗缩病。2010 年农业部谷物及制品质量监督检验测试中心检测，容重 756 克/升，粗蛋白 9.99%，粗脂肪 3.57%，粗淀粉 75.45%。

产量表现：2009—2010 年参加山西省早熟玉米品种区域试验，2009 年亩产 721.2 千克，比对照长城 799 增产 5.9%，2010 年亩产 714.7 千克，比对照增产 20.8%，两年平均亩产 718.0 千克，比对照增产 12.8%；2010 年早熟区生产试验，平均亩产 698.5 千克，比当地对照增产 15.1%。2011 年参加中晚熟玉米品种（4200 密度组）区域试验，平均亩产 901.8 千克，比对照先玉 335 增产 6.5%；2011 年生产试验，平均亩产 797.9 千克，比当地对照增产 9.4%。

栽培技术要点：适宜播期 4 月下旬；亩留苗 4000 株左右；亩施优质农肥 3000～4000 千克，拔节期追施尿素 40 千克。

适宜种植地区：山西春播早熟及中晚熟玉米区。

隆平 207

审定编号：晋审玉 2012008

选育单位：安徽隆平高科种业有限公司

品种来源：LP04×L711

特征特性：生育期 127 天左右。幼苗第一叶叶鞘紫色，尖端匙形，叶缘紫色。株形紧凑，总叶片数 20 片，株高 303 厘米，穗位 113 厘米，雄穗主轴与分枝角度小，侧枝姿态直，一级分枝 5～7 个，最高位侧枝以上的主轴长 15 厘米，花药黄色，颖壳绿色，花丝青色，果穗锥型，穗轴红色，穗长 19.1 厘米，穗行数 16～18 行，行粒数 37.8 粒，籽粒黄色，粒型半马齿型，籽粒顶端黄色，百粒重 38.6 克，出籽率 85.9%。2009—2010 年山西省农业科学院植物保护研究所、山西农业大学农学院鉴定，抗穗腐病，中抗大斑病、茎腐病、粗缩病，感丝黑穗病、矮花叶病。2010 年农业部谷物及制品质量监督检验测试中心检测，容重 746 克/升，粗蛋白 10.29%，粗脂肪 4.11%，粗淀粉 74.88%。

产量表现：2009—2010 年参加山西省中晚熟玉米品种（3500 密度组）区域试验，2009 年亩产 706.0 千克，比对照郑单 958 增产 11.1%，2010 年亩产 741.7 千克，比对照大丰 26 号增产 6.5%，两年平均亩产 723.9 千克，比对照增产 8.7%。2010—2011 年生产试验，平均亩产 747.5 千克，比当地对照增产 5.3%。

栽培技术要点：适宜密度每亩 3500～4000 株；采用宽窄行种植；注意增施磷钾肥；大喇叭口期防治玉米螟。

适宜种植地区：山西春播中晚熟玉米区。

潞玉 36

审定编号：晋审玉 2012009

选育单位：山西潞玉种业玉米科学研究院

品种来源：LZM2-18×LZF4

特征特性：生育期 128 天左右。幼苗第一叶叶鞘深紫色，尖端尖至圆形，叶缘紫色。株形半紧凑，总叶片数 21 片，株高 245 厘米，穗位 90 厘米，雄穗主轴与分枝角度中，侧枝姿态直，一级分枝 6～8 个，最高位侧枝以上的主轴长 5～7 厘米，花药紫色，颖壳绿间紫色，花丝粉红色，果穗筒型，穗轴白色，穗长 23.5 厘米，穗行数 16～18 行，行粒数 45 粒，籽粒橘黄色，粒型半马齿型，籽粒顶端黄色，百粒重 38 克，出籽率 87.8%。2010—2011 年山西省农业科学院植物保护研究所、山西农业大学农学院鉴定，抗茎腐病、矮花叶病，感丝黑穗病、大斑病、穗腐病、粗缩病。2011 年农业部谷物及制品质量监督检验测试中心检测，容重 792 克/升，粗蛋白 8.63%，粗脂肪 4.05%，粗淀粉 75.64%。

产量表现：2010—2011 年参加山西省中晚熟玉米品种（3500 密度组）区域试验，2010 年亩产 746.4 千克，比对照大丰 26 号增产 7.2%，2011 年亩产 813.5 千克，比对照增产 10.4%，两年平均亩产 779.9 千克，比对照增产 8.5%。2011 年生产试验，平均亩产 800.1 千克，比当地对照增产 11.1%。

栽培技术要点：选择中等偏上地力种植；亩留苗 3500～4000 株；亩施农家肥 1500 千克，N、P、K 化肥配合施用；拔节期亩追尿素 15～20 千克。

适宜种植地区：山西春播中晚熟玉米区。

瑞普 959

审定编号：晋审玉 2012010

选育单位：山西瑞普种业有限责任公司

品种来源：WX523×WX318

特征特性：生育期 128 天左右。幼苗第一叶鞘紫色，尖端圆至匙形，叶缘紫色。株型半紧凑，总叶片数 21 片，株高 302 厘米，穗位高 118 厘米，雄穗主轴与分枝角度小，侧枝姿态轻度下弯，一级分枝 8～12 个，最高位侧枝以上的主轴长 30 厘米，花药赭黄色，颖壳绿色，花丝粉红色，果穗筒型，穗轴红色，穗长 20.7 厘米，穗行数 18～20 行，行粒数 37.7 粒，籽粒黄色，粒型半硬型，籽粒顶端黄色，百粒重 34.3 克，出籽率 84.7%。2010—2011 年山西省农业科学院植物保护研究所、山西农业大学农学院鉴定，高抗茎腐病，抗穗腐病、中抗大斑病，感丝黑穗病、矮花叶病、粗缩病。2011 年农业部谷物及制品质量监督检验测试中心检测，容重 793 克/升，粗蛋白 9.55%，粗脂肪 4.51%，粗淀粉 74.36%。

产量表现：2010—2011 年参加山西省中晚熟玉米品种（3500 密度组）区域试验，2010 年亩产 739.4 千克，比对照大丰 26 号增产 6.2%，2011 年亩产 802.4 千克，比对照增产 8.3%，两年平均亩产 770.9 千克，比对照增产 7.3%。2011 年生产试验，平均亩产 760.8 千克，比当地对照增产 5.6%。

栽培技术要点：4月下旬播种；亩留苗3500株左右；亩底施硝酸磷肥40千克，追施尿素30千克；注意防治苗期病虫害。

适宜种植地区：山西春播中晚熟玉米区。

太育3号

审定编号：晋审玉2012011

选育单位：山西太玉种业有限公司

品种来源：9058×DWZ16

特征特性：生育期106天左右。幼苗第一叶叶鞘紫色，尖端匙形，叶缘浅红色。株形紧凑，总叶片数20～21片，株高266厘米，穗位114厘米，雄穗主轴与分枝角度小，雄穗侧枝姿态直立，一级分枝21个，最高位侧枝以上的主轴长25.7厘米，花药青色，颖壳青色，花丝由青转浅红色，果穗筒型，穗轴白色，穗长21.3厘米，穗行数16～18行，行粒数44粒，籽粒黄色，粒型马齿型，籽粒顶端黄色，百粒重38.5克，出籽率90.9%。2010—2011年山西省农业科学院植物保护研究所、山西农业大学农学院鉴定，高抗矮花叶病，中抗大斑病、茎腐病，感丝黑穗病、穗腐病、粗缩病。2011年农业部谷物及制品质量监督检验测试中心检测，容重754克/升，粗蛋白9.13%，粗脂肪4.44%，粗淀粉76.01%。

产量表现：2010—2011年参加山西省南部复播玉米品种区域试验，2010年亩产660.2千克，比对照郑单958增产6.9%，2011年亩产652.4千克，比对照增产5.5%，两年平均亩产656.3千克，比对照增产6.2%。2011年生产试验，平均亩产686.2千克，比对照增产6.8%。

栽培技术要点：亩留苗4500～5000株；亩施优质农肥3000～4000千克；拔节期亩追施尿素40千克。

适宜种植地区：山西南部复播玉米区。

君实9号

审定编号：晋审玉2012012

选育单位：山西省农业科学院玉米研究所

品种来源：G8698×S4885

特征特性：生育期为103天左右。幼苗第一叶叶鞘紫色，尖端圆形，叶缘紫色。株形半紧凑，总叶片数19片，株高310厘米，穗位125厘米，雄穗主轴与分枝角度中，侧枝姿态直，一级分枝6个，最高位侧枝以上的主轴长 25 厘米，花药浅紫色，颖壳浅紫色，花丝浅紫色，果穗圆筒型，穗轴粉红色，穗长 20.5 厘米，穗行数 16～18 行，行粒数 39 粒，籽粒黄色，粒型马齿型，籽粒顶端白色，百粒重 38 克，出籽率 87%。2010—2011 年山西省农业科学院植物保护研究所、山西农业大学农学院鉴定，中抗丝黑穗病、茎腐病、粗缩病，感穗腐病、矮花叶病，高感大斑病。2011 年农业部谷物及制品质量监督检验测试中心检测，容重 758 克/升，粗蛋白 7.80%，粗脂肪 3.67%，粗淀粉 75.92%。

产量表现： 2010—2011 年参加山西省南部复播玉米品种区域试验，2010 年亩产 672.7 千克，比对照郑单 958 增产 6.0%，2011 年亩产 661.9 千克，比对照增产 7.0%，两年平均亩产 667.3 千克，比对照增产 6.5%。2011 年生产试验，平均亩产 691.4 千克，比对照增产 7.6%。

栽培技术要点： 适合中上等肥力地块种植；亩留苗 4000～4200 株。

适宜种植地区： 山西南部复播玉米区。

金庆 117

审定编号： 晋审玉 2012013

选育单位： 吉林省金庆种业有限公司

品种来源： C1143×C69612

特征特性： 生育期 103 天左右。幼苗第一叶叶鞘浅紫色，尖端尖至圆形，叶缘浅紫色。株形紧凑，总叶片数 19 片，株高 270 厘米，穗位 95 厘米，雄穗主轴与分枝角度中，侧枝姿态直，一级分枝 6～10 个，最高位侧枝以上的主轴长 23 厘米，花药绿色，颖壳浅紫色，花丝绿色，果穗筒型，穗轴红色，穗长 17.8 厘米，穗行数 18 行，行粒数 38 粒，籽粒黄色，粒型半马齿型，籽粒顶端淡黄色，百粒重 33.7 克，出籽率 87%。2010—2011 年山西省农业科学院植物保护研究所、山西农业大学农学院鉴定，抗茎腐病、矮花叶病，中抗大斑病，感丝黑穗病、粗缩病，高感穗腐病。2011 年农业部谷物及制品质量监督检验测试中心检测，容重 769 克/升，粗蛋白 9.52%，粗脂肪 4.07%，粗淀粉 74.19%。

产量表现： 2010—2011 年参加山西省南部复播玉米品种区域试验，2010 年亩产 685.7 千克，比对照郑单 958 增产 8.1%，2011 年亩产 656.1 千克，比对照增产 6.1%，两年平均亩产 670.9 千克，比对照增产 6.4%。2011 年生产试验，平均亩产 682.0 千克，比对照增产 6.2%。

栽培技术要点： 亩留苗 4000 株左右；中后期适时追肥浇水；注意防治穗腐病。

适宜种植地区： 山西南部复播玉米区。

辉玉 909

审定编号：晋审玉 2012014

选育者：张辉

品种来源：HU411111×HU9721

特征特性：生育期 104 天左右。幼苗第一叶叶鞘浅紫色，尖端尖至圆形，叶缘浅紫色。株形紧凑，总叶片数 19 片，株高 287.5 厘米，穗位 121 厘米，雄穗主轴与分枝角度中，侧枝姿态轻度下弯，一级分枝 9～12 个，最高位侧枝以上的主轴长 21 厘米，花药紫色，颖壳紫色，花丝粉红色，果穗长筒型，穗轴白色，穗长 18.8 厘米，穗行数 16～18 行，行粒数 35 粒，籽粒黄色，粒型半马齿型，籽粒顶端黄色，百粒重 31.8 克，出籽率 86.5%。2010—2011 年山西省农业科学院植物保护研究所、山西农业大学农学院鉴定，抗丝黑穗病，中抗大斑病、茎腐病、穗腐病、矮花叶病，感粗缩病。2011 年农业部谷物及制品质量监督检验测试中心检测，容重 740 克/升，粗蛋白 7.85%，粗脂肪 3.68%，粗淀粉 74.91%。

产量表现：2010—2011 年参加山西省南部复播玉米品种区域试验，2010 年亩产 647.0 千克，比对照郑单 958 增产 4.7%，2011 年亩产 657.1 千克，比对照增产 5.4%，两年平均亩产 652.0 千克，比对照增产 5.1%。2011 年生产试验，平均亩产 691.8 千克，比对照增产 6.7%。

栽培技术要点：适宜播期 6 月上中旬，亩留苗 4000 株左右；增施磷钾肥；中后期应适时追肥浇水；注意防治玉米螟。

适宜种植地区：山西南部复播玉米区。

屯玉 188

审定编号：晋审玉 2013001

选育单位：曹冬梅、徐英华、曹丕元

品种来源：WFC0142×WFC96113

特征特性：生育期 117 天左右，比对照并单 6 号早 2 天左右。幼苗第一叶叶鞘紫色，叶尖端圆形，叶缘绿色。株形半紧凑，总叶片数 16～17 片，株高平均 221 厘米，穗位平均 72 厘米。雄穗主轴与分枝角度大，侧枝姿态轻度下弯，一级分枝 4～7 个，最高位侧枝以上的主轴长 25～31 厘米，花药浅紫色，颖壳绿色。花丝浅紫色，果穗筒锥型，穗轴红色，穗长平均 18.3 厘米，穗行数 12～16 行，行粒数平均 39.3 粒，籽粒橘黄色，粒型偏硬粒型，籽粒顶端黄色，百粒重 29 克，出籽率 83%。2011—2012 年山西省农业科学院植物保护研

究所、山西农业大学农学院鉴定，感丝黑穗病、大斑病，中抗穗腐病。2012 年农业部谷物及制品质量监督检验测试中心检测，容重 718 克/升，粗蛋白 10.59%，粗脂肪 4.28%，粗淀粉 71.31%。

产量表现：2011—2012 年参加山西省特早熟区玉米品种区域试验，2011 年亩产 493.6 千克，比对照并单 6 号增产 10.1%，2012 年亩产 445.3 千克，比对照增产 11.8%，两年平均亩产 469.5 千克，比对照增产 11.0%。2012 年生产试验，平均亩产 482.5 千克，比当地对照增产 12.9%。

栽培技术要点：适宜播期 4 月下旬；亩留苗 4500～5000 株；亩施农家肥 3000 千克、复合肥 50 千克作底肥，追施尿素 30 千克；注意防治丝黑穗病和苗期病虫害。

适宜种植地区：山西春播特早熟玉米区。

晋单 84 号

审定编号：晋审玉 2013002

选育单位：山西省农业科学院高粱研究所

品种来源：k 寿-11×异 168

特征特性：生育期 128 天左右，比忻黄单 78 号早 2～3 天，需活动积温 2350℃。幼苗第一叶叶鞘浅紫色，叶尖端圆形，叶缘绿色。株形紧凑，总叶片数 16 片，株高平均 229 厘米，穗位平均 85 厘米。雄穗主轴与分枝角度中，侧枝姿态直，一级分枝 9～13 个，最高位侧枝以上的主轴长 18 厘米，花药黄色，颖壳黄色。花丝淡黄色，果穗筒型，穗轴白色，穗长平均 17 厘米，穗行数 14～16 行，行粒数平均 37 粒，籽粒金黄色，粒型半硬粒型，籽粒顶端橘黄色，百粒重 36 克，出籽率 85%。2011—2012 年山西省农业科学院植物保护研究所、山西农业大学农学院鉴定，感丝黑穗病、大斑病、穗腐病。2012 年农业部谷物及制品质量监督检验测试中心检测，容重 743 克/升，粗蛋白 10.42%，粗脂肪 3.77%，粗淀粉 73.39%。

产量表现：2011—2012 年参加山西省特早熟五寨区玉米品种区域试验，2011 年亩产 489.8 千克，比对照并单 6 号增产 9.2%，2012 年亩产 747.3 千克，比对照并单 16 号增产 11.7%，两年平均亩产 618.6 千克，比对照增产 10.5%。2012 年生产试验，平均亩产 708.8 千克，比当地对照增产 15.0%。

栽培技术要点：适宜播期 5 月上旬；亩留苗 4000～4500 株；亩施农家肥 3000 千克、复合肥或硝酸磷肥 50 千克作底肥，追施尿素 25～30 千克；注意防治丝黑穗等病害。

适宜种植地区：山西五寨玉米区。

晋单85号

审定编号：晋审玉2013003

选育单位：山西省农业科学院高寒区作物研究所

品种来源：Ds-12a×黄早4

特征特性：生育期130天左右，比忻黄单78号略早。幼苗第一叶叶鞘浅紫色，叶尖端尖至圆形，叶缘淡黄色。株形半紧凑，总叶片数15～16片，株高平均265厘米，穗位平均116厘米。雄穗主轴与分枝角度中，侧枝姿态中度下弯，一级分枝15个，最高位侧枝以上的主轴长20厘米，花药黄色，颖壳绿色。花丝粉红色，果穗筒型，穗轴红色，穗长平均16.5厘米，穗行数16～18行，行粒数平均36.9粒，籽粒黄色，粒型硬粒型，籽粒顶端淡黄色，百粒重30.3克，出籽率81.7%。2011—2012年山西省农业科学院植物保护研究所鉴定，高感丝黑穗病，感大斑病，中抗穗腐病。2012年农业部谷物及制品质量监督检验测试中心检测，容重754克/升，粗蛋白10.68%，粗脂肪4.06%，粗淀粉73.58%。

产量表现：2011—2012年参加山西省特早熟五寨区玉米品种区域试验，2011年亩产487.7千克，比对照并单6号增产8.8%，2012年亩产717.6千克，比对照并单16号增产7.3%，两年平均亩产602.7千克，比对照增产7.9%。2012年生产试验，平均亩产683.2千克，比当地对照增产10.8%。

栽培技术要点：适宜播期4月下旬至5月上旬；亩留苗3300～3500株；亩施农家肥3000千克、硝酸磷肥50千克作底肥，追施尿素25～30千克；增施磷钾肥；注意防治丝黑穗病。

适宜种植地区：山西五寨玉米区，丝黑穗病易发区禁用。

华科早18

审定编号：晋审玉2013004

选育单位：山西华科种业有限公司

品种来源：HKYX18×HKYX28

特征特性：生育期130天左右，比忻黄单78号略早。幼苗第一叶叶鞘紫色，叶尖端匙形，叶缘紫色。株形紧凑，总叶片数19片，株高平均262厘米，穗位平均82厘米。雄穗主轴与分枝角度中，侧枝姿态轻度下弯，一级分枝8个，最高位侧枝以上的主轴长8厘米，花药紫红色，颖壳绿色。花丝红色，果穗筒型，穗轴白色，穗长平均21厘米，穗行数16行左右，行粒数平均42粒，籽粒黄色，粒型半硬型，籽粒顶端橘黄色，百粒重35.9克，出籽率89%。2011—2012年山西省农业科学院植物保护研究所、山西农业大学农学院鉴定，抗丝黑穗病，中抗大斑病、穗腐病。2012 年农业部谷物及制品质量监督检验测试中心检测，容重 780 克/升，粗蛋白 10.65%，粗脂肪 4.4%，粗淀粉 72.21%。

产量表现：2011—2012 年参加山西省特早熟五寨区玉米品种区域试验，2011 年亩产 501.4 千克，比对照并单 6 号增产 11.8%，2012 年亩产 755.4 千克，比对照并单 16 号增产 12.9%，两年平均亩产 628.4 千克，比对照增产 12.5%。2012 年生产试验，平均亩产 695.5 千克，比当地对照增产 12.8%。

栽培技术要点：亩留苗 4000～5000 株；亩施有机肥 1000 千克以上、复合肥 40 千克，追施尿素 30 千克；天旱及时浇水。

适宜种植地区：山西五寨玉米区。

并单 39

审定编号：晋审玉 2013005

选育单位：山西省农业科学院作物科学研究所、山西腾达种业有限公司

品种来源：H09-17×H09-13

特征特性：生育期 126 天左右，比忻黄单 78 号早熟 4～5 天，需活动积温 2300～2350℃。幼苗第一叶叶鞘浅紫色、叶尖端圆至匙形，叶缘绿色。株型半紧凑，株高平均 270 厘米，穗位平均高 100 厘米。雄穗主轴与分枝角度小，侧枝姿态直，一级分枝 6～7 个，最高位侧枝以上主轴长 24 厘米，花药浅紫色，颖壳绿色。花丝绿色，果穗筒型，穗轴红色，穗长平均 19.1 厘米，穗行数 14～16 行，行粒数平均 44 粒，籽粒黄色，粒型半马齿型，籽粒顶端黄色，百粒重 37.7 克，出籽率 88.5%。2011—2012 年山西省农业科学院植物保护研究所、山西农业大学农学院鉴定，感丝黑穗病、大斑病，中抗穗腐病。2012 年农业部谷物及制品质量监督检验测试中心检测，容重 770 克/升，粗蛋白 9.05%，粗脂肪 3.86%，粗淀粉 74.15%。

产量表现：2011—2012 年参加山西省特早熟五寨区玉米品种区域试验，2011 年亩产 719.5 千克，比对照忻黄单 78 增产 12.4%，2012 年亩产 782.1 千克，比对照增产 16.9%，两年平均亩产 750.8 千克，比对照增产 14.7%。2012 年生产试验，平均亩产 721.1 千克，比当地对照增产 17.3%。

栽培技术要点：适宜播期 4 月下旬至 5 月上旬；亩留苗 3500～4000 株；亩施农家肥 3000 千克或复合肥 50～60 千克作底肥，追施尿素 25～30 千克；注意防治丝黑穗病和苗期病虫害。

适宜种植地区：山西五寨玉米区。

金苹 618

审定编号：晋审玉 2013006

选育单位：武威金苹果有限责任公司、山西益田农业科技有限公司、山西省农业科学院农业环境与资源研究所

品种来源：W9808×W936

特征特性：生育期 127 天左右，比对照长城 799 晚 3～4 天。幼苗第一叶叶鞘紫色，叶尖端匙形，叶缘绿色。株形半紧凑，总叶片数 19～20 片，株高平均 275 厘米，穗位平均 100 厘米。雄穗主轴与分枝角度中，侧枝姿态轻度下弯，一级分枝 3～5 个，最高位侧枝以上的主轴长 13 厘米，花药淡紫色，颖壳绿色。花丝紫红色，果穗筒型，穗轴红色，穗长平均 22.5 厘米，穗行数 16～18 行，行粒数平均 44 粒，籽粒黄色，粒型马齿型，籽粒顶端黄色，百粒重 39.5 克，出籽率 90.0%。2011—2012 年山西省农业科学院植物保护研究所、山西农业大学农学院鉴定，感丝黑穗病，中抗大斑病、茎腐病、穗腐病。2012 年农业部谷物及制品质量监督检验测试中心检测，容重 678 克/升，粗蛋白 8.99%，粗脂肪 3.36%，粗淀粉 74.99%。

产量表现：2011—2012 年参加山西省早熟玉米品种区域试验，2011 年亩产 708.6 千克，比对照长城 799 增产 20.4%，2012 年亩产 742.7 千克，比对照增产 14.4%，两年平均亩产 725.7 千克，比对照增产 17.3%；2012 年生产试验，平均亩产 831.6 千克，比当地对照增产 15.8%。

栽培技术要点：适宜播期 4 月下旬至 5 月上旬；亩留苗 3600～4000 株；注意防治丝黑穗病和地下害虫。

适宜种植地区：山西春播早熟玉米区。

强盛 388

审定编号：晋审玉 2013007

选育单位：山西省农业科学院玉米研究所、山西强盛种业有限公司

品种来源：W7516×XY-1

特征特性：生育期 129 天左右，与对照长城 799 相当，需活动积温 2640℃。幼苗第一叶叶鞘深紫色，叶尖端尖至圆形，叶缘红色。株型紧凑，总叶片数 22 片左右，株高平均 317 厘米，穗位平均 116 厘米。雄穗主轴与分枝角度中，侧枝姿态直，一级分枝 3 个，最高位侧枝以上的主轴长 10 厘米，花药红色，颖壳红色。花丝绿色，果穗筒型，穗轴红色，穗长平均 20.1 厘米，穗行数 16～18 行，行粒数平均 38 粒，籽粒黄色，粒型半马齿型，籽粒顶端橙色，百粒重 35.9 克，出籽率 85.5%。2011—2012 年山西省农业科学院植物保护研究所、

山西农业大学农学院鉴定，感丝黑穗病、穗腐病，中抗大斑病，高抗茎腐病。2012 年农业部谷物及制品质量监督检验测试中心检测，容重 692 克/升，粗蛋白 9.05%，粗脂肪 3.54%，粗淀粉 75.47%。

产量表现：2011—2012 年参加山西省早熟区玉米品种区域试验，2011 年亩产 678.9 千克，比对照长城 799 增产 15.4%，2012 年亩产 713.5 千克，比对照增产 9.9%，两年平均亩产 696.2 千克，比对照增产 12.65%。2012 年生产试验，平均亩产 815.6 千克，比当地对照增产 13.9%。

栽培技术要点：适宜播期 4 月下旬至 5 月上旬；一般亩留苗 3500～4000 株；亩施农家肥 2000 千克、尿素 20 千克、适量增施磷钾肥作底肥，在喇叭口期追施尿素 25～30 千克；注意防治丝黑穗病。

适宜种植地区：山西春播早熟玉米区。

晋单 86

审定编号：晋审玉 2013008

选育单位：山西省农业科学院农业信息研究所、山西省农业科学院作物科学研究所

品种来源：TD1101×TD5937

特征特性：生育期 129 天左右，比对照长城 799 晚熟 2 天。幼苗第一叶叶鞘紫色，叶尖端圆至匙形，叶缘绿色。株形半紧凑，总叶片数 20 片，株高平均 296 厘米，穗位平均 115 厘米。雄穗主轴与分枝角度极大，侧枝姿态轻度下弯，一级分枝 5～10 个，最高位侧枝以上的主轴长 20～25 厘米，花药黄色，颖壳紫色。花丝淡红色，果穗筒型，穗轴粉红色，穗长平均 21 厘米，穗行数 18 行左右，行粒数平均 40 粒，籽粒黄色，粒型半马齿型，籽粒顶端黄色，百粒重 38.3 克，出籽率 89.0%。2011—2012 年山西省农业科学院植物保护研究所、山西农业大学农学院鉴定，感丝黑穗病、穗腐病，中抗大斑病，高抗茎腐病。2012 年农业部谷物及制品质量监督检验测试中心检测，籽粒容重 637 克/升，蛋白质含量为 7.72%，脂肪含量为 3.46%，淀粉含量为 75.6%。

产量表现：2011—2012 年参加山西省早熟区玉米品种区域试验，2011 年亩产 694.0 千克，比对照长城 799 增产 18.0%，2012 年亩产 747.0 千克，比对照增产 15.1%，两年平均亩产 720.5 千克，比对照增产 16.5%。2012 年生产试验，平均亩产 816.3 千克，比当地对照增产 13.7%。

栽培技术要点：适宜播期 4 月下旬至 5 月上旬；亩留苗 3500 株左右；注意防治丝黑穗病和地下害虫。

适宜种植地区：山西春播早熟玉米区。

锦绣 206

审定编号：晋审玉 2013009

选育单位：山西省农业科学院玉米研究所，河南锦绣农业科技有限公司

品种来源：CC15-2×昌 7-2 绿

特征特性：生育期 126 天左右，比对照长城 799 早 1 天，需活动积温 2630℃。幼苗第一叶叶鞘浅紫色，叶尖端圆形至匙形，叶缘浅黄色。株形半紧凑，总叶片数 19～21 片，株高平均 270 厘米，穗位平均 105 厘米。雄穗主轴与分枝角度小，侧枝姿态直，一级分枝 8～12 个，最高位侧枝以上的主轴长 12～15 厘米，花药绿色，颖壳绿色。花丝粉红色，果穗筒型，穗轴红色，穗长平均 19.6 厘米，穗行数 18 行左右，行粒数平均 42 粒，籽粒黄色，粒型马齿型，籽粒顶端黄色，百粒重 33.9 克，出籽率 88.6%。2011—2012 年山西省农业科学院植物保护研究所、山西农业大学农学院鉴定：感丝黑穗病，中抗大斑病、茎腐病、穗腐病。2012 年农业部谷物及制品质量监督检验测试中心检测，容重 708 克/升，粗蛋白 9.06%，粗脂肪 3.96%，粗淀粉 75.27%。

产量表现：2011—2012 年参加山西省早熟区玉米品种区域试验，2011 年亩产 652.9 千克，比对照长城 799 增产 11%，2012 年亩产 728.8 千克，比对照增产 9.9%，两年平均亩产 690.9 千克，比对照增产 10.5%，2012 生产试验，平均亩产 800.3 千克，比当地对照增产 11.2%。

栽培技术要点：适宜播期 4 月下旬至 5 月上旬；亩留苗 3500～4000 株；施肥以底肥为主，亩施农家肥 3000 千克、复合肥或硝酸磷肥 50 千克作底肥，追施尿素 25～30 千克；注意防治丝黑穗病和苗期病虫害。

适宜种植地区：山西春播早熟玉米区。

并单 669

审定编号：晋审玉 2013010

选育单位：山西省农业科学院作物科学研究所、山西腾达种业有限公司

品种来源：H10-137×H10-105

特征特性：生育期平均 129 天左右，与对照长城 799 相当。幼苗第一叶叶鞘紫色，叶尖端尖至圆形，叶缘紫色。株形半紧凑，总叶片数 20 片，株高平均 290 厘米，穗位平均 115 厘米。雄穗主轴与分枝角度小，侧枝姿态轻度下弯，一级分枝 4～5 个，最高位侧枝以上的主轴长 28 厘米，花药肉色，颖壳绿带红纹。花丝绿色，果穗筒型，穗轴红色，穗长平均 19 厘米，穗行数 16～18 行，行粒数平均 40 粒，籽粒黄色，粒型半马齿型，籽粒顶端黄色，百粒重 38.7 克，出籽率 89.3%。2011—2012 年山西省农业科学院植物保护研究所、山西

农业大学农学院鉴定，感丝黑穗病、穗腐病，中抗大斑病、茎腐病。2012 年农业部谷物及制品质量监督检验测试中心检测，容重 793 克/升，粗蛋白 9.55%，粗脂肪 4.51%，粗淀粉 74.36%。

产量表现：2011—2012 年参加山西省早熟区玉米品种区域试验，2011 年亩产 640.9 千克，比对照长城 799 增产 8.5%，2012 年亩产 745.5 千克，比对照增产 12.4%，两年平均亩产 693.2 千克，比对照增产 10.6%。2012 年生产试验，平均亩产 806.7 千克，比当地对照增产 12.6%。

栽培技术要点：适宜播期 4 月下旬至 5 月上旬；亩留苗 4000 株左右；亩施农家肥 3000 千克或复合肥 50～60 千克作底肥，拔节到抽雄期追施尿素 25～30 千克；注意防治丝黑穗病和苗期病虫害。

适宜种植地区：山西春播早熟玉米区。

蠡玉 90

审定编号：晋审玉 2013011

选育单位：石家庄蠡玉科技开发有限公司

品种来源：L5895×L7598

特征特性：生育期 130 天左右，与对照大丰 26 号相当。幼苗第一叶叶鞘浅紫色，叶尖端圆至匙形，叶缘绿色。株形半紧凑，总叶片数 20 片，株高平均 286 厘米，穗位平均 120 厘米。雄穗主轴与分枝角度中，侧枝姿态轻度下弯，一级分枝 10～13 个，最高位侧枝以上的主轴长 17 厘米，花药黄色，颖壳浅紫色。花丝浅紫色，果穗筒型，穗轴白色，穗长平均 20.0 厘米，穗行数 16 行左右，行粒数平均 40 粒，籽粒黄色，粒型偏马齿型，籽粒顶端黄色，百粒重 36.6 克，出籽率 85.5%。2010—2011 年山西省农业科学院植物保护研究所、山西农业大学农学院鉴定，中抗丝黑穗病、大斑病、穗腐病，高抗茎腐病、矮花叶病，感粗缩病。经农业部谷物及制品质量监督检验测试中心检测结果：容重 776 克/升，粗蛋白 9.82%，粗脂肪 4.59%，粗淀粉 73.5%。

产量表现：2010—2011 年参加山西省中晚熟区普密组（3500 株/亩）玉米品种区域试验，2010 年亩产 726.3 千克，比对照大丰 26 增产 4.3%，2011 年亩产 809.1 千克，比对照大丰 26 增产 9.2%，两年平均亩产 767.7 千克，比对照增产 6.8%。2012 年生产试验亩产 846.1 千克，比当地对照增产 8.2%。

栽培技术要点：适宜播期 4 月下旬至 5 月上旬；亩留苗 3500～4000 株；亩施复合肥 40 千克作底肥，喇叭口期追施尿素 30 千克；遇干旱及时浇水；注意防治地下害虫和玉米螟。

适宜种植地区：山西春播中晚熟玉米区。

龙生2号

审定编号：晋审玉2013012

选育单位：晋中龙生种业有限公司

品种来源：PH6WC×BX06

特征特性：生育期127天左右，比对照大丰26号早2～3天。幼苗第一叶叶鞘紫色，叶尖端匙形，叶缘绿色。株型半紧凑，总叶片数19～20片，株高平均290厘米，穗位平均105厘米。雄穗主轴与分枝角度中，侧枝姿态直，一级分枝5个，最高位侧枝以上的主轴长28厘米，花药紫色，颖壳绿色。花丝粉红色，果穗筒型，穗轴红色，穗长平均22厘米，穗行数16～18行，行粒数平均41粒，籽粒黄色，籽粒马齿型，籽粒顶端黄色，百粒重41克，出籽率89.8%。2010—2011年经山西省农业科学院植物保护研究所抗病性鉴定结果：抗丝黑穗病、茎腐病、矮花叶病，中抗大斑病，感穗腐病、粗缩病。2012年农业部谷物及制品质量监督检验测试中心检测：容重780克/升，粗蛋白10.91%，粗脂肪3.70%，粗淀粉73.4%。

产量表现：2010—2011年参加山西省中晚熟普密组（3500株/亩）玉米品种区域试验。2010年亩产724.0千克，比对照大丰26增产4.0%，2011年亩产800.8千克，比对照增产8.1%，两年平均亩产762.4千克，比对照增产6.05%。2012年生产试验，平均亩产782.4千克，比当地对照增产10.2%。

栽培技术要点：适宜播期为4月下旬至5月上旬；亩留苗3500～4000株；注意氮磷钾肥配合施用；高产田重视中后期管理，氮肥后移，补施磷钾肥。

适宜种植地区：山西春播中晚熟玉米区。

沃玉3号

审定编号：晋审玉2013013

选育单位：河北沃土种业有限公司

品种来源：M51×VK22-4

特征特性：生育期130天左右，与对照大丰26号相当。幼苗第一叶叶鞘紫色，叶尖端尖至圆形，叶缘紫色。株型紧凑，总叶片数20～21片，株高平均297厘米，穗位平均100厘米。雄穗主轴与分枝角度小，侧枝姿态直，一级分枝5～7个，最高位侧枝以上的主轴长26～29厘米，花药紫色，颖壳浅紫色。花丝浅紫色，果穗筒型，穗轴红色，穗长平均20厘米，穗行数16～18行，行粒数平均39粒，籽粒黄色，粒型半马齿型，籽粒顶端淡黄色，百粒重39.3克，出籽率87.7%。2011—2012年山西省农业科学院植物保护研究所、山西农业大学农学院鉴定，感丝黑穗病、穗腐病，抗大斑病，高抗茎腐病，中抗粗缩病，高感矮花叶病。2012 年农业部谷物及制品质量监督检验测试中心检测，容重 770 克/升，粗蛋白 11.22%、粗脂肪 4.59%、粗淀粉 71.83%。

产量表现：2011—2012 年参加山西省中晚熟区普密组（3500 株/亩）玉米品种区域试验，2011 年亩产 830.7 千克，比对照大丰 26 增产 9.5%，2012 年亩产 886.4 千克，比对照大丰 26 增产 12.5%，两年平均亩产 858.6 千克，比对照增产 11.1%。2012 年生产试验，平均亩产 898.0 千克，比当地对照增产 14.7%。

栽培技术要点：亩留苗 3500～4200 株；重施基肥，中后期应适时追肥浇水；注意防治丝黑穗病。

适宜种植地区：山西春播中晚熟玉米区，矮花叶病易发区禁用。

晋单 87 号

审定编号：晋审玉 2013014

选育单位：山西省农业科学院隰县农业试验站、辽宁东润种业有限公司

品种来源：隰 332×隰 50

特征特性：生育期 130 天左右，比对照大丰 26 号晚 1 天。幼苗第一叶叶鞘紫色，叶尖端尖至圆形，叶缘浅紫色。株形半紧凑，总叶片数 21～22 片，株高平均 282 厘米，穗位平均 98 厘米。雄穗主轴与分枝角度中，侧枝姿态轻度下弯，一级分枝 6～8 个，最高位侧枝以上的主轴长 16～18 厘米，花药黄色，颖壳浅紫色。花丝绿色，果穗锥型，穗轴白色，穗长平均 20 厘米，穗行数 16～18 行，行粒数平均 38 粒，籽粒黄色，粒型硬粒型，籽粒顶端黄色，百粒重 42.6 克，出籽率 85.5%。2011—2012 年山西省农业科学院植物保护研究所、山西农业大学农学院鉴定，中抗丝黑穗病、大斑病、穗腐病，抗茎腐病，高抗矮花叶病，感粗缩病。2012 年农业部谷物及制品质量监督检验测试中心检测，容重 776 克/升，粗蛋白 9.93%，粗脂肪 3.77%，粗淀粉 72.5%。

产量表现：2011—2012 年参加山西省中晚熟区普密组（3500 株/亩）玉米品种区域试验，2011 年亩产 808.5 千克，比对照大丰 26 号增产 9.1%，2012 年亩产 840.7 千克，比对照增产 6.7%，两年平均亩产 824.6 千克，比对照增产 7.9%。2012 年生产试验，平均亩产 841.8 千克，比当地对照增产 7.6%。

栽培技术要点：适宜播期 4 月下旬至 5 月上旬；亩留苗 3000～3500 株；亩施农家肥 3000 千克或复合肥 50 千克作底肥，追尿素 25～30 千克；注意防治苗期病虫害。

适宜种植地区：山西春播中晚熟玉米区。

大丰 132

审定编号：晋审玉 2013015

选育单位：山西大丰种业有限公司

品种来源：A79×DS565

特征特性：生育期 132 天左右，比对照大丰 26 号晚 2 天左右。幼苗第一叶叶鞘紫色，叶尖端圆至匙形，叶缘紫色。株形半紧凑，总叶片数 21 片，株高平均 290 厘米，穗位平均 96 厘米。雄穗主轴与分枝角度中，侧枝姿态中度下弯，一级分枝 5～6 个，最高位侧枝以上的主轴长 37 厘米，花药浅紫色，颖壳浅紫色。花丝浅红色，果穗筒型，穗轴红色，穗长平均 21.0 厘米，穗行数 18 行左右，行粒数平均 43 粒，籽粒黄色，粒型偏马齿型，籽粒顶端黄色，百粒重 36.7 克，出籽率 87.7%。2011—2012 年山西省农业科学院植物保护研究所、山西农业大学农学院鉴定，感丝黑穗病、穗腐病、感粗缩病，中抗大斑病，高抗茎腐病、矮花叶病。2012 年农业部谷物及制品质量监督检验测试中心检测，容重 773 克/升，粗蛋白 11.6%，粗脂肪 3.0%，粗淀粉 71.77%。

产量表现：2011—2012 年参加山西省中晚熟区普密组（3500 株/亩）玉米品种区域试验，2011 年亩产 806.4 千克，比对照大丰 26 号增产 8.9%，2012 年亩产 849.5 千克，比对照增产 7.9%，两年平均亩产 828.0 千克，比对照增产 8.4%。2012 年生产试验，平均亩产 843.1 千克，比当地对照增产 7.1%。

栽培技术要点：适宜中等以上肥力地种植；亩留苗 4000～4200 株；遇旱应及时浇水；注意防治丝黑穗病和玉米螟。

适宜种植地区：山西春播中晚熟玉米区。

鑫源 596

审定编号：晋审玉 2013016

选育单位：山西亿鑫源农业开发有限公司

品种来源：鑫选 G6×鑫选 G9

特征特性：生育期 131 天左右，比对照大丰 26 号晚 1 天左右。幼苗第一叶叶鞘紫色，叶尖端圆至匙形，叶缘紫色。株形半紧凑，总叶片数 20 片，株高平均 310 厘米，穗位平均 120 厘米。雄穗主轴与分枝角度中，侧枝姿态直，一级分枝 3～4 个，最高位侧枝以上的主轴长 23 厘米，花药紫色，颖壳紫色。花丝浅红色，果穗筒形，穗轴红色，穗长平均 20.5 厘米，穗行数 16 行左右，行粒数平均 41.8 粒，籽粒黄色，粒型半马齿型，籽粒顶端黄色，百粒重 40.5 克，出籽率 87.2%。2011—2012 年山西省农业科学院植物保护研究所、山西农业大学农学院鉴定，感丝黑穗病，抗大斑病、茎腐病，中抗穗腐病、粗缩病，高抗矮花叶病。2012 年农业部谷物及制品质量监督检验测试中心检测，容重 740 克/升，粗蛋白 7.85%，粗脂肪 3.68%，粗淀粉 74.91%。

产量表现：2011—2012 年参加山西省中晚熟区普密组（3500 株/亩）玉米品种区域试验，2011 年亩产 814.8 千克，比对照大丰 26 号增产 7.4%，2012 年亩产 834.7 千克，比对照增产 11.0%，两年平均亩产 824.8 千克，比对照增产 9.2%。2012 年生产试验，平均亩产 859.4 千克，比当地对照增产 9.8%。

栽培技术要点：选择中等以上肥力地种植；适宜播期 4 月下旬；亩留苗 3500～4000 株；亩施农家肥 2000 千克，拔节期追施尿素 15～20 千克；注意防治丝黑穗病。

适宜种植地区：山西春播中晚熟玉米区。

潞玉 50

审定编号：晋审玉 2013017

选育单位：山西潞玉种业股份有限公司

品种来源：LZA15×LZA10

特征特性：生育期 127 天左右，与对照先玉 335 相当。幼苗第一叶叶鞘微紫色，叶尖端圆至匙形，叶缘微紫色。株形紧凑，总叶片数 20～21 片，株高平均 260 厘米，穗位平均 95 厘米。雄穗主轴与分枝角度中，侧枝姿态轻度下弯，一级分枝 5～8 个，最高位侧枝以上的主轴长 6～8 厘米，花药黄色，颖壳绿间紫色。花丝粉红色，果穗筒型，穗轴红色，穗长平均 21.2 厘米，穗行数 16～18 行，行粒数平均 41 粒，籽粒黄色，粒型半马齿型，籽粒顶端黄色，百粒重 36.5 克，出籽率 88.7%。2011—2012 年山西省农业科学院植物保护研究所、山西农业大学农学院鉴定，感丝黑穗病、矮花叶病、粗缩病，中抗大斑病、穗腐病，高抗茎腐病。2012 年农业部谷物及制品质量监督检验测试中心检测，容重 776 克/升，粗蛋白 10.06%，粗脂肪 3.74%，粗淀粉 72.86%。

产量表现：2011—2012 年参加山西省中晚熟区耐密组（4200 株/亩）玉米品种区域试验，2011 年亩产 900.9 千克，比对照先玉 335 增产 6.4%，2012 年亩产 918.7 千克，比对照增产 5.6%，两年平均亩产 909.8 千克，比对照增产 6.0%。2012 年生产试验，平均亩产 802.6 千克，比当地对照增产 8.9%。

栽培技术要点：选择中等以上肥力地种植；亩留苗 4000 株左右；亩施农家肥 1500 千克，拔节期追施尿素 15～20 千克；注意防治丝黑穗病。

适宜种植地区：山西春播中晚熟玉米区。

浚原单 986

审定编号：晋审玉 2013018

选育单位：浚县原种场、河南商都种业有限公司

品种来源：浚原 38×浚原 6

特征特性：生育期 109 天左右，比对照郑单 958 晚 2～3 天。幼苗第一叶叶鞘浅紫色，叶尖端圆至匙形，叶缘浅紫色。株形半紧凑，总叶片数 20 片，株高平均 260 厘米，穗位平均 115 厘米。雄穗主轴与分枝角度大，侧枝姿态直，一级分枝 15 个，最高位侧枝以上的主轴长 25 厘米左右，花药绿色，颖壳绿色。花丝绿色，果穗筒型，穗轴白色，穗长平均 19.5 厘米，穗行数 16 行左右，行粒数平均 37 粒，籽粒黄色，粒型半马齿型，籽粒顶端黄色，百粒重 34.5 克，出籽率 83.9%。2011—2012 年山西省农业科学院植物保护研究所、山西农业大学农学院鉴定，中抗茎腐病，感穗腐病、粗缩病，高抗矮花叶病。2012 年农业部谷物及制品质量监督检验测试中心检测，容重 742 克/升，粗蛋白 10.14%，粗脂肪 3.96%，粗淀粉 73.98%。

产量表现：2011—2012 年参加山西省南部复播区玉米品种区域试验，2011 年亩产 685.8 千克，比对照郑单 958 增产 10.0%，2012 年亩产 741.4 千克，比对照增产 5.2%，两年平均亩产 630.7 千克，比对照增产 7.6%。2012 年生产试验，平均亩产 730.0 千克，比当地对照增产 6.0%。

栽培技术要点：适宜播期 6 月上中旬；亩留苗 3800～4000 株；亩施农家肥 3500 千克、复合肥或硝酸磷肥 50 千克作底肥，追施尿素 30～40 千克；注意防治苗期病虫害。

适宜种植地区：山西南部复播玉米区。

强盛 369

审定编号：晋审玉 2013019

选育单位：山西强盛种业有限公司

品种来源：6143×997

特征特性：生育期 107 天左右，与对照郑单 958 相当。幼苗第一叶叶鞘淡紫色，叶尖端圆形，叶缘绿色。株形紧凑，总叶片数 22～23 片，株高平均 256 厘米，穗位平均 118 厘米。雄穗主轴与分枝角度极小，侧枝姿态直，一级分枝 12～13 个，最高位侧枝以上的主轴长 7～8 厘米，花药黄色，颖壳黄色。花丝浅红色，果穗筒型，穗轴红色，穗长平均 18.9 厘米，穗行数 14～16 行，行粒数平均 38.8 粒，籽粒黄色，粒型半马齿型，籽粒顶端橘红色，百粒重 34.7 克，出籽率 85.8%。2011—2012 年山西省农业科学院植物保护研究所、山西农

业大学农学院鉴定，抗茎腐病，感穗腐病、粗缩病，高抗矮花叶病。2012 年农业部谷物及制品质量监督检验测试中心检测，容重 705 克/升，粗蛋白 8.87%，粗脂肪 4.48%，粗淀粉 76.34%。

产量表现：2011—2012 年参加山西省南部复播区玉米品种区域试验，2011 年亩产 673.2 千克，比对照郑单 958 增产 8.0%，2012 年亩产 745.7 千克，比对照增产 5.8%。两年平均亩产 709.5 千克，比对照增产 6.8%。2012 年生产试验，平均亩产 688.7 千克，比当地对照增产 6.0%。

栽培技术要点：适宜播期 6 月上旬；亩留苗 4000 株；亩施底肥磷酸二铵 15～20 千克、硫酸锌 1 千克、氯化钾 2～3 千克；拔节期追施尿素 10～15 千克。

适宜种植地区：山西南部复播玉米区。

东润 88

审定编号：晋审玉 2013020

选育单位：山西省农业科学院现代农业研究中心、辽宁东润种业有限公司

品种来源：L012×L066

特征特性：生育期 108 天左右，比对照郑单 958 晚 1 天。幼苗第一叶叶鞘紫色，叶尖端尖形，叶缘紫色。株形紧凑，总叶片数 18～19 片，株高平均 287 厘米，穗位平均 128 厘米。雄穗主轴与分枝角度中等，侧枝姿态直，一级分枝 4～6 个，最高位侧枝以上的主轴长 4 厘米，花药黄色，颖壳绿色。花丝红色，果穗锥型，穗轴白色，穗长平均 21 厘米，穗行数 16～18 行，行粒数平均 39 粒，籽粒黄色，粒型马齿型，籽粒顶端淡黄色，百粒重 35.6 克，出籽率 85.7%。2011—2012 年山西省农业科学院植物保护研究所、山西农业大学农学院鉴定，抗茎腐病，感穗腐病、粗缩病，高抗矮花叶病。2012 年农业部谷物及制品质量监督检验测试中心检测，容重 794 克/升，粗蛋白 11.13%，粗脂肪 4.24%，粗淀粉 73.69%。

产量表现：2011—2012 年参加山西省南部复播区玉米品种区域试验，2011 年亩产 669.3 千克，比对照郑单 958 增产 7.4%，2012 年亩产 730.1 千克，比对照增产 3.6%。两年平均亩产 669.7 千克，比对照增产 5.5%。2012 年生产试验，平均亩产 728.4 千克，比当地对照增产 5.6%。

栽培技术要点：适宜播期 5 月下旬至 6 月上旬；亩留苗 4500～5000 株；足墒播种，保证全苗；氮磷钾配合施用，注意防治苗期病虫害。

适宜种植地区：山西南部复播玉米区。

滑玉 58

审定编号：晋审玉 2013021

选育单位：河南滑丰种业科技有限公司

品种来源：HF12×C712

特征特性：生育期 106 天左右，与对照郑单 958 相当。幼苗第一叶叶鞘紫色，叶尖端圆至匙形，叶缘浅紫色。株形紧凑，总叶片数 20 片，株高平均 271 厘米，穗位平均 114 厘米。雄穗主轴与分枝角度中，侧枝姿态直，一级分枝 3～5 个，最高位侧枝以上的主轴长 10～15 厘米，花药浅紫色，颖壳浅紫色。花丝浅粉色，果穗筒型，穗轴浅红色，穗长平均 18.5 厘米，穗行数 16～18 行，行粒数平均 36 粒，籽粒黄色，粒型半马齿型，籽粒顶端黄色，百粒重 31.7 克，出籽率 84.3%。2011—2012 年山西省农业科学院植物保护研究所、山西农业大学农学院鉴定，抗茎腐病，中抗穗腐病，高抗矮花叶病，感粗缩病。2012 年农业部谷物及制品质量监督检验测试中心检测，容重 774 克/升，粗蛋白 8.14%，粗脂肪 4.12%，粗淀粉 76.43%。

产量表现：2011—2012 年参加山西省南部复播区玉米品种区域试验，2011 年亩产 660.7 千克，比对照郑单 958 增产 6.8%，2012 年亩产 741.8 千克，比对照增产 5.9%。两年平均亩产 701.3 千克，比对照增产 6.4%。2012 年生产试验，平均亩产 731.4 千克，比当地对照增产 5.6%。

栽培技术要点：适时早播；亩留苗 3800～4000 株；分期施肥：苗期少施，大喇叭口期重施肥，每亩施尿素 30～40 千克；遇旱及时浇水；及时中耕除草；注意防治苗期病虫害和玉米螟。

适宜种植地区：山西南部复播玉米区。

龙华 368

审定编号：晋审玉 2013022

选育单位：河北可利尔种业有限公司

品种来源：5829-2×555

特征特性：生育期 107 天左右，比对照郑单 958 晚 1 天。幼苗第一叶叶鞘绿色，叶尖端圆至匙形，叶缘紫红色。株形紧凑，总叶片数 21 片，株高平均 245 厘米，穗位平均 105 厘米。雄穗主轴与分枝角度中，侧枝姿态直，一级分枝 8～10 个，最高位侧枝以上的主轴长 16 厘米，花药黄色，颖壳绿色。花丝红色，果穗筒型，穗轴白色，穗长平均 18.5 厘米，穗行数 16 行左右，行粒数平均 38 粒，籽粒黄色，粒型马齿型，籽粒顶端黄色，百粒重 35 克，出籽率 88%。2011—2012 年山西省农业科学院植物保护研究所、山西农业大学农学院鉴定，中抗茎腐病、穗腐病，抗矮花叶病，感粗缩病。2012 年农业部谷物及制品质量监督检验测试中心检测，容重 778 克/升，粗蛋白 8.63%，粗脂肪 4.38%，粗淀粉 75.86%。

产量表现：2011—2012 年参加山西省南部复播区玉米品种区域试验，2011 年亩产 660.7 千克，比对照郑单 958 增产 6.0%，2012 年亩产 748.2 千克，比对照增产 6.1%，两年平均亩产 704.4 千克，比对照增产 6.0%。2012 年生产试验，平均亩产 692.8 千克，比当地对照增产 6.7%。

栽培技术要点：适宜播期 6 月上旬；亩留苗 4000～4500 株；加强肥水管理，一促到底。

适宜种植地区：山西南部复播玉米区。

太育 7 号

审定编号：晋审玉 2013023

选育单位：山西太玉种业有限公司

品种来源：Lg58×昌 7-2

特征特性：生育期 108 天左右，比对照郑单 958 晚 1～2 天。幼苗第一叶叶鞘紫色，叶尖端圆至匙形，叶缘浅紫色。株形紧凑，总叶片数 21 片，株高平均 270 厘米，穗位平均 124 厘米。雄穗主轴与分枝角度极小，侧枝姿态直，一级分枝 12 个，最高位侧枝以上的主轴长 24 厘米，花药浅紫色，颖壳绿色。花丝浅红色，果穗筒型，穗轴白色，穗长平均 19.0 厘米，穗行数 16～18 行，行粒数平均 37.8 粒，籽粒黄色，粒型偏马齿型，籽粒顶端黄色，百粒重 36.0 克，出籽率 89.2%。2011—2012 年山西省农业科学院植物保护研究所、山西农业大学农学院鉴定，高抗茎腐病、矮花叶病，中抗穗腐病，感粗缩病。2012 年农业部谷物及制品质量监督检验测试中心检测，容重 777 克/升，粗蛋白 9.12%，粗脂肪 4.21%，粗淀粉 74.14%。

产量表现：2011—2012 年参加山西省南部复播区玉米品种区域试验，2011 年亩产 678.4 千克，比对照郑单 958 增产 5.6%，2012 年亩产 727.7 千克，比对照增产 3.9%，两年平均亩产 703.1 千克，比对照增产 4.7%。2012 年生产试验，平均亩产 731.7 千克，比当地对照增产 5.4%。

栽培技术要点：亩留苗 4500～5000 株；拔节期重施肥，大喇叭口期酌施肥；遇旱及时浇水；注意防治玉米螟。

适宜种植地区：山西南部复播玉米区。

大丰 133

审定编号：晋审玉 2013024

选育单位：山西大丰种业有限公司

品种来源：郑 58×WZ-16

特征特性：生育期 107 天左右，与对照郑单 958 相当。幼苗第一叶叶鞘紫色，叶尖端圆至匙形，叶缘紫色。株形紧凑，总叶片数 21 片，株高平均 253 厘米，穗位平均 96 厘米。雄穗主轴与分枝角度极小，侧枝姿态直，一级分枝 9 个，最高位侧枝以上的主轴长 26 厘米，花药浅紫色，颖壳绿色。花丝浅红色，果穗筒型，穗轴白色，穗长平均 20.4 厘米，穗行数 16～18 行，行粒数平均 42 粒，籽粒黄色，粒型偏马齿型，籽粒顶端黄色，百粒重 41.0 克，出籽率 90%。2011—2012 年山西省农业科学院植物保护研究所、山西农业大学农学院鉴定，高抗茎腐病、矮花叶病，感穗腐病、粗缩病。2012 年农业部谷物及制品质量监督检验测试中心检测，容重 784 克/升，粗蛋白 9.05%，粗脂肪 4.32%，粗淀粉 74.78%。

产量表现：2011—2012 年参加山西省南部复播区玉米品种区域试验，2011 年亩产 654.8 千克，比对照郑单 958 增产 5.1%，2012 年亩产 758.6 千克，比对照增产 5.7%，两年平均亩产 706.7 千克，比对照增产 5.4%。2012 年生产试验，平均亩产 735.4 千克，比当地对照增产 5.9%。

栽培技术要点：选择中等以上肥力地种植；亩留苗 4500～5000 株；拔节期重施肥，大喇叭口期酌情施肥；遇旱及时浇水；注意防治玉米螟。

适宜种植地区：山西南部复播玉米区。

白甜糯 102

审定编号：晋审玉 2013025

选育单位：山西省农业科学院小麦研究所

品种来源：10Tx45-2×10Tx63-1

特征特性：出苗至采收 85 天左右，比对照晋单（糯）41 号早 3～5 天。幼苗第一叶叶鞘绿色，叶尖端圆至匙形，叶缘青色。株形平展，总叶片数 18 片，株高平均 230 厘米，穗位平均 87 厘米。雄穗主轴与分枝角度大，侧枝姿态中度下弯，一级分枝 12 个，最高位侧枝以上的主轴长 21 厘米，花药黄色，颖壳淡绿色。花丝黄绿色，果穗筒型，穗轴白色，穗长平均 20 厘米左右，穗行数 14 行左右，行粒数平均 38 粒左右，籽粒白色。甜加糯玉米类型，果穗有 1/4 左右不均分布的超甜玉米籽粒。鲜食糯中带甜，果穗品质优，风味好，品质评分 90 分。2011—2012 年山西省农业科学院植物保护研究所、山西农业大学农学院鉴定，高感丝黑穗病，中抗大斑病，抗矮花叶病，感粗缩病。2012 年农业部谷物及制品质量监督检验测试中心检测，容重粗淀粉（干基）73.53%，支链淀粉（占淀粉）99.21%。

产量表现：2011—2012 年参加山西省糯玉米品种区域试验，2011 年亩产鲜穗 903.9 千克，2012 年亩产鲜穗 886.8 千克，两年平均亩产鲜穗 895.4 千克。

栽培技术要点：隔离种植；选择土壤黏度适中、肥力较高的地块；氮磷钾配合，施足底肥，拔节期亩追施尿素 30 千克；亩留苗 3000～3500 株；注意防治丝黑穗病、苗期虫害和玉米螟。

适宜种植地区：山西糯玉米生产区，丝黑穗病易发区禁用。

迪甜 6 号

审定编号：晋审玉 2013026

选育单位：山西省农业科学院高粱研究所

品种来源：201-2×769

特征特性：出苗至采收 81 天左右，比对照晋超甜 1 号早 8 天。幼苗第一叶叶鞘绿色，叶尖端圆形，叶缘白色。株形半紧凑，总叶片数 16 片，株高平均 185 厘米，穗位平均 48 厘米，雄穗主轴与分枝角度中，侧枝姿态轻度下弯，一级分枝 14～16 个，最高位侧枝以上的主轴长 25 厘米，花药黄色，颖壳青色，花丝青色，果穗筒型，穗轴白色，穗长平均 21.9 厘米，穗行数 14～16 行，行粒数平均 37.4 粒，籽粒黄色，果穗品质评分 90 分。2010—2011 年山西省农业科学院植物保护研究所、山西农业大学农学院鉴定，高感丝黑穗病、大斑病，中抗矮花叶病、粗缩病。2011 年山西省农业科学院农产品综合利用研究所分析，可溶性总糖 19.5%。

产量表现：2010—2011 年参加山西省甜玉米品种区域试验，2010 年亩产鲜穗 939.0 千克，2012 年亩产鲜穗 962.0 千克，两年平均亩产鲜穗 950.5 千克。

栽培技术要点：适宜播期 4 月中旬至 5 月上旬；亩留苗 3500～4000 株；施足基肥，亩施腐熟粪肥 1000 千克或鸡粪 150 千克，外加三元复合肥 100 千克；及时灌溉；注意防治丝黑穗病等病虫害。

适宜种植地区：山西中部平川水地，丝黑穗病易发区禁用。

威卡 926

审定编号：晋审玉 2014001

选育单位：山西中农容玉种业有限责任公司

品种来源：RY121×RY722

特征特性：山西春播早熟区生育期125天左右，比对照大丰30略早。幼苗第一叶叶鞘紫色，尖端圆至匙形，叶缘紫色。株形半紧凑，总叶片数20片，株高320厘米左右，穗位115厘米左右，雄穗主轴与分枝角度小，侧枝姿态轻度下弯，一级分枝2～5个，最高位侧枝以上的主轴30厘米，花药黄绿色，颖壳绿色，花丝粉红色，果穗锥型，穗轴红色，穗长20厘米，穗行16～18行，行粒数40粒，籽粒黄色，粒型半马齿型，籽粒顶端黄色，百粒重36.4克，出籽率86.4%。2012—2013年经山西农业大学农学院鉴定：抗穗腐病，中抗大斑病，感丝黑穗病、茎腐病。2013年农业部谷物及制品质量监督检验测试中心(哈尔滨)检测：籽粒容重768克/升，粗蛋白8.34%，粗脂肪4.71%，粗淀粉74.10%。

产量表现：2012—2013年参加山西春播早熟玉米区域试验，2012年亩产760.7千克，比对照长城799增产14.7%，2013年亩产847.2千克，比对照大丰30增产10.6%，两年平均亩产803.9千克，比对照增产12.5%，15点试验，增产点100%。2013年生产试验，平均亩产907.4千克，比当地对照增产15.4%，7点试验，增产点100%。

栽培技术要点：适宜播期4月下旬；亩留苗4000株左右；亩施农家肥3000千克、复合肥或硝酸磷肥40千克，追施尿素30千克；种子用22%福克戊种衣剂包衣防治苗期病虫害。

适宜种植地区：山西春播早熟玉米区。

登海618

审定编号：晋审玉2014002

选育单位：山东登海种业股份有限公司

品种来源：521×DH392

特征特性：山西春播早熟区生育期125天左右，比对照大丰30略早。幼苗第一叶叶鞘深紫色，尖端圆至匙形，叶缘紫红色。株形紧凑，总叶片数18～19片，株高260厘米，穗位80厘米，雄穗主轴与分枝角度小，侧枝姿态直，一级分枝7～8个，最高位侧枝以上的主轴长26厘米，花药紫色，颖壳浅紫色，花丝浅紫色，果穗圆筒型，穗轴紫色，穗长19.4厘米，穗行16行左右，行粒数41粒，籽粒黄色，粒型偏马齿型，籽粒顶端黄色，百粒重39.4克，出籽率86.6%。2012—2013年经山西农业大学农学院鉴定：中抗茎腐病、穗腐病，感丝黑穗病、大斑病。2013年农业部谷物及制品质量监督检验测试中心(哈尔滨)检测：容重746克/升，粗蛋白8.47%，粗脂肪4.17%，粗淀粉75.72%。

产量表现：2012—2013 年参加山西春播早熟玉米区域试验，2012 年亩产 715.6 千克，比对照长城 799 增产 10.2%，2013 年亩产 837.1 千克，比对照大丰 30 增产 9.3%，两年平均亩产 776.4 千克，比对照增产 9.7%，15 点试验，增产点 100%。2013 年生产试验，平均亩产 890.6 千克，比当地对照增产 13.0%，7 点试验，增产点 100%。

栽培技术要点：亩留苗 4000～4500 株；亩施三元复合肥 20～30 千克作种肥，拔节期和大喇叭口期重追肥，追肥一般亩施三元复合肥 50 千克和尿素 20～30 千克，采用沟施追肥。

适宜种植地区：山西春播早熟玉米区。

晋玉 18

审定编号：晋审玉 2014003

选育单位：山西省农业科学院玉米研究所、山西天元种业有限公司

品种来源：SM×W7153

特征特性：山西春播早熟区生育期 128 天左右，比对照大丰 30 略晚。幼苗第一叶叶鞘紫色，尖端圆至匙形，叶缘紫红色。株形紧凑，总叶片数 20～21 片，株高 282 厘米，穗位 107 厘米，雄穗主轴与分枝角度小，侧枝姿态直，一级分枝 6～7 个，最高位侧枝以上的主轴长 28 厘米，花药浅紫色，颖壳浅紫色，花丝浅紫色，果穗筒型，穗轴红色，穗长 21 厘米，穗行 16～18 行，行粒数 39 粒，籽粒黄色，粒型马齿型，籽粒顶端橙色，百粒重 38.2 克，出籽率 88.5%。2012—2013 年经山西农业大学农学院鉴定：抗穗腐病，中抗茎腐病，感大斑病、丝黑穗病。2013 年农业部谷物及制品质量监督检验测试中心(哈尔滨)检测：容重 722 克/升，粗蛋白 8.29%，粗脂肪 4.74%，粗淀粉 75.01%。

产量表现：2012—2013 年参加山西春播早熟玉米区域试验，2012 年亩产 752.5 千克，比对照长城 799 增产 13.5%，2013 年亩产 794.2 千克，比对照大丰 30 增产 3.7%，两年平均亩产 773.4 千克，比对照增产 8.2%，15 点试验，增产点 87%。2013 年生产试验，平均亩产 856.2 千克，比当地对照增产 7.7%，7 点试验，增产点 100%。

栽培技术要点：适宜播期 4 月下旬至 5 月上旬；一般亩留苗 3500～4200 株；亩施农家肥 2000 千克、尿素 20 千克、适量增施磷钾肥作底肥，在喇叭口期追施尿素 25～30 千克；注意防治丝黑穗病。

适宜种植地区：山西春播早熟玉米区。

先玉 987

审定编号：晋审玉 2014004

选育单位：铁岭先锋种子研究有限公司

品种来源：PH11V8×PH12TB

特征特性：山西春播中晚熟区生育期 127 天左右，与对照先玉 335 相当。幼苗第一叶叶鞘紫色，叶尖端圆至匙形，叶缘绿色。株形半紧凑，总叶片数 20 片，株高 305 厘米，穗位 105 厘米。雄穗主轴与分枝角度中，侧枝姿态直，一级分枝 2～6 个，最高位侧枝以上的主轴长 31～39 厘米，花药紫色，颖壳有紫色条纹。花丝黄绿紫色，果穗筒型，穗轴红色，穗长 20.0 厘米，穗行 16 行左右，行粒数 39.8 粒，籽粒橘黄色，粒型偏硬粒型，籽粒顶端橘黄色，百粒重 39.1 克，出籽率 88.3%。2012—2013 年经山西农业大学农学院、山西省农业科学院植物保护研究所鉴定：抗茎腐病，中抗大斑病、穗腐病，感丝黑穗病、矮花叶病、粗缩病。2013 年农业部谷物及制品质量监督检验测试中心(哈尔滨)检测：容重 785 克/升，粗蛋白 9.92%，粗脂肪 3.93%，粗淀粉 74.16%。

产量表现：2012—2013 年参加山西春播中晚熟玉米区耐密组区域试验，2012 年亩产 918.7 千克，比对照先玉 335 增产 5.8%，2013 年亩产 932.9 千克，比对照先玉 335 增产 8.3%，两年平均亩产 925.8 千克，比对照增产 7.05%，18 点试验，增产点 94%。2013 年生产试验，平均亩产 852.2 千克，比当地对照增产 7.5%，8 点试验，增产点 100%。

栽培技术要点：适宜播期在 4 月下旬至 5 月上旬；亩留苗 4200 株左右；亩施农家肥 3000 千克或复合肥 50～60 千克作底肥，追施尿素 25～30 千克，喇叭口期注意用药剂防治玉米螟的为害。

适宜种植地区：山西春播中晚熟玉米区。

正成 018

审定编号：晋审玉 2014005

选育单位：北京奥瑞金种业股份有限公司

品种来源：OSL371×OSL372

特征特性：山西春播中晚熟区生育期 129 天左右，比对照先玉 335 略晚。幼苗第一叶叶鞘紫色，叶尖端尖至圆形，叶缘紫色。株形半紧凑，总叶片数 19 片，株高 321 厘米，穗位 121 厘米。雄穗主轴与分枝角度中，侧枝姿态直，一级分枝 1～2 个，最高位侧枝以上的主轴长 29 厘米，花药红色，颖壳紫色。花丝日光红色，果穗筒型，穗轴红色，穗长 21.5 厘米，穗行 16～18 行，行粒数 40 粒，籽粒黄色，粒型半马齿型，籽粒顶端黄色，百粒重 36 克，出籽率 88.7%。2012—2013 年经山西农业大学农学院、山西省农业科学院植物保护研究所鉴定：中抗大斑病、茎腐病、粗缩病，感丝黑穗病、穗腐病，高感矮花叶病。2013 年农业部谷物及制品质量监督检验测试中心(哈尔滨)检测：容重 772 克/升，粗蛋白 10.26%，粗脂肪 3.35%，粗淀粉 74.92%。

产量表现：2012—2013 年参加山西春播中晚熟玉米区耐密组区域试验，2012 年亩产 920.6 千克，比对照先玉 335 增产 5.8%，2013 年亩产 886.4 千克，比对照先玉 335 增产 6.4%，两年平均亩产 903.5 千克，比对照增产 6.1%，18 点试验，增产点 83%。2013 年生产试验，平均亩产 865.7 千克，比当地对照增产 9.8%，8 点试验，增产点 100%。

栽培技术要点：亩留苗 4200 株左右；亩施农家肥 2000～3000 千克或氮磷钾三元复合肥 30 千克做基肥，大喇叭口期每亩追施尿素 30 千克左右；及时防治病虫害。

适宜种植地区：山西春播中晚熟玉米区，矮花叶病高发区禁用。

太育 1 号

审定编号：晋审玉 2014006

选育单位：山西太育种业有限公司

品种来源：A312×B322

特征特性：山西春播中晚熟区生育期 129 天左右，比对照先玉 335 略晚。幼苗第一叶叶鞘深紫色，叶尖端圆至匙形，叶缘紫色。株形半紧凑，总叶片数 21.0 片，株高 290 厘米，穗位 100 厘米，雄穗主轴与分枝角度大，侧枝姿态较直，一级分枝 3～4 个，最高位侧枝以上的主轴长 31 厘米，花药紫色，颖壳浅紫色，花丝浅紫色，果穗筒型，穗轴红色，穗长 24.0 厘米，穗行 16～18 行，行粒数 45 粒，籽粒黄色，粒型马齿型，籽粒顶端黄色，百粒重 39.2 克，出籽率 90.0%。2012—2013 年经山西农业大学农学院、山西省农业科学院植物保护研究所鉴定：高抗茎腐病，中抗大斑病、穗腐病、粗缩病，感丝黑穗病、矮花叶病。2013 年农业部谷物及制品质量监督检验测试中心(哈尔滨)检测：容重 790 克/升，粗蛋白 9.49%，粗脂肪 3.38%，粗淀粉 75.43%。

产量表现：2012—2013 年参加山西春播中晚熟玉米区耐密组区域试验，2012 年亩产 912.0 千克，比对照先玉 335 增产 4.8%，2013 年亩产 949.8 千克，比对照先玉 335 增产 10.2%，两年平均亩产 930.9 千克，比对照增产 7.5%，18 点试验，增产点 89%。2013 年生产试验，平均亩产 830.6 千克，比当地对照增产 5.4%，8 点试验，增产点 88%。

栽培技术要点：选择中等以上肥力地块；亩留苗 4000～4200 株；拔节期重施追肥，大喇叭口期酌施粒肥；

遇旱及时浇水；注意防治玉米螟。

适宜种植地区：山西春播中晚熟玉米区。

晋沃99

审定编号：晋审玉2014007

选育单位：山西晋沃农业科技有限公司

品种来源：WH11-45×WH11-61

特征特性：山西春播中晚熟区生育期129天左右，比对照先玉335略晚。幼苗第一叶叶鞘浅紫色，尖端尖至圆形，叶缘绿色。株形紧凑，总叶片数19片，株高305厘米，穗位105厘米，雄穗主轴与分枝角度中，侧枝姿态直，一级分枝3～5个，最高位侧枝以上的主轴长35厘米，花药黄色，颖壳绿色，花丝绿色，果穗筒型，穗轴红色，穗长21厘米，穗行16～18行，行粒数38粒，籽粒黄色，粒型半马齿型，籽粒顶端黄色，百粒重38.9克，出籽率87.6%。2012—2013年经山西农业大学农学院、山西省农业科学院植物保护研究所鉴定：高抗矮花叶病，抗粗缩病，中抗大斑病、穗腐病，感丝黑穗病、茎腐病。2013年农业部谷物及制品质量监督检验测试中心(哈尔滨)检测：容重768克/升，粗蛋白9.7%，粗脂肪3.91%，粗淀粉75.87%。

产量表现：2012—2013年参加山西春播中晚熟玉米区耐密组区域试验，2012年亩产922.4千克，比对照先玉335增产6.0%，2013年亩产887.6千克，比对照先玉335增产6.6%，两年平均亩产905.0千克，比对照增产6.3%，18点试验，增产点100%。2013年生产试验，平均亩产832.8千克，比当地对照增产5.7%。

栽培技术要点：亩留苗4000～4500株；播前亩施复合肥50千克，喇叭口期前亩追施尿素20～25千克；注意防治丝黑穗病。

适宜种植地区：山西春播中晚熟玉米区。

华美368

审定编号：晋审玉2014008

选育单位：山西省农业科学院作物科学研究所

品种来源：H07-47×H07-122

特征特性：山西春播中晚熟区生育期127天左右，与对照先玉335相当。幼苗第一叶叶鞘紫色，尖端圆至匙形，叶缘绿色。株形紧凑，总叶片数19片，株高305厘米，穗位110厘米，雄穗主轴与分枝角度小，侧枝姿态中度下弯、强烈下弯，一级分枝 3～4 个，最高位侧枝以上的主轴长 29 厘米，花药紫色，颖壳绿带紫色，花丝浅紫色，果穗筒型，穗轴红色，穗长 20.0 厘米，穗行 16 行左右，行粒数 40 粒，籽粒黄色，粒型半马齿型，籽粒顶端黄色，百粒重 38.0 克，出籽率 89.5%。2012—2013 年经山西农业大学农学院、山西省农业科学院植物保护研究所鉴定：抗大斑病,中抗茎腐病、穗腐病，感丝黑穗病、矮花叶病、粗缩病。2013 年农业部谷物及制品质量监督检验测试中心(哈尔滨)检测：容重 777 克/升，粗蛋白 10.46%，粗脂肪 3.28%，粗淀粉 74.25%。

产量表现：2012—2013 年参加山西春播中晚熟玉米区耐密组区域试验，2012 年亩产 940.4 千克，比对照先玉 335 增产 8.3%，2013 年亩产 893.5 千克，比对照先玉 335 增产 7.3%，两年平均亩产 916.9 千克，比对照增产 7.8%，18 点试验，增产点 100%。2013 年生产试验，平均亩产 843.8 千克，比当地对照增产 7.1%，8 点试验，增产点 100%。

栽培技术要点：亩留苗 4000～4500 株；播前亩施复合肥 50 千克，农家肥 2000～3000 千克作为底肥，喇叭口期结合浇水亩追施尿素 25 千克；注意防治丝黑穗病。

适宜种植地区：山西春播中晚熟玉米区。

中地 88

审定编号：晋审玉 2014009

选育单位：山西省农业科学院玉米研究所、北京中地种业科技有限公司

品种来源：M3-11×D2-7

特征特性：山西春播中晚熟区生育期 127 天左右，与对照先玉 335 相当。幼苗第一叶叶鞘浅紫色，尖端尖至圆形，叶缘白色。株形紧凑，总叶片数 20 片，株高 300 厘米，穗位 125 厘米，雄穗主轴与分枝角度中，侧枝姿态直，一级分枝 3～4 个，最高位侧枝以上的主轴长 8 厘米，花药黄色，颖壳浅紫色，花丝浅粉色，果穗锥型，穗轴红色，穗长 18.7 厘米，穗行 16 行左右，行粒数 39 粒，籽粒黄色，粒型半马齿型，籽粒顶端橘黄色，百粒重 38.5 克，出籽率 89.3%。2012—2013 年经山西农业大学农学院、山西省农业科学院植物保护研究所鉴定：高抗矮花叶病，中抗大斑病、粗缩病、茎腐病，感丝黑穗病、穗腐病。2013 年农业部谷物及制品质量监督检验测试中心(哈尔滨)检测：容重 792 克/升，粗蛋白 10.32%，粗脂肪 3.34%，粗淀粉 74.0%。

产量表现：2012—2013 年参加山西春播中晚熟玉米区耐密组区域试验，2012 年亩产 937.5 千克，比对照先玉 335 增产 7.9%，2013 年亩产 876.9 千克，比对照先玉 335 增产 5.3%，两年平均亩产 907.2 千克，比对照

增产 6.6%，18 点试验，增产点 89%。2013 年生产试验，平均亩产 846.2 千克，比当地对照增产 6.8%，8 点试验，增产点 100%。

栽培技术要点： 适宜播期 4 月下旬；亩留苗 4000～4500 株；亩施农家肥 3000 千克、复合肥或硝酸磷肥 50 千克作底肥，追施尿素 25～30 千克；注意防治丝黑穗病。

适宜种植地区： 山西春播中晚熟玉米区。

晋单 88 号

审定编号： 晋审玉 2014010

选育单位： 山西金鼎生物种业股份有限公司

品种来源： J-2212×FT19

特征特性： 山西春播中晚熟区生育期 127 天左右，与对照先玉 335 相当。幼苗第一叶叶鞘紫色，叶尖端尖至圆形，叶缘紫色。株形紧凑，总叶片数 20 片，株高 290 厘米，穗位 95 厘米。雄穗主轴与分枝角度大，侧枝姿态中度下弯，一级分枝 5～6 个，最高位侧枝以上的主轴长 20 厘米，花药黄色，颖壳绿色。花丝红色，果穗筒型，穗轴红色，穗长 18.5 厘米，穗行 16～18 行，行粒数 39.0 粒，籽粒黄色，粒型半马齿型，籽粒顶端黄色，百粒重 37.5 克，出籽率 88.6%。2012—2013 年经山西农业大学农学院、山西省农业科学院植物保护研究所鉴定：抗粗缩病，中抗大斑病、茎腐病，感丝黑穗病、矮花叶病，高感穗腐病。2013 年农业部谷物及制品质量监督检验测试中心(哈尔滨)检测：容重 800 克/升，粗蛋白 9.56%，粗脂肪 4.22%，粗淀粉 74.17%。

产量表现： 2012—2013 年参加山西春播中晚熟玉米区耐密组区域试验，2012 年亩产 921.7 千克，比对照先玉 335 增产 6.1%，2013 年亩产 895.5 千克，比对照先玉 335 增产 7.5%，两年平均亩产 908.6 千克，比对照增产 6.8%，18 点试验，增产点 100%。2013 年生产试验，平均亩产 839.5 千克，比当地对照增产 5.9%，8 点试验，增产点 100%。

栽培技术要点： 选择中等以上肥力地；适宜播期 4 月下旬；亩留苗 4000～4500 株；亩施农家肥 3000 千克或复合肥 40 千克作底肥，喇叭口期追施尿素 20～30 千克；注意防治丝黑穗病和苗期病虫害。

适宜种植地区： 山西春播中晚熟玉米区，穗腐病高发区禁用。

强盛 103

审定编号： 晋审玉 2014011

选育单位：山西强盛种业有限公司

品种来源：盛7×235

特征特性：山西春播中晚熟区生育期125天左右，比对照先玉335略晚。幼苗第一叶叶鞘深紫色，叶尖端尖至圆形，叶缘绿色。株形紧凑，总叶片数22～23片，株高315厘米，穗位110厘米。雄穗主轴与分枝角度中，侧枝姿态直，一级分枝5～7个，最高位侧枝以上的主轴长15厘米，花药黄色，颖壳红色。花丝浅红色，果穗筒型，穗轴红色，穗长20厘米，穗行16～18行，行粒数40粒，籽粒黄色，粒型半马齿型，籽粒顶端淡黄色，百粒重39.5克，出籽率88.4%。2012—2013年经山西农业大学农学院、山西省农业科学院植物保护研究所鉴定：高抗茎腐病，抗粗缩病，中抗穗腐病、矮花叶病，感丝黑穗病、大斑病。2013年农业部谷物及制品质量监督检验测试中心(哈尔滨)检测：容重776克/升，粗蛋白10.3%，粗脂肪3.67%，粗淀粉74.28%。

产量表现：2011—2012年参加山西春播中晚熟玉米区普密组区域试验，2011年亩产816.9千克，比对照大丰26号增产10.3%，2012年亩产863.0千克，比对照大丰26增产9.6%，两年平均亩产839.9千克，比对照增产9.9%，18点试验，增产点94%。2013年生产试验，平均亩产833.9千克，比当地对照增产7.7%，8点试验，增产点88%。

栽培技术要点：适宜播期5月上旬；亩留苗4000～4500株；亩施农家肥3000千克、复合肥或硝酸磷肥50千克作底肥，追施尿素25～30千克；注意防治丝黑穗病。

适宜种植地区：山西春播中晚熟玉米区。

福盛园57

审定编号：晋审玉2014012

选育单位：山西福盛园科技发展有限公司

品种来源：甘3×C237

特征特性：山西春播中晚熟区生育期123天左右，比对照先玉335略早。幼苗第一叶叶鞘紫色，叶尖端尖至圆形，叶缘红色。株形紧凑，总叶片数23片，株高305厘米，穗位100厘米。雄穗主轴与分枝角度中，侧枝姿态直，一级分枝5～6个，最高位侧枝以上的主轴长12厘米，花药黄色，颖壳红色。花丝淡红色，果穗长筒型，穗轴红色，穗长20厘米，穗行16～18行，行粒数39粒，籽粒黄色，粒型半马齿型，籽粒顶端淡黄色，百粒重37.9克，出籽率87.3%。2012—2013年经山西农业大学农学院、山西省农业科学院植物保护研究所鉴定：中抗大斑病、茎腐病、穗腐病、矮花叶病，感丝黑穗病、粗缩病。2013年农业部谷物及制品质量监督检验测试中心(哈尔滨)检测：容重777克/升，粗蛋白含量10.99%，粗脂肪含量3.79%，粗淀粉含量73.01%。

产量表现：2012—2013 年参加山西春播中晚熟玉米区普密组区域试验，2012 年亩产 842.5 千克，比对照大丰 26 号增产 7.0%，2013 年亩产 820.8 千克，比对照先玉 335 增产 7.0%，两年平均亩产 831.7 千克，比对照增产 7.0%，18 点试验，增产点 89%。2013 年生产试验，平均亩产 823.3 千克，比当地对照增产 5.7%，8 点试验，增产点 88%。

栽培技术要点：适宜播期 5 月上旬播种；亩留苗 4000～4500 株；亩施农家肥 3000 千克、复合肥或硝酸磷肥 50 千克作底肥，追施尿素 25～30 千克；注意防治丝黑穗病等病害。

适宜种植地区：山西春播中晚熟玉米区。

龙生 16

审定编号：晋审玉 2014013

选育单位：晋中龙生种业有限公司

品种来源：LS16×h701

特征特性：山西春播中晚熟区生育期 123 天左右，比对照先玉 335 略早。幼苗第一叶叶鞘紫色，叶尖端圆至匙形，叶缘绿色。株形半紧凑，总叶片数 20 片，株高 300 厘米，穗位 100 厘米。雄穗主轴与分枝角度小，侧枝姿态直，一级分枝 3～5 个，最高位侧枝以上的主轴长 27 厘米，花药紫色，颖壳绿色。花丝粉红色，果穗筒型，穗轴红色，穗长 20.6 厘米，穗行 16～18 行，行粒数 41 粒，籽粒黄色，粒型半马齿型，籽粒顶端黄色，百粒重 40.5 克，出籽率 89.5%。2012—2013 年经山西农业大学农学院、山西省农业科学院植物保护研究所鉴定：高抗茎腐病，抗大斑病，中抗穗腐病，感丝黑穗病、粗缩病，高感矮花叶病。2013 年农业部谷物及制品质量监督检验测试中心(哈尔滨)检测：容重 787 克/升，粗蛋白 11.14%，粗脂肪 4.87%，粗淀粉 71.06%。

产量表现：2012—2013 年参加山西春播中晚熟玉米区普密组区域试验，2012 年亩产 839.8 千克,比对照大丰 26 亩产 787.6 千克增产 6.6%。2013 年亩产 829.8 千克,比对照先玉 335 增产 8.2%，两年平均亩产 834.8 千克，比对照增产 7.4%，18 点试验，增产点 89%。2013 年生产试验，平均亩产 840.6 千克,比当地对照增产 7.9%，8 点试验，增产点 100%。

栽培技术要点：一般 4 月下旬至 5 月上旬为适宜播种期；选择中等以上肥力地种植，亩留苗密度为 3500～4200 株；亩施农家肥 2000 千克，拔节期追施尿素 15～20 千克；注意防治丝黑穗病。

适宜种植地区：山西春播中晚熟玉米区，矮花叶病高发区禁用。

玉农 118

审定编号：晋审玉 2014014

选育单位：晋城市玉农种业有限公司

品种来源：Y260-2×N696

特征特性：山西春播中晚熟区生育期 123 天左右，比对照先玉 335 略早。幼苗第一叶叶鞘紫色，尖端尖至圆形，叶缘紫色。株形紧凑，总叶片数 19 片，株高 305 厘米，穗位 110 厘米，雄穗主轴与分枝角度小，侧枝姿态直，一级分枝 4～7 个，最高位侧枝以上的主轴长 27 厘米，花药浅紫色，颖壳紫色，花丝浅紫色，果穗筒型，穗轴红色，穗长 20.2 厘米，穗行 16 行左右，行粒数 41 粒，籽粒黄色，粒型半马齿型，籽粒顶端淡黄色，百粒重 38.0 克，出籽率 89.3%。2012—2013 年经山西农业大学农学院、山西省农业科学院植物保护研究所鉴定：高抗矮花叶病，抗粗缩病，中抗大斑病、穗腐病，感丝黑穗病、高感茎腐病。2013 年农业部谷物及制品质量监督检验测试中心(哈尔滨)检测：容重 790 克/升，粗蛋白 11.63%，粗脂肪 3.88%，粗淀粉 72.13%。

产量表现：2012—2013 年参加山西春播中晚熟玉米区普密组区域试验，2012 年亩产 852.6 千克，比对照大丰 26 增产 8.3%，2013 年亩产 823.3 千克，比对照先玉 335 增产 3.1%，两年平均亩产 837.9 千克，比对照增产 5.7%，18 点试验，增产点 78%。2013 年生产试验，平均亩产 832.6 千克，比当地对照增产 7.6%，8 点试验，增产点 88%。

栽培技术要点：适宜播期 4 月下旬至 5 月上旬；亩留苗 3500～4200 株；亩施复合肥或硝酸磷肥 40 千克作底肥，追施尿素 15～20 千克；注意防治丝黑穗等病害。

适宜种植地区：山西春播中晚熟玉米区，茎腐病高发区禁用。

潞鑫 88

审定编号：晋审玉 2014015

选育单位：山西鑫农奥利种业有限公司

品种来源：鑫 09A21×鑫 09B16

特征特性：山西春播中晚熟区生育期 125 天左右，比对照先玉 335 略晚。幼苗生长势强，第一叶叶鞘紫红色，尖端椭圆形，叶缘紫红，叶片绿色。株形半紧凑，成株叶片数 20 片，株高 285 厘米，穗位高 100 厘米，雄穗主轴与分枝角度中等，侧枝姿态直，一级分枝 3～5 个，最高位侧枝以上的主轴长 30 厘米，花药紫红色，颖壳绿间紫红色，花丝绿色。果穗锥型，穗轴红色，穗长 20.3 厘米，穗粗 5.2 厘米,穗行 18 行左右，行粒数

40 粒，籽粒橘黄色，粒型半马齿型，籽粒顶端橘黄色，百粒重 37.1 克,出籽率 88.5%。2012—2013 年经山西农业大学农学院、山西省农业科学院植物保护研究所鉴定：高抗玉米矮花叶病，抗大斑病，中抗穗腐病、粗缩病，感丝黑穗病，高感茎腐病。2013 年农业部谷物及制品质量监督检验测试中心(哈尔滨)检测：容重 780 克/升，粗蛋白 10.13%、粗脂肪 4.86%、粗淀粉 73.58%。

产量表现：2012—2013 年参加山西春播中晚熟玉米区普密组区域试验，2012 年亩产 828.2 千克，比对照大丰 26 增产 10.1%，2013 年亩产 822.6 千克，比对照先玉 335 增产 3.1%，两年平均亩产 825.4 千克，比对照增产 6.5%，18 点试验，增产点 83%。2013 年生产试验，平均亩产 816.7 千克，比当地对照增产 4.6%，8 点试验，增产点 75%。

栽培技术要点：中等肥力以上地块种植，4 月中下旬播种，一般亩施玉米专用复合肥 50 千克，在玉米大喇叭口期（10 叶期）亩施尿素 20 千克作为攻穗肥，亩留苗 4200 株左右，在玉米大喇叭口期注意防治蚜虫。

适宜种植地区：山西春播中晚熟玉米区，茎腐病高发区禁用。

晋单 89 号

审定编号：晋审玉 2014016

选育单位：山西鑫丰盛农业科技有限公司

品种来源：R710×R709

特征特性：山西春播中晚熟区生育期 125 天左右，比对照先玉 335 略晚。幼苗第一叶叶鞘深紫色，叶尖端圆至匙形，叶缘浅紫色。株形半紧凑，总叶片数 18～19 片，株高 285 厘米，穗位 100 厘米，雄穗主轴与分枝角度中，侧枝姿态轻度下弯，一级分枝 7～13 个，最高位侧枝以上的主轴长 25 厘米，花药紫色，颖壳绿色。花丝紫色，果穗筒型，穗轴红色，穗长 19.4 厘米，穗行 14～16 行，行粒数 39 粒，籽粒黄色，粒型半硬粒型，籽粒顶端黄色，百粒重 39.9 克，出籽率 87.2%。2012—2013 年经山西农业大学农学院、山西省农业科学院植物保护研究所鉴定：中抗矮花叶病、穗腐病、粗缩病，感丝黑穗病、大斑病，高感茎腐病。2013 年农业部谷物及制品质量监督检验测试中心(哈尔滨)检测：容重 788.0 克/升，粗蛋白 11.73%，粗脂肪 3.39%，粗淀粉 73.26%。

产量表现：2012—2013 年参加山西春播中晚熟玉米区普密组区域试验，2012 年亩产 852.1 千克，比对照大丰 26 增产 8.2%，2013 年亩产 814.3 千克，比对照先玉 335 增产 2.0%，两年平均亩产 833.2 千克，比对照增产 5.1%，18 点试验，增产点 89%。2013 年生产试验，平均亩产 841.1 千克，比当地对照增产 7.7%，8 点试验，增产点 100%。

栽培技术要点：适宜播期 5 月上旬；亩留苗 3500～4000 株；亩施农家肥 3000 千克、复合肥或硝酸磷肥 50 千克作底肥，追施尿素 25～30 千克；注意防治丝黑穗病等病害。

适宜种植地区：山西春播中晚熟玉米区，茎腐病高发区禁用。

冀玉 19

审定编号：晋审玉 2014017

选育单位：河北省农林科学院粮油作物研究所、河北冀丰种业有限责任公司

品种来源：M58×R5

特征特性：山西南部复播区生育期 102 天左右，与对照郑单 958 相当。幼苗第一叶叶鞘紫色，尖端尖形，叶缘绿色。株形紧凑，总叶片数 20 片，株高 260 厘米，穗位 110 厘米，雄穗主轴与分枝角度小，侧枝姿态轻度下弯，一级分枝 8～12 个，最高位侧枝以上的主轴长 8 厘米，花药浅红色，颖壳绿色，花丝红色，果穗筒型，穗轴红色，穗长 18.0 厘米，穗行 14～16 行，行粒数 37 粒，籽粒黄色，粒型半马齿型，籽粒顶端黄色，百粒重 36.1 克，出籽率 87.9%。2012—2013 年经山西农业大学农学院、山西省农业科学院植物保护研究所鉴定：高抗矮花叶病，中抗穗腐病，感茎腐病、粗缩病。2013 年农业部谷物及制品质量监督检验测试中心(哈尔滨)检测：容重 787 克/升，粗蛋白含量 9.69%，粗脂肪含量 4.8%，粗淀粉含量 73.16%。

产量表现：2012—2013 年参加山西南部复播玉米区域试验，2012 年亩产 753.1 千克，比对照郑单 958 增产 4.9%，2013 年亩产 715.7 千克，比对照郑单 958 增产 5.1%，两年平均亩产 734.4 千克，比对照增产 5.0%，10 点试验，增产点 90%。2013 年生产试验，平均亩产 719.5 千克，比当地对照增产 8.1%，4 点试验，增产点 100%。

栽培技术要点：亩留苗 4000～4500 株，苗期适当控制肥水，大喇叭口期追施尿素 25～30 千克，注意防治地下害虫。

适宜种植地区：山西南部复播玉米区。

金玉 698

审定编号：晋审玉 2014018

选育单位：山西省农业科学院棉花研究所、北京中农金玉农业科技开发有限公司

品种来源：运系 981×运系 198

特征特性：山西南部复播区生育期 102 天左右，与对照郑单 958 相当。幼苗第一叶叶鞘紫红色，叶尖端圆形，叶缘绿色。株形紧凑，总叶片数 20 片，株高 260 厘米，穗位 100 厘米。雄穗主轴与分枝角度中，侧枝姿态直，一级分枝 6～7 个，最高位侧枝以上的主轴长 15 厘米，花药黄色，颖壳绿色。花丝淡黄色，果穗筒型，穗轴白色，穗长 18 厘米，穗行 14～16 行，行粒数 40 粒，籽粒黄色，粒型半马齿型，籽粒顶端浅黄色，百粒重 32 克，出籽率 88%。2012—2013 年经山西农业大学农学院、山西省农业科学院植物保护研究所鉴定：高抗矮花叶病，中抗粗缩病、茎腐病，感穗腐病。2013 年农业部谷物及制品质量监督检验测试中心(哈尔滨)检测：容重 741 克/升，粗蛋白 9.82%，粗脂肪 4.64%，粗淀粉 71.53%。

产量表现：2012—2013 年参加山西南部复播玉米区域试验，2012 年亩产 760.6 千克，比对照郑单 958 增产 5.9%，2013 年亩产 741.9 千克，比对照郑单 958 增产 8.9%，两年平均亩产 751.2 千克，比对照增产 7.4%，10 点试验，增产点 100%。2013 年生产试验，平均亩产 729.4 千克，比当地对照增产 9.6%，4 点试验，增产点 100%。

栽培技术要点：适宜播期 6 月上旬；亩留苗 4000～4500 株；亩施农家肥 3000 千克、复合肥或硝酸磷肥 50 千克作底肥，追施尿素 25～30 千克；注意防治穗腐病。

适宜种植地区：山西南部复播玉米区。

潞玉 1 号

审定编号：晋审玉 2014019

选育单位：山西潞玉种业股份有限公司

品种来源：8723×LZ388

特征特性：山西南部复播区生育期 102 天左右，与对照郑单 958 相当。幼苗第一叶叶鞘紫色，叶尖端圆形，叶缘浅紫色。株形紧凑，总叶片数 20 片，株高 270 厘米，穗位 120 厘米。雄穗主轴与分枝角度小，侧枝姿态直，一级分枝 12～16 个，最高位侧枝以上的主轴长 18 厘米，花药黄色，颖壳绿色。花丝粉红色，果穗筒型，穗轴红色，穗长 17.6 厘米，穗行 16 行左右，行粒数 36 粒，籽粒黄色，粒型半马齿型，籽粒顶端黄色，百粒重 33.1 克，出籽率 88.6%。2012—2013 年经山西农业大学农学院、山西省农业科学院植物保护研究所鉴定：高抗矮花叶病，抗穗腐病，中抗茎腐病，感粗缩病。2013 年农业部谷物及制品质量监督检验测试中心(哈尔滨)检测：容重 776 克/升，粗蛋白 8.60%，粗脂肪 5.06%，粗淀粉 73.03%。

产量表现：2011—2013 年参加山西南部复播玉米区域试验，2011 年平均亩产 668.3 千克，比对照郑单 958 增产 4.0%，2013 年亩产 735.5 千克，比对照郑单 958 增产 8.0%；两年平均亩产 701.9 千克，比对照增产 6.1%，

10 点试验，增产点 90%。2013 年生产试验，平均亩产 728.3 千克，比当地对照增产 9.4%，4 点试验，增产点 100%。

栽培技术要点：适宜播期 6 月上旬；亩留苗 4000～4500 株；亩施农家肥 3000 千克、复合肥或硝酸磷肥 50 千克作底肥，追施尿素 25～30 千克；注意防治丝黑穗病等病害。

适宜种植地区：山西南部复播玉米区。

晋糯 10 号

审定编号：晋审玉 2014020

选育单位：山西省农业科学院玉米研究所

品种来源：N2-1×hN1

特征特性：出苗至采收 88 天左右，与对照晋单（糯）41 号相当。幼苗第一叶叶鞘浅紫色，叶尖端匙形，叶缘浅紫色。株形半紧凑，总叶片数 16 片，株高 240 厘米，穗位 102 厘米。雄穗主轴与分枝角度中，侧枝姿态轻度下弯，一级分枝 13～15 个，最高位侧枝以上的主轴长 13 厘米，花药浅紫色，颖壳绿色。花丝绿色，果穗筒型，穗轴紫红色，穗长 18.9 厘米，穗行 14～16 行，行粒数 38 粒，籽粒紫红。鲜穗品质评分 92 分。2012—2013 年经山西农业大学农学院鉴定：抗大斑病，感丝黑穗病。2012 年农业部谷物及制品质量监督检验测试中心(哈尔滨)检测：粗淀粉 73.50%，支链淀粉占总淀粉 99.46%。

产量表现：2012—2013 年参加山西糯玉米品种区域试验，2012 年亩产 1019.6 千克，比对照晋单（糯）41 号增产 7.3%，2013 年亩产 1049.3 千克，比对照晋单（糯）41 号增产 9.9%，两年平均亩产 1034.5 千克，比对照增产 8.6%，12 点试验，增产点 92%。

栽培技术要点：隔离种植；选择保浇水地；亩留苗 3500～4000 株；施足底肥，追施氮肥；授粉后 23～27 天适期采收。

适宜种植地区：山西糯玉米主产区。

龙玉 1 号

审定编号：晋审玉 2014021

选育单位：山西省农业科学院作物科学研究所、山西腾达种业有限公司

品种来源：TN-1×京白 2

特征特性：出苗至采收 98 天左右，比对照晋单糯 41 晚 10 天左右。幼苗第一叶叶鞘绿色，尖端圆形，叶缘绿色。株形半紧凑，总叶片数 20 片，株高 300 厘米，穗位 130 厘米，雄穗主轴与分枝角度中，侧枝姿态轻度下弯，一级分枝 8～9 个，最高位侧枝以上的主轴长 28.9 厘米，花药粉红色，颖壳紫色，花丝粉色，果穗锥型，穗轴白色，穗长 22 厘米，穗行 14～16 行，行粒数 42 粒，花白籽粒。鲜穗品质评分 89 分。2012—2013 年经山西农业大学农学院鉴定：中抗大斑病、茎腐病、穗腐病，高感丝黑穗病。2014 年农业部谷物品质监督检验测试中心检测：粗淀粉 69.8%，支链淀粉占总淀粉 99.2%。

产量表现：2012—2013 年参加山西糯玉米品种区域试验，2012 年亩产 1120.6 千克，比对照晋单（糯）41 增产 17.9%，2013 年亩产 1216.7 千克，比对照晋单（糯）41 增产 27.5%，两年平均亩产 1168.6 千克，比对照增产 22.7%，12 点试验，增产点 92%。

栽培技术要点：适宜播期 4 月下旬；亩留苗 3500 株；亩施农家肥 2500 千克、硝酸磷肥 40 千克作底肥，追施尿素 7.5 千克；注意防治丝黑穗病和地下害虫。

适宜种植地区：山西中部水肥条件好、无霜期较长的糯玉米产区，丝黑穗病高发区禁用。

沃玉 963

审定编号：晋审玉 2014022

选育单位：河北沃土种业有限公司

品种来源：pnbwe×H19

特征特性：生育期 128 天左右，比对照先玉 335 略晚。幼苗第一叶叶鞘浅紫色，尖端尖至圆形，叶缘浅紫色。株型紧凑，总叶片数 19 片，株高 290 厘米，穗位 110 厘米，雄穗主轴与分枝角度小，侧枝姿态中度下弯，一级分枝 5～8 个，最高位侧枝以上的主轴长 27 厘米，花药浅紫色，颖壳浅紫色，花丝浅紫色，果穗筒型，穗轴红色，穗长 20.4 厘米，穗行 16～18 行，行粒数 40.3 粒，籽粒黄色，半马齿型，籽粒顶端淡黄色，百粒重 38.4 克，出籽率 87.6%。2012—2013 年山西农业大学农学院、山西省农业科学院植物保护研究所鉴定：中抗大斑病、穗腐病、茎腐病、粗缩病，感丝黑穗病、矮花叶病。农业部谷物及制品质量监督检验测试中心(哈尔滨)分析：容重 788 克/升，粗蛋白 11.09%，粗脂肪 3.85%，粗淀粉 73.91%。

产量表现：2012—2013 年参加山西春播中晚熟玉米普密组区域试验，平均亩产 825.6 千克，比对照增产 6.2%，18 点试验，增产点 83%，其中 2012 年亩产 837.6 千克，比对照大丰 26 增产 6.4%；2013 年亩产 813.6 千克，比对照先玉 335 增产 6.1%。2013 年生产试验，平均亩产 822.0 千克，比对照增产 5.4%。

栽培技术要点：适宜播期 4 月下旬至 5 月上旬；亩留苗 3500～4200 株；亩施复合肥或硝酸磷肥 40 千克作底

肥，追施尿素20～25千克；注意防治丝黑穗病。

适宜种植地区：山西省春播中晚熟玉米区。

双惠208

审定编号：晋审玉2015001

选育单位：山西原平市双惠种业有限公司

品种来源：HR21×L9-1

特征特性：生育期129天左右，比对照先玉335略晚。幼苗第一叶叶鞘紫色,尖端圆至匙形，叶缘紫色。株型半紧凑，总叶片数21片，株高293厘米，穗位97厘米，雄穗主轴与分枝角度小，侧枝姿态中度下弯，一级分枝2～4个，最高位侧枝以上主轴长30厘米，花药浅紫色，颖壳紫色，花丝浅紫色，果穗筒型，穗轴红色，穗长20厘米，穗行18～22行，行粒数38粒，籽粒黄色，半马齿型，籽粒顶端黄色，百粒重37.1克，出籽率85.6%。2012—2014年山西农业大学农学院、山西省农业科学院植物保护研究所鉴定：中抗茎腐病、矮花叶病、粗缩病，感丝黑穗病、大斑病、穗腐病。农业部谷物及制品质量监督检验测试中心(哈尔滨)分析：容重805克/升，粗蛋白(干基）10.14%，粗脂肪(干基）4.01%，粗淀粉(干基）73.5%。

产量表现：2012—2013年参加山西省春播早熟玉米区域试验，平均亩产778.1千克，比对照增产9.1%；2014年参加山西省春播中晚熟玉米区普密组区域试验，平均亩产885.2千克，比对照先玉335增产5.0%，6点试验，增产点83.3%；2014年生产试验，平均亩产857.2千克，比对照增产6.6%，6点试验，增产点100%。

栽培技术要点：适宜播期4月下旬；亩留苗4000株左右；亩施农家肥3000千克、复合肥或硝酸磷肥40千克，追施尿素30千克。

适宜种植地区：山西省春播中晚熟玉米区。

并单36

审定编号：晋审玉2015002

选育单位：山西省农业科学院作物科学研究所

品种来源：H09-58×209-243

特征特性：生育期98天左右，与对照郑单958相仿。幼苗第一叶叶鞘浅紫色，尖端圆至匙形，叶缘绿色。株型半紧凑，总叶片数18片，株高255厘米，穗位110厘米，雄穗主轴与分枝角度小，侧枝姿态直，一级分枝 12～13 个，最高位侧枝以上主轴长 21 厘米，花药黄色，颖壳绿色，花丝绿色，果穗筒型，穗轴白色，穗长 18 厘米，穗行 14～16 行，行粒数 45 粒，籽粒黄色，半马齿型，籽粒顶端黄色，百粒重 37.2 克，出籽率 90.4%。2011—2013 年山西农业大学农学院、山西省农业科学院植物保护研究所鉴定：高抗矮花叶病，中抗茎腐病，感穗腐病、粗缩病。农业部谷物及制品质量监督检验测试中心(哈尔滨)分析：容重 766 克/升，粗蛋白(干基) 8.68%，粗脂肪(干基) 3.67%，粗淀粉(干基) 74.83%。

产量表现：2011—2013 年参加山西省南部复播玉米区域试验，平均亩产 707.1 千克，比对照郑单 958 增产 5.9%，15 点试验，增产点 100%。其中 2011 年亩产 670.9 千克，比对照增产 7.6%；2012 年亩产 739.1 千克，比对照增产 5.5%；2013 年亩产 711.4 千克，比对照增产 4.5%。2014 年生产试验，平均亩产 641 千克，比对照增产 6.2%，5 点试验，增产点 100%。

栽培技术要点：亩留苗 4200～4500 株，亩施农家肥 2000～3000 千克，复合肥 50 千克，喇叭口期结合浇水亩追施尿素 25 千克。

适宜种植地区：山西省南部复播玉米区。

沃锋 88

审定编号：晋审玉 2016001

选育单位：山西省农业科学院生物技术研究中心、山西沃达丰农业科技股份有限公司

品种来源：H024×M-63

特征特性：山西春播特早熟玉米Ⅰ区生育期 119 天左右，比对照德美亚 1 号略晚熟。幼苗第一叶叶鞘紫色，叶尖端匙形，叶缘绿色。株形半紧凑，总叶片数 17～18 片，株高 220 厘米，穗位 99 厘米，雄穗主轴与分枝角度小，侧枝姿态轻度下弯，一级分枝 6～8 个，最高位侧枝以上的主轴长 20 厘米。花药绿色，颖壳绿色，花丝绿色，果穗筒型，穗轴红色，穗长 17.4 厘米，穗行 16～18 行，行粒数 34 粒，籽粒黄色，粒型半马齿型，籽粒顶端淡黄色，百粒重 31.3 克，出籽率 81.8%。2013—2014 年山西农业大学抗病性接种鉴定，抗穗腐病，中抗茎腐病，感丝黑穗病、大斑病。2015 年农业部谷物及制品质量监督检验测试中心(哈尔滨)检测，容重 664 克/升，粗蛋白 9.37%，粗脂肪 3.68%，粗淀粉 74.31%。

产量表现：2013—2014 年参加山西春播特早熟玉米Ⅰ区区域试验，2013 年亩产 556.2 千克，比对照并单 6 号增产 9.3%；2014 年亩产 625.7 千克，比对照并单 6 号增产 17.9%；两年平均亩产 591.0 千克，比对照增产 13.6%，增产点 90%。2015 年生产试验，平均亩产 559.0 千克，比对照增产 12.9%，增产点 100%。

栽培技术要点：选择中等以上肥力地块；适宜播期 5 月中旬；亩留苗 3800～4000 株；亩施农家肥 3000

千克，复合肥或硝酸磷肥 50 千克，追施尿素 30 千克；注意防治苗期病虫害。

适宜种植地区：山西春播特早熟玉米Ⅰ区。

德朗 118

审定编号：晋审玉 2016002

选育单位：山西省农业科学院谷子研究所、山西中农容玉种业有限责任公司

品种来源：KY150×C238

特征特性：山西春播特早熟玉米Ⅰ区生育期 121 天左右，比对照德美亚 1 号晚熟 3 天左右。幼苗第一叶叶鞘紫色，叶尖端圆至匙形，叶缘绿色。株形平展偏紧凑，总叶片数 17 片，株高 212 厘米，穗位 79 厘米，雄穗主轴与分枝角度中，侧枝姿态轻度下弯，一级分枝 3～6 个，最高位侧枝以上的主轴长 10 厘米。花药黄色，颖壳浅粉色，花丝青绿色，果穗筒型，穗轴白色，穗长 18.4 厘米，穗行 14～16 行，行粒数 35 粒，籽粒黄色，粒型半硬粒型，籽粒顶端黄色，百粒重 31.2 克，出籽率 82.3%。2013—2014 年山西农业大学抗病性接种鉴定，中抗茎腐病、穗腐病，感丝黑穗病、大斑病。2015 年农业部谷物及制品质量监督检验测试中心(哈尔滨)检测，容重 676.0 克/升，粗蛋白 9.53%，粗脂肪 4.52%，粗淀粉 74.37%。

产量表现：2013—2014 年参加山西春播特早熟玉米Ⅰ区区域试验，2013 年亩产 588.3 千克，比对照并单 6 号增产 15.6%；2014 年亩产 581.9 千克，比对照并单 6 号增产 9.6%；两年平均亩产 585.1 千克，比对照增产 12.6%，增产点 100%。2015 年生产试验，平均亩产 559.9 千克，比对照增产 11.2%，增产点 100%。

栽培技术要点：适宜播期 5 月上旬；亩留苗 4500 株；在施优质农肥的基础上亩施硝酸磷肥 25 千克，尿素 20 千克；注意防治地下害虫及玉米丝黑穗病。

适宜种植地区：山西春播特早熟玉米Ⅰ区。

赛德 1 号

审定编号：晋审玉 2016003

选育单位：山西省农业科学院作物科学研究所、山西中农赛博种业有限公司

品种来源：太 9930×太早 1101

特征特性：山西春播特早熟玉米Ⅱ区生育期 128 天左右，与对照并单 16 相当。幼苗第一叶叶鞘紫色，叶尖端圆至匙形，叶缘绿色。株形紧凑，总叶片数 18～19 片，株高 269 厘米，穗位 98 厘米，雄穗主轴与分枝

角度中，侧枝姿态直，一级分枝 3～5 个，最高位侧枝以上的主轴长 18 厘米。花药紫色，颖壳绿色，花丝浅褐色，果穗筒型，穗轴红色，穗长 17.8 厘米，穗行 14～16 行，行粒数 38 粒，籽粒橘黄色，粒型半马齿型，籽粒顶端黄色，百粒重 32.4 克，出籽率 85.2%。2013—2014 年山西农业大学抗病性接种鉴定，抗玉米穗腐病，中抗大斑病、茎腐病，感丝黑穗病。2015 年农业部谷物及制品质量监督检验测试中心(哈尔滨)检测，容重 742 克/升，粗蛋白 10.42%，粗脂肪 4.48%，粗淀粉 73.47%。

产量表现：2013—2014 年参加山西春播特早熟玉米Ⅱ区区域试验，2013 年亩产 755.2 千克，比对照并单 16 增产 15.9%；2014 年亩产 685.6 千克，比对照并单 16 增产 9.8%；两年平均亩产 720.4 千克，比对照增产 12.9%，增产点 100%。2015 年生产试验，平均亩产 674.5 千克，比对照增产 11.6%，增产点 100%。

栽培技术要点：适宜播期在 4 月下旬；亩留苗 4000～4500 株；亩施复合肥 50 千克，农家肥 2000～3000 千克作为底肥，喇叭口期结合浇水追施尿素 25 千克；注意防治玉米丝黑穗病。

适宜种植地区：山西春播特早熟玉米Ⅱ区。

中种 8 号

审定编号：晋审玉 2016004

选育单位：中国种子集团有限公司

品种来源：CR2919×CRE2

特征特性：山西春播早熟玉米区生育期 130 天左右，比对照大丰 30 略晚熟。幼苗第一叶叶鞘浅紫色，叶尖端圆形，叶缘绿色。株形半紧凑，总叶片数 18～20 片，株高 293.5 厘米，穗位 114 厘米，雄穗主轴与分枝角度中，侧枝姿态直，一级分枝 8 个，最高位侧枝以上的主轴长 19.8 厘米。花药浅紫色，颖壳绿色，花丝浅紫色，果穗筒型，穗轴红色，穗长 18.5 厘米，穗行 16～18 行，行粒数 38 粒，籽粒黄色，粒型偏马齿型，籽粒顶端黄色，百粒重 32.6 克，出籽率 87.0%。2013—2014 年山西农业大学抗病性接种鉴定，抗大斑病、穗腐病，感丝黑穗病，高感茎腐病。2015 年农业部谷物及制品质量监督检验测试中心检测，容重 685 克/升，粗蛋白 8.57%，粗脂肪 3.87%，粗淀粉 76.88%。

产量表现：2013—2014 年参加山西春播早熟玉米区域试验，2013 年亩产 850.1 千克，比对照大丰 30 增产 11.0%；2014 年亩产 848.5 千克，比对照大丰 30 增产 6.7%；两年平均亩产 849.3 千克，比对照增产 8.7%，增产点 94%。2015 年生产试验，平均亩产 781.0 千克，比对照增产 8.2%，增产点 100%。

栽培技术要点：适宜播期为 4 月中下旬；亩留苗 4000 株左右；配方施肥，力保苗齐、苗匀和苗壮；追肥在拔节期和大喇叭口期分两次施入或在小喇叭口期一次性追施；及时防治病虫害。

适宜种植地区：山西春播早熟玉米区地膜覆盖，茎腐病高发区禁用。

章玉10号

审定编号：晋审玉2016005

选育单位：晋中市科丰种业有限公司

品种来源：Y5×Y63

特征特性：山西春播早熟玉米区生育期130天左右，比对照大丰30略晚熟。幼苗第一叶叶鞘紫色，叶尖端圆至匙形，叶缘绿色。株形半紧凑，总叶片数19～21片，株高290厘米，穗位110厘米，雄穗主轴与分枝角度大，侧枝姿态直，一级分枝3～5个，最高位侧枝以上的主轴长29厘米。花药红色，颖壳绿色，花丝红色，果穗筒型，穗轴红色，穗长19.7厘米，穗行16～18行，行粒数38粒，籽粒黄色，粒型马齿型，籽粒顶端黄色，百粒重33.1克，出籽率86.6%。2013—2014年山西农业大学抗病性接种鉴定，中抗大斑病、茎腐病、穗腐病，感丝黑穗病。2015年农业部谷物及制品质量监督检验测试中心检测，容重765克/升，粗蛋白8.31%，粗脂肪3.18%，粗淀粉77.13%。

产量表现：2013—2014年参加山西春播早熟玉米区域试验，2013年亩产831.4千克，比对照大丰30增产7.2%；2014年亩产894.3千克，比对照大丰30增产11.0%；两年平均亩产862.8千克，比对照增产9.1%，增产点88%。2015年生产试验，平均亩产776.2千克，比对照增产8.2%，增产点100%。

栽培技术要点：适宜播期4月下旬至5月上旬；亩留苗4000株左右；亩施肥纯氮18～20千克，五氧化二磷10～14千克，氧化钾10～14千克；中后期适时追肥浇水。

适宜种植地区：山西春播早熟玉米区地膜覆盖。

威卡979

审定编号：晋审玉2016006

选育单位：山西中农容玉种业有限责任公司

品种来源：RYX005×RYL96

特征特性：山西春播早熟玉米区生育期129天左右，与对照大丰30相当。幼苗第一叶鞘紫色，叶尖端尖至圆形，叶缘绿色。株型紧凑，总叶片数20片，株高301厘米，穗位106厘米，雄穗主轴与分枝角度小，侧枝姿态直，一级分枝3～5个，最高位侧枝以上的主轴长30厘米。花药浅紫色，颖壳浅紫色，花丝浅紫色，果穗筒型，穗轴红色，穗长19.6厘米，穗粗5.2厘米，穗行16行左右，行粒数39粒，籽粒橘黄色，粒型半马齿型，籽粒顶端黄色，百粒重33.7克，出籽率85.3%。2013—2014年山西农业大学抗病性接种鉴定，中抗茎腐病、大斑病，感丝黑穗病、穗腐病。2015年农业部谷物及制品质量监督检验测试中心（哈尔滨）检测，容重723克/升，粗蛋白10.20%，粗脂肪3.77%，粗淀粉75.27%。

产量表现：2013—2014年参加山西春播早熟玉米区域试验，2013年亩产834.1千克，比对照大丰30增产8.9%；2014年亩产887.2千克，比对照大丰30增产10.1%；两年平均亩产860.6千克，比对照增产9.5%，增产点94%。2015年生产试验，平均亩产792.8千克，比对照增产11.5%，增产点100%。

栽培技术要点：适宜播期4月下旬；亩留苗4000株左右；亩施农家肥3000千克、复合肥或硝酸磷肥40千克，追施尿素30千克；注意防治苗期病虫害。

适宜种植地区：山西春播早熟玉米区。

龙生5号

审定编号：晋审玉2016007

选育单位：晋中龙生种业有限公司

品种来源：LS05×LS515

特征特性：山西春播早熟玉米区生育期130天左右，比对照大丰30略晚熟。幼苗第一叶叶鞘紫色，叶尖端圆至匙形，叶缘绿色。株形半紧凑，总叶片数19～21片，株高285厘米，穗位100厘米，雄穗主轴与分枝角度大，侧枝姿态直，一级分枝3～5个，最高位侧枝以上的主轴长28厘米。花药红色，颖壳绿色，花丝绿色，果穗锥型，穗轴红色，穗长20.3厘米，穗行16～18行，行粒数41粒，籽粒黄色，粒型马齿型，籽粒顶端黄色，百粒重40克，出籽率89%。2013—2014年山西农业大学抗病性接种鉴定，中抗丝黑穗病、大斑病、茎腐病、穗腐病。2015年农业部谷物及制品质量监督检验测试中心检测，容重747克/升，粗蛋白8.53%，粗脂肪3.59%，粗淀粉76.68%。

产量表现：2013—2014年参加山西春播早熟玉米区域试验，2013年亩产846.6千克，比对照大丰30增产10.6%；2014年亩产883.5千克，比对照大丰30增产11.1%；两年平均亩产865.1千克，比对照增产10.9%，增产点100%。2015年生产试验，平均亩产800.6千克，比对照增产10.0%，增产点100%。

栽培技术要点：适宜播期4月下旬至5月上旬；亩留苗4000株左右；中后期适时追肥浇水。

适宜种植地区：山西春播早熟玉米区地膜覆盖。

赛博159

审定编号：晋审玉2016008

选育单位：山西省农业科学院现代农业研究中心、山西省农业科学院作物科学研究所、山西中农赛博种业有限公司

品种来源：太9576×太724

特征特性：山西春播早熟玉米区生育期129天左右，与对照大丰30相当。幼苗第一叶叶鞘紫色，叶尖端圆至匙形，叶缘紫色。株形半紧凑，总叶片数20片，株高310厘米，穗位120厘米，雄穗主轴与分枝角度小，侧枝姿态直，一级分枝3～4个，最高位侧枝以上的主轴长17厘米。花药浅紫色，颖壳绿色，花丝浅褐色，果穗筒型，穗轴红色，穗长20.9厘米，穗行14～16行，行粒数41粒，籽粒橘黄色，粒型半马齿型，籽粒顶端黄色，百粒重39.8克，出籽率89.0%。2013—2014年山西农业大学抗病性接种鉴定，中抗大斑、穗腐病，感茎腐病、丝黑穗病。2015年农业部谷物及制品质量监督检验测试中心(哈尔滨)检测，容重764克/升，粗蛋白8.83%，粗脂肪3.91%，粗淀粉75.73%。

产量表现：2013—2014年参加山西春播早熟玉米区域试验，2013年亩产867.3千克，比对照大丰30增产13.3%；2014年亩产873.5千克，比对照大丰30增产9.8%；两年平均亩产870.4千克，比对照增产11.5%，增产点100%。2015年生产试验，平均亩产791.2千克，比对照增产8.5%，增产点100%。

栽培技术要点：适宜播期4月下旬；亩留苗4000～4500株；播前亩施复合肥50千克，农家肥2000～3000千克作为底肥，喇叭口期结合浇水亩追施尿素25千克；注意防治丝黑穗病。

适宜种植地区：山西春播早熟玉米区。

强盛288

审定编号：晋审玉2016009

选育单位：山西强盛种业有限公司

品种来源：233×C2

特征特性：山西春播早熟玉米区生育期129天左右，与对照大丰30相当。幼苗第一叶叶鞘紫色，叶尖端尖至圆形，叶缘绿色。株形紧凑，总叶片数20片，株高305厘米，穗位115厘米，雄穗主轴与分枝角度中，侧枝姿态直，一级分枝2～6个，最高位侧枝以上的主轴长30～37厘米。花药紫色，颖壳绿色，花丝紫红色，果穗锥型，穗轴红色，穗长20厘米，穗行16行左右，行粒数38粒，籽粒黄色，粒型半马齿型，籽粒顶端橙

色，百粒重 35.7 克，出籽率 88.2%。2013—2014 年山西农业大学抗病性接种鉴定，抗穗腐病，中抗茎腐病、大斑病，感丝黑穗病。2015 年农业部谷物及制品质量监督检验测试中心(哈尔滨)检测，容重 768 克/升，粗蛋白 8.59%，粗脂肪 3.69%，粗淀粉 75.52%。

产量表现：2013—2014 年参加山西春播早熟玉米区域试验，2013 年亩产 832.1 千克，比对照大丰 30 增产 7.3%；2014 年亩产 875.9 千克，比对照大丰 30 增产 8.7%；两年平均亩产 854 千克，比对照增产 8.0%，增产点 88%。2015 年生产试验，平均亩产 761.0 千克，比对照增产 7.0%，增产点 94%。

栽培技术要点：适宜播期 4 月末至 5 月初；亩留苗 4000 株；一般亩施底肥磷酸二铵 15～20 千克，硫酸锌 1 千克，氯化钾 2～3 千克；追施尿素 10～15 千克。

适宜种植地区：山西春播早熟玉米区。

利禾 1

审定编号：晋审玉 2016010

选育单位：内蒙古利禾农业科技发展有限公司

品种来源：M1001×F2001

特征特性：山西春播早熟玉米区生育期 129 天左右，与对照大丰 30 相当。幼苗第一叶叶鞘紫色，叶尖端圆至匙形，叶缘紫色。株形半紧凑，总叶片数 20 片，株高 321 厘米，穗位 115 厘米，雄穗主轴与分枝角度中，侧枝姿态直，一级分枝 3～7 个，最高位侧枝以上的主轴长 30～35 厘米。花药紫色，颖壳绿色，花丝橙色，果穗筒型，穗轴粉红色，穗长 19.5 厘米，穗行 16～18 行，行粒数 36 粒，籽粒橘黄色，粒型偏马齿型，籽粒顶端黄色，百粒重 35.2 克，出籽率 84.5%。2013—2014 年山西农业大学抗病性接种鉴定，中抗大斑病、穗腐病，感茎腐病、丝黑穗病。2015 年农业部谷物及制品质量监督检测中心（哈尔滨）检测，容重 757 克/升，粗蛋白 8.31%，粗脂肪 4.11%，粗淀粉 76.36%。

产量表现：2013—2014 年参加山西春播早熟玉米区域试验，2013 年亩产 839.9 千克，比对照大丰 30 增产 9.7%；2014 年亩产 851.7 千克，比对照大丰 30 增产 7.1%；两年平均亩产 845.8 千克，比对照增产 8.4%，增产点 94%。2015 年生产试验，平均亩产 785.2 千克，比对照增产 8.5%，增产点 88%。

栽培技术要点：适宜播期 4 月 25 日左右；亩留苗 4500 株左右；亩施种肥二铵 10～15 千克，拔节期亩追施尿素 20 千克左右；生育期间根据降水情况灌水 2～3 次。

适宜种植地区：山西春播早熟玉米区。

华美 1 号

审定编号：晋审玉 2016011

选育单位：甘肃恒基种业有限责任公司

品种来源：HF12202×HM12111

特征特性：山西春播生育期 124 天左右，比对照利民 33 早 2 天。幼苗第一叶叶鞘紫色，叶尖端圆至匙形，叶缘绿色。株形半紧凑，总叶片数 19 片，株高 257 厘米，穗位 91 厘米，雄穗主轴与分枝角度中，侧枝姿态直，一级分枝 3～5 个，最高位侧枝以上的主轴长 30～35 厘米。花药紫色，颖壳紫色，花丝黄绿色，果穗筒型，穗轴红色，穗长 18.7 厘米，穗行 16 行左右，行粒数 42 粒，籽粒黄色，粒型马齿型，籽粒顶端白色，百粒重 32.3 克，出籽率 88%。2013—2014 年山西农业大学、山西省农业科学院植物保护研究所抗病性接种鉴定，中抗大斑病、茎腐病、穗腐病、粗缩病，感矮花叶病、丝黑穗病。2015 年农业部谷物及制品质量监督检验测试中心检测，容重 699 克/升，粗蛋白 7.51%，粗脂肪 3.39%，粗淀粉 76.05%。

产量表现：2013—2014 年参加山西春播玉米区高密组区域试验，2013 年亩产 999 千克，比对照利民 33 增产 5.9%；2014 年亩产 1068.6 千克，比对照利民 33 增产 10.0%；两年平均亩产 1033.8 千克，比对照增产 8.0%，增产点 100%。2015 年生产试验，平均亩产 1093 千克，比对照增产 9.3%，增产点 100%。

栽培技术要点：选择中高肥力地块；适宜播期 4 月下旬至 5 月上旬，亩留苗 5000～6000 株，增施磷钾肥；适时晚收。

适宜种植地区：山西太原以北春播早熟及中晚熟玉米区。

太玉 811

审定编号：晋审玉 2016012

选育单位：山西省农业科学院作物科学研究所，山西中农赛博种业有限公司

品种来源：太 9216×太 414

特征特性：山西春播中晚熟玉米区生育期 130 天左右，与对照先玉 335 相当。幼苗第一叶叶鞘紫色，叶尖端圆至匙形，叶缘绿色。株形半紧凑，总叶片数 20～21 片，株高 305 厘米，穗位 108 厘米，雄穗主轴与分枝角度中，侧枝姿态直，一级分枝 3～4 个，最高位侧枝以上的主轴长 20～25 厘米。花药紫色，颖壳绿色，花丝浅褐色，果穗筒型，穗轴红色，穗长 21 厘米，穗行 16～18 行，行粒数 43 粒，籽粒橘黄色，粒型半马齿型，籽粒顶端黄色，百粒重 36.4 克，出籽率 88.3%。2013—2014 年山西农业大学、山西省农业科学院植物保

护研究所抗病性接种鉴定，高抗粗缩病，中抗大斑病、茎腐病、穗腐病，感矮花叶病、丝黑穗病。2015 年农业部谷物及制品质量监督检验测试中心(哈尔滨)检测，容重 743 克/升，粗蛋白 9.56%，粗脂肪 3.59%，粗淀粉 74.53%。

产量表现：2013—2014 年参加山西春播中晚熟玉米区普密组区域试验，2013 年亩产 845.3 千克，比对照先玉 335 增产 5.9%；2014 年亩产 914.3 千克，比对照先玉 335 增产 8.2%；两年平均亩产 879.8 千克，比对照增产 7.1%，增产点 100%。2015 年生产试验，平均亩产 875.6 千克，比对照增产 8.1%，增产点 100%。

栽培技术要点：适宜播期 4 月下旬；亩留苗 4000～4200 株；播前亩施复合肥 50 千克，农家肥 2000～3000 千克作底肥，喇叭口期结合浇水亩追施尿素 25 千克；注意防治丝黑穗病。

适宜种植地区：山西春播中晚熟玉米区。

华美 468

审定编号：晋审玉 2016013

选育单位：山西省农业科学院作物科学研究所

品种来源：太 2010-66×H11-87

特征特性：山西春播中晚熟玉米区生育期 128 天左右，比对照先玉 335 早熟 2 天左右。幼苗第一叶叶鞘浅紫色，叶尖端圆至匙形，叶缘绿色。株型紧凑，株高 290 厘米，穗位 90 厘米，雄穗主轴与分枝角度小，侧枝姿态直，一级分枝 3～5 个，最高位侧枝以上的主轴长 15～17 厘米。花药浅紫色，颖壳浅紫色，花丝绿色，果穗筒型，穗轴红色，穗长 20.4 厘米，穗行 16～18 行，行粒数 39 粒，籽粒黄色，粒型马齿型，籽粒顶端黄色，百粒重 38.0 克，出籽率 89.1%。2013—2014 年山西农业大学、山西省农业科学院植物保护研究所抗病性接种鉴定，抗穗腐病、粗缩病，中抗大斑病、茎腐病，感丝黑穗病、矮花叶病。2015 年农业部谷物及制品质量监督检验测试中心（哈尔滨）测试分析，容重 725 克/升，粗蛋白 8.15%%，粗脂肪 4.24%，粗淀粉 76.51%。

产量表现：2013—2014 年参加山西春播中晚熟玉米区普密组区域试验，2013 年亩产 856.1 千克，比对照先玉 335 增产 7.3%；2014 年亩产 928.4 千克，比对照先玉 335 增产 8.6%；两年平均亩产 892.30 千克，比对照增产 8.0%，增产点 100%。2015 年生产试验，平均亩产 809.7 千克，比对照增产 9.0%，增产点 100%。

栽培技术要点：适宜播期 4 月下旬至 5 月上旬；亩留苗 4500 株左右；亩施复合肥 50～60 千克，施农家肥 1500 千克作底肥，喇叭口期结合浇水亩追施尿素 25～30 千克。

适宜种植地区：山西春播中晚熟玉米区。

丰乐 742

审定编号：晋审玉 2016014

选育单位：山西省农业科学院旱地农业研究中心、合肥丰乐种业股份有限公司

品种来源：D121×H251

特征特性：山西春播中晚熟玉米区生育期 130 天左右，与对照先玉 335 相当。幼苗第一叶叶鞘浅紫色，叶尖端尖至圆形，叶缘紫色。株形半紧凑，总叶片数 21 片，株高 305 厘米，穗位 105 厘米，雄穗主轴与分枝角度小，侧枝姿态轻度下弯，一级分枝 4 个，最高位侧枝以上的主轴长 12 厘米。花药（新鲜花药）浅紫色，颖壳绿色，花丝浅紫色，果穗筒型，穗轴红色，穗长 22.8 厘米，穗行 16 行，行粒数 40 粒，籽粒黄色，粒型半马齿型，籽粒顶端黄色，百粒重 40.5 克，出籽率 87.5%。2013—2014 年山西农业大学、山西省农业科学院植物保护研究所抗病性接种鉴定，中抗丝黑穗病、大斑病、茎腐病、穗腐病，感粗缩病，高感矮花病。2015 年农业部谷物及制品质量监督检验测试中心分析，容重 739 克/升，粗蛋白 9.86%，粗脂肪 3.86%，粗淀粉 74.05%。

产量表现：2013—2014 年参加山西春播中晚熟玉米区普密组区域试验，2013 年亩产 806.1 千克，比对照先玉 335 增产 5.1%；2014 年亩产 919.5 千克，比对照先玉 335 增产 9.1%；两年平均亩产 862.8 千克，比对照增产 7.1%，增产点 94%。2015 年生产试验，平均亩产 878.5 千克，比对照增产 8.1%，增产点 100%。

栽培技术要点：适宜播期 4 月下旬至 5 月上旬；亩留苗 3500～4200 株；亩施复合肥或硝酸磷肥 40 千克作底肥，追施尿素 15～20 千克；注意防治苗期病虫害。

适宜种植地区：山西春播中晚熟玉米区，矮花叶病高发区禁用。

强盛 399

审定编号：晋审玉 2016015

选育单位：山西强盛种业有限公司

品种来源：66988×F0-1 早 P2

特征特性：山西春播中晚熟玉米区生育期 130 天左右，与对照先玉 335 相当。幼苗第一叶叶鞘深紫色，叶尖端尖至圆形，叶缘红色。株形紧凑，总叶片数 20 片，株高 314 厘米，穗位 102 厘米，雄穗主轴与分枝角度中，侧枝姿态轻度下弯，一级分枝 5～7 个，最高位侧枝以上的主轴长 25～35 厘米。花药浅紫色，颖壳浅紫色，花丝紫色，果穗筒型，穗轴红色，穗长 20.0 厘米，穗行 16 行，行粒数 38 粒，籽粒黄色，粒型半硬粒型，籽粒顶端橘黄色，百粒重 38.9 克，出籽率 88.4%。2013—2014 年山西农业大学、山西省农业科学院植物

保护研究所抗病性接种鉴定，抗茎腐病，中抗大斑病、穗腐病，感丝黑穗病、矮花叶病、粗缩病。2015 年农业部谷物及制品质量监督检验测试中心(哈尔滨)检测，容重 766 克/升，粗蛋白 9.81%，粗脂肪 3.93%，粗淀粉 73.1%。

产量表现：2013—2014 年参加山西春播中晚熟玉米区耐密组区域试验，2013 年亩产 886.7 千克，比对照先玉 335 增产 6.4%；2014 年亩产 970.6 千克，比对照先玉 335 增产 8.8%；两年平均亩产 928.7 千克，比对照增产 7.6%，增产点 94%。2015 年生产试验,平均亩产 921.3 千克，比对照增产 6.7%，增产点 100%。

栽培技术要点：适宜播期 4 月末至 5 月初；亩留苗 4500 株左右；亩施底肥磷酸二铵 15～20 千克，硫酸锌 1 千克，氯化钾 2～3 千克，拔节期追施尿素 10～15 千克。

适宜种植地区：山西春播中晚熟玉米区。

鑫丰盛 9898

审定编号：晋审玉 2016016

选育单位：山西金鼎生物种业股份有限公司

品种来源：JD114×JD77

特征特性：山西春播中晚熟玉米区生育期 128 天左右，比对照先玉 335 略早熟。幼苗第一叶叶鞘紫色，叶尖端尖至圆形，叶缘紫色。株形紧凑，总叶片数 20 片，株高 318 厘米，穗位 123.5 厘米，雄穗主轴与分枝角度中等，侧枝姿态轻度下弯，一级分枝 3～4 个，最高位侧枝以上的主轴长 20 厘米。花药黄色，颖壳绿色，花丝绿色，果穗锥型，穗轴红色，穗长 19.4 厘米，穗行 16～18 行，行粒数 39 粒，籽粒黄色，粒型半马齿型，籽粒顶端黄色，百粒重 36.0 克，出籽率 87.7%。2013—2014 年山西农业大学、山西省农业科学院植物保护研究所抗病性接种鉴定，中抗大斑病、粗缩病，感丝黑穗病、茎腐病、穗腐病、矮花叶病。2015 年农业部谷物及制品质量监督检验测试中心检测，容重 756 克/升，粗蛋白 9.65%，粗脂肪 3.96%，粗淀粉 71.94%。

产量表现：2013—2014 年参加山西春播中晚熟玉米区耐密组区域试验，2013 年亩产 878.9 千克，比对照先玉 335 增产 5.5%；2014 年亩产 959.5 千克，比对照先玉 335 增产 6.3%；两年平均亩产 919.2 千克，比对照增产 5.9%，增产点 94%。2015 年生产试验，平均亩产 917.0 千克，比对照增产 6.5%，增产点 96%。

栽培技术要点：适宜播期 4 月中下旬；亩留苗 4500～5000 株；亩施农家肥 3000 千克或复合肥 40 千克作底肥，喇叭口期追施尿素 20～30 千克；注意防治丝黑穗病和苗期病虫害。

适宜种植地区：山西春播中晚熟玉米区。

长单 510

审定编号：晋审玉 2016017

选育单位：山西省农业科学院谷子研究所

品种来源：02Q385×昌 7-2

特征特性：山西南部复播玉米区生育期 101 天左右，比对照郑单 958 略早熟。幼苗第一叶叶鞘紫色，叶尖端圆至匙形，叶缘紫色。株形紧凑，总叶片数 18～20 片，株高 210 厘米，穗位 75 厘米，雄穗主轴与分枝角度小，侧枝姿态直，一级分枝 10～12 个，最高位侧枝以上的主轴长 10～12 厘米。花药黄色，颖壳绿色，花丝浅紫色，果穗筒型，穗轴白色，穗长 19.0 厘米，穗行 14～16 行，行粒数 39 粒，籽粒黄色，粒型马齿型，籽粒顶端黄色，百粒重 35.0 克，出籽率 90.8%。2013—2014 年山西农业大学、山西省农业科学院植物保护研究所抗病性接种鉴定，高抗矮花叶病，中抗穗腐病、粗缩病，感茎腐病。2015 年农业部谷物及制品质量监督检验测试中心检测，容重 747 克/升，粗蛋白 8.39%，粗淀粉 75.57%，粗脂肪 4.12%。

产量表现：2013—2014 年参加山西南部复播玉米区域试验，2013 年亩产 729.9 千克，比对照郑单 958 增产 8.4%；2014 年亩产 665.8 千克，比对照郑单 958 增产 5.0%；两年平均亩产 697.9 千克，比对照增产 6.7%，增产点 90%。2015 年生产试验，平均亩产 739.4 千克，比对照增产 6.7%，增产点 100%。

栽培技术要点：亩留苗 4500 株左右；合理配施氮、磷、钾肥，不偏施氮肥，增施钾肥；及时中耕、培土；注意防治病虫害。

适宜种植地区：山西南部复播玉米区。

德力 666

审定编号：晋审玉 2016018

选育单位：山西省农业科学院棉花研究所、山西德利农种业有限公司

品种来源：运系 103×运系 94

特征特性：山西南部复播玉米区生育期 102 天左右，与对照郑单 958 相当。幼苗第一叶叶鞘紫色，叶尖端尖至圆形，叶缘浅紫色。株形紧凑，总叶片数 20 片，株高 277 厘米，穗位 120 厘米，雄穗主轴与分枝角度中，侧枝姿态直，一级分枝 5～6 个，最高位侧枝以上的主轴长 30 厘米。花药绿色，颖壳绿色，花丝绿色，果穗筒型，穗轴白色，穗长 17.8 厘米，穗行 16～18 行，行粒数 35.6 粒，籽粒黄色，粒型半马齿型，籽粒顶端淡黄色，百粒重 32.3 克，出籽率 86.2%。2013—2014 年山西农业大学、山西省农业科学院植物保护研究所

抗病性接种鉴定，抗大斑病，感矮花叶病、粗缩病，高感茎腐病。2015 年农业部谷物及制品质量监督检验测试中心检测，容重 758 克/升，粗蛋白 8.5%，粗脂肪 3.94%，粗淀粉 75.47%。

产量表现：2013—2014 年参加山西南部复播玉米区区域试验，2013 年亩产 719.7 千克，比对照郑单 958 增产 5.7%；2014 年亩产 699.7 千克，比对照郑单 958 增产 11.9%；两年平均亩产 709.7 千克，比对照增产 8.8%，增产点 90%。2015 年生产试验，平均亩产 755.6 千克，比对照增产 8.4%，增产点 100%。

栽培技术要点：适期早播；亩留苗 4000～4500 株；施足底肥，大喇叭口期亩追施尿素 20 千克，适当增施磷钾肥。

适宜种植地区：山西南部复播玉米区，茎腐病高发区禁用。

运单 168

审定编号：晋审玉 2016019

选育单位：山西省农业科学院棉花研究所、山西华科种业有限公司

品种来源：Hy11×H40

特征特性：山西南部复播玉米区生育期 103 天左右，比对照郑单 958 略晚熟。幼苗第一叶叶鞘紫色，叶尖端圆至匙形，叶缘紫色。株形半紧凑，总叶片数 20 片，株高 269.5 厘米，穗位 118 厘米，雄穗主轴与分枝角度中，侧枝姿态轻度下弯，一级分枝 6 个，最高位侧枝以上的主轴长 12 厘米。花药浅紫色，颖壳绿色，花丝浅紫色，果穗筒型，穗轴红色，穗长 17.9 厘米，穗行 16～18 行，行粒数 36 粒，籽粒黄色，粒型半马齿型，籽粒顶端橘红色，百粒重 31.3 克，出籽率 86.5%。2013—2014 年山西农业大学、山西省农业科学院植物保护研究所抗病性接种鉴定，高抗矮花叶病，抗穗腐病，感粗缩病，高感茎腐病。2015 年农业部谷物及制品质量监督检验测试中心的测试结果，容重 785 克/升，粗蛋白 8.79%，粗脂肪 4.03%，粗淀粉 74.76%。

产量表现：2013—2014 年参加山西南部复播玉米区域试验，2013 年亩产 724.4 千克，比对照郑单 958 增产 7.6%；2014 年亩产 717.5 千克，比对照郑单 958 增产 7.8%；两年平均亩产 721 千克，比对照增产 7.7%，增产点 100%。2015 年生产试验，平均亩产 753.9 千克，比对照增产 9.0%，增产点 100%。

栽培技术要点：亩留苗 4000～4200 株，等行种植，行距 60 厘米；6 月 10 日前播种；注意增施有机肥。

适宜种植地区：山西南部复播玉米区，茎腐病高发区禁用。

盛玉 367

审定编号：晋审玉 2016020

选育单位：山西省农业科学院玉米研究所

品种来源：WX351×WX298

特征特性：山西南部复播玉米区生育期 104 天左右，比对照郑单 958 略晚熟。幼苗第一叶叶鞘紫色，叶尖端尖至圆形，叶缘紫色。株形紧凑，总叶片数 20 片，株高 257.5 厘米，穗位 113 厘米，雄穗主轴与分枝角度小，侧枝姿态轻度下弯，一级分枝 8～10 个，最高位侧枝以上的主轴长 23～28 厘米。花药黄色，颖壳浅紫色，花丝红色，果穗筒型，穗轴粉色，穗长 17.9 厘米，穗行 16 行，行粒数 36 粒，籽粒黄色，粒型半马齿型，籽粒顶端黄色，百粒重 32.3 克，出籽率 85.0%。2013—2014 年山西农业大学、山西省农业科学院植物保护研究所抗病性接种鉴定，高抗矮花叶病，抗穗腐病，中抗茎腐病，感粗缩病。2015 年农业部谷物及制品质量监督检验测试中心（哈尔滨）检测，容重 755 克/升，粗蛋白 8.23%，粗脂肪 4.36%，粗淀粉 75.80%。

产量表现：2013—2014年参加山西南部复播玉米区域试验，2013年亩产739.5千克，比对照郑单958增产8.6%；2014年亩产660.4千克，比对照郑单958增产5.6%；两年平均亩产699.9千克，比对照增产7.1%，增产点90%。2015年生产试验，平均亩产752.1千克,比对照增产7.8%，增产点100%。

栽培技术要点：适宜播期 6 月 10—15 日；亩留苗 4000～4500 株；亩施底肥硝酸磷肥 40 千克，追施尿素 20 千克；及时中耕除草；注意防治苗期病虫害。

适宜种植地区：山西南部复播玉米区。

龙生 3 号

审定编号：晋审玉 2016021

选育单位：晋中龙生种业有限公司

品种来源：LS03×LS0318

特征特性：山西南部复播玉米区生育期 103 天左右，比对照郑单 958 略晚熟。幼苗第一叶叶鞘绿色，叶尖端圆至匙形，叶缘绿色。株形半紧凑，总叶片数 19～21 片，株高 266.5 厘米，穗位 108 厘米，雄穗主轴与分枝角度小，侧枝姿态直，一级分枝 7～9 个，最高位侧枝以上的主轴长 21 厘米。花药红色，颖壳绿色，花丝绿色，果穗筒型，穗轴白色，穗长 18.4 厘米，穗行 16 行，行粒数 36 粒，籽粒黄色，粒型马齿型，籽粒顶端黄色，百粒重 31.8 克，出籽率 86.4%。2013 年—2014 年山西农业大学、山西省农业科学院植物保护研究所抗病性接种鉴定，抗穗腐病、矮花叶病，中抗茎腐病，感粗缩病。2015 年农业部谷物及制品质量监督检验测试中心检测，容重 768 克/升，粗蛋白 7.82%，粗脂肪 3.84%，粗淀粉 76.73%。

产量表现：2013—2014 年参加山西南部复播玉米区域试验，2013 年亩产 734.6 千克，比对照郑单 958 增产 9.1%；2014 年亩产 687.1 千克，比对照郑单 958 增产 8.3%；两年平均亩产 710.9 千克，比对照增产 8.7%，增产点 100%。2015 年生产试验，平均亩产 753.0 千克，比对照增产 9.0%，增产点 100%。

栽培技术要点：麦收后及时播种；亩留苗 4000 株；中后期适时追肥浇水；亩施纯氮 18～20 千克，五氧化二磷 10～14 千克，氧化钾 10～14 千克。

适宜种植地区：山西南部复播玉米区。

君实 615

审定编号：晋审玉 2016022

选育单位：山西金色农田种业科技有限公司

品种来源：最玉 6×品 27

特征特性：山西南部复播玉米区生育期 103 天左右，比对照郑单 958 略晚熟。幼苗第一叶叶鞘紫色，叶尖端尖至圆形，叶缘绿色。株形紧凑，总叶片数 19 片，株高 262 厘米，穗位 99 厘米，雄穗主轴与分枝角度中，侧枝姿态直，一级分枝 5～8 个，最高位侧枝以上的主轴长 31～39 厘米。花药紫色，颖壳有紫色，花丝粉红色，果穗筒型，穗轴红色，穗长 18.1 厘米，穗行 16～18 行，行粒数 36 粒，籽粒黄色，粒型马齿型，籽粒顶端橘黄色，百粒重 30.4 克，出籽率 86.5%。2013—2014 年山西农业大学、山西省农业科学院植物保护研究所抗病性接种鉴定，中抗茎腐病、穗腐病、矮花叶病，感粗缩病。2015 年农业部谷物及制品质量监督检验测试中心(哈尔滨)检测，容重 756 克/升，粗蛋白 7.79%，粗脂肪 4.12%，粗淀粉 76.04%。

产量表现：2013—2014 年参加山西南部复播玉米区域试验，2013 年亩产 727.2 千克，比对照郑单 958 增产 6.8%；2014 年亩产 684.6 千克，比对照郑单 958 增产 9.5%；两年平均亩产 705.9 千克，比对照增产 8.1%，增产点 100%。2015 年生产试验，平均亩产 759.4 千克，比对照增产 8.7%，增产点 100%。

栽培技术要点：选择中等肥力以上地块；适宜播期 6 月上中旬；亩留苗 4500～5000 株。

适宜种植地区：山西南部复播玉米区。

利玉 619

审定编号：晋审玉 2016023

选育单位：山西利民种业有限公司

品种来源：LM133×LM151

特征特性：山西南部复播玉米区生育期 101 天左右，比对照郑单 958 略早熟。幼苗第一叶叶鞘紫色，叶尖端尖至圆形，叶缘绿色。株形半紧凑，总叶片数 20 片，株高 273 厘米，穗位 105 厘米，雄穗主轴与分枝角度中，侧枝姿态轻度下弯，一级分枝 4～8 个，最高位侧枝以上的主轴长 25～30 厘米。花药黄色，颖壳浅紫色，花丝淡红色，果穗筒型，穗轴红色，穗长 19.1 厘米，穗行 16 行左右，行粒数 37 粒，籽粒黄色，粒型半马齿型，籽粒顶端黄色，百粒重 31 克，出籽率 84.8%。2013—2014 年山西农业大学、山西省农业科学院植物保护研究所抗病性接种鉴定，抗矮花叶病，中抗穗腐病、感茎腐病、粗缩病。2015 年农业部谷物及制品质量监督检验测试中心检测，容重 787 克/升，粗蛋白 9.20%，粗脂肪 3.82%，粗淀粉 74.74%。

产量表现：2013—2014年参加山西南部复播玉米区域试验，2013年亩产725.0千克，比对照郑单958增产6.5%；2014年亩产664.0千克，比对照郑单958增产6.2%；两年平均亩产694.5千克，比对照增产6.3%，增产点80%。2015年生产试验，平均亩产747.7千克,比对照增产7.2%，增产点100%。

栽培技术要点：适宜播期 6 月 10—15 日；亩留苗 4000～4500 株；亩施底肥硝酸磷肥 40 千克，追施尿素 20 千克；注意防治苗期病虫害。

适宜种植地区：山西南部复播玉米区。

郑黄糯 2 号

审定编号：晋审玉 2016024

选育单位：河南省农业科学院粮食作物研究所

品种来源：郑黄糯 03×郑黄糯 04

特征特性：出苗至采收 96 天左右，比对照晋单（糯）41 号晚熟 7 天左右。幼苗第一叶叶鞘紫红色，叶尖端匙形，叶缘绿色。株形紧凑，总叶片数 19 片，株高 267 厘米，穗位 117 厘米，雄穗主轴与分枝角度中，侧枝姿态直，一级分枝 10～15 个，最高位侧枝以上的主轴长 19.4 厘米。花药粉红色，颖壳绿色，花丝红色，果穗圆锥型，穗轴白色，穗长 19 厘米，穗行 14～16 行，行粒数 39 粒，籽粒黄色，粒型半马齿型，籽粒顶端黄色，百粒重 32.3 克，出籽率 88%。2013—2014 年山西农业大学抗病性接种鉴定，中抗大斑病，感丝黑穗病。

郑州国家玉米改良分中心检测，粗淀粉含量 69.00%，支链淀粉占总淀粉的 98.98%～99.99%。

产量表现：2013—2014 年参加山西省糯玉米品种区域试验，2013 年亩产 1119.1 千克，比对照晋单（糯）41 号增产 17.2%；2014 年亩产 1049.2 千克，比对照增产 19.4%；两年平均亩产 1084.15 千克，比对照增产 18.3%，增产点 91%。2015 年生产试验，平均亩产 805.6 千克，比对照增产 9.4%，增产点 100%。

栽培技术要点：与普通玉米隔离种植；选择保浇水地；亩留苗 3500～4000 株；施足底肥，追施氮肥；授粉后 25～30 天适期采收。

适宜种植地区：山西糯玉米主产区。

龙作 1 号

审定编号：晋审玉 2016025

选育单位：黑龙江省农业科学院作物育种研究所

品种来源：中 M-8×L237

特征特性：山西春播早熟玉米区生育期 130 天左右，比对照大丰 30 略晚熟。幼苗第一叶叶鞘绿色，叶尖端匙形，叶缘绿色。株形半紧凑，总叶片数 19 片，株高 272 厘米，穗位 103 厘米，雄穗主轴与分枝角度中，侧枝姿态轻度下弯，一级分枝 6～7 个，最高位侧枝以上的主轴长 28～32 厘米。花药绿色，颖壳绿色，花丝绿色，果穗筒型，穗轴红色，穗长 20.0 厘米，穗行 16 行，行粒数 39 粒，籽粒红黄色，粒型半马齿型，籽粒顶端红黄色，百粒重 35.8 克，出籽率 84.1%。2014—2015 年山西农业大学抗病性接种鉴定，中抗茎腐病、大斑病、穗腐病，感丝黑穗病。2015 年农业部谷物及制品质量监督检验测试中心检测，容重 747 克/升，粗蛋白 8.53%，粗脂肪 4.26%，粗淀粉 75.55%。

产量表现：2014 年参加山西春播早熟玉米区域试验，平均亩产 866.1 千克，比对照大丰 30 增产 7.5%，增产点 87.5%。2015 年生产试验，平均亩产 772.3 千克，比对照增产 5.7%，增产点 75%。

栽培技术要点：适宜播期 4 月中下旬至 5 月初；亩留苗 3500～4000 株；施足底肥，早施苗肥，重施穗肥，注重 N、P、K 配合和增施农家肥。

适宜种植地区：山西春播早熟玉米区。

鹏玉 2 号

审定编号：晋审玉 2016026

选育单位：黑龙江大鹏农业有限公司

品种来源：CF981×CF752106

特征特性：山西春播早熟玉米区生育期127天左右，比对照大丰30略早熟。幼苗第一叶叶鞘紫色，叶尖端圆至匙形，叶缘紫色。株形半紧凑，总叶片数19片，株高272厘米，穗位96厘米，雄穗主轴与分枝角度中，侧枝姿态直，一级分枝5～6个，最高位侧枝以上的主轴长23厘米。花药黄色，颖壳绿色，花丝绿色，果穗筒型，穗轴红色，穗长19.7厘米，穗行16行，行粒数41粒，籽粒黄色，粒型半马齿型，籽粒顶端黄色，百粒重34.8克，出籽率86.9%。2014—2015年山西农业大学抗病性接种鉴定，抗大斑病，中抗穗腐病、茎腐病，感丝黑穗病。2015年农业部谷物及制品质量监督检验测试中心(哈尔滨)检测，容重763克/升，粗蛋白8.03%，粗脂肪4.02%，粗淀粉76.00%。

产量表现：2014年参加山西春播早熟玉米区域试验，平均亩产868.6千克，比对照大丰30增产9.2%，增产点100%。2015年生产试验，平均亩产785.2千克，比对照增产7.2%，增产点87.5%。

栽培技术要点：适宜播期4月下旬至5月上旬；亩留苗4000～4500株；施足底肥，大喇叭口期亩追施氮肥15千克，适当增施磷钾肥；注意防治丝黑穗病和玉米螟。

适宜种植地区：山西春播早熟玉米区。

金华瑞T82

审定编号：晋审玉2016027

选育单位：北京中农华瑞农业科技有限公司

品种来源：M1×M2

特征特性：山西春播中晚熟玉米区生育期131天左右，比对照先玉335晚熟。幼苗第一叶叶鞘紫色，叶尖端圆至匙形，叶缘绿色。株形紧凑，总叶片数21片，株高287厘米，穗位111厘米，雄穗主轴与分枝角度中，侧枝姿态直，一级分枝5～6个，最高位侧枝以上的主轴长25厘米。花药绿色，颖壳绿色，花丝绿色，果穗圆筒型，穗轴红色，穗长16.8厘米，穗行20行左右，行粒数37粒，籽粒黄色，粒型马齿型，籽粒顶端橘黄色，百粒重35.2克，出籽率84.4%。2014—2015年山西农业大学、山西省农业科学院植物保护研究所抗病性接种鉴定，高抗大斑病，抗矮花叶病、粗缩病，中抗茎腐病、穗腐病，感丝黑穗病。2015年农业部谷物及制品质量监督检验测试中心(哈尔滨)检测，容重735克/升，粗蛋白9.06%，粗脂肪3.63%，粗淀粉74.03%。

产量表现：2014年参加山西春播中晚熟玉米区普密组区域试验，平均亩产907.9千克，比对照先玉335增产6.2%，增产点85.7%。2015年生产试验，平均亩产867.4千克，比对照增产7.1%，增产点100%。

栽培技术要点：适宜播期 4 月下旬至 5 月上旬；留苗 3500～4000 株。

适宜种植地区：山西春播中晚熟玉米区。

中地 9988

审定编号：晋审玉 2016028

选育单位：中地种业（集团）有限公司

品种来源：ZY20×ZY21

特征特性：山西春播中晚熟玉米区生育期 129 天左右，与对照先玉 335 相当。幼苗第一叶叶鞘紫色，叶尖端圆到尖至圆形，叶缘紫色。株形紧凑，总叶片数 20 片，株高 283 厘米，穗位 107 厘米，雄穗主轴与分枝角度中，侧枝姿态直，一级分枝 5～9 个，最高位侧枝以上的主轴长 20～25 厘米。花药紫色，颖壳绿色，花丝浅紫色，果穗筒型，穗轴红色，穗长 20.3 厘米，穗行 16～18 行，行粒数 39 粒，籽粒黄色，粒型半马齿型，籽粒顶端淡黄色，百粒重 37 克，出籽率 87.7%。2014—2015 年山西农业大学、山西省农业科学院植物保护研究所抗病性接种鉴定，抗粗缩病，中抗大斑病、穗腐病、茎基腐，感矮花叶病、丝黑穗病。2015 年农业部谷物及制品质量监督检验测试中心检测，容重 761.0 克/升，粗蛋白 10.66%，粗脂肪 3.55%，粗淀粉 72.42%。

产量表现：2014 年参加山西春播中晚熟玉米区普密组区域试验，平均亩产 896.1 千克，比对照先玉 335 增产 6.1%，增产点 100%。2015 年生产试验，平均亩产 865.0 千克，比对照增产 6.5%，增产点 100%。

栽培技术要点：适宜播期 4 月下旬至 5 月初；亩留苗 3500～4000 株；亩施底肥优质农家肥 2000 千克，磷酸二胺 10～15 千克,中耕追尿素 25 千克；及时浇水。

适宜种植地区：山西春播中晚熟玉米区。

致泰 3 号

审定编号：晋审玉 2016029

选育单位：沈阳世宾育种研究所、大连致泰种业有限公司

品种来源：CH1387×CH443

特征特性：山西春播中晚熟玉米区生育期 130 天左右，比对照先玉 335 略晚熟。幼苗第一叶叶鞘紫色，叶尖端圆至匙形，叶缘紫色。株形紧凑，总叶片数 20 片，株高 285 厘米，穗位 104 厘米，雄穗主轴与分枝角度中，侧枝姿态直，一级分枝 3～4 个，最高位侧枝以上的主轴长 15～20 厘米。花药紫色，颖壳有绿色，花

丝淡紫色，果穗筒型，穗轴红色，穗长19.6厘米，穗行16行，行粒数40粒，籽粒橙色，粒型偏硬粒型，籽粒顶端橘黄色，百粒重38.1克，出籽率87.3%。2014—2015年山西农业大学、山西省农业科学院植物保护研究所抗病性接种鉴定，中抗丝黑穗病、穗腐病、大斑病、粗缩病，感茎腐病、矮花叶病。2015年农业部谷物及制品质量监督检验测试中心检测，容重761克/升，粗蛋白9.39%，粗脂肪3.76%，粗淀粉74.13%。

产量表现：2014年参加山西春播中晚熟玉米区普密组区域试验，平均亩产891.3千克，比对照先玉335增产5.5%，增产点100%。2015年生产试验，平均亩产885.9千克，比对照增产8.7%，增产点100%。

栽培技术要点：适宜播期4月下旬；亩留苗3500～4000株。

适宜种植地区：山西春播中晚熟玉米区。

潞鑫66号

审定编号：晋审玉2016030

选育单位：长治市鑫农种业有限公司、太原市小店区水稻原种场

品种来源：长系005×长选B9

特征特性：山西春播中晚熟玉米区生育期130天左右，比对照先玉335略晚熟。幼苗第一叶叶鞘紫色，叶尖端圆至匙形，叶缘紫色。株形半紧凑，总叶片数21片，株高285厘米，穗位112厘米，雄穗主轴与分枝角度中，侧枝姿态轻度下弯，一级分枝15个，最高位侧枝以上的主轴长20厘米。花药紫色，花丝黄色，果穗筒型，穗轴红色，穗长20.7厘米，穗行16～18行，行粒数38粒，籽粒橘黄色，粒型半马齿型，籽粒顶端橘黄色，百粒重37.8克，出籽率86.6%。2014—2015年山西农业大学、山西省农业科学院植物保护研究所抗病性接种鉴定，高抗丝黑穗病、矮花叶病，抗穗腐病、粗缩病，中抗大斑病，感茎腐病。2015年农业部谷物及制品质量监督检验测试中心(哈尔滨)检测，容重727克/升，粗蛋白9.04%，粗脂肪3.95%，粗淀粉73.31%。

产量表现：2014年参加山西春播中晚熟玉米区普密组区域试验，平均亩产884.3千克，比对照先玉335增产4.9%，增产点83.3%。2015年生产试验，平均亩产867.5千克，比对照增产6.5%，增产点100%。

栽培技术要点：适宜播期4月中下旬；亩留苗3800～4000株；施足底肥，亩施复合肥40千克；亩追施尿素15千克。

适宜种植地区：山西春播中晚熟玉米区。

NK718

审定编号：晋审玉 2016031

选育单位：北京市农林科学院玉米研究中心、北京农科院种业科技有限公司

品种来源：京 464×京 2416

特征特性：山西春播中晚熟玉米区生育期 130 天左右，比对照先玉 335 略晚熟。幼苗第一叶叶鞘浅紫色，叶尖端尖至圆形，叶缘绿色。株形半紧凑，总叶片数 20 片，株高 280 厘米，穗位 106 厘米，雄穗主轴与分枝角度中，侧枝姿态轻度下弯，一级分枝 6～9 个，最高位侧枝以上的主轴长 15 厘米。花药紫色，颖壳绿色，花丝淡红色，果穗筒型，穗轴白色，穗长 19.2 厘米，穗行 16～18 行，行粒数 37.6 粒，籽粒黄色，粒型偏马齿型，籽粒顶端黄色，百粒重 39.6 克，出籽率 88.4%。2014—2015 年山西农业大学、山西省农业科学院植物保护研究所抗病性接种鉴定，抗大斑病，中抗粗缩病，感茎腐病、矮花叶病、丝黑穗病。2015 年农业部谷物及制品质量监督检验测试中心(哈尔滨)检测，容重 785 克/升，粗蛋白 10.17%，粗脂肪 4.02%，粗淀粉 72.79%。

产量表现：2014 年参加山西春播中晚熟玉米区耐密组区域试验，平均亩产 960.3 千克，比对照先玉 335 增产 7.7%，增产点 86%。2015 年生产试验，平均亩产 910.1 千克，比对照增产 5.5%，增产点 75%。

栽培技术要点：适宜播期 4 月中下旬；亩留苗 4000～4500 株。

适宜种植地区：山西春播中晚熟玉米区。

宁玉 218

审定编号：晋审玉 2016032

选育单位：江苏金华隆种子科技有限公司

品种来源：宁晨 72×宁晨 197

特征特性：山西春播中晚熟玉米区生育期 129 天左右，与对照先玉 335 相当。幼苗第一叶叶鞘紫色，叶尖端圆形，叶缘绿色。株形半紧凑，总叶片数 21 片，株高 276～307 厘米，穗位 109 厘米，雄穗主轴与分枝角度大，侧枝姿态直，一级分枝 2～8 个，最高位侧枝以上的主轴长 32.7 厘米。花药浅紫色，颖壳浅紫色，花丝黄色，果穗筒型，穗轴红色，穗长 20.1 厘米，穗行 16～18 行，行粒数 37.9 粒，籽粒黄色，粒型半马齿型，籽粒顶端黄色，百粒重 37.2 克，出籽率 88.2%。2014—2015 年山西农业大学、山西省农业科学院植物保护研究所抗病性接种鉴定，抗穗腐病、粗缩病，感丝黑穗病、大斑病、茎基腐病、矮花叶病。2015 年农业部谷物及制品质量监督检验测试中心检测，容重 778 克/升，粗蛋白 8.70%，粗脂肪 3.86%，粗淀粉 73.99%。

产量表现：2014 年参加山西春播中晚熟玉米区耐密组区域试验，平均亩产 942.5 千克，比对照先玉 335 增产 5.7%，增产点 86%。2015 年生产试验，平均亩产 921.8 千克，比对照增产 6.5%，增产点 100%。

栽培技术要点：适宜播期 4 月中旬至 5 月中旬；亩留苗 4500 株；在施足农家肥的基础上，亩施种肥二铵 18 千克、硫酸钾 15 千克，大喇叭口期追施尿素 30 千克。

适宜种植地区：山西春播中晚熟玉米区。

登海 618

审定编号：晋审玉 2016033

选育单位：山东登海种业股份有限公司

品种来源：521×DH392

特征特性：山西南部复播玉米区生育期 100 天左右，比对照郑单 958 早熟 2 天。幼苗第一叶叶鞘深紫色，叶尖端圆至匙形，叶缘紫红色。株形紧凑，总叶片数 18～19 片，株高 241 厘米，穗位 75 厘米，雄穗主轴与分枝角度小，侧枝姿态直，一级分枝 7～8 个，最高位侧枝以上的主轴长 26 厘米。花药（新鲜花药）紫色，颖壳浅紫色，花丝浅紫色，果穗筒型，穗轴红色，穗长 17.4 厘米，穗行 16 行，行粒数 34.2 粒，籽粒黄色，粒型马齿型，籽粒顶端黄色，百粒重 37.9 克，出籽率 86.2%。2014—2015 年山西农业大学、山西省农业科学院植物保护研究所抗病性接种鉴定，高抗矮花叶病，抗粗缩病、穗腐病，中抗茎基腐病。2015 年农业部谷物及制品质量监督检验测试中心（哈尔滨）检测，容重 751 克/升，粗蛋白 8.48%，粗脂肪 3.84%，粗淀粉 75.83%。

产量表现：2014 年参加山西南部复播玉米区域试验，平均亩产 679.0 千克，比对照郑单 958 增产 7.1%，增产点 100%。2015 年生产试验，平均亩产 724.9 千克，比对照增产 6.9%，增产点 100%。

栽培技术要点：适宜播期 6 月中旬；亩留苗 4500～5000 株；亩施三元复合肥 20～30 千克作底肥；拔节期和大喇叭口期两次追肥，亩施三元复合肥 50 千克和尿素 20～30 千克。

适宜种植地区：山西南部复播玉米区。

连胜 188

审定编号：晋审玉 2016034

选育单位：山东连胜种业有限公司

品种来源：9648×JH721

特征特性：山西南部复播玉米区生育期102天左右，与对照郑单958相当。幼苗第一叶叶鞘浅紫色，叶尖端圆至匙形，叶缘紫色。株型紧凑，总叶片数20片，株高250厘米,穗位100厘米，雄穗主轴与分枝角度中，侧枝姿态轻度下弯，一级分枝6～8个，最高位侧枝以上的主轴长21～29厘米。花药浅紫色，颖壳有浅紫色条纹，花丝浅紫色，果穗筒形，穗轴红色，穗长19.0厘米，穗行16行左右，行粒数36粒，籽粒橘黄色，粒型偏硬粒型，籽粒顶端黄色，百粒重29.7克，出籽率85.8%。2014—2015年山西农业大学、山西省农业科学院植物保护研究所抗病性接种鉴定，中抗穗腐病、茎腐病、粗缩病，感矮花叶病。2015年农业部谷物及制品质量监督检验测试中心（哈尔滨）检测，容重781克/升，粗蛋白8.70，粗脂肪3.72%，粗淀粉76.86%。

产量表现：2014年参加山西南部复播玉米区域试验,平均亩产661.7千克,比对照郑单958平均增产5.8%，增产点100%。2015年生产试验，平均亩产723.9千克，比对照增产6.6%，增产点100%。

栽培技术要点：麦收后及时播种；亩留苗4000～4500株；生育期间遇旱及时浇水。

适宜种植地区：山西南部复播玉米区。

潞玉39

审定编号：晋审玉2016035

选育单位：山西潞玉种业玉米科学研究院

品种来源：LZA13×LZF4

特征特性：山西南部复播玉米区生育期101天左右，比对照郑单958略早熟。幼苗第一叶叶鞘紫色，叶尖端尖至圆形，叶缘绿色。株形半紧凑，总叶片数20～21片，株高309厘米，穗位126厘米，雄穗主轴与分枝角度中，侧枝姿态轻度下弯，一级分枝4～6个，最高位侧枝以上的主轴长4～6厘米。花药黄色，颖壳绿间紫色，花丝绿色，果穗偏锥型，穗轴红色，穗长21.5厘米，穗行16～18行，行粒数42粒，籽粒橘红色，粒型半马齿型，籽粒顶端黄色，百粒重35.5克，出籽率88.8%。2014—2015年山西农业大学、山西省农业科学院植物保护研究所抗病性接种鉴定，高抗粗缩病，抗矮花叶病，中抗穗腐病、茎基腐病。2015年农业部谷物及制品质量监督检验测试中心(哈尔滨)检测，容重791克/升，粗蛋白9.26%，粗脂肪3.54%，粗淀粉76.19%。

产量表现：2014年参加山西南部复播玉米区域试验，平均亩产734.9千克，比对照郑单958增产10.4%，增产点100%。2015年生产试验，平均亩产724.9千克，比对照增产6.6%，增产点100%。

栽培技术要点：选择中上等肥力地块；适宜播期6月10日左右；亩留苗4500株左右；施足底肥（农家肥1500千克/亩，N、P、K化肥配合使用），拔节期、大喇叭口期亩追尿素15～20千克。

适宜种植地区：山西南部复播玉米区。

嵩玉 619

审定编号：晋审玉 2016036

选育单位：嵩县农作物新品种研究所

品种来源：6B×Sx102

特征特性：山西南部复播玉米区生育期 101 天左右，比对照郑单 958 略早熟。幼苗第一叶叶鞘紫色，叶尖端圆至匙形，叶缘绿色。株形紧凑，总叶片数 20 片，株高 295 厘米，穗位 113 厘米，雄穗主轴与分枝角度中，侧枝姿态直，一级分枝 5～8 个，最高位侧枝以上的主轴长 28～37 厘米。花药黄色，颖壳有紫色条纹，花丝绿色，果穗筒型，穗轴红色，穗长 18.8 厘米，穗行 16 行左右，行粒数 36 粒，籽粒黄色，粒型马齿型，籽粒顶端黄色，百粒重 30.6 克，出籽率 85.3%。2014—2015 年山西农业大学、山西省农业科学院植物保护研究所抗病性接种鉴定，高抗粗缩病，抗穗腐，感矮花叶病，高感茎基腐病。2015 年农业部谷物及制品质量监督检验测试中心（哈尔滨）检测，容重 774 克/升，粗蛋白 7.96%，粗脂肪 3.56%，粗淀粉 76.84%。

产量表现：2014 年参加山西南部复播玉米区域试验，平均亩产 690.7 千克，比对照郑单 958 增产 8.9%，增产点 100%。2015 年生产试验，平均亩产 713.7 千克，比对照增产 5.1%，增产点 100%。

栽培技术要点：适宜播期 6 月 10—15 日；亩留苗 4500 株左右；注意增施磷钾肥；注意防治虫害。

适宜种植地区：山西南部复播玉米区，茎腐病高发区禁用。

赛德 5 号

审定编号：晋审玉 20170001

选育单位：山西省农业科学院作物科学研究所、山西中农赛博种业有限公司

品种来源：K5481×K1057

特征特性：山西春播特早熟玉米Ⅰ区生育期 120 天左右，比对照德美亚 1 号晚 1 天。幼苗第一叶叶鞘紫色，叶尖端圆至匙形，叶缘紫色。株形半紧凑，总叶片数 16～17 片，株高 223 厘米，穗位 77 厘米，雄穗主轴与分枝角度中，侧枝姿态直，一级分枝 7～10 个，最高位侧枝以上的主轴长 15 厘米，花药紫色，颖壳绿色，花丝浅褐色。果穗筒型，穗轴红色，穗长 19.1 厘米，穗行 14～16 行，行粒数 37 粒，籽粒黄色，粒型半硬粒型，籽粒顶端黄色，百粒重 31.2 克，出籽率 85.0%。2014 年、2015 年山西农业大学抗病性接种鉴定，感丝黑穗病，中抗大斑病，抗穗腐病。2016 年农业部谷物及制品质量监督检验测试中心(哈尔滨)检测，容重 746 克/升，粗蛋白 8.76%，粗脂肪 5.22%，粗淀粉 73.32%。

产量表现：2014年、2015年参加山西春播特早熟玉米Ⅰ区区域试验，2014年亩产603.8千克，比对照并单6号增产13.7%，2015年亩产565.9千克，比对照德美亚1号增产13.3%，两年平均亩产584.9千克，比对照增产13.5%。2016年生产试验，平均亩产559.8千克，比对照增产11.4%。

栽培技术要点：适宜播期4月底至5月初；亩留苗4000～4500株；一般亩施复合肥50千克，农家肥2000～3000千克作底肥；大喇叭口期结合浇水亩追施尿素25千克；注意防治丝黑穗病。

适宜种植地区：适宜在山西春播特早熟玉米Ⅰ区种植。

利合228

审定编号：晋审玉20170002

选育单位：山西利马格兰特种谷物研发有限公司

品种来源：NP01153×NP01154

特征特性：山西春播特早熟玉米Ⅰ区生育期121天左右，比对照德美亚1号晚2天。幼苗第一叶叶鞘浅紫色，叶尖端尖至圆形，叶缘绿色。株形半紧凑，总叶片数18片，株高243厘米，穗位79厘米，雄穗主轴与分枝角度中，侧枝姿态直，一级分枝6～9个，最高位侧枝以上的主轴长30.5厘米，花药浅紫色，颖壳绿色，花丝淡紫色。果穗锥型，穗轴粉红色，穗长19.0厘米，穗行16行左右，行粒数38粒，籽粒黄色，粒型偏硬粒型，籽粒顶端黄色，百粒重30.1克，出籽率85.0%。2014年、2015年山西农业大学抗病性接种鉴定，感丝黑穗病，中抗大斑病，抗穗腐病。2016年农业部谷物及制品质量监督检验测试中心(哈尔滨)检测，容重741克/升，粗蛋白9.2%，粗脂肪4.8%，粗淀粉74.7%。

产量表现：2014年、2015年参加山西春播特早熟Ⅰ区域试验，2014年亩产613.9千克，比对照并单6号增产15.6%，2015年亩产563.9千克，比对照德美亚1号增产12.9%，两年平均亩产588.9千克，比对照增产14.3%。2016年生产试验，平均亩产578.1千克，比对照增产15.0%。

栽培技术要点：选择中等以上肥力地种植；适宜播期5月上中旬；亩留苗4500～5000株；亩底施复合肥或硝酸磷肥40千克，追施尿素20千克；注意防治苗期病虫害及丝黑穗病。

适宜种植地区：适宜在山西春播特早熟玉米Ⅰ区种植。

晋阳5号

审定编号：晋审玉20170003

选育单位：山西省农业科学院作物科学研究所

品种来源：N107×H240

特征特性：山西春播特早熟玉米Ⅰ区生育期119天左右，与对照德美亚1号相当。幼苗第一叶叶鞘紫色，叶尖端尖至圆形，叶缘黄色。株形半紧凑，总叶片数16～17片，株高194厘米，穗位60厘米，雄穗主轴与分枝角度中等，侧枝姿态强烈下弯，一级分枝7～8个，最高位侧枝以上的主轴长29.4厘米，花药红色，颖壳绿色，花丝紫色。果穗筒型，穗轴粉红色，穗长19.2厘米，穗行14～16行，行粒数38粒，籽粒黄色，粒型半马齿型，籽粒顶端黄色，百粒重29.1克，出籽率84.8%。2014年、2015年山西农业大学抗病性接种鉴定，感丝黑穗病，感大斑病，抗穗腐病。2016年农业部谷物及制品质量监督检验测试中心(哈尔滨)检测，容重751克/升，粗蛋白8.02%，粗脂肪3.85%，粗淀粉75.16%。

产量表现：2014年、2015年参加山西春播特早熟玉米Ⅰ区区域试验，2014年亩产595.4千克，比对照并单6号增产12.2%，2015年亩产563.2千克，比对照德美亚1号增产12.7%，两年平均亩产579.3千克，比对照增产12.4%。2016年生产试验，平均亩产553.6千克，比对照增产10.1%。

栽培技术要点：选择中等以上肥力地种植；适宜播期4月下旬至5月上旬；亩留苗4200～4500株；亩施农家肥3000～4000千克、复合肥50千克作底肥，大喇叭口期追施尿素35～40千克；注意防治丝黑穗病、大斑病。

适宜种植地区：适宜在山西春播特早熟玉米Ⅰ区种植。

兆早1号

审定编号：晋审玉20170004

选育单位：四川兆和种业有限公司

品种来源：早48×M119

特征特性：山西春播特早熟玉米Ⅰ区生育期121天左右，比对照德美亚1号晚2天。幼苗第一叶叶鞘浅紫色，叶尖端尖至圆形，叶缘紫色。株形半紧凑，总叶片数15片，株高224厘米，穗位67厘米，雄穗主轴与分枝角度大，侧枝姿态轻度下弯，一级分枝7个，最高位侧枝以上的主轴长15厘米，花药浅紫色，颖壳绿色，花丝浅紫色。果穗筒型，穗轴白色，穗长18.4厘米，穗行14～16行，行粒数36粒，籽粒黄色，粒型硬粒型，籽粒顶端黄色，百粒重30.7克，出籽率84.8%。2014年、2015年山西农业大学抗病性接种鉴定，感丝黑穗病，中抗大斑病，抗穗腐病。2016年农业部谷物及制品质量监督检验测试中心(哈尔滨)检测，容重771克/升，粗蛋白8.82%，粗脂肪4.53%，粗淀粉74.05%。

产量表现：2014 年、2015 年参加山西春播特早熟玉米Ⅰ区区域试验，2014 年亩产 589.1 千克，比对照并单 6 号增产 11.0%，2015 年亩产 552.9 千克，比对照德美亚 1 号增产 10.7%，两年平均亩产 591.0 千克，比对照增产 10.9%。2016 年生产试验，平均亩产 560.3 千克，比对照增产 11.5%。

栽培技术要点：适宜播期 4 月下旬至 5 月上旬；亩留苗 4500～5000 株；亩底施复合肥 40 千克、农家肥 2000 千克、追施尿素 15～20 千克；注意防治苗期病虫害及丝黑穗病。

适宜种植地区：适宜在山西春播特早熟玉米Ⅰ区种植。

并单 56

审定编号：晋审玉 20170005

选育单位：山西省农业科学院作物科学研究所

品种来源：H11-30×2011-387

特征特性：山西春播特早熟玉米Ⅱ区生育期 121 天左右，比对照并单 16 早 3 天。幼苗第一叶叶鞘紫色，叶尖端尖形，叶缘紫色。株形紧凑，总叶片数 19 片，株高 251 厘米，穗位 82 厘米，雄穗主轴与分枝角度中，侧枝姿态较直，一级分枝 3～5 个，最高位侧枝以上的主轴长约 8～10 厘米，花药黄色，颖壳绿色，花丝绿色。果穗锥型，穗轴红色，穗长 18.9 厘米，穗行 14～16 行，行粒数 38 粒，籽粒黄色，粒型偏马齿型，籽粒顶端黄色，百粒重 35.4 克，出籽率 85.9%。2014 年、2015 年山西农业大学抗病性接种鉴定，感丝黑穗病，中抗大斑病，抗穗腐病。2016 年农业部谷物及制品质量监督检验测试中心(哈尔滨)检测，容重 744 克/升，粗蛋白 8.78%，粗脂肪 3.86%，粗淀粉 74.21%。

产量表现：2014 年、2015 年参加山西春播特早熟玉米Ⅱ区区域试验，2014 年亩产 701.1 千克，比对照并单 16 增产 12.3%，2015 年亩产 671.7 千克，比对照并单 16 增产 9.7%，两年平均亩产 686.4 千克，比对照增产 11.0%。2016 年生产试验，平均亩产 725.3 千克，比对照增产 15.1%。

栽培技术要点：适宜播期 4 月 25 日至 5 月上旬；亩留苗 4000～4200 株；亩施复合肥 50～60 千克、农家肥 1500 千克作底肥，喇叭口期结合浇水亩追施尿素 25～30 千克；注意防治丝黑穗病。

适宜种植地区：适宜在山西春播特早熟玉米Ⅱ区种植。

瑞丰 168

审定编号：晋审玉 20170006

选育单位：翼城县红丰农业科技发展有限公司

品种来源：PM430×HF66

特征特性：山西春播早熟玉米区生育期130天左右，与对照大丰30相当。幼苗第一叶叶鞘深紫色，叶尖端圆至匙形，叶缘紫色。株形半紧凑，总叶片数20片，株高307厘米，穗位104厘米。雄穗主轴与分枝角度中，侧枝姿态轻度下弯，一级分枝4～6个，最高位侧枝以上的主轴长17厘米，花药浅紫色，颖壳绿色，花丝浅紫色。果穗筒型，穗轴红色，穗长20.9厘米，穗行16～18行，行粒数40粒，籽粒黄色，粒型半马齿型，籽粒顶端黄色，百粒重35.9克，出籽率83.7%。2014年、2015年山西农业大学抗病性接种鉴定，感丝黑穗病，中抗大斑病，抗穗腐病，高感茎腐病。2016年农业部谷物及制品质量监督检验测试中心(哈尔滨)检测，容重766克/升，粗蛋白9.90%，粗脂肪3.04%，粗淀粉74.36%。

产量表现：2014年、2015年参加山西春播早熟玉米区区域试验，2014年亩产877.8千克，比对照大丰30增产10.4%，2015年亩产874.4千克，比对照大丰30增产13.0%，两年平均亩产876.1千克，比对照增产11.7%。2016年生产试验，平均亩产912.5千克，比对照增产7.7%。

栽培技术要点：适宜播期4月底至5月初；亩留苗4000～4500株；亩底施复合肥50千克、农家肥2000～3000千克，大喇叭口期结合浇水追施尿素30千克；注意防治丝黑穗病、茎腐病。

适宜种植地区：适宜在山西春播早熟玉米区种植。

太玉968

审定编号：晋审玉20170007

选育单位：山西省农业科学院作物科学研究所、山西中农赛博种业有限公司

品种来源：P001×太9547

特征特性：山西春播早熟玉米区生育期130天左右，与对照大丰30相当。幼苗第一叶叶鞘紫色，叶尖端圆至匙形，叶缘紫色。株形半紧凑，总叶片数20～21片，株高307厘米，穗位106厘米，雄穗主轴与分枝角度小，侧枝姿态直，一级分枝3～4个，最高位侧枝以上的主轴长15厘米，花药浅紫色，颖壳绿色，花丝浅红色。果穗筒型，穗轴红色，穗长20.5厘米，穗行16～18行，行粒数40粒，籽粒黄色，粒型半马齿型，籽粒顶端黄色，百粒重35.0克，出籽率84.0%。2014年、2015年山西农业大学抗病性接种鉴定，感丝黑穗病，中抗大斑病，抗穗腐病，感茎腐病。2016年农业部谷物及制品质量监督检验测试中心(哈尔滨)检测，容重745克/升，粗蛋白8.89%，粗脂肪3.05%，粗淀粉76.42%。

产量表现：2014年、2015年参加山西春播早熟玉米区区域试验，2014年亩产855.3千克，比对照大丰

30 增产 7.5%，2015 年亩产 814.2 千克，比对照大丰 30 增产 11.0%，两年平均亩产 834.8 千克，比对照增产 9.2%。2016 年生产试验，平均亩产 915.7 千克，比对照增产 8.1%。

栽培技术要点：适宜播期 4 月底至 5 月初；亩留苗 3800～4000 株；亩底施复合肥 50 千克、农家肥 2000～3000 千克，大喇叭口期结合浇水追施尿素 25 千克；注意防治丝黑穗病、茎腐病。

适宜种植地区：适宜在山西春播早熟玉米区种植。

松科 706

审定编号：晋审玉 20170008

选育单位：内蒙古利禾农业科技发展有限公司

品种来源：F1616×D6

特征特性：山西早熟玉米区生育期 130 天左右，与对照大丰 30 相当。幼苗第一叶叶鞘紫色，叶尖端圆至匙形，叶缘紫色。株形半紧凑，总叶片数 20 片，株高 312 厘米，穗位 112 厘米，雄穗主轴与分枝角度中等，侧枝姿态直，一级分枝 5～8 个，最高位侧枝以上的主轴长 20 厘米，花药紫色，颖壳绿色，花丝紫色。果穗筒型，穗轴粉色，穗长 19.8 厘米，穗行 16～18 行，行粒数 40 粒，籽粒橘黄色，粒型偏马齿型，籽粒顶端黄色，百粒重 37.0 克，出籽率 82.3%。2014 年、2015 年山西农业大学抗病性接种鉴定，感丝黑穗病，感大斑病，抗穗腐病，高感茎腐病。2016 年农业部谷物及制品质量监督检验测试中心(哈尔滨)检测，容重 752 克/升，粗蛋白 9.51%，粗脂肪 3.65%，粗淀粉 74.19%。

产量表现：2014 年、2015 年参加山西春播早熟玉米区区域试验，2014 年亩产 884.2 千克，比对照大丰 30 增产 9.7%，2015 年亩产 854.4 千克，比对照大丰 30 增产 10.5%，两年平均亩产 869.3 千克，比对照增产 10.1%。2016 年生产试验，平均亩产 919.3 千克，比对照增产 8.1%。

栽培技术要点：适宜播期 4 月底至 5 月初；亩留苗 4500 株左右；亩施种肥二铵 10～15 千克，拔节期追施尿素 20 千克左右；注意防治丝黑穗病、大斑病、茎腐病。

适宜种植地区：适宜在山西春播早熟玉米区种植。

强盛 389

审定编号：晋审玉 20170009

选育单位：山西福盛园科技发展有限公司

品种来源：SS3×东亲 069X

特征特性：山西春播早熟玉米区生育期 130 天左右，与对照大丰 30 相当。幼苗第一叶叶鞘深紫色，叶尖端圆至匙形，叶缘绿色。株形半紧凑，总叶片数 20 片，株高 300 厘米，穗位 105 厘米，雄穗主轴与分枝角度中，侧枝姿态轻度下弯，一级分枝 5～7 个，最高位侧枝以上的主轴长 20～30 厘米，花药黄色，颖壳绿色，花丝红色。果穗筒型，穗轴红色，穗长 19.8 厘米，穗行 16 行左右，行粒数 40 粒，籽粒黄色，粒型半马齿型，籽粒顶端黄色，百粒重 35.4 克，出籽率 84.4%。2014 年、2015 年山西农业大学抗病性接种鉴定，中抗丝黑穗病，中抗大斑病，感穗腐病，高感茎腐病。2016 年农业部谷物及制品质量监督检验测试中心(哈尔滨)检测，容重 752 克/升，粗蛋白 8.70%，粗脂肪 4.08%，粗淀粉 75.40%。

产量表现：2014 年、2015 年参加山西春播早熟玉米区区域试验，2014 年亩产 858.9 千克，比对照大丰 30 增产 8.0%，2015 年亩产 806.6 千克，比对照大丰 30 增产 10.0%，两年平均亩产 832.8 千克，比对照增产 9.0%。2016 年生产试验，平均亩产 875.5 千克，比对照增产 4.0%。

栽培技术要点：适宜播期 4 月末至 5 月初；亩留苗 4000 株左右；亩施底肥磷酸二铵 15～20 千克，拔节期亩追施尿素 10～15 千克；注意防治穗腐病、茎腐病。

适宜种植地区：适宜在山西春播早熟玉米区种植。

优迪 339

审定编号：晋审玉 20170010

选育单位：北京市农林科学院玉米研究中心、吉林省鸿翔农业集团鸿翔种业有限公司

品种来源：L6207×京 92CV

特征特性：山西春播早熟玉米区生育期 130 天左右，与对照大丰 30 相当。幼苗第一叶叶鞘紫色，叶尖端匙形，叶缘紫色。株形半紧凑，总叶片数 19～20 片，株高 304 厘米，穗位 116 厘米，雄穗主轴与分枝角度中，侧枝姿态轻度下弯，一级分枝 4～6 个，最高位侧枝以上的主轴长 15 厘米，花药淡紫色，颖壳绿色，花丝浅红色。果穗筒型，穗轴红色，穗长 19.6 厘米，穗行 16～18 行，行粒数 39 粒，籽粒黄色，粒型半马齿型，籽粒顶端黄色，百粒重 34.6 克，出籽率 83.7%。2014 年、2015 年山西农业大学抗病性接种鉴定，感丝黑穗病，中抗大斑病，中抗穗腐病，感茎腐病。2016 年农业部谷物及制品质量监督检验测试中心(哈尔滨)检测，容重 746 克/升，粗蛋白 9.55%，粗脂肪 3.42%，粗淀粉 76.08%。

产量表现：2014 年、2015 年参加山西春播早熟玉米区区域试验，2014 年亩产 902.2 千克，比对照大丰 30 增产 12.0%，2015 年亩产 797.0 千克，比对照大丰 30 增产 8.7%，两年平均亩产 849.6 千克，比对照增产

10.4%。2016 年生产试验，平均亩产 904.3 千克，比对照增产 7.4%。

栽培技术要点：适宜播期 4 月底至 5 月初；亩留苗 4000～4500 株；亩底施复合肥 50 千克、施农家肥 2000～3000 千克，大喇叭口期结合浇水追施尿素 30 千克；注意防治丝黑穗病、茎腐病。

适宜种植地区：适宜在山西春播早熟玉米区种植。

大德 216

审定编号：晋审玉 20170011

选育单位：北京大德长丰农业生物技术有限公司

品种来源：1024×H340

特征特性：山西春播早熟玉米区生育期 127 天左右，比对照大丰 30 早 3 天。幼苗第一叶叶鞘紫色，叶尖端圆至匙形，叶缘紫色。株形半紧凑，总叶片数 19 片，株高 278 厘米，穗位 95 厘米，雄穗主轴与分枝角度小，侧枝姿态直，一级分枝 5 个，最高位侧枝以上的主轴长 15 厘米，花药浅紫色，颖壳绿色，花丝绿色。果穗筒型，穗轴红色，穗长 19.7 厘米，穗行 14～16 行，行粒数 40 粒，籽粒黄色，粒型半马齿型，籽粒顶端黄色，百粒重 37.4 克，出籽率 85%。2015 年、2016 年山西农业大学抗病性接种鉴定，感丝黑穗病，中抗大斑病，中抗穗腐病，中抗茎腐病。2016 年农业部谷物及制品质量监督检验测试中心(哈尔滨)检测，容重 740 克/升，粗蛋白 8.70%，粗脂肪 3.82%，粗淀粉 74.78%。

产量表现：2015 年、2016 年参加山西春播早熟玉米区区域试验，2015 年亩产 856.5 千克，比对照大丰 30 增产 10.7%，2016 年亩产 856.9 千克，比对照大丰 30 增产 5.4%，两年平均亩产 856.7 千克，比对照增产 8.0%。2016 年生产试验，平均亩产 873.6 千克，比对照增产 3.6%。

栽培技术要点：适宜播期 4 月下旬至 5 月上旬；亩留苗 4000～4500 株；施足底肥，大喇叭口期亩追施氮肥 15～20 千克，适当增施磷钾肥；注意防治丝黑穗病和玉米螟。

适宜种植地区：适宜在山西春播早熟玉米区种植。

强盛 377

审定编号：晋审玉 20170012

选育单位：山西省农业科学院作物科学研究所

品种来源：N577×N133

特征特性：山西春播早熟玉米区生育期130天左右，与对照大丰30相当。幼苗第一叶叶鞘紫色，叶尖端圆形，叶缘黄色。株形半紧凑，总叶片数19～20片，株高299厘米，穗位110厘米，雄穗主轴与分枝角度中，侧枝姿态轻度下弯，一级分枝5个左右，最高位侧枝以上的主轴长31厘米，花药浅紫色，颖壳绿色，花丝淡绿色。果穗筒型，穗轴深红色，穗长19.7厘米，穗行16～18行，行粒数38粒，籽粒黄色，粒型马齿型，籽粒顶端黄色，百粒重36.7克，出籽率85.2%。2013年、2014年山西农业大学抗病性接种鉴定，感丝黑穗病，中抗大斑病，抗穗腐病，中抗茎腐病。2015年农业部谷物及制品质量监督检验测试中心(哈尔滨)检测，容重767克/升，粗蛋白8.68%，粗脂肪4.30%，粗淀粉75.58%。

产量表现：2013年、2014年参加山西春播早熟玉米区区域试验，2013年亩产827.6千克，比对照大丰30增产6.7%，2014年亩产878.9千克，比对照大丰30增产9.1%，两年平均亩产853.3千克，比对照增产7.9%。2015年生产试验，平均亩产784.5千克，比对照增产10.0%。

栽培技术要点：选择中等以上肥力地种植；适宜播期4月下旬至5月上旬；亩留苗3800～4200株；亩底施农家肥2000～3000千克、复合肥50千克，大喇叭口期亩追施尿素30～35千克；注意防治丝黑穗病及地下虫害。

适宜种植地区：适宜在山西春播早熟玉米区种植。

龙生19号

审定编号：晋审玉20170013

选育单位：晋中龙生种业有限公司

品种来源：H-10×6868-2

特征特性：山西春播中晚熟玉米区生育期127天左右，与对照先玉335相当。幼苗第一叶叶鞘紫色，叶尖端圆至匙形，叶缘绿色。株形半紧凑，总叶片数19～21片，株高290厘米，穗位115厘米，雄穗主轴与分枝角度大，侧枝姿态直，一级分枝3～5个，最高位侧枝以上的主轴长26厘米，花药红色，颖壳绿色，花丝绿色。果穗筒型，穗轴红色，穗长21厘米，穗行16～18行，行粒数40粒，籽粒黄色，粒型马齿型，籽粒顶端黄色，百粒重37.3克，出籽率87.5%。2014年、2015年山西农业大学抗病性接种鉴定，感丝黑穗病，中抗大斑病，感穗腐病，中抗茎腐病，感矮花叶病。2016年农业部谷物及制品质量监督检验测试中心(哈尔滨)检测，容重749克/升，粗蛋白10.07%，粗脂肪3.55%，粗淀粉72.63%。

产量表现：2014年、2015年参加山西春播中晚熟玉米区普密组区域试验，2014年亩产909.8千克，比对照先玉335增产6.4%，2015年亩产964.2千克，比对照先玉335增产11.8%，两年平均亩产937.0千克，比对照增产 9.1%。2016 年生产试验，平均亩产 775.9 千克，比对照增产 8.6%。

栽培技术要点：适宜播期 4 月下旬至 5 月上旬；亩留苗 4000 株左右；中后期应适时追肥浇水；注意防治丝黑穗病、穗腐病、矮花叶病。

适宜种植地区：适宜在山西春播中晚熟玉米区种植。

鑫源 88

审定编号：晋审玉 20170014

选育单位：山西亿鑫源农业开发有限公司

品种来源：鑫选 1081×鑫选 283

特征特性：山西春播中晚熟玉米区生育期 130 天左右，比对照先玉 335 晚 3 天。幼苗第一叶叶鞘紫色，叶尖端圆至匙形，叶缘紫色。株形半紧凑，总叶片数 20～21 片，株高 283 厘米，穗位 112 厘米，雄穗主轴与分枝角度大，侧枝姿态轻度下弯，一级分枝 4～5 个，最高位侧枝以上的主轴长 12～15 厘米，花药紫色，颖壳绿色，花丝浅紫色。果穗筒型，穗轴红色，穗长 20.2 厘米，穗行 16～18 行，行粒数 39 粒，籽粒黄色，粒型半马齿型，籽粒顶端黄色，百粒重 33.2 克，出籽率 85.1%。2014 年、2015 年山西农业大学抗病性接种鉴定，中抗丝黑穗病，中抗大斑病，中抗穗腐病，感茎腐病，高抗矮花叶病。2016 年农业部谷物及制品质量监督检验测试中心(哈尔滨)检测，容重 770 克/升，粗蛋白 10.21%，粗脂肪 4.22%，粗淀粉 72.18%。

产量表现：2014 年、2015 年参加山西春播中晚熟玉米区普密组区域试验，2014 年亩产 895.9 千克，比对照先玉 335 增产 4.8%，2015 年亩产 880.5 千克，比对照先玉 335 增产 8.1%，两年平均亩产 888.2 千克，比对照增产 6.4%。2016 年生产试验，平均亩产 762.7 千克，比对照增产 6.7%。

栽培技术要点：适宜播期 4 月下旬；亩留苗 3500～4000 株；亩底施农家肥 2000 千克、复合肥 40 千克，拨节期追施尿素 20～30 千克；注意防治茎腐病。

适宜种植地区：适宜在山西春播中晚熟玉米区种植。

长单 511

审定编号：晋审玉 20170015

选育单位：山西省农业科学院谷子研究所

品种来源：11S145×长 S2

特征特性：山西春播中晚熟玉米区生育期128天左右，比对照先玉335晚1天。幼苗第一叶叶鞘紫色，叶尖端椭圆形，叶缘紫色。株形紧凑，总叶片数18～20片，株高286厘米，穗位105厘米，雄穗主轴与分枝角度小，侧枝姿态直，一级分枝3～5个，最高位侧枝以上的主轴长8～10厘米，花药黄色，颖壳紫色，花丝浅红色。果穗筒型，穗轴红色，穗长20.8厘米，穗行16～18行，行粒数39粒，籽粒黄色，粒型马齿型，籽粒顶端黄色，百粒重36.7克，出籽率83.1%。2014年、2015年山西农业大学抗病性接种鉴定，感丝黑穗病，抗大斑病，中抗穗腐病，抗茎腐病，高抗矮花叶病。2016年农业部谷物及制品质量监督检验测试中心(哈尔滨)检测，容重744克/升，粗蛋白9.79%，粗淀粉74.18%，粗脂肪3.47%。

产量表现：2014年、2015年参加山西春播中晚熟玉米区普密组区域试验，2014年亩产913.1千克，比对照先玉335增产8.4%，2015年亩产860.6千克，比对照先玉335增产6.6%，两年平均亩产886.9千克，比对照增产7.5%。2016年生产试验，平均亩产774.4千克，比对照增产8.0%。

栽培技术要点：适宜播期4月底到5月初；亩留苗4500株左右；注意防治丝黑穗病。

适宜种植地区：适宜在山西春播中晚熟玉米区种植。

晋育1号

审定编号：晋审玉20170016

选育单位：太原一禾农业科技有限公司

品种来源：Z25×HF23-1

特征特性：山西春播中晚熟玉米区生育期128天左右，比对照先玉335晚熟1天。幼苗第一叶叶鞘浅紫色，叶尖端尖至圆形，叶缘浅紫色。株形紧凑，总叶片数20片，株高293厘米，穗位107厘米，雄穗主轴与分枝角度较小，侧枝姿态直，一级分枝3～5个，最高位侧枝以上的主轴长15～20厘米，花药黄色，颖壳绿色，花丝浅紫色。果穗筒型，穗轴红色，穗长20.0厘米，穗行16行左右，行粒数39粒，籽粒黄色，粒型半马齿型，籽粒顶端黄色，百粒重38.5克，出籽率82.7%。2014年、2015年山西农业大学抗病性接种鉴定，感丝黑穗病，感大斑病，感穗腐病，中抗茎腐病，感矮花叶病。2016年农业部谷物及制品质量监督检验测试中心(哈尔滨)检测，容重748克/升，粗蛋白10.54%，粗脂肪3.60%，粗淀粉73.42%。

产量表现：2014年、2015年参加山西春播中晚熟玉米区普密组区域试验，2014年亩产936.0千克，比对照先玉335增产9.5%，2015年亩产916.2千克，比对照先玉335增产6.2%，两年平均亩产926.1千克，比对照增产7.8%。2016年生产试验，平均亩产779.0千克，比对照增产8.3%。

栽培技术要点：适宜播期4月25日至5月10日；亩留苗4000株左右；亩施复合肥40～60千克、农家肥 1000 千克作底肥；苗期蹲苗，喇叭口期结合浇水亩追施尿素 10～20 千克；注意防治丝黑穗病、大斑病、穗腐病、矮花叶病。

适宜种植地区：适宜在山西春播中晚熟玉米区种植。

晋单 90 号

审定编号：晋审玉 20170017

选育单位：山西益田农业科技有限公司、山西省农业科学院农业环境与资源研究所

品种来源：YT33×YT36

特征特性：山西春播中晚熟玉米区生育期 127 天左右，与对照先玉 335 相当。幼苗第一叶叶鞘紫色，叶尖端尖至圆形，叶缘紫色。株形半紧凑，总叶片数 20 片，株高 287 厘米，穗位 103 厘米，雄穗主轴与分枝角度中等，侧枝姿态直，一级分枝 4～6 个，最高位侧枝以上的主轴长 8 厘米，花药黄色，颖壳紫色，花丝紫红色。果穗筒型，穗轴红色，穗长 20.4 厘米，穗行 16～18 行，行粒数 40 粒，籽粒黄色，粒型半马齿型，籽粒顶端黄色，百粒重 35.2 克，出籽率 88.1%。2014 年、2015 年山西农业大学抗病性接种鉴定，抗丝黑穗病，中抗大斑病，抗穗腐病，中抗茎腐病，感矮花叶病。2016 年农业部谷物及制品质量监督检验测试中心(哈尔滨)检测，容重 780 克/升，粗蛋白 11.2%，粗脂肪 3.48%，粗淀粉 73.39%。

产量表现：2014 年、2015 年参加山西春播中晚熟玉米区普密组区域试验，2014 年亩产 895.3 千克，比对照先玉 335 增产 4.7%，2015 年亩产 863.9 千克，比对照先玉 335 增产 6.0%，两年平均亩产 879.6 千克，比对照增产 5.4%。2016 年生产试验，平均亩产 726.5 千克，比对照增产 8.1%。

栽培技术要点：适宜播期 4 月下旬至 5 月中旬；亩留苗 3800～4200 株；拔节、抽雄期及时浇水，拔节始期亩追尿素 30 千克；注意防治矮花叶病和玉米螟。

适宜种植地区：适宜在山西春播中晚熟玉米区种植。

盛玉 688

审定编号：晋审玉 20170018

选育单位：山西省农业科学院现代农业研究中心

品种来源：T0725×T0750

特征特性：山西省中晚熟玉米区生育期 125 天左右，与对照先玉 335 相当。幼苗第一叶叶鞘紫色，叶尖

端圆形，叶缘绿色。株形紧凑，总叶片数21片，株高302厘米，穗位103厘米，雄穗主轴与分枝角度中，侧枝姿态轻度下弯，一级分枝3～5个，最高位侧枝以上的主轴长15～20厘米，花药黄色，颖壳绿色，花丝绿色。果穗筒型，穗轴红色，穗长19.6厘米，穗行16～18行，行粒数41粒，籽粒黄色，粒型半马齿型，籽粒顶端黄色，百粒重35.9克，出籽率87.1%。2014年、2015年山西农业大学抗病性接种鉴定，感丝黑穗病，中抗大斑病，中抗穗腐病，感茎腐病，感矮花叶病。2016年农业部谷物及制品质量监督检验测试中心(哈尔滨)检测，容重735克/升，粗蛋白10.00%，粗脂肪3.72%，粗淀粉72.56%。

产量表现： 2014年、2015年参加山西省中晚熟玉米区普密组区域试验，2014年亩产890.9千克，比对照先玉335增产5.5%，2015年亩产854.9千克，比对照先玉335增产5.9%，两年平均亩产872.9千克，比对照增产5.7%。2016年生产试验，平均亩产785.4千克，比对照增产9.5%。

栽培技术要点： 适宜播期4月末至5月初；亩留苗4000株左右；亩施玉米专用复合肥40～50千克；注意防治丝黑穗病、茎腐病、矮花叶病。

适宜种植地区： 适宜在山西春播中晚熟玉米区种植。

邦农369

审定编号： 晋审玉20170019

选育单位： 山西省农业科学院作物科学研究所

品种来源： H11-114×H11-133

特征特性： 山西春播中晚熟玉米区生育期128天左右，比对照先玉335晚1天。幼苗第一叶叶鞘浅紫色，叶尖端圆至匙形，叶缘绿色。株形紧凑，总叶片数20片，株高287厘米，穗位94厘米，雄穗主轴与分枝角度小，侧枝姿态直，一级分枝3～4个，最高位侧枝以上的主轴长10～12厘米，花药粉色，颖壳绿色，花丝粉红色。果穗筒型，穗轴红色，穗长20.8厘米，穗行16～18行，行粒数39粒，籽粒黄色，马齿型，籽粒顶端黄色，百粒重38.0克，出籽率89%。2014年、2015年山西农业大学抗病性接种鉴定，感丝黑穗病，感大斑病，中抗穗腐病，抗茎腐病，感矮花叶病。2016年农业部谷物及制品质量监督检验测试中心(哈尔滨)检测，容重736克/升，粗蛋白10.49%，粗脂肪3.81%，粗淀粉74.59%。

产量表现： 2014年、2015年参加山西春播中晚熟玉米区普密组区域试验，2014年亩产892.2千克，比对照先玉335增产5.9%，2015年亩产853.3千克，比对照先玉335增产4.7%，两年平均亩产872.8千克，比对照增产5.3%。2016年生产试验，平均亩产726.8千克，比对照增产6.2%。

栽培技术要点： 适宜播期4月下旬至5月上旬；亩留苗4000株左右；亩施复合肥50～60千克、农家肥

1500 千克作为底肥，喇叭口期结合浇水亩追施尿素 25～30 千克；注意防治丝黑穗病、大斑病、矮花叶病。

适宜种植地区：适宜在山西春播中晚熟玉米区种植。

德玉 909

审定编号：晋审玉 20170020

选育单位：灵石德森农业科技开发有限公司

品种来源：LSD91×LSD106

特征特性：山西春播中晚熟玉米区生育期 130 天左右，比对照先玉 335 晚 3 天。幼苗第一叶叶鞘紫色，叶尖端圆至匙形，叶缘绿色。株形半紧凑，总叶片数 21 片，株高 297 厘米，穗位 112 厘米，雄穗主轴与分枝角度大，侧枝姿态中度下弯，一级分枝 6～8 个，最高位侧枝以上的主轴长 8～10 厘米，花药黄色，颖壳黄色，花丝淡红色。果穗筒型，穗轴红色，穗长 20.1 厘米，穗行 18 行左右，行粒数 34 粒，籽粒黄色，粒型马齿型，籽粒顶端黄色，百粒重 41.3 克，出籽率 84.4%。2014 年、2015 年山西农业大学抗病性接种鉴定，抗丝黑穗病，感大斑病，中抗穗腐病，抗茎腐病，高抗矮花叶病。2016 年农业部谷物及制品质量监督检验测试中心(哈尔滨)检测，容重 728 克/升，粗蛋白 10.04%，粗脂肪 4.25%，粗淀粉 72.64%。

产量表现：2014 年、2015 年参加山西春播中晚熟玉米区普密组区域试验，2014 年亩产 885.7 千克，比对照先玉 335 增产 5.1%，2015 年亩产 852.0 千克，比对照先玉 335 增产 4.6%，两年平均亩产 868.9 千克，比对照增产 4.9%。2016 年生产试验，平均亩产 770.1 千克，比对照增产 5.6%。

栽培技术要点：适宜播期 4 月下旬；亩留苗 3800～4000 株；亩施农家肥 2000 千克、复合肥 40 千克，拔节期亩追施氮肥 15～20 千克；注意防治苗期病虫害。

适宜种植地区：适宜在山西春播中晚熟玉米区种植。

禾博士 126

审定编号：晋审玉 20170021

选育单位：河南商都种业有限公司

品种来源：H35×S1101

特征特性：山西春播中晚熟玉米区生育期 128 天左右，比对照先玉 335 晚 1 天。幼苗第一叶叶鞘紫色，叶尖端圆至匙形，叶缘浅紫色。株形半紧凑，总叶片数 19 片，株高 275 厘米，穗位 100 厘米，雄穗主轴与分枝角度中，侧枝姿态直，一级分枝 5～8 个，最高位侧枝以上的主轴长 10 厘米，花药绿色，颖壳青色，花丝浅紫色。果穗筒形，穗轴粉红色，穗长 19.2 厘米，穗行 18 行左右，行粒数 40 粒，籽粒黄色，粒型半马齿型，籽粒顶端淡黄色，百粒重 33.9 克，出籽率 85.2%。2014 年、2015 年山西农业大学抗病性接种鉴定，感丝黑穗病，抗大斑病，抗穗腐病，感茎腐病，感矮花叶病。2016 年农业部谷物及制品质量监督检验测试中心(哈尔滨)检测，容重 745 克/升，粗蛋白 10.37%，粗脂肪 3.64%，粗淀粉 75.11%。

产量表现：2014 年、2015 年参加山西春播中晚熟玉米区普密组区域试验，2014 年亩产 893.0 千克，比对照先玉 335 增产 5.7%，2015 年亩产 841.9 千克，比对照先玉 335 增产 4.3%，两年平均亩产 867.5 千克，比对照增产 5.0%。2016 年生产试验，平均亩产 783.7 千克，比对照增产 8.2%。

栽培技术要点：适宜播期 4 月下旬至 5 月上旬；亩留苗 3500～4000 株；亩底施复合肥 50～60 千克，大喇叭口期亩追施尿素 30～50 千克；注意防治丝黑穗病、茎腐病、矮花叶病。

适宜种植地区：适宜在山西春播中晚熟玉米区种植。

MC278

审定编号：晋审玉 20170022

选育单位：北京市农林科学院玉米研究中心

品种来源：京 X005×京 27

特征特性：山西春播中晚熟玉米区生育期 129 天左右，比对照先玉 335 晚 2 天。幼苗第一叶叶鞘淡紫色，叶尖端尖至圆形，叶缘淡紫色。株形紧凑，总叶片数 21 片，株高 278 厘米，穗位 94 厘米，雄穗主轴与分枝角度中等，侧枝姿态直，一级分枝 5 个，最高位侧枝以上的主轴长 20 厘米，花药淡紫色，颖壳淡紫色，花丝淡紫色。果穗筒型，穗轴红色，穗长 19.6 厘米，穗行 16～18 行，行粒数 41 粒，籽粒黄色，粒型马齿型，籽粒顶端淡黄色，百粒重 34.0 克，出籽率 86.3%。2015 年、2016 年山西农业大学抗病性接种鉴定，感丝黑穗病，抗大斑病，抗穗腐病，高感茎腐病，感矮花叶病。2016 年农业部谷物及制品质量监督检验测试中心(哈尔滨)检测，容重 755 克/升，粗蛋白 10.52%，粗脂肪 3.23%，粗淀粉 74.93%。

产量表现：2015 年、2016 年参加山西春播中晚熟玉米区普密组区域试验，2015 年亩产 819.2 千克，比对照先玉 335 增产 0.5%，2016 年亩产 794.7 千克，比对照先玉 335 增产 4.9%，两年平均亩产 807.0 千克，比对照增产 2.6%。2016 年生产试验，平均亩产 777.3 千克，比对照增产 7.4%。

栽培技术要点：适宜播期 5 月 1 日左右；亩留苗 4500 株左右；注意防治丝黑穗病、茎腐病、矮花叶病。

适宜种植地区：适宜在山西春播中晚熟玉米区种植。

DK193

审定编号：晋审玉 20170023

选育单位：北京中农大康科技开发有限公司

品种来源：A1490×B1543

特征特性：山西春播中晚熟玉米区生育期 129 天左右，比对照先玉 335 晚熟 2 天。幼苗第一叶叶鞘紫色，叶尖端圆至匙形，叶缘绿色。株形紧凑，总叶片数 20 片，株高 315 厘米，穗位 114 厘米，雄穗主轴与分枝角度大，侧枝姿态强烈下弯，一级分枝 3 个，最高位侧枝以上的主轴长 20 厘米，花药淡紫色，颖壳淡紫色，花丝淡紫色。果穗锥型，穗轴红色，穗长 21.0 厘米，穗行 16～18 行，行粒数 39 粒，籽粒黄色，粒型半马齿型，籽粒顶端黄色，百粒重 36.7 克，出籽率 87.1%。2014 年、2015 年山西农业大学抗病性接种鉴定，感丝黑穗病，中抗大斑病，抗穗腐病，中抗茎腐病，感矮花叶病。2016 年农业部谷物及制品质量监督检验测试中心(哈尔滨)检测，容重 764 克/升，粗蛋白 9.44%，粗脂肪 3.37%，粗淀粉 75.20%。

产量表现：2014 年、2015 年参加山西中晚熟玉米区区域试验，2014 年亩产 942.8 千克，比对照先玉 335 增产 5.7%，2015 年亩产 962.0 千克，比对照先玉 335 增产 8.8%，两年平均亩产 952.4 千克，比对照增产 7.2%。2016 年生产试验，平均亩产 884.9 千克，比对照增产 8.9%。

栽培技术要点：选择中等以上肥力地种植；适宜播期 4 月下旬至 5 月上旬；亩留苗 4000～4500 株；施足底肥，大喇叭口期亩追施尿素 25 千克；注意防治地下害虫及丝黑穗病、矮花叶病。

适宜种植地区：适宜在山西春播中晚熟玉米区种植。

华美玉 336

审定编号：晋审玉 20170024

选育单位：河北华茂种业有限公司

品种来源：DH11-1150×DH11-1265

特征特性：山西春播中晚熟玉米区生育期 128 天左右，比对照先玉 335 晚 1 天。幼苗第一叶叶鞘浅紫色，叶尖端圆至匙形，叶缘绿色。株形半紧凑，总叶片数 20 片，株高 312 厘米，穗位 112 厘米，雄穗主轴与分枝角度小，侧枝姿态直，一级分枝 3～5 个，最高位侧枝以上的主轴长 15～18 厘米，花药黄色，颖壳绿色，花丝粉红色。果穗筒型，穗轴红色，穗长 19.1 厘米，穗行 16～18 行，行粒数 38 粒，籽粒黄色，粒型半马齿型，籽粒顶端黄色，百粒重 39.6 克，出籽率 89.0%。2014 年、2015 年山西农业大学抗病性接种鉴定，抗丝黑穗病，中抗大斑病，感穗腐病，感茎腐病，中抗矮花叶病。2016 年农业部谷物及制品质量监督检验测试中心(哈尔滨)检测，容重 768 克/升，粗蛋白 10.79%，粗脂肪 3.65%，粗淀粉 73.41%。

产量表现：2014 年、2015 年参加山西春播中晚熟玉米区耐密组区域试验，2014 年亩产 976.7 千克，比对照先玉 335 增产 8.2%，2015 年亩产 945.2 千克，比对照先玉 335 增产 8.5%，两年平均亩产 960.9 千克，比对照增产 8.3%。2016 年生产试验，平均亩产 889.2 千克，比对照增产 9.1%。

栽培技术要点：适宜播期 4 月下旬至 5 月上旬；亩留苗 4500 株左右；亩施农家肥 1500 千克或复合肥 40 千克作底肥，喇叭口期结合浇水亩追施尿素 25～30 千克；注意防治穗腐病、茎腐病。

适宜种植地区：适宜在山西春播中晚熟玉米区种植。

德育丰 568

审定编号：晋审玉 20170025

选育单位：山西德育丰农业科技有限公司

品种来源：H101×H65-2

特征特性：山西省中晚熟玉米区生育期 127 天左右，与对照先玉 335 相当。幼苗第一叶叶鞘浅紫色，叶尖端尖至圆形，叶缘浅紫色。株形紧凑，总叶片数 20 片，株高 311 厘米，穗位 114 厘米，雄穗主轴与分枝角度小，侧枝姿态直，一级分枝 3～5 个，最高位侧枝以上的主轴长 12～15 厘米，花药浅紫色，颖壳绿色，花丝浅紫色。果穗筒型，穗轴红色，穗长 18.9 厘米，穗行 16～18 行，行粒数 38 粒，籽粒黄色，粒型半马齿型，籽粒顶端黄色，百粒重 36.7 克，出籽率 87.6%。2014 年、2015 年山西农业大学抗病性接种鉴定，抗丝黑穗病，中抗大斑病，中抗穗腐病，高感茎腐病，感矮花叶病。2016 年农业部谷物及制品质量监督检验测试中心(哈尔滨)检测，容重 782 克/升，粗蛋白 10.27%，粗脂肪 4.57%，粗淀粉 72.44%。

产量表现：2014 年、2015 年参加山西春播中晚熟玉米区耐密组区域试验，2014 年亩产 984.1 千克，比对照先玉 335 增产 9.1%，2015 年亩产 943.0 千克，比对照先玉 335 增产 8.3%，两年平均亩产 963.6 千克，比对照增产 8.7%。2016 年生产试验，平均亩产 898.0 千克，比对照增产 8.5%。

栽培技术要点：适宜播期 4 月 25 日至 5 月 10 日；亩留苗 4000 株左右；亩施复合肥 40～60 千克、农家肥 1000 千克作底肥；喇叭口期结合浇水亩追施尿素 10～20 千克；注意防治茎腐病、矮花叶病。

适宜种植地区：适宜在山西春播中晚熟玉米区种植。

恒玉1号

审定编号： 晋审玉20170026

选育单位： 山西恒玉种业科技有限公司

品种来源： 3A黄×6868-1

特征特性： 山西春播中晚熟玉米区生育期129天左右，比对照先玉335晚2天。幼苗第一叶叶鞘紫色，叶尖端匙形，叶缘绿色。株形紧凑，总叶片数21片，株高307厘米，穗位114厘米，雄穗主轴与分枝角度中，侧枝姿态直，一级分枝4～6个，最高位侧枝以上的主轴长8～10厘米，花药粉色，颖壳绿色，花丝绿色。果穗筒型，穗轴红色，穗长19.8厘米，穗行16～18行，行粒数39粒，籽粒黄色，粒型马齿型，籽粒顶端黄色，百粒重39.2克，出籽率87.8%。2014年、2015年山西农业大学抗病性接种鉴定，感丝黑穗病，中抗大斑病，抗穗腐病，感茎腐病，抗矮花叶病。2016年农业部谷物及制品质量监督检验测试中心(哈尔滨)检测，容重742克/升，粗蛋白10.93%，粗脂肪3.22%，粗淀粉74.21%。

产量表现： 2014年、2015年参加山西春播中晚熟玉米区耐密组区域试验，2014年亩产963.8千克，比对照先玉335增产8.1%，2015年亩产951.3千克，比对照先玉335增产7.6%，两年平均亩产957.6千克，比对照增产7.9%。2016年生产试验，平均亩产883.6千克，比对照增产8.6%。

栽培技术要点： 适宜播期4月下旬至5月上旬；亩留苗4000株左右；中后期应适时追肥浇水；注意防治丝黑穗病、茎腐病。

适宜种植地区： 适宜在山西春播中晚熟玉米区种植。

瑞普909

审定编号： 晋审玉20170027

选育单位： 山西省农业科学院玉米研究所

品种来源： RP86×RP06

特征特性： 山西春播中晚熟玉米区生育期129天左右，比对照先玉335晚2天。幼苗第一叶叶鞘紫色，叶尖端尖至圆形，叶缘紫色。株形半紧凑，总叶片数21片，株高290厘米，穗位105厘米，雄穗主轴与分枝角度中，侧枝姿态中度下弯，一级分枝5～6个，最高位侧枝以上的主轴长25～28厘米，花药黄绿色，颖壳浅绿色，花丝浅粉色。果穗筒型，穗轴粉色，穗长19.8厘米，穗行18行左右，行粒数38粒，籽粒黄色，粒型偏马齿型，籽粒顶端黄色，百粒重35.8克，出籽率87.7%。2014年、2015年山西农业大学抗病性接种鉴定，感丝黑穗病，中抗大斑病，中抗穗腐病，感茎腐病，中抗矮花叶病。2016 年农业部谷物及制品质量监督检验测试中心(哈尔滨)检测，容重 742 克/升，粗蛋白 10.10%，粗脂肪 3.57%，粗淀粉 74.04%。

产量表现： 2014 年、2015 年参加山西春播中晚熟玉米区耐密组区域试验，2014 年亩产 960.6 千克，比对照先玉 335 增产 6.5%，2015 年亩产 898.8 千克，比对照先玉 335 增产 7.3%，两年平均亩产 929.7 千克，比对照增产 6.9%。2016 年生产试验，平均亩产 885.4 千克，比对照增产 8.9%。

栽培技术要点： 适宜播期 4 月下旬至 5 月上旬；亩留苗 4000～4500 株；亩底施硝酸磷肥 40 千克、追施尿素 20 千克；注意防治丝黑穗病和茎腐病。

适宜种植地区： 适宜在山西春播中晚熟玉米区种植。

品玉 188

审定编号： 晋审玉 20170028

选育单位： 山西省农业科学院农作物品种资源研究所、山西中农坤玉种业有限公司

品种来源： PY1016×金 9872-8

特征特性： 山西春播中晚熟玉米区生育期 129 天左右，比对照先玉 335 晚 2 天。幼苗第一叶叶鞘紫色，叶尖端圆至匙形，叶缘紫色。株形半紧凑，总叶片数 20 片，株高 301 厘米，穗位 120 厘米，雄穗主轴与分枝角度中，侧枝姿态直，一级分枝 4～5 个，最高位侧枝以上的主轴长 8～10 厘米，花药黄色，颖壳绿色，花丝淡紫色。果穗筒型，穗轴红色，穗长 18.5 厘米，穗行 18 行左右，行粒数 39 粒，籽粒黄色，粒型马齿型，籽粒顶端黄色，百粒重 36.0 克，出籽率 87.7%。2014 年、2015 年山西农业大学抗病性接种鉴定，中抗丝黑穗病，中抗大斑病，抗穗腐病，感茎腐病，高抗矮花叶病。2016 年农业部谷物及制品质量监督检验测试中心(哈尔滨)检测，容重 731 克/升，粗蛋白 11.44%，粗脂肪 4.46%，粗淀粉 72.12%。

产量表现： 2014 年、2015 年参加山西春播中晚熟玉米区耐密组区域试验，2014 年亩产 938.8 千克，比对照先玉 335 增产 5.3%，2015 年亩产 930.6 千克，比对照先玉 335 增产 6.9%，两年平均亩产 934.7 千克，比对照增产 6.1%。2016 生产试验，平均亩产 893.4 千克，比对照增产 10.3%。

栽培技术要点： 选择中等以上肥力地种植；适宜播期 4 月下旬；亩留苗 4000～4500 株；亩施农家肥 2000 千克、复合肥 40 千克作底肥，拔节期亩追施尿素 15～20 千克；注意防治茎腐病。

适宜种植地区： 适宜在山西春播中晚熟玉米区种植。

丹玉 336

审定编号：晋审玉 20170029

选育单位：辽宁丹玉种业科技股份有限公司

品种来源：丹 3142×丹 3140

特征特性：山西春播中晚熟玉米区生育期 130 天左右，比对照先玉 335 晚 3 天。幼苗第一叶叶鞘紫色，叶尖端尖至圆形，叶缘紫色。株形半紧凑，总叶片数 21 片，株高 318 厘米，穗位 131 厘米，雄穗主轴与分枝角度小，侧枝姿态轻度下弯，一级分枝 2 个，最高位侧枝以上的主轴长 10 厘米，花药绿色，颖壳紫色，花丝红色。果穗筒型，穗轴红色，穗长 19.7 厘米，穗行 16～18 行，行粒数 40 粒，籽粒黄色，粒型半马齿型，籽粒顶端黄色，百粒重 35.8 克，出籽率 86.5%。2014 年、2015 年山西农业大学抗病性接种鉴定，感丝黑穗病，中抗大斑病，中抗穗腐病，感茎基腐病，高感矮花叶病。2016 年农业部谷物及制品质量监督检验测试中心(哈尔滨)检测，容重 756 克/升，粗蛋白 9.67%，粗脂肪 4.44%，粗淀粉 72.82%。

产量表现：2014 年、2015 年参加山西春播中晚熟玉米区耐密组区域试验，2014 年亩产 971.8 千克，比对照先玉 335 增产 7.7%，2015 年亩产 894.1 千克，比对照先玉 335 增产 6.8%，两年平均亩产 933.0 千克，比对照增产 7.3%。2016 年生产试验，平均亩产 884.1 千克，比对照增产 8.5%。

栽培技术要点：选择中上等肥力地种植；适宜播期 4 月下旬至 5 月上旬；亩留苗 4000～4500 株；亩施农家肥 2000 千克以上，硫酸钾 10 千克，磷酸二铵 15 千克，大喇叭口期亩追施尿素 25～30 千克；注意防治丝黑穗病、茎腐病、矮花叶病。

适宜种植地区：适宜在山西春播中晚熟玉米区种植。

先达 602

审定编号：晋审玉 20170030

选育单位：先正达（中国）投资有限公司隆化分公司

品种来源：NP2357×N7017

特征特性：山西春播中晚熟玉米区生育期 130 天左右，比对照先玉 335 晚 3 天。幼苗第一叶叶鞘紫色，叶尖端尖至圆形，叶缘紫色。株形半紧凑，总叶片数 21 片，株高 303 厘米，穗位 108 厘米，雄穗主轴与分枝角度小，侧枝姿态直，一级分枝 4～7 个，最高位侧枝以上的主轴长 27 厘米，花药浅紫色，颖壳绿色，花丝浅紫色。果穗筒型，穗轴红色，穗长 18.4 厘米，穗行 16～18 行，行粒数 37 粒，籽粒黄色，粒型马齿型，籽粒顶端淡黄色，百粒重 38.0 克，出籽率 87.2%。2014 年、2015 年山西农业大学抗病性接种鉴定，感丝黑穗病，感大斑病，中抗穗腐病，中抗茎腐病，中抗矮花叶病。2016 年农业部谷物及制品质量监督检验测试中心(哈尔滨)检测，容重 722 克/升，粗蛋白 10.19%，粗脂肪 4.88%，粗淀粉 71.3%。

产量表现：2014 年、2015 年参加山西春播中晚熟玉米区耐密组区域试验，2014 年亩产 967.4 千克，比对照先玉 335 增产 7.2%，2015 年亩产 888.4 千克，比对照先玉 335 增产 6.1%，两年平均亩产 927.9 千克，比对照增产 6.7%。2016 年生产试验，平均亩产 879.1 千克，比对照增产 9.4%。

栽培技术要点：适宜播期 4 月中下旬至 5 月初；亩留苗 4500 株左右；亩底施磷酸二铵 20 千克或三元复合肥 15 千克，大喇叭口期追施尿素 25 千克；注意防治丝黑穗病、大斑病。

适宜种植地区：适宜在山西春播中晚熟玉米区种植。

鑫玉 168

审定编号：晋审玉 20170031

选育单位：山西鑫农奥利种业有限公司

品种来源：鑫系 0911×鑫系 1098

特征特性：山西春播中晚熟玉米区生育期 128 天左右，比对照先玉 335 晚 1 天。幼苗第一叶叶鞘紫红色，叶尖端匙形，叶缘紫红。株形半紧凑，总叶片数 19 片，株高 296 厘米，穗位 108 厘米，雄穗主轴与分枝角度中，侧枝姿态直，一级分枝 3～5 个，最高位侧枝以上的主轴长 25 厘米，花药紫红色，颖壳绿间紫红色，花丝红色。果穗筒型，穗轴红色，穗长 19.6 厘米，穗行 16 行左右，行粒数 38 粒，籽粒橘黄色，粒型半马齿型，籽粒顶端橘黄色，百粒重 37.9 克，出籽率 87.4%。2014 年、2015 年山西农业大学抗病性接种鉴定，中抗丝黑穗病，中抗大斑病，中抗穗腐病，高感茎腐病，抗矮花叶病。2016 年农业部谷物及制品质量监督检验测试中心(哈尔滨)检测，容重 736 克/升，粗蛋白 9.79%，粗脂肪 3.93%，粗淀粉 73.07%。

产量表现：2014 年、2015 年参加山西春播中晚熟玉米区耐密组区域试验，2014 年亩产 943.3 千克，比对照先玉 335 增产 5.8%，2015 年亩产 929.8 千克，比对照先玉 335 增产 5.1%，两年平均亩产 936.6 千克，比对照增产 5.5%。2016 年生产试验，平均亩产 890.7 千克，比对照增产 9.7%。

栽培技术要点：选择中等以上肥力地种植；适宜播期 4 月中下旬；亩留苗 4500 株左右；亩施玉米专用复合肥 50 千克，大喇叭口期亩施尿素 20 千克；注意防治茎腐病。

适宜种植地区：适宜在山西春播中晚熟玉米区种植。

金科玉 3306

审定编号： 晋审玉 20170032

选育单位： 榆林市金日种业有限责任公司

品种来源： N16082×X1267

特征特性： 山西春播中晚熟玉米区生育期 128 天左右，比对照先玉 335 晚 1 天。幼苗第一叶叶鞘深紫色，叶尖端尖至圆形，叶缘紫色。株形半紧凑，总叶片数 20 片，株高 292 厘米，穗位 115 厘米，雄穗主轴与分枝角度中，侧枝姿态直，一级分枝 8～11 个，最高位侧枝以上的主轴长 22.7 厘米，花药浅紫色，颖壳紫色，花丝由淡黄转红色。果穗中间型，穗轴红色，穗长 18.4 厘米，穗行 18 行左右，行粒数 37 粒，籽粒黄色，粒型半马齿型，籽粒顶端橘黄色，百粒重 35.7 克，出籽率 88.9%。2015 年、2016 年山西农业大学抗病性接种鉴定，中抗丝黑穗病，高抗大斑病，中抗穗腐病，抗茎腐病，抗矮花叶病。2016 年农业部谷物及制品质量监督检验测试中心(哈尔滨)检测，容重 745 克/升，粗蛋白 9.94%，粗脂肪 4.41%，粗淀粉 73.03%。

产量表现： 2015 年、2016 年参加山西春播中晚熟玉米区耐密组区域试验，2015 年亩产 918.4 千克，比对照先玉 335 增产 9.7%，2016 年亩产 964.4 千克，比对照先玉 335 增产 9.1%，两年平均亩产 941.4 千克，比对照增产 9.4%。2016 年生产试验，平均亩产 878.5 千克，比对照增产 8.9%。

栽培技术要点： 适宜播期 4 月下旬；亩留苗 4000～4800 株；亩施优质农家肥 3000～4000 千克，拔节期追尿素 20～30 千克。

适宜种植地区： 适宜在山西春播中晚熟玉米区种植。

中航 102

审定编号： 晋审玉 20170033

选育单位： 北京华奥农科玉育种开发有限责任公司

品种来源： GD017×H701

特征特性： 山西春播玉米区生育期 129 天左右，比对照利民 33 晚 2 天。幼苗第一叶叶鞘紫色，叶尖端圆至匙形，叶缘紫色。株形紧凑，总叶片数 19 片，株高 282 厘米，穗位 110 厘米，雄穗主轴与分枝角度小，侧枝姿态直，一级分枝 6 个，最高位侧枝以上的主轴长 25 厘米，花药紫色，颖壳绿色，花丝浅紫色。果穗筒型，穗轴红色，穗长 19.5 厘米，穗行 16 行，行粒数 41 粒，籽粒黄色，粒型半马齿型，籽粒顶端淡黄色，百粒重 32.7 克，出籽率 87.2%。2014 年、2015 年山西农业大学抗病性接种鉴定，高抗丝黑穗病，中抗大斑病，感穗腐病，抗茎腐病，感矮花叶病。2016年农业部谷物及制品质量监督检验测试中心(哈尔滨)检测，容重758克/升，粗蛋白8.40%，粗脂肪4.15%，粗淀粉75.95%。

产量表现：2014年、2015年参加山西春播中熟高密组玉米区域试验，2014年亩产1046.8千克，比对照利民33增产7.7%，2015年亩产1014.7千克，比对照利民33增产13.8%，两年平均亩产1030.8千克，比对照增产10.6%。2016年生产试验，平均亩产964.9千克，比对照增产13.1%。

栽培技术要点：适宜播期4月中下旬至5月上旬；亩留苗5500株左右；注意防治穗腐病、矮花叶病。

适宜种植地区：适宜在山西中北部盆地玉米区种植。

北青320

审定编号：晋审玉20170034

选育单位：郑州北青种业有限公司

品种来源：BQ12-4×JG62

特征特性：山西南部复播玉米区生育期103天左右，与对照郑单958相当。幼苗第一叶叶鞘紫色，叶尖端尖至圆形，叶缘淡紫色。株形半紧凑，总叶片数21片，株高280厘米，穗位109厘米，雄穗主轴与分枝角度中，侧枝姿态直，一级分枝6个，最高位侧枝以上的主轴长30厘米，花药淡紫色，颖壳淡紫色，花丝淡紫色。果穗筒型，穗轴红色，穗长18.4厘米，穗行16行左右，行粒数36粒，籽粒黄色，粒型半马齿型，籽粒顶端淡黄色，百粒重32.0克，出籽率86.3%。2014年、2015年山西农业大学抗病性接种鉴定，抗穗腐病，感茎腐病，感矮花叶病。2016年农业部谷物及制品质量监督检验测试中心(哈尔滨)检测，容重747克/升，粗蛋白10.44%，粗脂肪3.15%，粗淀粉75.87%。

产量表现：2014年、2015年参加山西南部复播区玉米区区域试验，2014年亩产680千克，比对照郑单958增产7.2%，2015年亩产751.7千克，比对照郑单958增产13.9%，两年平均亩产715.9千克，比对照增产10.6%。2016年生产试验，平均亩产724.6千克，比对照增产9.4%。

栽培技术要点：适宜播期6月10日左右；亩留苗4000株左右；注意防治茎腐病。

适宜种植地区：适宜在山西南部复播玉米区种植。

丰乐109

审定编号：晋审玉20170035

选育单位：合肥丰乐种业股份有限公司

品种来源：F101-2×PM1

特征特性：山西南部复播玉米区生育期 103 天左右，与对照郑单 958 相当。幼苗第一叶叶鞘浅紫色，叶尖端圆至匙形，叶缘绿色。株形紧凑，总叶片数 19 片，株高 266 厘米，穗位 92 厘米，雄穗主轴与分枝角度中，侧枝姿态直，一级分枝 3～5 个，最高位侧枝以上的主轴长 25 厘米，花药紫色，颖壳浅紫色，花丝浅紫色。果穗筒型，穗轴红色，穗长 18.2 厘米，穗行 16～18 行，行粒数 34 粒，籽粒黄色，粒型半马齿型，籽粒顶端橘黄色，百粒重 30.5 克，出籽率 84.9%。2014 年、2015 年山西农业大学抗病性接种鉴定，抗穗腐病，感茎腐病，感矮花叶病。2016 年农业部谷物及制品质量监督检验测试中心(哈尔滨)检测，容重 762 克/升，粗蛋白 9.54%，粗脂肪 3.72%，粗淀粉 74.71%。

产量表现：2014 年、2015 年参加山西南部复播玉米区区域试验，2014 年亩产 736.5 千克，比对照郑单 958 增产 10.7%，2015 年亩产 802.8 千克，比对照郑单 958 增产 12.2%,两年平均亩产 769.7 千克，比对照增产 11.5%。2016 年生产试验，平均亩产 710.5 千克，比对照增产 7.3%。

栽培技术要点：选择中等以上肥力地种植；适宜播期 6 月上中旬；亩留苗 4000～4500 株；施足底肥，大喇叭口期亩追施尿素 20～30 千克；注意防治茎腐病、矮花叶病。

适宜种植地区：适宜在山西南部复播玉米区种植。

九圣禾 2468

审定编号：晋审玉 20170036

选育单位：山西省农业科学院棉花研究所、九圣禾种业股份有限公司

品种来源：运系 Z24×JH49

特征特性：山西南部复播玉米区生育期 104 天左右，比对照郑单 958 晚 1 天。幼苗第一叶叶鞘红色，叶尖端到圆形，叶缘绿色。株形紧凑，总叶片数 19 片，株高 266 厘米，穗位 100 厘米，雄穗主轴与分枝角度中，侧枝姿态下弯，一级分枝 12 个，最高位侧枝以上的主轴长 10 厘米，花药紫色，颖壳紫色，花丝浅紫色。果穗筒型，穗轴红色，穗长 17.8 厘米，穗行 16～18 行，行粒数 35 粒，籽粒黄色，粒型半马齿型，籽粒顶端黄色，百粒重 30.7 克，出籽率 83.3%。2014 年、2015 年山西农业大学抗病性接种鉴定，抗穗腐病，中抗茎腐病，高抗矮花叶病。2016 年农业部谷物及制品质量监督检验测试中心(哈尔滨)检测，容重 738 克/升，粗蛋白 10.70%，粗脂肪 3.73%，粗淀粉 72.21%。

产量表现：2014 年、2015 年参加山西南部夏播玉米区区域试验，2014 年亩产 689.2 千克，比对照郑单

958 增产 8.7%，2015 年亩产 735.2 千克，比对照郑单 958 增产 11.4%，两年平均亩产 712.2 千克，比对照增产 10.05%。2016 年生产试验，平均亩产 714.9 千克，比对照郑单 958 增产 7.9%。

栽培技术要点：适宜播期 6 月上旬；亩留苗 4500～5000 株；亩施农家肥 2000～3000 千克、复合肥 35 千克做底肥，大喇叭口期追施尿素 25 千克或播前一次性施玉米专用肥 50 千克。

适宜种植地区：适宜在山西南部复播玉米区种植。

先玉 042

审定编号：晋审玉 20170037

选育单位：铁岭先锋种子研究有限公司

品种来源：PH1DP2×PH11VR

特征特性：山西南部复播玉米区生育期 101 天左右，比对照郑单 958 早 2 天。幼苗第一叶叶鞘紫色，叶尖端圆至匙形，叶缘红绿色。株形紧凑，总叶片数 20 片，株高 295 厘米，穗位 110 厘米，雄穗主轴与分枝角度小，侧枝姿态直，一级分枝 5～10 个，最高位侧枝以上的主轴长 30.9 厘米，花药绿色，颖壳绿色，花丝绿色。果穗筒型，穗轴红色，穗长 19.3 厘米，穗行 16～18 行，行粒数 34 粒，籽粒黄色，粒型半马齿型，籽粒顶端黄色，百粒重 30.9 克，出籽率 86.5%。2014 年、2015 年山西农业大学抗病性接种鉴定，抗穗腐病，高感茎腐病，感矮花叶病。2016 年农业部谷物及制品质量监督检验测试中心(哈尔滨)检测，容重 762 克/升，粗蛋白 9.92%，粗脂肪 3.99%，粗淀粉 74.54%。

产量表现：2014 年、2015 年参加山西南部复播玉米区区域试验，2014 年亩产 716.7 千克，比对照郑单 958 增产 13.0%，2015 年亩产 749.7 千克，比对照郑单 958 增产 10.7%，两年平均亩产 733.2 千克，比对照增产 11.8%。2016 年生产试验，平均亩产 706.9 千克，比对照增产 6.9%。

栽培技术要点：选择中等以上肥力地种植；适宜播期 6 月上中旬；亩留苗 4000～4500 株；亩施复合肥或硝酸磷肥 50 千克，大喇叭口期追施尿素 30 千克；注意防治茎腐病、矮花叶病。

适宜种植地区：适宜在山西南部复播玉米区种植。

华玉 68

审定编号：晋审玉 20170038

选育单位：山西华科种业有限公司

品种来源：W2m×Hx06-198

特征特性：山西南部复播玉米区生育期 103 天左右，与对照郑单 958 相当。幼苗第一叶叶鞘紫色，叶尖端匙形，叶缘紫色。株形半紧凑，总叶片数 22 片，株高 243 厘米，穗位 102 厘米，雄穗主轴与分枝角度中，侧枝姿态轻度下弯，一级分枝 7～9 个，最高位侧枝以上的主轴长 19 厘米，花药浅紫色，颖壳紫绿色，花丝紫色。果穗筒型，穗轴红色，穗长 17.9 厘米，穗行 16～18 行，行粒数 35 粒，籽粒黄色，粒型半马齿型，籽粒顶端橘黄色，百粒重 38.9 克，出籽率 83.2%。2014 年、2015 年山西农业大学抗病性接种鉴定，抗穗腐病，中抗茎腐病，高抗矮花叶病。2016 年农业部谷物及制品质量监督检验测试中心(哈尔滨)检测，容重 752 克/升，粗蛋白 10.03%，粗脂肪 3.93%，粗淀粉 74.22%。

产量表现：2014 年、2015 年参加山西南部复播玉米区区域试验，2014 年亩产 678.1 千克，比对照郑单 958 增产 8.5%，2015 年亩产 734.6 千克，比对照郑单 958 增产 8.4%，两年平均亩产 706.4 千克，比对照增产 8.5%。2016 年生产试验，平均亩产 712.6 千克，比对照增产 7.8%。

栽培技术要点：适宜播期 6 月上中旬；亩留苗 4000～4200 株；增施有机肥，注重氮、磷、钾肥配合。

适宜种植地区：适宜在山西南部复播玉米区种植。

沃单 818

审定编号：晋审玉 20170039

选育单位：河北沃育农业科技有限公司

品种来源：58191×2237

特征特性：山西南部复播玉米区生育期 103 天左右，与对照郑单 958 相当。幼苗第一叶叶鞘紫色，叶尖端尖至圆形，叶缘绿色。株形紧凑，总叶片数 20 片，株高 230 厘米，穗位 94 厘米，雄穗主轴与分枝角度小，侧枝姿态轻度下弯，一级分枝 8～12 个，最高位侧枝以上的主轴长 8 厘米，花药浅红色，颖壳绿色，花丝红色。果穗筒型，穗轴白色，穗长 17.6 厘米，穗行 14～16 行，行粒数 33 粒，籽粒黄色，粒型半马齿型，籽粒顶端黄色，百粒重 35.3 克，出籽率 84.1%。2014 年、2015 年山西农业大学抗病性接种鉴定，抗穗腐病，中抗茎腐病，高抗矮花叶病。2016 年农业部谷物及制品质量监督检验测试中心(哈尔滨)检测，容重 745 克/升，粗蛋白 8.70%，粗脂肪 4.01%，粗淀粉 76.42%。

产量表现：2014 年、2015 年参加山西南部复播玉米区区域试验，2014 年亩产 670.3 千克，比对照郑单 958 增产 7.2%，2015 年亩产 731.3 千克，比对照郑单 958 增产 8.0%，两年平均亩产 700.8 千克，比对照增产 7.6%。2016 年生产试验，平均亩产 694.0 千克，比对照增产 6.4%。

栽培技术要点：适宜播期6月上中旬；亩留苗4500株；大喇叭口期、灌浆期亩追施尿素15千克、25千克。

适宜种植地区：适宜在山西南部复播玉米区种植。

龙生306

审定编号：晋审玉20170040

选育单位：山西省农业科学院玉米研究所

品种来源：295-1×D2g

特征特性：山西南部复播玉米区生育期103天左右，与对照郑单958相当。幼苗第一叶叶鞘浅紫色，叶尖端圆至匙形，叶缘绿色。株形紧凑，总叶片数20片，株高275厘米，穗位114厘米，雄穗主轴与分枝角度中，侧枝姿态中度下弯，一级分枝6个，最高位侧枝以上的主轴长7厘米，花药黄色，颖壳浅紫色，花丝浅粉色。果穗筒型，穗轴红色，穗长18.1厘米，穗行16行，行粒数36粒，籽粒黄色，粒型半马齿型，籽粒顶端淡黄色，百粒重28.5克，出籽率83.1%。2014年、2015年山西农业大学抗病性接种鉴定，抗穗腐病，感茎腐病，抗矮花叶病。2016年农业部谷物及制品质量监督检验测试中心(哈尔滨)检测，容重767克/升，粗蛋白9.30%，粗脂肪3.26%，粗淀粉75.61%。

产量表现：2014年、2015年参加山西南部复播玉米区区域试验，2014年亩产686.8千克，比对照郑单958增产8.3%，2015年亩产696.2千克，比对照郑单958增产5.5%，两年平均亩产691.5千克，比对照增产6.9%。2016年生产试验，平均亩产671.2千克，比对照增产2.9%。

栽培技术要点：适宜播期6月上中旬；亩留苗4000～4500株；亩施用优质缓释复合肥30～40千克作底肥，追施尿素15～20千克；注意防治茎腐病。

适宜种植地区：适宜在山西南部复播玉米区种植。

沃科华德9号

审定编号：晋审玉20170041

选育单位：翼城县红丰农业科技发展有限公司

品种来源：D7932×F1534

特征特性：山西南部复播玉米区生育期103天左右，与对照郑单958相当。幼苗第一叶叶鞘紫色，叶尖端圆至匙形，叶缘浅紫色。株形紧凑，总叶片数 20 片，株高 288 厘米，穗位 116 厘米，雄穗主轴与分枝角度小到中，侧枝姿态直，一级分枝 6.3 个，最高位侧枝以上的主轴长 26.7 厘米，花药紫色，颖壳紫色，花丝浅紫色。果穗筒型，穗轴红色，穗长 18.6 厘米，穗行 16～18 行，行粒数 35 粒，籽粒黄色，粒型半马齿型，籽粒顶端黄色，百粒重 31.7 克，出籽率 85.6%。2013 年、2014 年山西农业大学抗病性接种鉴定，抗穗腐病，感茎腐病，高抗矮花叶病。2016 年农业部谷物及制品质量监督检验测试中心(哈尔滨)检测，容重 743 克/升，粗蛋白 8.91%，粗脂肪 3.09%，粗淀粉 76.13%。

产量表现：2013 年、2014 年参加山西南部复播玉米区区域试验，2013 年亩产 737.0 千克，比对照郑单 958 增产 9.4%，2014 年亩产 683.3 千克，比对照郑单 958 增产 7.7%，两年平均亩产 710.1 千克，比对照增产 8.6%。2016 年生产试验，平均亩产 719.3 千克，比对照增产 8.8%。

栽培技术要点：适宜播期 6 月上中旬；亩留苗 4200～4500 株；亩施优质农家肥 3000～4000 千克，拔节期追施尿素 20～30 千克；注意防治茎腐病。

适宜种植地区：适宜在山西南部复播玉米区种植。

先玉 1266

审定编号：晋审玉 20170042

选育单位：铁岭先锋种子研究有限公司

品种来源：PH1CPS×PH1N2F

特征特性：山西南部复播玉米区生育期 102 天左右，比对照郑单 958 早 1 天。幼苗第一叶叶鞘紫色，叶尖端圆形，叶缘绿色。株形半紧凑，总叶片数 21 片，株高 292 厘米，穗位 106 厘米。雄穗主轴与分枝角度大，侧枝姿态强烈下弯，一级分枝 5～12 个，最高位侧枝以上的主轴长 28.8 厘米，花药浅紫色，颖壳浅紫色，花丝浅紫色。果穗筒型，穗轴浅红色，穗长 19 厘米，穗行 16 行左右，行粒数 35 粒，籽粒黄色，粒型半马齿型，籽粒顶端黄色，百粒重 30.4 克，出籽率 85.5%。2015 年、2016 年山西农业大学抗病性接种鉴定，感穗腐病，高感茎腐病，中抗矮花叶病。2016 年农业部谷物及制品质量监督检验测试中心(哈尔滨)检测，容重 757 克/升，粗蛋白 9.35%，粗脂肪 4.03%，粗淀粉 75.49%。

产量表现：2015 年、2016 年参加山西南部复播玉米区区域试验，2015 年亩产 780.5 千克，比对照郑单 958 增产 9.1%，2016 年亩产 708.9 千克，比对照郑单 958 增产 9.4%，两年平均亩产 744.7 千克，比对照增产 9.3%。2016 年生产试验，平均亩产 720.3 千克，比对照增产 9.0%。

栽培技术要点：选择中等以上肥力地种植；适宜播期 6 月上中旬；亩留苗 4000～4500 株；亩底施复合肥

或硝酸磷肥 50 千克，大喇叭口期追施尿素 30 千克，适当增施磷钾肥；注意防治穗腐病、茎腐病。

适宜种植地区：适宜在山西南部复播玉米区种植。

玉迪 216

审定编号：晋审玉 20170043

选育单位：河南省中元种业科技有限公司

品种来源：H35-12×Z08

特征特性：山西南部复播玉米区生育期 103 天左右，与对照郑单 958 相当。幼苗第一叶叶鞘紫色，叶尖端圆至匙形，叶缘浅紫色。株形紧凑，总叶片数 19 片，株高 270 厘米，穗位 106 厘米，雄穗主轴与分枝角度中，侧枝姿态中，一级分枝 6～8 个，最高位侧枝以上的主轴长 8 厘米，花药浅紫色，颖壳青色，花丝浅紫色。果穗筒型，穗轴粉红色，穗长 19.2 厘米，穗行 14～16 行，行粒数 33.1 粒，籽粒黄色，粒型半马齿型，籽粒顶端淡黄色，百粒重 35.4 克，出籽率 86%。2015 年、2016 年山西农业大学抗病性接种鉴定，抗大斑病，抗穗腐病，中抗茎腐病，抗矮花叶病。2016 年农业部谷物及制品质量监督检验测试中心(哈尔滨)检测，容重 764 克/升，粗蛋白 9.23%，粗脂肪 4.19%，粗淀粉 76.38%。

产量表现：2015 年、2016 年参加山西省南部复播玉米区区域试验，2015 年亩产 714.6 千克，比对照郑单 958 增产 8.3%，2016 年亩产 684.2 千克，比对照郑单 958 增产 5.6%，两年平均亩产 699.4 千克，比对照增产 6.9%。2016 年生产试验，平均亩产 709.4 千克，比对照增产 7.3%。

栽培技术要点：适宜播期 6 月上中旬；亩留苗 4500 株左右；施足底肥，大喇叭口期及时浇水、追肥。

适宜种植地区：适宜在山西南部复播玉米区种植。

迪卡 517

审定编号：晋审玉 20170044

选育单位：孟山都远东有限公司北京代表处、中种国际种子有限公司

品种来源：D1798Z×HCL645

特征特性：山西中北部春播区生育期 129 天左右，比对照利民 33 晚 1 天，山西南部复播玉米区生育期 102 天左右，比对照郑单 958 早 1 天。幼苗第一叶叶鞘浅紫色，叶尖端圆形，叶缘紫色。株形紧凑，总叶片数春播 21 片、复播 18 片，株高 265 厘米左右，穗位 115 厘米左右，雄穗主轴与分枝角度中，侧枝姿态直，一级

分枝 8～10 个，最高位侧枝以上的主轴长 18～23 厘米，花药浅紫色，颖壳绿色，花丝绿色。果穗筒型，穗轴红色，穗长 18.0 厘米，穗行 18 行左右，行粒数 34 粒，籽粒黄色，粒型偏马齿型，籽粒顶端黄色，百粒重 30 克，出籽率 88%。2014 年、2015 年山西农业大学抗病性接种鉴定，抗丝黑穗病，抗大斑病，感穗腐病，感茎腐病，中抗矮花叶病。2016 年农业部谷物及制品质量监督检验测试中心(哈尔滨)检测，容重 762 克/升，粗蛋白 9.44%，粗脂肪 3.96%，粗淀粉 74.17%。

产量表现：2014 年、2015 年参加山西春播玉米中熟高密组区域试验，2014 年亩产 1067.4 千克，比对照利民 33 增产 9.8%，2015 年亩产 1013.7 千克，比对照利民 33 增产 13.7%，两年平均亩产 1040.6 千克，比对照增产 11.7%。2016 年生产试验，平均亩产 951.3 千克，比对照增产 11.5%。2014 年、2015 年同时参加山西南部复播玉米区区域试验，2014 年亩产 679.6 千克，比对照郑单 958 增产 8.7%，2015 年亩产 714.7 千克，比对照郑单 958 增产 5.5%，两年平均亩产 697.2 千克，比对照增产 7.0%。2016 年生产试验，平均亩产 693.6 千克，比对照增产 6.3%。

栽培技术要点：适宜播期春播 4 月下旬至 5 月中旬，复播 6 月中下旬；亩留苗 4500～5000 株；注意防治穗腐病、茎腐病。

适宜种植地区：适宜在山西中北部盆地春播玉米区和南部复播玉米区种植。

黑甜糯 631

审定编号：晋审玉 20170045

选育单位：山西省农业科学院高粱研究所

品种来源：HNF×K01-2

特征特性：出苗至采收 97 天左右，比对照晋单（糯）41 号晚 8 天。幼苗第一叶叶鞘紫色，叶尖端尖形，叶缘紫色。株形半紧凑，总叶片数 20～26 片，株高 245 厘米，穗位 115 厘米，雄穗主轴与分枝角度小，侧枝姿态直，一级分枝 13 个，最高位侧枝以上的主轴长 22.5 厘米，花药黄色，颖壳黄色，花丝紫红色。果穗筒型，穗轴黑色，穗长 18.9 厘米，穗行 18 行左右，行粒数 40 粒，籽粒黑紫色。

2014 年、2015 年山西农业大学抗病性接种鉴定，感丝黑穗病，中抗大斑病。2016 年农业部谷物及制品质量监督检验测试中心(哈尔滨)检测，总糖 5.05%，支链淀粉 98.94%。

产量表现：2014 年、2015 年参加山西鲜食糯玉米区域试验，2014 年亩产 1076.7 千克，比对照晋单（糯）41 号增产 22.5%，2015 年亩产 952.9 千克，比对照晋单（糯）41 号增产 5.1%，两年平均亩产 1014.8 千克，比对照增产 13.8%。2016 年生产试验，平均亩产 1115.7 千克，比对照增产 10.2%。

栽培技术要点：与普通玉米隔离 300 米以上；选择水肥条件较好的地块；适宜播期 4 月中旬到 5 月上旬；亩留苗 3500～3800 株；亩底施腐熟粪肥 1000 千克或鸡粪 150 千克，外加三元复合肥 100 千克，5 片叶时，结合浅松土、小培土，亩追施尿素 10 千克，氯化钾 7.5 千克，大喇叭口期亩追施尿素 15～20 千克，氯化钾 15 千克；授粉后 25 天左右采收。

适宜种植地区：适宜在山西糯玉米主产区种植。

晋糯 15 号

审定编号：晋审玉 20170046

选育单位：山西省农业科学院玉米研究所

品种来源：天 BN×BN316

特征特性：出苗至采收 94 天左右，比对照晋单（糯）41 号晚 5 天。幼苗第一叶叶鞘紫色，叶尖端长匙形，叶缘浅紫色。株形半紧凑，总叶片数 21 片，株高 229 厘米，穗位 94 厘米，雄穗主轴与分枝角度中，侧枝姿态直，一级分枝 15 个，最高位侧枝以上的主轴长 21 厘米，花药绿色，颖壳绿色，花丝浅紫色。果穗筒型，穗轴白色，穗长 19.3 厘米，穗行 16 行左右，行粒数 41 粒，籽粒白色。2015 年、2016 年山西农业大学抗病性接种鉴定，感丝黑穗病，高抗大斑病，高抗穗腐病，中抗茎腐病，高抗矮花叶病。2016 年农业部谷物及制品质量监督检验测试中心(哈尔滨)检测，粗淀粉 73.34%，支链淀粉 100%。

产量表现：2015 年、2016 年参加山西鲜食糯玉米品种区域试验，2015 年亩产 968.6 千克，比对照晋单（糯）41 号增产 6.9%，2016 年亩产 1065.3 千克，比对照晋单（糯）41 号增产 16.3%，两年平均亩产 1017 千克，比对照增产 11.6%。

栽培技术要点：与普通玉米隔离种植；选择有灌溉和排水条件的地块，不适于盐碱地；5 厘米地温稳定在 10℃以上时播种；亩留苗 3300～3500 株，建议宽窄行种植；亩施农家肥 2000 千克、复合肥或硝酸磷肥 50 千克作底肥，10 片叶全展时追施尿素 15～20 千克；授粉后 23～27 天采收。

适宜种植地区：适宜在山西糯玉米主产区种植。

第三部分 附 录

附录一　40对核心引物名单及序列表

编号	引物名称	染色体位置	引物序列
P01	bnlg439w1	1. 03	上游：AGTTGACATCGCCATCTTGGTGAC 下游：GAACAAGCCCTTAGCGGGTTGTC
P02	umc1335y5	1. 06	上游：CCTCGTTACGGTTACGCTGCTG 下游：GATGACCCCGCTTACTTCGTTTATG
P03	umc2007y4	2. 04	上游：TTACACAACGCAACACGAGGC 下游：GCTATAGGCCGTAGCTTGGTAGACAC
P04	bnlg1940k7	2. 08	上游：CGTTTAAGAACGGTTGATTGCATTCC 下游：GCCTTTATTTCTCCCTTGCTTGCC
P05	umc2105k3	3. 00	上游：GAAGGGCAATGAATAGAGCCATGAG 下游：ATGGACTCTGTGCGACTTGTACCG
P06	phi053k2	3. 05	上游：CCCTGCCTCTCAGATTCAGAGATTG 下游：TAGGCTGGCTGGAAGTTTGTTGC
P07	phi072k4	4. 01	上游：GCTCGTCTCCTCCAGGTCAGG 下游：CGTTGCCCATACATCATGCCTC
P08	bnlg2291k4	4. 06	上游：GCACACCCGTAGTAGCTGAGACTTG 下游：CATAACCTTGCCTCCCAAACCC
P09	umc1705w1	5. 03	上游：GGAGGTCGTCAGATGGAGTTCG 下游：CACGTACGGCAATGCAGACAAG
P10	bnlg2305k4	5. 07	上游：CCCCTCTTCCTCAGCACCTTG 下游：CGTCTTGTCTCCGTCCGTGTG
P11	bnlg161k8	6. 00	上游：TCTCAGCTCCTGCTTATTGCTTTCG 下游：GATGGATGGAGCATGAGCTTGC
P12	bnlg1702k1	6. 05	上游：GATCCGCATTGTCAAATGACCAC 下游：AGGACACGCCATCGTCATCA
P13	umc1545y2	7. 00	上游：AATGCCGTTATCATGCGATGC 下游：GCTTGCTGCTTCTTGAATTGCGT
P14	umc1125y3	7. 04	上游：GGATGATGGCGAGGATGATGTC 下游：CCACCAACCCATACCCATACCAG
P15	bnlg240k1	8. 06	上游：GCAGGTGTCGGGGATTTTCTC 下游：GGAACTGAAGAACAGAAGGCATTGATAC
P16	phi080k15	8. 08	上游：TGAACCACCCGATGCAACTTG 下游：TTGATGGGCACGATCTCGTAGTC
P17	phi065k9	9. 03	上游：CGCCTTCAAGAATATCCTTGTGCC 下游：GGACCCAGACCAGGTTCCACC
P18	umc1492y13	9. 04	上游：GCGGAAGAGTAGTCGTAGGGCTAGTGTAG 下游：AACCAAGTTCTTCAGACGCTTCAGG
P19	umc1432y6	10. 02	上游：GAGAAATCAAGAGGTGCGAGCATC 下游：GGCCATGATACAGCAAGAAATGATAAGC
P20	umc1506k12	10. 05	上游：GAGGAATGATGTCCGCGAAGAAG 下游：TTCAGTCGAGCGCCCAACAC

（续表）

编号	引物名称	染色体位置	引物序列
P21	umc1147y4	1. 07	上游：AAGAACAGGACTACATGAGGTGCGATAC 下游：GTTTCCTATGGTACAGTTCTCCCTCGC
P22	bnlg1671y17	1. 10	上游：CCCGACACCTGAGTTGACCTG 下游：CTGGAGGGTGAAACAAGAGCAATG
P23	phi96100y1	2. 00	上游：TTTTGCACGAGCCATCGTATAACG 下游：CCATCTGCTGATCCGAATACCC
P24	umc1536k9	2. 07	上游：TGATAGGTAGTTAGCATATCCCTGGTATCG 下游：GAGCATAGAAAAAGTTGAGGTTAATATGGAGC
P25	bnlg1520K1	2. 09	上游：CACTCTCCCTCTAAAATATCAGACAACACC 下游：GCTTCTGCTGCTGTTTTGTTCTTG
P26	umc1489y3	3. 07	上游：GCTACCCGCAACCAAGAACTCTTC 下游：GCCTACTCTTGCCGTTTTACTCCTGT
P27	bnlg490y4	4. 04	上游：GGTGTTGGAGTCGCTGGGAAAG 下游：TTCTCAGCCAGTGCCAGCTCTTATTA
P28	umc1999y3	4. 09	上游：GGCCACGTTATTGCTCATTTGC 下游：GCAACAACAAATGGGATCTCCG
P29	umc2115k3	5. 02	上游：GCACTGGCAACTGTACCCATCG 下游：GGGTTTCACCAACGGGGATAGG
P30	umc1429y7	5. 03	上游：CTTCTCCTCGGCATCATCCAAAC 下游：GGTGGCCCTGTTAATCCTCATCTG
P31	bnlg249k2	6. 01	上游：GGCAACGGCAATAATCCACAAG 下游：CATCGGCGTTGATTTCGTCAG
P32	phi299852y2	6. 07	上游：AGCAAGCAGTAGGTGGAGGAAGG 下游：AGCTGTTGTGGCTCTTTGCCTGT
P33	umc2160k3	7. 01	上游：TCATTCCCAGAGTGCCTTAACACTG 下游：CTGTGCTCGTGCTTCTCTCTGAGTATT
P34	umc1936k4	7. 03	上游：GCTTGAGGCGGTTGAGGTATGAG 下游：TGCACAGAATAAACATAGGTAGGTCAGGTC
P35	bnlg2235y5	8. 02	上游：CGCACGGCACGATAGAGGTG 下游：AACTGCTTGCCACTGGTACGGTCT
P36	phi233376y1	8. 09	上游：CCGGCAGTCGATTACTCCACG 下游：CAGTAGCCCCTCAAGCAAAACATTC
P37	umc2084w2	9. 01	上游：ACTGATCGCGACGAGTTAATTCAAAC 下游：TACCGAAGAACAACGTCATTTCAGC
P38	umc1231k4	9. 05	上游：ACAGAGGAACGACGGGACCAAT 下游：GGCACTCAGCAAAGAGCCAAATTC
P39	phi041y6	10. 00	上游：CAGCGCCGCAAACTTGGTT 下游：TGGACGCGAACCAGAAACAGAC
P40	umc2163w3	10. 04	上游：CAAGCGGGAATCTGAATCTTTGTTC 下游：CTTCGTACCATCTTCCCTACTTCATTGC

附录二　Panel 组合信息表

Panel 编号	荧光类型	引物编号（等位变异范围，bp）		
		1	2	3
Q1	FAM	P20（166~196）	P03（238~298）	
	VIC	P11（144~220）	P09（266~335）	P08（364~420）
	NED	P13（190~248）	P01（319~382）	P17（391~415）
	PET	P16（200~233）	P05（287~354）	
Q2	FAM	P25（157~211）	P23（244~278）	
	VIC	P33（198~254）	P12（263~327）	P07（409~434）
	NED	P10（243~314）	P06（332~367）	
	PET	P34（153~186）	P19（216~264）	P04（334~388）
Q3	FAM	P22（173~255）		
	VIC	P30（119~155）	P35（168~194）	P31（260~314）
	NED	P21（152~172）	P24（212~242）	P27（265~332）
	PET	P36（202~223）	P02（232~257）	P39（294~333）
Q4	FAM	P28（175~201）	P38（227~293）	
	VIC	P14（144~174）	P32（209~256）	P29（270~302）
	NED	P37（176~216）	P26（230~271）	P40（278~361）
	PET	P15（220~246）	P18（272~302）	

注：以上为本书图谱采纳的 40 个玉米 SSR 引物的十重电泳 Panel 组合。

附录三　品种名称索引表

（续表）

品种名称	图谱页码	审定公告页码	品种名称	图谱页码	审定公告页码
晋单 89 号	115	273	鹏玉 2 号	149	295
晋单 90 号	172	313	品糯 1 号	32	218
晋糯 10 号	119	276	品玉 188	182	320
晋糯 15 号	197	332	品玉 598	30	217
晋沃 99	106	267	强盛 3 号	62	237
晋阳 2 号	7	203	强盛 103	110	269
晋阳 3 号	60	236	强盛 288	132	284
晋阳 5 号	158	303	强盛 369	92	257
晋玉 18	102	264	强盛 377	167	309
晋育 1 号	171	312	强盛 388	80	249
九圣禾 2468	188	325	强盛 389	164	307
君实 615	145	293	强盛 399	138	288
君实 9 号	71	243	泉玉 10 号	37	221
浚原单 986	91	257	荣鑫 338	29	217
蠡玉 90	84	252	瑞丰 168	161	305
利禾 1	133	285	瑞普 909		319
利合 228		303	瑞普 959	69	242
利玉 619	146	294	润民 8 号	16	209
连胜 188	155	300	润民 9 号	57	234
龙华 368	95	259	润民 336	17	209
龙生 16	112	271	赛博 159	131	284
龙生 19 号	168	310	赛德 1 号	126	280
龙生 1 号	40	223	赛德 5 号	157	302
龙生 2 号	85	253	盛玉 366	15	208
龙生 3 号	144	292	盛玉 367	143	292
龙生 5 号	130	283	盛玉 688	173	313
龙生 306	191	328	双宝 16	22	212
龙玉 1 号	120	276	双惠 208	122	278
龙作 1 号	148	295	松科 706	163	307
隆平 207	67	241	嵩玉 619	156	302
潞鑫 66 号	31	218	太玉 511	33	219
潞鑫 66 号	31	298	太玉 811	135	286
潞鑫 88	114	272	太玉 968	162	306
潞玉 1 号	118	275	太育 1 号	105	266
潞玉 16	13	207	太育 2 号	43	225
潞玉 19	50	230	太育 3 号	70	243
潞玉 35	56	234	太育 7 号	96	260
潞玉 36	68	241	特早 2 号	36	221
潞玉 39	63	238	屯玉 188	74	245
潞玉 39	63	301	威卡 926	100	262
潞玉 50	90	256	威卡 979	129	282
牧玉 2 号	35	220	沃单 818	190	327
宁玉 218	154	299	沃锋 88	124	279
宁玉 524	41	224	沃科华德 9 号	192	328
农福 8 号	18	210	沃玉 3 号	86	253

（续表）

品种名称	图谱页码	审定公告页码	品种名称	图谱页码	审定公告页码
沃玉 963	121	277	玉迪 216	194	330
先达 602		321	玉农 118	113	272
先牌 007	39	222	运单 168	142	291
先玉 042		326	章玉 10 号	128	282
先玉 1266	193	329	兆早 1 号	159	304
先玉 987	103	265	正成 018	104	265
鑫丰盛 966	45	226	郑黄糯 2 号	147	294
鑫丰盛 9898	139	289	致泰 3 号	152	297
鑫玉 168	184	322	中地 88	108	268
鑫源 88	169	311	中地 9988	151	297
鑫源 596	89	255	中航 102	186	323
永玉 35	28	216	中种 8 号	127	281
优迪 339	165	308			